Klassische VESPA MOTORROLLER

PK und Vorläufer, P...X, PX, Cosa alle Serien ab 1970
Weitere stark erweiterte Neuauflage

TECHNIK, WARTUNG, REPARATUR

ISBN 978-3-667-12912-3
Dépôt légal – 22e édition : 2026, mars

572, rue des Préaux, 61210 Giel-Courteilles
Achevé d'imprimer en mars 2026 chez Westermann Druck, Allemagne.

IV. Das Neue Aids
Entdeckung der Zukunft

Bis zur Jahrtausendwende hat Aids einen ungeheuren Bedeutungswandel erfahren. Zu Beginn wurde der Serostatus »positiv« stets mit Aids zusammengedacht – Anfangs- und Endstadium also wie selbstverständlich mit dem Tod identifiziert – und dann sogar, in Vorwegnahme der von den Medien beschworenen Apokalypse, auf die Gesamtbevölkerung übertragen, die in nicht allzu ferner Zukunft von der Krankheit hinweggerafft sein würde. Nachdem diese Apokalypse ausgeblieben war, erlahmte auch die Dauerdebatte um die richtige Aids-Politik. Ab Beginn der neunziger Jahre setzte eine »Normalisierung« von Aids ein.

Eine Normalisierung, die man allerdings auch als allmählich einsetzende Ignoranz interpretieren kann, schließlich hatten die Erfolge der Aids-Politik dafür gesorgt, dass die Epidemie eben nicht auf die Mehrheitsgesellschaft übergesprungen und so tatsächlich zu dem geworden war, was sie seitens der offiziellen Aufklärung gerade nicht sein sollte, nämlich eine Krankheit der Anderen. In den Redaktionen ging man zum Terminjournalismus über, berichtete einmal im Jahr zum Welt-Aids-Tag oder anlässlich einer Aids-Gala über die aktuellen Entwicklungen in Wissenschaft und Forschung. Durchbrochen wurde diese Logik nur, wenn Prominente betroffen waren oder starben. Der Fall Earvin »Magic« Johnsons, eines infizierten Basketballspielers aus der NBA-Liga, und selbstverständlich der Tod von Superstar Freddie Mercury schafften es 1991 auf die Titelseiten.

Im selben Jahr erschütterte dann noch einmal ein handfester »Homosexuellenskandal« die Republik: Rosa von Praunheim outete in der Sendung *Der heiße Stuhl* die prominenten Entertainer Hape Kerkeling und Alfred Biolek. Zur Begründung gab der Aktivist an, dass er das Schweigen über Schwulsein angesichts der vielen Aids-Toten für nicht mehr verantwortbar halte. Aus heutiger Sicht ist kaum mehr nachzuvollziehen, weshalb dieser »Skandal« so hohe Wellen schlug – Praunheim wurde vorgeworfen, das Leben der beiden Publikumslieblinge ruiniert und die Grenzen ihres Privatlebens nicht respektiert zu haben. Erst im Lauf der Zeit kristallisierte sich heraus, dass dieses »Outing« den Betroffenen keineswegs schadete. Teile der Öffentlichkeit begriffen, dass die sogenannte Offenlegung des Privatlebens für Heterosexuelle nichts als eine Selbstverständlichkeit ist – inklusive Zurschaustellung von Ehefrauen, Lebensgefährten und dem entsprechenden Nachwuchs. Die nachfolgende Generation der Homosexuellen hatten nun zwei Role-Models mehr, Beweise dafür, dass eine homosexuelle Biografie auch gelingen kann, und die Gesellschaft war wieder einen Schritt vorangekommen.

Ansonsten wurde es nach dem Ausbleiben der Apokalypse vergleichsweise still um Aids. Matthias Frings hat beschrieben, wie Aids spätestens gegen Ende der neunziger Jahre jeglichen Sensationswert verloren hatte, und spricht von Aids-Müdigkeit: Als er für die seinerzeit beliebte Fernsehsendung *Liebe Sünde* einen Beitrag zum Thema Aids anmoderierte, schalteten 200 000 Zuschauer weg – am Ende des Beitrags hatte die Sendung mehr als eine halbe Million Zuschauer verloren.[120]

In den Jahren nach der Wiedervereinigung waren es vor allem schwule Journalisten wie Matthias Frings, Elmar Kraushaar und Axel Schock, die kontinuierlich und gründlich über Aids berichteten – vor allem in alternativen und schwulen Publikationen. Für Mainstream-Medien waren der Alltag auf den Aids-Stationen oder die beklagte Unterfinanzierung der Aids-Hilfen keine drängenden Themen mehr, es sei denn, es handelte sich um handfeste Skandale.

Auch politisch wurde es, von einigen Ausnahmen abgesehen,

ab den frühen Neunzigern eher ruhig. 1993 versuchte der damalige Gesundheitsminister Horst Seehofer (CSU) im Rahmen der Debatte um die Entschädigung von Bluterkranken noch einmal kurz die populistische Forderung nach Meldepflicht und Zwangstests aufzuwärmen, ruderte dann aber selbst zurück. Ein Jahr zuvor hatte der heute in Vergessenheit geratene Berliner Innensenator und CDU-Rechtsaußen Heinrich Lummer ein kurzes Rascheln im Blätterwald provoziert, als er den Aids-Hilfen vorwarf, in den deutschen Städten für ein »Sodom und Gomorra« zu sorgen.

In positiver Hinsicht bewirkte die Aids-Krise eine gigantische Solidarisierung mit den Opfern der Krankheit. 1991 wurde erstmals die »Rote Schleife« als Zeichen für Solidarität mit HIV-Betroffenen getragen, und in den Jahren darauf wurde HIV auch außerhalb der USA zu einem großen Thema von Charity-Veranstaltungen. In Berlin fand 1993 die erste Operngala der Deutschen Aids-Stiftung statt, mit rotem Teppich und viel Prominenz, der Life-Ball in Wien gilt heute als größte Veranstaltung dieser Art in Europa.

Der Umgang mit der Erkrankung war von Ungleichzeitigkeiten geprägt – zwischen öffentlichem Interesse einerseits und verschämtem Schweigen andererseits. Während die einen still starben und von ihren Familien verleugnet wurden, trank die Journalistin Lea Rosh in einer Talkshow mit theatralischer Geste aus dem Wasserglas eines Infizierten. 1991 starben der Schriftsteller Roland M. Schernikau und der Tennisspieler Michael Westphal an den Folgen von Aids, im Alter von nur einunddreißig bzw. sechsundzwanzig Jahren – erst zehn Jahre später sprach Westphals Witwe in einer Talkshow öffentlich über die Erkrankung ihres Mannes, zuvor sei die Angst vor Ausgrenzung zu groß gewesen. Und 1994 erlag Louis Hendrik Potgieter der Krankheit, weitgehend unbemerkt von der Öffentlichkeit. Dabei kannte ihn in Deutschland eigentlich jedes Kind: Er war Frontmann und Tänzer der Gruppe

Dschinghis Khan gewesen, der Gute-Laune-Formation, die Anfang der Achtziger großen Erfolg in Deutschland gefeiert hatte. Potgieter, das war der große, schlanke Mann, der als Einziger der Truppe wirklich gut tanzen konnte – »Moskau! Moskau!«.

Die schwule Szene hatte sich gewandelt. Wo einst grenzenlose Freiheit herrschte, übernahm jetzt die Vernunft – mit Safer Sex und Kondomen – die Kontrolle. Viele schwule Männer fürchteten sich nun (wieder), ihre Sexualität auszuleben, Voyeurismus und Exhibitionismus, Vorlust und mutuelle Masturbation hatten Konjunktur. Es entstand eine völlig neue »Ökonomie der Lust«, die Martin Dannecker als eine der »gesunden Ferne« beschreibt und die eine ganze Generation schwuler Männer, die um 1970 herum Geborenen, geprägt hat. In der Folge blieb die Neuinfektionsrate weit hinter den früheren Prognosen zurück – präsent aber blieb bei den Homosexuellen eine tief sitzende Angst. Und unsafer, also ungeschützter Sex wurde zu einem undenkbaren, geradezu kriminellen Akt – obwohl er natürlich weiterhin vorkam.

Aids wurde trotz der »Normalisierung« keine »normale Krankheit« – noch immer gab es keine wirklich effektive Therapie, nur ein Stück Gummi versprach einigermaßen zuverlässigen Schutz. Erst mit der Konferenz von Vancouver und der Einführung des »Tablettencocktails« wurde es möglich, Aids und Tod voneinander getrennt zu denken. Sicher hatte man in der ersten Hälfte der Neunziger gelernt, dass es einen Unterschied gibt zwischen dem Serostatus HIV-positiv und dem Vollbild Aids, aber dass der frühe Tod am Ende stehen würde, stand nie außer Zweifel und entsprach in der Regel auch den Tatsachen.

All diese Gewissheiten sollten nun, nach der Einführung von HAART, dem Gestern angehören. Aber konnte das wirklich sein? Kann man so etwas einfach über Nacht löschen? Der *Spiegel* berichtete erneut ausführlich: »Das Aids-Wunder« stand 1996 Aufmerksamkeit heischend und Heilung versprechend auf dem Cover, die Titelgeschichte führte dann aber differenziert aus, dass die Medikamente starke Nebenwirkungen hätten und Vorsicht geboten sei ob eventueller Resistenzen – die Medien übten sich, ganz angemessen, in vorsichtigem Optimismus.

Zunächst waren die Zweifel an der Wirksamkeit noch groß, doch allmählich begriffen die Betroffenen, dass das Todesurteil tatsächlich aufgehoben worden war. Was allerdings auch bedeutete, dass sie plötzlich den Status von »Zum-Tode-Verurteilten« verloren hatten. Viele Positive gerieten in eine existenzielle Krise. Im Wissen um das sichere Ende waren Lebensplanungen umgeworfen, Karrieren aufgegeben worden. Wer sich eben noch von den Banalitäten des Irdischen abgewandt hatte, um in Ruhe Abschied zu nehmen, musste sich nun wieder um die Rente kümmern. Dabei befanden sich die Betroffenen weiterhin in einer ausgesprochen misslichen Situation. Sie mussten täglich hoch diszipliniert ihre Medikamente einnehmen, die mitunter schreckliche Nebenwirkungen hatten, bis hin zur körperlichen Entstellung. Auch bedeutete die Wegnahme des Privilegs, etwas Besonderes zu sein, keineswegs zugleich die Wegnahme des Stigmas. Ganz im Gegenteil.[121]

Die nachfolgende Generation schwuler Männer reagierte auf ihre Weise auf das Erbe von Aids. Die Ästhetik der neunziger Jahre mit ihren in den Fitnessstudios trainierten und komplett rasierten Körpern spricht für sich. Es ging nun vor allem darum, Gesundheit darzustellen. Abzugrenzen galt es sich sowohl von den kranken Körpern der Positiven als auch von der Ästhetik der siebziger und achtziger Jahre, die von (Schnurr-)Bärten und Körperbehaarung geprägt war. Den »promisken« und in der Folge kranken Homosexuellen wurde der gesunde, leistungsoptimierte Körper entgegengesetzt, der fit war für die Anforderungen der Globalisierung.

Die Schwulenbewegung als solche war nach den Kämpfen der Aids-Krise erschöpft – und auch rein zahlenmäßig dezimiert. Die verbliebenen Energien flossen in den Kampf um die Öffnung der Ehe für Homosexuelle, der in Deutschland bis ins Jahr 2017 dauern sollte. Zugleich hatte die Aids-Krise die homosexuelle Minderheit auf ungeahnte Weise gestärkt. Die existenzielle Herausforderung hatte massive Kräfte freigesetzt: Ohne zu übertreiben, kann man sagen, dass die Zeit der Aids-Krise auch eine Zeit war, in der viele Menschen über sich hinausgewachsen sind in ihrer Bereitschaft, Hilfe und Beistand zu leisten.

Zudem führte die durch die Aids-Krise ermöglichte Freisetzung öffentlicher Mittel zu einer Stärkung der schwullesbischen Infrastruktur. Der Staat war bereit, »Geld in die Hand zu nehmen«, um zu gewährleisten, dass das Virus nicht von den Randgruppen in die Mitte der Gesellschaft vordrang, was schließlich auch gelang. Alle möglichen Initiativen, von den schwulen Überfalltelefonen über Stricherprojekte bis hin zu Fortbildungsstätten wie der Akademie Waldschlösschen, würden in der heutigen Form wohl kaum existieren, hätte es die Aids-Krise nicht gegeben.

Es ist eine Ironie des Schicksals, dass das potenzielle Verschwinden der Schwulen, ihr Ausgelöschtwerden durch Aids, zu einer größeren Sichtbarkeit und längerfristig größeren Akzeptanz geführt hat. Die neunziger Jahr mit ihrem Hedonismus und Optimismus, sie waren auch die Zeit, in der die CSDs zu Massenveranstaltungen, quasi schwulen Love Parades, mutierten, bei denen mehr oder weniger aufwendig kostümierte Teilnehmer hinter Trucks mit lauter Musik laufen und feiern. 1997 hatte sich die Zahl der Teilnehmer am Berliner CSD erstmals auf 170 000 verdoppelt, im nächsten Jahr zogen bereits 300 000 durch die Straßen. Waren die Teilnehmer des ersten Westberliner »Gay Pride« 1979 noch bespuckt worden, standen nun Heteros am Straßenrand und applaudierten. Volksfestatmosphäre – und ein Hedonismus, der immer wieder kritisiert wird, der aber eigentlich nicht besonders verwundert nach langen Jahren der Tragödie und Lieder in Moll.

Die »Schwestern der Perpetuellen Indulgenz«, eine 1979 in San Francisco gegründete queere Aktionsgruppe, betreiben Aids-Prävention vor Ort. CSD Berlin, 1999.

Andererseits kann die hier ostentativ zur Schau gestellte Lebensfreude die schrecklichen Erlebnisse einer Generation schwuler Männer nicht vergessen machen, die die Aids-Krise zwar überlebt hatten, aber auch traumatisiert worden waren. Sie hatten Liebhaber, Lebensgefährten durch Aids verloren. Ganze Freundeskreise wurden zerstört. Und es waren schlimme, verletzende Dinge geschehen. Sterbende waren von ihren Familien verstoßen oder dazu gezwungen worden, ihre Identität und den Grund ihres Sterbens zu verleugnen. Die Erschütterungen, die diese Menschen durchlitten haben, waren enorm. Mit Mühe und Not hatten sich viele von ihnen emanzipiert, die Pflänzchen der Freiheit waren noch zart und klein, als der große Sturm kam. Wie viele schwule Männer waren angesichts der Geschehnisse doch bereit zu glauben, dass Aids am Ende womöglich doch eine gerechte Strafe für das eigene schlechte Tun war? Wie viel Selbstbewusstsein musste man haben, um sich angesichts der Dramatik von Aids und des Aufgebots an moralisch-repressiver Propaganda zu behaupten? Wie wurde noch der damalige Kurienkardinal Joseph Ratzinger in den achtziger Jahren zitiert, selbstverständlich im *Spiegel*: »Man muß nicht von einer Strafe Gottes sprechen. Es ist die Natur, die sich wehrt.« Einige Jahre später wurde er zum »Heiligen Vater« in Rom.[122]

»Bilder von Aids«

Die Eröffnung der Konferenz »Positive Begegnungen« findet nicht gerade im Hinterhof von Hamburg statt. Die Redner von der Deutschen AIDS-Hilfe, aus Politik und Gesellschaft sprechen im Auditorium der Bucerius Law School, Deutschlands erster privater Hochschule für Rechtswissenschaften. Oke Göttlich, der Schirmherr – Musikunternehmer und Vereinspräsident des FC St. Pauli, des Clubs, der dem britischen *Guardian* zufolge »for all the right things« steht – kommt auf die Bühne. Unter Applaus wird eine St.-Pauli-Regenbogenflagge enthüllt. Es ist der Auftritt eines großen Bruders, der sich kümmert, sich nicht schämt; der Mann zeigt Haltung: »Mit HIV hat man heute eine fast normale Lebenserwartung, wenn einem nicht das Leben durch Diskriminierung schwer gemacht wird. Wo wir Zurückweisung erfahren, müssen wir handeln.«

Bereits zum 19. Mal findet die Veranstaltungsreihe »Positive Begegnungen« statt, diesmal unter dem Motto »Sei Teil der Lösung«. Der Dialog zwischen Positiven und Gesellschaft soll gefördert werden. Mehr als vierhundert Menschen haben sich dazu eingefunden – Betroffene, Aktivisten, Politiker und Mitarbeiter der Aids-Hilfen aus der ganzen Republik.

Es herrscht eine feierliche Stimmung, fast schon staatstragend ist die Atmosphäre. Mag sein, dass die Deutsche Rheuma-Liga mehr Mitglieder hat, die Deutsche Krebshilfe größer ist. Aber das hier ist auf jeden Fall Selbsthilfe auf hohem Niveau. Die Chefin der Bundeszentrale für gesundheitliche Aufklärung ist ebenfalls anwesend. Ohne deren Unterstützung wäre es um die Deutsche AIDS-Hilfe finanziell schlecht bestellt. Man kommt gut miteinander aus, trotz gelegentlicher Konflikte wie zuletzt aufgrund der Facebook-Aktion »Ich mach's ohne«, mit der die DAH offiziell zwar nichts zu tun hat, die von einigen ihrer Mitarbeiter aber durchaus mit Wohlwollen betrachtet wird.[123] Positive und ihre Freunde hatten sich im Rahmen dieser Aktion öffentlich dazu bekannt, auf Kondome zugunsten eines Schutzes durch Therapie zu verzichten.

Göttlich, der zweifache Familienvater, sagt gerade, dass die heterosexuelle Kernfamilie nicht das Maß aller Dinge sei, und lacht freundlich, als er auf der Bühne offen angebaggert wird (»vielleicht überlegst du dir das noch mal mit deiner sexuellen Orientierung«). Es ist ein schöner Sommertag in Deutschland, 2016. Die AfD, »besorgte Bürger« und alles, was sonst noch bedrohlich erscheinen könnte, ist weit weg, existiert nur als halb verschluckter Nebensatz in den Reden, die Toleranz und Inklusion, Vielfalt und Menschenliebe beschwören. Heute ist es so, wie es sein sollte. Und sei es auch nur für diese eineinhalb Stunden mit Musikbegleitung und Blumenschmuck.

Als am nächsten Tag die eigentliche Konferenz mit ihren Workshops und Vorträgen beginnt, ist der Rahmen ein wenig bescheidener: Die Hochschule für Angewandte Wissenschaften hat ihre Räume zur Verfügung gestellt. In einem Hörsaal wird der Ablauf erläutert. Eine Ombudsfrau ist ernannt worden, an die sich wenden kann, wer sich diskriminiert fühlt. Die Bilder, die Johannes, der Fotograf, von der Veranstaltung macht, werden nur veröffentlicht, wenn die Fotografierten ihre schriftliche Einwilligung geben. Es ist eben doch nicht irgendeine Krankheit, um die sich diese Veranstaltung dreht. Weder Rheuma noch Krebs.

»Bilder von HIV« – so heißt einer von sechs »Themensträngen« an diesem Wochenende. Dafür haben zwei Dozenten sich unter anderem die Plakate der Deutschen AIDS-Hilfe aus den vergangenen Jahrzehnten angeschaut. Die Slogans lauten »Mein Freund ist positiv« oder »Quatschen. Klatschen. Freunde treffen. Über alles reden«. Sie sollen Empowerment vermitteln, die Community stärken, Solidarität fördern. »Das stärkste Bild aus den neunziger

Jahren«, sagt einer der Dozenten, »entstammte allerdings der Benetton-Werbung.«

Der italienische Textilhersteller sorgte für Furore, weil er in den Kampagnen für seine bunten Wollpullover politisch-gesellschaftliche Themen der Zeit aufgriff. Hunger in Afrika zum Beispiel, Umweltverschmutzung – verölte Seevögel. Und eben auch Aids: Das bekannteste Motiv zeigt einen jungen Mann, der im Kreise seiner (katholischen) Familie stirbt.[124] »Viele fanden es geschmacklos, Pullis mit Aids zu verkaufen«, sagt der Dozent. Das stärkste Bild war zudem auch das Verlogenste, mussten doch so viele an Aids Erkrankte damals auf die Unterstützung ihrer (häufig religiösen) Familien verzichten. »Da hatte man also einen Akteur von außen, Benetton, der ähnlich wirkmächtige Bilder verbreitete wie der Hollywood-Film *Philadelphia* – Bilder, die sich inhaltlich nicht mit dem vertrugen, was die Aids-Hilfen transportieren wollten.« Andererseits leisteten die Benetton-Anzeigenmotive eben doch einen Beitrag zur gesellschaftlichen Aufklärung, so etwa jenes Plakat, das einen nackten männlichen Hintern zeigt, auf den »H. I. V. positive« tätowiert ist – ein mit der Kraft eines millionenschweren Werbeetats geführter Protest gegen Versuche der Politik, Infizierte durch Absonderung und Kennzeichnung auszugrenzen.

Aus dem Jahr 1992 stammt das Plakat »Ich will mich nicht verstecken«. Es zeigt einen jungen Mann, der die Anzahl seiner Helferzellen auf sein T-Shirt hat drucken lassen. Im Gesicht sieht man deutlich Kaposi-Sarkome, er hat nicht versucht, sie wegzuschminken. Der Mann heißt Ikarus, bürgerlich Thomas Passarge. Die Berliner Fotografin Ines De Nil hatte Ende der achtziger Jahre eine Porträtserie von ihm aufgenommen, die nun von der AIDS-Hilfe für die Plakataktion genutzt wurde. Die Veröffentlichung hat Ikarus nicht mehr erlebt, er starb im Januar 1992 mit knapp sechsundzwanzig Jahren an den Folgen der Krankheit, doch sein Gesicht und sein Mut sind vielen in Erinnerung geblieben.[125]

»Das Problem war, dass nicht nur die Schwulen generell, sondern auch die Positiven mit den an Aids Erkrankten nichts zu tun haben wollten. Man wandte sich von ihnen ab, aus lauter Angst«, erinnert sich einer der Dozenten. Er hat es damals selbst erlebt. »Mein Leben, das war wie ein umgekehrtes Faltengebirge. Mit dreißig Jahren habe ich gelernt, dem Tod ins Auge zu sehen, und erst mit vierzig kam ich auf die Idee, mich um eine Eigentumswohnung zu kümmern.«

Das Jahr 1997, auf dem Plakat sieht man Tabletten, eine Hand voller Pillen: »Die Qual der Wahl«. Es ging um die Frage, ob man die seinerzeit gerade neuen Medikamente der Generation HAART nehmen soll oder nicht. »Zu Beginn waren die Nebenwirkungen der Proteasehemmer noch schlimm«, sagt der Dozent, »es war ein Zwiespalt, wir wollten die Leute nicht zwingen, hatten aber ja auch den Auftrag, Präventionspolitik zu betreiben.« Die Nebenwirkungen der ersten HAART-Tablettengeneration standen vielen Positiven buchstäblich ins Gesicht geschrieben: »Ich erinnere mich an eine Positivenkonferenz im Jahr 2002 in Bielefeld – auf einmal hatten all die schönen Männer eingefallene Gesichter. Fettverteilungsstörungen. Das war so, als ob einen die Krankheit plötzlich wieder einholte, es war wie in den späten Achtzigern. Eine gespenstische Atmosphäre.« In diesem Jahr erschien auch das erste (und eines der letzten) Plakate der DAH, das jemanden mit einer solchen Lipoatrophie zeigt.[126]

Die AIDS-Hilfe begann nun, mit Role Models zu arbeiten. Die Schauspielerin Hannelore Elsner gab ihr Gesicht für die gute Sache, auch der zu dieser Zeit hoch populäre, beim SC Magdeburg beheimatete Handballnationalspieler Stefan Kretzschmar. Bereits ab 1996 waren Kaposi, Pflegesituationen und der Tod allmählich aus dem Aids-Bilderfundus verschwunden – das Lipoatrophie-Plakat war insofern das Letzte seiner Art, als es HIV in Zusammenhang mit ernsthaften gesundheitlichen Problemen zeigte.

2010 kam das Plakat »Ich habe HIV. Und mich zum Glück getraut, es meinen Freunden zu sagen« im Rahmen der Antidiskri-

»Ich bin dem Pharma-Fortschritt dankbar«, steht auf dem T-Shirt von Ikarus (Thomas Passarge).

minierungskampagne »Positiv zusammen leben«. Die Infektion war nunmehr unsichtbar, zugleich bedeutete die Erkenntnis, keine »Virenschleuder« mehr zu sein, eine Erleichterung für die Positiven – und für die Menschen um sie herum. Das »Neue Aids« ist inzwischen zur Selbstverständlichkeit geworden. Keine zwingend tödliche Krankheit mehr, nur noch eine chronische Belastung. Und ausgerechnet die Positiven sollten es sich nun erlauben können, ohne Kondome Sex zu haben? Lange eingeübte Praktiken und Gewissheiten ändern sich – aber wie soll man das kommunizieren? Und dann die gesellschaftlichen Veränderungen: Anders als noch in den neunziger Jahren sind queere Persönlichkeiten im öffentlichen Leben zu einem gewissen Grad selbstverständlich geworden. Oft sind es noch traditionell »schrille« Figuren wie Harald Glööckler oder Gloria Viagra; aber die Republik hat schon eine Handvoll homosexueller Spitzenpolitiker erlebt, von Klaus Wowereit über Ole von Beust bis Guido Westerwelle. Welche Bilder soll man in dieser neuen, schönen Zeit zeigen?

Im Seminarraum wird nun heftig debattiert. »Es ist doch alles recht designed«, kritisiert ein Teilnehmer, »man zeigt Sechzehnjährige in der Sonne, die Kanu fahren, als ob es keine Probleme mehr gäbe.« Eine andere Teilnehmerin sagt, sie sei es leid, öffentlich als Testimonial aufzutreten, für Verständnis zu werben: »Es ändert sich ja doch nichts an den Vorurteilen der Leute, und ich möchte jetzt langsam meine Privatheit zurück. Allmählich fühle ich mich benutzt, fast scheint es mir, als sei ich nur noch dafür da, mit meiner Geschichte Spendengelder einzutreiben.« Einer in der Runde bringt das Dilemma auf den Punkt: »Wenn wir zu selbstbewusst auftreten, gibt es keine Spendengelder mehr, dann sagen die Leute: Was wollt ihr denn, es geht euch doch gut.« Die Frage ist: Was will man bewirken? Will man zeigen, dass Menschen mit HIV ein ganz normales Leben führen? Oder dass HIV keine normale Krankheit ist und die Menschen besondere Hilfe brauchen? Beides ist eben wahr.

Ralf Pütz von der Deutschen Aids-Stiftung ist zu Gast. Sie ist auf Spendengelder angewiesen, muss auch in »Charity«-Kategorien denken. »In den neunziger Jahren haben wir überhaupt nicht mit Bildern gearbeitet«, erinnert sich Pütz. »Es gab auch keine Testimonials. Zu der Zeit haben wir ja oft noch die letzte Reise von Sterbenden finanziert – Anträge auf Förderung konnten anonym gestellt werden.« Die Stiftung kam damals auch zu Geld, indem sie erbte. Dann, nach 1996, »brauchte man plötzlich viele Bilder, um ein Bild vom Leben mit Aids zu zeichnen«. Wie aber soll nun ein Fundraiser Mittel akquirieren, die Dringlichkeit verdeutlichen? Und welche Bilder sind hilfreich für die Prävention? Da gehen die Meinungen auseinander. Die einen sagen, dass es ohne Angst nicht geht, die anderen, dass viele junge Leute sich nicht testen lassen, weil die alten, furchteinflößenden Bilder von Aids noch zu präsent sind.

Martin Dannecker, der später ein »Impulsreferat« zum Thema »Bilder von Aids« halten wird, betont, dass Prävention auch etwas Ernsthaftes haben muss. Man brauche ein gefährliches Bild, und das vertrage sich eben nicht mit ausgestellter Normalität. Gleichwohl hätten die jungen Menschen ein Recht auf andere Bilder, auf das Beiläufige. »Ein Spagat; die größte Herausforderung für die nächsten Jahre.« Dannecker warnt vor möglichen Konflikten, vor Verzerrungen in der öffentlichen Wahrnehmung, »staatliche Gelder kommen hier zum Einsatz. Und wir leben in einer milden Diktatur der Gesundheit.«

Sein Impulsreferat leitet Dannecker mit Überlegungen der verstorbenen Susan Sontag ein, mit ihrem berühmten Essay *Aids und seine Metaphern*. Im Gegensatz zu ihr bezweifelt Dannecker allerdings, dass es möglich ist, die »wuchernden Fantasien« zu vertreiben, die mit der Krankheit verbunden sind. Da HIV, seit es keinen zwingenden Zusammenhang mehr zwischen Aids und dem Virus gibt, sozusagen unsichtbar geworden ist, hätten viele Positive die Möglichkeit genutzt zu schweigen: Seitdem sich die Krankheit nicht mehr äußerlich bemerkbar macht, ist es möglich, Sex mit jemandem zu haben, ohne ihm von der Infektion zu berichten; es ist sogar möglich, eine Partnerschaft einzugehen, ohne den Partner einzuweihen, »jetzt, wo die Zukunft den Menschen nicht mehr abhandenkommt«.

Doch warum dann überhaupt noch sprechen? Wozu, könnte man fragen, diese Konferenz, all der Aufwand? Menschen, die aus der gesamten Republik anreisen – fast ein ganzes Hostel in St. Georg wurde für die Gäste reserviert –, wenn man einfach nur Tabletten nehmen muss wie andere Menschen auch? Blutdrucksenker zum Beispiel. Warum behalten die Positiven ihre Privatangelegenheiten nicht für sich, machen ihren Kram mit sich alleine aus? »Es geht offenbar nicht um die bloße Mitteilung über etwas, was man hat, sondern sehr viel stärker um den Hinweis auf etwas, was man ist. Letztlich also um den Wunsch nach Anerkennung eines wichtigen Teils der Identität. Oder vielleicht genauer: um die Anerkennung der durch HIV beschädigten Identität.«

Das öffentliche Sprechen, also das Sprechen der sehr wenigen Menschen, die überhaupt dazu stehen, dass sie positiv sind, ist heute meist ein anderes: »Ihr Sprechen über die Infektion geht mit der Intention einher, sich selbst und anderen die Bedeutungslosigkeit der Infektion vor Augen zu führen: ›Du sollst wissen, dass ich eine Infektion habe, aber das ist für mich kein großes Ding.‹ In dieser Rede ist HIV kein Teil der Identität, die Infektion wird eher im Sinne Sontags behandelt, als sei sie irgendeine Krankheit, vielleicht Krebs. Aber das stimmt so nicht. Denn da sind die Ängste und die Stigmata – und genau deshalb wird in der Regel nicht gesprochen, sondern geschwiegen.« Und die Stigmata sind noch immer mit einer abweichenden Sexualität verbunden.

Dannecker fragt: »Soll nur die Infektion verborgen werden – oder doch eher die Informationen, die darunterliegen?« Informationen, die mit Sexualität zu tun haben. »Es gelingt eben nicht, die Krankheit nur als Krankheit zu betrachten.« Sie ist mit Tabus verknüpft, mit Angst vor Zurückweisung, mit Grenzen, deren Überschreitung undenkbar scheint und die gerade deshalb die Fantasie beschäftigen.

»In dieser Fantasie sind HIV-Infizierte Verführer. Sie haben es schließlich gewagt, die von der Prävention gezogenen Grenzen und die kulturell verordnete Mäßigung der Sexualität zu überwinden. Für diese Grenzüberschreitung werden HIV-Infizierte bewundert und beneidet. Aber sie sind zugleich gefährlich, weil sie die eigenen Wünsche nach einer grenzenlosen Sexualität zum Klingen bringen können.«

Aus Angst vor Ausgrenzung wird geschwiegen, »inklusive aller Kraftanstrengungen, deren es bedarf, um HIV aus der Biografie zu tilgen«. Wer aber schweigt, bleibt unter dem Bann des Stigmas einer »schuldhaft erworbenen« Krankheit, macht sich die Ausgrenzung und moralische Verurteilung – unbewusst – zu eigen; »nur wer andere konfrontiert, wird erfahren, wie die Reaktionen tatsächlich sind. Wer dies nicht tut, verbleibt in seinen eigenen Vorstellungen und Ängsten.« Immerhin hat eine wissenschaftliche Untersuchung Michael Bochows ergeben, dass Positive im unmittelbaren Nahumfeld häufig auf Verständnis stoßen, bis zu achtzig Prozent der Befragten hatten gute Erfahrungen gemacht.

Achtzig Prozent haben also Unterstützung erfahren durch Familie und Freunde, während die AIDS-Hilfe mit Dringlichkeit darauf hinweist, dass sich Positive überwiegend in einem für sie belastenden sozialen Umfeld bewegen. »Das Sprechen über Aids wird so zum heroischen Akt«, sagt Dannecker, »was am Ende bewirkt, dass noch mehr Menschen schweigen.« Es führe allerdings »kein direkter Weg von der Gesellschaft zum Selbstbild« – das internalisierte Stigma, die negativen Selbstbilder dürften nicht unterschätzt werden, und bei frisch Infizierten seien sie besonders stark.

Wie letztendlich auch die Tagung in Hamburg, die »Positiven Begegnungen«, endet Martin Danneckers Kurzvortrag mit Fragen, die bleiben. Warum ist so viel von dem Wissen, das es zu Aids gibt, noch immer nicht angekommen? Und zwar nicht nur in der Mehrheitsgesellschaft, die statistisch betrachtet weniger von Aids betroffen ist, sondern auch bei den Homosexuellen, von denen man annehmen müsste, dass sie sich sehr ernsthaft mit dem Thema beschäftigen. Werden die Ängste (zu sterben) und die krisenhaften Gefühlslagen (Schuld und Scham), die ein HIV-Test auslöst, heute nicht mehr ernst genug genommen? Und wieso fällt es den meisten Betroffenen trotz des medizinischen Fortschritts so schwer, sich nach einer Infektion nicht nur ein gesundes, sondern auch ein glückliches Leben vorzustellen?

Aids im Archiv: Axel Schock

Die Ausstellung *Aids – nach einer wahren Begebenheit* wurde für das Dresdner Hygienemuseum erarbeitet. Gezeigt wurden dort zwischen Ende 2015 und Anfang 2016 unter anderem Plakate der Aids-Hilfen. Der Ausstellung vorangegangen war ein Forschungsprojekt mit dem Titel *Aids als globales Medienereignis*, in dem mehr als 10 000 Aids-Plakate aus 147 Ländern ausgewertet wurden.

In Deutschland ist die Forschung zur Geschichte von Aids – anders als beispielsweise in den USA – bescheiden, eine gezielte Historisierung ist bislang kaum erfolgt. »Ein Aids-Museum einzurichten wäre in Deutschland derzeit wohl gar nicht möglich«, sagt Axel Schock. Der Journalist und Buchautor, Mitinitiator des Arbeitskreises »Aids-Geschichte ins Museum«, ist an einem europaweit einzigartigen Modellprojekt der Humboldt-Universität Berlin beteiligt, das sich den Aufbau einer Sammlung zur Kulturgeschichte von HIV/Aids zum Ziel gesetzt hat. Dazu sollen die Bestände des Haeberle-Hirschfeld-Archivs für Sexualwissenschaft durch eine komplementäre Auswahl von Vor- und Nachlässen ergänzt werden. Das Archiv wird von der Universitätsbibliothek der Humboldt-Universität betreut und ist im Jacob-und-Wilhelm-Grimm-Zentrum untergebracht.

»Die Geschichte von Aids in Deutschland ist eine riesige Blackbox«, sagt Schock. »In den Archiven liegen überwiegend staatliche Dokumente, und die sind – mit Ausnahme der Unterlagen der Bundeszentrale für gesundheitliche Aufklärung – meist schwer zugänglich. Bei den Landesämtern und -archiven hat jede Dorffeuerwehr zwei Regalmeter, aber wenn man zum Thema Aids anfragt, bekommt man oft nur eine einsilbige Antwort.«

Im Grimm-Zentrum sollen für die Sammlung bald zehn Regalmeter zur Verfügung stehen. Bis dahin stapelt sich das bereits zusammengetragene Material in einem winzigen Büro im

Seminargebäude am Hegelplatz: Kartons voller Videokassetten, Rundbriefe lokaler Aids-Hilfen, Broschüren, Flyer. Auch private Dokumente. »Wir wollen nicht zuletzt bei den Menschen, die die Aids-Krise durchlebt haben, ein Bewusstsein dafür schaffen, dass die privaten Geschichten eine übergeordnete Bedeutung haben.« Für dieses Ziel setzen sich Schock und seine Mitstreiter – engagierte ForscherInnen wie die Politologin Corinna Gekeler und der Historiker Andreas Pretzel – ein, schreiben Hinterbliebene ebenso an wie Institutionen. »Es ist komplizierter, als am Anfang gedacht – auch was die emotionale Seite angeht.« Gerade haben sie zehn Kisten angenommen, gefüllt mit Leitz-Ordnern. Der Stifter hatte unzählige Freunde durch Aids verloren und wurde so zum Aids-Aktivisten. »Er hat sich ein Jahrzehnt lang engagiert, die Materialien aus der Zeit lagerten auf seinem Dachboden. Sie wurden zu einer emotionalen Altlast, er war froh, dass er sie an das Archiv abgeben und sich so auch ein wenig von dem damit verbundenen Trauma befreien konnte.«

Dazu gibt es den kompletten Aktenbestand eines Bluterkranken, der sich mit Blutkonserven angesteckt hatte (»am Schluss geht es um die Kosten für den Grabstein«), Dienstpläne der ersten deutschen Aids-Beratung aus den achtziger Jahren (»mit Strichlisten, was die Leute gefragt haben«) und das Tagebuch eines Junkies, der nach dem Bekanntwerden seiner Infektion im Knast isoliert wurde. Andere Ordner zeugen vom Ringen mit Geldgebern und Ministerien – oder von den zahlreichen gewalttätigen Übergriffen auf Einrichtungen der Aids-Hilfen. Neben Traktaten von Aids-Leugnern finden sich Ratschläge für Sextouristen, die es nach Asien zieht, Präventionsbroschüren, Heilungsmethoden aus dem Bereich der Alternativmedizin – und eben zahllose private Dokumente. »Auch heute noch, wo die Zeiten vorbei sind, in denen Menschen ihren Geburtstag vorfeiern mussten, weil sie ihn nicht mehr erleben würden, sind diese Zeugnisse erschütternd.« Er zeigt einen Zettel, eine Liste mit Vornamen, dahinter Symbole, entweder Kreuze oder Fragezeichen. »Da hat jemand eine Liste seiner Liebhaber geführt. Ein anderer hat Todesanzeigen aus dem Freundeskreis gesammelt. Es sind 120 Stück.«

Draußen auf dem Hegelplatz scheint die Sonne, Studentinnen und Studenten sitzen auf dem Rasen, rauchen, lesen, lachen. »Ich gehöre ja zu den Davongekommenen, ich hatte Glück und habe mich nicht infiziert – hatte aber einen Lebensgefährten, der positiv war.« Hans-Jürgen war sein erster Freund. »Ich war noch so jung – und wahnsinnig überfordert von alldem. Als Antwort darauf habe ich dann angefangen, mich intensiv mit dem Thema zu beschäftigen, wurde sogar eine Zeit lang regelrecht berufsschwul – ich brauchte das wohl, um die Belastung zu verarbeiten.«

1985 war Axel Schock, Jahrgang 1965, nach Berlin gekommen. Er studierte Publizistik, Literatur- und Theaterwissenschaft an der Freien Universität. Nebenbei arbeitete er für die Schwulenzeitschrift *Magnus*. »Das war auch schon ein Ventil, um mit dem Druck, der sich da aufgebaut hat, umzugehen.« Zu diesem Zeitpunkt hatte er bereits Gedichte und Prosatexte veröffentlicht; bis heute ist er vielseitig tätig, Redakteur für die Publikationen der Deutschen AIDS-Hilfe, Herausgeber des erotischen Jahrbuchs *Mein schwules Auge* und Autor diverser Bücher. »Ich erinnere mich noch an einen Aufsatz von Raddatz aus den Achtzigern: Als ›Gossenliteratur‹ hat er das bezeichnet, womit schwule Autoren in dieser Zeit versucht haben, die schrecklichen Geschehnisse zu verarbeiten – was für eine Arroganz!«

Fritz J. Raddatz, der verstorbene Großkritiker und *Zeit*-Feuilletonist, hat sich stets als »bisexuell« bezeichnet und von der Schwulenbewegung eher distanziert. Auf seine persönlichen Erinnerungen an die Zeit der Aids-Krise und die daraufhin neu einsetzende Diskriminierung der Homosexuellen angesprochen, sagte er in einem unveröffentlichten Interview der *taz*: »Ich war zu beweglich, um zu sagen, ich bin von Beruf homosexuell. Was ich ja auch gar nicht bin, ich habe immer mit beiden Geschlechtern gelebt, wenn auch mehr mit Männern. Aber ich war nicht in diesen Pudding eingebacken.« Für jemanden wie Napoleon Seyfarth fand Raddatz kein gutes Wort, er war eher jener Typus Homosexueller, der sich, frei nach Stephan Wackwitz, in die Welt von Kunst und Literatur retten wollte – und kam doch am Ende nicht gegen die Zuschreibungen der Mehrheitsgesellschaft an: ein »Dandy« halt, ein »bunter Vogel«.

Axel Schock entschied sich für einen anderen Weg, scheute nicht »die Szene« und die Veröffentlichung in ihren Printorganen, heute ist sein Name vielen schwulen Männern ein Begriff. Er hatte sein Coming-out zu der Zeit, als der *Spiegel* zum ersten Mal Aids auf das Cover brachte. »Wir waren dann die Generation Safer Sex, ich kannte das ja gar nicht anders – Aids hat so vieles verändert. Die Auseinandersetzungen mit der Krankheit hat nicht nur den öffentlichen Diskurs über Sexualität vorangebracht, auch die Bestattungskultur, Hospizbewegung, die Patientenmitbestimmung und die Gesundheitswissenschaft haben durch Aids maßgebliche Veränderungen und Impulse erfahren.«

Als sein Freund im Krankenhaus lag, hat er manchmal bei ihm übernachtet – obwohl das ausdrücklich verboten war. »Beim ersten Klinikaufenthalt hatte man auf dem Patientenblatt in großen Buchstaben ›HIV‹ vermerkt«, erinnert sich Axel Schock. Der Zettel war für alle sichtbar außen an der Zimmertür angebracht. Vier Jahre später war sein Lebensgefährte seiner Aids-Erkrankung erlegen. Als Schock im Beerdigungsinstitut den Sarg bestellte, versuchte der Mitarbeiter so souverän wie möglich mit der Situation umzugehen. »Ich hatte ihm zu verstehen gegeben, dass Hans-Jürgen und ich ein Paar waren. In die entsprechende Rubrik seines Formulars trug er dann ›Lebensfreund‹ ein.« Der Zettel liegt nun im Privatarchiv von Axel Schock, so wie einige andere Dokumente, die ebenfalls Zeugnis ablegen von der Zeit der Aids-Krise.

»Mein Freund wollte auf dem Alten St.-Matthäus-Friedhof in Berlin beerdigt werden, aber er wurde dann in seiner Heimatstadt in Norddeutschland beigesetzt.« Sobald er tot war, wurde die schwule Geschichte annulliert. »Ab jetzt ist Schluss«, hatte sein Vater verkündet und das Testament, in dem Axel berücksichtigt war, vernichtet. »›Wir haben kein Testament‹, sagte er lapidar.« Der Sarg wurde lediglich in der Kapelle von St. Matthäus aufgebahrt, bevor der Leichenwagen kam und ihn nach Norddeutschland überführte. »Zu der Beerdigung bin ich mit einer gemeinsamen Freundin gefahren. Der Pfarrer erweckte in seiner Trauerrede den Eindruck, als wäre sie seine Lebensgefährtin gewesen. Und dass er an Krebs gestorben sei. Ich war völlig entsetzt, als ich das hörte. Aber auch einfach zu schwach, um in diesem Moment Widerstand zu leisten. So wie die Eltern das alles ja auch nur gemacht haben, weil sie zu schwach waren, um sich der Wirklichkeit zu stellen.«

Zurück in Berlin, hat Axel sich dann um den Behördenkram gekümmert. »Ich hatte ja eine Generalvollmacht dazu bekommen. Als dann alles erledigt war, wurde mir die Vollmacht vom Anwalt der Eltern völlig unerwartet entzogen.« Sogar Unterschlagung warfen sie ihm vor. »Ich hatte eigentlich gedacht, dass uns die Trauer vereinen würde, aber genau das Gegenteil war der Fall. Ich wurde aus der Trauergemeinschaft regelrecht hinausgeworfen. Ich fühlte mich in dieser Situation sehr allein – auch meine Mutter konnte mir nicht helfen, sie war ja schon damit überfordert, dass ich schwul war. Und dann noch schwuler Witwer?«

Mit Hans-Jürgens Eltern hatte er seitdem nichts mehr zu tun. Nur Jahre später klingelte irgendwann mitten in der Nacht das Telefon. Es war der Vater des verstorbenen Lebensgefährten, schwer alkoholisiert. »Ich verstehe das nicht. Ich verstehe das nicht. Ich verstehe das nicht. Ich brauche Titten«, mehr hat er nicht gesagt.

Als sein Partner starb, war Axel Schock fünfundzwanzig Jahre alt. »Das Studium hatte ich für eine Weile auf Eis gelegt – in der Zeit stellten sich mir ganz andere existenzielle Fragen. Was ist wirklich wichtig?« Inzwischen war die Mauer gefallen, Deutschland wiedervereinigt, Berlin hatte keinen Sonderstatus mehr. Axel Schock musste erneut zur Musterung. »Ich hatte einen Termin in einer Ostberliner Kaserne, oben auf meiner Akte klebte ein Zettel. Auf dem stand, dass mir ein Aufschub gewährt worden war, um meinen Aids-kranken Lebensgefährten pflegen zu können. Nach den üblichen ärztlichen Untersuchungen hatte Schock dann noch ein Gespräch mit einer Psychologin. Sie drängte ihn förmlich zu der Aussage, dass für ihn als Homosexuellen der Dienst in der Bundeswehr eine unerträgliche psychische Belastung darstelle. »Diesen Gefallen wollte ich ihr aber nicht tun. Ich wurde dennoch ausgemustert. Die haben einfach angenommen, dass ich ebenfalls an Aids erkrankt bin, und hatten Angst.«

Einige Dokumente und Schriftstücke aus dieser Zeit bewahrt Axel Schock noch immer auf. Es gibt die Kartons hier in dem kleinen Raum der Berliner Humboldt-Universität. Das Schwule Museum* in Berlin hat ebenfalls noch reichlich Material gesammelt – aber wer hat eigentlich was? Wenn es keine Zeitzeugen wie Axel Schock gäbe, die sich kümmern, ginge die Erinnerung an das, was da passiert ist in den achtziger und neunziger Jahren, womöglich einfach verloren – so wie in der kleinen norddeutschen Ortschaft niemand weiß, woran der junge Mann, der dort zu Grabe getragen wurde, wirklich gestorben ist.

Mittlerweile wurde die Website aidsarchive.net eingerichtet, auf der verzeichnet wird, wo entsprechende Materialien lagern oder zu finden sein könnten. »Die Idee dazu ist einem Workshop im Rahmen der ›Positiven Begegnungen‹ entstanden, für die Umsetzung wurde dann die Infrastruktur der Deutschen AIDS-Hilfe genutzt.« Und nun hat die Sammlung für das Haeberle-Hirschfeld-Archiv Gestalt angenommen, an der Schock zusammen mit seiner Kollegin Corinna Gekeler arbeitet. Ein exemplarischer

Sammlungsbestand soll aufgebaut werden – es geht um die kulturpolitische Geschichte von HIV/Aids und deren künftige Erforschung. Um die Sicherung jener Spuren, die das Leben mit HIV und Aids in den vergangenen Jahrzehnten hinterlassen hat, nicht nur bei homosexuellen Männern; die neuen Formen der Selbstorganisation; das Empowerment der Betroffenen; die politische Intervention in ihrer Vielfalt – all das, was in dieser Zeit von einer Minderheit geleistet wurde, die mit dem Rücken zur Wand stand, soll dokumentiert und damit auch gewürdigt werden.

Die Mauer als Kondom

Zum Zeitpunkt des Mauerfalls hatten sich offiziell 133 DDR-Bürger mit dem HI-Virus infiziert, bei 27 von ihnen war die Krankheit ausgebrochen. In der BRD waren damals 42 000 Menschen HIV-positiv und mehr als 5000 an Aids erkrankt. In dieser Statistik tauchte Konstantin aus Ostberlin 1989 noch nicht auf: »Wir hatten ja die Mauer als Kondom – und obwohl wir wussten, dass es Aids gab, war das für uns weit weg.« Allerdings war die Mauer eher eine »semipermeable Membran« (Meinrad Koch), denn von einer Seite aus war sie ja durchlässig.

Wahrscheinlich, sagt er, hat er sich aber doch schon 1988 angesteckt, noch vor der Wende. »Zu der Zeit habe ich im Museum für Deutsche Geschichte gearbeitet, und plötzlich war da eine Gewichtsabnahme, die Lymphknoten waren geschwollen.« Der Hausarzt vermutete eine Grippe. Auch ein Test, den er 1990 machen ließ, war negativ – ein falsches Ergebnis, davon ist Konstantin heute überzeugt.

Seine Diagnose bekam er 1996. Da war die DDR Geschichte und ganz Berlin eine Baustelle, man lebte zwischen Kränen, mitten in der Stadt die riesigen Baugruben des Potsdamer Platzes.

Der erste Aids-Fall in der DDR wurde Mitte der achtziger Jahre bekannt, ein Bluter hatte sich mit einem Präparat aus dem Westen angesteckt. Nur langsam erreichte die Epidemie, die sich von den Vereinigten Staaten über Westeuropa in Richtung Osten ausbreitete, die DDR. Einen Rauschgifthandel wie im Westen – etwa mit intravenös zu konsumierendem Heroin – gab es nicht: Die Ostwährung war nicht kompatibel mit den Anforderungen des internationalen Drogenmarktes. Die Reisefreiheit war ohnehin eingeschränkt, und nach einem Beschluss aus dem Jahr 1987 mussten in der DDR lebende Arbeiter und Studenten aus »sozialistischen

Bruderländern«, Männer und Frauen, für die ein »besonderes Risiko« angenommen wurde, einen negativen Test nachweisen, wenn sie in die DDR einreisen oder dort bleiben wollten. Rund zweihundert Positive wurden bis zur Wende ausgewiesen.

Die »schwule Population« der DDR war womöglich auch – wie der Soziologe Michael Bochow vermutet[127] – insofern vergleichsweise geschützt, als sie in relativ hermetischen Freundeszirkeln organisiert war. Wer als Westberliner Schwuler (oder als dort das Abenteuer suchender Tourist) auf schnellen Sex aus gewesen sei, habe es im Westen wesentlich leichter gehabt, der Osten sei eher aus Gründen des »Sightseeings« aufgesucht worden. Dennoch gab es natürlich einen Austausch zwischen den Homosexuellen in Ost und West: Bei einigen Schwulen war die Neugier auf die unbekannten Männer größer als die Abneigung gegen Zwangsumtausch und Schikanen an der Grenze. Und dieser »Austausch« ist auch mit unangenehmen Erinnerungen verbunden, weil es ein Machtgefälle gab zwischen den Ostlern und den »reichen« Wessis, bei denen oft schon eine Packung Jacob's Krönung reichte, um als wohlhabend zu gelten.

Es ist Montagabend im Stillen Don. Obwohl die Bar in der Ostberliner Erich-Weinert-Straße erst nach der Wende eröffnet wurde, wirkt sie wie ein Relikt der DDR. All die anderen Traditionsläden – die Schoppenstube, das Café Schönhauser, der Burgfrieden –, die sich in den sechziger Jahren (nachdem der vorherige Standort der Szene, die Friedrichstraße, nach und nach zu einem Schaufenster der DDR ausgebaut worden war) im Stadtteil Prenzlauer Berg angesiedelt hatten, sind verschwunden. Schwule Männer leben nach wie vor hier, auch entsprechende Kneipen gibt es. Die soziale Zusammensetzung des Stadtteils hat sich allerdings in den letzten Jahren stark verändert. Wohlhabende, heterosexuelle Kleinfamilien bestimmen jetzt das Bild, ein schwuler Szeneschwerpunkt ist Prenzlauer Berg nicht mehr.

Konstantin hat sich ein Bier bestellt. Noch ist es ruhig, später wird es voll sein: Montags trifft man sich, das ist so Tradition, alle werden eng gedrängt stehen. Nicht nur Ältere kommen her. Im Vergleich mit den meisten anderen Läden in der Gegend sind die Getränkepreise moderat.

»Mein Coming-out hatte ich 1986«, erzählt Konstantin, »und, na ja, ein Kind von Traurigkeit war ich nicht.« Westbekanntschaften hatte er auch, »man hat sich mal kennengelernt an der Bar im Handelszentrum. Und die Leute aus dem Friedrichstadtpalast hatten oft Westler dabei.« Sex hatte Konstantin mit ihnen nicht. Aber es gab auch so genug Gelegenheiten in Ostberlin. Rund um den Alexanderplatz konnte man tagsüber immer nette Herren kennenlernen, und nachts in den einschlägigen Bars und Kneipen oder am Märchenbrunnen im Volkspark Friedrichshain. Saunen und Darkrooms, S&M- und Fetischpartys suchte man zwar in Ostberlin vergebens, aber glaubt man den Erzählungen der Zeitzeugen, war es sexuell nicht eben langweilig in der Deutschen Demokratischen Republik – sogar sexuell frustrierte Soldaten der Roten Armee ließen sich auf unverbindliche Abenteuer in den Wäldern rund um die Kasernen ein. Aids? Weit weg, irgendwo hinter dem Eisernen Vorhang. »Aber wir wussten eigentlich alle Bescheid«, betont Konstantin. Er kann sich noch gut an Zeitungsartikel zum Thema Aids erinnern, auch im Staatsfernsehen wurde berichtet.

Den Wissenschaftlern war bewusst, dass die Mauer nicht für hundertprozentigen Schutz sorgen konnte. Eine ständige Aids-Beratergruppe gab Empfehlungen an die Ministerien heraus, das Dresdner Hygienemuseum entwickelte Informations- und Aufklärungsmaterial, die Charité in Berlin richtete einen Forschungsschwerpunkt ein, und in sämtlichen Bezirken entstanden sogenannte Konsultationszentren. Die DDR wendete den HIV-Test offensiver an als die Bundesrepublik, scheute weder Meldepflicht noch »Contact Tracing«. Ähnlich wie in Schweden oder Bayern griff man auf die Mittel des Seuchengesetzes zurück.

Die Benutzung von Kondomen gehörte jedoch nicht zur Alltagskultur der Schwulen in der DDR. Das lag weniger am Mangel an Kondomen als daran, dass es keine wasserlöslichen oder silikonbasierten Gleitmittel gab, die das Kondom nicht angreifen. »Gummis? Kein Mensch hat die benutzt. Es war nicht gang und gäbe«, sagt Konstantin und im gleichen Atemzug: »Ein großes Glück ist, dass sich mein Lebenspartner nicht angesteckt hat. Wer weiß, vielleicht eine Art Immunität?« Seit 1988 leben die beiden zusammen in derselben Wohnung in Berlin-Friedrichshain, die Miete ist immer noch erschwinglich, für Konstantin angesichts seiner eingeschränkten finanziellen Möglichkeiten ein Segen. Die Wohnung immerhin ist eine Konstante in einem ansonsten recht durcheinandergewirbelten Leben.

Was hat ihn, Konstantin, härter getroffen: Die Wende oder die Diagnose HIV? »Dass es die DDR in der alten Form nicht mehr gibt, ist ja gut. Aber dass das dann alles so negiert wurde nach der Wende, der theoretische Ansatz; dass die DDR ein Schmuddelstaat gewesen sein soll, der bloß aus Überwachung bestanden habe – das hat mir schon zu schaffen gemacht damals. Mehr als die Diagnose HIV, obwohl die auch nicht ohne war: Ich habe erst mal rumgeheult und bloß gehofft, dass ich die Jahrtausendwende noch erlebe. Aber dann kam schon Vancouver, die Dreifachkombinationsprophylaxe.« Das ist noch immer unfassbar für ihn. Als hätte man ihm sein Leben neu geschenkt.

Mit einer schweren Bronchitis hatte es angefangen, die zweite folgte gleich im Anschluss. Nachdem seine Ärztin das Laborergebnis erhalten hatte, rief sie ihn zu Hause an und bestellte ihn in die Sprechstunde. »Sie war genauso perplex wie ich, ich war ihr erster Fall.« Fortan ging er in die »Tagesklinik« im Krankenhaus Prenzlauer Berg, »da waren keine Betten oder so, man bekam eine ganz normale Behandlung. Da habe ich mich wohlgefühlt, später wurde die Klinik aufgelöst wegen Vivantes.«

Eine Gürtelrose veränderte sein Leben erneut, »ein Nerv wurde völlig zerstört, seitdem bin ich bewegungseingeschränkt – und das war es dann mit der Karriere«. Der gelernte Archäologe musste seinen Beruf im Jahr 2000 aufgeben. Das Arbeitsamt konnte ihm keinen Job im Museum vermitteln, stattdessen landete er bei einer Hausverwaltung. »Drei Jahre war ich dort, aber irgendwann habe ich das nicht mehr ausgehalten – das war unangenehm, letztendlich habe ich ja für Miethaie gearbeitet. Das hat alles so wenig zu mir gepasst.«

Er litt unter den Nebenwirkungen der Medikamente, 2004 bekam er eine Bauchspeicheldrüsenentzündung, verlor immer mehr Gewicht. »Am Ende wog ich fünfundsechzig Kilo, und die von der Hausverwaltung wollten mich nur noch loswerden.« Er wurde entlassen, sein Antrag auf Rente bewilligt. Seitdem lebt er von 702 Euro im Monat, 80 Euro verdient er sich durch einen Minijob dazu. »Mein Lebenspartner hilft mir, wenn es eng wird.«

Immer wieder wurde alles auf den Kopf gestellt in seinem Leben. Nach seinem Coming-out 1986 – »zuvor hatte ich parallel Sex mit Frauen und Männern, heimlich« – engagierte er sich in Aktivistenkreisen. »Da lief ja viel unter dem Dach der evangelischen Kirche in Berlin-Mitte.« So war er 1987 bei der Kranzniederlegung in Buchenwald dabei, mit Uschi Sillge, seinerzeit eine wichtige lesbische Aktivistin. In ihrem Umfeld war die Idee entstanden, dafür zu kämpfen, dass Homosexuelle endlich auch als Opfer des Faschismus akzeptiert werden. »Uns haben sie vergessen«, sagt einer der Protagonisten, ein KZ-Überlebender, in Heiner Carows Film *Coming out*, dem ersten und einzigen Schwulenfilm der DDR, der ausgerechnet am 9. November 1989 Premiere hatte.

Dr. Günter Grau, der ostdeutsche Sexualforscher und Medizinhistoriker, der schon zu DDR-Zeiten zum Thema »Homosexualität im Dritten Reich« forschte, war ebenfalls bei der Veranstaltung in Buchenwald dabei. Konstantin hat damals aus Versehen ein Gespräch zwischen ihm und einem jungen Mann mit angehört. »Grau fragte ihn, wie denn seine ›Werte‹ seien. Ich dachte mir dann meins; es war das erste Mal, dass ich mit HIV in Berührung kam. Der junge Mann war aus Leipzig, da gab es viele aus Afrika stammende Studenten – eine hohe Ansteckungsgefahr, so hieß es, habe man in Leipzig. Und das war ja dann gleich wieder weit weg …«

Im Dezember 1987 entstand aus den DDR-Homosexuellengruppen – ebenfalls unter dem Dach der Kirche, aber keineswegs von ihr initiiert – die Zentrale Aids-Arbeitsgruppe der DDR. Die Gruppe übte vorsichtige Kritik an der rigiden Aids-Politik des DDR-Gesundheitsministeriums, forderte spezifische, an der Akzeptanz schwuler Lebensweisen orientierte Aufklärungs- und Beratungsarbeit, entwickelte eigene Aufklärungskonzepte und versuchte, eine jeweils geeignete Ansprache für die verschiedenen Zielgruppen zu formulieren.

Während die Wende nahte, kämpfte der nun offiziell schwule Konstantin für einen Sozialismus mit menschlichem Antlitz. Seit seinem achtzehnten Geburtstag war er Mitglied der SED, nun, kurz vor dem Ende des Regimes, bewarb er sich als FDJ-Kreissekretär. »Viele waren damals froh, dass sie das nicht mehr machen mussten, und dann hatte ich plötzlich meinen kleinen blauen Klappfix-Ausweis.«

Beim Pfingsttreffen der FDJ im Jahr 1989 hatten die Genossen schließlich begriffen, dass man die Schwulenarbeit nicht allein den Kirchen überlassen konnte, und Konstantin wurde »der Schwule« in der Kreisleitung. »Ich wollte Reformen. Und dann kam es auf dem XIII. Parlament der FDJ in Brandenburg zur Spaltung zwischen Traditionalisten und Reformern.« Damals, im Januar 1990, gab sich die FDJ eine neue Satzung als »linker Verband«. Bis zum November des Jahres sank die Mitgliederzahl von 2,3 Millionen auf 22 000. Kurzum: Die FDJ fiel auseinander; Konstantin wurde Anführer einer Abspaltung, die längst nicht mehr existiert. Aber doch ist da etwas, das Konstantin geblieben ist aus der Zeit der DDR. Der Zeit, in der er auch mit Frauen geschlafen hat: »Ich habe eine Tochter – und mittlerweile drei Enkelkinder.«

Konstantin verabschiedet sich. Es wird voller im Stillen Don und zu laut für ihn, die Zeiten der wilden Partys sind vorbei – auch findet er, dass er nun genug von sich erzählt hat.

Jörg war zu früh dran, er hat sich einen Platz am Tresen gesucht und gewartet. Auf den ersten Blick haben Konstantin und er vieles gemeinsam – beide sind Anfang fünfzig, schwul, positiv und waren in der FDJ –, und doch unterscheiden sich ihre Biografien grundlegend voneinander, denn Jörg war ein sogenannter Republikflüchtling. Sein Leben, es fing unschön an; sein Schicksal bezeugt, dass man es als Homosexueller, trotz der Abschaffung des Paragrafen 175, auch in der DDR nicht leicht hatte, schon gar nicht auf dem Land: »Ich bin in einem kleinen Dorf in Sachsen-Anhalt aufgewachsen. Dort schwul zu sein war ein Albtraum: Mobbing – aber den Begriff kannte man damals nicht. Mit dreizehn hatte ich mich geoutet, und dann begann das Spießrutenlaufen. Ich konnte nicht einmal ins örtliche Schwimmbad gehen.« Die Hänseleien waren unerträglich. Jörg flüchtete sich in eine Welt, die aus Lernen und Lesen bestand, »später dann fing ich an, Mauern um mich zu errichten. Ich legte mir einen Panzer aus Maskulinität um, der lange halten sollte.« Es gelang ihm zunächst nicht, sich eine für ihn positive homosexuelle Identität zu erarbeiten – erst in der Retrospektive kann er diese Dinge einordnen.

Im Jahr 1981 beendete Jörg die Schule, die Mutter riet ihm, wegzugehen aus der Kleinstadt. Jörg war sechzehn. »Und ich wollte nicht nur raus aus der Provinz, sondern auch ganz raus aus der DDR. Mein erster Plan war, über Bulgarien abzuhauen, aber das habe ich mich doch nicht getraut, das erschien mir zu riskant.« Jörg verfolgte eine andere Strategie: Er wurde Mitglied der FDJ-Führung, mit dem Ziel, Reisekader zu werden. Das gelang. »Im Jahr 1986 war es dann so weit, eine Reise nach Köln stand an, ein Treffen mit Gewerkschaften und Jugendgruppen. Wir wohnten in einer Jugendherberge mitten in der Stadt. Und da habe ich mich dann abgeseilt. Ich bin in das Kölner Polizeihochhaus gegangen, schnurstracks, und habe denen gesagt: ›Hier bin ich, und hier bleibe ich.‹« Da er nicht nur irgendein FDJ-Mitglied war, sondern ein ranghoher Funktionär, bekam er schon bald Besuch vom BND. »Ich hatte sogar eine Zeit lang Polizeischutz, weil man befürchtete, dass man mir nach dem Leben trachten könnte. Später habe ich in meiner Stasi-Akte gelesen, welche Strafe man für mich vorgesehen hatte: achtundzwanzig Jahre Haft.«

In der FDJ selbst war Homosexualität kein Problem, erinnert sich Jörg, »ich war auch an Gesprächen beteiligt, wo es um den Film *Coming out* ging. Nein, das war kein Drama. Es wurde viel experimentiert in der FDJ.« Trotzdem hatte er es in der DDR nicht vermocht, schwul zu leben. Stattdessen hoffte er im Westen auf einen Neuanfang, »ich war gelernter Vermessungsingenieur, aber in dem Bereich durfte ich nicht arbeiten, weil Vermessung der Geheimhaltung unterlag. Ich machte dann was Kaufmännisches.« Von da an wurde es bunt, Marktforschung hat er betrieben, eine Integrationsstudie erstellt. Später wurde er Energieberater, war auch im Ausland tätig. »In England habe ich mich angesteckt. Ich war einsam in der Zeit. Und depressiv. Bin ständig losgezogen in die Cruising-Gebiete. Die Engländer mögen ja erst mal schüchtern und prüde sein, aber wehe, wenn sie loslassen.«

Vor zehn Jahren war das, vor zehn Jahren hat er sich angesteckt, »irgendwie hatte ich darauf gewartet«. Die Entdeckung, positiv zu sein, beförderte schließlich sein Coming-out – bis dahin hatten die »Mauern aus Maskulinität« einigermaßen gehalten, die er sich nach den Hänseleien in der Jugend aufgebaut hatte, »nie wäre ich auf die Idee gekommen, zu einem CSD zu gehen«. Nun kam alles auf einmal: Er hatte einen Burn-out, machte eine Kur. Später besuchte er ein Seminar im Waldschlösschen, eine der in Zusammenarbeit mit der DAH angebotenen Veranstaltungen für Positive; das, sagt er, hat ihn nach vorne gebracht. Er hat gelernt, selbstbewusst mit seiner Sexualität umzugehen, dazu gehört auch das

Sprechen über seine Infektion. »Wenn ich im Chat bin, dann sage ich den Leuten sofort, dass ich positiv bin. Viele reagieren okay. Viele fragen: ›Was machen wir jetzt?‹ Andere reagieren panisch oder aggressiv. Negative Energien lass ich nur noch bis zu einem bestimmten Punkt an mich ran. Die Frage, was wir jetzt machen, stellt sich dann gar nicht mehr.«

Jörg bestellt sich noch einen Gin Tonic. Er ist zum ersten Mal im Stillen Don. In Berlin ist er nur zu Besuch, er lebt in Schleswig-Holstein. In gewisser Weise fühle er sich jetzt, mit HIV, sogar besser als vorher. »Ich weiß, dass sich das absurd anhört, aber ich habe eine bessere Einstellung zu meiner Gesundheit. Ich bin bewusster geworden, kreativer. Am Ende vielleicht einfach erwachsener.«

Jörg hat die Krankheit integriert, wie ein Therapeut sagen würde, auch wenn nicht alles Harmonie ist. »Ich komme viel weniger damit klar, dass ich von meiner Familie nicht akzeptiert werde. Nicht einmal meine Mutter weiß, dass ich positiv bin.«

In den Biografien von Jörg und Konstantin nehmen sowohl HIV als auch die DDR und ihre Institutionen einen wichtigen Platz ein – keinen direkten Einfluss hatte hingegen ein bizarres Kapitel aus dem Kalten Krieg, das mit dem Ministerium für Staatssicherheit zu tun hatte: 1983 erschien in einer indischen Tageszeitung ein Leserbrief, der andeutete, die USA hätten das HI-Virus in einem Labor im Pentagon gezüchtet. Dieses Gerücht fand weiter keine Beachtung. Erst 1987 gab ausgerechnet die *taz* den Ausschlag, dass daraus eine handfeste Nachricht wurde, die um die Welt ging.[128]

Damals bot der DDR-Schriftsteller Stefan Heym der taz-Redaktion ein Interview mit dem emeritierten Ostberliner Biologieprofessor Jakob Segal an. Der aus der Sowjetunion stammende Wissenschaftler und ehemalige Leiter des Instituts für allgemeine Biologie an der Humboldt-Universität hatte 1986 gemeinsam mit seiner Frau, der Immunologin Lilli Segal, eine Broschüre mit dem Titel *Aids – Natur und Ursprung* herausgegeben, die im selben Jahr auf einer Konferenz der Blockfreien Staaten in Harare veröffentlicht wurde (als Bürger der Sowjetunion konnte Segal im westlichen Ausland publizieren). Darin stellte er die Hypothese auf, dass das HI-Virus 1979 von den USA als Geheimwaffe kreiert worden und durch zahlreiche Tests an Gefängnisinsassen in Umlauf geraten sei.

Die Mischung aus Horrorkrankheit Aids und antiamerikanischem Affekt war offenbar so interessant, dass Kontrollmechanismen versagten: Die *taz* unter dem damaligen Chefredakteur Arno Widmann druckte das Interview ab. Beinahe zeitgleich veröffentlichte *Entwicklungspolitik*, eine Zeitschrift des Evangelischen Pressedienstes (epd), eine Rezension über die Studien Segals. Medien in über achtzig Ländern gingen darauf ein – dass diese »Forschungsergebnisse« falsch waren und gezielt gestreut wurden, um die USA zu diskreditieren, wusste zu diesem Zeitpunkt noch niemand: Es handelte sich um eine Desinformationskampagne des KGB, an der auch das Ministerium für Staatssicherheit beteiligt war.

Noch im selben Jahr entschuldigte sich Michael Gorbatschow bei den USA für diese Störaktion. Zu spät: Das Gerücht hielt sich hartnäckig, zum Teil bis heute. Und noch immer gibt es afrikanische Machthaber, die behaupten, Aids sei nichts als ein Konstrukt des Westens. In der DDR fand Segal mit seinen kruden Thesen allerdings kein Gehör: Seine spinnerten Traktate zum Thema Aids wurden dort schlicht nicht veröffentlicht.

Auch nach der Wende setzte Segal seine Arbeit zu HIV fort, stellte unter anderem die These auf, dass Aids durch die Bestrahlung mit UV-Licht geheilt werden könne. Die Aids-Politik der DDR hingegen endete bald. Im Januar 1990 wurde die Aids-Hilfe der DDR gegründet, der noch bestehende Staat stellte Räumlichkeiten in Ostberlin und ab September Gelder für fünf Mitarbeiter zur Verfügung. Weitere insgesamt sechzehn lokale Aids-Hilfen entstanden. Im Januar 1991 schließlich ging die Aids-Hilfe der DDR in der Deutschen AIDS-Hilfe auf.

CSD Berlin, 1999.

V. Gegenwart
Das Ende von Aids denken

Im Sommer des Jahres 2011 erschien im *New England Journal of Medicine* das Ergebnis einer Studie mit dem Titel »Prävention von HIV-1-Infektionen mit antiretroviraler Frühtherapie«.[129] An der 2007 begonnenen Studie hatten 1763 (heterosexuelle) Paare in neun Ländern, darunter die USA, Brasilien, Indien, Thailand und Südafrika, teilgenommen. Im Jahr 2011 war sie vorzeitig abgebrochen worden, weil längst deutlich geworden war, worum es hier ging, nämlich um einen enormen Fortschritt im Kampf gegen Aids.

Schon Ende der neunziger Jahre hatten Wissenschaftler (und Betroffene) vermutet, dass HIV-Positive, deren Viruslast durch die Therapie unter die Nachweisgrenze gesunken ist, andere nicht mehr anstecken können. Wissenschaftliche Belege gab es dafür zunächst nicht. Die Bundeszentrale für gesundheitliche Aufklärung und die regionalen Aids-Hilfen hielten sich aus dieser Diskussion lange heraus und setzten weiterhin auf Prävention. Viele Ärzte aber hatten ihren Patienten längst weitergegeben, was eigentlich offensichtlich war: ohne Virus keine Infektion. Vor allem für Positive bedeutete diese Botschaft eine ungeheure Erleichterung, nämlich die Befreiung von dem beklemmenden Gefühl, eine Gefahr für andere zu sein.

Im Jahr 2008 veröffentlichte dann eine Schweizer Expertenkommission das sogenannte »Swiss Statement«, wonach das Restrisiko beim ungeschützten Verkehr mit einem therapierten Positiven bei lediglich 1:100 000 liege. Die Veröffentlichung der Eidgenössischen Kommission für Aids-Fragen (EKAF) bedeutete eine Revolution: Eine erfolgreiche HIV-Therapie bot demnach sogar etwas mehr Schutz als das Kondom. Dazu müssten allerdings zwei Bedingungen erfüllt sein: Die Viruslast müsse seit sechs Monaten unter der Nachweisgrenze sein, und es dürfe keine zweite sexuell übertragbare Infektion vorliegen, weil diese das Infektionsrisiko erhöhe.[130]

Das Statement war von Anfang an umstritten: Noch am Tag der Veröffentlichung zog das Berner Bundesamt für Gesundheit die Notbremse und relativierte die Aussage der EKAF. Diese gelte in der Schweiz nur für »wenige tausend Personen, welche ganz strenge Vorgaben erfüllen«, insbesondere Paare mit Kinderwunsch. Der EU-Gesundheitskommissar ließ verkünden, die Verlautbarungen aus der Schweiz sollten »unsere Aufmerksamkeit nicht von unseren Initiativen, der Förderung von ›Safe Sex‹, ablenken«. Man dürfe nicht den Eindruck erwecken, Aids sei heilbar. Die WHO war besorgt, der Nationale Aids-Rat Frankreichs distanzierte sich. »Man hätte diese Entdeckung besser nicht breit publiziert«, erklärt der Geschäftsführer der Zürcher Aids-Hilfe, Reto Jeger. Die Angst war groß, dass die Botschaft die Erfolge der Präventionspolitik zunichtemachen könnte. Und dann die Frage der Außenwirkung: Aus Sicht der Aids-Hilfen war und ist es schon schwer genug, der Bevölkerung zu vermitteln, dass HIV-Positive überhaupt noch Sex haben. Aber jetzt auch noch ohne Kondom?

Die Deutsche AIDS-Hilfe entschied sich für eine Position der Offenheit und verabschiedete im April 2009 ihr Positionspapier *HIV-Therapie und Prävention*, dem zufolge eine »HIV-Übertragung bei funktionierender und kontrollierter Therapie unwahrscheinlich ist«.

In den kommenden Jahren bestätigten kleinere Studien die These von der Nichtinfektiosität. Bis dann im Jahr 2011 die erwähnte Studie HPTN 052, bei der heterosexuelle, serodifferente Paare (einer positiv, einer negativ) untersucht worden waren, eine vorläufige Gewissheit brachte. Als die Ergebnisse 2011 auf einem Aids-Kongress in Rom vorgestellt wurden, erhoben sich die Anwesenden zu Standing Ovations: Eine Therapie schützt zu 96 Prozent vor einer Infektion, Kondome nur zu 95 Prozent, weil es häufig zu Anwendungsfehlern kommt. Das bedeutet: Keine Safer-Sex-Methode verhindert eine HIV-Infektion zuverlässiger als eine konsequente Therapie.

Es blieben jedoch die statistischen vier Prozent »Restrisiko«[131] und die brennende Frage: Gelten die Ergebnisse auch für homosexuelle Paare und ihre spezifischen Sexualpraktiken? Erst fünf Jahre später, im Juli 2016, wurden im *Journal of the American Medical Society* (JAMA) die Ergebnisse einer sogenannten Partner-Studie veröffentlicht. Darin waren 1238 »Partner-Jahre« von 548 heterosexuellen und 340 schwulen serodifferenten Paaren ausgewertet worden. Voraussetzung für die Teilnahme war, dass die Viruslast der positiven PartnerInnen unter 200 Viruskopien pro Milliliter Blutplasma lag – und dass die Paare beim Sex in der Regel keine Kondome benutzten. Im Studienzeitraum hatten die PartnerInnen insgesamt mindestens 58 000-mal penetrierenden Anal- oder Vaginalverkehr ohne Kondom. Trotzdem gab es keine einzige HIV-Übertragung. Zwar wurde bei elf TeilnehmerInnen HIV neu diagnostiziert, doch hatten sich alle nachweislich außerhalb der Studie infiziert.[132]

Auch ein weiterer wichtiger Punkt konnte im Rahmen der neuen Studie geklärt werden. So war lange umstritten, ob der »Schutz durch Therapie« womöglich durch die Infektion mit anderen sexuell übertragbaren Krankheiten wie Syphilis gefährdet sein könnte. In der Partner-Studie kam es zu keiner solchen Übertragung, obwohl 91 der positiven Teilnehmenden (je 16 heterosexuelle Männer und Frauen sowie 59 schwule Männer) im Beobachtungszeitraum eine Geschlechtskrankheit hatten.[133]

Die an der Studie beteiligten Wissenschaftler (und viele Präventologen generell) halten sich dennoch zurück bei der Beantwortung der Frage, ob kondomloser Sex zwischen HIV-Positiven unter Therapie einerseits und HIV-Negativen andererseits tatsächlich »safe« ist. Auch die meisten Aids-Hilfen äußern sich vorsichtig und betonen, dass »Schutz durch Therapie« am ehesten für Paare geeignet ist. Andere, etwa der an der Studie beteiligte Community-Vertreter Simon Collins, sprechen davon, das Risiko liege praktisch bei null. Die einen fürchten das Restrisiko und sehen den drohenden Kollaps der Prävention, die anderen hoffen auf Entkriminalisierung und Entstigmatisierung der Betroffenen.[134]

Das deutsche Strafrecht hat trotz der neueren Entwicklungen Bestand: Wer mit HIV infiziert ist und ungeschützten Geschlechtsverkehr betreibt, macht sich nach §§ 223 und 224 des Strafgesetzbuches der Körperverletzung schuldig. Strafbar ist bereits der Versuch. Seit 1987 wurden fünfunddreißig HIV-Positive wegen gefährlicher Körperverletzung verurteilt. Die Richter entscheiden höchst unterschiedlich und in jüngster Zeit immer häufiger unter Berücksichtigung der neuesten Erkenntnisse, nach denen eine Ansteckungsgefahr unter erfolgreicher Behandlung nicht mehr zwingend vorliegt. So wurde in München im Februar 2017 ein Mann zur Zahlung eines hohen Schmerzensgelds verurteilt, weil er seiner Partnerin versichert hatte, negativ zu sein, ohne je einen Test gemacht zu haben – er hatte sie tatsächlich angesteckt.[135] In einem anderen Fall wurde ein Angeklagter freigesprochen, weil er darlegen konnte, dass er aufgrund regelmäßiger Einnahme seiner Medikamente nicht in der Lage sei, jemanden anzustecken; was er tatsächlich nicht getan hatte.[136]

Trotz dieser neueren Entwicklung schützen sich die meisten schwulen Männer weiterhin konsequent mit Kondomen. Das geht aus der im März 2016 von der Deutschen AIDS-Hilfe veröffentlichten Studie *Schwule Männer und HIV/AIDS* hervor.[137] Dafür wurden 16 734 homo- und bisexuelle Männer im Jahr 2013 befragt. Drei Viertel von ihnen gaben an, dass sie sich immer vor HIV schützen, wenn ein Risiko bestehen könnte. 17 Prozent der negativ getesteten Teilnehmer berichteten von gelegentlichen, 9 Prozent von häufigen (mehr als fünf in den vergangenen zwölf Monaten) ungeschützten Kontakten. Der Anteil der Männer, die solche sogenannten Risikokontakte eingingen, hat sich seit der letzten Untersuchung dieser Art aus dem Jahr 2010 nicht erhöht. Demnach gibt es keinen Hinweis auf den befürchteten Einbruch beim Schutzverhalten.

In festen Partnerschaften allerdings werden der Studie zufolge immer seltener Kondome benutzt. 60 Prozent der Befragten hatten in den vergangenen zwölf Monaten beim Sex mit dem festen Partner nie Gummis verwendet, nur 19 Prozent immer. Der Verzicht auf Kondome ist kein Problem, wenn beide Partner negativ oder beide positiv sind oder ein wirksamer »Schutz durch Therapie« besteht. Entscheidend ist allerdings, dass offen über Risiken gesprochen wird – und das ist nicht immer der Fall: 88 Prozent der Befragten, die in offenen Beziehungen leben, haben mit ihrem Lebenspartner eine Vereinbarung, dass sie in der Beziehung auf Kondome verzichten und sich beim Sex mit anderen Partnern konsequent schützen. Rund die Hälfte der Männer hat allerdings keinen aktuellen HIV-Test vorzuweisen, und jeder Fünfte berichtet von Verstößen gegen die Vereinbarung, die nicht oder nur unzureichend kommuniziert wurden.

Eine sogenannte offene Partnerschaft ist bei homosexuellen Paaren häufiger[138] anzutreffen als bei heterosexuellen (aber keineswegs die Regel), nicht immer aber fällt es den Beteiligten leicht, wirklich offen darüber zu sprechen. Einige Paare haben vereinbart, dass eher gar nicht gesprochen wird, frei nach dem Motto »Was ich nicht weiß, macht mich nicht heiß«. In Bezug auf HIV kann diese Haltung jedoch zu Problemen führen,[139] zumal der letzte HIV-Test bei 27 Prozent der Befragten mehr als ein Jahr zurückliegt und 35 Prozent sich noch nie haben testen lassen.[140]

Zwischenzeitlich ist das Prinzip »Schutz durch Therapie« populärer geworden. Den Anfang machten Szenegänger, die für sich herausgefunden hatten, dass Sex mit Positiven unter Therapie »geiler ist«, weil man auf das Kondom verzichten kann. Was auch funktioniert, wenn Negative Medikamente nehmen: Truvada wird in Europa seit 2005 bei HIV-Positiven eingesetzt, um die Ausbreitung des Virus im Körper zu hemmen, und ist hier seit 2016 auch zur sogenannten Präexpositions-Prophylaxe (PrEP) zugelassen, also als vorbeugendes Medikament für HIV-Negative, die sich vor einer Infektion schützen wollen.

Nachdem der Patentschutz für Truvada ausgelaufen war, wurde zwar in Deutschland ein Generikum des Anbieters Hexal als PrEP zugelassen,[141] das statt 820 nur noch rund 600 Euro pro Monat kostete, doch für die meisten blieb das unerschwinglich. Aktivisten forderten bereits seit Jahren die Kostenübernahme durch die Krankenkassen. Auch die Deutsche AIDS-Hilfe setzte sich dafür ein, zumindest für Personen mit hohem Ansteckungsrisiko, und dazu gehören sexuell aktive schwule Männer mit wechselnden Partnern.

Es besteht die berechtigte Annahme, dass so die Prävention wirksam ergänzt und die Zahl der HIV-Neuinfektionen gesenkt werden kann. Einige Länder, darunter Norwegen und Belgien, beabsichtigen, das Medikament in Zukunft kostenlos an diese Gruppen abzugeben – während sich Schwule in Großbritannien, das die Zulassung von PrEP verzögert hat, längst selbst helfen und über eine von der Community als seriös eingestufte Website Generika aus Indien bestellen, die nur rund vierzig Dollar im Monat kosten. Im Ergebnis sind die Neuinfektionsraten in Großbritannien signifikant gesunken.[142] Ein Beispiel, das Schule gemacht hat, auch in Deutschland. Seit Oktober 2017 gibt es hier die Möglichkeit, die PrEP für rund fünfzig Euro pro 28 Tabletten in teilnehmenden Apotheken in ausgewählten deutschen Städten zu bekommen. Die verbilligte Abgabe wurde aufgrund der Initiative eines Kölner Apothekers möglich, der den besagten Generika-Hersteller dazu animiert hatte, die Präparate in »Blisterverpackungen« abzugeben. Die Tabletten werden zu diesem Zweck

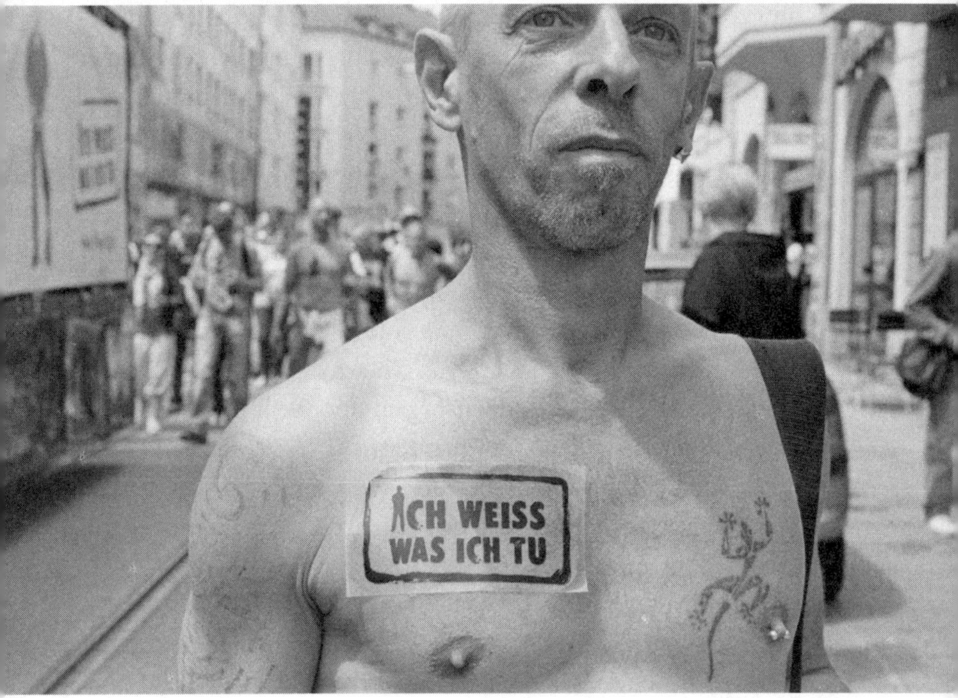

Mit der Kampagne »Ich weiß, was ich tu« wollte die Deutsche AIDS-Hilfe eigenverantwortliches Risikomanagement unterstützen. CSD München, 2009.

umgepackt, auf dem weiterhin vom Arzt auszustellenden Rezept muss die »Verblisterung« explizit angegeben werden. Immer mehr Apotheken in deutschen Städten beteiligen sich mittlerweile an dieser Aktion.

Die längste Erfahrung mit PrEP haben die USA: Dort wird Truvada bereits seit 2012 überaus erfolgreich in der Prophylaxe eingesetzt. Die amerikanische Gesundheitsbehörde CDC hat 2015 empfohlen, dass Menschen mit besonders hohem Risiko das Medikament einnehmen sollten – darunter laut CDC rund ein Viertel der sexuell aktiven HIV-negativen schwulen und bisexuellen Männer.[143] Die Weltgesundheitsorganisation teilt diese Einschätzung und hat deshalb im Juni 2017 die PrEP-Präparate in die Liste der »unentbehrlichen Arzneimittel« aufgenommen,[144] an der sich Regierungen bei der Entwicklung eigener Versorgungsstandards orientieren können.

Die Debatte um PrEP geht weiter, vor allem im Kreis der Betroffenen bzw. Risikogruppen. Insbesondere für ältere schwule Männer, die die Aids-Krise durchlebt haben, ist die Idee, auf Kondome zu verzichten, geradezu undenkbar. Andere LGBTI*-Aktivisten warnen davor, dass Truvada die Menschen in falscher Sicherheit wiegen und zu mehr unsafem Sex führen könnte – und damit sogar zu mehr HIV-Infektionen. Eine derartige Entwicklung konnte allerdings in den USA seit der Zulassung nicht nachgewiesen werden. Zugenommen hat hingegen die Zahl der Infektionen mit anderen Geschlechtskrankheiten, insbesondere mit Syphilis (die allerdings weiterhin gut mit Antibiotika behandelbar ist).

Das Ende von Aids haben sich die Vereinten Nationen für das Jahr 2030 auf die Fahnen geschrieben, in Deutschland soll dieses Ziel schon 2020 erreicht sein. Das Ende von Aids bedeutet in diesem Zusammenhang, dass die Krankheit bei niemandem mehr ausbrechen soll – in Deutschland wird derzeit noch bei etwa tausend Patienten jährlich das Vollbild diagnostiziert. Dieses Ziel lässt sich allerdings nur erreichen, wenn möglichst viele Menschen dazu gebracht werden, einen HIV-Test zu machen, denn erst mit dem Wissen um die Infektion ist eine medikamentöse Behandlung möglich. In Deutschland kann jeder Infizierte diese Therapie bekommen, die Kassen übernehmen die Kosten. Das ist in vielen Ländern anders, auch wenn sich die Versorgung mit Medikamenten in der Subsahara-Region in den letzten Jahren enorm verbessert hat (während gleichzeitig auf dem Gebiet der ehemaligen Sowjetunion eine Katastrophe droht).

Ein Schloss für Schwule

In der Mitte Deutschlands, umgeben von Wäldern, liegt ein Schlösschen für Schwule. Was sich anhört wie ein Märchen oder der Beginn eines Ralf-König-Comics, ist wahr: Die Akademie Waldschlösschen gibt es tatsächlich. Sie wurde im Jahr 1981 aus der Schwulenbewegung heraus gegründet, in einem ehemaligen Kurhotel bei Reinhausen, einer kleinen Ortschaft zwischen Göttingen und Heiligenstadt. In dem alten Fachwerkbau mit seinen Giebeln und Türmchen sollen einst die Stars des deutschen Nachkriegskinos während der Dreharbeiten genächtigt haben – nach dem Krieg war Göttingen eines der neuen Zentren der Filmwirtschaft, die in dieser Zeit so gerne die Heide blühen ließ.

»Freies Tagungshaus Waldschlösschen« hieß die Einrichtung anfangs. Schnell erwarb sie sich den Spitznamen einer »Schwulen Volkshochschule«. Im Jahr 2000 erfolgte die Umbenennung in »Akademie Waldschlösschen«. Die staatlich anerkannte sogenannte Heimvolkshochschule verfügt über ein eigenes Budget im niedersächsischen Landeshaushalt. Moderne Gastzimmer und Seminarräume wurden angebaut. Träger ist seit 2004 die von Rainer Marbach und Ulli Klaum, den Initiatoren des Tagungshauses, gegründete gemeinnützige Stiftung, in deren Beirat unter anderem Rita Süssmuth sitzt.

Schwule Männer aus der ganzen Republik kommen hierher, um sich fort- und weiterzubilden. Es gibt Treffen schwuler Lehrer und Journalisten, Gesundheitsworkshops, Seminare zum Thema »queere Kultur«. Auch Wochenendveranstaltungen mit dem Titel »Spirituelle Praxis für schwule Männer« erfreuen sich großer Beliebtheit. Mitten in der niedersächsischen Provinz entstand ein kulturelles Zentrum der deutschen Homosexuellen, in dem sogar eine eigene, anspruchsvolle Schriftenreihe herausgegeben wird, die Edition Waldschlösschen.

Den Herausforderungen der Aids-Krise begegnete das Waldschlösschen zunächst durch die bundesweite Vernetzung der über das ganze Land verstreuten Aids-Hilfen, die zur Gründung des Bundesverbandes der Deutschen AIDS-Hilfe führte.[145] Seitdem ist das Waldschlösschen Bildungspartner der DAH. Unter anderem entwickelte man hier ein Fortbildungsprogramm für haupt- und ehrenamtliche Mitarbeiter der Aids-Hilfen – und fördert laut Eigenbeschreibung die »Begegnung, Fortbildung und Selbstorganisation von Menschen mit HIV und Aids aus allen Bevölkerungsgruppen«. Unter anderem finden mehrmals im Jahr »Bundestreffen der Positiven« statt.

An diesem Sommerwochenende ist es wieder so weit. Die Sonne steht hoch, und aus dem großen Saal dringt Besteckgeklapper und Gemurmel. Der neue Gast wird an den Tisch der Waldschlösschen-Mitarbeiter gebeten, auf dem Schüsseln voller Nudeln mit Soße und Salaten stehen. Die Atmosphäre changiert zwischen Jugendherberge und evangelischem Kirchentag, aber da ist ja doch eine Discokugel an die Decke gedübelt, und im Keller gibt es eine Gemeinschaftssauna. Es ist ein schwuler Ort, auch wenn hier, am Bundestreffen der Positiven, auch Frauen teilnehmen – und ein (einziger) heterosexueller Mann.

»Das ist jetzt schon das hundertachtzigste Bundestreffen«, erklärt einer der Organisatoren, »und es ist nach wie vor ein großer Erfolg – das Gemeinschaftserlebnis, das stärkt das Selbstwertgefühl. Und es finden Menschen aus allen Schichten zusammen.« Zwischen 280 und 350 Euro kostet die Teilnahme pro Person. Diejenigen, die Geld haben, zahlen das; für die anderen kommen die AIDS-Hilfe und die Bundeszentrale für gesundheitliche Aufklärung auf. »Sekundärprävention unter psycho-sozialen Aspekten« wird hier betrieben, also die Unterstützung bei der Bewältigung der Krankheit.

Nach dem Essen zieht es die meisten nach draußen. »Na ja, die

Raucher sind hier in der Mehrheit«, sagt Max. Er ist Bayer, und das hört man. Selbst Nichtraucher, sitzt er mit den anderen an einem der Rauchertische, aus Geselligkeit. Max wohnt auf dem Land, er fährt einmal im Monat nach München, um alte Freunde zu treffen (»viele habe ich ja auch verloren«), und hin und wieder nach Berlin (»dann wohne ich immer im Sachsenhof«, ein schwules Traditionshotel unweit des Nollendorfplatzes). »Seit 1985 bin ich positiv. Ich hatte auch Schwierigkeiten. Gürtelrose hatte ich öfters, und schon mal Pilze im Mund.« Die Zeit des »Maßnahmenkatalogs«, als es wieder Razzien gab, hat Max in Bayern miterlebt. »Damals hatte man tatsächlich Angst, ›abgeholt‹ zu werden.« Viele verließen das Bundesland lieber gleich. Max blieb.

»Was ich nie vergessen werde, ist das Positiventreffen in Leipzig 1996, kurz vor dem Durchbruch mit HAART, als vorne auf der Bühne quasi mein Todesurteil auf die Leinwand projiziert wurde. Da stand nämlich, dass Positive eine Lebenserwartung von elf Jahren hätten. Statistisch gesehen war das also mein Todesjahr. Und meine Viruslast betrug ja auch schon 1,3 Millionen, die Zahl der Helferzellen lag bei 100. Heute sind es immerhin 400 bis 600.« Es ist ihm gelungen, sich eine gewisse Distanz gegenüber der Tragik auch des eigenen Schicksals zu bewahren. »Ich habe versucht, das nicht so nah rankommen zu lassen.« Vor den Problemen einfach davongelaufen ist er aber nicht, hat sogar ehrenamtlich für die Aids-Hilfe gearbeitet, »im Café Positiv, weil es da lustig war«.

Zwei von drei Positiven sind, so schätzt die Deutsche AIDS-Hilfe, berufstätig. Sie arbeiten als Lehrer, Friseure oder Ärzte – und sind im Durchschnitt nicht öfter krank als ihre Kollegen. Max allerdings hat sich, wie viele Langzeitbetroffene, irgendwann berenten lassen. »Auf der Arbeit habe ich das niemandem erzählt, ich habe da keinen Vorteil drin gesehen, dass das jemand weiß. Mir sagt ja auch nicht jeder alles.« Das Bodenständige und Unaufgeregte ist seine Rettung, auch ins Waldschlösschen mag er nicht ständig kommen, »alle zwei Jahre vielleicht, die Themen müssen mich interessieren. Einmal war es ›Creative Writing‹, dieses Mal gibt es einen Schwerpunkt zu HIV und Herzkreislauferkrankungen.« Zu der Veranstaltung, bei der es um Traumatisierungen geht, all das, was in den frühen Jahren mit der Infektion geschehen ist, möchte Max lieber nicht, »das Fass will ich nicht aufmachen, ich bin doch zufrieden«.

Es ist ein heikler Akt, bei so einem Treffen hereinzuplatzen und die Teilnehmenden nach ihren Erfahrungen mit HIV/Aids zu fragen; das Waldschlösschen ist ein geschützter Raum. Doch mit der Zeit sind immer mehr bereit, etwas über ihr Leben zu erzählen. So auch Daniel. Er ist siebenundvierzig, sieht aber jünger aus, was vielleicht auch an seinem Hipster-Bart liegt. Wir haben uns ein Eckchen gesucht auf dem weitläufigen Gelände, bis zum nächsten Workshop ist noch eine Stunde Zeit. »Seit 1990 bin ich positiv«, sagt er. Das Datum, an dem sie von ihrer Infektion erfahren haben, kennen viele Positive wie ihren Geburtstag; der Tag, der alles verändert hat. »Zuerst dachte ich, dass ich nur noch zwei, höchstens vier Jahre habe.«

Anfang zwanzig war er, als er sich infizierte, »in einem Pornokino hatte ich Sex mit einem älteren Mann, ungeschützt, ich war völlig unerfahren. Ich weiß noch, dass auf der Leinwand ein ›Kondome schützen‹-Spot der AIDS-Hilfe lief, man mag es kaum glauben.« Auch das ist zentral bei den Erzählungen der Betroffenen. Bei der Frage *Wie ist es passiert?* klingt immer die Frage *Warst du schuld?* mit, HIV-Betroffene müssen sich rechtfertigen, sie stehen unter Verdacht. Die Erklärung »das Gummi ist gerissen« klingt zu banal. *Bist du sicher, dass du ein Kondom verwendet hast …?*

Über solche Dinge ist Dieter längst hinweg. »Gesprächstherapie, Kunsttherapie … So mit fünfunddreißig habe ich die Kurve gekriegt. Vorher dachte ich immer: Du musst jetzt schnell sein, musst schnell leben, bevor es zu spät ist. Das hatte auch eine Qualität – ich war durch diese Krise reifer als Gleichaltrige, konnte vieles intensiver wahrnehmen. Aber da waren auch die ganzen Ängste, denen ich mich nicht gestellt hatte.« Dieter, der lange mit der Gewissheit lebte, bald sterben zu müssen, ist älter geworden, interessiert sich nun auch für das Herzkreislauf-Seminar. Sein Partner ist negativ.

Früher bemühte Dieter sich, seine Erkrankung vor anderen zu verbergen, nicht zuletzt um der Diskriminierung in der Szene zu entgehen. Das habe ihn allerdings zugleich daran gehindert, das Geschehene verarbeiten zu können: »Es gibt doch dieses berühmte Bild *Der Schrei* von Edvard Munch – so war das. Ich bin nicht jemand, der in der Vergangenheit lebt. Aber der Satz, den ich dann mal gehört habe in einer dieser Runden hier, der stimmt ja eben auch: ›Ihr wisst ja gar nicht, was wir durchgemacht haben.‹« Seine Jugend vergleicht er heute mit dem Anlauf, den ein Albatros braucht, um in die Luft zu kommen, »ich bin ganz schön auf der Startbahn herumgestolpert«, sagt er. Es war nicht leicht, mit abgebrochener Ausbildung, Schulden. »Mein Traumauto, dachte ich, müsste ich mir kaufen, ein Honda-Coupé.« Wann auch sonst? Wie soll man ein Leben planen, eine vernünftige Perspektive entwickeln, wenn man Anfang zwanzig ist und damit rechnen muss, in Kürze zu sterben?

In der vom Hof her einsehbaren Küche herrscht immer noch Betrieb. Man sieht junge Frauen hin und her laufen. Einige der Teilnehmer haben sich einen Platz auf der Wiese gesucht oder einen Stuhl, um zu lesen oder auch nur ein bisschen Sonne zu tanken. Nun biegt Paul um die Ecke, er ist Mitte dreißig und kommt gerade vom Baden – nicht weit vom Waldschlösschen gibt es einen See. Auch er ist bereit zu erzählen – in seinem alltäglichen Leben schweigt er lieber. »Es ist nicht gut, wenn meine Kollegen das wissen. Das sind alles Heteros, viele sind nicht aufgeklärt, die denken, man bekommt das durch Husten.« Es läuft anders mit der Ansteckung, »ich war angedudelt, hatte Sex mit jemandem –

ohne Kondom, so ist es passiert. Ich war einunddreißig, den Test habe ich anonym beim Gesundheitsamt gemacht.« Das war 2014. Anschließend fiel er in ein tiefes Loch, eine »Schockstarre«, sagt er. »Als der Mann vom Gesundheitsamt mir erklärt hat, dass ich positiv bin, habe ich geweint. Dann habe ich meine Mutter angerufen, und sie hat auch geweint.«

Paul ist ein lebenslustiger junger Mann, ein »Sonnyboy«, dessen Leben von einem Tag auf den anderen aus der Bahn geriet. »Ich wusste nicht, mit wem ich reden sollte. Ich hatte zwar Kontakte über Gayromeo, aber das war dann doch nicht die richtige Plattform. Zuerst hatte ich große Angst vor den Medikamenten – und war auch noch so ungeschickt, die Packungsbeilage zu lesen.« Wie viele Betroffene, die in einem eher ländlichen Umfeld leben, ist Paul extra zu einem Arzt in einer weit entfernten Stadt gefahren, damit in seinem Heimatort niemand etwas davon erfährt. »Zum Glück haben sich meine Befürchtungen nicht bestätigt: Ich hatte keine Probleme mit den Tabletten, ich muss nur zwei Stück nehmen – wenn man die Geschichten hört von den Älteren, was da los war! Dreimal am Tag eine Handvoll Pillen, und ja pünktlich!«

Für Paul sind diese Treffen mit anderen Positiven existenziell, sie helfen ihm, seine chronische Krankheit in sein Leben zu integrieren. Es ist ein Leben, zu dem HIV einfach nicht passt – in der süddeutschen Provinz bei einer Werbeagentur, mit Kollegen und Kolleginnen, die immer einen Scherz auf den Lippen haben, die ihre Häuser und Eigentumswohnungen abbezahlen. Die über ihre Hunde reden und über ihre Kinder, die in die Dominikanische Republik in Urlaub fahren. Die vielleicht eine Glutenunverträglichkeit haben oder ein Überbein, womöglich sogar eine Depression oder Krebs. Selbst darüber kann man heute bei einem gemeinsamen Mittagessen oder kollegialen Beisammensein reden. Aber über HIV?

Beim Abendessen hat Hans-Peter Zeit. Es gibt Brot und Aufschnitt, auch noch etwas Warmes, mit Käse überbackene Nudeln in Sahnesoße für den etwas größeren Appetit. Ein kühlender Abendwind weht durch die geöffneten Türen, die auf die Terrasse führen. Es riecht nach Kräutertee, wieder ist da diese seltsam anheimelnde Landschulheimatmosphäre. Allerdings wurde in den Seminaren über sehr erwachsene Themen gesprochen. Hans-Peter braucht keine Basis-Informationen über HIV, er ist ein weiterer Langzeitbetroffener. 1984 bekam er die Diagnose, »angesteckt habe ich mich wahrscheinlich 1982«. Damals lebte er in Bielefeld, einem der ersten Zentren der westdeutschen Schwulenbewegung. Zwei Jahre vorher hatte er sein Coming-out. »Das war noch eine unbeschwerte Zeit – voller Freiheitsversprechen.« Als er sein Ergebnis bekam, war er nach Berlin gezogen, »da waren dann auch noch andere Bielefelder, die sich später als positiv herausstellten«.

Ins Waldschlösschen kommt er, weil er den Austausch schätzt, »die privaten Gespräche, es finden ja hier die unterschiedlichsten Leute zusammen, es ist immer wieder ein herzliches Wiedersehen. Außerdem sind die Veranstaltungen und Workshops auf einem sehr hohen Niveau, das findet man so in Berlin gar nicht.« Bei seinem ersten Treffen im Jahr 2000 ging es um sogenannte diskordante Paare, also Paare, bei denen der eine positiv ist und der andere nicht – eine Situation, die insbesondere vor dem Wissen um die Nichtinfektiosität unter HAART sehr schwer sein konnte: Die Angst, den Partner anzustecken, auf der einen Seite, Hyperbesorgtheit und Verlustängste auf der anderen.

Hans-Peter hat fast alle Angebote durch, die je für Positive organisiert wurden. »Ich war in einer der ersten Selbsthilfegruppen überhaupt. Drei bis vier Jahre noch, dachte ich, und habe das dann erst mal wunderbar verdrängt, was sogar einigermaßen funktionierte.« Die Gruppe wurde von einem schwulen Journalisten aus München geleitet. »Das ist über dreißig Jahre her, damals war ich gerade mal zweiundzwanzig, ein attraktiver junger Mann – ich bin sogar weiter in die Szene gegangen.« Im Metropol-Theater am

Berliner Nollendorfplatz war er oft, »vorne links von der Bühne war der Treffpunkt mit meinen Leuten«, oder im Tom's, auch im Anderen Ufer. »Man fühlte sich verpflichtet, sich zu outen. Ich bin heute noch erstaunt, dass sich die Leute tatsächlich darauf eingelassen haben, weiterhin Sex mit mir zu haben. Die hatten noch gar nicht so viel Angst zu der Zeit. Gestorben wurde da noch in Amerika, das war weit weg.«

Als das große Sterben schließlich begann, blieb er verschont. AZT kam auf den Markt, »das ist mir schlecht bekommen«. Zum Glück hat er es selbständig abgesetzt. »1995, kurz vor HAART, sind noch mal zwei enge Freunde von mir gestorben. Ein Jahr später sollte ich dann die Tabletten nehmen und habe erst mal geheult. Ich habe das als Kapitulation empfunden – ich hatte doch so lange durchgehalten. Und dann sollte ich einen Pillenwecker haben, alle vier Stunden Pillen schlucken. Und die Nebenwirkungen!«

Dreißig Jahre positiv – ein Spaziergang war es nicht, doch er blickt gelassen darauf zurück. »Ich habe das so akzeptiert, ich könnte mir eine andere Biografie nicht vorstellen«, sagt er nüchtern.

Draußen haben sich nun überall Grüppchen gebildet, es wird Bier getrunken oder Wein. Am Tresen kann man sich selbst bedienen, man unterschreibt für die Getränke, die man entnommen hat, alles auf Vertrauensbasis. Um acht gibt es noch ein Kulturangebot, eine Leserunde: Teilnehmende tragen Texte vor, die ihnen etwas bedeuten oder von denen sie annehmen, dass sie anderen etwas bedeuten könnten. Die Bandbreite reicht von Tucholsky-Texten aus der *Weltbühne* bis zum Kreuzberger Lesebühnen-Star Marc-Uwe Kling, *Unter dem Kardamond*. Jemand hat die Kerzen angezündet, die in dem großen silbernen Kandelaber stecken. Alle hören gebannt zu.

Manfred hat gut geschlafen im Wald bei Göttingen. Er ist zum ersten Mal hier, infiziert hat er sich im Jahr zuvor. Im Alter von zweiundsechzig Jahren bekam er seine Diagnose – und konnte es nicht fassen. »In der Aids-Zeit war ich verheiratet, mit Frau und zwei Kindern.« Sein Coming-out hatte er erst mit fünfzig, als Sohn und Tochter aus dem Haus waren, »und dann bekomm ich das mit über sechzig. Das hat mir so den Boden weggezogen, ich habe doch auch langzeitpositive Freunde, ich wusste ja alles, hatte alle Informationen. Und dann ist es doch passiert – die Schuldgefühle waren und sind enorm. Aber ich bin in einer guten Schwerpunktpraxis. Ein Freund hat mich nun hierhergebracht, das war eine gute Idee.«

Manfred ist ein freundlicher älterer Herr, er wirkt wie ein Büroangestellter oder Beamter. Wie jemand, bei dem das Leben eigentlich auf Schienen laufen sollte. »Ich konnte das meiner Familie erst mal nicht sagen, das mit dem HIV. Nach allem, was gewesen ist.« Und das war eine Menge – zu seiner Ex-Frau ist der Kontakt längst abgebrochen, auch das Verhältnis zur Tochter ist schwierig, sie steht zwischen den Fronten. Der Sohn aber ist selbst schwul und lebt in einer Partnerschaft. »Nachdem ich mich ihm gegenüber als positiv offenbart hatte, konnte ich die ganze Nacht nicht schlafen. Am nächsten Morgen hat mein Schwiegersohn angerufen und gesagt, dass ich immer auf die beiden zählen kann.«

Die Herkunftsfamilie, da weiß es der ältere Bruder, »das Verhältnis ist sogar noch besser geworden. Meine Mutter, die ist schon über neunzig, die muss ich damit jetzt nicht mehr belasten.« Mit seiner Lebensgeschichte könnte man eine Fernsehserie gestalten. Selbstverständlich kennt er die Netflix-Serie *Grace and Frankie* mit Jane Fonda und Lily Tomlin. Sie beginnt mit dem Geständnis der Ehemänner von Grace und Frankie, dass sie seit über zwanzig Jahren nicht nur eine Anwaltskanzlei, sondern auch eine Liebesbeziehung miteinander führen: Sie wollen sich scheiden lassen und zusammen leben.

In der Serie werden die Konflikte zivilisiert und mit einer gewissen Großherzigkeit gemeistert. Im richtigen Leben sind es eher die Tragödien, die im Genre »Spätes Coming-out« dominieren – Manfred kennt viele schwule Männer, die noch immer verheiratet sind und sich nicht trauen, ihren Frauen die Wahrheit zu sagen. Er hat Glück gehabt, insgesamt. Obwohl er seine ganze Existenz verloren hat. »Ich bin einfach mit einem Koffer gegangen damals. Ich hatte ein Haus, ein Auto, all das.« Heute lebt der gelernte Industriekaufmann von Hartz-IV und einem Zusatzjob, im nächsten Jahr will er in Rente gehen. Als zu sechzig Prozent Schwerbehinderter könnte er das. »Wenn man zufrieden ist mit seinem Leben, das kann kein Geld aufwiegen«, sagt er, und bei ihm klingt es nicht nach Plattitüde, sondern nach Lebenserfahrung.

Zum Abschied gibt es noch einmal Mittagessen im großen Saal. Die Schüsseln mit den Kartoffeln werden weitergereicht, in der Mitte des Tischs thront eine Platte mit Braten und gedämpftem Gemüse. Die Menschen, die hier beieinandersitzen, zusammen essen, sie wirken völlig unbefangen, entspannt. Der Druck, der sonst auf ihnen lastet, die Ausgrenzung, die Angst vor Ausgrenzung, die Heimlichkeiten, um der Ausgrenzung vorzubeugen – all das gibt es hier nicht.

Unsichtbarkeiten

Drei junge Männer, vielleicht Anfang zwanzig, stehen draußen vor dem Ludwig, einer queeren Bar in Berlin-Neukölln. Neugierig blicken sie durch die große Scheibe, einer drückt sich geradezu die Nase platt. Dann gehen sie lachend weiter. Sind sie gegangen, weil ihnen die Bar, die jetzt, am frühen Abend, noch recht leer ist, langweilig erschien? Haben sie gelacht, weil sie bemerkt haben, dass hier Homosexuelle verkehren? Allerdings ist das auch auf den zweiten Blick kaum zu erkennen.

Falk, um die vierzig, erdbeerblond, könnte einer der vielen Europäer sein, die nach Berlin gekommen sind, nach Neukölln, um hier etwas Kreatives zu machen, sich »neu zu erfinden«, von vorne anzufangen. Aber Falk stammt aus dem brandenburgischen Umland, und das sieht man ihm ebenso wenig an, wie dass er schwul ist oder dass er seit zehn Jahren mit dem Wissen lebt, HIV-positiv zu sein. »Mein Partner weiß es natürlich auch, und meine engsten Freunde. Aber ich überlege mir ganz genau, wem ich das erzähle. Ärzten muss man es ja sagen. Mein Zahnarzt – das ist immer noch derselbe, den ich schon als Kind hatte – hat cool reagiert. Und dann fragte mich die Sprechstundenhilfe, was denn meine Mutter dazu sage. Ich antwortete: ›Die weiß es gar nicht.‹ Ich habe mich erschrocken darüber, wie kühl ich das ausgesprochen habe.«

Am Anfang wusste er kaum, an wen er sich wenden sollte. »Das war keine leichte Zeit für mich, ein Durcheinander. Als ich das Ergebnis bekam, habe ich das erst mal gar nicht glauben wollen: Ich hatte ja schon mal ehrenamtlich für die AIDS-Hilfe gearbeitet und allen möglichen Menschen geraten, wie sie sich vor einer Infektion schützen können – und dann das!« Bei der AIDS-Hilfe hat er sich nicht getraut, von seiner Infektion zu erzählen (»das war Scham«), und die Eltern wollte er nicht belasten. »Aber da war noch was anderes – es ist eigenartig: Ich weiß noch, bei meinem Coming-out hat mich meine Mutter gefragt, ob ich nicht Aids bekommen würde, wenn ich schwul bin. Ich habe sie damals fast ausgelacht, ihr vorgeworfen, dass sie Vorurteile hat.«

Er war mit seinen Ängsten ziemlich allein. »Ich habe weiß Gott wie oft meine Helferzellen überprüfen lassen. Bei jeder Erkältung war ich misstrauisch – auch in den großen Zügen des Lebens war ich verunsichert: Würde ich in Zukunft beruflich belastbar sein? Ich hatte gerade mein Studium beendet, als die Diagnose kam.«

Viele Ängste erwiesen sich als unbegründet, blieben aber dennoch ständige Begleiter. Etwa die Angst vor einem schleichenden Verfall. Und neue kamen hinzu: »Was ist mit der gesteigerten Krebsgefahr? Auch wenn ich im Moment nichts merke, längerfristig kann man sich nicht sicher sein.« Falk spricht gefasst, betont rational über diese Dinge, als seien sie weit weg; fast klingt er, als sei er in einem Beratungsgespräch – wie jemand, der anderen hilft, mit HIV umzugehen. »Andererseits wurde gerade eine Studie veröffentlicht, die besagt, dass positive Menschen in westlichen Länder womöglich sogar eine höhere Lebenserwartung haben, weil sie engmaschiger medizinisch kontrolliert werden.«

Und noch jemandem gegenüber fühlte Falk sich verpflichtet, ehrlich zu sein: seiner Anlageberaterin. »Sonst hätte sie ja ihren Job nicht machen können.« Viele Anlagemöglichkeiten sind Positiven nämlich verschlossen, die meisten Lebensversicherungen, Berufsunfähigkeitsversicherungen, die Liste ist nicht kurz. »Da muss man sich was einfallen lassen, wenn man trotzdem abgesichert sein möchte.«

In der Firma wurde er schon des Öfteren gefragt, warum er denn in einer gesetzlichen Krankenkasse sei, statt sich wie alle anderen in seiner Einkommensliga privat zu versichern. »Da rede ich mich dann raus – einem habe ich neulich gesagt: Darüber möchte ich nicht sprechen; aber er muss ja nur eins und eins zusammenzählen …« Die Privaten verstehen es, sich die teuren Positiven vom Leib zu halten, die Gesetzlichen hingegen müssen sie aufnehmen.

Falk hat sich selbst bewiesen, dass er mithalten kann, dass er ein Leistungsträger ist; er hat es auch der Gesellschaft bewiesen und seinem Arbeitgeber. Das Privileg einer privaten Krankenversicherung bleibt ihm jedoch verwehrt. »Mit wem man spricht und mit wem nicht – die Kommunikation über HIV hat auch damit zu tun, wo man sich verortet, wo man gesellschaftlich stehen oder eingeordnet werden möchte – das lässt sich ja nicht trennen. Vor ein paar Jahren habe ich an einem HIV-Kongress im Roten Rathaus teilgenommen. Wir standen für eine Weile draußen auf der Straße, man konnte uns also sehen«, erzählt Falk, »und da war dann so eine Gruppe Jungschwuppen, die kreischten herum und hatten schrille Klamotten an … Ich habe in dem Moment gemerkt: Mit denen möchte ich nicht in Verbindung gebracht werden. Und mir war gleichzeitig völlig klar, was da in meinem Kopf passierte. ›Du verrätst deine eigenen Leute‹, sagte ich mir, aber eigentlich ging es ja nur um meine Scham – die Scham, schwul zu sein. Das ist tief abgelegt, irgendwo im Unterbewusstsein.«

Homonegativität würde der Fachmann das vielleicht nennen, und Falk hat ein Bewusstsein für diese Zusammenhänge. Keine Selbstverständlichkeit, Homosexualität kennt keine Klassenschranken, der Professor kann so sein, der Müllmann auch; am Ende begegnen sich beide womöglich, doch über die Sexualität hinaus gibt es keine Verbindung zwischen ihnen. Das macht das Sprechen nicht leichter. »Seitdem das Prinzip ›Schutz durch Therapie‹ bekannter geworden ist, sich zumindest in der Szene herumgesprochen hat, kommt es immer öfter vor, dass ich mich oute. Wenn auch eher in einem anonymen Rahmen.« Wie viele schwule Paare lebt er mit seinem Partner eine »offene« Beziehung, Sex mit anderen Männern ist erlaubt. »Wenn man sich trifft, ohne groß Namen und Identität zu besprechen, dann kommuniziere ich das mittlerweile recht häufig, schon im Chat.«

Aber manchmal ist es komplizierter. Gerade hat sich Falk wieder mal in eine Situation manövriert, bei der er nicht weiterweiß. Des Öfteren hat er sich mit einem jungen Mann getroffen, zwecks sexuellem Austausch; nun wäre es langsam an der Zeit, miteinander zu sprechen, vor allem, weil es neulich zu einer theoretisch »unsafen« Situation gekommen ist. »Ließe man das Prinzip ›Schutz durch Therapie‹ außen vor, hätte ich ihm sofort sagen müssen, dass ich positiv bin, aber so kann ich davon ausgehen, dass nichts passiert ist. Ich muss nichts sagen. Und doch entsteht da eine Spannung, das Gefühl, ehrlich sein zu müssen – man kann nie wissen, wie das Gegenüber reagiert. Flippt er komplett aus, obwohl er sich ja selbst auf die Situation eingelassen hat? Oder sagt er einfach: Entspann dich, ich bin auch positiv?« Eine Ungewissheit, die oft darin endet, dass der Kontakt abgebrochen wird, bevor ein engeres Vertrauensverhältnis entstehen kann – nicht schlimm, wenn es sich nur um »Fuckbuddies« handelt; eine Tragödie, wenn man auf der Suche nach einem Lebensgefährten ist.

Noch vor wenigen Jahren hatte Falk das Gefühl, eine wandelnde Zeitbombe zu sein. »Das war sehr unangenehm, eine schwere Belastung, das lässt jetzt langsam nach.« Stets hatte er sich gegen seine Ängste stellen, die Diskriminierung aushalten müssen, die er auch in der Szene noch immer spürt: »Es gibt da diesen typischen Schriftverkehr auf Grindr oder Gayromeo« – schwulen Dating-Plattformen –, »man ist sich im Prinzip schon einig, es geht nur noch um die Adresse. Und dann kommt die Frage: ›Bist du eigentlich gesund?‹ Was soll man darauf antworten? Manchmal sage ich: ›Bisschen erkältet, aber sonst …‹« Falk hat schon oft ehrlich geantwortet, und schon oft hieß es dann: »Mein Bauch sagt nein, obwohl mein Kopf weiß, dass es kein Problem gibt.« Das ist immerhin aufrichtig – die meisten, erzählt Falk, schreiben einfach nicht mehr zurück. Andere »blocken« das Profil auf der Dating-Plattform, so dass überhaupt keine Kommunikation mehr möglich ist.

Böse ist Falk nicht darüber, er kann sich noch gut daran erinnern, wie ängstlich er selbst vor seiner Diagnose war: »Wenn ich wusste, dass jemand positiv ist, habe ich auf Oralverkehr verzichtet. Mindestens.« Das Sexuelle ist irrational, und es ist viel leichter, Dinge zu ignorieren, über die nicht gesprochen wird: Bei anonymen Begegnungen verzichten schwule Männer beim Oralverkehr meist auf das Kondom, das theoretische (eher geringe) Risiko einer Ansteckung sind sie bereit einzugehen – die Haltung ist aber eine andere, wenn sie den (positiven) Serostatus des Sexualpartners kennen. Gleichzeitig sei inzwischen »ein Damm gebrochen«, beobachtet Falk: »Mein Eindruck ist, dass sich immer weniger Leute durch die Angst vor Aids einschüchtern lassen. Aber das ist auch etwas, was ich mit Sorge beobachte: Wenn man schon positiv ist, kann man zusätzliche Krankheiten eigentlich nicht gebrauchen. Ich würde nie auf eine Sexparty gehen, bei der alle ohne Gummi vögeln – das Risiko, was mit nach Hause zu bringen, wäre mir zu hoch. Andererseits ziehen mich diese dunklen Orte an, an denen sich Männer treffen, um Sex zu haben.«

Mit dieser ambivalenten Haltung ist Falk nicht alleine. »Promisk« sind immer die anderen: Es gibt bei vielen schwulen Männern die Tendenz, die deviante Sexualität – die schnellen, anonymen Kontakte – nicht nur in der Öffentlichkeit zu verbergen, sondern gleich ganz abzuspalten. Der Druck, so »normal« zu sein »wie alle anderen«, ist seit den neunziger Jahren gestiegen: das ist der Preis für die gestiegene Akzeptanz. Man spricht nicht darüber, was man am Wochenende auf der Sexparty getrieben hat, welche Drogen konsumiert wurden, man spricht nicht darüber, dass man nach dem Büro noch in der Schwulensauna war, deren Eingang noch immer – wie in den guten alten Zeiten – verborgen irgendwo im Hinterhof ist. Eine Alltagsschizophrenie, die sich bei so manchem negativ auf das Präventionsverhalten auswirkt.

Aber vielleicht hat sich mit der Verbreitung von PreP etwas verändert? Falk bezweifelt das. Er ist im Rahmen seines durchaus intensiven Sexuallebens bislang noch auf niemanden gestoßen, der ihm gesagt hätte, dass er auf PreP ist und Spaß sucht. »Diese Methode scheint mir eher unter das Schweigegelübde zu fallen.« Mit den vielen Möglichkeiten, einer Ansteckung zu begegnen, ist ein Durcheinander entstanden. Aus dem einfachen »Kondome schützen«, das sich jedes Kind merken konnte, wurde ein komplexes Risikomanagement, das sich stetig wandelt. So ist in jüngster Zeit auf Grindr zu beobachten, dass immer mehr Männer ihren Serostatus (positiv, negativ) bzw. das Datum ihres letzten HIV-Tests angeben – oder dass sie »positiv« bzw. »negativ, on PrEP« sind.

Es wird nun voller im Ludwig, Stühle werden gerückt, auf den Bänken häufen sich Jacken und Schals. Man hört allerlei Sprachen, Spanisch, Italienisch, Englisch. Viele junge Männer mit Bärten und Wollpullovern, man weiß nicht genau: Sind sie schwul? Oder bi? Oder womöglich HIV-positiv? Man müsste sie dann wohl einfach fragen.

Das Warnzeichen W009

Biohazard bedeutet übersetzt Biogefährdung. Mit dem Symbol werden Stoffe gekennzeichnet, von denen eine Gefahr für Menschen und Umwelt ausgeht – medizinische Abfälle, mit Mikroorganismen oder Viren kontaminierte Substanzen. Sie werden mit einem entsprechenden Warnzeichen versehen, um auf den richtigen Umgang hinzuweisen, beispielsweise das Tragen entsprechender Schutzkleidung und die fachgerechte Entsorgung.

Schon in den neunziger Jahren haben schwule positive Männer damit begonnen, sich das Biohazard-Symbol auf jene Haut, die sie dank Medikamenten gerade noch hatten retten können, zu tätowieren. Das Warnzeichen W009 nach DIN EN ISO 7010, Mitte der sechziger Jahre entwickelt, zeigt einander überlagernde Kreise. Als Tattoo verwendet, ist es leicht mit einem Tribal zu verwechseln.

Viele HIV-Positive sind seit den neunziger Jahren in eine Art Untergrund gegangen. Still nahmen sie ihre Medikamente, einerseits froh, überlebt zu haben, andererseits voller Angst, ausgestoßen und stigmatisiert zu werden. Gleichzeitig fingen sie an, sich parallele Strukturen aufzubauen, die ihnen vorübergehend Entlastung verschaffen konnten von der Ausgrenzung und den Ängsten, zurückgewiesen zu werden. Der Überforderung, den Todesängsten des potenziellen Sexualpartners nach dem Satz »Ich bin positiv«. Dazu gehören – neben vielen anderen Zusammenkünften von Positiven – die Biohazard-Partys, bei denen sich HIV-positive Männer treffen, um miteinander Sex zu haben. Häufig ohne Kondom, »ungeschützt«, denn ein Schutz vor einer Infektion mit dem HI-Virus ist ja nicht nötig. Nicht mehr. Und was ist mit anderen sexuell übertragbaren Krankheiten? »Syphilis, Tripper, Chlamydien – das ist alles sehr gut behandelbar. Sogar im Fall einer

Infektion mit Hepatitis C gibt es mittlerweile ein Mittel. Hepatitis C, das hat viele Leute noch abgehalten, aber jetzt gibt es eigentlich keinen Grund mehr, panisch zu sein – in unserer Situation.« Michael ist gerade vierzig geworden. Er hält sich in Form, besucht dreimal die Woche ein Fitnessstudio – und regelmäßig die Biohazard-Partys.

Dieses Mal findet sie in einem Berliner Club in Berlin-Schöneberg statt, der mit einem legendär großen Darkroom ausgestattet ist. Was wir hier machen – uns über Aids und HIV unterhalten –, ist im Sinne des Veranstalters unerwünscht. Das Thema soll auf der Party für Positive nicht erwähnt werden, schließlich gehe es darum, zu entspannen. Einlass findet ohnehin nur, wer sich vorher angemeldet und versichert hat, dass er um die Risiken und Umstände der Veranstaltung weiß – Negative sind bei den Biohazard-Partys nicht erwünscht, so dass sich Gespräche über »Safer Sex« erübrigen. Diese Partys (und andere sogenannte Bareback-Veranstaltungen) waren in der Vergangenheit Anfeindungen ausgesetzt. Sie wurden kritisiert von Politikern und Aktivisten, gelästert wurde in der Szene über die »verantwortungslosen Virenschleudern«.

Michael ist seit seinem dreißigsten Lebensjahr positiv. Seitdem nimmt er Medikamente. »Mit Nebenwirkungen hatte ich nie Schwierigkeiten.« Schlimm war für ihn die Angst, jemanden anzustecken: »Ist das nicht schrecklich, die Vorstellung, dass man jemanden mit seiner Liebe tötet, jemanden mit seiner Lust umbringt?« Er weiß, dass sich das dramatisch anhört, und doch sei es genau so gewesen für ihn. »Ich konnte diese Unsicherheit nicht ertragen. Was, wenn einen jemand, mit dem man Sex hatte, hinterher anzeigt? Behauptet, man habe ihn angesteckt? Und was, wenn man nichts sagt, mit jemanden schläft, safe, und sich dann verliebt, mehr daraus wird? Wann soll man sagen, dass man positiv ist – nachdem man es doch schon verschwiegen hat?« Markus kennt die Konsequenzen, die so ein Geständnis haben kann. »Als mir das erste Mal ein Mann gesagt hat, dass er mich zwar attraktiv findet, aber zu viel Angst hat, mit mir zu schlafen, hatte ich fast so etwas wie einen Nervenzusammenbruch. Gleichzeitig war das gut, diese Konfrontation. Man weiß dann eben, wie es ist.«

Diese Last fällt ab von ihm, wenn er die Eingangstür zu einer Biohazard-Party hinter sich gelassen hat. »Diese Entlastungsfunktion haben ja normalerweise Schwulenbars und -clubs, aber für uns gilt das nicht. Wir werden ja auch von den Ausgegrenzten ausgegrenzt.«

Wenn man nicht wüsste, dass es sich um eine Biohazard-Party handelt, könnte man die Veranstaltung für einen ganz normalen Abend in einem Berliner Schwulenclub halten – der zugleich für den größten Teil der Bevölkerung nicht auch nur ansatzweise normal wäre. Es gibt eine Tanzfläche, Stroboskoplicht, einen DJ, wie überall. Wer aber eine der metallenen Kellertreppen hinuntergeht, betritt eine ganz andere Welt. Für die einen tut sich hier die Hölle auf, für die anderen der Himmel auf Erden. Es riecht, als hätte man den Schiffsbauch eines Truppentransporters voller Männer betreten – statt Militäruniformen aber sieht man viel nackte Haut.

Das Kellergewölbe ist riesig, scheint sich unter der kompletten Mietskaserne zu erstrecken. In den Gängen zwischen den Nischen und Orgienräumen herrscht Gedränge, wie in einem Ameisenhaufen laufen die Männer hin und her, nervös vielleicht ob des Überangebots an anderen Männern, die es auch darauf abgesehen haben, heute noch Sex zu haben. Möglichst bald und möglichst oft, möglichst andauernd und anonym, ohne weitere Verpflichtungen. Der Darkroom, eine homosexuelle Errungenschaft aus den Siebzigern, dem in der Hochzeit von Aids der Garaus gemacht zu werden drohte, hier steht er in voller Blüte. Im Keller gibt es eine eigene Bar, daneben statt eines Billardtischs zwei Slings, die in die Decke gedübelt sind, »Liebesschaukeln« aus Metallketten und Leder.

An jedem Wochenende feiern in diesem Club schwule Männer aus aller Welt, die Adresse ist jedem homosexuellen Berlintouristen ein Begriff. Doch heute teilen die Männer hier mehr als nur die gemeinsame Erfahrung des Schwulseins, gemein ist ihnen auch, dass sie sich mit einem Virus infiziert haben, das mit einem Stigma verbunden ist. Bei dieser Party zu Gast zu sein bedeutet auch, dass man sich den anderen Gästen gegenüber offenbart. Was, wenn plötzlich ein Kollege auftaucht, ein Nachbar? »Ja, das ist schon wie ein Outing, aber die Diskretion funktioniert wie früher. So stelle ich mir das in den fünfziger Jahren vor: Man ging in Schwulenbars, und es war klar, dass man nicht darüber spricht. Am besten das Auto noch zwei Straßen weiter geparkt«, lacht Markus.

Männer jeden Alters sind zu sehen. »Viele leben in Berlin oder anderen Großstädten – aber es gibt eben auch eine Menge, die sonst wo wohnen, wo niemand etwas von ihrer sexuellen Orientierung weiß, geschweige denn von ihrer Grunderkrankung. Ich hab mich hier schon mit halb Deutschland unterhalten – Mannheim, Herzogenaurach, Kiel … Einige reisen sogar extra für die Party aus dem Ausland an: So häufig gibt es das selbst in anderen Großstädten nicht.« Viele sind offenbar alleine da, stehen einzeln an der Bar oder besetzen einen der wenigen Hocker, um ein Bier aus der Flasche zu trinken oder einen Longdrink, Gin Tonics leuchten im Schwarzlicht. Vereinzelt sieht man Paare oder kleine Gruppen. Manche haben sich gerade erst kennengelernt, wollen sich noch unterhalten, nachdem sie Spaß miteinander hatten.

»Am Anfang hatte ich jedes Mal Herzklopfen, wenn mich hier jemand angesprochen hat«, erinnert Markus sich. »Ich hatte Angst vor allem Möglichen. Vor Kriminalisierung, vor Anfeindungen. Wenn man sich daran gewöhnt hat, nicht über die HIV-Infektion zu sprechen, wird das über die Zeit zu einer Abspaltung; als ob es das Thema gar nicht gibt – und dann ist man plötzlich hier in dieser offenen Atmosphäre und kommt gar nicht damit klar. Überhaupt hat es Jahre gedauert, bis ich irgendwie damit umgehen konnte. Das ist schon ein Brocken, den man mit sich herumschleppt – das ging so weit, dass ich eine Angststörung entwickelt habe. Erst jetzt, mit vierzig, habe ich ein bisschen Ruhe gefunden.«

Markus erzählt von seiner Angst, vor Gericht zu landen. »Der Fall Nadja Benaissa hat ja noch mal deutlich vor Augen geführt, wie es aussieht. Sie wurde schuldig gesprochen, zu einer Bewährungsstrafe verurteilt. Der Mann, der ohne Kondom mit ihr geschlafen hatte und nun ebenfalls positiv ist, wurde zum unschuldigen Opfer erklärt.« In der Tat hat der Fall Nadja Benaissa, ehemaliges Mitglied der Girlgroup No Angels, vor ein paar Jahren hohe Wellen geschlagen. Für die Aids-Hilfen in Deutschland ein Albtraum, bedeutete das (öffentlich breit diskutierte) Urteil doch einen Rückschritt: Während sämtliche Präventionskampagnen auf die Verantwortung aller gepocht hatten, die miteinander Sex haben, wurde der HIV-negative Partner vom Gericht aus der Verantwortung entlassen, während die Positive, Nadja Benaissa, die Alleinschuld tragen sollte. Fälle wie dieser sind ausgesprochen selten – doch er sorgte für Furore, spielte sich »die Tat« doch in einem heterosexuellen Celebrity-Umfeld ab und nicht im abseitigen »Homosexuellen-Milieu«.

Auf Youtube gibt es den Video-Mitschnitt eines Radiointerviews zu sehen, in dem Benaissa sich zu ihrer Infektion äußert – nachdem sie den »Skandal« überstanden hatte, engagierte sich die Sängerin in der Präventionspolitik. Die Kommentare zu diesem Clip sprechen Bände: »Sie sieht so gesund aus – aber sie ist böse«, »Steckt andere an und bekommt noch Gehör« und Schlimmeres. Kinder, Betrunkene und Internetkommentatoren sagen die Wahrheit, so ein Witz aus Zeiten der Social-Media-Exzesse. Zumindest geben solche Kommentare einen Einblick in Urteils- und Vorurteilsstrukturen; in diesem Fall insbesondere auch über noch immer wirkmächtige Frauenbilder. Alle, wirklich alle Tageszeitungen und Magazine hatten ein Foto der Sängerin auf dem

Titel, die vergeblich bemüht war, sich unter einer Schutzschicht aus Make-up zu verbergen. Da war sie wieder, die Femme fatale, die uns hinabzieht in den Abgrund, die sinnliche Hexe, die verführerische Sirene, die Sexualität und Tod in sich vereint.

Und die Rechtslage? Die Deutsche AIDS-Hilfe klärt auf: Die absichtliche oder fahrlässige Weitergabe von HIV gilt nach deutschem Recht als Körperverletzung. Ob tatsächlich eine Strafe verhängt wird, hängt davon ab, ob der oder die HIV-Negative von der Infektion gewusst und eingewilligt hat, ungeschützten Sex zu haben. Wer alles für den Schutz des Partners beziehungsweise der Partnerin tut, zum Beispiel durch Kondome, ist strafrechtlich auf jeden Fall auf der sicheren Seite. Wird in der Partnerschaft einvernehmlich auf Kondome verzichtet, sollte man die Vereinbarung vor Zeugen treffen oder dokumentieren. Ob eine Viruslast unter der Nachweisgrenze ein ausreichender Schutz für den Partner ist, wird von deutschen Gerichten, wie gesagt, sehr unterschiedlich beantwortet. Und: Es gibt in Deutschland keine Pflicht, Sexpartner oder -partnerinnen von der HIV-Infektion in Kenntnis zu setzen. Man ahnt, wie schwierig es ist, solche Dinge vor einem Gericht zu verhandeln, welche Dramatik darin liegen kann, wie groß die Grauzonen hier sind.

Markus hat inzwischen einen Partner gefunden. Die beiden leben in einer offenen Beziehung, der Partner ist negativ und hat kein Problem mit Markus' Infektion – eine schriftliche Vereinbarung allerdings haben sie nicht getroffen. »Am Anfang war das schon schwierig, er war nervös – auch wenn er versucht hat, das vor mir zu verbergen. Hätte er gar nicht gebraucht, ich kann mittlerweile mit den Ängsten der Negativen besser umgehen.« Umgekehrt hatte Markus, gibt er zu, erneut eine Heidenangst, bevor er sich ihm offenbarte: »Es war klar, dass ich ihm das sagen musste, möglichst rasch, nachdem ich gemerkt hatte, dass ich etwas für ihn empfinde. Je länger man dann wartet, desto schwieriger wird es, die Unaufrichtigkeit bekommt ein immer größeres Gewicht.«

Diesmal ist es gutgegangen. Die wenigsten unter ihren Freunden und Bekannten wissen jedoch um ihre Situation. Auch dass sie beide gerne mit anderen Männern schlafen, hängen sie nicht an die große Glocke: »Besonders Heterosexuelle sind oft enttäuscht, wenn sie das erfahren. Warum also sollen wir das erzählen, es ist unsere Privatangelegenheit.«

Markus erhebt sich, möchte einen Rundgang machen. Auf der rechten Seite des Gangs kann man durch eine kleine Öffnung in der Mauer einen Blick in einen der Räume werfen; man kann nicht viel erkennen, Haut, Leiber. Nur eine Selbstverständlichkeit fehlt: Kondome, die sonst kostenlos zur Verfügung stehen. An der Wand hängt ein Kondomautomat, der eher aussieht wie eine Leihgabe aus dem Museum. »Einige Besucher benutzen weiterhin Kondome; aber mein Eindruck ist, dass die meisten darauf verzichten.« So wie Markus – ein weiterer Grund, warum er seinen vollen Namen nicht gedruckt sehen möchte. »Das ist mir zu stressig, es gibt mir in dieser Hinsicht zu viele moralische Vorverurteilungen, auch in der Szene.« Und Bigotterie: »In der Nacht sind alle Katzen grau. Wenn man auf eine Sexparty oder in einen Darkroom geht, bei dem gerade nicht Biohazard-Abend ist, kann man mittlerweile jede Menge ungeschützten Verkehr bemerken. Die meisten möchten es aber weder bemerken noch sich damit auseinandersetzen. Ich weiß manchmal nicht, was sich die Leute denken: Glauben sie, der andere wird wohl unter der Nachweisgrenze sein, sonst würde er wohl ein Kondom nehmen?« Aber was, wenn beide das denken und sich beide irren?

HIV ist unsichtbar. Hier, auf der Biohazard-Party, kann man das trotz des schummrigen Lichts gut sehen: Die Männer wirken »ganz normal«. Einige haben die unter hohem sportlichem Einsatz erworbene Physis eines Pornostars, andere sehen aus, wie man sich einen Finanzbeamten im Swingerclub vorstellt. Unweit der Bar steht eine Gruppe junger Kerle, vielleicht Mitte zwanzig und gut drauf. Wenn sie nicht nackt wären bis auf die Unterhose, könnte man sie für Mitglieder eines Handballvereins aus dem Sauerland halten, die Partyurlaub in Berlin machen. Ein bisschen zu laut, ein bisschen zu ostentativ selbstbewusst, um wirklich selbstbewusst zu wirken. Sind sie alle positiv? Oder haben sie sich für das Wochenende mit PrEP versorgt?

Das Schweigen, das Nichtreden war schon immer fester Bestandteil des schwulen »Cruisings«, der Suche nach anonymem Sex. Insbesondere an Orten, an denen Bisexuelle verkehren und Männer Sex mit Männern haben, ohne dafür ein Bewusstsein entwickelt zu haben. Sex, den es nicht geben darf, gibt es auch nicht – und daher bedarf es auch keiner Verhütung. Die Hauptansteckungsgefahr besteht jedoch im Sex mit jemandem, der unwissentlich das Virus in sich trägt. Markus kann sich nur wundern: »Mittlerweile kommt es mir vor, als ob sich jeder seine private Präventionsstrategie zusammengeschustert hat. Die einen denken, ihnen kann nichts passieren, weil sie nur ›aktiv‹ sind, die anderen sind überzeugt, dass passiver Analverkehr ungefährlich ist, wenn der Partner keinen Orgasmus hat.«

Auch Markus war schon in Situationen, bei denen ihm hinterher unwohl war. Wenn es zu ungeschütztem oder nicht hundertprozentig safem Sex kam, ohne dass es vorher eine »Absprache« gab, wie sie in schwulen Dating-Portalen üblich ist. »Dort kannst du gleich angeben, dass du positiv bist und deine Anonymität wahren, indem du dein Gesicht nicht zeigst. Da finden dann die Leute entsprechend zueinander. Aber ›in freier Wildbahn‹?« Mündliche Verhandlungen passen häufig schlicht nicht in die Situation, würden den erotischen Reiz zerstören. Hier, bei der Biohazard-Party, sind solche Diskussionen überflüssig. Die Männer wissen um ihren Status, und sie wissen auch, warum sie hier sind. »Der da«, sagt Markus, »der ist erst dreiundzwanzig, ich sehe ihn jedes Mal.« Ein attraktiver junger Mann mit melancholischen Augen, der an diesem Abend offensichtlich von Blume zu Blume fliegt. Andere Männer sind schon in ihren Fünfzigern oder älter, einige von ihnen – eher die Minderheit – sind von der Krankheit beziehungsweise der ersten Medikamentengeneration gezeichnet.

Die Stimmung ist ausgelassen an diesem Abend. Oben auf der Tanzfläche ist es nun auch voller geworden. Nebel wabert, halbnackte Gestalten bewegen sich zu zuckenden Lichtern; wenn die Musik anders wäre, wenn Donna Summer liefe oder die Bee Gees oder »American Generation« von The Ritchie Family, dann könnte man sich jetzt für einen kurzen Moment zurückversetzt fühlen in die späten siebziger Jahre, in die Discoära, die Zeit der großen neuen schwulen Freiheit. In die Zeit vor Aids. »Als ich mein Coming-out hatte, gab es Aids schon. Safer Sex, Kondome zu benutzen, war für mich selbstverständlich, ich kannte es nicht anders. Das erste Mal ohne, das war für mich ein unvorstellbarer Tabubruch«, sagt Markus, »das können sich Heterosexuelle, glaube ich, nicht vorstellen, die haben schon in den Achtzigern nicht durchweg Gummis benutzt. Sonst gäbe es ja auch keine Kinder mehr.« Er wirkt gelöst, bestellt sich noch ein Bier, auch der Kellner ist halbnackt. In Plastiktütchen eingepackt sind hier nur die Verzehrkärtchen, auf denen nun ein Beck's vermerkt wird – Nackte haben keine Taschen, wie will man da Bargeld bei sich tragen?

Diese Biohazard-Party ist eine »Tüten-Party«, wie Markus sagt. Die Kleidung kommt in eine große blaue Mülltüte, der Gast erhält ein Armband mit der Nummer, damit es später keine Verwechslungen gibt. Noch ein Tütchen gibt es, in dem die Verzehrkarte aufbewahrt werden soll, man kann es in die Socken stecken. Die großen Mülltüten bekommen wir nun zurück, nachdem wir die Nummern vorgezeigt haben. An diesem Abend war Markus die Nummer 209. Wir ziehen uns an. Wenn er am Montag wieder ins Büro geht, wird er die Nummer vergessen haben, »vielleicht sogar den ganzen Abend; ich glaube nicht, dass ich die Gesichter, die ich heute Abend hier gesehen habe, am Montag noch erkennen würde«.

Markus verabschiedet sich, winkt ein Taxi heran, er will noch weiter in einen anderen Club, zum Tanzen und um dort Freunde zu treffen. Noch ein kurzes Winken zum Abschied. In meiner Hand knistert ein kleines Päckchen, das der Türsteher zum Abschied jedem Gast mit auf den Weg gibt. Eines jener Gummiarmbänder ist darin, die vor ein paar Jahren in Mode kamen, darauf steht in Magenta: »barebackfucker.com«. In der Öffentlichkeit tragen wird es wohl kaum jemand.

Aktion zum Welt-Aids-Tag, Berlin 1996.

Sternenkinder

Die Menschheit ist noch immer weit davon entfernt, Aids auf die leichte Schulter nehmen zu können. Anfang 2015 veröffentlichte UNAIDS, die Fachorganisation der Vereinten Nationen, ihren Bericht zur weltweiten HIV- und Aids-Epidemie. Demnach lebten Ende 2014 schätzungsweise 36,9 Millionen Menschen mit dem Virus.[146]

Mit HIV infiziert haben sich 2014 rund 2 Millionen Menschen, 35 Prozent weniger als im Jahr 2000. Bei Kindern sank die Zahl der Neuinfektionen sogar um 58 Prozent: von etwa 520 000 auf rund 220 000. An den Folgen von Aids starben 2014 etwa 1,2 Millionen Menschen – das sind 42 Prozent weniger als zehn Jahre zuvor, als die Zahl der Todesopfer den Höchststand erreichte.

Zugang zu HIV-Medikamenten hatten im Juni 2015 etwa 15,8 Millionen Infizierte. Ein Jahr zuvor waren es 13,6 Millionen, 2010 erst 7,5 Millionen und 2005 nur 2,2 Millionen. Dennoch wartet die Mehrheit der Menschen mit HIV, 21 Millionen, immer noch auf Zugang zur antiretroviralen Therapie.

Auch in Deutschland ist HIV/Aids weiterhin präsent. Die Zahl der Neuinfektionen hat sich bis Ende der neunziger Jahre deutlich reduziert. Nach 2000 erfolgte ein merklicher Anstieg, ab 2006 flachte die Kurve wieder ab.

Laut der Epidemiologischen Kurzinformation des Robert-Koch-Instituts, Stand Ende 2015, leben in Deutschland geschätzte 84 700 Menschen mit HIV/Aids, 72 000 davon mit Diagnose, 12 700 ohne. Die Infektion erfolgte in 54 100 Fällen durch Sex zwischen Männern, in 10 700 durch heterosexuelle Kontakte, in 7700 durch Drogengebrauch und in 440 durch Blutprodukte. Die geschätzte Gesamtzahl der Neuinfektionen in Deutschland lag bei

3900. Im Jahr 2015 starben in Deutschland 460 Menschen an den Folgen von Aids,[147] seit Beginn der Epidemie waren es insgesamt 28 100.

Der Friedhof St. Matthäus

Wie begraben sind manche Erinnerungen an Aids. Vor allem die hässlichen, schrecklichen. Wer denkt schon gerne an die Zeit zurück, in der sogar Tote ausgegrenzt wurden: Die Friedhofsverwaltung Lüdenscheid zum Beispiel weigerte sich einst, an Aids verstorbene Menschen zu bestatten.

Einmal im Jahr, immer am 17.5., dem »International Day Against Homophobia, Transphobia and Biphobia« (IDAHO), gibt es auf dem Alten St.-Matthäus-Kirchhof in Berlin eine besondere Führung. Das Datum erinnert an den erst 1994 endgültig abgeschafften »Schwulenparagrafen« 175, und es geht zu den Gräbern der Frühverstorbenen, die hier im Aids-Zeitalter eine Ruhestätte fanden.

Der Alte St.-Matthäus-Kirchhof ist nicht irgendein Friedhof. Die Brüder Grimm liegen hier und Carl Bolle, der legendäre Berliner Milchhändler. Auch Rudolf Virchow, der große Mediziner, der Philologe Wilhelm Scherer und der Historiker Ernst Curtius haben hier sogenannte Ehrengräber, die nicht nach Ablauf der regulären Nutzungsdauer eingeebnet werden. Und dann ist der St.-Matthäus-Kirchhof auch ein Szenefriedhof für Veteranen und Veteraninnen des Nachtlebens von Kreuzberg und Schöneberg.

Wer über diesen Friedhof spaziert oder in Deutschlands erstem und lange Zeit einzigem Friedhofscafé finovo gleich am Eingang einen Kaffee trinkt, kann auf ungewöhnliche Trauergesellschaften treffen. Menschen in Lederkluft etwa, wenn der Gitarrist einer Band zu Grabe getragen wird. In der Friedhofskapelle erklingt zum Abschied auch schon mal eine kitschige Ballade wie »Eternal Flame« von den Bangles. Wird ein schwuler Mann beerdigt, kann es vorkommen, dass die Trauergäste in »Fummel« erscheinen, mit bunten Kleidern, Federboas und High Heels, und den

Trauergesang, den besorgt Gloria Gaynor mit »I am what I am«, *der* schwulen Überlebenshymne. Solche eher »agnostischen« Beerdigungsformen abseits liturgischer Riten wurden von jenen jungen Menschen durchgesetzt, die aufgrund von Aids viel zu früh sterben mussten.

In diesem Jahr fällt der »Internationale Tag gegen Homophobie« auf den Dienstag nach Pfingsten, deshalb findet die Führung ausnahmsweise einen Tag früher statt, am 16. Mai. Obwohl die Eisheiligen gerade vorbei sind, ist es bitterkalt. Und doch hat sich ein Grüppchen von vielleicht vierzig Interessierten eingefunden. Ludger Wekenborg vom Förderverein EFEU übernimmt die Führung, ein großer, kräftiger Mann im hellen Mantel. Er trägt Bart, Basecap und eine orange-rot getönte Brille. Gaby Tupper steht ihm zur Seite in vollem Ornat, kunstvoll geschminkt, eine bekannte Szenegröße, Dragqueen und Polittunte, hoch aufragend, die Stimme angenehm verraucht. Der Verein hat sich dem »Erhalten, Fördern, Entwickeln, Unterstützen« (EFEU) des alten Friedhofs verschrieben. Unter Mithilfe des Schwulen Museums* hat er eine kleine Sonderausstellung zum siebzigsten Geburtstag des Schwulenaktivisten Reinhard von der Marwitz organisiert, der 1995 an Aids gestorben ist und hier beigesetzt wurde. Der Mitbegründer der politischen Zeitschrift *Schwuchtel* eröffnete 1977 zusammen mit seinem Lebensgefährten Gerhard Hoffmann das Café Anderes Ufer am Kleistpark in Schöneberg, seinerzeit eines der ersten Homosexuellenlokale in Europa, das nicht hinter einer Tür mit Klingel oder schweren Vorhängen verborgen war – selbstbewusste Bürger genossen hier ihr Getränk und kümmerten sich nicht drum, was andere von ihnen denken mochten. Das Andere Ufer wurde dann zu einem der Lieblingsorte von David Bowie und Iggy Popp, die während ihrer Berliner Jahre gleich ums Eck wohnten.

Von der Marwitz war noch vieles andere, Ausstellungsleiter, Filmemacher, Maler – und Texter. Einen Song schrieb er für die

Politrockband Ton, Steine, Scherben, deren Sänger Rio Reiser seit 2011 ebenfalls auf dem St.-Matthäus-Kirchhof liegt: Ursprünglich auf dem Gelände seines Bauernhofs im schleswig-holsteinischen Fresenhagen beigesetzt, wurde er nach dem Verkauf des Anwesens hierher umgebettet. Auch von der Marwitz wurde umgebettet, als seine Grabstelle abgelaufen war, er liegt nun neben dem Fotografen Jürgen Baldiga, der sich in seinen Arbeiten auch mit Aids auseinandergesetzt, den Verfall des eigenen Körpers dokumentiert hat, bis zuletzt. Die beiden, Baldiga und von der Marwitz, waren im Leben gute Freunde, nun sind sie wieder zusammen.

Der »Schwulenfriedhof« liegt auf der sogenannten Roten Insel – eine Gegend zwischen dem Schöneberger »Bermudadreieck« und dem alternativen Kreuzberg, Hochburgen der queeren Szenen und Lebensorte von Menschen, die häufig aus Kleinstädten und Dörfern hierher in die Metropole gekommen waren, um sie selbst sein zu können – ihre Individualität reißt nun auch im Tod nicht ab: Überall auf den Gräbern sieht man kleine Regenbogenfahnen, sogar ein nackter »Ken«, das männliche Pendant zu »Barbie«, sitzt lachend und mit weit geöffneten Armen auf rankendem Gestrüpp.

So selbstverständlich war die Präsenz solch eher exzentrischen Grabschmucks nicht immer. Am Grab von »Hotte« (Olaf Fried), zu seiner Zeit eine Berliner Szenegröße, der zusammen mit dem heute auch über Berlin hinaus bekannten Ades Zabel zu den Teufelsbergern gehörte, einer Comedy- und Kabarettgruppe, erinnert sich Ludger Wekenborg daran, wie Hottes Familie damals quasi in letzter Sekunde die Ausgestaltung der Feierlichkeiten an sich gerissen hatte – die dann nach traditionellem Zeremoniell und gewiss nicht nach dem Geschmack des Verstorbenen verliefen. Unter Tränen habe Hottes Lebensgefährte Ades Zabel Widerstand geleistet, »Schminken hat seine Zeit, Kiffen hat seine Zeit, Ficken hat seine Zeit« am Grab deklamiert. Widerstand gegen die völlige Einebnung des Anderen, der Persönlichkeit des Toten. Hier wurde doch ein selbstbewusster homosexueller Mann begraben.

Aids bedeutete auch, dass sich noch junge Menschen plötzlich mit ihrem eigenen Tod auseinandersetzen mussten. Nicht wenige von ihnen verloren die Kontrolle über ihre letzten Tage und auch über ihren Abschied. Sie wurden in jene Dörfer und Kleinstädte, aus denen sie gekommen waren, »heimgeholt« und von den Herkunftsfamilien gepflegt – oft mussten sie sich selbst verleugnen oder wurden von den Angehörigen verleugnet. Hatten sie »noch Glück« im Vergleich mit denen gehabt, die überhaupt keinen Kontakt mehr zu ihren Familien hatten und auch keine Freunde, auf die sie hätten zählen können, und also alleine starben?

Andere machten ihr Sterben öffentlich, inszenierten ihr Begräbnis als großes Finale wie der Berliner Schriftsteller und Künstler Napoleon Seyfarth. *Schweine müssen nackt sein. Ein Leben mit dem Tod* heißt sein bekanntestes Werk aus dem Jahr 1991, ein autobiografischer Roman, der bundesweit für Aufsehen sorgte. Seyfarth propagierte einen offenen Umgang mit der Krankheit und – zwei Seiten einer Medaille – mit Sexualität. Mehr als zehn Jahre lebte er mit dem Virus, das er seit 1988 in sich trug. HIV wurde, wie der Tod, ein aktiver Teil seines Lebens. So stand mitten in seinem Wohnzimmer sein Sarg, den ihm eine befreundete Bestattungsunternehmerin geschenkt hatte. Er hatte ihn bunt lackieren lassen und mit Engels- und Schweinegesichtern dekoriert. 1995 inszenierte er schon mal seine Beisetzung fürs Fernsehen – in der Kapelle des Alten St.-Matthäus-Kirchhofs. Heute liegt er tatsächlich dort. Auf seinem auffälligen Grabstein mit zwei in den Himmel weisenden Pfeilen steht »Lust will Ewigkeit – Tod hat sie«.

Seine Beerdigung hatte er bis ins Detail geplant, auch wenn am Ende einiges schiefgelaufen ist. Pünktlich zum Welt-Aids-Tag wollte er sterben – das hat er knapp verpasst. Die schwule Messe in der katholischen St.-Matthias-Kirche am Winterfeldt-

Napoleon Seyfarth während einer Aktion zum Welt-Aids-Tag auf dem Kurfürstendamm, Berlin 1995.

platz, die er sich gewünscht hatte, verhinderte die Gemeinde. »Es gab dann ja eine Party im ›Hafen‹«, erinnert sich eine der Exkursionsteilnehmerinnen. »Und vorher schon«, ergänzt ein anderer Zeitzeuge, »vorher gab es eine Grabeinweihungsfeier« – die Dabeigewesenen übertrumpfen einander nun fast mit ihren Erinnerungen, »im Sarg, der mitten im Zimmer stand, wurde das Bier gekühlt«. Das Sterben des Napoleon Seyfarth war öffentlich, er selbst machte aus sich geradezu eine Kunstfigur. Es war dringend nötig, für Öffentlichkeit zu sorgen, Aids war ein Politikum, es ging um Aufklärung und Solidarität. Sein eigentlicher Tod wäre dann gar nicht mehr nötig gewesen, Seyfarth starb am 2. Dezember des Jahres 2000, vier Jahre nach der Einführung von HAART. Er hatte sich stets geweigert, den Medikamentencocktail einzunehmen. Die Beerdigung konnte also wie geplant stattfinden.

Ovo Maltine, eine weitere prominente Polit- und Kabaretttunte, war damals bei den Proben in der Kapelle dabei und starb selbst am 8. Februar 2005, im Alter von gerade einmal achtunddreißig Jahren, an einer bei HIV-Patienten häufigeren Form von Lymphdrüsenkrebs. Die Beisetzung erfolgte in einem historischen Grab, das Ovo sich bereit zwei Jahre zuvor reserviert und zur Pflege übernommen hatte. Darauf ist ein kleiner roter Kiesweg in der Form einer Aids-Schleife angelegt.

Auf dem St.-Matthäus-Kirchhof existieren mittlerweile viele solcher Grabpatenschaften, eine Praxis, die Anfang der achtziger Jahre auf dem Melaten-Friedhof in Köln begründet wurde: Man übernimmt zu Lebzeiten die Verantwortung für ein historisch bedeutsames Grab und erwirbt somit das Recht, dort selbst beigesetzt zu werden, in einer Urne und mit Gedenkstein oder -platte, die sich in das Gesamtensemble einfügen. Auf dem »Schwulenfriedhof« geht das so weit, dass der weltweit bekannte Homo-Club Connection sozusagen seine eigene Grabstätte hat, ein großes Familiengrab mit schwarzem Marmorstein. Christian Mutschmann liegt schon dort, der einst im Café Connection gearbeitet und später einen eigenen Club eröffnet hat, das noch heute existierende Mutschmann's in der Schöneberger Martin-Luther-Straße, bekannt für seine Fetischpartys.

Eine weitere Besonderheit der heute explizit schwulen Friedhofsführung ist die Besichtigung des künftigen Gemeinschaftsgrabes noch lebender intellektueller Größen der deutschen Schwulenbewegung. So werden sich der Sexualwissenschaftler Martin Dannecker und der Soziologe Michael Bochow mit weiteren Mitbewegten wie dem ehemaligen Verleger Egmont Fassbinder (rosa Winkel) ein Grab teilen. »Unsere Dinosaurier haben sich dafür entschieden, bei Lietzmann untergebracht zu werden«, erklärt Ludger Wekenborg und weist auf das bereits renovierte Familiengrab am Rande des Friedhofs gleich bei der Brandschutzmauer der angrenzenden Mietskaserne, »sie haben es sich schon schön hergerichtet, ihre Namen werden später auf kleinen Schiefertafeln zu sehen sein.« Die künftige WG hat sogar zwei Vereine gegründet, um das Grab ordnungsgemäß nutzen zu können. Einen, der für die Grabpflege zuständig ist, und einen, der dem Einsammeln des Geldes dient – so also wird einmal die bislang letzte deutsche Homosexuellenbewegung Ruhe geben, sozusagen eingebettet in das deutsche Vereinswesen. Es versteht sich, dass die Vereinsmitglieder selbst darüber lachen.

Solche Details kann man als Friedhofsbesucher ohne kundige Begleitung nicht erfahren. Andere Dinge werden ersichtlich, wenn man etwas genauer hinschaut. »Gunter Trube. Geb. Puttrich-Reignard«, gestorben 2008 – undenkbar wäre eine solche Grabplatte vor Einführung der Eingetragenen Lebenspartnerschaft gewesen, die von Anfang an auch das Recht mit einschloss, den Nachnamen des Partners anzunehmen. Gunter Puttrich-Reignard war ein gehörloser Künstler, der als Barkeeper der legendären Bar Kumpelnest 3000 einige Bekanntheit erlangt hatte; nachdem er mit Tom Trube eine Eingetragene Lebenspartnerschaft eingegangen war, hatte er dessen Nachnamen angenommen. Weitere

Szeneprominenz liegt hier. Hans Scherer etwa, Journalist und Autor des Romans *Remeurs Sünden.* Oder Andreas Meyer-Hanno, Opernregisseur und Schwulenaktivist, Begründer der Hannchen-Mehrzweck-Stiftung, die sich für die Emanzipation von LGBTI* einsetzt.

Doch es sind nicht nur die kleinen Regenbogenfahnen, die auf diesem Friedhof ins Auge fallen. Es gibt auch noch andere bunte Orte, nämlich im Garten der Sternenkinder. Er wurde im April 2008 eingeweiht, ein kleiner Teil des Friedhofs, auf dem es nur so wimmelt vor Spielzeug und Schleifchen und Blumen. Es ist eine Ruhe- und Gedenkstätte für Fehl- und Totgeburten bzw. Neugeborene, die während oder kurz nach der Geburt gestorben sind. Für sie alle besteht in Deutschland kein »Bestattungszwang«. Das deutsche Friedhofsrecht (ursprünglich kanonisches, also kirchliches Recht, erst in der Nazi-Zeit kodifiziert und heute Ländersache) war lange Zeit kein Gegenstand öffentlicher Aufmerksamkeit gewesen, aber mit einiger Verspätung wurde es von den bürgerlichen Emanzipations- und Befreiungsbewegungen erfasst – gegen den Widerstand der Kirchen, insbesondere der katholischen. Die Homosexuellen hatten in der Aids-Krise begonnen, das alte Friedhofsrecht zu dehnen, dann zu überdehnen und schließlich zu sprengen. Heute sind alternative Bestattungsformen – Friedwälder zum Beispiel – vielerorts zur Selbstverständlichkeit geworden. Nur wenn man sich nach seinem Ableben zu einem Diamanten pressen oder ins All schießen lassen möchte, ist die Rechtslage nach wie vor kompliziert.

Die Tendenz zu einer individuelleren Begräbnisweise ist deutlich und ungebrochen, die evangelischen Landeskirchen versuchen längst, diesem Bedürfnis Rechnung zu tragen. In Berlin gibt es zum Beispiel Beerdigungen, bei denen Kinder dazu eingeladen werden, den Sarg zu bemalen. Entgegen aller gängigen Kulturkritik, dass der Tod immer mehr verdrängt werde, gehört er für viele MitbürgerInnen offenbar zum Leben dazu, und seine

Ausgestaltung wird schon zu Lebzeiten geplant. Die Wünsche des Verstorbenen stehen heute im Vordergrund, nicht mehr die Tradition oder der Wille der allmächtigen Familie – ein Fortschritt, der von den Homos mit angeschoben und gefördert wurde, so wie von Ludger Wekenborg, als Vorstandsmitglied von EFEU Mitbegründer des Gartens der Sternenkinder. »Ich habe noch nie in meinem Leben so viele Babys im Arm gehalten wie seit der Gründung des Gartens«, erzählt er, denn »die Eltern machen dann ja neue Babys und kommen mit ihnen zum Garten.«

Nicht weit vom Garten der Sternenkinder, an der Friedhofsmauer, liegt die Grabstelle des Denk mal PositHIV e.V … Auf der linken Seite sind die Namen derjenigen aufgelistet, die hier mit Urne begraben liegen, auf der rechten Seite wird Jesus zitiert: »Freut euch aber, dass eure Namen im Himmel aufgeschrieben sind.« Dieser Ort – entstanden im Kontext der ökumenischen Aids-Initiative KIRCHE positHIV und ausdrücklich offen für Menschen unterschiedlicher Religiosität und Weltanschauungen – ist all denen gewidmet, »die mit HIV gelebt haben und an den Folgen von Aids gestorben sind. [...] Im Gedenken an diese einzelnen Menschen erinnern wir uns der vielen Männer und Frauen, die [...] auch noch über den Tod hinaus von der Tabuisierung der Krankheit betroffen sind«, so beschreibt Denk mal PositHIV sein Anliegen.

Die Idee, eine gemeinschaftliche Grabstätte für an den Folgen von Aids verstorbene Menschen zu schaffen, kommt ursprünglich aus Hamburg. Der dortige Verein Memento hatte bereits 1995 eine Grabstelle auf dem Friedhof Ohlsdorf erworben. In Berlin wurde der erste Antrag auf eine solche Patenschaft 1999 gestellt, vier Jahre später fand die erste Beerdigung statt. Das Projekt, der gute christliche, ökumenische Wille – das alles hat etwas Versöhnliches.

Der Alte St.-Matthäus-Kirchhof ist tatsächlich ein sehr lebendiger Ort. Als einziger Friedhof in Berlin verfügt er sogar über einen eigenen S-Bahn-Anschluss, den Bahnhof Yorckstraße, ganz so, als würden hier die Toten Wert auf eine gute Verkehrsanbindung legen. Am Ende sind es natürlich die Hinterbliebenen, die herkommen. Viele von ihnen gehen nach ihrem Besuch am Grab noch ins finovo. Bernd Boßmann, auch bekannt als Ichgola Androgyn, ebenfalls Polittunte und Aktivist, betreibt das liebevoll mit Trödel eingerichtete kleine Café, in dem es »Soulfood«, herzhafte Suppen und selbstgebackenen Kuchen gibt. Ein solcher Ort des Lebens an der Schwelle zu den Toten, das ist nicht nur ungewöhnlich, das ist einfach schwul. Und es ist auch ein Zeichen für die Veränderung dieser Gesellschaft, für eine Entwicklung hin zu mehr Großzügigkeit und Herzenswärme, dass dieses Café inzwischen zu den informellen Touristenattraktionen der Stadt gehört. Hierher, auf diesen Friedhof, geht man gerne.

Eine Antwort auf die Frage, warum die Älteren nie etwas erzählt haben über die Zeit der Aids-Krise, habe ich nach den Gesprächen für dieses Buch gefunden: Weil niemand nachgefragt hat, auch ich nicht. Viele waren aber auch einfach zu erschöpft, um noch darüber sprechen zu können oder zu wollen. Genau so hatte es einer meiner Gesprächspartner beschrieben: Nachdem er zusammen mit seinem Lebensgefährten den eigenen Bruder in den Tod begleitet hatte, hatte er keine Kraft mehr, darüber zu reden, »mindestens fünfzehn Jahre lang nicht«.

Ich habe nun also nachgefragt, und mir wurden Einblicke gewährt. Die Tragik, die darin liegt, viel zu früh aus dem Leben gehen zu müssen, wiegt für mich umso schwerer nach einer Erfahrung, die ich zu Beginn des Buchprojekts gemacht hatte: Ich lag im Krankenhaus, mit einer akuten Bauchspeicheldrüsenentzündung. Und für ein, zwei Tage war nicht ganz klar, wie die Sache ausgehen würde. Ich weiß noch, dass ich dachte: Wenn du jetzt gehen müsstest, mit dreiundvierzig Jahren, dann hättest du wenigstens schon etwas gesehen von der Welt, du hättest gelebt und geliebt. Aber was, wenn man gerade erst am Anfang seines Lebens steht? Kann es da überhaupt einen Trost geben?

Ich hatte Glück, nicht nur mit der Pankreatitis, die folgenlos verheilt ist. Ich hatte auch das Glück, niemanden, der mir nahesteht, durch Aids zu verlieren. Die Art und Weise, wie manche Hinterbliebenen damals behandelt und alleine gelassen wurden, nimmt einem den Atem, und man kann nur hoffen, dass dies heute tatsächlich undenkbar wäre.

Es war gut nachzufragen, denn es gab so vieles zu erzählen, mehr als in dieses Buch gepasst hat. Was ich zu hören bekam, hat mich berührt, und ich kann andere nur ermutigen, Fragen zu stellen an diejenigen, die diese Zeit miterlebt haben: Wie ist es dir damals ergangen? Denkst du noch oft an die Zeit zurück? Hat Aids dein Leben beeinflusst? Wen hast du verloren?

Und dann sind da noch alle die, denen man keine Fragen stellt, weil man gar nicht um ihr Schicksal weiß: All die Positiven, die sich nicht trauen, über ihre Infektion zu sprechen, weil sie Stigmatisierung und Ausgrenzung befürchten; die vielleicht schon so lange mit dem Virus leben, dass sie nicht wissen, wie sie es ihren Freunden jetzt, nach Jahren des Schweigens, sagen sollen; denen es womöglich körperlich gutgeht dank medizinischer Behandlung und die doch alleine sind mit den Belastungen, die das Positivsein mit sich bringt.

Es gibt eine Buchstelle, die mir im Gedächtnis geblieben ist, weil sie die Angst und die existenzielle Not so treffend beschreibt, die mit Aids verbunden ist. Eine Angst, die nicht nur die an Aids Verstorbenen gekannt haben müssen, sondern auch all jene, die in ihrem Leben ein positives Testergebnis bekommen haben. Oder auch einfach nur zum Test gegangen sind und auf das Ergebnis warten mussten. Es handelt sich um das Schlusskapitel von Alan Hollinghursts Roman Die Schönheitslinie, *der in Deutschland im Jahr 2005 erschienen ist. Hollinghurst beschreibt darin das Leben eines jungen homosexuellen Mannes, Nick Guest, im England der Thatcher-Jahre – eine literarische Dokumentation der Aids-Krise und zugleich ein brillantes Sittengemälde. Am Ende wird Nicks Umzug beschrieben. Sein Lover ist bereits an Aids erkrankt, er selbst hat gerade einen Test gemacht:*

»Das kleine Auto war vollgestopft mit Kartons und zusammengerollten Stapeln von Kleidern auf Bügeln. Die Last der Besitztümer, schwer wie Passagiere, drückte auf die Federung. Nick stand daneben, überlegte noch und ließ sich dann die Straße entlangtreiben. Auf dem nassen Bürgersteig bildeten sich jetzt einzelne tro-

ckene Flecken, aber der Himmel sah bedrohlich aus, und die Wolken rasten dahin. Die hohen weißen Häuserfassaden wiesen einen stumpfen Glanz auf. Ihn überkam der Gedanke, dass das Testergebnis positiv sein könnte. Die Worte, die jeden Tag zu anderen Patienten gesagt wurden, würden auch zu ihm gesagt werden, und der Moment wäre unauflöslich mit dem ruhigen Sprechzimmer, dem Schreibtisch, dem Teppich und dem kantigen modernen Sessel darin verbunden. In einem riesigen Rahmen hing eine Fotografie, vom Fenster aus blickte man auf den Schornstein des Krankenhauses. Er war jung, nicht geübt in Gleichmut. Was würde er machen, wenn er aus dem Zimmer kam? Er trödelte weiter, fast atemlos, hatte Visionen am helllichten Tag. Er versuchte, der Angst mit Vernunft zu begegnen, aber sie war zu stark und zu ursprünglich. Es steckte in ihm drin – doch auch die Welt, die ihn umgab, die geparkten Autos, das vorbeifahrende Taxi, der Kirchturm zwischen den Bäumen, alles hatte sich verändert. Es war eine Offenbarung, eine wie durch Drogen ausgelöste Erfahrung, doch ohne das spielerische Moment. Der Motorradfahrer, der gegenüber wohnte, stapfte in seiner Ledermontur herum und widmete sich seiner Maschine. Nick sah zu ihm hin und gleich wieder weg, und Reue hielt ihn fest, überzog ihn förmlich und hielt ihn auf Abstand. Dieser Mann konnte nichts für ihn tun. Keiner seiner Freunde konnte ihn retten. Irgendwann würden sie die Nachricht erfahren, an einem Ort, in einer Minute ihres durchgeplanten Tagesablaufs. Am nächsten Morgen würden sie aufwachen, und sie würden sich wieder daran erinnern. Nick musterte ihre Gesichter, während sie sich über ihre Gefühle klar wurden. Anscheinend wurde er immer schwächer. Er gierte nach ihrem Leben; und die wenigen Menschen, die an ihn dachten, würden sich sagen, dass er von ihren Affären, ihren Erfolgen, ihren Neuigkeiten und Ideen nie erfahren würde, dass er nicht mehr so lange leben würde. Es war wie die morgendliche Vision von der leeren Straße, weit in die Zukunft projiziert, hinein in Nachmittage, die noch Jahrzehnte weit entfernt waren, im Brodel ihrer eigenen Geschäftigkeit. Ein ver-

blüffendes Gefühl. Ein Schrecken, der sich aus Emotionen aus allen Phasen seines kurzen Lebens zusammensetzte, Entfremdung, Heimweh, Neid und Selbstmitleid; doch das Selbstmitleid entstammte einem noch viel größeren Mitleid. Es war eine Liebe zur Welt, die beängstigend bedingungslos war. Er blickte sich noch einmal um zu dem Haus und ließ sich dann weitertreiben. Verwirrt sah er hinüber zur Nummer 48, dem letzten Haus in der Reihe, mit seinen Insignien aus Stuckgirlanden und Fensterbögen. Es war nicht allein diese Straßenecke, sondern die Wirklichkeit einer Straßenecke überhaupt, die ihm, im Lichte des Moments, wunderschön erschien.«

Anmerkungen

1 »Schreck von drüben«, in: *Der Spiegel* 22/1982 (31. Mai), S. 187-189.

2 Schon am 12. Dezember 1981 hatte die *Bild*-Zeitung berichtet (»Geheimnisvolle Krankheit unter Homosexuellen«) und *Der Stern* am 15. April 1982 (»Gefährliche Gene«).

3 *Der Spiegel* 22/1982 (Anm. 1), S. 189.

4 Stefan Hinz, »AIDS und Publikum – An jeder Straßenecke lockt die Sünde«, in: ders., *AIDS. Die Lust an der Seuche*, Reinbek 1984, S. 59-64, hier S. 59.

5 »›Ich kriege das, was ich verdiene‹. Gespräch mit Frank Ripploh«, in: Hinz (Anm. 4), S. 67-78, hier S. 77.

6 »Aids: ›Eine Epidemie, die erst beginnt‹«, in: *Der Spiegel* 23/1983 (6. Juni), S. 144-163.

7 Ebd., S. 144.

8 Ebd., S. 146.

9 Vgl. Henning Tümmers, »Aidspolitik. Bonn und der Umgang mit einer neuen Bedrohung«, in: *Archiv für Sozialgeschichte* 52 (2012), S. 231-252, hier S. 233 f.

10 Raimund Geene, *AIDS-Politik. Ein Krankheitsbild zwischen Medizin, Politik und Gesundheitsförderung*, Frankfurt am Main 2000, S. 9.

11 Günter Frankenberg, »Deutschland: Der verlegene Triumph des Pragmatismus«, in: David Kirp und Ronald Bayer (Hg.), *Strategien gegen Aids. Ein internationaler Politikvergleich*, Berlin 1994, S. 134-172, hier S. 134.

12 *Der Spiegel* 23/1983 (Anm. 6), S. 147 f.

13 Jahrzehnte später konnte nachgewiesen werden, dass das Virus auf seinem Weg von Zentralafrika in den Rest der Welt in der Tat »Zwischenstation« auf Haiti gemacht hatte. Michael Worobey und sein Team von der University of Arizona untersuchten mehr als 2000 Blutproben, die Ende der siebziger Jahre im Rahmen von Hepatitis-B-Studien in New York und San Francisco gesammelt worden waren. Spender waren Männer, die Sexualkontakte mit Männern hatten. Die Analysen ergaben, dass bereits 1978 bis 1979 in New York 6,6 Prozent und in San Francisco 3,7 Prozent der Proben Antikörper gegen die HIV-Variante enthielten, die heute weitverbreitet ist. Aus insgesamt acht dieser Proben rekonstruierten die Forscher das Erbgut der damaligen HIV-Erreger. Die Studie belegte die zentrale Rolle von New York City bei der Verbreitung des Virus – und widerlegte die Legende von »Patient Zero«, dem kanadischen Flugbegleiter Gaëtan Dugas, der lange für die

Verbreitung des Virus in den USA verantwortlich gemacht worden war. Vgl. Michael Worobey et al., »1970s and ›Patient 0‹ HIV-1 genomes illuminate early HIV/AIDS history in North America«, in: *Nature* 539 (3. November 2016), S. 98-101.

14 Frankenberg (Anm. 11), S. 134.

15 Vgl. ebd., S. 144 ff.

16 Vgl. Geene (Anm. 10), S. 109-113 und 134-138. Geene zufolge unterstützten zunächst auch viele sozialdemokratische Mitglieder der Gesundheitsministerkonferenz diese rigide Haltung. »Hintergrund [...] ist insbesondere die Sorge um Hämophile, die auf gespendetes Fremdblut angewiesen sind. Eine Sterilisierung der Blutspenden ist 1984 noch nicht vorgesehen. Es ist eine lange umstrittene Frage, ob dies schon 1984 möglich gewesen wäre.« (Ebd., S. 111)

17 Deutscher Bundestag, *Drucksache 10/174* (17. Juni 1983), »Schriftliche Fragen mit den in der Woche vom 13. Juni 1983 eingegangenen Antworten der Bundesregierung«, S. 21.

18 Tümmers (Anm. 9), S. 235.

19 Martin Dannecker und Reimut Reiche, *Der gewöhnliche Homosexuelle. Eine soziologische Untersuchung über männliche Homosexuelle in der BRD*, Frankfurt am Main 1974.

20 Michael Bochow, *AIDS. Wie leben schwule Männer heute. Bericht über eine Befragung im Auftrag der Deutschen AIDS-Hilfe*, Berlin 1988, S. 25, 27. Dort heißt es weiter: »Die verbleibenden 19 Prozent (178 Personen) stellen eine sehr heterogene Gruppe dar. Ein Drittel von ihnen (53 Personen) lebt in festen monogamen Beziehungen, ein weiteres Fünftel (36 Personen) in einer offenen Beziehung mit einer geringeren Anzahl von Sexualpartnern (weniger als 6). 12 Personen hatten überhaupt keinen Sexualpartner.« (Ebd., S. 27)

21 *Der Spiegel* 23/1983 (Anm. 6), S. 163.

22 Vgl. *Der Spiegel* 23/1983 (Anm. 6), S. 156 f. (Kasten).

23 Legalisiert wurde zunächst nur die »Unzucht« zwischen Männern über einundzwanzig Jahren. Erst im Rahmen einer zweiten Reform 1973 ersetzte man den Begriff der »Unzucht« durch den der »sexuellen Handlung« und senkte das Schutzalter, also das Alter, ab dem eine Person juristisch als einwilligungsfähig bezüglich sexueller Handlungen angesehen wird, auf achtzehn Jahre. Abgeschafft wurde der Paragraf 175 erst im Jahr 1994, seitdem ist das Schutzalter für alle gleich, unabhängig von Geschlecht und sexueller Orientierung. Vgl. das Kapitel »›Vergangenheitsarbeit‹ als Identitätspolitik. Der § 175 als ›verschimmelter Rest‹ des Nationalsozialismus« in Magdalena Beljan, *Rosa Zeiten? Eine Geschichte der Subjektivierung männ-*

licher Homosexualität in den 1970er und 1980er Jahren der BRD, Bielefeld 2014, S. 66-82.

24 Vgl. Rosa von Praunheim, »Nicht der Homosexuelle ist pervers, sondern die Situation, in der er lebt oder ›Das Glück in der Toilette‹ – Nach dem Schwulenfilm« [1976], in: Andreas Pretzel und Volker Weiß (Hg.), *Rosa Radikale. Die Schwulenbewegung der 1970er Jahre*, Hamburg 2012, S. 33-38.

25 Geene (Anm. 10), S. 228.

26 Elmar Kraushaar, »Höhenflug und Absturz. Von Homolulu am Main nach Bonn in die Beethovenhalle«, in: Pretzel/Weiß (Anm. 24), S. 80-90, hier S. 84.

27 Vgl. ebd., S. 84.

28 Vgl. ebd., S. 85.

29 Ebd., S. 88.

30 Vgl. ebd., S. 88 f.

31 Michael Bochow, »Reaktionen homosexueller Männer in Deutschland auf die AIDS-Epidemie«, in: Ulrich Marcus (Hg.), *Glück gehabt? Zwei Jahrzehnte AIDS in Deutschland*, Berlin/Wien 2000, S. 153-183, hier S. 154.

32 1984 umbenannt in »Landesinstitut für Tropenmedizin« und 1995 in »Institut für Tropenmedizin«.

33 Geene (Anm. 10), S. 231.

34 Bochow (Anm. 31), S. 154.

35 Geene (Anm. 10), S. 235. Auch Geene beschreibt, dass sich die eher linken und bewegungsorientierten Schwulen allmählich aus der Aids-Hilfe zurückgezogen haben.

36 Bochow (Anm. 31), S. 154.

37 Vgl. Geene (Anm. 10), S. 118.

38 Ebd., S. 118 f.

39 Ebd., S. 120.

40 Matthias Frings, »Die Unterdrückungs-Arie«, in: Hinz (Anm. 4), S. 187-204, hier S. 200 f.

41 Es erschien ab 1989 unter dem Titel *Männer aktuell*.

42 Vgl. Bernhard Rosenkranz und Gottfried Lorenz, *Hamburg auf anderen Wegen. Die Geschichte des schwulen Lebens in der Hansestadt*, Hamburg 2005. S. 169-171.

43 Vgl. ebd., S. 160 f.

44 Gewalt, die vor allem sichtbarer bzw. bewusster wurde: 1990 wurde das Schwule Überfalltelefon (SÜB) gegründet, aus dem schließlich das Berliner schwule Antigewaltprojekt Maneo hervorging. Überfalltelefon bedeutete tatsächlich, dass von Gewalt betroffene Homosexuelle sich telefonisch

bei einer Beratungsstelle melden konnten – zum einen war es wichtig, diese Gewalttaten als solche zu erfassen, zum anderen konnte den Betroffenen so Hilfe angeboten werden. Heute wird Gewalt gegen Homosexuelle im Land Berlin auch als solche registriert und vom Staatsschutz verfolgt. Maneo gehört zum Beratungs- und Informationszentrum für schwule und bisexuelle Männer im Berliner Stadtteil Schöneberg, das 1985 aus der Idee hervorgegangen war, eine Telefonberatungsstelle für die Aids-Aufklärung zu schaffen. Ab 1986 setzte sich der Berliner Gesundheitssenator Ulf Fink (CDU) für eine Förderung des Projekts ein.

45 Frankenberg (Anm. 11).

46 Vgl. Ulrich Marcus, »20 Jahre HIV-/AIDS-Epidemie in Deutschland«, in: Marcus (Anm. 31), S. 1-62, hier S. 9: »Durch die erfolgreiche Kultivierung des Erregers in einer permanenten Zellinie wurde es möglich, Virusantigen in ausreichender Menge zur Produktion von Antikörpernachweistesten zu gewinnen. Zellinie und Virus wurden von Gallo an eine Reihe weiterer Labors weltweit abgegeben. Unter diesen befand sich auch das Berliner Robert-Koch-Institut, wo im Sommer 1984 mit der Eigenproduktion erster Antikörpertestkits und ersten seroepidemiologischen Untersuchungen begonnen wurde.«

47 *AIDS-Informationen. Der HTLV-III Virus. Ein neuer Bluttest. Was nutzt er? Wem tut er weh?*, Flyer der Deutschen AIDS-Hilfe e. V. (1984), online verfügbar unter: {www.aidshilfe.de/shop/pdf/7827} (Stand: Dezember 2017).

48 »Ich will es nicht wissen«, in: *Der Spiegel* 42/1985 (14. Oktober), S. 135-140, hier S. 140.

49 *AIDS-Informationen* (Anm. 47).

50 Rainer Paul und Jürgen Petermann, »Es geht an die Wurzeln der Sexualität. Spiegel-Gespräch mit dem amerikanischen Aids-Forscher Professor Robert Gallo«, in: Hans Halter (Hg.), *Todesseuche AIDS*, Hamburg 1985, S. 67-80, hier S. 69.

51 *Aids. Heutiger Wissensstand*, Informationsbroschüre der Deutschen AIDS-Hilfe e. V. (Juli 1985), online verfügbar unter: {https://www.aidshilfe.de/shop/pdf/1992} (Stand: Dezember 2017).

52 Vgl. Axel Schock, »Die Erfindung des Safer Sex« (28. Mai 2013), verfügbar im Onlinemagazin der Deutschen AIDS-Hilfe (*magazin.hiv*) unter: {https://magazin.hiv/2013/05/28/die-erfindung-des-safer-sex/} (Stand: Dezember 2017).

53 Ebd.

54 Rolf Rosenbrock, *Aids kann schneller besiegt werden. Gesundheitspolitik am Beispiel einer Infektionskrankheit*, Hamburg 1986.

55 Vgl. Bochow (Anm. 31), S. 159.

56 Rosenbrock (Anm. 54), S. 46.

57 Ebd., S. 11; siehe dazu auch Michael Bochow, »AIDS-Prävention: Erfolgsgeschichte mit offenem Ausgang«, in: *Aus Politik und Zeitgeschichte* 15-16/2010, S. 41-46.

58 Vgl. Detlev Pusch, »Bilder zum Kampf gegen Aids. Der Anfang der visuellen Aufklärungsarbeit der Deutschen AIDS-Hilfe. Erinnerungen an die Jahre 1985/86«, in: neue Gesellschaft für bildende Kunst e. V. (nGbK) (Hg.), *Love Aids Riot Sex. Eine zweiteilige Ausstellung zu Kunst, Aids & Aktivismus / A two-part exhibition on Art, AIDS & Activism*, S. 95 f.

59 Vgl. Bochow (Anm. 31), S. 160.

60 Erst seit dem Jahr 2001 gibt es übrigens in der Bundeswehr keine Zwangsversetzungen und Entlassungen mehr aufgrund von Homosexualität. Die Unvereinbarkeit von Homosexualität und Ausübung eines öffentlichen oder sicherheitsrelevanten Amtes – der Gedanke scheint heute, nach den Amtszeiten der Regierenden bzw. Ersten Bürgermeister Klaus Wowereit und Ole von Beust sowie des nunmehr verstorbenen Außenministers Guido Westerwelle, abwegig.

61 Vgl. Frankenberg (Anm. 11), S. 135-138.

62 Ebd., S. 137.

63 »AIDS. Aha, der hat's«, in: *Der Spiegel* 4/1986 (20. Januar), S. 68-70, hier S. 68.

64 Ebd., S. 70.

65 Ebd.

66 Frankenberg (Anm. 11), S. 137.

67 Vgl. Geene (Anm. 10), S. 123.

68 Die Praxis wurde noch sechs Jahre beibehalten. Nach Angaben der bayerischen Staatskanzlei wurden bis Juni 1995 insgesamt 78 400 Tests durchgeführt, von denen lediglich vier positiv waren. Vgl. »HIV-Regeltest für Beamtenanwärter abgeschafft«, in: *Deutsches Ärzteblatt* 93, Heft 1-2 (8. Januar 1996), S. A-21.

69 Frankenberg (Anm. 11), S. 154 f.

70 Ebd., S. 138.

71 Thüringer Landtag, 6. Wahlperiode, »Kleine Anfrage 492 der Abgeordneten Herold (AfD)« (Druck: 11. September 2015): »Liegen der Landesregierung Erkenntnisse darüber vor, wie viele Homosexuelle, Bi- und Transsexuelle, Transgender und intergeschlechtliche Menschen in Thüringen leben?«, online verfügbar unter: {http://www.parldok.thueringen.de/ParlDok/dokument/55755/lesbische-schwule-bisexuelle-transsexuelle-und-intersexuelle-lsbti-in-th%C3%BCringen.pdf} (Stand: Dezember 2017).

72 Hydra e. V. zum Beispiel, eine Selbsthilfegruppe und Interessenvertretung

von Prostituierten, wurde zwar schon 1980 gegründet, aber erstmals 1985 mit öffentlichen Geldern gefördert.

73 Vgl. Stefanie Grabatsch, »26 Jahre sozialpädagogische Arbeit mit Strichern in Deutschland«, in: *20 Jahre AKSD – Ein Bericht. Eine Textsammlung anlässlich des 20-jährigen Bestehens des AKSD*, [o. O.] 2013, S. 3-8, hier S. 3: »Das erste Stricher-Projekt in Deutschland entstand in Hamburg im Jahr 1986. Es folgten bald weitere Projekte in den deutschen Metropolen wie Berlin, Frankfurt oder Köln.«

74 Frankenberg (Anm. 11), S. 158.

75 Vgl. »Angst und Gefahr«, in: *Der Spiegel* 3/1994 (17. Januar), S. 42 f.

76 »Warnung nachlässig behandelt«, in: *Der Spiegel* 50/1991 (9. Dezember), S. 267-270.

77 Das Gesetz wurde im Jahre 2005 umfassend geändert, um europäische Vorgaben in nationales Recht umzusetzen.

78 Vgl. Anja Preuß, »Zum Ausschluss schwuler Männer von der Blutspende«, in: *Zeitschrift für Rechtssoziologie* 25/1 (2004), S. 35-62, sowie Beljan (Anm. 23), S. 178.

79 Männer, die Sex mit Männern haben, dürfen seit einer Novelle der Blutspendeverordnung aus dem Jahr 2017 spenden, wenn sie ein Jahr lang keinen gleichgeschlechtlichen Verkehr hatten – zuvor hatte der Ausschluss schon nach einmaligem Verkehr lebenslang gegolten. Hintergrund dieser längst europaweit geltenden Blutspendeverordnungen – noch 2015 hat der Europäische Gerichtshof die Zulässigkeit der Verbote bestätigt – ist ein Laborproblem: Zwischen der Ansteckung mit Viren und der Nachweisbarkeit einer Infektion im Blut liegt eine gewisse Zeitspanne, das »diagnostische Fenster«, das bis zu sechs Wochen betragen kann, wenn ein regulärer Test (wie im Gesundheitsamt) gemacht wird; nur aufwendigere PCR-Verfahren sind schneller. Nach diesem Zeitraum könnte eine Blutspende heute als sicher gelten – ein Jahr der »Abstinenz« erscheint in diesem Zusammenhang allerdings, bei aller gebotenen Vorsicht, fragwürdig. Hinzuzufügen bleibt auch, dass die Auflagen gar nicht überprüft werden (können) und die Kontrollsicherheit alleine auf schriftlichen Befragungen der Spender beruht. Skandalös ist, dass Homosexuelle in dieser Logik weiterhin verdächtige Personen bleiben und mit Gefahr und Risiko assoziiert werden.

80 Das Stiftungskapital wurde zunächst durch den Bund, die Länder, das Deutsche Rote Kreuz und die Pharmafirmen Bayer AG, Immuno GmbH, Behringwerke AG, Baxter Deutschland GmbH, Armour Pharma GmbH und Alpha Therapeutics GmbH aufgebracht. Vgl. *Gesetz über die humanitäre Hilfe für durch Blutprodukte HIV-infizierte Personen (HIV-Hilfegesetz –*

HIVHG), online verfügbar unter: {http://www.gesetze-im-internet.de/hivhg/HIVHG.pdf} (Stand: Dezember 2017).

81 Kathrin Gießelmann, »HIV-Hepatitis-Blutskandal: Bund übernimmt Entschädigung«, in: *Deutsches Ärzteblatt* 114, Heft 16 (21. April 2017).

82 »Die Apokalypse wird abgesagt«, in: *Die Zeit* 25/1990 (15. Juni).

83 Rosa von Praunheim, »Gibt es Sex nach dem Tode? Thesen zum Thema Aids«, in: *Der Spiegel* 48/1984 (26. November), S. 228 f.

84 Frankenberg (Anm. 11), S. 164.

85 Rolf Rosenbrock: »Schweden: Zwangloser Zwang«, in: *Die Zeit* 13/1988 (25. März 1988).

86 Benny Henriksson und Hasse Ytterberg, »Schweden: Die Macht der moral(ist)ischen Linken«, in: Kirp/Bayer (Anm. 11), S. 400-424.

87 Rosenbrock (Anm. 85).

88 »›Entartung ausdünnen‹«, in: *Der Spiegel* 12/1987 (16. März), S. 131-133, hier S. 131.

89 Zitiert nach: »›Ins Krankhafte hinein‹«, in: *Der Spiegel* 17/1987 (20. April), S. 56 f., hier S. 56. Schon vorher hatte Zehetmair HIV als Symptom einer maroden Gesellschaft bezeichnet und Homosexualität im »Randbereich der Entartung« verortet, auch hier mit der Empfehlung: »Das Umfeld der ethischen Werte muß wiederentdeckt werden, um diese Entartung auszudünnen.« *Der Spiegel* 12/1987 (Anm. 88), S. 131.

90 So soll es Kohl laut *Spiegel* im Kreise von Vertrauten gesagt haben. Vgl. »Aids – Das wird schlimmer als Tschernobyl«, in: *Der Spiegel* 9/1987 (23. Februar), S. 17-21, hier S. 17.

91 Auf der Website der Landeszentrale für politische Bildung NRW wird Karl-Heinz Rehbach von der für den Spot verantwortlichen Produktionsfirma Milestone-Pictures zitiert: »Die ursprüngliche Spotfassung ›Rita, wat kosten die Kondome?‹ musste in ›Tina, wat kosten die Kondome?‹ geändert werden, da ein möglicher Bezug zur früheren Gesundheitsministerin Rita Süssmuth unbedingt vermieden werden sollte«, online verfügbar unter: {http://www.geschichte.nrw.de/artikel.php?artikel[id]=550&lkz=de} (Stand: Dezember 2017).

92 Vgl. Heribert Prantl, »Die Frau, die der CDU den Feminismus beibrachte«, in: *Süddeutsche Zeitung* (17. Februar 2017).

93 Guido Vael von der Münchener Aids-Hilfe beschrieb Gauweilers Verhalten zur Zeit der Aids-Krise in einem Beitrag für die *Spiegel-online*-Rubrik »einestages« – »Aids-Hysterie in den Achtzigern. ›Kondome statt Pogrome‹« (29. November 2008), online verfügbar unter: {http://www.spiegel.de/einestages/aids-hysterie-in-den-achtzigern-kondome-statt-pogrome-a-949553.html} (Stand: Dezember 2017) – wie folgt: »Gauweiler hatte Angst, mit Prak-

tiken der Nazis, mit der Erinnerung an Konzentrationslager in Verbindung gebracht zu werden. Aber er sagte uns wortwörtlich, dass sein Ziel sei, die Schwulen-Infrastruktur zu zerschlagen.«

94 Vgl. Rosenbrock (Anm. 85).

95 »Aids: Sex-Verbot für Zehntausende? Staatssekretär Gauweiler und Sexualwissenschaftler Dannecker über Meldepflicht und Seuchenbekämpfung«, in: *Der Spiegel* 3/1987 (12. Januar), S. 160-168, hier S. 164, 167; wieder abgedruckt in: Peter Gauweiler, *Was tun gegen AIDS? Wege aus der Gefahr*, Percha am Starnberger See 1989, S. 123-148, hier S. 136, 143.

96 Ebd., S. 160 bzw. S. 124.

97 Martin Dannecker, »Sehr geehrter Herr Augstein« [offener Brief], in: Volkmar Sigusch und Hermann L. Gremliza (Hg.), *Operation Aids. Das Geschäft mit der Angst* (= *Sexualität konkret* 7 [1986]), S. 52.

98 Ebd. Der *Spiegel* fragte seinerzeit in einer »kaum noch unterdrückten Aufwallung von Wunschdenken« (wie es der Sexualwissenschaftler Günter Amendt 1987, ebenfalls in der *Konkret* beschrieb): »Sterben die Homosexuellen aus?« Vgl. Günter Amendt, »AIDS – Zur Strafe noch die Krankheit«, in: *Konkret* 6/1986, S. 34 ff.

99 Vgl. »Erlebtes Elend«, in: *Der Spiegel* 22/1986 (26. Mai), S. 180 f. Raimund Geene (Anm. 10, S. 266) schreibt über die Umstrukturierung der Deutschen Sexualwissenschaft: »Haeberle [...] übernimmt die Präsidentschaft der DGSS und eine Abteilungsleitung im neueingerichteten AIDS-Zentrum des damaligen Bundesgesundheitsamtes. Die vergleichsweise idealen Arbeitsbedingungen, die Haeberle eingeräumt werden, dürften weniger seiner zweifelhaften akademischen Qualifikation oder seiner nicht vorhandenen wissenschaftlichen Reputation geschuldet sein als seiner opportunen Haltung in der Safer-Sex-Frage.«

100 Martin Dannecker berichtet, dass er sich bereits vor dem *Spiegel*-Streitgespräch einmal mit Hans Halter getroffen und dieser ihn auch angerufen habe: »Ich habe dann zu ihm gesagt: Ich weiß, was Sie von mir wollen – also das, was dann die Rosa gemacht hat. Sie wollen so was ähnliches wie der Peter Schneider im Zusammenhang mit der Studentenbewegung geschrieben hat. ›Brüder und Schwestern, wir haben Fehler gemacht.‹ Und das kriegen Sie von mir nicht. Ich werde das nicht machen.« Gemeint ist die Rede von Peter Schneider vor der Vollversammlung aller Fakultäten der Freien Universität Berlin am 5. Mai 1967.

101 Vgl. Beljan (Anm. 23), S. 198. – Zum Disput zwischen Dannecker und Praunheim vgl. das Kapitel »Wir haben nicht alle Aids«, ebd., S. 193 ff.

102 Vgl. Martin Dannecker, *Der homosexuelle Mann im Zeichen von Aids*, Hamburg 1991, S. 48.

103 Die von Eberhard Schorsch, Martin Dannecker, Friedemann Pfäfflin, Gunter Schmidt und Volkmar Sigusch unterzeichnete Erklärung »Über den allgemeinen Umgang mit AIDS« erschien zuerst unter dem Titel »Beispiellose Angst und Hysterie kennzeichnet die Lage« in der *Frankfurter Rundschau* (7. Dezember 1987).

104 Vgl. Dietrich Boelter und Hans Hütt, »Dialogkommunikation und Partizipation: Wandel einer kommunikativen Praxis«, in: Ansgar Zerfaß und Thomas Pleil (Hg.), *Handbuch Online PR. Strategische Kommunikation im Internet und Social Web*, 2. Auflage, Köln 2017 (= *PR Praxis*, Band 7), S. 469-479.

105 Hans Hütt, »Angst vor der Gleichheit« (29. Juli 2014), online verfügbar unter: {http://www.anlasslos.de/?p=521} (Stand: Dezember 2017).

106 Vgl. Keikawus Arastéh und Viviana Simon, »Entwicklung der therapeutischen Möglichkeiten bei der HIV-Infektion – Rück- und Ausblick«, in: Marcus (Anm. 31), S. 63-105, besonders S. 69-77.

107 Axel Schock, »25 Jahre AZT. Geldschränke, Hoffnungen, gravierende Nebenwirkungen« (20. März 2012), verfügbar im Onlinemagazin der Deutschen AIDS-Hilfe (*magazin.hiv*) unter: {https://magazin.hiv/2012/03/20/25-jahre-azt-geldschranke-grosse-hoffnungen-gravierende-nebenwirkungen/} (Stand: Dezember 2017).

108 Harald Neuber, »Aids-Politik in den USA: ›Der Zorn Gottes‹«, in: *Deutsches Ärzteblatt* 101, Heft 38 (17. September 2004), S. A2517 f.

109 Vgl. Beljan (Anm. 23), S. 202. Zusammen mit Andreas Salmen hatte von Praunheim Ende der achtziger Jahre die erste deutsche »Act Up«-Gruppe gegründet; ebd., S. 193.

110 Vgl. Schock (Anm. 107).

111 Arastéh/Simon (Anm. 106), S. 65.

112 Häufig verwendete »Cocktails« bestanden aus zwei antiretroviralen Wirkstoffen (NRTI) mit einem nicht-nukleosidischen Reverse-Transkriptase-Hemmer (NNRTI) oder Integrase-Inhibitor (INI) oder Proteasehemmer (PI), der wiederum mit einer geringen Dosis »Ritanovo« oder »Cobicistat« gesteigert (»geboostet«) wurde.

113 Für Details zur antiretroviralen Therapie vgl. Arastéh/Simon (Anm. 106), S. 77-95. Einen Einblick in die Wirkweise vermitteln die Beiträge zur Sektion »Diagnostik und Therapie« (S. 197-592) im Tagungsband zum 7. Deutschen AIDS-Kongress in Essen (Juni 1999): N. H. Brockmeyer, R. Brodt, K. Hoffmann, G. Reimann, M. Stücker und P. Altmeyer (Hg.), *HIV-Infekt. Epidemiologie, Prävention, Pathogenese, Diagnostik, Therapie, Psycho-Soziologie*, Berlin u. a. 2000.

114 Vgl. R. Erdorf, »Compliance aus der Sicht eines Betroffenen – Persönliche Erfahrungen im Wandel der Therapiemöglichkeiten«, in: ebd., S. 707-710.

115 »30 Jahre Entwicklung von Arzneimitteln gegen HIV«, online verfügbar unter: {https://www.pharma-fakten.de/news/details/279-historiederaids-medikamente-30-jahre-entwicklung-von-arzneimitteln-gegen-hiv/} (Stand: Dezember 2017).

116 Kai Kupferschmidt, »Kommt jetzt die Heilung? Wo Aids-Forscher heute stehen« (10. Juli 2017), online verfügbar unter: {http://www.zeit.de/wissen/gesundheit/2017-06/aids-hiv-medikament-abivax-heilung-immunschwaeche} (Stand: Dezember 2017).

117 Die Behandlung mit dem Impfstoff MRKAd5 (auch V520 genannt) sollte eigentlich die CD8-T-Zellen dazu anregen, HIV-infizierte Körperzellen abzutöten. Vgl. Daniela Biermann, »HIV-Impfstoff-Studie gestoppt«, in: *Pharmazeutische Zeitung* 40/2007, online verfügbar unter: {http://www.pharmazeutische-zeitung.de/index.php?id=3792} (Stand: Dezember 2017).

118 In Südafrika wurde im Jahr 2016 eine neue Impfstudie aufgelegt, die auf den Ergebnissen der thailändischen Studie aufbaut. Ergebnisse werden frühestens im Jahr 2019 erwartet. Vgl. »Südafrika testet Impfstoff gegen HIV«, in: *Handelsblatt online*, verfügbar unter: {http://www.handelsblatt.com/technik/medizin/kampf-gegen-aids-suedafrika-testet-impfstoff-gegen-hiv/14920944.html} (Stand: Dezember 2017).

119 Name geändert.

120 Matthias Frings, »Gemischte Botschaften. Der Umgang der deutschen Printmedien mit dem Thema AIDS«, in: Marcus (Anm. 31), S. 238-262, hier S. 246.

121 Martin Dannecker, »Geleitwort«, in: Marcus (Anm. 31), S. V-XII.

122 »Das Virus muss nur noch fliegen lernen. Spiegel-Reporter Hans Halter über den langen Weg in die Aids-Katastrophe«, in: *Der Spiegel* 47/1987 (16. November), S. 240-253, hier S. 253.

123 Vgl. Paul Wrusch, »Genug geschützt«, in: *die tageszeitung*, 17. Dezember 2015.

124 Zur Geschichte des Bildes vgl. Ben Cosgrove, »The photo that changed the face of AIDS« (25. November 2014), online verfügbar unter: {http://time.com/3503000/behind-the-picture-the-photo-that-changed-the-face-of-aids/} (Stand: Dezember 2017).

125 Vgl. Ines De Nil, »Ein Rebell gegen die Verachtung« (3. Dezember 2016), verfügbar im Onlinemagazin der Deutschen AIDS-Hilfe (*magazin.hiv*) unter: {https://magazin.hiv/2016/12/03/ein-rebell-gegen-die-verachtung/} (Stand: Dezember 2017).

126 Vgl. Thomas Schützenberger, »Das schöne neue Bild von Hiv« (16. Januar 2017), verfügbar im Onlinemagazin der Deutschen AIDS-Hilfe (*magazin.hiv*) unter: {https://magazin.hiv/2017/01/16/das-schoene-neue-bild-von-hiv/} (Stand: Dezember 2017).

127 Vgl. Bochow (Anm. 31), S. 160-163.

128 Vgl. Douglas Selvage und Christoph Nehring, Die Aids-Verschwörung. Das Ministerium für Staatssicherheit und die AIDS-Desinformationskampagne des KGB, Berlin 2014.

129 Myron S. Cohen et al., »Prevention of HIV-1 infection with early antiretroviral therapy«, in: *New England Journal of Medicine* 365/6 (11. August 2011), S. 493-505.

130 Eidgenössische Kommission für Aids-Fragen, »HIV-infizierte Menschen ohne andere STD sind unter wirksamer antiretroviraler Therapie sexuell nicht infektiös«, in: *Schweizer Ärztezeitung* 89 (2008), S. 165-169, online verfügbar unter: {https://saez.ch/de/article/doi/saez.2008.13252/} (Stand: Dezember 2017).

131 Das Online-Nachrichtenportal des *Ärzteblattes* (*aerzteblatt.de*) erläutert, warum einerseits von einem (statistischen) Restrisiko von immerhin vier Prozent ausgegangen wird und es andererseits keinen nachweisbaren Fall einer Übertragung gibt: »Aufgrund der begrenzten Teilnehmerzahl ist die statistische ›Power‹ [der Studie] begrenzt. Die obere Grenze des 95-Prozent-Konfidenzintervalls schließt nicht aus, dass es bei heterosexuellen Paaren, von denen der Mann HIV-positiv und die Frau HIV-negativ ist, jährlich zu 0,97 Infektionen auf 100 Paare kommt. Bei HIV-positiven Frauen wären in diesem statistischen Worst-Case-Szenario 0,88 Infektionen auf 100 Paare und Jahr möglich. Bei MSM wären es 0,84 Infektionen auf 100 Paare. Die größte Unsicherheit besteht beim rezeptiven Analverkehr mit Ejakulation ins Rektum. Das 95-Prozent-Konfidenzintervall reicht bis 2,7 Infektionen auf 100 Personen und Jahr. Nach zehn Jahren würde das Risiko auf 27 Prozent akkumulieren. Konkret dürfte das Übertragungsrisiko von der zuverlässigen Einnahme der Medikamente abhängen. Die Adhärenz war in der Studie mit 93 bis 97 Prozent sehr hoch, ein Wert, der nach Ansicht vieler Experten in der Praxis selten erreicht wird. Ein anderer Faktor dürfte die partnerschaftliche Treue beziehungsweise die konsequente Benutzung von Kondomen bei außerpartnerschaftlichen Sexualkontakten sei.« (13. Juli 2016), online zugänglich unter: {www.aerzteblatt.de/nachrichten/69552/HIV-Antiretrovirale-Behandlung-kann-Infektion-des-Partners-auch-bei-Risiko-Sex-verhindern}(Stand: Dezember 2017).

132 Alison J. Rodger, Valentina Cambiano, Tina Bruun et al., »Sexual activity without condoms and risk of HIV transmission in serodifferent couples when the HIV-positive partner is using suppressive antiretroviral therapy«, in: *Journal of the American Medical Society* 316/2 (12. Juli 2016), S. 171-181, online verfügbar unter: {http://jamanetwork.com/journals/jama/fullarticle/2533066} (Stand: Dezember 2017).

133 Vgl. die Meldung »Wirksame antiretrovirale Therapie schützt vor sexueller HIV-Übertragung« (14. Juli 2016) auf der Website der Deutschen AIDS-Hilfe, online zugänglich unter: {https://www.aidshilfe.de/meldung/wirksame-antiretrovirale-therapie-schuetzt-sexueller-hiv-uebertragung} (Stand: Dezember 2017).

134 Ebd.

135 Vgl. »71 000 Euro Schmerzensgeld für Partnerin nach HIV-Infektion«, in: *Ärzte Zeitung online* (8. Februar 2017), online zugänglich unter: {https://www.aerztezeitung.de/praxis_wirtschaft/recht/article/929150/olg-muenchen-71000-euro-schmerzensgeld-partnerin-nach-hiv-infektion.html} (Stand: Dezember 2017).

136 Harriet Drack, »HIV-Patient hatte ungeschützten Sex und verschwieg Krankheit« (12. April 2017), online verfügbar unter: {https://www.ksta.de/koeln/vor-gericht-hiv-patient-hatte-ungeschuetzen-sex-und-verschwieg-krankheit-26705642} (Stand: Dezember 2017).

137 Jochen Drewes und Martin Kruspe, *Schwule Männer und HIV/AIDS. Schutzverhalten und Risikomanagement in den Zeiten der Behandelbarkeit von HIV*, Berlin 2016 (Aids-Forum DAH, Bd. 61).

138 Ungefähr die Hälfte der Teilnehmer (54 Prozent), die einen Partner haben, gab an, in einer monogamen Beziehung zu leben. Wie in den vorhergehenden Erhebungen zeigte sich, dass der Anteil monogam gelebter Beziehungen mit der Beziehungsdauer abnimmt, während der Anteil offener Beziehungen zunimmt. Ebd. S. 57.

139 Vgl. Holger Wicht, »Schwule Männer: Schutzverhalten weitgehend stabil, Testverhalten ausbaufähig« (17. Mai 2016), Website der Deutschen AIDS-Hilfe, online zugänglich unter: {https://www.aidshilfe.de/meldung/schwule-maenner-schutzverhalten-weitgehend-stabil-testverhalten-ausbaufaehig} (Stand: Dezember 2017).

140 Ebd. – Weiter heißt es, dass vor allem Jüngere sich noch nie haben testen lassen. »Auch Männer, die ihre sexuelle Orientierung als problemhaft empfinden, gehen häufiger nicht zum Test. Anders formuliert: Diskriminierung und verinnerlichte Abwertung des homosexuellen Begehrens wirken sich negativ auf das Testverhalten aus. Auch auf andere sexuell übertragbare Infektionen lassen sich schwule Männer noch zu selten testen.«

141 Vgl. »Truvada-Generika ab 1. August in den Apotheken« (31. Juli 2017), *DAZ.online*, zugänglich unter: {https://www.deutsche-apotheker-zeitung.de/news/artikel/2017/07/31/truvada-generika-ab-1-august-in-den-apotheken-erhaeltlich} (Stand: Dezember 2017).

142 Vgl. Sarah Boseley, »Fall in HIV among gay men could spell end for Britain's epidemic say experts«, in: *The Guardian* (22. Juni 2017), online ver-

fügbar unter: {https://www.theguardian.com/society/2017/jun/22/fall-in-hiv-among-gay-men-could-spell-end-for-britains-epidemic-say-experts} (Stand: Dezember 2017).

143 »Vorbeugung gegen HIV. PrEP: Truvada als Generikum erhältlich« (2. August 2017), online verfügbar unter: {http://www.queer.de/detail.php?article_id=29391} (Stand: Dezember 2017).

144 »WHO updates Essential Medicines List with new advice on use of antibiotics, and adds medicines for hepatitis C, HIV, tuberculosis and cancer«, online verfügbar unter: {http://www.who.int/mediacentre/news/releases/2017/essential-medicines-list/en/} (Stand: Dezember 2017).

145 Im Januar 1985 bot der erste Vorstand der Deutschen AIDS-Hilfe auf einem Bundestreffen in Köln den anwesenden Vertretern der regionalen Aids-Hilfen an, künftig als Dachverband zu fungieren. Auf dem 1. Koordinationstreffen der Aids-Hilfen im April 1985 im Waldschlösschen bei Göttingen wurde das Vorhaben auf den Weg gebracht: Ein Interimsbeirat wurde bestimmt und beauftragt, die bisherige Satzung so zu ändern, dass sie einem Bundesverband gerecht wird. Die neue Satzung wurde dann mit überwältigender Mehrheit auf einer außerordentlichen Mitgliederversammlung am 7. Dezember 1985 in Berlin beschlossen. Vgl. Gerd Paul »Politisch war alles« (7. Dezember 2015), verfügbar im Onlinemagazin der Deutschen AIDS-Hilfe (*magazin.hiv*) unter: {https://magazin.hiv/2015/12/07/politisch-war-alles/} (Stand: Dezember 2017).

146 Vgl. Joint United Nations Programme on HIV/AIDS (UNAIDS), *UNAIDS Data 2017*, [o. O.], S. 12, online verfügbar unter: {http://www.unaids.org/sites/default/files/media_asset/20170720_Data_book_2017_en.pdf} (Stand: Dezember 2017).

147 Vgl. »Schätzung der Zahl der HIV-Neuinfektionen und der Gesamtzahl von Menschen mit HIV in Deutschland«, in: *Epidemiologisches Bulletin* 45/2016 (14. November), online verfügbar unter: {http://www.rki.de/DE/Content/Infekt/EpidBull/Archiv/2016/Ausgaben/45_16.pdf?__blob=publicationFile} (Stand: Dezember 2017).

Bildnachweise

David Baltzer/Agentur Zenit: S. 70-71, 164-165
Volker Derlath: S. 211
DER SPIEGEL 23/1983: S. 27
Thomas Einberger: S. 83
gezett: S. 87
Paul Glaser: S. 103
Theo Heimann: S. 128-129
Ann-Christine Jansson: S. 22-23
Paul Langrock: S. 33
Max Lautenschläger: S. 240-241
Ines De Nil: S. 179
Herbert Panwinkler: S. 202-203
Picture-alliance/dpa/Roland Holschneider: S. 79
Christian Schulz: S. 135, 249
Karsten Thielker: S. 173
Ullstein bild – Ali Paczensky: S. 123

Von 2011 bis 2016 lief sie in Italien wieder vom Band: die klassische Vespa PX, wahlweise mit 125 oder 150 cm³ lieferbar. Die Wiederauferstehung des legendären Motorrollers wurde von den Fans mit großem Beifall begrüßt. Doch das abermalige Ende kam wegen der verschärften Abgasbestimmungen schnell. 2017 wurde das letzte Exemplar in der Schweiz verkauft.

KLASSISCHE VESPA MOTORROLLER

PK und Vorläufer, P...X, PX, Cosa alle Serien ab 1970

22. Auflage 2026 • Vespa-Roller komplett zerlegen und instandsetzen

TECHNIK, WARTUNG, REPARATUR

HANS J. SCHNEIDER
SCHNEIDER MEDIA

IMPRESSUM

***KLASSISCHE* VESPA MOTORROLLER**
beschreibt ausführlich alle Montage-, Reparatur- und Inspektionsarbeiten an den seit 1970 gebauten klassischen Vespa-Modellen der Baureihen PK, PX und Cosa. Alle Angaben in diesem Buch erfolgen nach bestem Wissen und dem Stand der Technik bei Redaktionsschluß. Das Nachvollziehen der beschriebenen Arbeiten geschieht auf eigene Gefahr. Beachten Sie dazu bitte auch unsere **Enthaftungserklärung** und den Hinweis auf Seite 346.

Hinweis zu den Abbildungen: s. Seite 352
Dank an alle Unterstützer und Mitarbeiter s. Seite 352

22., durchgesehene Auflage.

Herstellung
Umschlaggestaltung, Lektorat:
Dr. Valentin Schneider
Layout: Hans J. Schneider
Bildbearbeitung, digitale Produktion:
Valentin, Vincent Schneider
Graphikelemente: Simon Schneider
Mitarbeit Werkstatt: Willi Rodenwald (†),
Philipp, Simon, Valentin und Vincent Schneider,
Johanna Schneider, Rainer Schulz
Mitarbeit Inhalt: Werner Lechner, Schwäbisch Hall
(Details Karosserie und Verkabelung),
Günther Uhlig, Freiburg (Vespa PK und
PK plurimatic); Christoph Schneider, Bendorf
(Motor, Getriebe PK-Modelle)

Vertrieb (Stand 2026)
Delius Klasing Verlag GmbH
Siekerwall 21, D-33602 Bielefeld;
Tel. 0521/5590, Fax: 0521/559115
E-Mail: info@delius-klasing.de

Verlag
SCHNEIDER MEDIA FRANCE SAS

ISBN D, A, CH:
978-3-667-12912-3

Printed in Germany

MIX
Papier | Fördert gute Waldnutzung
FSC® C110508
FSC www.fsc.org

INHALT

VORWORT

Vespa Motorroller seit 1946, analysiert in diesem Buch seit 1985

Das **Phänomen Vespa** feierte **2021** seinen **75sten Geburtstag.** Auch danach hat nichts die atemberaubende Karriere des legendären Motorrollers, der 1946 in Serie ging, erschüttern können, trotz aller Angriffe der Konkurrenz. Mit unserem **1985** erstmals erschienenen **Wartungsbuch „Vespa Motorroller"** verhält es sich ähnlich: Nach nunmehr 41 Jahren gehen Monat für Monat immer noch einige hundert Exemplare des beliebten Ratgebers über die Ladentische des Buch- und Fachhandels, obwohl es an konkurrierenden Produkten und Vespa-Internetseiten wirklich nicht mangelt.

Damit dies auch weiterhin so bleibt, hat der Autor das Buch zum Jubiläum 2021 aufgrund der in vielen Jahren zusätzlich gemachten Erfahrungen **umfassend erweitert,** komplett durchgesehen und um nützliche Tipps ergänzt. Der Umfang des nun in der 22. Auflage vorliegenden, im Format A5 gedruckten Werks wuchs von 224 auf **352 Seiten (+ 57 %),** die Zahl der überwiegend farbigen **Abbildungen** von 655 auf beachtliche **1346 (+ 106 %).** Viele Zeichnungen und einige Schaltpläne kamen hinzu, das Stichwortverzeichnis wurde aufwendig aktualisiert, das **Layout neu** nach PX- und Cosa-Modellen einerseits und PK- sowie klassischen 50er/125er Typen andererseits getrennt. **Farbig unterlegte Headlines** und Überschriften zu den einzelnen Arbeitsschritten machen das Buch sehr gut lesbar. Grundsätzlich hat sich an den bewährten und immer wieder auf den neuesten Stand gebrachten Texten kaum etwas geändert, doch das Gesamtpaket erscheint seit 2021 als völlig neues Buch.

Rund 20 Millionen Exemplare seit 1946

Bis 2026 wurden von den unterschiedlichen Vespa-Modellen vom Urmodell mit 98 cm³ Hubraum bis zur 300er GTS über **20 Millionen** Exemplare gebaut und weltweit, vor allem aber in Ländern wie Italien, Deutschland, Frankreich, Österreich, Holland oder der Schweiz verkauft. Auch noch 80 Jahre nach der Premiere 1946 in Pontedera ist die **Beliebtheit** des Originals aus Italien **ungebrochen.** Zwar ist die Vespa PX seit 2017 nicht mehr als Neufahrzeug erhältlich, doch als **Klassiker** und **Restaurierungsobjekt** ist sie – wie alle historischen Typen – unsterblich geworden. Das Schrauben an dem Italo-Knüller lohnt sich nicht nur, um den Scooter alltagstauglich zu halten – es sichert auch den (zumindest gleichbleibenden) Wert.

Das **nostalgisch-schwungvolle Design,** die bullige Motorcharakteristik des Drehschieber-Zweitaktmotors, die gute Alltagstauglichkeit und die – bei sorgfältiger Wartung – **große Langlebigkeit** haben dazu beigetragen, daß aus dem ursprünglich als Gebrauchsgegenstand gedachten Fahrzeug eine **Legende** und sogar ein „Kultobjekt" geworden ist. Und als wendiges Stadtfahrzeug hat sie über Generationen hinweg zur Entzerrung des Verkehrs in den großen Städten beigetragen. Motorroller benötigen zudem nur **wenig Parkraum,** ein enormer Vorzug gegenüber den immer sperriger werdenden Automobilen unserer Zeit. Inzwischen gibt es in vielen Citys spezielle Parkplätze für motorisierte Zweiräder, und sie werden oft von Rollern der Marken Vespa und Piaggio dominiert.

Die **Wiederaufnahme der Produktion** der Modelle PX 125 und PX 150 im Jahr **2011** gab dem Vespa-Kult noch einmal Auftrieb. Nachdem die PX 2008 aus dem Programm genommen worden war, überlegte es sich der Piaggio-Konzern damals wieder anders – auch unter dem Druck der zunehmenden Importe des indischen Lizenzbaus LML (Lohia Machinery Limited), dessen Roller allerdings Viertaktmotoren mit 125, 150 und 200 cm³ Hubraum besitzen. Doch die immer schärfer formulierten **Abgasvorschriften** setzten dem Vespa-Zweitakter trotz bestimmter Optimierungen schon bald ein unwiderrufliches Ende: **2017** wurde in der Schweiz **die letzte PX** verkauft.

Buch immer wieder neu aufgelegt

Die klassische Vespa der Serien PK, PX und Cosa sieht niedlich und unkompliziert aus, doch das Erscheinungsbild trügt. Denn unter der schönen Schale verbirgt sich **komplexe** – und sagen wir es ehrlich – **veraltete Technik,** die auf die 1940er Jahre zurückgeht. Vieles ist schlecht zugänglich, und die winzigen Schraubnippel, mit denen die Bowdenzug-Enden fixiert werden, können einen zur Verzweiflung bringen. Zum Ausbau des vorderen Kotflügels, der schon mal verbeult werden kann, muß die ganze Vorderradführung zerlegt werden, was Stunden dauert und **viel Know-how** erfordert.

Allein schon für das Einstellen der offen laufenden und daher rostanfälligen Lenkkopflager braucht man Geschick (und Spezialwerkzeug).

Schon **1985** haben wir uns mit der Vespa-Technik grundlegend auseinandergesetzt. Und seitdem trägt dieses Buch dazu bei, die **Wartungskosten** der Vespa mit unseren Tipps **niedrig zu halten.** In Deutschland, Österreich und der Schweiz ist das Buch mit inzwischen **über 120.000 verkauften Exemplaren** der erfolgreichste Titel in seinem Segment. In kurzen Abständen mußten immer neue Auflagen gedruckt werden, nun die bereits **22. Edition.**

Es werden **selbst die schwierigsten Arbeiten** an Karosserie, Bedienungselementen, Trommel- und Scheibenbremsanlage, Motor und Getriebe, Gemischaufbereitung, Benzinversorgung und Motorelektrik beschrieben, auch das Einstellen von Zündung und Unterbrecher bei älteren Typen. Unter anderem zeigen wir auch die **vollständige Revision** der PX- und PK-Motoren, von Kupplung und Getriebe. Vorderradführung und Radaufhängung werden komplett zerlegt, und in detailgenauer Ausführlichkeit wird vorgeführt, wie die einzelnen **Seilzüge ausgewechselt** werden. Ein Spezialkapitel befaßt sich mit der **Vespa plurimatic** und ihrer Keilriemenautomatik.

Das handliche **A5-Format,** erstmals eingeführt mit der 7. Auflage 1997, haben wir weiterhin beibehalten. Auf **Papier- und Abbildungsqualitat,** Druck und Verarbeitung legen wir nach wie vor großen Wert. Daher werden die meisten **Fotos farbig** gedruckt, was bei Wartungsbüchern ziemlich einmalig ist. Die Farbfonds und Anfettungen im Text erleichtern das Auffinden der gesuchten Informationen.

Daß es auch für Freizeitmechaniker kein unüberwindliches Problem ist, sogar Motor und Getriebe bis zur letzten Schraube zu zerlegen und instandzusetzen, zeigt dieses Buch. Anders als bei vielen anderen Wartungsanleitungen wurden **fast alle Arbeiten** von der Redaktion **selbst ausgeführt** und bis ins kleinste Detail praxisgerecht dokumentiert.

Viel Spaß, gute Nerven und den nötigen Erfolg beim Schrauben wünscht Ihnen weiterhin Autor und Verleger

Hans-Jürgen Schneider
Normandie im März 2026

Foto: © Archiv Schneider

Aufs Jahr genauso alt wie die Vespa und genauso robust: Hans-Jürgen Schneider, hier abgelichtet im Jubiläumsjahr für Vespa und Autor – 2021. Der examinierte Germanist und Geograph ist Allein- oder Hauptautor von über 40 Sachbüchern und Co-Autor von elf weiteren Titeln. Er illustriert und layoutet die Werke seit Jahrzehnten, verlegt seine Bücher seit 1985 im eigenen Verlag. Zuvor und lange parallel dazu war er Redakteur, Chefredakteur und freier Mitarbeiter bei zahlreichen Magazinen und Tageszeitungen, verfaßte außerdem Texte zur Produkttechnik für Presseabteilungen großer Marken der Automobil- und Motorradindustrie. Den Motorradführerschein erwarb er einst am Lenker einer Vespa 125 – womit sonst. Seit 1995 lebt und arbeitet er in der Normandie.

1. Auflage 1985 bei BLV
Format 12,5 x 19,0 cm,
160 Seiten

2. Auflage 1990 bei
Schneider Textsystem
Format 12,5 x 19,0 cm

7. Auflage 1997 bei
Editions Schneider Text
Format A5 14,8 x 21,0 cm
184 Seiten

15. Auflage 2013 bei
Schneider Media
Format A5 14,8 x 21,0 cm
224 Seiten

Vespa-Modellgeschichte: Vom Nutzfahrzeug zum Kult- und Sammlerobjekt

Rechte Spalte von oben nach unten: Vespa-Prototyp MP6 von 1945; erste Serien-Vespa mit 98 cm³ von 1946; das gleiche Modell von der anderen Seite. Unten: Autor Hans J. Schneider und Sohn Vincent (Community Manager Schneider Media, Webmaster) mit dem historischen Vespa-Gespann beim Besuch des Piaggio-Museums in Pontedera am 29. August 2018.

Frühjahr 2021 – Anlaß zum Feiern: Die klassische Vespa, kurz nach dem Krieg eigentlich „als technischer Notbehelf" (*DER SPIEGEL* 39/1996) geboren, feiert ihren 75sten Geburtstag. Niemand hat den Wahnsinnserfolg des italienischen Motorrollers voraussehen können. Schon zum 65sten Geburtstag 2011 hat Piaggio die Produktion der 2008 (vorübergehend!) eingestellten Modelle PX 125 und PX 150 wieder aufgenommen (mehr dazu am Ende des Kapitels). Man stelle sich vor, BMW würde die R 25 oder die Isetta wieder produzieren, VW den Käfer, Citroën den 2 CV… Zur Wiederbelebung der PX gab und gibt es keine Parallele in der Fahrzeuggeschichte, die 1886 mit Daimler und Benz begann.

Nach dem Boom der ersten Nachkriegszeit kam für die meisten Rol-

Foto links: © Valentin Schneider

3 Fotos rechts: © Ufficio Stampa Gruppo Piaggio, Pontedera

lermodelle und -hersteller das Aus schon in den 1950er und 1960er Jahren. Nur der italienische Scooter mit der berühmten Wespentaille **(„Vespa" = „Wespe")** überlebte die große Zweiradkrise, profitierte seit den 1970er Jahren von einer nicht abreißenden Nachfrage, wird als Kultobjekt gehegt und gepflegt, steht in der abgasverbesserten Version von 2011 wieder da wie aus dem Jungbrunnen entstiegen.

50 Jahre hatte es nach der Präsentation der **Ur-Vespa 1946** gedauert, bis Vespa-Produzent Piaggio im Herbst 1996 ein sehr zeitgemäßes,

gleichwohl stilistisch stark vom Oldie inspiriertes Nachfolgemodell vorstellte, die **ET 4,** apostrophiert damals als *„Vespa für die Zeit nach der Jahrtausendwende“.* Sie wurde angetrieben vom damals neu entwickelten, sparsamen und umweltverträglicheren Viertaktmotor, der bereits 1995 in der **Sfera 125** seine Premiere gefeiert hatte. 2003 gelang den Italienern mit der **GT** eine weitere Überraschung: Im Look der klassischen Vespa ging eine viel modernere, größere und sicherere Vespa mit flüssigkeitsgekühltem Viertakt-Mittelmotor an den Start, ab 2005 als GTS mit geregeltem Katalysator und Benzineinspritzung lieferbar.

So wundert es nicht, daß Piaggio mit über **19 Millionen seit 1946** verkauften Rollern (2021) und einem Marktanteil von gut 30 Prozent der größte Motorzweiradhersteller Europas ist. Die zeitweise zum Fiat-Konzern gehörende Firma ist seit 2003 in den Händen der Beteiligungsgesellschaft „IMMSI“ der italienischen Milliardärsfamilie Colaninno.

Angefangen hat die abenteuerliche **Piaggio-Story 1884** in der Nähe Genuas mit dem Bau von kompletten Innenausstattungen für Passagierschiffe.

Nachdem **Rinaldo Piaggio 1884** die Firma ursprünglich zum Betrieb eines Holzlagers in Sestri Ponente, bei Genua gegründet hatte und dort zunächst **Schiffe** baute, wurde 1901 im neuen Werk Finale Ligure zusätzlich die Produktion von **Eisenbahnwaggons** aufgenommen. Entscheidend für die weitere Entwicklung war der Einstieg in den **Flugzeugbau 1916.** Bald baute Piaggio Flugzeuge und

Foto: © Ufficio Stampa Gruppo Piaggio, Pontedera

Foto: © Ufficio Stampa Gruppo Piaggio, Pontedera

Oben: Vespa 125 von 1949. Links: Vespa 125 von 1948. Charakteristisch sind der unverkleidete Lenker, der spiralgefederte Sattel und der kleine Scheinwerfer auf dem Vorderkotflügel. Der stabile Gepäckträger machte den Roller zum vielseitigen Alltagsfahrzeug.

Oben: Vespa Seigiorni von 1952 mit zentral angebrachtem Reserverad. Exotische Modelle wie dieses sind heute besonders gesucht. Unten: Vespa 125 U von 1953; der Scheinwerfer ist nach oben gewandert.

Flugboote in einem eigens errichteten Werk in **Pontedera.** Hier sollte später die Vespa vom Band laufen. Im Zweiten Weltkrieg war Piaggio ein bedeutendes **Rüstungsunternehmen,** fertigte Bomber und Flugmotoren – bis zum Tag im Jahr 1945, als amerikanische Bomber Pontedera in Schutt und Asche legten. Wie sollte es weitergehen?

Zunächst blieb den Italienern (wie BMW in München) nichts weiter übrig, als ganz und gar zivile Produkte wie Pfannen und Kochtöpfe herzustellen. Für Firmenchef **Dottore Enrico Piaggio** und kreative Köpfe

2 Fotos rechts: © Ufficio Stampa Gruppo Piaggio, Pontedera

wie den **Hubschrauber-Ingenieur Corradino d'Ascanio** war das natürlich frustrierend.

Ein rassiges Produkt mußte her, mit dem sich ordentlich Geld verdienen ließ. Und weil es intelligenter gemacht sein sollte als ein Motorrad mit schmieriger Kette und kompliziertem Radausbau bei Pannen, entwarf d'Ascanio einfach die Vespa. **1945** stand der **erste Prototyp „MP6"** auf dem Werkshof und erregte mit seinem dem Flugzeugbau entlehnten Konstruktionsdetails sofort gewaltiges Aufsehen.

Und diese Details sind auch im neuen Jahrtausend noch wegweisend, wie nicht nur die 2011 neu aufgelegte PX beweist, sondern auch die GT/GTS-Serie ab 2003: selbsttragende **Stahlblechkarosserie,** perfekter Wetter- und Spritzwasserschutz, völlig abgedeckter Motor, bequeme Trittbretter, Direktantrieb zum Hinterrad, einfache Wartung, nach Flugzeugart einseitig aufgehängte, untereinander austauschbare und wie beim Auto leicht abnehmbare Räder. Nach 1946 war das Letztere besonders von Vorteil, als man die kriegszerstörten Straßen kaum befahren konnte, ohne mit einer Reifenpanne liegenzubleiben.

Zuerst nur 98 cm³ und 60 km/h

Grundidee war gewesen, ein Fahrzeug zu entwickeln, das ein Maximum an Komfort und Straßenlage mit einem Höchstmaß an Stabilität, Langlebigkeit und Zuverlässigkeit vereinte. Das universelle Nachkriegsfahrzeug verkaufte sich vom Start weg wie verrückt in ganz Europa, schon 1965 waren über drei Millionen Exemplare von den Bändern, überwiegend in Pontedera, gerollt.

Die erste **Serien-Vespa** von **1946** besaß bereits den berühmten, gebläsegekühlten und liegend angeordneten **Zweitakt-Einzylindermotor.** Der Hubraum betrug anfangs **98 cm³,** die Höchstgeschwindigkeit lag bei 60 km/h, das Getriebe begnügte sich mit drei Gängen und wurde bis 1951 über ein Gestänge vom linken Handgriff aus geschaltet.

Auch ansonsten war die zunächst olivgrün lackierte Ur-Vespa in vielen Details so spartanisch wie fast alles zu jener Zeit: spiralgefederter Solositz, klappbarer Kickstarter, verchromter und unverkleideter Motorradlenker, torpedoförmiger Scheinwerfer auf dem vorderen Kotflügel. Die kleinen Acht-Zoll-Räder fanden ähnlich auch bei primitiven Schub- und Transportkarren Verwendung.

Die **Vorderradaufhängung** lag bei den 1946 und 1947 gebauten 13 000 Erstserienfahrzeugen noch in Fahrtrichtung links. Doch schon beim **1948** vorgestellten **125er** Modell waren die Kurzschwinge, die langhubige und unverkleidete Schraubenfeder sowie der separate Stoßdämpfer auf die rechte Vorderradseite gewandert. Es gab einen stabilen Gepäckträger aus Stahlblech, das Reserverad wurde hinten senkrecht stehend mitgeführt.

Foto: © Presseabteilung Vespa GmbH Augsburg

Foto links: © Ufficio Stampa Gruppo Piaggio

Foto oben: © Hans J. Schneider

Schon früh verschafften **prominente Vespa-Fahrer** dem Roller die verdiente Popularität. Radrenn-Ass Fausto Coppi ließ sich 1949 bereitwillig im Vespa-Sattel ablichten. Zahlreiche Filmstars konnten in den 1950ern von Piaggio dazu gewonnen werden, werbewirksam mit der Vespa über Boulevards oder wenigstens rund um den Set zu knattern: Charly Chaplin, Kim Novak, Audrey

Foto: © Presseabteilung Vespa GmbH Augsburg

Oben: Vespa 125 von 1959 vor dem Werk in Pontedera. Mitte links: Vespa 150 GS von 1955. Mitte rechts: Oldtimer aus der Sammlung S.I.P. Scootershop in Landsberg/Lech. Links: Filmstar Gary Cooper posierte in den 1950ern mit der Vespa, die schon damals das Zeug Kultobjekt hatte.

2 Fotos links: © Ufficio Stampa Gruppo Piaggio, Pontedera

Hepburn, Gregory Peck, Gary Cooper, Ugo Tognazzi zum Beispiel. Das hatte Folgen – unter anderem die, daß weltweit **Vespa-Clubs** wie Pilze aus dem Boden schossen. Blitzendes Chromzubehör und der sogennte „Fuchsschwanz" am Lenker waren die Zugehörigkeitsmerkmale.

In die Geschichte eingegangen ist die Vespa auch als französisches **(A.C.M.A.** 1950 bis 1962) und englisches **(Douglas** 1951 bis 1957) Lizenzprodukt. In Spanien, Belgien und Brasilien lief ebenfalls eine Vespa-Fertigung. Die deutschen **Hoffmann-Werke** in Lintorf bei Düsseldorf bauten von 1950 bis 1955 über 40 000 Fahrzeuge (Modelle 125 und 125 „Königin"). **Messerschmitt** in Augsburg, ehemaliger Flugzeughersteller wie Piaggio, produzierte – anfangs parallel zu Hoffmann – von 1955 bis 1958 die Vespa-Modelle 150 T/1, T/2 und T/3 sowie G8/1 und G8/2. Danach montierte die neu gegründete **Vespa GmbH** in Augsburg verschiedene Baureihen aus importierten Komponenten, darunter die 150 G8/3 und die 160 G8/4 sowie diverse 125er Typen. 1963 wurde – im Zeichen eines sich abkühlenden Marktes – die letzte Vespa aus deutscher Produktion ausgeliefert.

Foto: rechts © Werner Lechner, Schwänisch Hall

Foto oben: © Günther Uhlig, Freiburg

Oben: Vespa 50 von 1963. Mitte: Vespa 90 SS von 1966 mit tankähnlichem Transportbehälter, Mittel-Reserverad und Sportauspuff. Unten links: restaurierte A.C.M.A.-Vespa (um 1956) mit dem französischen 150-cm³-Motor. Unten rechts: Vespa T5 mit 125 cm³ und 12 PS aus der Sammlung Werner Lechner (gebaut 1985-1990).

In Pontedera lief schon **1956** die **einmillionste Vespa** vom Band. Im Hinblick auf die Technik wurde behutsam Modellpflege betrieben: **1951** gab es Bowdenzüge für die

Schaltung, **1954** hatte **die erste 150er** Premiere, **1955** startete die **sportliche GS,** die als erstes Modell auf 10-Zoll-Rädern rollte und außerdem ein Viergang-Getriebe hatte; 1957 kam die 150 GL hinzu.

Das erste gründliche **Facelifting** erlebte die Vespa **1958:** Der Scheinwerfer wanderte wie vorher bei der 150er jetzt auch bei der 125er vom Kotflügel an den Lenker, das Design von Karosserie und hinteren Abdeckungen wurde rundlicher und gefälliger. Während das Gewicht um einige Kilogramm abnahm, wuchsen Tankinhalt, Reichweite und Höchstgeschwindigkeit.

Traum-Vespa: GS 160

Die **Vespa Grand Sport 160** von **1957** – seinerzeit wohl das beliebteste Modell – sah umwerfend elegant aus: geglättete Linienführung mit harmonisch geschwungenen Hauben, Federbeine mit integrierten Stoßdämpfern, verkleideter Lenker, bequeme Doppelsitzbank, Blinkanlage mit kühn an den Hauben angebrachten, stromlinienförmigen Blinkergläsern.

Das Reserverad hatte man unter der linken Haube plaziert. Bei einem Hubraum von **158,5 cm³** und einem Verdichtungsverhältnis von 1 : 7,3 entwickelte der immerhin 6500 Touren drehende GS-Motor eine Leistung von beachtlichen **8,5 PS** – genug, um das nur 110 kg schwere Fahrzeug auf eine Spitze von knapp **100 km/h** zu beschleunigen. Serienmäßig bot die GS Vierganggetriebe, Reifen der Größe 3.50 x 10, Innenbacken-Trommelbremsen und einen starken Schwungradmagnetzünder.

Ein großer Schritt war die Umstellung des Benzin-Öl-Mischungs-Verhältnisses von 1 : 20 auf **1 : 50 Mitte 1959;** das bedeutete weniger Qualm und Schadstoffe aus dem Auspuff, weniger Gestank, niedrigere Treibstoffkosten.

Parallel zur Vespa war bei Piaggio der **Dreirad-Lastwagen „Ape“** entwickelt und **1948** vorgestellt worden. Die fleißige „Biene“ wurde vom Zweitaktmotor der Vespa angetrieben und fand innerhalb kürzester Zeit größte Verbreitung in ganz Italien. Heute noch ist dieses originelle Vehikel als Minitransporter in vielen Ländern unterwegs. Eine Rarität ist der Kleinwagen Vespa 400, den die Italiener 1957 in Paris präsentierten.

1963 schuf sich Piaggio mit der **Kompakt-Vespa** (zunächst **50er** und **90er** Modelle) ein zweites Standbein im Rollergeschäft. **1967** kam die Fertigung von **Mofas** und **Mopeds** hinzu. Die neue kleine Rollerklasse hatte einen um 45 Grad ge-

2 Fotos: © Werbematerial Vespa GmbH Augsburg

Beide Bilder zeigen die Vespa 200 Rally electronic von 1975/1976; sie war das erste Modell mit wartungsfreier elektronischer Zündung. Der Motor leistete bereits 12 PS bei 5700/min⁻¹, was für gut 100 km/h Spitze reichte.

Alle 4 Fotos: © Werbematerial Vespa GmbH Augsburg

Oben links: Vespa 50 N Spezial mit 2,5 PS, Rechteckscheinwerfer und Blinkanlage von 1978. Oben rechts: das gleiche 50er-Modell von 1976 mit unten angebautem Rückspiegel. Unten links: Vespa 90 SS von 1975 mit Sportauspuff. Unten rechts: Vespa 125 Primavera von 1974.

neigten Motor und ein Drei- oder Viergang-Getriebe.

Exotisch nahmen sich die ab **1965** gebauten, als „superschnell" apostrophierten **SS-Modelle** mit senkrecht im Durchstieg stehenden Reserverädern und darüber angeordneten, tankähnlichen Transportbehältern aus. Die Vorderradaufhängung der kleinen Modelle war nun mit einem verkleideten Federbein ausgerüstet, die großen Vespa-Modelle zeigten wieder separat angeschlagene Federn und Dämpfer. Neu waren hier ab **1965** bzw. **1967** die Typen **125 Primavera** und **150 Sprint.** Die GS wurde 1964 abgelöst von der **180 Super Sport, 1968** folgte die **180 Rally,** allesamt heute gefragte und teure Sammlerstücke.

Die Vespa GmbH Augsburg vermarktete in den **1970ern** die in zwei Klassen unterteilte Vespa-Palette über ihr stark gewachsenes Händlernetz. Die **Kompaktklasse** mit kurzem Radstand (1160 mm) umfaßte folgende Modelle: **Vespa 50 N** mit Dreigangschaltung und Rundscheinwerfer sowie **Vespa 50 S** mit Viergangschaltung und Rundscheinwerfer jeweils für 1210 DM; Vespa 50 S mit Viergangschaltung und ungedrosseltem Motor (Spitze 65 km/h, damalige Führerscheinklasse 4) für 1355 DM; **Vespa 50 Super Sprint** mit Blinkanlage und Stopplicht sowie leistungsgesteigertem Motor (Spitze 75 km/h) für 1445 DM; Vespa 90 Super Sprint mit 88,5 cm^3 Hubraum, Vierganggetriebe und einer

Foto: © Werbematerial Vespa GmbH Augsburg

Links: Ohne Helm und unbekümmert; in den 1970er Jahren war es keineswegs selbstverständlich, einen Kopfschutz und Handschuhe anzulegen. Das Werbefoto von Piaggio aus dem Jahr 1976 zeigt eine muntere Truppe unterwegs auf Vespa 150 Sprint Veloce und 200 Rally electronic.

Spitze von 93 km/h für 1475 DM.

In der **großen Vespa-Klasse** mit 1200 mm Radstand wurden drei Modelle angeboten: **125 Primavera** mit Reifen 3.00 x 10, 122 cm³ Hubraum, Vierganggetriebe und Blinkanlage für 1565 DM; **Vespa 150 Sprint** mit 94 km/h Spitze und Reifen 3.50 x 10 für 1710 DM; schließlich **Vespa 180 Rally** mit 180 cm³ und 105 km/h Spitze für 1940 DM. Die beiden Baureihen liefen einige Jahre mit Modifikationen, in der Basistechnik aber unverändert vom Band.

Das erste Modell mit elektrischem Anlasser war die **50 N „elestart"** von 1969. Die 180 Rally wurde 1972 abgelöst durch die **200 Rally electronic,** die als erste Vespa über **Getrenntschmierung** und elektronische Zündanlage verfügte, allerdings noch mit 6 Volt. In Deutschland wurde 1974 aus der 50 Super Sprint die giftige **50 SR,** ab 1975 trug die **125er** das Zusatzkürzel **TS.**

Komplette Erneuerung 1977

1977 kam dann die kleine Revolution: Piaggio stellte unter dem Motto **„Vespa nuova linea"** eine rundum modernisierte Vespa-Generation vor, deren Deutschland-Import allerdings erst im **Oktober 1978** begann. Ins Auge fielen sofort die stilistisch überarbeitete und geglättete Karosserie, die neue Vorderradführung mit vollverkleidetem Federbein, die für Wartungsarbeiten abnehmbare Steuerrohrabdeckung, der verkleidete Lenker, der größere Scheinwerfer sowie der abschließbare Gepäckraum hinter dem Beinschild bei allen großen Vespa-Modellen. Geändert worden waren auch die Typenbezeichnungen: **P 125 X, P 150 X, P 200 E.**

Foto rechts: © Hans J. Schneider

Die Vespa-Teile- und Zubehör-Firma S.I.P. Scootershop in Landsberg am Lech besitzt eine große Rollersammlung, die im Verkaufssalon ihren permanenten Platz hat. Das Foto zeigt nur einen kleinen Ausschnitt der Kollektion.

Foto: © Ufficio Stampa Gruppo Piaggio

war die Bodenfreiheit merklich gewachsen. Eine optimierte Startvorrichtung und neue Schaltzüge erleichterten die Bedienung. Endlich hatte das Bordnetz **12 Volt** Spannung, zumindest bei den großen Modellen. Die Motorisierungen waren: **P 125 X** mit 8,2 PS, **P 150 X** mit 9,1 PS, **P 200 E** mit 10 PS. Die in Italien angebotene **12-PS-Version** kam später auch nach Deutschland. **1980** erweiterte Piaggio die Vespa-Palette um das Modell **P 80 X,** einen

Oben links: Vespa 125 Primavera ET 3 von 1976. Mitte links: Vespa PK 80 S Automatik „elestart" 1982. Mitte rechts: PK 50 XL 2 von 1992.

Foto: © Werbematerial Vespa GmbH Augsburg

Foto rechts: © Hans J. Schneider

2 Fotos rechts: © Werbematerial Vespa GmbH Augsburg

Unten links: Vespa PK 50 1985 mit umfangreichem Zubehör. Unten rechts: PK 80 S 1982 „elestart" mit Elektrostarter.

Zahlreiche **Detailverbesserungen** erfreuten den Käufer. Neu waren unter anderem die Kontrolleuchten für Licht, Blinker und Zündung. Durch eine Vergrößerung des Federwegs am Vorderrad von 70 auf 90 mm

Roller mit 6 PS und 80 km/h Spitze, der abgesehen vom Hubraum in fast allen Details den Fahrzeugen der großen Klasse entsprach. In Deutschland durfte die P 80 X gefahren werden von 16jährigen mit dem seinerzeit neu eingeführten Führerschein 1 b und von Autofahrern, die vor dem 1. April 1980 den Führerschein Klasse 2, 3 oder 4 erworben hatten.

1982 wurde die neu entwickelte kleine **PK-Klasse** in Mailand präsentiert und ab 1983 gebaut. Sie umfaßte die **PK 50,** die **PK 100** (für Italien z.B.), die **PK 80** und als Spitzenmodell die **PK 125 S,** die im März 1983 nach Deutschland kam. Topmodell für einige Märkte war ab 1984 die 8,5 PS starke **PK 125 ETS.** 1983 führte Piaggio die stufenlose, hydraulisch betätigte Getriebeautomatik für die Modelle PK 50 S, PK 80 S und PK 125 S ein (Zusatz **„automatica").** In Deutschland wurden **PK 50, PK 50 S, PK 80 S, PK 125 S** vor allem mit Handschaltung verkauft.

Foto: © Werbematerial Vespa GmbH Augsburg

PX ab 1983 mit E-Starter

1986 überarbeiteten die Italiener die leichte Klasse **(XL-Modelle). 1987** löste die Vespa **PK „plurimatic"** mit stufenloser Keilriemenautomatik die schwierig zu wartende „automatica" ab. Ansonsten wurden die PK-Modelle bis 1996 im gleichen Stil weitergebaut. Die Palette bestand nun aus den Versionen **PK 50 XL** (2 kW, 50 km/h), **PK 50 XL automatica** (3 kW), **PK 125 XL** (6 kW), **PK 125 XL plurimatic** (5 kW). **1990** kamen die PK-Modelle mit neuem Design und vielen Detail-Verbesserungen als **XL 2-Modelle** heraus. Das Angebot umfaßte jetzt die **PK 50 XL 2** in vier Versionen und die **PK 125 XL 2** mit Schalt - oder Automatikgetriebe.

Das 125er Modell wurde **1993** mit Erscheinen des modernen Automatikrollers **SKR 125** überflüssig. 1996 bot Piaggio nur noch drei 50er PK-Versionen an, die neben den Neuheiten **Sfera, Zip, NRG** und **TPH** aber einen schweren Stand hatten. 1996 lief die PK-Serie aus.

Überarbeitet und verbessert zeigten sich ab **1983** die **großen PX-Typen.** Sie waren jetzt in allen Versionen mit elektrischem Anlasser lieferbar, besaßen ein kombiniertes Lenk-/Zündschloß, eine von Hand nachstellbare Vorderradbremse und eine neue Lenkerverkleidung mit großem Kombiinstrument. Schlager des Jahres **1985** war die **Vespa PX 200 E Grand Sport** mit **12 PS.** Alle PX-Typen verfügten inzwischen über die praktische Getrenntschmierung.

Die bewährten und weiterhin beliebten Modelle der **PX-Lusso-Reihe** verließen zunächst unverändert

Foto: © Hans J. Schneider

Oben: Werbefoto Mitte der 1970er Jahre mit „großer" Vespa 150. Unten: Renner ab Sommer 1980 war die Vespa P 80 X für 16jährige mit Führerschein 1 b.

Foto: © Werbematerial Vespa GmbH Augsburg

Foto: © Werbematerial Vespa GmbH Augsburg

Foto links: © Hans J. Schneider

die Produktionsstätten: **PX 80 E, PX 125 E, PX 150 E, PX 200 E** und als Topversion die 12 PS starke **PX 200 E Lusso GS** „Grand Sport".

Angesichts der enorm zugespitzten Konkurrenzsituation seit Beginn der 1990er Jahre und vor dem Hintergrund der verschärften Abgas- und Lärmvorschriften schien die klassische Zweitakt-Vespa nur noch als Nischen- und Liebhabermodell Zukunft zu haben. Bereits **1995** wurden auf dem deutschen Markt nur noch zwei Versionen angeboten: die **PX 80 E Lusso** mit und ohne E-Starter sowie die **PX 200 GS. 1996** ersetzte man die PX 80 durch ein leicht modifiziertes **125er Modell** in gedrosselter und offener Version

Scheibenbremse vorn 1998

1998 erhielten alle PX-Modelle für das Vorderrad die moderne **Scheibenbremsanlage** der Automatik-Roller. Die PX 200, zuletzt in der Version **PX 200 FL DT** (FL für „Facelift") mit 8,9 kW und 100 km/h Vmax, lief 2001 aus. Die Vespa **PX 125 FL DT** von 2001 leistete 6,3 kW, gut für 89 km/h. Bis 2008 weiterproduziert wurden nur die Typen **PX 125** (6,5 kW) und **PX 150** (7,0 kW).

2011-2017: letzte PX-Auflage

Nach dreijähriger Pause belebte Piaggio **2011** die beiden Typen **PX 125** (nun mit 6,0 kW/8,0 PS bei 5600/min^{-1}, 3690 Euro) und die **PX 150** (jetzt mit 6,6 kW/9,0 PS bei 5700/min^{-1}, 3890 Euro) wieder. Die Motorleistung war etwas geringer als bei den alten Modellen, da man bei den Zweitaktmotoren die Abgasemissionen gemäß Euro 3 hatte begrenzen müssen, u.a. mit einem **SAS-**

Oben: PX 80 E 1985. Mitte: Vespa PX 80 E 1985 mit Dekoset, Radkappen und Topcase. Links: die vom Autor 2019 restaurierte PX 200 E lusso von 1985. Motor, Bremsanlage und viele Details wurden komplett überholt, die Karosserie in der Patina wiederaufgearbeitet.

Ventil zur Reduktion der Stickoxide. Die ansonsten weitgehend unveränderten Roller (Scheibenbremse vorn) erreichten eine Spitze von 90 km/h. Doch die Einführung der **Abgasnorm Euro 4** für Zweiräder zum 1. Januar 2017 machte der PX endgültig den Garaus, Piaggio ließ die beiden PX-Modelle Ende 2016 auslaufen. In die Schweiz importierte Fahrzeuge wurden **bis September 2017** verkauft.

1987: aerodynamische Cosa

Ein Sonderfall war die **1987** in Italien vorgestellte und bis Anfang 1996 in Deutschland **(bis 1998** in Italien) verkaufte **Cosa.** Es handelte sich dabei praktisch um eine im Windkanal optimierte Super-Vespa mit **125, 150** oder **200 cm³** Hubraum, **hydraulischer Integral-Bremsanlage** (auf Wunsch mit elektronisch gesteuertem Bremsantiblockiersystem **EBC),** Helmfach, Doppelinstrument mit Drehzahlmesser und zahlreichen Kontroll-Lampen.

Die erste Cosa-Generation wurde von 1988 bis 1992 verkauft, danach kam die **Cosa FL** auf den Markt. Von der Cosa 1 unterschied sich die Cosa 2 nur durch die komfortablere Sitzbank mit einem Schloß im rückwärtigen Bereich; bei der Cosa 1 saß das Schloß an der Seite. Teile der **glattflächigen Karosserie** waren erstmals mit Kunststoffelementen verkleidet. Ansonsten war die Cosa technisch mit der Vespa PX weitgehend identisch, sieht man vom elektrischen Benzinhahn und dem längeren Federbein an der Hinterradschwinge ab. Rückgrat war nach wie vor die selbsttragende Stahlblechkarosserie mit **Wetterschutz.**

2 Fotos links, rechts: © Hans J. Schneider

Foto: © Werbematerial Vespa GmbH Augsburg

Linke Spalte: Cosa 200 GS (12 PS) von 1991. Oben rechts: Dieses auf dem Kölner Hansaring entstandene Foto der P 80 X von 1980 zierte zehn Jahre lang das Cover dieses Buchs. Unten rechts: PX 200 E von 1985.

Im Cosa-Heck arbeitete der gekapselte und gebläsegekühlte Zweitaktmotor mit 9,0 (125 cm³), 9,5 (150 cm³), 10 bzw. 12 PS (200 cm³, Basis- und GS-Modell). Auch die Cosa besaß Trittbretter und Gepäckfach.

Foto: © Presseabteilung Vespa GmbH Augsburg

Fotos links, rechts: © Ufficio Stampa Gruppo Piaggio

Oben: PX 125 E von 1996 mit Trommelbremse. Unten links: Mit dem PX 150-Sondermodell „Unita d'Italia" nahm Piaggio im März 2011 die PX-Produktion wieder auf. Rechts: PX 125 von 2012.

Schwellerähnliche Kunststoffprofile unter den Trittbrettern sorgten dafür, daß der Fahrtwind nicht wie bei der Vespa im zerklüfteten Motor- und Anriebsbereich verwirbeln konnte. Vor allem bei starkem Seitenwind lief die Cosa merklich besser geradeaus.

Die **Cosa 200 mit 10 PS** (7,3 kW) verbrauchte **im Test** 4,5 Liter bleifreies Normalbenzin auf 100 km – zuzüglich 0,16 Liter Zweitaktöl, zusammen also 4,66 l/100 km. Mit einem Leergewicht von 130 kg (vollgetankt) war die Cosa deutlich schwerer als die PX. Die Höchstgeschwindigkeit lag im Solobetrieb bei **100 km/h.** Als erste Vespa war die Cosa mit einer Leerlaufanzeige ausgerüstet.

Einen Choke suchte man bei der Cosa vergeblich; sie hatte eine Startautomatik, die sehr zuverlässig arbeitete. Neben dem elektrischen Anlasser gab es den althergebrachten Kickstarter. Überzeugend arbeitete die nur bei den Cosa-Modellen vorhandene hydraulische **Integralbremsanlage:** Ein Druck mit dem rechten Fuß aufs Pedal genügte, um die Kraft wohldosiert auf Vorder- und Hinterrad zu verteilen. Eine gute Rückversicherung war die **mechanische Zusatzbremse** für vorn. Das

Die Fotos auf dieser Seite zeigen de jüngste, von 2011 bis 2016 produzierte Generation der klassischen Zweitakt-Vespa-Modelle PX 125 und 150.

gegen Aufpreis lieferbare Brems-Antiblockiersystem „EBC“ war damals richtungweisend und verbesserte die Sicherheit zusätzlich.

Alle 3 Fotos: © Ufficio Stampa Gruppo Piaggio, Pontedera

Vespa-Technik PK, PX, Cosa: robuste Zweitakt-Motoren und pfiffige Ideen aus dem Flugzeugbau

Klassische Vespa-Motorroller unterscheiden sich in drei wesentlichen Punkten von konventionellen Motorrädern: ***selbsttragende Stahlblechkarosserie*** *statt Rohrrahmen,* ***einseitig aufgehängtes Vorderrad*** *statt Radführung durch Teleskopgabel und Achse,* ***direkt über die Getriebezahnräder angetriebenes Hinterrad*** *statt Kette oder Kardanwelle.*

Zeichnung: © Bedienungsanleitung Vespa PX E, Piaggio & C. Pontedera

Foto: © Ufficio Stampa Gruppo Piaggio, Pontedera

Oben: Auszug aus der Betriebsanleitung für die PX E-Modelle 1984: Bedienung der Elemente.

Rechts und Foto nächste Seite: Kennzeichnend für alle klassischen Vespa-Modelle sind die selbsttragende Karosserie aus Stahlblech, die gezogene Kurzschwinge vorn und die mit dem Hinterradantrieb verblockte Motor-/Getriebe-Einheit. Rechts: PX 125 von 2011 mit Scheibenbremse am Vorderrad.

Karosserie: selbsttragend

Wie im Piaggio-Flugzeugbau galt auch bei der Konstruktion der Vespa-Karosserie die Devise: **maximale Stabilität bei minimalem Gewicht.** Selbst die große PX 200 E hat nur ein Leergewicht von 109 kg. Das vom Automobilbau übernommene Prinzip der selbsttragenden, aus Blechprofilen zusammengeschweißten Karosserie macht Gewichtseinsparungen bis zu 30 Prozent gegenüber konventionellen Stahlrohrkonstruktionen möglich.

Bei der **Vespa-Karosserie** handelt es sich um eine **Schalenkonstruktion** mit vorn angesetztem Kastenprofil. Der Kasten nimmt das Steuerrohr auf und dient als Träger für das Schutzschild. Durch die Verbindung Kastenprofil-Schutzschild ergibt sich eine Struktur, die eine höhere Festigkeit aufweist als ein isoliert verbautes Rohr. **Beinschild** und **Trittbretter** halten einen Großteil des Straßenschmutzes vom Fahrer, ebenso wie Zugluft und Nässe.

Die schalenförmige **Heckpartie** ist steif genug, um Doppelsitzbank, Motortraverse und Federbein abstützen zu können. Bei den kleinen PK-Modellen **(small frame)** geben die fest mit der Karosserieschale verschweißten Seitenhauben zusätzliche Festigkeit. Alle Modelle können eine **Nutzlast** von beachtlichen 180 kg verkraften.

Fahrwerk nach Flugzeugart

Das **Vorderrad** ist wie das Bugrad eines Sportflugzeugs einseitig am gekröpften **Steuerrohr** aufgehängt. Vom unteren Ende des Steuerrohrs führt eine **gezogene Kurzschwinge** zur Ankerplatte. Die Platte ist gleichzeitig Träger für die Radachse, für den Bremsmechanismus, für den Tachowellenantrieb und die untere Federbeinbefestigung.

Oben ist das **Federbein** am Steuerrohr angeschlagen. Es besteht aus einer verkleideten Schraubenfeder und einem integrierten, doppelt wirkenden, hydraulischen Stoßdämpfer (bei den vor 1978 gebauten Modellen waren Feder und Dämpfer separat angebracht). Mit fünf Muttern (ältere Modelle: vier) ist das Vorderrad an der **Bremstrommel,** bzw. an der **Radnabe (Scheibenbremsmodelle)** befestigt. Die Trommel bzw. Radnabe läuft über ein Rollen- und ein Kugellager auf der Radachse.

Das **Steuerrohr** dreht sich in zwei Kugellagern, die oben und unten in das innere Kastenprofil der Karosse eingesetzt sind. Der **Lenker** ist bei den neueren Modellen geteilt, Lenkerverkleidung und Lenkkörper können nach Lösen weniger Schrauben abgenommen werden.

Gegen die Karosserie wird das Hinterrad durch ein **Federbein** mit freiliegender Schraubenfeder und integriertem, doppelt wirkendem, hydraulischem Stoßdämpfer abgestützt. Über ein Scharnier mit der Karosserie verbunden ist die kräftig gepolsterte und seit langem abschließbare **Doppelsitzbank.** Nach Betätigen eines Druckverschlusses kann sie nach vorn geklappt werden.

Foto: P 80 X von 1981 mit Trommelbremsen vorn und hinten sowie Federbein mit integriertem Dämpfer.

Foto: © Hans J. Schneider

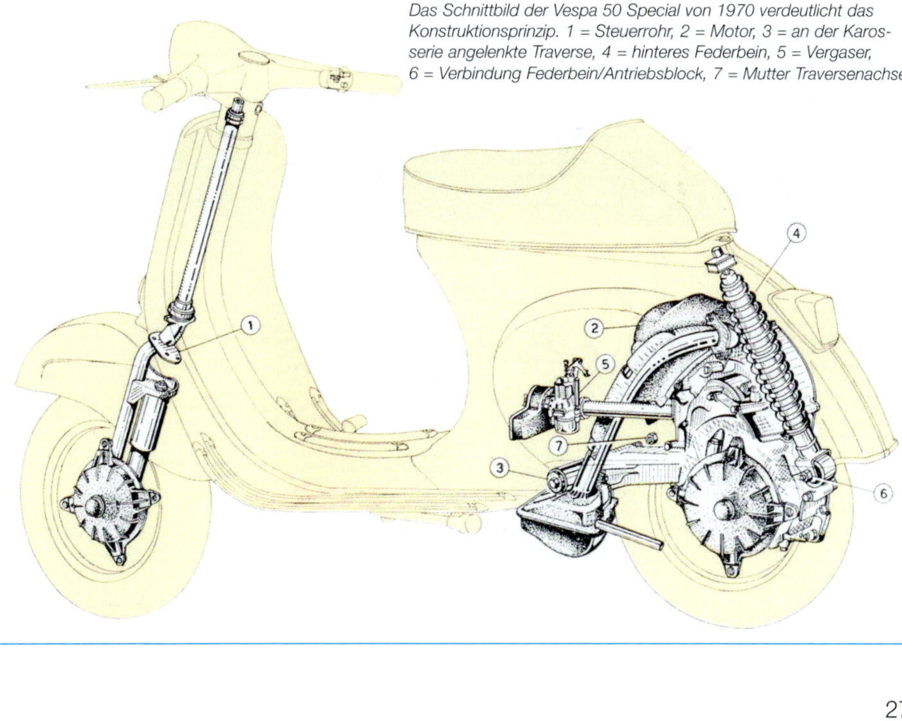

Das Schnittbild der Vespa 50 Special von 1970 verdeutlicht das Konstruktionsprinzip. 1 = Steuerrohr, 2 = Motor, 3 = an der Karosserie angelenkte Traverse, 4 = hinteres Federbein, 5 = Vergaser, 6 = Verbindung Federbein/Antriebsblock, 7 = Mutter Traversenachse.

Zeichnung: © Bedienungsanleitung Vespa 50, Piaggio & C. Pontedera

Oben: Die beiden klassischen Baureihen im Grössenvergleich; links die PK 80 S von 1982, rechts die P 80 X aus dem gleichen Jahr. Unten: die vom Autor 2019 restaurierte PX 200 E von 1985 vor der Endmontage.

Bremsen: Trommel oder Scheibe

Auch das **Hinterrad** ist einseitig aufgehängt und mit fünf (vier) Muttern an der **Bremstrommel** befestigt. Die Bremstrommeln bestehen aus Leichtmetall und weisen Kühlrippen auf. Bei den Modellen mit **Trommelbremse** wird die vordere vom rechten Lenkerende aus über Handhebel und Seilzug betätigt; bei den **Scheibenbremsmodellen** über ein Hydrauliksystem.

Foto: © Presseabteilung Vespa GmbH Augsburg

Bei der Trommelbremsanlage werden die innenliegenden **Bremsbacken** über einen Nocken gespreizt und über eine Rückholfeder wieder in Ausgangsposition gebracht. Nach dem gleichen Prinzip arbeitet die **Hinterradbremse.** Sie wird durch ein **Pedal** auf der rechten Trittbretthälfte und einen Seilzug betätigt. Die hydraulische **Cosa-Integral-Trommelbremse** wirkt gleichzeitig auf beide Räder, wobei das Vorderrad zusätzlich mechanisch verzögert werden kann. Bei den von 1998 bis 2008 und ab 2011 gebauten PX-Modellen mit **hydraulisch** betätigter **Scheibenbremsanlage** am Vorderrad wirken zwei **Bremsbeläge** auf die Bremsscheibe.

Betriebsstoffe und Abmessungen

Unter der Sitzbank befinden sich die Einfüllöffnungen für den **Benzintank** und – bei Fahrzeugen mit Getrenntschmierung – für den **Öltank.** Bei den kleinen Modellen faßt der Benzintank 6,2 Liter, bei den großen 8,0 Liter.

Foto: © Hans J. Schneider

Die **Aufbauten** der kleinen und großen Modelle unterscheiden sich nicht nach dem Bauprinzip, sondern nur nach den **Abmessungen** voneinander. Die Fahrzeuge der **PK-Reihe** haben einen Radstand von 1175, eine Gesamtlange von 1675 und eine Höhe von 1070 mm (ohne Rückspiegel). Bei den Modellen der **PX-Reihe** lauten die entsprechenden Maße 1235, 1760 und 1110 mm, bei der Cosa 1270, 1800, 1210 mm. Die Lenkerbreite beträgt: PK 700, PX 695, Cosa 835 mm. Die schmale Bauweise ist wie bei allen Rollern vor allem im dichten Stadtverkehr von großem Vorteil.

Motoranordnung hinten rechts

Allen Vespa-Modellen gemein ist das **Antriebssystem.** Motor, Getriebe und Hinterachse sind in einem äußerst kompakten Block vereint. Im Detail ergeben sich allerdings bestimmte Unterschiede zwischen den Motoren der PK- und der PX-Reihe. Die **PK-Motoren** stehen um 45 Grad nach oben geneigt im Motorraum. Gewisse Elemente wie Zündkerze und Lüfterhaube sind recht schlecht zugänglich. Grauguß-Zylinder und Leichtmetall-Zylinderkopf sind bei den PK-Motoren separat verschraubt. Der **PK-Vergaser** befindet sich samt Luftfilter im Karosserie-Hohlraum unter der Sitzbank und ist über ein langes Saugrohr mit dem Zylinder verbunden. Der **PK-Auspuff** ist an der Zylinderrückseite angeflanscht und kann erst nach Entfernen des Hinterrads abgebaut werden.

Die **PX- und Cosa-Motoren** sind nur gering geneigt. Die Dell'Orto-

Foto oben: P 80 X von 1981, zeitlos schön und heute längst ein Sammlerstück.

Foto: © Hans J. Schneider

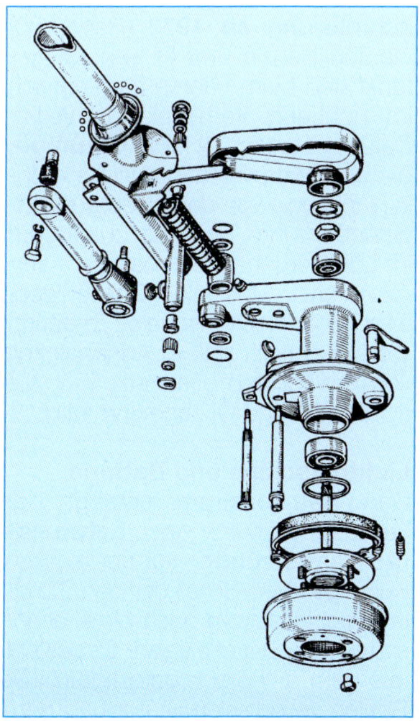

Zeichnung: © Manuel d'Entretien de la Vespa, Moto Revue, um 1955

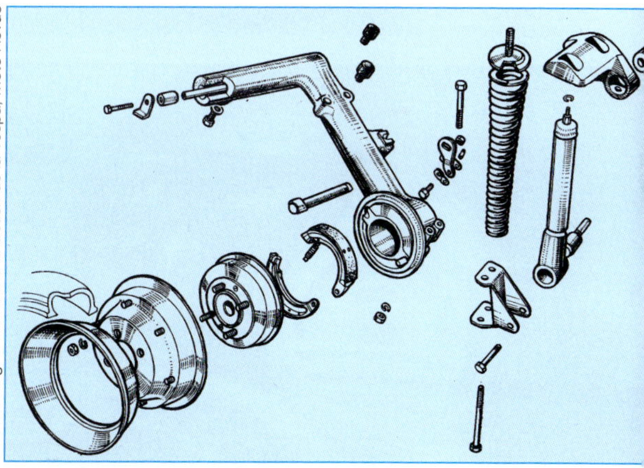

Zeichnung: © Manuel d'Entretien de la Vespa, Moto Revue

Links: Bei den ganz frühen Modellen waren Bremstrommel und Rad noch rechts befestigt. Rechts: Hinterradführung 1955.

Vergaser sind als Fallstromvergaser ausgelegt und sitzen direkt über dem Einlaßkanal. Die Zugänglichkeit ist besser als bei den PK-Motoren.

Gemeinsam ist beiden Motor-Grundvarianten das **Kühlsystem per Gebläse:** Der unmittelbar auf der Kurbelwelle sitzende Lichtmaschinen-Rotor befördert über Schaufeln die Kühlluft in Richtung Zylinder. **Gebläseabdeckung** und **Lüfterhaube** sind für die Verteilung der Kühlluft über die Rippen des Zylinders und des Zylinderkopfs verantwortlich. Je höher die Drehzahl, desto größer die Luftmenge, die über die Metallrippen streicht. Anders als bei Motorrädern mit fahrtwindgekühlten Motoren ist auch im Stand für eine gute Kühlung gesorgt.

Motoranordnung bei den verschiedenen Vespa-Grundmodellen: relativ steil stehender und weniger gut zugänglicher Zylinder bei den kleinen PK-Typen (oben), fast flach liegend bei den großen PX-Modellen (unten). Die PX-Motoren sind besonders hecklastig, und dies asymmetrisch.

2 Fotos: © Hans J. Schneider

Benzin- und Ölversorgung

Das **Kraftstoff-/Luft-/Ölgemisch** wird dem Zylinder nach dem **Drehschieber-Prinzip** zugeführt. Hierbei ist eine der beiden Kurbelwangen für die Steuerung der Zufuhr zuständig. Eine speziell geformte Aussparung sorgt dafür, daß die Einlaßöffnung bei jeder Kurbelwellenumdrehung rhythmisch freigegeben und wieder geschlossen wird. Die Einzylinder-Zweitaktmotoren arbeiten seit 1959 mit einem **Benzin-Öl-Gemisch** im Verhältnis von 50 : 1. Das heißt, einem Liter Benzin müssen 20 cm^3 Zweitaktöl zugesetzt werden (= 2 %). Bei den Fahrzeugen mit der veralteten **Mischungsschmierung** wird das Öl dem Treibstoff beim Tanken unmittelbar beigegeben.

Bei den Fahrzeugen mit **Getrenntschmierung ab 1972** (Rally 200) werden Benzin und Öl separat getankt und beim Fahren automatisch im richtigen Verhältnis gemischt. Dafür zuständig ist eine **Ölpumpe,** die über eine verzahnte Welle drehzahlabhängig von der Kurbelwelle angetrieben wird und gut zugänglich im Luftfiltergehäuse neben dem Vergaser sitzt. Über den Gasschieber wird eine Nockenscheibe betätigt, die sicherstellt, daß in Abhängigkeit vom jeweiligen Benzinzufluß die richtige Menge Öl zugeführt wird.

Lichtmaschine und Batterie

Den Betriebsstrom erzeugt der Vespa-Motor durch einen **Schwungradmagnetzünder** auf der rechten Kurbelgehäuse-Seite, der den Zünd- und Betriebsstrom auch ohne angeschlossene Batterie liefert. Er besteht aus dem am Block befestigten, mit Spulen versehenen Stator und dem auf der Welle befestigten Rotor. Ältere Modelle weisen eine mechanisch angetriebene, **kontaktgesteuerte Zündanlage** auf, alle neueren Vespa-Varianten sind mit wartungsfreien, **elektronischen Zündanlagen** ausgerüstet. Blinklichtanlage, Hupe, Bremsleuchte und Blinkerkontrolle werden – bei entsprechender Ausrüstung – über die **Batterie** mit Gleichstrom versorgt (12 Volt, 7 Ah).

Mit Wechselstrom 12 Volt werden Scheinwerfer, Tachobeleuchtung und Schlußleuchte gespeist. Bei laufendem Motor wird der Ladestrom über einen elektronischen **Regler** gesteuert, der in allen Drehzahlbereichen eine konstante Stromversorgung der Wechselstromverbraucher garantiert.

Kupplung und Getriebe

Bei den Versionen mit **handgeschaltetem Getriebe** wird über einen Hebel am linken Lenkerende und einen Bowdenzug eine **Zweischeibenkupplung** betätigt; sie läuft permanent im Getriebeölbad und ist mit dem linken Ende der Kurbelwelle verbunden. Über schräg verzahnte Zahnräder wird die Kraft dann auf die Vorgelegewelle und von da aus weiter auf die **Zahnräder der Getriebe-Gangstufen** übertragen. Die Getriebehauptwelle ist gleichzeitig **Antriebswelle** und Hinterachse. Geschaltet wird von Hand über einen Drehgriff am linken Lenkerende. Von dort führen zwei **Seilzüge** zum Schaltsegment am Dreigang- bzw. Viergangtgetriebe.

Oben: die Einzelteile des 1955er Vespa-Antriebs mit 98 cm³ Hubraum und Dreigang-Getriebe. Das Grundprinzip ist bis heute gleich geblieben.

Zeichnung: © Manuel d'Entretien de la Vespa, Moto Revue, um 1955

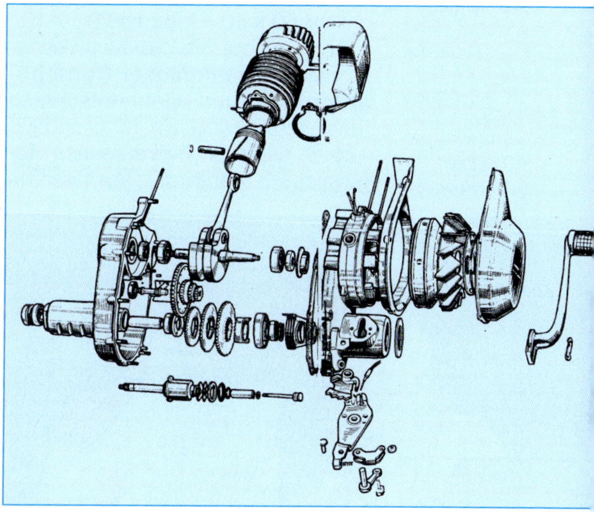

Zeichnung: © Bedienungsanleitung Vespa PK 80 S, Piaggio & C. Pontedera

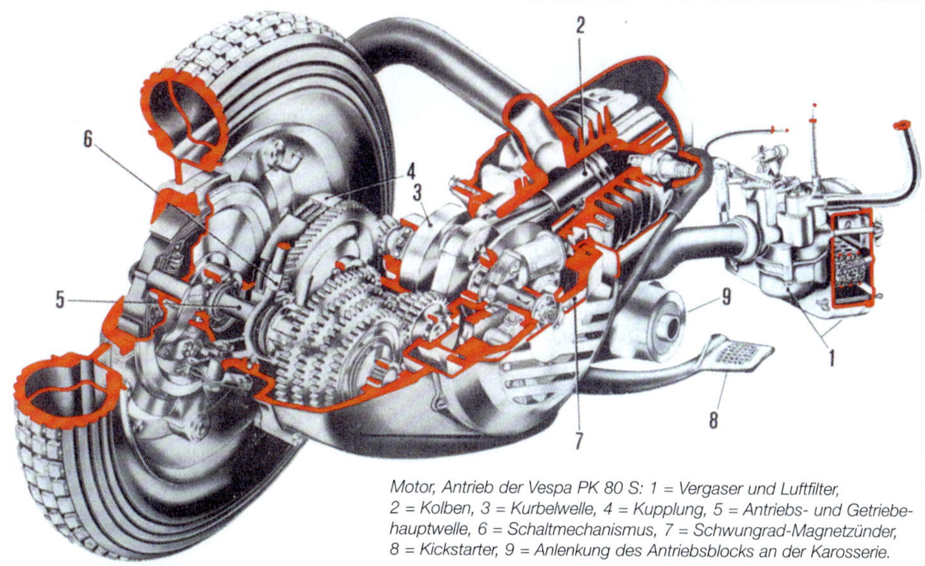

Motor, Antrieb der Vespa PK 80 S: 1 = Vergaser und Luftfilter, 2 = Kolben, 3 = Kurbelwelle, 4 = Kupplung, 5 = Antriebs- und Getriebehauptwelle, 6 = Schaltmechanismus, 7 = Schwungrad-Magnetzünder, 8 = Kickstarter, 9 = Anlenkung des Antriebsblocks an der Karosserie.

Foto: PK 50 S automatica von 1984: „Aufsteigen, Vorwahlgriff auf 1, Gas geben und die Fahrt kann losgehen." Rechts: Schema des hydraulischen Automatik-Antriebs für die PK automatica 1984; 1 = Kurbelwelle, 2 = Steuernocken, Gegenfeder, 3 = Fliehkraftregler, 4 = Hydraulik-Kolben, 5 = Hydraulikpumpe, 6 = Hinterachswelle, 7 = Zylinder, 8 = Kolben, 9 = verstellbare Kegelscheibenhälfte, 10 = Scheibenfeder, 11 = Primärantrieb, 12 = Tellerfeder, 13 = Steuerwelle, 14 = verstellbare Kegelscheibenhälfte, 15 = Kupplung, 16 = Schiebemuffe für Leerlauf- und Fahrstellung, 17 = Hydraulik-Öl, 18 = Ölfilter.

Die Grundmodelle werden per **Kickstarter** angelassen. Früher waren gegen Aufpreis alle Modelle auch mit **elektrischem Anlasser** lieferbar (Serie bei den PX-Modellen ab 2011). Der Anlasser wird über einen separat unter der linken Haube befindlichen Magnetschalter aktiviert und greift in ein Ritzel am Lichtmaschinenmotor ein. Die **Reifengrössen**: PK-Modelle 3.00 x 10, PX-Modelle 3.50 x 10, Cosa 100/90 x 10.

Ab 1983 bot Piaggio auch Vespa-Modelle mit **stufenloser Getriebeautomatik** und Getrenntschmierung an: PK 50 S, PK 80 S und PK 125 S. Über ein hydraulisches Regelsystem wählt die komplizierte Automatik stufenlos das günstigste Übersetzungsverhältnis. Die Hydraulikpumpe arbeitet geschwindigkeitsabhängig und wird über einen Fliehkraftregler gesteuert. Bei jeder Geschwindigkeitserhöhung löst die Hydraulikpumpe über den Hydraulikkolben eine längere Übersetzung aus. Dieses Verfahren wird (selten) auch im Automobilbau angewandt.

Foto: © Werbematerial Vespa GmbH Augsburg

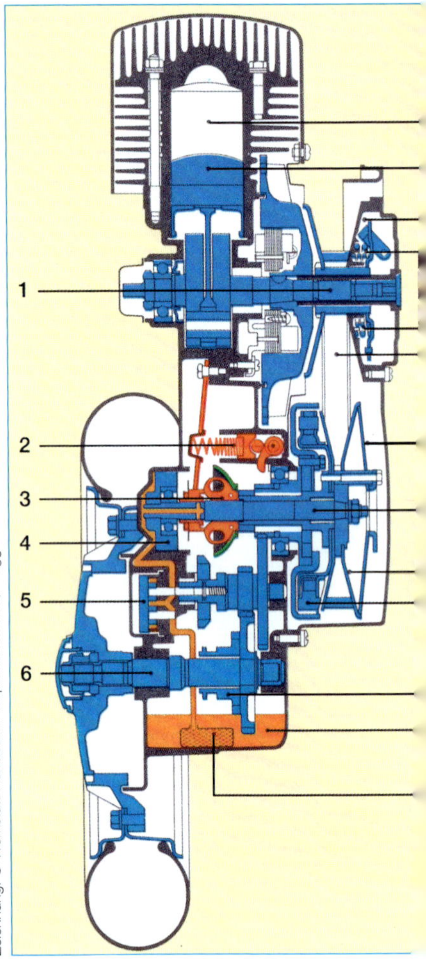

Zeichnung: © Werkstatt-Handbuch Vespa automatica, Piaggio & C. Pontedera

Speziell angeordnet bei der **„Vespa automatica"** sind die Bedienungshebel: rechts Gasgriff und Vorderradbremse wie üblich, links Drehgriff für Leerlauf- und Fahrtstellung des Getriebes sowie Handhebel für die Hinterradbremse. Das gwohnte Bremspedal fällt weg. 1987 wurde die wesentlich einfacher gebaute und wartungsfreundlichere **Keilriemenautomatik** mit Fliehkraftsteuerung eingeführt und mit dem PK-Motor kombiniert (Modellbezeichnung **PK 50 XL „plurimatic")**.

Charakteristisch für alle Automatik-Modelle ist die **Membran-Einlaßsteuerung**, wie sie früher bei Zweitaktmotorrädern und -rollern weit verbreitet war. Während des Ansaugvorgangs geben die Membranen dem Frischgas freien Eintritt in den Vorverdichtungsraum.

Vespa aus zweiter Hand: auf was Gebraucht- und Oldtimerkäufer achten sollten

Klassische Vespa-Roller der Baureihen PK, PX und Cosa werden schon lange nicht mehr als simple Gebrauchtfahrzeuge gehandelt. Vor allem Modelle, die vor 1990 gebaut wurden, haben inzwischen **Oldtimerstatus** und sind teuer.

Doch die antiquierte Technik mit ihrem **Zweitakt-Drehschiebermotor,** den Trommelbremsen und der **Seilzugbetätigung** von Kupplung, Schaltung, Bremsen, Gas und Choke verlangt regelmäßige Pflege und Wartung.

Bei Gebrauchtfahrzeugen, bei denen dies nachgewiesen werden kann, sind kaum größere Probleme zu erwarten. Doch oft wurden Roller, die hohe Laufleistungen aufweisen – 50 000 km sind keine Seltenheit, 100 000 km möglich – mit zunehmendem Alter nicht mehr korrekt instandgehalten.

Oft Generalüberholung nötig

Man soll sich dann nichts vormachen: Eine Generalüberholung ist dann unausweichlich. Dies haben wir an einer PX 200 E lusso von 1985 gesehen, die rund 26 000 km auf dem Buckel hatte und äußerlich noch einen guten Eindruck machte, im Detail aber ziemlich verkommen war. Im 2019 erschienenen Buch „Klassische Vespa restaurieren“ hat der Autor die Mängel und ihre Behebung aufwendig dokumentiert, Detailinformationen s. letzte Seite in diesem Buch.

Nicht alle Fahrzeuge, die als „restauriert“ angepriesen werden, sind wirklich von Grund auf instandgesetzt worden. Zur **Grundüberholung** gehören z.B. Einbau neuer Lager und Abdichtung von Motor, Getriebe und Radführung, Erneuerung von Lenkkopflager und allen Seilzügen inkl. Tachowelle, Überholung der Kupplung (zumindest der

Seit der siebten Auflage dieses Buchs von 1997 unterstützt Zweiradmechanikermeister Rainer Schulz das Projekt mit technischem Fachwissen und praktischer Hilfe. Das Foto entstand 1996 und zierte bis 2012 über acht Auflagen hinweg das Cover des Buchs. Der Traditionsbetrieb Schulz hat seinen Sitz in Kommern/Eifel.

Foto: © Werner Lechner

Links unten: die 1972er 150 Sprint des Sammlers Werner Lechner vor der Restaurierung. Rechts unten: die 1985er PX 200 E des Autors ebenfalls vor der Restaurierung.

Oben: So sah die PX 200 E nach Ausbau von Motor und Fahrwerk aus. Rost zeigte sich vor allem im Steinschlagbereich, aber durchgerostet war sie nirgends. Unten: Weil alle Dichtungen hinüber waren, hatte das Getriebe sein ganzes Öl Richtung Radkasten und Unterboden geschleudert.

Reibscheiben), Prüfung der Stoßdämpfer, Instandsetzung der Elektrik und Treibstopffversorgung inkl. Ölpumpe und Vergaser. Fahrzeuge, die im Ganzjahresbetrieb mit **Streusalz** in Berührung kamen, sind oft stark **verrostet** und müssen meist geschweißt werden. Eine **Ganzlackierung** ist dann meist unvermeidlich. Und das geht ins Geld.

Patina erhalten oder Neulack?

Authentischer sind Roller, die noch den **Erstlack** tragen. Wenn keine Durchrostungen vorliegen, läßt sich der Lack ausbessern und damit die **Patina** erhalten, was von einer zunehmenden Zahl von Käufern mehr geschätzt wird als eine Vespa, die „neuer als neu" aussieht und dabei oft auch in einem vom Original abweichenden Farbton erscheint. Mit der Erhaltung möglichst vieler **Originalteile** inkl. Lack erweist man auch den Arbeitern eine Referenz, die das Fahrzeug vor Jahrzehnten in Handarbeit produziert haben. Kurz: Eine in der Patina restaurierte Vespa hat ihre Seele und ihren ursprünglichen Charakter bewahrt.

Wer eine klassische Vespa ohne Durchrostungen findet, hat Glück. Nicht nur unrestaurierte historische Modelle, sondern auch schon Fahrzeuge aus den 1980er und 1990er Jahren können schwere **Rostschäden** aufweisen. Der Rost blüht dann vor allem am Unteboden und dort

an den Falz- und Schiweißnähten. Daher sollte man die Vespa bei der Besichtigung **auf die Seite legen** und sich den Unterbodenbereich und hinteren Radkasten genau anschauen. Wenn dabei auch **Stauchungen** oder **Beulen** entdeckt werden, kann dies auf einen **Unfallschaden** hindeuten. Eine verzogene Bleckkarosserie läßt sich nur mit größtem professionellem Aufwand wieder richten.

Bei der **Lackierung** sollte man sich, wie bereits angesprochen, die Frage stellen: Will ich möglichst viel

Patina erhalten oder möchte ich, daß die Vespa in neuem Glanz erstrahlt? Zeigt das Fahrzeug nur wenig Rost und nur kleine Schrammen, läßt sich dies meist durch gekonntes **Ausbessern** beheben. Bei größeren Schäden kommt man um eine Ganzlackierung nicht herum. Dabei gilt unter Kennern: Nichts geht über die **Originalfarbe,** die jeder professionelle Lackierbetrieb mischen kann, auch anhand eines Musters (Motorhaube z.B.). Auch Spraydosen können mit speziell gemischtem Originallack befüllt werden. Um den richtigen Ton bei unserer PX zu finden, haben wir den Haubenlack mit Dutzenden verschiedenen roten Farbkarten verglichen!

Sehr arbeitsaufwendig ist die **Erneuerung der Alu-Trittleisten** und der Beinschildumrandung. Zwar bekommt man das Rohmaterial im Fachhandel, doch es muß angepaßt und aufgenietet werden.

Probefahrt, wenn möglich

Bei der Besichtigung muß vor allen Dingen auch geprüft werden, ob alle sieben **Seilzüge** leichtgängig sind und die Befehle korrekt ausführen: Gas, Kupplung, die beiden Schaltzüge, Choke, Trommelbremse vorn und hinten. Das merkt man natürlich nur bei einer **Probefahrt,** wobei auch die Funktion der **Tachowelle** geprüft wird.

Das Problem ist nur, daß manche Fahrzeuge nicht startklar und/oder nicht zugelassen sind. Dann geht man ein **Risiko** ein. Zudem sollte man Oldtimer, die lange gestanden haben, nicht um jeden Preis sofort ankicken.

Auch hier muß man den Kauf praktisch im Vertrauen auf den Gesamtzustand tätigen und zuhause erst einmal altes Benzin ablassen, frisches einfüllen (nur ROZ 98 bleifrei), den **Ölstand** ergänzen, möglichst auch den Zylinderkopf abnehmen und entkoken. Eine neue **Zündkerze** ist selbstverständlich.

Oft ist der **Benzinhahn** schwergängig – keine Gewalt anwenden, sondern notfalls **Tank** und Hahn ausbauen und den Hahn gängig machen.

Ein Blick auf das **Äußere der Antriebseinheit** ist unerläßlich. Dazu das Fahrzeug auf die Seite legen

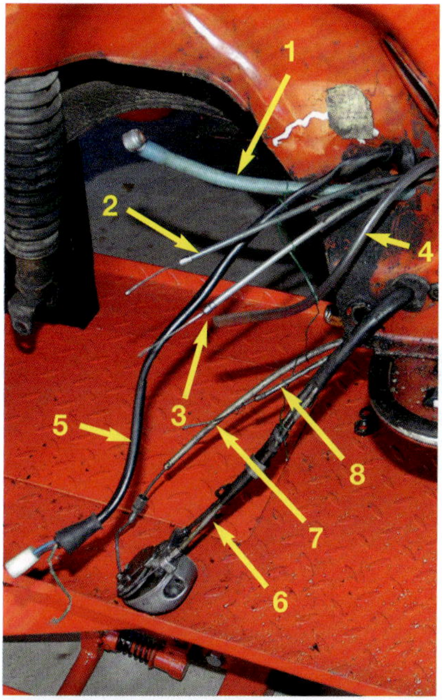

Links: Alle abgeklemmten Kabel, Schläuche und Bowdenzüge noch einmal auf einen Blick: 1 = Benzinschlauch mit Anschluß-Adapter, 2 = Gaszug, 3 = Starterzug, 4 = Ölschlauch, 5 = Kabelbaum der Zündbox, 6 = die beiden Schaltzüge mit Einstellern und Schaltsegment, 7 = Bremsseilzug zum Hinterrad, 8 = Kupplungs-Seilzug.

Unten: Als völlig von Getriebeöl und Straßenschmutz verdreckt präsentierte sich die Antriebseinheit unserer PX 200 E.

oder auf einen Montagebühne stellen. Ist das Gehäuse ölschlammverkrustet, befindet sich womöglich **kein Getriebeöl mehr** darin (250 cm³ sind vorgeschrieben). Das Öl entweicht gern über die **Trennfugen** und auch über den O-Ring unten am **Ausrückhebel der Kupplung,** die im Ölbad läuft. Stark verdreckte Motoren nicht starten, sondern zumindest zuerst den Ölstand prüfen und auffüllen. Beim Unterbodencheck lassen sich auch die Anschlüsse der Seilzüge prüfen.

Daß eine alte Vespa nicht besonders umweltverträglich ist, weiß jeder. Der Zweitaktmotor verbraucht zwischen 3,5 und 5,5 Liter Benzin-Ölgemisch auf 100 km und entwickelt dabei mangels eines Katalysators ziemlich **schadstoffreiche Abgaswolken.** Immerhin verfügen die ab 2011 wieder gebauten Modelle 125 und 150 über ein Abgasrückführungssystem zur Reduzierung der Stickoxide.

Abgenommener Deckel, freiliegende Kupplung bei ausgebautem Motor: Die O-Ringe am Deckel und unten am Ausrückhebel sind meist undicht und müssen daher immer erneuert werden.

Motor-Komplettzerlegung

Eine Probefahrt deckt immer bestimmte Mängel auf. **Startschwierigkeiten** hängen mit mangelhafter Wartung oder (bei Oldtimern) mit langen Standzeiten zusammen. Defekte im **Zünd- und Vergaserbereich** sowie schlechte Kompression sind bei älteren Fahrzeugen häufig die Norm. Dann kann schon nach 30 000 km Laufleistung eine Genralüberholung nötig sein.

Das heißt: **Motor und Getriebe** müssen komplett **zerlegt** und untersucht werden. Dabei zeigt sich dann meist, daß die **Kugellager** Spiel haben, die **Simmerringe** und alle **Papierdichtungen** sowie die **O-Dichtringe** defekt sind. In der Regel müssen auch Schaltkreuz und Kupplungs-Reibscheiben erneuert werden. Eine rupfende oder durchrutschende **Kupplung** deutet immer auf Verschleiß hin – oder auf Ölmangel oder klemmende und angerissene Seilzüge. Auch die **Kickstartanlage** verschleißt gern.

Rechts: Motor- und Getriebegehäuse der PX 200 E getrennt: Man erkennt deutlich die defekte Fugen-Dichtung. 1= Kickstarteritzel, 2 = Kickstarterwelle mit Zahnsegment und Rückholfeder, 3 = Vorgelege, 4 = Getriebe, 5 = Kurbelwelle, Pleuel.

Kolben und Zylinder prüfen

Am stärksten belastet werden natürlich **Kolben und Zylinder.** Die Demontage ist einfach, wie wir zeigen werden. Fällt die Leistung am Berg oder unter starker Last ab, sind wahrscheinlich Kolben und Zylinder stark abgenutzt. Lauf- und Tickgeräusche haben ihre Ursachen in verschlissenen Kolben, Kolbenbolzen, Pleuel- und Kurbelwellenlagern. Im Rahmen gewisser Toleranzen genügt es, die **Kolbenringe** zu erneuern. **Riefen** an Kolben und Zylinderwand zeigen an, daß harter Schmutz oder Metallsplitter in den Zylinder eingedrungen waren (Zündkerzendefekt z.B.).

Wissen sollte der Gebrauchtkäufer auch, daß Zylinderkopf, Zylinder und Auspuff wie in der Motorrad-Steinzeit noch **alle 4000 km demontiert** und von Verbrennungsrückständen befreit werden müssen. Das ist der Preis der Nostalgie.

Ölpumpe muß funktionieren

Ärger können die aus Kunststoff bestehenden **Öltanks** der PX- und Cosa-Modelle machen: Das Material härtet aus, wird spröde und bekommt mitunter Risse – vor allem im Bereich der Nähte.

Antrieb und Dosiervorrichtung der **Ölpumpe** sind filigran und entsprechend sensibel. Der geringste Defekt führt hier zum „Festgehen" des Motors, also zum **Kolbenklemmer** mangels Schmierung. Blockierendes Hinterrad und Sturz sind dann mitunter die Folgen. Zur Überholung der Ölpumpe muß der Motor ausgebaut und teilzerlegt werden. Mängel am **Vergaser** lassen sich nur durch Totalzerlegung und penible Revision beheben. Wir zeigen am PX-Beispiel, wie's geht.

Fahrwerkkonrolle unerläßlich

Ein gewisses Know-how ist bei der Überholung von **Fahrwerk** und **Radaufhängung** erforderlich, wobei der Austausch der Federbeine noch die überschaubarste Lösung ist. Das obere **Lenkkopflager** ist meist verschlissen, auch weil es nicht gekapselt ist, wodurch Wasser und Schmutz eindringen können. Zum Ausbau wird ein spezieller Nutschlüssel benötigt.

Der Basisring des oberen und der Oberring des unteren Steuerrohrlagers lassen sich nur mit großem Aufwand demontieren, und dies nicht ohne **Spezialwerkzeug.** Das Steuerrohr muß auch raus, wen der Vorderkotflügel erneuert werden muß. Dabei müssen auch alle Seilzüge und alle Lenkerelemente abgenommen werden. Wer weiß, wieviel Arbeit dies alles macht, kann beim Kauf besser verhandeln.

Oben: Ausbau der Kolbenbolzen-Sicherung mit der Spitzzange. Der Kolben sieht nach Fahren mit kaputten Dichtringen und nach langer Standzeit übel aus, konnte aber noch aufgearbeitet werden. Neue Kolbenringe tragen entscheidend zur Erhöhung der Kompression bei.

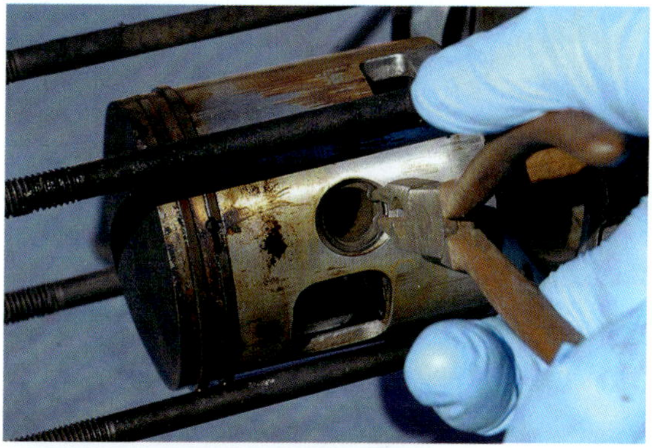

Links: Auch der 200er Zylinder sah schlimmer aus, als es war. Er wurde außen gesandstrahlt und lackiert, innen gereinigt und gehont. Die Toleranzen lagen im zulässigen Rahmen.

Rechts: das völlig verrottete obere Steuerkopflager der PX 200 E von 1985. Überall Rost, verbrauchtes Fett, fehlende Kugeln. Für das Abschrauben der Ringmuttern ist ein spezieller Schlüssel erforderlich.

Die Bremstrommel ist zweifach rollengelagert und fungiert gleichzeitig als Radträger. Auch die Bremsankerplatte mit dem Tachowellenantrieb ist zweifach gelagert. Die Bremsbeläge sind bei Gebrauchtrollern meist abgenutzt und verglast; sie müssen daher erneuert werden.

Die **Lenkkopflager** sollten in jedem Fall kein Spiel haben und beim Drehen des Lenkers keinen Widerstand zeigen. Sind die Gummilager der mit dem Triebwerk verblockten Hinterradschwinge ausgeschlagen, ist es mit der Fahrstabilität vorbei. Auch die **Radlager** müssen einwandfrei sein. Das hintere Radlager ist gleichzeitig das Lager der Antriebswelle und erfordert zum Ausbau die Demontage des Getriebes. Die vorderen Lager befinden sich in der Bremstrommel und in der Ankerplatte – die Erneuerung der Nadellager und Dichtringe ist wieder ziemlich aufwendig.

Radlager und Bremsen prüfen

Die Bremsen müssen leicht ansprechen und gleichmäßig verzögern. Starkes Rubbeln – vor allem vorn – weist auf unrunde **Bremstrommeln** oder nicht sauber anliegende Bremsbeläge hin. Oft schafft einfaches Ausdrehen Abhilfe. Ein neuer Satz Bremsbacken ist nicht teuer und relativ schnell montiert.

Bei Fahrzeugen mit **Scheibenbremsen** Zustand von Bremsbelägen und Bremsscheibe prüfen, sowie auf Alterung und Pegel der **Bremsflüssigkeit** achten; dies gilt auch für die Cosa-Modelle mit hydraulischer Integralbremse.

Undichte Manschetten und Anschlüsse sowie schadhafte Leitungen können bei Fahrzeugen mit hydraulisch betätigter Bremsanlage zu plötzlichem Druckverlust führen.

Reifen oft überaltert

Die Reifen sollten eine Profiltiefe von mindestens zwei Millimetern haben (vorgeschrieben: 1,6 mm). Ein Vespa-Reifen hält vorn gut und gerne 10 000, hinten 5000 bis 8000 Kilometer. Negativ ist jedoch, wenn der **Reifen überaltert** und **ausgehärtet** ist, was schon nach vier Jahren der Fall sein kann. Die **DOT-Ziffer** gibt Auskunft – oder eine Kaufquittung des Vorbesitzers. Die **Reifendemontage** ist einfach. doch die Felgenhäften sind außen und vor allem innen oft stark verrostet.

Die **Vespa-Elektrik** ist seit Mitte der 1980er Jahre nur dann störanfällig, wenn Kabel und Anschlüsse korrodiert oder beschädigt sind. Schwierigkeiten mit der Zündbox traten meist nur vor 1985 auf.

Werkzeug für die Vespa: Ausrüstung, Anwendung, Sicherheitstips

Das serienmäßige Bordwerkzeug der Vespa ist – wie bei den meisten Rollern – nur ein Notbehelf. Es taugt kaum zum Zündkerzen- oder Radwechsel. Wer öfter intensiv schraubt und die Arbeiten nachvollziehen möchte, die in diesem Buch gezeigt werden, sollte in eine gehobenere Werkstatt-Ausrüstung investieren.

Wir empfehlen folgende Grundausstattung: **Werkbank** mit Schraubstock, **Montageständer** für die Antriebseinheit (Foto rechts), **Stecknuß-Satz** SW 6 bis 24 mit kleiner und großer Umschaltknarre sowie Adaptern 1/4- und 1/2-Zoll und verschiedenen Verlängerungen, **Ring- und Gabelschlüssel-Satz** SW 6 bis 24 (optimal als Kombischlüssel Ring/Gabel), **Innensechskantschlüssel** SW 2,5 bis 10, Zündkerzenschlüssel, vier Schlitz-Schraubendreher mit Schneidenbreiten 2, 3/4, 5/7, 9/0, drei Kreuzschlitz-Schraubendreher klein, mittel und groß, Kombizange, Wasserpumpenzange, Spitzzange, mindestens zwei hochwertige Seeger-Ringzangen zum Spreizen und Zusammendrücken, Dorn 8 mm, Schlosserhammer klein und mittel, Kunststoff- und/oder Gummihammer, Draht- und Messingbürste, Hand-Fettpresse (für Oldtimer: Bowdenzugöler, Batteriesäure-Prüfer), Batterie-Ladegerät, Fühlerlehre, Hakenschlüssel für die Lenkkopfmutter, Fußluftpumpe mit Manometer oder kleiner Kompressor.

Unentbehrlich für Arbeiten an Motor, Antrieb und Fahrwerk sind außerdem zwei automatisch das Limit anzeigende **Drehmomentschlüssel** (ca. 10 bis 60 und 30 bis 140 Nm). Zum Aus- und Einbau von Lagern im Motor-/Getriebegehäusebereich und an der Vorderradführung sind **Spezialabzieher** erforderlich. Nur im Notfall sollte man sich hier mit Schlagwerkzeugen behelfen. Stempel aus Messing oder Aluminium sowie zurechtgeschnittene Hartholzkeile sind beim Ein- und Austreiben von bestimmten Lagern und Ringen erforderlich.

Außerdem braucht man eine **Heißluftpistole** zur Erhitzung der Gehäusehälften beim Lagereinbau.

Für die Antriebsmontage ideal sind speziell konzipierte Montageständer, preiswert angeboten im Internet. Das Gerät wird in den Schraubstock geklemmt oder auf eine selbst gebaute Unterlage aus Holz gesetzt.

Für Demontage und Montage der Kupplung sind Gegenhalter (oben) und eine spezielle Kronennuß sowie Drehmomentschlüssel erforderlich.

Auf Spezialwerkzeuge und Hilfsgeräte wird im Text an entsprechender Stelle hingewiesen. Gute Dienste bei Reparaturarbeiten an der **Elektrik** leistet ein Quetschverbinderset mit Kabelschuh- und Abisolierzange. In einer Top-Werkstatt dürfen zudem Stroboskop-Prüfgerät, **Ohm- bzw.**

Multimeter und elektronisch geregelte Bohrmaschine nicht fehlen.

Natürlich will auch der **Umgang mit dem Werkzeug** gelernt sein. Unerfahrene Hobbyschrauber greifen gern zum falschen Schlüssel: Ein Gabelschlüssel eignet sich nur zum Beidrehen von Muttern oder Schrauben, keinesfalls zum endgültigen Festziehen; dazu sollten ausschließlich Ring- oder Steckschlüssel bzw. Stecknüsse verwendet werden. Sie rutschen nicht so leicht ab, verletzen nicht die Schraubenkanten.

Bei **Schraubendrehern** gilt: nur Werkzeuge mit unbeschädigten, sauber gekanteten Klingen verwenden. Abgenutzte und rund gedrehte Klingen rutschen aus den Schraubenschlitzen heraus, zerstören letztlich die Führung – die Schraube läßt sich nur noch durch zeitaufwendiges **Ausbohren** entfernen.

Das geht dann im Prinzip so: Zuerst Schaftende glatt feilen, in der Mitte körnen und mit einem kleinen Bohrer vorbohren. Dann mit exakt passendem Bohrer nacharbeiten. Anschließend muß ein neues Gewinde geschnitten werden, in der Regel in drei Stufen.

Immer auch einen Schraubendreher verwenden, der möglichst bündig paßt. Ist die Klinge zu klein, besteht Abrutsch- und Verletzungsgefahr! Wer den Schraubendreher als Meißel benutzt, beschädigt Werkzeug und Werkstück.

Bei **Arbeiten am Fahrwerk** oder beim **Montieren von Motorteilen** wie Zylinder, Zylinderkopf oder Lichtmaschine möglichst einen Drehmomentschlüssel verwenden. Generell sollten alle Schrauben, die in Leichtmetallteile gedreht werden (Motorgehäuse z.B.) drehmomentkontrolliert angezogen werden; beachten Sie dazu die Tabelle im Anhang.

Niemals versuchen, festsitzende Muttern **mit Gewalt** zu lösen: Die Schraube reißt ab, die Ecken von Muttern werden rund gedreht. Korrodierte Schraubverbindungen lösen sich meist, wenn ein guter Rostlöser einige Zeit eingewirkt hat; Fahrradkettenöl oder Multifunktionsöl sind nützlich. Es hilft oft auch, die Mutter oder Schraube zu erhitzen, aber nur in Bereichen, wo nichts brennen kann.

Wichtig: verschmutzte **Fahrwerks- und Motorteile reinigen,** bevor die Schraubarbeit beginnt. Dabei Spezialreiniger oder Petroleum verwenden, keinesfalls Benzin verwenden – es enthält krebserregende Chemie.

Während der Arbeit unbedingt auf **Sicherheit** achten: Armbanduhren, Armbänder, Ringe und Halsketten sollten stets abgelegt werden. Auch flatternde Kleidungsstücke wie weite Jacken oder Schals können beim Schrauben gefährlich werden.

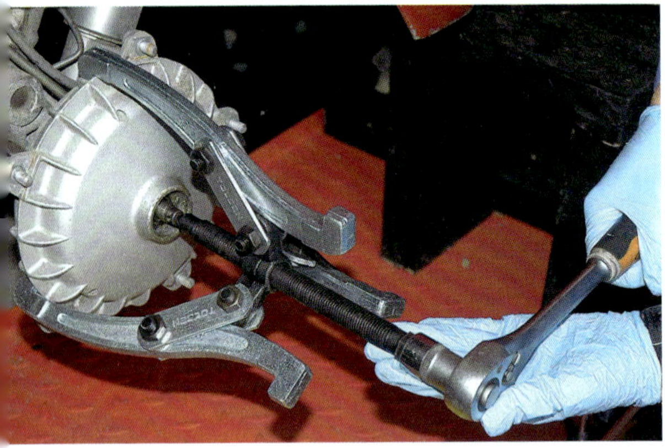

Oben: Für das Abziehen der vorderen Bremstrommel, die auch das Rad trägt, ist ein großer Dreiklauenabzieher erforderlich (Internet). Unten: Ohne Ohmmeter und elektronische Prüfgeräte kommt keine Werkstatt aus. Im Bild wird die kontaktgesteuerte Zündanlage einer Vespa 50 von 1970 durchgemessen.

Inspektionen: In welchen Abständen und an welchen Stellen die Vespa richtig gewartet wird

Damit die Vespa stets störungsfrei und zuverlässig läuft, müssen in bestimmten Abständen verschiedene **Wartungsarbeiten** ausgeführt werden. Unsere Aufstellung gibt einen genauen Überblick. Sie beruht auf den Werksangaben, aber zusätzlich auch auf den von uns gemachten Erfahrungen. Fahrzeuge, die überwiegend in Meeresnähe bewegt werden, sollten häufiger als in der Übersicht angegeben inspiziert und geschmiert werden, damit sich an blanken Teilen keine Korrosion bilden kann. Dies ist natürlich auch sinnvoll bei Rollern, die oft im Winter auf salzgestreuten Straßen fahren. Bei allen Arbeiten die vorgeschriebenen Anzugs-Drehmomente beachten – siehe Anhang. Handgriffe und Details: siehe die folgenden Baugruppen-Kapitel. Die untenstehenden Hinweise beziehen sich auf Vespa-Modelle der Baureihen PK, PX und Cosa mit Schaltgetriebe; Hinweise zur Keilriemenautomatik siehe Plurimatic-Kapitel.
Achtung: Motor niemals in geschlossenen Räumen oder Garagen laufen lassen – Vergiftungsgefahr!

1000 = Grundinspektion nach 500-1000 km oder 2 Monaten
4000 = Inspektion alle 4000 km oder 12 Monate (5000 km ab 2011)
8000 = Inspektion alle 8000 km oder 24 Monate (10 000 km ab 2011)
Überholung = Arbeiten bei Generalüberholung

Cover des Wartungsbüchleins des französischen Magazins „Moto Revue", circa 1955.

Cover: © Manuel d'Entretien de la Vespa, Moto Revue, um 1955

Motor 1000: Befestigung Vergaser prüfen; Leerlaufkontrolle, evtl. Vergaser einstellen; Gaszug einstellen, falls nötig; wird volle Leistung nicht erreicht: Zylinderkopf, Zylinder, Kolben, Kolbenringe prüfen. **4000 (nur ältere Modelle),** sonst **nur bei Leistungsabfall:** Brennraum/Zylinderkopf, Kanäle/Zylinder, Kolben, Auspuff von Verbrennungsrückständen befreien; Zylinder, Kolben, Kolbenringe auf Verschleiß prüfen; Gaszug einstellen. **8000 (nur ältere Modele),** sonst **nur bei Leistungsabfall:** Zylinder, Zylinderkopf, Kolben, Kolbenringe und Auspuff auf Verschleiß und Beschädigungen prüfen. **Überholung:** Reinigen und Entkrusten aller noch verwendbaren Teile.

Vergaser 1000: alle Verschraubungen auf festen Sitz prüfen.
8000: Leerlauf und Gaszug prüfen, evtl. einstellen.

Luftfilter 4000, Überholung: ausbauen, mit Kaltreiniger auswaschen, mit Preßluft trocknen und leicht einölen.
8000: (nur Cosa) Schaumstoff-Element ausblasen, bei starker Verschmutzung ersetzen.

Ölpumpe 1000, 4000: Ölzufuhrleitungen auf Luftblasen prüfen, Pumpenfunktion prüfen, evtl. entlüften.

Getriebe 1000, 8000, Überholung: Öl wechseln; alte Modelle: SAE 30 (Winter), SAE 40 (Sommer), neue Modelle ab 2011: SAE 80W-90 API-GL4. Auf Dichtigkeit prüfen (Fugen etc.)
4000: Kontrolle und Auffüllen des Ölstands, Fetten, u.U. Nachstellen des Schaltsegments.
Überholung: Schaltkreuz erneuern, Flankenspiel Zahnräder und Distanzscheiben prüfen.

Kupplung 4000: Funktionsweise der Betätigung und Spiel des Bowdenzugs prüfen; festen Sitz des Schraubnippels am Ausrückhebel prüfen; Kupplungsdeckel und Führung des Ausrückhebels auf Ölverlust prüfen.

Zündkerze 1000, 4000: Verkrustungen entfernen, Elektrodenabstand kontrollieren (korrekt: 0,6 mm). **8000, Überholung:** Kerze ersetzen (Kerzentyp siehe Anhang, Text, jeweilige Betriebsanleitung des Fahrzeugs).

Unterbrecher (ältere Modelle) 1000, 4000, Überholung: Kontakte und Unterbrecherabstand prüfen, einstellen, Schmierfilz am Unterbrechernocken fetten.

Elektronische Zündanlage 8000: mit Stroboskop Einstellung prüfen.

Batterie 1000, 4000: bei herkömmlichen Batterien Säurestand prüfen, evtl. destilliertes Wasser auffüllen; bei allen Batterien Kabelbefestigung prüfen, an den Polen Korrosion beseitigen, Polfett auftragen.

Lenkung 4000, Überholung: Freigängigkeit und Spiel prüfen, evtl. einstellen; bei hartem Dauereinsatz alle 20 000 km Lenkkopflager neu fetten.

Trommelbremsanlage vorn/hinten 1000, 4000: Funktion prüfen, Seilzüge einstellen (PK, PX); Bremshebelgelenke fetten. **8000:** Bremsbelagstärke vorn und hinten kontrollieren, u.U. Bremsbacken wechseln; Bremstrommeln auf Rundlauf und Riefen prüfen.

Hydraulikbremse PX (ab 1998), Cosa 4000: Bremsflüssigkeitsstand prüfen, ergänzen; Zustand und Dichtigkeit aller Leitungen, Schläuche und Anschlüsse prüfen. **8000 oder alle zwei Jahre:** Bremsflüssigkeit erneuern **(DOT 4),** Bremse entlüften; **alle vier Jahre** Bremsschläuche erneuern.

Bowdenzüge Kupplung, Schaltung, Bremsen 1000, 4000: prüfen, einstellen, fetten, Hebelgelenke schmieren, Schraubnippel kontrollieren.

Muttern und Schrauben Fahrgestell, Motorbefestigung, Radbefestigung, Radaufhängung 1000, 8000, Überholung: auf festen Sitz prüfen, Anzugsdrehmoment kontrollieren.

Vorderradaufhängung 4000: Tachowellengehäuse fetten (Marken-Mehrzweckfett). **8000:** Kugellager, Tachowellenantrieb, Tachowellengehäuse fetten, Bremse einstellen; unter extremen Bedingungen Radlager alle 20 000 km neu fetten.

Beleuchtung, Blinker, Hupe 1000, 4000: Funktion prüfen.

Reifenluftdruck 1000, 4000 oder alle vier Wochen: prüfen; vorn 1,2 bar, hinten solo 1,7 bar, mit Sozius 2,5 bar (genaue Angaben s. Betriebsanleitungen und Anhang).

Probefahrt 1000, 4000, Überholung: alle Funktionen, Fahrstabilität, Bremsen, Motorlauf prüfen.

Karosserie einmal im Jahr: auf Roststellen absuchen, vor allem nach Wintereinsatz; Rost mechanisch entfernen, Rostumwandler auftragen und einen Tag einwirken lassen, Zinkstaubfarbe und 24 Stunden später Lack auftragen. Kleinere Steinschlagschäden vor allem im Front- und Unterbodenbereich sofort nach Auftreten beseitigen.

Stillegung des Fahrzeugs über mehrere Monate: Fahrzeug reinigen, anschließend Motor warm fahren, damit sich keine Säurerückstände im Auspuff absetzen. Lackierte und verchromte Teile polieren, nicht lackierte Metallteile dünn mit Korrosionsschutzfett bestreichen. Benzin aus dem Tank ablassen; dazu Benzinschlauch abziehen und Kraftstoff über einen

Trichter in einen Kanister füllen; Vorsicht: bleifreies Benzin enthält giftiges Benzol, Hautkontakt und Einatmen vermeiden! Zündkerze ausbauen, in die Öffnung 10 bis 15 cm^3 Synthetik-Zweitaktöl spritzen, Kickstarter zwei- bis dreimal durchtreten, Kerze wieder einbauen. Batterie ausbauen und trocken sowie kühl lagern, alle vier bis acht Wochen nachladen. Reifenluftdruck um 0,3 bar erhöhen und Fahrzeug so aufbocken, daß beide Räder entlastet sind. Fahrzeug mit atmungsaktiver Hülle oder einfachem Tuch abdecken.

4000-km-Inspektion: die Reihenfolge der Arbeiten

(Details s. Abschnitt Inspektionen oben)
Motorhaube abnehmen
Haube/Klappe links: Batterie und Säurestand (ältere Batterien) prüfen
Zündkerze prüfen, reinigen, bei Bedarf wechseln
Unterbrecherkontakte prüfen, einstellen, wechseln (ältere Modelle)
Zündzeitpunkt prüfen, einstellen (ältere Modelle)
Luftfilter ausbauen, reinigen
Vergaser, Leerlauf, Gaszug einstellen
Vergaser ausbauen, prüfen, reinigen
Auspuffausbau und -reinigung (nur bei Leistungsabfall)
Zylinderkopf ausbauen, reinigen (nur bei Leistungsabfall)
Zylinder ausbauen, reinigen (nur bei Leistungsabfall)
Wiedereinbau Zylinderkopf, Zylinder, Auspuff, falls demontiert
Frischölschmierung, Getriebeölstand prüfen
Schaltsegment fetten
Tachoantrieb fetten
Bremshebelgelenke fetten
Scheibenbremsbeläge prüfen (PX-Modelle ab 1998)
Seilzugenden fetten (außer bei Teflon-Zügen)
Reifen (Profil, Schäden), Räder, Felgen prüfen
Lenkung prüfen, einstellen
Luftdruck prüfen, einstellen

Oben: Reinigen der verkokten Kolbenoberfläche mit einem scharfkantigen Hartholzspan. Unten: Vermessen der Zylinderbohrung an drei Stellen.

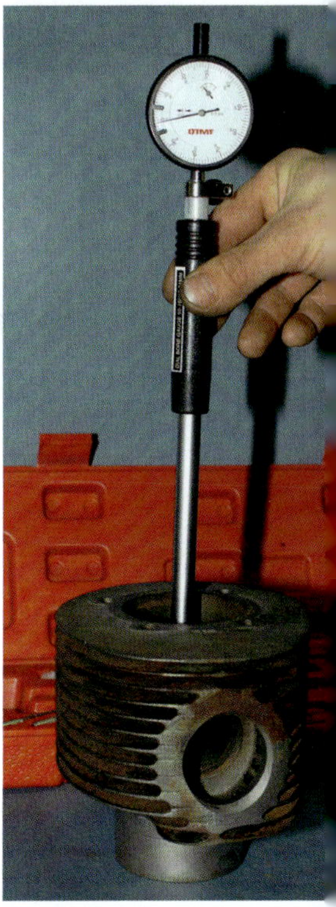

8000-km-Inspektion: zusätzliche oder spezielle Arbeiten

(Details s. Abschnitt Inspektionen oben)
Zündzeitpunkt prüfen, einstellen elektronische Zündung
Zündkerze prüfen, reinigen, bei Bedarf wechseln
Unterbrecherkontakte prüfen, einstellen, wechseln (ältere Modelle)
Zündzeitpunkt prüfen, einstellen (ältere Modelle)
Getriebeöl wechseln
Auspuff, Zylinderkopf, Zylinder prüfen, reinigen (nur bei Leistungsabfall)
Vorderrad-Bremstrommel abnehmen, prüfen, reinigen
Vorderradbremse: Beläge wechseln, wenn abgenutzt
Hinterrad-Bremstrommel abnehmen, prüfen, reinigen
Scheibenbremsanlage überprüfen (PX ab 1998)
Bremsflüssigkeit erneuern (Cosa, PX ab 1998; alle zwei Jahre)
Bowdenzüge prüfen
Trommelbremsen: Vorderradbremszug warten
Kupplungszug, Gaszug, Schaltzüge, Hinterradbremszug ölen
(außer teflonbeschichtete Innenseilzüge)
Kupplungsspiel prüfen, einstellen
Schaltung einstellen
Schraubverbindungen Motor, Fahrwerk prüfen
Radlager prüfen, u.U. nachfetten
Karosserie-Roststellen ausbessern

Die wichtigsten Kontroll- und Wartungsarbeiten – kurz erklärt, mit Hinweisen auf die Hauptkapitel

Kompression prüfen

Kompression prüfen – alle Modelle: Diese Arbeit kann nur bei komplett montiertem und betriebsfertig eingebautem Motor erfolgen. Sie empfiehlt sich in regelmäßigen Abständen, vor allem aber nach einer Motor-Totalrevision. **Mangelhafte Kompression** im Zylinder ist eine Folge übermäßiger Abnutzung im Zylinder-/Kolbenbereich und führt zu starkem **Leistungsverlust** und erhöhtem **Treibstoffverbrauch.** Bei einem Zweitaktmotor wie dem Vespa-Triebwerk können verschlissene oder beschädigte Kolbenringe, eine riefige oder ausgeriebene Zylinderwand oder Undichtigkeiten zwischen Zylinder und Zylinderkopf die Ursachen sein. Prüfen läßt sich die Kompression mit preiswerten Prüfgeräten, die im Fachhandel oder im Internet erhältlich sind.

Und so wird's gemacht: **Motor** einige Minuten lang **warmlaufen lassen,** danach abstellen. Kerzenstekker abziehen und **Zündkerze herausdrehen** (Details s. „Motorelektrik" **Seite 306).** Anschließend Hohlwelle des Kompressionsprüfers in die Zündkerzenbohrung schrauben. Schaltung auf Leerlauf stellen. Bei Fahrzeugen mit elektrischem Anlasser Zündung einschalten, **Vollgas geben** und mit dem Anlasser Kurbelwelle so lange drehen lassen, bis der vom Manometer oder Schreiber angezeigte Druck nicht mehr weiter ansteigt.

Bei Fahrzeugen ohne Anlasser Vollgas geben und Kickstarter so lange durchtreten, bis der Druck nicht mehr ansteigt. Wenn Kolben, Zylinderkopf und Zylinder in Ordnung sind, muß die **Kompression** zwischen 8,5 und 12,0 kg/cm² liegen.

Liegt der Druck unter der Minimalgrenze von 8,5 kg/cm², muß nach der Ursache gesucht werden. Zuerst

Links: Zum Prüfen der Kompression die Hohlwelle eines Prüfmanometers in die Zündkerzenbohrung schrauben und Kickstarter bzw. Anlasser betätigen, bis der Wert nicht mehr weiter steigt. Wenn Kolben, Zylinderkopf und Zylinder in Ordnung sind, muß die Kompression zwischen 8,5 und 12,0 kg/cm² liegen.

prüfen, ob die Zylinderkopfschrauben korrekt angezogen sind. Defekten Kolbenringen kommt man auch ohne Zylinderdemontage auf die Spur. Etwas **Motoröl in die Zündkerzenbohrung** spritzen und dann zweite Messung durchführen. Wird jetzt eine höhere Kompression angezeigt als beim ersten Mal, dichten die Ringe nicht mehr richtig ab; das eingespritzte Öl ruft vorübergehend eine bessere Abdichtung hervor, der Druck im Zylinder steigt. Bei einer Kompression von weniger als 8,0 kg/cm² müssen Kolben und Zylinder überholt werden.

Kupplungsspiel prüfen

Kupplungsspiel prüfen, einstellen – alle Modelle: Nach Demontage- und Montagearbeiten an der Antriebseinheit sowie in regelmäßigen Abständen und im Rahmen der **4000-** und **8000-km-Inspektionen** muß das Kupplungsspiel geprüft und u.U. neu eingestellt werden. Denn mit zunehmender Laufleistung nimmt das **Spiel** am Kupplungshebel zu; ist zu viel Spiel vorhanden, trennt die Kupplung nicht. Bei zu geringem Spiel rutscht die Kupplung durch. Dem Verschleiß an den Kupplungsscheiben kann bis zu einem gewissen Grad durch Korrigieren des Spiels am **Seilzugeinsteller** entgegengewirkt werden.

Im Gegensatz zu anderen Motorzweirädern und älteren Vespa-Modellen sind jüngere Vespa-Typen nicht mehr mit einem Einsteller am Handhebel ausgerüstet, sondern nur mit einem Einsteller unten vor dem Ausrückhebel (s. Foto unten).

Zunächst das **Seilzugspiel** oben am Handhebel überprüfen. Es wird zwischen Hebelkante und Hebelsockel gemessen und soll möglichst genau 1 – 2 mm betragen. Ist dies nicht der Fall, mit einem Gabelschlüssel SW 8 bzw. SW 11 die Mutter lösen, die den **Einsteller** am unteren Seilzugende sichert. Einsteller nun mit dem Schlüssel SW 8 bzw. SW 11 so hinein- oder herausdrehen, bis das Spiel stimmt. Durch Drehen im Uhrzeigersinn wird das Spiel vergrößert, durch entgegengesetztes Drehen verkleinert. Zum Schluß Sicherungsmutter wieder festziehen. Zusätzliche Details und Fotos **ab Seite 83.**

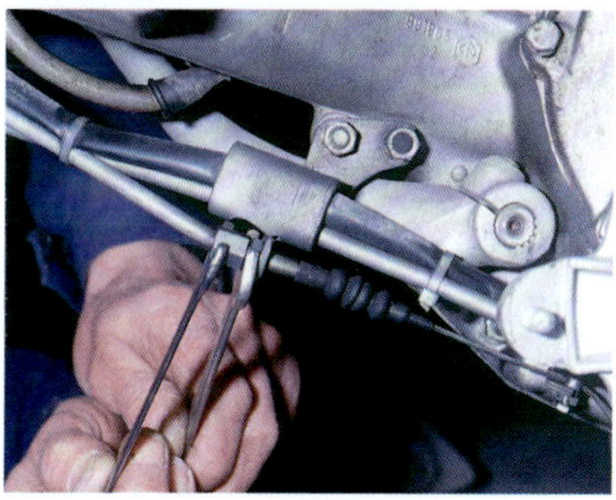

Unten links: Einstellung der Kupplung am Beispiel PX: Der Sechskant-Einsteller befindet sich links unten am Antriebsblock; Sicherungsmutter lockern und Einsteller verdrehen.

Schaltung einstellen

Schaltungseinstellung prüfen, einstellen – alle Modelle: Dies ist ebenfalls nach Arbeiten an Motor und Getriebe erforderlich. Im normalen Betrieb können – vorausgesetzt, die beiden Schaltzüge sind nicht schadhaft – zwei Störungen auftreten: Entweder haben die Züge zu viel Spiel, wenn der Schaltdrehgriff die Leerlaufstellung (0) anzeigt, oder die Markierungen für die Gänge auf dem **Handschaltgriff** und dem Deckel am Lenker stimmen nicht überein. Korrigiert werden kann beides über die Einstellschrauben unten an der Schaltscheibe (PK) oder am Schaltsegment (PX, Cosa) .

Fall 1: Das **Spiel** in Null-Stellung ist **zu groß.** Zunächst mit einem Gabelschlüssel SW 8 die beiden Kontermuttern an den Einstellern lösen. Dann Einsteller so weit gegen den Uhrzeigersinn drehen, bis das Spiel am Drehgriff nur noch 1 – 2 mm beträgt. Darauf achten, daß die Markierungen übereinstimmen. Einsteller wieder sichern.

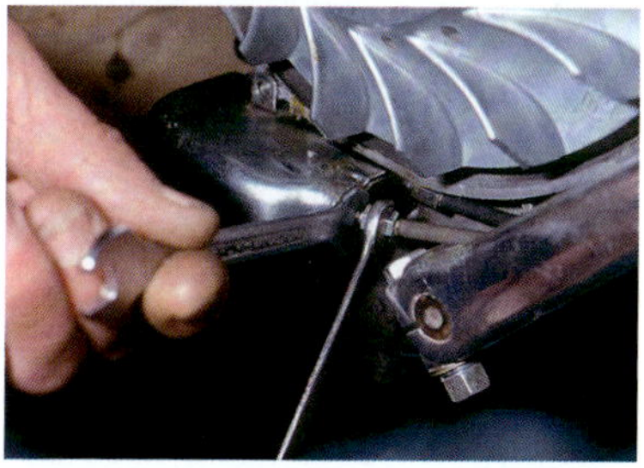

Links: Ein-stellung der Schaltung am Beispiel PX über die beiden gut zugänglichen Einsteller, die sich nach dem Entsichern verdrehen lassen.

Fall 2: Die **Markierungen** an Drehgriff und Deckel **stimmen nicht überein.** Mit einem Gabelschlüssel SW 8 beide Kontermuttern an den Einstellern lösen. Vorausgesetzt, das Spiel stimmt, nur den ersten Einsteller ein wenig in das Segment hinein- und den zweiten Einsteller um genau den gleichen Betrag aus dem Segment herausdrehen. Vorgang solange durchführen, bis die Markierungen übereinstimmen. Die Spannung der Züge darf beim Einstellen nicht verändert werden. Abschließend die Einsteller wieder sichern. Informationen und Abbildungen zur Grundeinstellung der Seilzüge nach einem Auswechseln s. **ab Seite 93).**

Sollten sich die Gänge trotz korrekt eingestellter Züge nur schwer einlegen lassen, kann dies an der **Kupplung** oder an den **Seilzügen** selbst liegen. Kupplungsspiel überprüfen und einstellen wie oben beschrieben. Hilft dies nicht, **Kupplungsscheiben** ausbauen, prüfen und bei Verschleiß ersetzen (s. Kapitel „Kupplung" **ab Seite 191).** Liegt's nicht an der Kupplung, können die **Schaltzüge** die Ursache sein – Schwergängigkeit durch Korrosion oder Beschädigung. Dann müssen die Züge ausgewechselt werden (s. Kapitel „Seilzüge" **ab Seite 72).**

Schaltsegment fetten

Schaltsegment fetten – alle Modelle: Das Schaltsegment am Getriebe ist relativ schutzlos dem Spritzwasser ausgesetzt. Eine **Abdeckkappe** verhindert nur das Eindringen von grobem Schmutz; deshalb muß das Schaltsegment bei PX und Cosa in regelmäßigen Abständen gereinigt und neu gefettet werden. Die Abdeckkappe ist mit einer Schlitzschraube am unteren Rand des Lüfterdeckels fixiert.

Alle Typen: Regelmäßig auch Zustand der Seilzugenden und Nippel an den **Schaltzügen** kontrollieren. Die Seile dürfen nicht beschädigt oder korrodiert sein. Stark verschmutzte Fettreste mit einem Lappen beseitigen, notfalls Segment mit Petroleum oder Bremsenreiniger säubern. Einzelteile danach sorgfältig mit frischem Mehrzweck-, besser noch Heißlagerfett schmieren. Abdeckkappe aufsetzen und festschrauben. Alle Details zum Schaltsystem **ab Seite 86.**

Getriebeölstand

Ölstand Getriebe prüfen – alle Modelle: Getriebe und Hinterradantrieb werden unabhängig vom Kurbeltrieb durch eine separate Ölfüllung geschmiert. Die Ölmenge beträgt einheitlich bei allen Modellen 250 cm³. Spätestens **nach 4000 Fahrkilometern** muß der Getriebeölstand kontrolliert werden. Dazu den Motor warm fahren und das Fahrzeug auf einer ebenen Fläche aufbocken.

Die **Kontrolle** ist einfach. Bei den PX- und Cosa-Modellen sitzt die Kontrollschraube (Dimension: SW 11 oder 13 Sechskant oder Schlitzschraube) unter dem Schaltsegment. Schraube öffnen und prüfen, ob das Öl bis zum **unteren Rand** der **Einfüllöffnung** reicht. Ist dies der Fall, Schraube wieder einsetzen.

Ansonsten mit einer Spritzlkanne Ölvorrat auffüllen. Dazu ausschließlich **Getriebeöl** der Viskositätsklasse SAE 30 einfüllen (Sommer und Winter, alte Modelle). Neue Modelle ab 2011: SAE 80W-90 API-GL4. Details s.a. **ab Seite 242.**

Getriebeöl wechseln – alle Modelle: Nach jeder Arbeit am zerlegten und wieder zusammengesetzten Antriebsgehäuse sowie routinemässig **alle 8000 km** bzw. einmal im Jahr muß das Getriebeöl gewechselt werden. Dazu die Maschine gut warm fahren und anschließend auf einer ebenen Fläche aufbocken. Flache Wanne unter den Getriebeblock stellen und zuerst die Öleinfüll- bzw. **Kontrollschraube** öffnen (Sechskant- oder Schlitzschraube). Jetzt die **Ölablaßschraube** öffnen (Sechskant oderr Innensechskant). Ringschlüssel, Umschaltknarre mit Nuß oder Inbusschlüssel einsetzen.

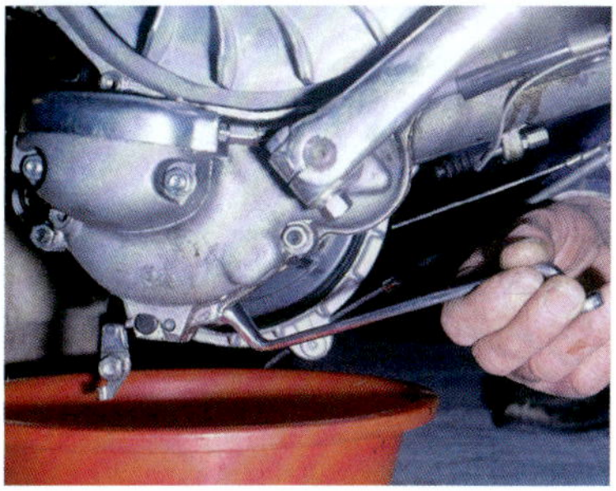

Getriebeölwechsel bei einer PX: Wanne unterstellen, Einfüll- und Ablaßschraube ausdrehen; Öl abtropfen lassen. Ablaßschraube mit neuer Dichtung einsetzen und anziehen.

Schraube ganz ausdrehen und Öl vollständig ablaufen lassen. Anschließend Ablaßschraube zusammen mit einem **neuen Kupferdichtring** einsetzen und festziehen, allerdings nicht mit Gewalt, der Schaft reißt leicht ab.

Nun **250 cm³** frisches **Getriebeöl** der Viskositätsklasse SAE 30 einfüllen (Sommer und Winter, alte Modelle). Neue Modelle ab 2011: SAE 80W-90 API-GL4. Bei Temperaturen über 35 °C dickflüssigeres Getriebeöl SAE 40 verwenden. Wegen der kleinen Einfüllöffnung muß das Öl mit einer Spritzkanne oder einer Spezialflasche eingefüllt werden. Menge vorher genau abmessen; s.a. **Seite 243.** Übergelaufenes Öl abwischen, es kann sonst auf den Hinterreifen gelangen. **Achtung:** Das Altöl niemals in die Kanalisation oder ins Erdreich fließen lassen! Motor- oder Getriebeöl ist äußerst umweltschädlich. Jede Tankstelle und jede Altölsammelstelle ist verpflichtet, Altöl anzunehmen und zu entsorgen.

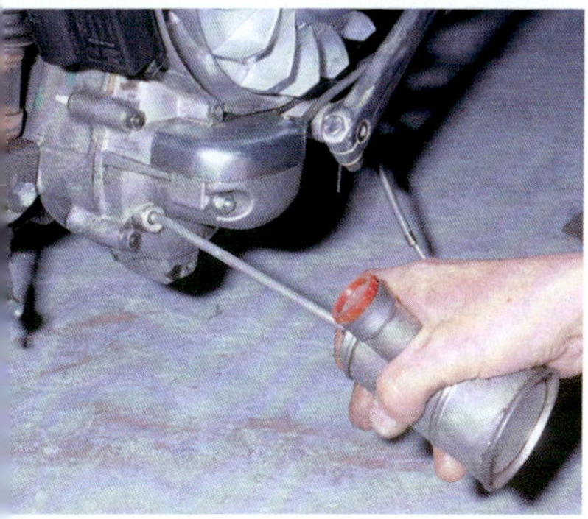

Frisches Öl (250 cm³ SAE 30 oder 40) abmessen, mit Spritzkanne oder Originalflasche einfüllen. Einfüllschraube mit neuer Dichtung einsetzen und anziehen.

Motoraufhängung, Fahrwerk

Motoraufhängung, Fahrwerk prüfen: Spätestens **1000 km** nach grundlegenden Montagearbeiten an Motor und Fahrwerk sowie routinemäßig einmal im Jahr oder spätestens **nach 8000 km** Fahrstrecke müssen alle Schrauben und Muttern im Bereich Fahrwerk und Motoraufhängung auf festen Sitz geprüft werden.

1. Traversenachse der Motoraufhängung: Bei den PX- und Cosa-Modellen ist die Traverse der Motor-/Getriebeeinheit mit einem Bolzen SW 22 und einer Mutter SW 22 befestigt. Mutter mit **Drehmoment** anziehen (Details s. **ab Seite 172,** Werte s. Anhang **Seite 344);** dabei Bolzen auf der rechten Fahrzeugseite mit einem Ringschlüssel SW 22 gegenhalten.

2. Verbindung Federbein/Motor: Das hintere Federbein ist mit einem Bolzen SW 14 und einer Mutter SW 13 am Motor-/Getriebeblock befestigt. **Drehmomentwerte** s. Anhang **ab Seite 344,** Details **ab Seite 172.**

3. Federbeinbefestigung vorn: Das vordere Federbein ist oben mit je zwei Schrauben SW 13 und unten mit je zwei Bolzen nebst Muttern SW 13 befestigt (s.a. Kapitel „Vorderradführung“ **ab Seite 147).** Die oben liegenden Muttern an der Halteplatte mit **Drehmoment** s. anziehen, Werte s. Anhang **Seite 344.**

4. Rad- und Felgenringmuttern: Die Felgenhälften werden von fünf Muttern SW 13 zusammengehalten. Diese Muttern sind von der rechten Fahrzeugseite aus zugänglich. Die Räder sind an den Bremstrommeln ebenfalls mit je fünf Muttern SW 13 befestigt; Details ab **Seite 98** und **120.** Anzugsmoment je **20 – 27 Nm.**

Bremsseilzüge vorn, hinten

Das Spiel der beiden Seilzüge muß ebenfalls regelmäßig überprüft werden. Wie das geht, ist ab den **Seiten 74** und **95** angegeben.

Instrumente, Beleuchtung, Frontkaskade, Hupe, Zündschloß PK, PX: Aus- und Einbau

Von Details abgesehen werden alle Vespa-Modelle zwischen 50 und 200 cm³ Hubraum seit 1978 unverändert gebaut. Im allgemeinen können die Hinweise in diesem Buch auch problemlos auf ***ältere Modelle*** *angewandt werden. Im wesentlichen unterscheiden sich die seit 1978 gebauten Versionen in folgenden Punkten von den Vorläufermodellen: neue Vorderradaufhängung mit Federbein, abnehmbare Lenkerverkleidung, Steuerrohrabdeckung vorn durch „Kaskade“, geänderte Blinker, neue Bedienungselemente, neue Schalter und Bowdenzugbefestigungen, neue Sitzbank, abschließbarer Gepäckraum und stilistisch überarbeitete Karosseriedetails. Die elektronische Zündung löste die kontaktgesteuerte Zündung in den 1980er Jahren ab.*

Wir unterscheiden im Buch die drei Basis-Modellreihen ***PK*** *(Versionen 50, 50 S, 80 S, 125 S),* ***PX*** *(Versionen 80 E, 125 E, 150 E, 200 E) und* ***Cosa*** *(125, 150, 200). Zur Vereinfachung sprechen wir bei der PK auch von der „kleinen“, bei PX und Cosa von der „großen“ Vespa.*

Die meisten der gezeigten Wartungs- und Zerlegungsarbeiten wurden exemplarisch an einer ***PK 80 S*** *mit elektrischem Anlasser und an zwei verschiedenen* ***PX 200 E lusso*** *(Neu- und Gebrauchtfahrzeug) durchgeführt. Außerdem wurden eine* ***PK 50 S,*** *eine* ***PX 200 mit Scheibenbremse*** *sowie die* ***Cosa 200*** *herangezogen, die abgesehen von der hydraulischen Integralbremse und der Benzinhahnelektrik technisch weitgehend der Vespa PX entspricht.*

Wo Übereinstimmungen bestehen, werden die Arbeiten für alle klassischen Baureihen gemeinsam beschrieben. Die Zwischenüberschriften der einzelnen Abschnitte zeigen deutlich an, ob die Informationen für PK-, PX- oder Cosa-Modelle gelten.

Das Foto zeigt die vom Autor 2018/2019 restaurierte Vespa PX 200 E lusso in teilzerlegtem Zustand. Lenkrohr, Seilzüge und diverse Elemente müssen noch demontiert werden.

*Zum Roller-Alltag gehören unweigerlich kleine Probleme mit der **Bordelektrik.** Wie sich die am häufigsten auftretenden Defekte mit wenigen Handgriffen beseitigen lassen, zeigen wir auf den folgenden Seiten, zunächst am Beispiel der Baureihen PK und PX, dann bei der Cosa. Für Arbeiten an Scheinwerfer und Tachometer müssen zunächst die Rückspiegel und die obere Lenkerverkleidung abgenommen werden.*

***Anmerkung: KS** = Kreuzschlitzschraube, **SS** = Schlitzschraube.*

Spiegel, Lenkerverkleidung

Rückspiegel mit Halteplatte auswechseln – PK, PX: Bei den älteren Modellen sind die Rückspiegel an Haltern aus Stahlblech befestigt und von unten durch **Muttern SW 13** gesichert. Die Mutter lösen, dabei die Einstellmutter oben mit einem zweiten Schlüssel gegenhalten, dann Spiegel abnehmen. Die **Halteplatte** ist mit zwei Bolzen SW 13 fixiert. Bei den neueren Modellen ab 2011 haben die Spiegel einen zylindrischen Schaft; dieser wird in eine Klemmhülse gesteckt und mit einer Mutter SW 17 fixiert.

Obere Lenkerverkleidung abnehmen – PK, PX: Die obere Lenkerverkleidung wird von vier Schrauben gehalten, die von unten ausgedreht werden (je zwei vorn und hinten, alle von unten zugänglich). Tachowelle und Vorderradbremszug von der Radnabe abnehmen (Details s. Kapitel „Seilzüge").
Jetzt wird die **Lenkerverkleidung** (Helferin/Helfer) so weit wie möglich hochgezogen. Dann den **Multiflachstecker** vom Instrumentenblock abziehen. Plastikzungen an der oberen **Tachowellenbefestigung** zusammendrücken, Tachowelle aus dem Instrument ziehen.
Zum gänzlichen Ausbau der Verkleidung noch die die drei Kabelstecker vom Lampensockel ziehen.

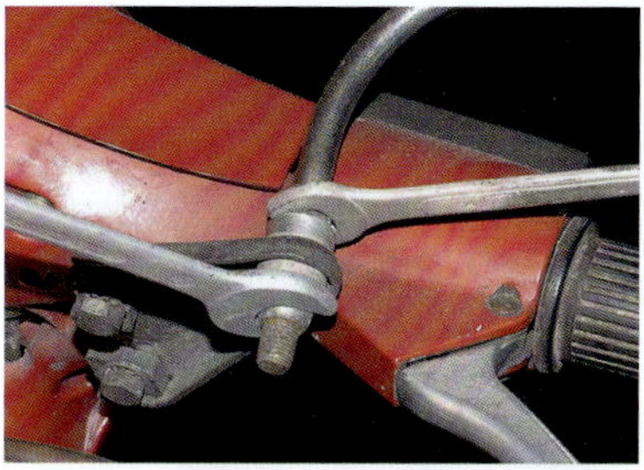

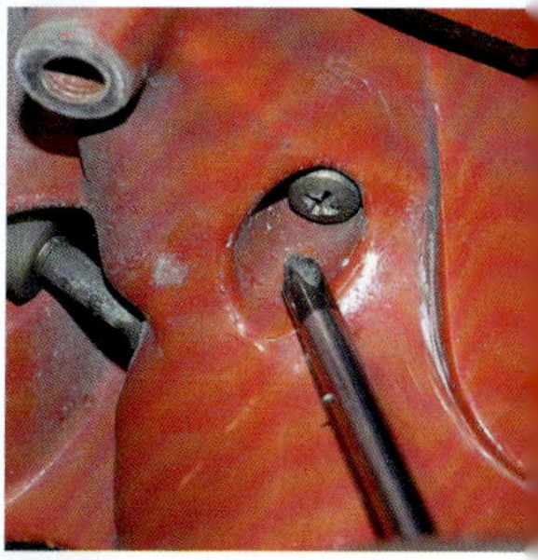

Oben und darunter: Abschrauben des Rückspiegels mit Schlüsseln SW 13 unter Gegenhalten. Abschrauben der zwei Bolzen SW 13 mit Federringen an der Halterung. Darunter: Die obere Lenkerverkleidung ist mit vier KS fixiert (im Bild zwei davon).

Nach Lösen der vier KS die Verkleidung nach hinten ziehen (Tachowelle und Bremszug unten abgeklemmt).

Lenkerverkleidung abnehmen – PK XL 2-Modelle: Zur Abnahme der Lenkerverkleidung bei den PK XL 2-Modellen mit dem modifizierten Tacho-Kombiinstrument ist es

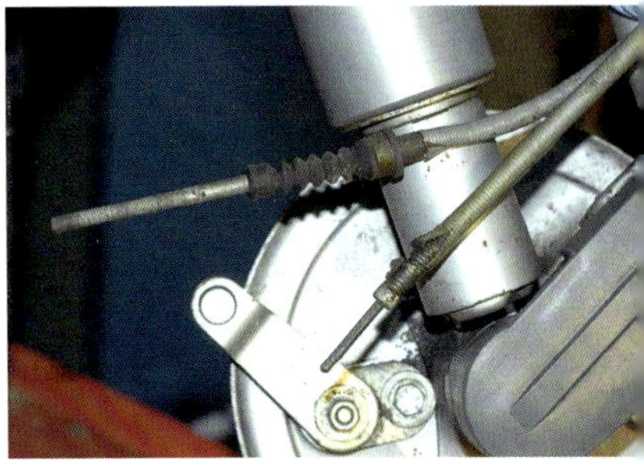

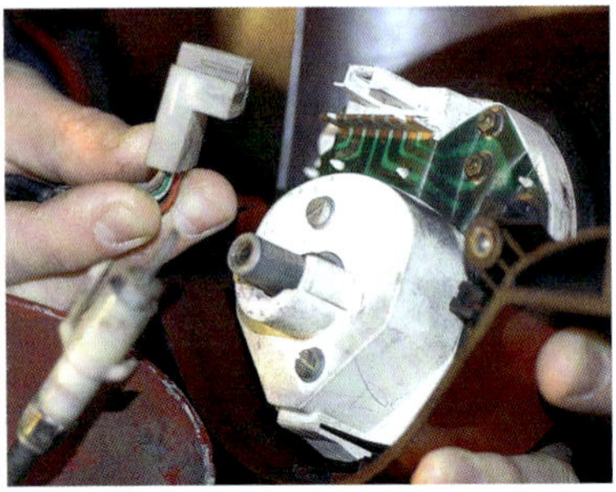

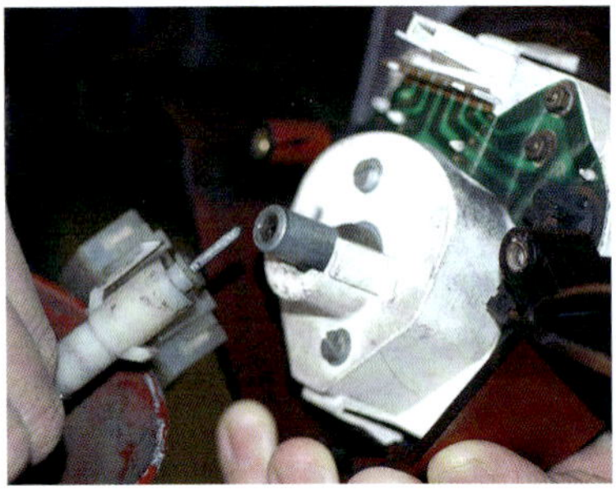

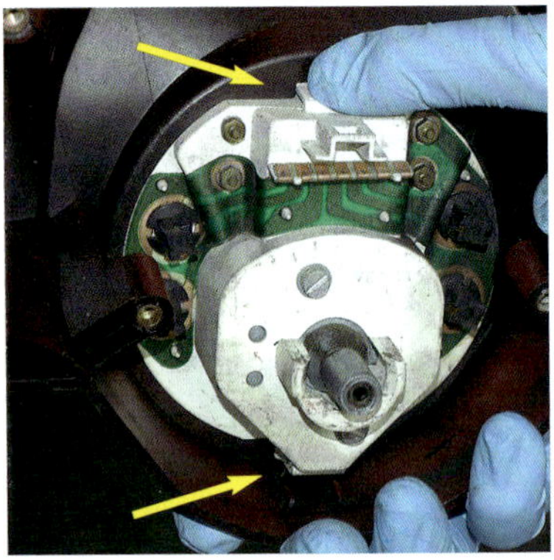

Oben links Cockpit und Lenkerverkleidung der PK 50 XL 2 von 1992. Oben rechts: Bremsseilzug (oben) und Tachowelle sind an der Radnabe unten abgenommen. Rechts: Zum Ausbau des Instruments zuerst den Multistecker abziehen (links), dann die Tachowelle abklemmen; hier ist eine Plastikzunge abgebrochen. Gelbe Pfeile rechts: Durch Niederdrücken der beiden Laschen kommt das Instrument frei. Unten: Benzinuhrverschraubung (blaue Pfeile), Tachoverschraubung (rot), vier Sockel der Kontroll-Lampen (gelb).

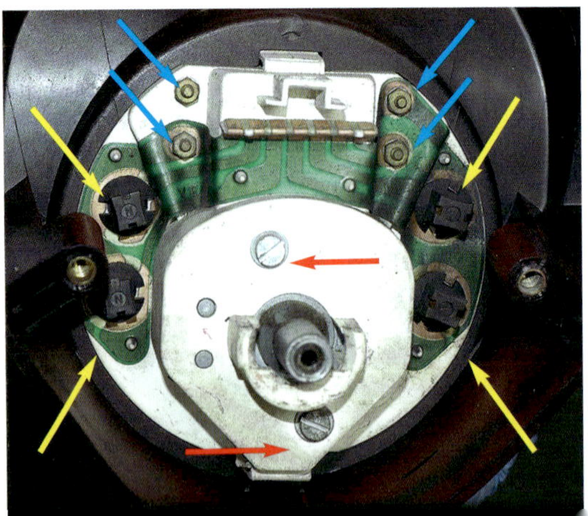

mit dem Lösen von vier Schrauben nicht getan: Denn ganz außen liegen vorn und hinten auf beiden Seiten lange Schrauben mit einer recht großen Gewindesteigung, die direkt in den Kunststoff eingreifen; eine weitere Schraube sitzt hinten in der Mitte der Einfassung des Instrumenten-Rahmens. Rechts vom Scheinwerfer befinden sich zwei weitere Schrauben, links zusätzlich eine Inbusschraube M5.

Kombinstrument, Tachowelle

Kombi-Instrument mit Tachometer und Tachowelle ausbauen am Beispiel PX: Die meisten Modelle besitzen ein Kombi-Instrument, das Tachometer, Zusatzinstrumente wie die Benzinuhr und die Kontrollampen für Ladestrom, Blinker und Fernlicht enthält. Ausbauen läßt sich das Zentralinstrument nur bei abgenommener oberer Lenkerverkleidung (s.o.). Dazu zuerst **Seilzug** für die **Vorderradbremse** unten an der Ankerplatte aushängen; entweder Einsteller entsichern, ein-

drehen und Seilzug vom Bremshebel abklemmen oder Rändelmutter lösen und Seilzug von der Ankerplatte abziehen.
Anschließend die **Tachowellenverschraubung** unten an der Ankerplatte lösen: Schraube SW 8 des Halteblechs lockern und Welle abziehen. Jetzt die vier Befestigungsschrauben der oberen Lenkerverkleidung lösen. **Achtung:** Verkleidung mit Tachometer jetzt nicht mit Gewalt nach oben reißen, sondern von unten zunächst Tachowelle und Bremszug etwas in das Steuerrohr hineinschieben, sonst können die Seilzughüllen beschädigt werden, weil die Bohrungen im Steuerrohr ziemlich scharfkantig sind. **(Tipp:** Müssen die Seilzuge einmal ganz ausgebaut werden, sollten die Bohrungen im Rohr sorgfältig entgratet und geglättet werden.)
Lenkerverkleidung nun so weit anheben, daß bequem von unten am Kombi-Instrument gearbeitet werden kann. Die **Tachowelle** ist mit einer Rändelmutter (ältere Modelle) oder einem Klemmverschluß aus Kunststoff am Tachometer befestigt. Mit Daumen und Zeigefinger die Laschen zusammendrücken und Tachowelle abnehmen (Fotos und weitere Details im folgenden Kapitel). Zum Ausbau des **Kombi-Instruments** den Multistecker abziehen die zwei Klemmlaschen rechts und links nach innen drücken.

Kontrolllampen ausbauen – PK, PX: Auf der Rückseite des Kombiinstruments befinden sich die **Steckplätze für die Kontrollampen,** die gedruckten Schaltkreise und die Verschraubungen für Tachometer und Benzinuhr. Die **Kontrollampen** sitzen in Fassungen aus Kunststoff. Diese um 90° drehen und zusammen mit den Lampen aus dem Instrument herausnehmen. Bei älteren Fahrzeugen kann das schwierig sein.
Das **Instrument** kann durch Drükken zweier Klemmlaschen nach innen von der Verkleidung abgenommen werden. Die **Gummidichtung** des Instruments ist oft brüchig, Ersatz gibt es kaum noch, sie muß meist nachgeferrtigt werden.

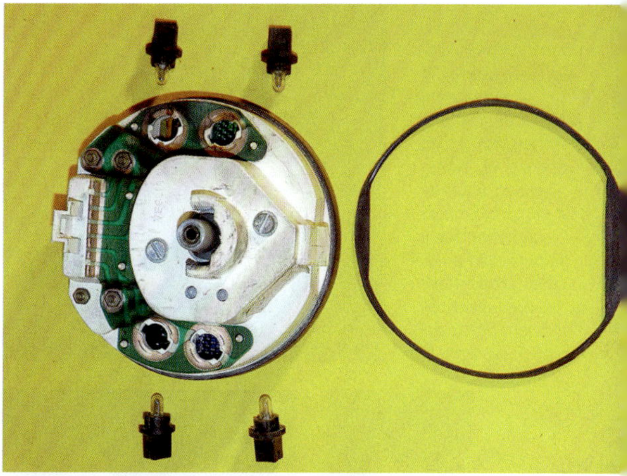

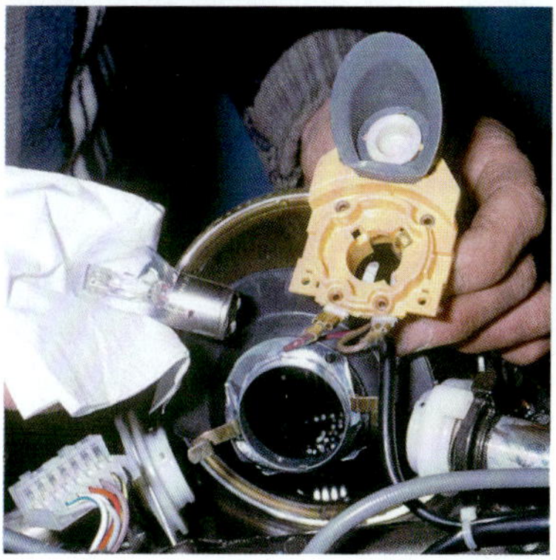

Oben: Rückseite des PX-Instruments, Sockel mit Lämpchen und Gummidichtung (wenn diese nicht mehr lieferbar, die alte wiederverwenden).

Links: Nach Ausbau des Lampenhalters die Glühlampe um 90° nach links drehen und abziehen; s.a. Fotos nächste Seite.

Scheinwerfer

Scheinwerfer-Glühlampe, Standlichtlampe wechseln: Scheinwerferglühlampe und Standlichtlampe (soweit vorhanden) sitzen gemeinsam in einer **Kunststoff-Fassung** auf der Rückseite des Reflektors. Die Fassung ist durch zwei **Metallklammern** rechts und links fixiert. Die Klammern mit einem Schraubendreher abhebeln und den **Sockel** zusammen mit den Lampen vorziehen. **Glühlampe** und **Standlicht-**

Oben rechts: Scheinwerferrückseite mit Anschlüssen. Daneben: Die drei Kabelstecker sind abgezogen. Mitte. Der Scheinwerfer ist mit zwei Schlitzschrauben samt Federringen befestigt. Die Einstellschraube von unten mit einem Schlüssel SW 7 ausdrehen.

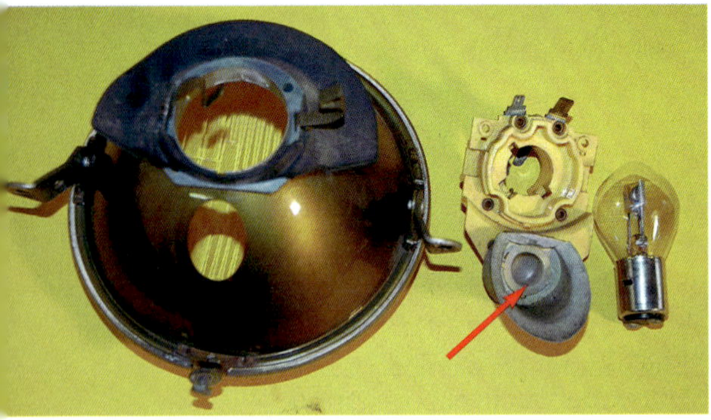

Scheinwerfer, Sockel und Lampe mit integriertem Standlicht. Der rote Pfeil zeigt auf den Blindstopfen für ein früher vorgesehenes Standlicht.

lampe um 90° nach links drehen und aus der Fassung ziehen. Neue Glühlampe nicht mit bloßen Händen berühren. Fett und Feuchtigkeit bleiben auf dem Glaskörper haften, verdampfen, wenn die Lampe brennt und schlagen sich dann auf dem Reflektor nieder, was die Lichtausbeute mindert. Das **Scheinwerferglas** muß sauber ist; Verschmutzungen mit Alkohol entfernen.

Nach dem **Einsetzen** der neuen Lampen und des Reflektors alle **Kabelverbindungen** auf festen Sitz prüfen. Korrodierte Klemmen und Kabel auswechseln. Die Scheinwerfer-Glühlampe hat 12 Volt, 25/25 Watt (Lusso- und aktuelle Modelle: 12 V, 35/35 Watt); die Standlichtlampe weist 12 Volt, 5 Watt auf.

Scheinwerfer-Reflektor auswechseln – PK, PX: Der Reflektor muß ausgewechselt werden, wenn die Verspiegelung blind geworden ist oder das aufgeklebte Glas gesprungen ist. Dazu die beiden **Schlitzschrauben** an den Haltern lösen, mit denen der Reflektor an der unteren Lenkerverkleidung befestigt ist. Außerdem mit einem Schlüssel SW 7 die **Scheinwerfereinstellschraube** vorne unter dem Reflektor lösen. Jetzt läßt sich der Reflektor auswechseln. Anschließend muß er neu eingestellt werden.

Scheinwerfer einstellen – alle Modelle: Die Scheinwerfereinstellung sollte in regelmäßigen Abständen überprüft und gegebenenfalls korrigiert werden. Zunächst den **Reifenluftdruck** prüfen und, falls nötig, korrigieren (Werte s. Anhang). Nun das Fahrzeug in einer Entfernung von 10 m vor eine senkrechte, helle Wand stellen. Der Boden sollte möglichst eben sein. Das Fahrzeug **nicht belasten** und nicht auf den Mittelständer stellen. Stattdessen

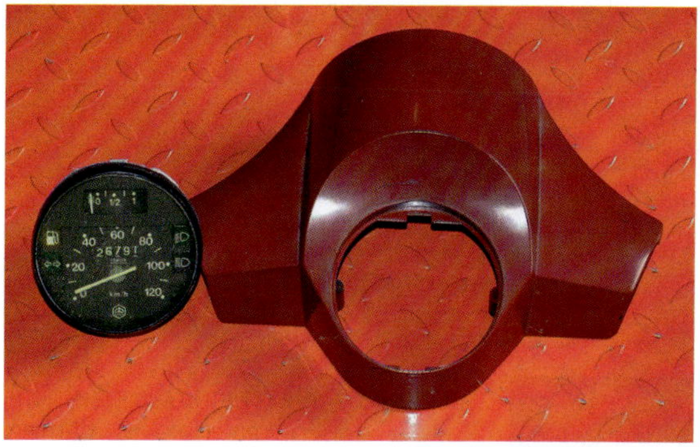

Zeichnung: Hans J. Schneider; Basis: Werkstatt-Handbücher Piaggio & C. Pontedera

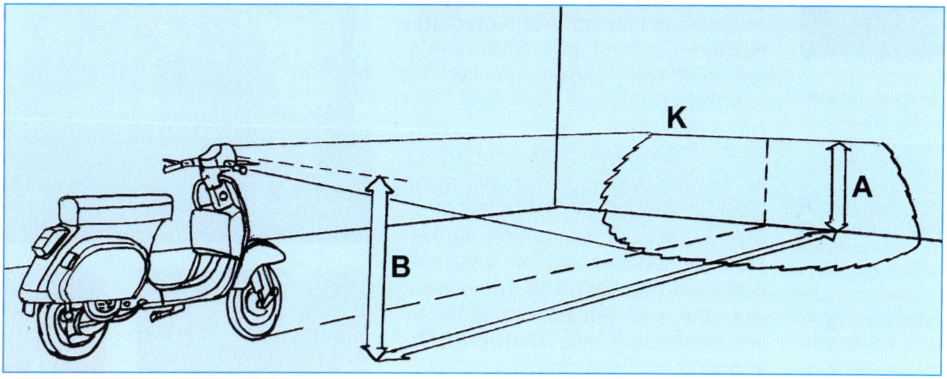

sollte ein Helfer die Maschine halten – so gerade wie möglich. Auf die Wand eine waagerechte Linie zeichnen: Der Abstand der Linie vom Erdboden errechnet sich aus dem Abstand des Scheinwerfermittelpunktes vom Boden **(PK: 99 cm, PX, Cosa: 104 cm)** multipliziert mit 0,9. Das ergibt circa 89 cm bei den PK- und etwa 94 cm bei den PX- und Cosa-Modellen.

Wird die Messung in einem Abstand von nur 5 m zur Wand durchgeführt, muß die Höhe des Scheinwerfermittelpunktes mit 0,95 multipliziert werden. Nach dem Einschalten des Abblendlichts muß die **Hell-/Dunkelgrenze** auf der Wand genau auf der Linie an der Wand, keinesfalls aber darüber liegen. Ist dies nicht der Fall, mit einem Schlüssel SW 7 die **Einstellschraube** unter dem Scheinwerfer lösen und den Scheinwerfer so neigen, daß die Linie auf der Wand und die Hell-/Dunkelgrenze sich decken.

Heckleuchte

Heckleuchte, Lampen, Reflektor ersetzen (Brems und Schlußlicht PK, PX): Die Heckleuchtenverglasung ist zwar unterschiedlich geformt, doch einheitlich befestigt – mit einer (oder zwei) KS. Schrauben lösen und Glas abnehmen. Reflektor und Kugellampen für Brems- und

Oben: Kombi-Instrument PX und Lenkerverkleidung.

Mitte: Scheinwerfereinstellung; Abstand des Rollers von der Wand = 10 m; A = Abstand Scheinwerfermittelpunkt vom Boden multipliziert mit 0,9; B = Abstand Scheinwerfermittelpunkt vom Boden; K = Obergrenze Lichtkegel Abblendlicht.

Links: fabrikneue Heckleuchtenverglasung, aufgearbeitete Dichtung.

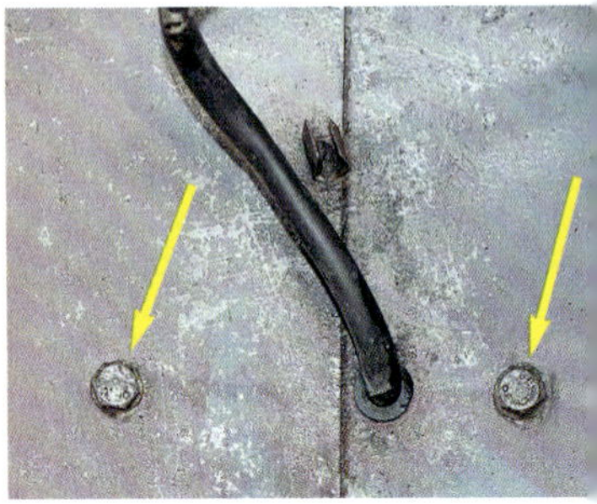

Oben links: Abbau des Heckleuchtenglases; vor dem Aufsetzen Dichtung kontrollieren; sie darf nicht spröde sein. Oben Mitte: Reflektor und Glühlampen sind angelaufen. Oben rechts: Vom Radkasten her sind die beiden Muttern SW 10 der Rücklichtbefestigung zugänglich; kleines Bild. Steckverbindung, Kontakt Rücklicht.

Blinker PX vorn, 3 Fotos rechts: Gehäuse mit Reflektor, Glas und Dichtung (noch am Beinschild). Unten: Befestigung der Gehäuse mit je zwei KS und Muttern SW 7. Auf den Masseanschluß oben links achten.

Schlußlicht sind nun frei zugänglich. Leicht gegen die defekte Lampe drücken, Lampe nach links drehen und herausnehmen. **Auf Korrosion achten:** Fassung und Reflektor dürfen nicht weiß angelaufen sein. Ist der Reflektor durch Streusalz- und Näs-seeinwirkung blind geworden, muß er ausgewechselt werden. Er ist von der Kotflügelunterseite mit je zwei Schrauben SW 10 befestigt. Zum Lösen der Schrauben am besten Umschaltknarre mit Verlängerung und Stecknuß SW 10 verwenden. Vor dem Aufsetzen des Heckleuchtenglases die **Gummidichtung** kontrollieren. Sie darf nicht rissig sein. Schrauben mit Gefühl anziehen, bei Gewaltanwendung reißt leicht das Plexiglas.

Blinklampen vorn

Blinklampen, Reflektoren vorn wechseln PK: Je nach Modellreihe sind die Vespa-Roller mit unterschiedlich konstruierten Blinkanlagen ausgerüstet. Bei Fahrzeugen vor Baujahr 1978 gibt es nur zwei Blinker, entweder an den Lenkerenden oder auf den Hauben. Die vorderen Blinkleuchten der **PK-Modelle** werden auseinandergenommen, indem man die beiden KS löst, mit denen die **Blinkergläser** vorne am Beinschild befestigt sind. Die **PK-Reflektoren** sind ebenfalls mit diesen Schrauben fixiert. Gläser abnehmen und **Kugellampen** durch Linksdrehen aus den Fassungen nehmen. Darauf achten, daß die Reflektoren einwandfrei sind. Rissige Gläser und spröde **Dichtungen** ersetzen.

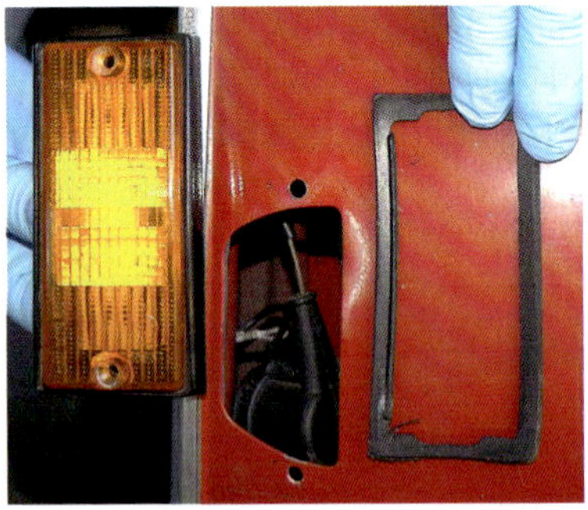

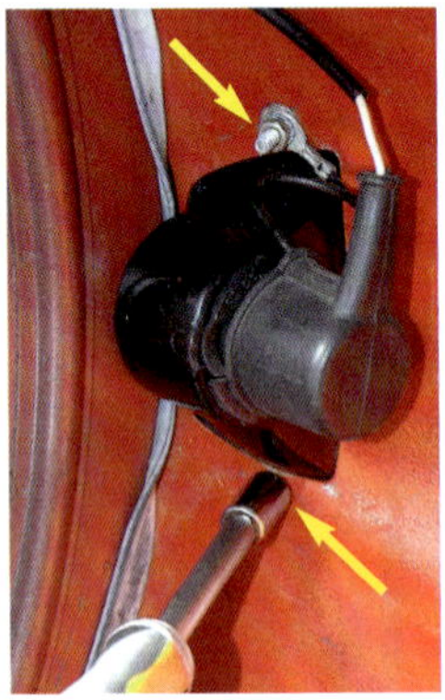

Blinklampen, Reflektoren vorn wechseln – PX: Für den Austausch der vorderen Blinklampen Gepäckkasten öffnen und die gummigeschützten Lampenfassungen leicht nach links drehen. Anschließend **Kugellampen** aus den Fassungen nehmen. Um die **Gläser** und **Reflektoren** abnehmen zu können, müssen vorn je zwei KS ausgedreht werden. Dabei vom Gepäckkasten her mit einem Steckschlüssel SW 7 die Muttern auf der Rückseite festhalten. Beim Zusammenbau unbedingt auf die Massekabel achten.

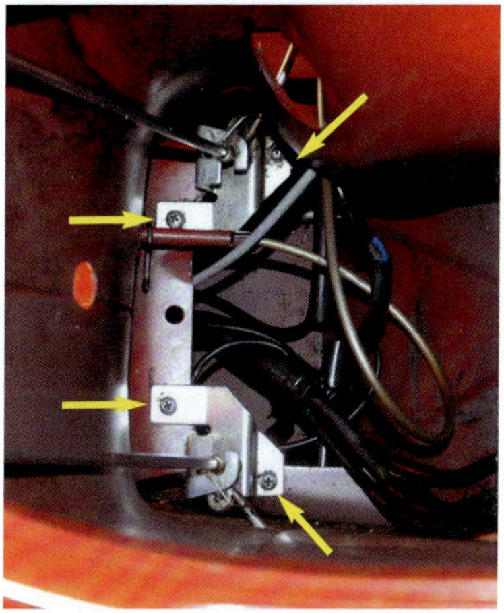

Blinklampen hinten

Hauben zum Wechsel von Blinklampen und Reflektoren hinten abnehmen – PK, PX, Cosa: Zum Auswechseln der hinteren Blinklampen müssen bei den **PX-Modellen** die Hauben abgenommen werden. Bei den **PK-Modellen** kann die Haube nicht abgenommen werden. Es gibt lediglich eine Klappe, die unten angeschlagen ist. Je nach Modell wird sie oben durch einen einfachen Knebel oder ein Schloß mit Drucktaste gehalten. Knebel bzw. Schloß betätigen und Klappe öffnen.

Bei den großen **PX-Modellen** und der **Cosa** kann die Motorhaube vollständig abgenommen werden. Es ist allerdings zu unterscheiden zwischen den alten bzw. Grundmodellen und den Lusso-Varianten. Bei den **Basismodellen** wird die Haube durch einen vorn am Durchstieg befestigten **Sperrhaken** arretiert. Den Haken ein wenig nach außen ziehen, um 90° drehen und Haube vorn vom Chassis wegziehen. Nun die in der Mitte angebrachte **Sperrfeder** aushängen und den **hinteren Haubenbolzen** aus der Öse ziehen. Bei den **Lusso-Modellen** befinden sich die Haubenverriegelungen unter der abschließbaren Sitzbank und sind so vor unbefugtem Zugriff geschützt. Sitzbank hochklappen und den vorn rechts hinter dem Sitzbankscharnier sitzenden Hebel bis zum Anschlag nach außen drehen – der von innen eingreifende Sperrhaken gibt die Haube frei. Haube nach oben schwenken und dabei die Sperrfeder ausklinken. Zuletzt den hinteren Haltezapfen vom Chassis abziehen. **Tipp:** Die **Gummihüllen** auf den Zapfen kann man mit zurechtgeschnittenen Stücken eines Benzinschlauchs ersetzen, wenn sie kaputt sind.

Oben links, rechts: Zur Haubenentriegelung Sitzbank hochklappen und Sperrhaken nach außen drehen; daneben: Haube vorn abziehen, von der Mittelfeder heben, schließlich hinten abziehen. Unten links: Entriegelungsgestänge mit Basisplatten bei ausgebautem Tank; zum Ausbau je 2 KS lösen. Unten rechts: die drei Fixierpunkte der Haube (gelbe Pfeile). Der Zapfen hinten (hier links) ist mit einem Stück Benzinschlauch ummantelt; zum Aufschieben leicht fetten.

Oben links: Zum Auswechseln der rückwärtigen Blinklampen bei den PX-Modellen zuerst die KS ausdrehen und das Leuchtenglas abheben. Oben rechts: beide Kotflügel und Blinkergläser ausgebaut.

Rechts beide Fotos: Zum Ausbau der Reflektoren die Muttern von innen gegenhalten. Spröde oder defekte Gummidichtungen ersetzen oder aus Reifenschlauch (mühsam) nachschneiden. Wie man das macht s. „Klassische Vespa restaurieren" www.schneider-media.eu.

Blinklampen und -Reflektoren hinten wechseln – PX-Modelle: Nach Abnahme der betreffenden Haube die KS lösen, mit denen Gläser und Reflektoren befestigt sind. Von hinten mit einem Gabelschlüssel SW 7 die Muttern festhalten. Beim Wiedereinbau Schrauben nicht zu fest anziehen – Bruchgefahr.

Blinklampen und -Reflektoren hinten wechseln – PK-Modelle: Der Ausbau der **hinteren Blinkleuchten** ist bei den 50er und 80er **PK-Typen** etwas unpraktischer. Die Leuchtengläser sind mit je zwei Kreuzschlitzschrauben befestigt. Nach Abheben der **Gläser** können die **Kugellampen** ausgewechselt werden. Die **Reflektoren** sind mit je zwei Muttern SW 7 an den Hauben befestigt. Haubenklappen öffnen und Muttern von innen lösen. Reflektoren abnehmen und Kabel abziehen.

Ausbau der rückwärtigen Blinker bei den PK-Modellen; die Gläser sind mit Schrauben, die Reflektoren mit Muttern befestigt. Dichtung kontrollieren, trübe Reflektoren austauschen.

Blinkgeber, Anlasserrelais

Blinkgeber austauschen – alle Modelle: Versagt die Binkanlage, ist oft ein defekter Blinkgeber dafür verantwortlich. Korrodierte oder lockere **Kabelverbindungen** (darunter vor allem schlechte **Masseanschlüsse)** können ebenfalls die Ursache sein. Der **Blinkgeber** befindet sich bei allen Vespa-Modellen unter der linken Haube. Zumindest bei den neueren Fahrzeugen ist der Blinkgeber erschütterungsfrei in einer stabilen Gummischlaufe aufgehängt.

Zum Austausch wird er einfach aus der Schlaufe gezogen. Bei Fahrzeugen mit **elektronischer Zündung** den Geber wie andere spannungsführende Teile auf keinen Fall bei laufendem Motor berühren – **Hochspannung!** Am besten (bei ausgeschalteter Zündung und stehendem Motor) Massekabel der Batterie abklemmen. Beim Einbau auf die richtige Position der Kabel achten.

Anlasserrelais wechseln – alle Modelle: Bei den Modellen mit elektrischem Anlasser befindet sich das Anlasserrelais ebenfalls unter der linken Haube. Es handelt sich um das verzinkte Kästchen links unten. Versagt der Anlasser, kann ein Defekt im **Relais** die Ursache sein. Dann Massekabel von der Batterie abklemmen, Kabel vom Anlasserrelais abziehen und Relais abschrauben. Es ist mit zwei Muttern SW 10 befestigt. Gegebenenfalls mit einem Stromprüfer Funktion kontrollieren; auf einwandfreie Kabelverbindungen und guten Masseanschluß achten.

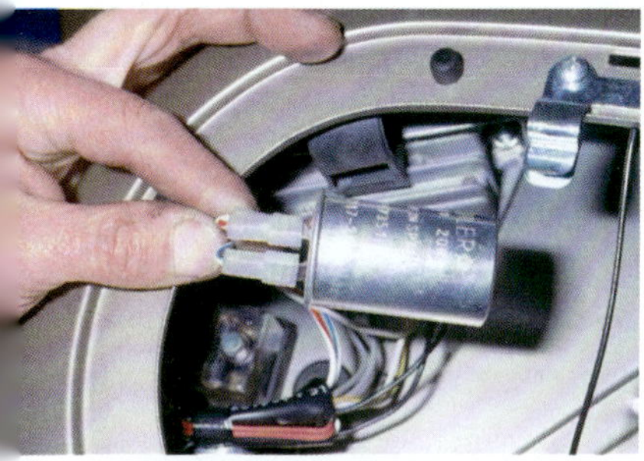

Oben: Blinkgeber einer PK 80 S mit seinen Kabelzuführungen. Unten: Das Anlasser-Relais der PK 80 S sitzt unter der linken Haube.

Kaskade, Hupe, Schalter

Kaskade ausbauen – PK, PX, Cosa: Die Vespa-Hupe ist seit Herbst 1978 bei allen Modellen unter der vorderen Steuerrohrverkleidung („Kaskade“) untergebracht (bei älteren Modellen ist sie von außen aufgeschraubt). Mit einem kleinen Schraubendreher die **Piaggio-Plakette** oben an der Kaskade abhebeln. Dahinter kommt eine Kreuzschlitzschraube zum Vorschein, die gelöst werden muß. Anschließend den **Gepäckkasten** öffnen und die beiden Kreuzschlitzschrauben lösen, mit denen die Kaskade von hinten befestigt ist. Kaskade mit Hupe abnehmen und die beiden Kabel abziehen, die zur Hupe führen. Auch für verschiedene Arbeiten an der Lenkung muß die Kaskade abgenommen werden.

Nach Lösen von drei Schrauben kann die Kaskade abgenommen werden.

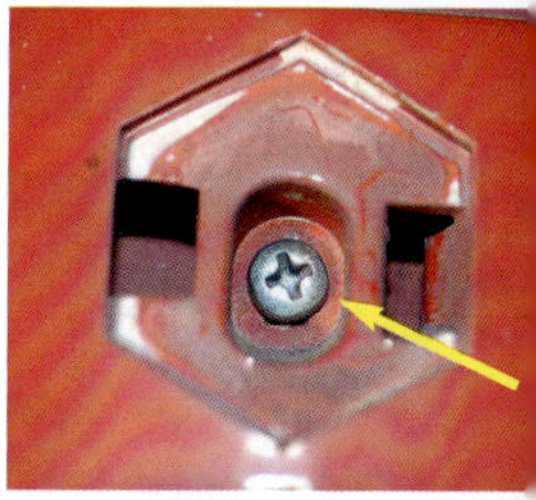

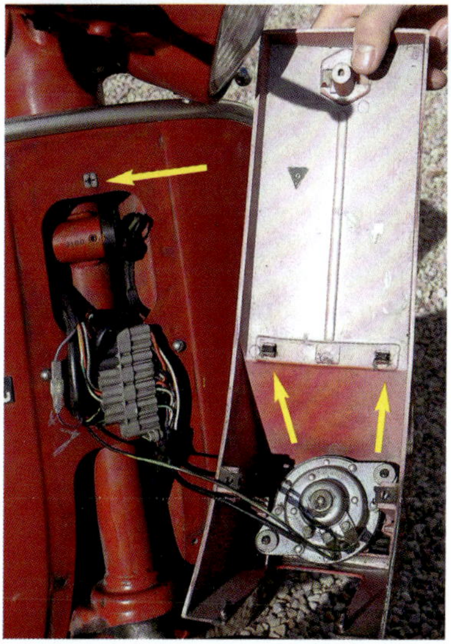

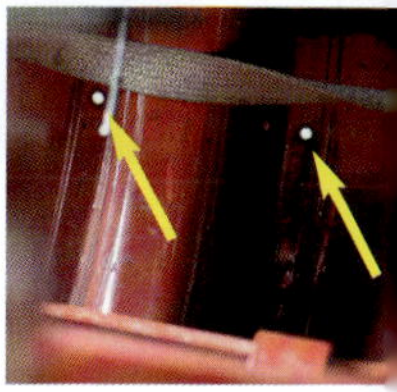

Oben links: Das Piaggio-Emblem wird mit einem kleinen Schraubendreher abgehebelt (Pfeile). Daneben: Die darunter liegende KS wird ausgedreht. Kleines Bild: Von innen wird die Kaskade von zwei weiteren KS gehalten (hier bereits entfernt). Links: Fixierpunkte und ausgebaute Kaskade mit Hupe.

Hupe ausbauen, prüfen – alle Modelle: Nach Abnahme der Kaskade die beiden Kabel von der Hupe abziehen. Dann die beiden KS lösen, mit denen die Hupe an der Kaskade befestigt ist. Stromfluß, Kabelverbindungen und Masseanschluß prüfen; auch hier kann die Fehlerursache liegen.

Zum Ausbau der Hube die beiden Kabel abziehen (gelbe Pfeile) und die beiden KS lösen (rote Pfeile).

Schalter am Lenker wechseln – PK, PX: Über die Kombischalter an den Lenkerenden werden die Blinker (linke Lenkerseite) sowie Licht, Hupe und Anlasser (rechte Seite) betätigt. Die Schalter sind bei den Modellen ab Herbst 1978 mit je einer Kreuzschlitzschraube befestigt. Schrauben lösen und **Schalter** zur Seite klappen. Alle Kabel sind verlötet und in Teil-Kabelbäumen zusammengefaßt; sie müssen daher zusammen mit dem jeweiligen Schalter vom Lenker abgenommen werden. Dazu müssen die **Stecker** der Kabel vom Kabelbaum abgenommen werden.

Zum Lösen des **Kabelbaums** die Kaskade vom Steuerrohr abnehmen wie beschrieben und betreffenden Kabelstecker vom Klemmbrett ab-

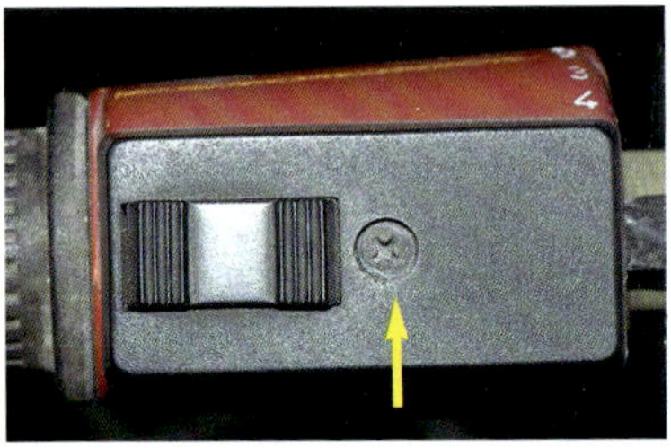

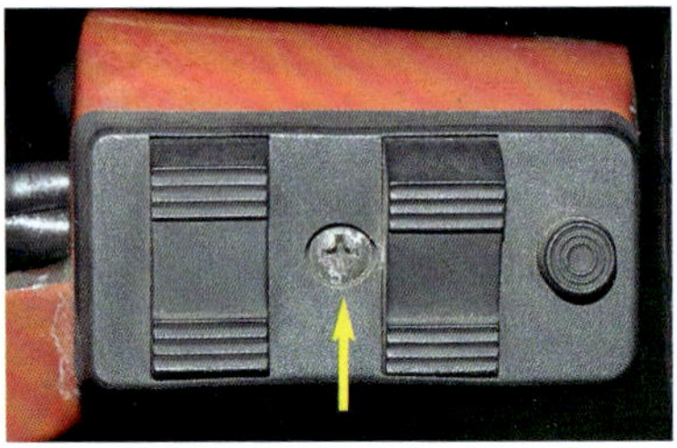

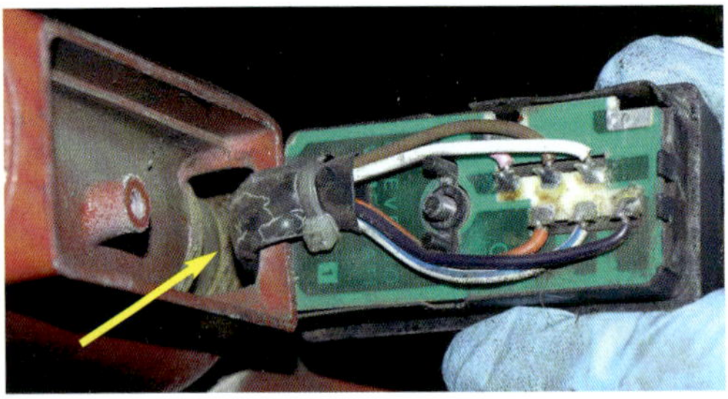

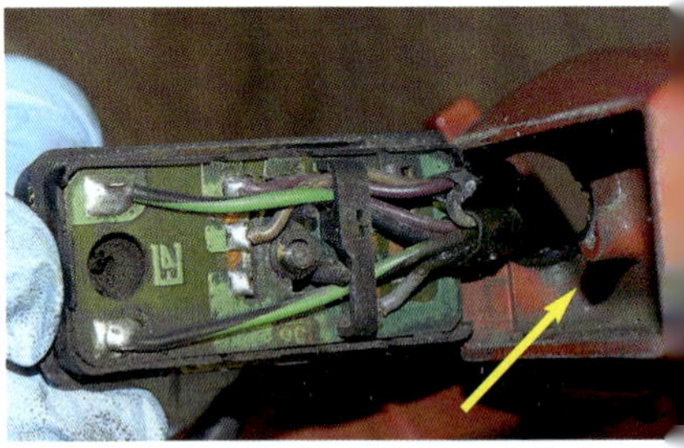

Die Deckel der Schaltereinheiten sind mit je einer KS befestigt. Unten: Schaltereinheiten vom Lenker abgezogen. Die Kabel sind verlötet und jeweils in Kabelsträngen zusammengefaßt.

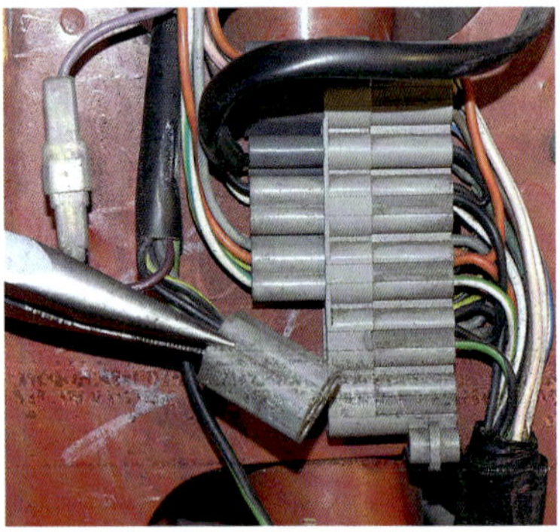

Rechts: Zum Lösen der Kabelstränge müssen die betreffenden Stecker vom Klemmbrett hinter der Kaskade abgezogen werden. Dies geht am besten mit einer Spitzzange.

ziehen. Kabelbaum von oben aus dem Lenker ziehen (was recht fummelig ist) und zusammen mit dem Schalter abnehmen. Haben sich lediglich Lötverbindungen gelöst, kann nachgelötet werden. Anderenfalls Schalter komplett mit Kabelbaum auswechseln.

Zündschloß

Zündschloß aus- und einbauen – PX, Cosa: Während sich das Zündschloß recht einfach ausbauen läßt, ist für die Demontage des Schließzylinders bei den Vespa-Modellen ab 1978 sowie bei der Cosa viel Fingerspitzengefühl erforderlich. Zunächst der Zündschloß-Ausbau: Die **Piaggio-Plakette** mit einem Schraubendreher abhebeln. Dann die Steuerrohrverkleidung ausbauen wie im vorigen Kapitel beschrieben: eine Kreuzschlitzschraube vorn, zwei Schrauben hinten im Gepäckkasten lösen, **Kaskade** abnehmen.
Das **Elektrikteil** des Zündschlosses wird von einer **Madenschraube** mit der Innensechskantgröße SW 2,5 gehalten. Bei Neufahrzeugen ist sie mit Lack versiegelt, der zunächst entfernt werden muß. Schraube ausdrehen und Elektrikteil aus der Führung ziehen. Zum Auswechseln des Elektrikteils den zugehörigen **Kabelbaum** vom **Klemmbrett** abziehen.

Schließzylinder ausbauen – PX, Cosa: Je nachdem, ob sich das Schloß in **„Lock“**- oder **„Off“**-Stellung befindet, sind zwei verschiedene Verfahren anzuwenden. Falls die Schlüssel verloren wurden und sich das kombinierte Zünd-Lenkerschloß in Stellung **„Lock“** befindet, muß der Schließzylinder wohl oder übel mit einem hochwertigen **Stahlbohrer 8 mm** bis zu einer Tiefe von exakt 30 mm aufgebohrt werden. Auf diese Weise wird die Vorrichtung, die den Zylinder und den äußeren Schloßkörper zusammenhält, zerstört (s. Zeichnung nächste Seite

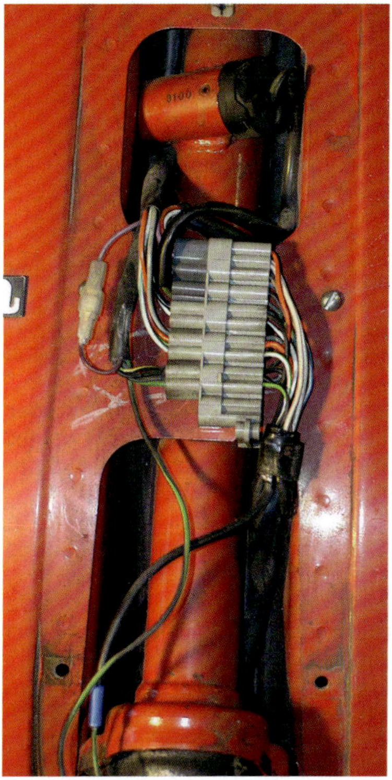

Links: Blick auf Steuerrohr, Klemmbrett und Zünd-/Lenkerschloß der PX 200 E von 1985 ohne Blinker.

Mitte links: Das Elektrikteil des Zünd-/Lenkschlosses wird von einer Madenschraube arretiert. Rechts: Nach Ausdrehen derselben mit einem Inbusschlüssel SW 2,5 kann die gesamte Elektrik abgezogen werden.

Zeichnung: Hans J. Schneider; Basis: Werkstatt-Handbücher Piaggio & C. Pontedera

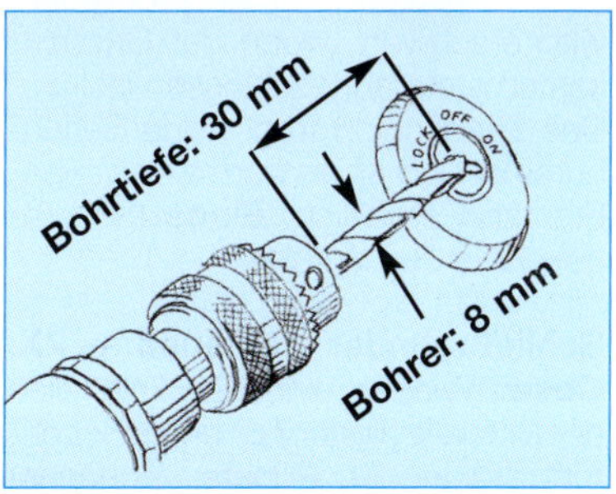

Zeichnung: Ein defektes Zündschloß wird mit einem 8-mm-HSS-Bohrer ausgebohrt.

Zum Ausbau des Schließzylinders zunächst mit dem inbusschlüssel SW 2,5 von unten in die kleine Bohrung fahren und die Sperrklinke hochdrücken. Dann von der Trittbrettinnenseite her den Schließzylinder zusammen mit dem Zündschlüssel vom Steuerrohr ziehen.

oben). Nun läßt sich der **Zylinder** herausziehen und durch ein Neuteil ersetzen. Der äußere Schloßkörper muß nicht ersetzt werden.
Befindet sich der Schlüssel in Stellung **„Off“,** zunächst ebenfalls die Frontkaskade ausbauen. Unten am Zylinderrohr ist versteckt eine **Bohrung** angebracht, durch die ein Innensechskantschlüssel SW 2,5 gesteckt werden kann. Mit dem Schlüssel von unten die **Sperrklinke** am Schließzylinder hochdrücken. Gleichzeitig den Zündschlüssel in Stellung **„On“** drehen. Wenn die Klinke ausrastet, läßt sich der **Schließzylinder** zusammen mit dem Zündschlüssel aus dem Zylinderrohr ziehen. Dabei auf die kleine Blattfeder achten. **Achtung:** Die **Steuerrohrverriegelung** (massive, doppelt angeschrägte Stahlscheibe) nicht nachträglich verdrehen; sie bleibt im Steuerrohr und kann nur zusammen mit diesem ausgebaut werden. Daß Unbefugte die Kaskade abnehmen, das Zündschloß ausbauen und dann die Zündung kurzschließen, wird erschwert, wenn der Gepäckkasten stets abgeschlossen ist.
Das Zündschloß trägt keine Seriennummer und ist als normales Vespa-Ersatzteil erhältlich. **Einbau** in umgekehrter Reihenfolge.

Schließzylinder einbauen – PX, Cosa: Wieder einbauen läßt sich der Schließzylinder nur unter Beachtung folgender Punkte: Zunächst kontrollieren, ob die **Verriegelungsplatte** das Steuerrohr freigibt – sie muß in **„On“-Stellung** stehen; d.h. die untere Schräge muß parallel zum Steuerrohr laufen. Jetzt das **Zündschloß** aufsetzen; die Aussparung muß mit der Nut an der Verriegelung übereinstimmen. Zündschloß einsetzen, aber noch nicht befestigen. Anschließend Schließzylinder samt Zündschlüssel einführen; Zündung muß dabei eingeschaltet sein **(„On“). Blattfeder** aufsetzen und **Schließzylinder** bis zum Anschlag in das Zylinderrohr schieben; Zündschloß und Verriegelung müssen sauber passen. Damit die **Sperrklinke** am Schließzylinder einrastet, ein wenig von rechts auf das Zündschloß drücken. Danach erst die **Madenschraube** einsetzen und anziehen. **Kabelverbindung** herstellen, Kaskade befestigen.

Rechts: Ausbau der Sitzbank bei den PK-Modellen; Sitzbank und zugleich der Tank werden von vier Schrauben SW 13 gehalten.

Sitzbank mit Schloß

Sitzbank ausbauen – alle Modelle: Bei der **PK** Sitzbank hochklappen und Halterung abschrauben. (vier Schrauben SW 13). **PX-Modelle:** Sitzbank aufklappen und die drei Schrauben am Scharnier ausdrehen; Sitzbank abheben. **Cosa:** Mit einem Steckschlüssel SW 13 die vier Bolzen ausdrehen. Die Schrauben fixieren vorn auch den **Tank.** **Anbauelemente** wie Haltegriffe für Sozia/Sozius und Piaggio-Logo lassen sich mit Steck- und Gabelschlüsseln SW 7 bis SW 13 demontieren. Die Sitzbänke klassischer Modelle haben einen soliden **Unterbau** aus Stahlblech und Federn. Der **Kunstlederbezug** kann in einer Polsterei erneuert werden, es muß nur selten eine neue Sitzbank sein.

Sitzbank-Schloß Aus- und Einbau – PX, Cosa: Bei verlorenem Schlüssel und abgeschlossener Sitzbank bleibt nichts anderes übrig, als den Schließzylinder mit einem

hochwertigen **Stahlbohrer 8 mm** auf 30 mm Tiefe auszubohren. Befindet sich das Schloß in Position **„offen“,** ist der **Zylinderwechsel** einfach: Sitzbank aufklappen und zuerst den Sicherungsring innen an der Bank lösen; die Feder und den Hebel abziehen, die Haltezunge zurückdrücken und den Schloßzylinder herausziehen. Sitz reinigen und neuen Zylinder einsetzen. Das komplette **Schloßelement** ist mit drei Schrauben befestigt und läßt sich ganz zerlegen.

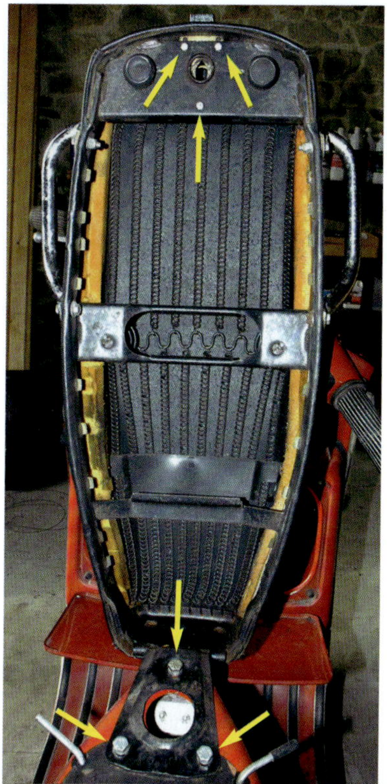

Links: aufgeklappte Sitzbank der PX. Die Pfeile oben zeigen auf die Schloßbefestigung, die Pfeile unten auf die Haltebolzen SW 13 des Scharniers.

Mitte links: die drei Haltebolzen des Sitzbank-Scharniers, die auch vorn den Benzintank befestigen.

Mitte rechts: die aufgearbeitete Sitzbank unserer PX 200 E Lusso.

Links: das ausgebaute und teilzerlegte Sitzbankschloß. Unten: der Schließzapfen läßt sich einstellen.

Oben links: Das Staufachschloß von der Innensei, te her betrachtet. Oben Mitte: Mit der Klinge eines breiten Schraubendrehers wird die Klammer zur Seite geschoben. Oben rechts: Wir fanden ein Schloß vor, das beim Abnehmen zerfiel. Das Schloß wurde schon einmal ausgebohrt. Unten: Vorderseite mit abgefallener Blende und zerbohrtem Riegel.

Staufachschloß aus- und einbauen: Wenn das **Schloß** nicht mehr funktioniert, weil es z.B. ausgebohrt wurde, muß es ersetzt werden. Zur Demontage wird die große **Klammer** mit einem breiten Schraubendreher zur Seite gedrückt. Oft zeigt sich nach der Abnahme, daß der **Lack** unter dem Schloß verkratzt ist. Einbau in umgekehrter Reihenfolge. Neuteile sind bei Piaggio verfügbar.

Trittbrettleisten

Trittbrettleisten ausbauen: *(Text und Fotos dieses Abschnitts: **Werner Lechner**).* Die originalen Trittbrettzierleisten sind mit **Aluvoll- und Blindnieten** befestigt. Zum **Ausbau** nötig: Bohrmaschine, 3-mm-Bohrer, Körner. Nach dem Herausziehen der Gummileisten werden die mittleren **26 Vollnieten** von oben angekörnt und dann herausgebohrt. Sobald sich der Nietenkopf gelöst hat, wird das verbleibende Nietenstück nach unten durchgedrückt.

Die **zwölf Blindnieten** bei den Lusso-Modellen (an den Enden und vorne) werden von der Unterseite bzw. von vorne ausgebohrt.

Trittbrettleisten montieren: Nicht so einfach ist die fachgerechte **Wiederanbringung** oder **Neumontage** der Aluleisten. Perfekt gelingt das nur mit einer speziellen Nietenzange und spezifischen Alu-Vollnieten, erhältlich z.B. bei *www.scooter-center.com/de* und bei *www.sip-scootershop.com/*. Für die beiden innenliegenden Leisten genügen Nieten der Größe 3 x 8 mm. Für außen sollten es mindestens 3 x 12 mm sein. Wichtig ist, daß **neue Aluleisten** vor der Lackierung der Karosserie **gebogen** und in die passende Form gebracht werden, idealerweise bei noch unlackiertem Trittbrett. Neue originale Vespa-Leisten und auch die Zubehörleisten unterscheiden sich

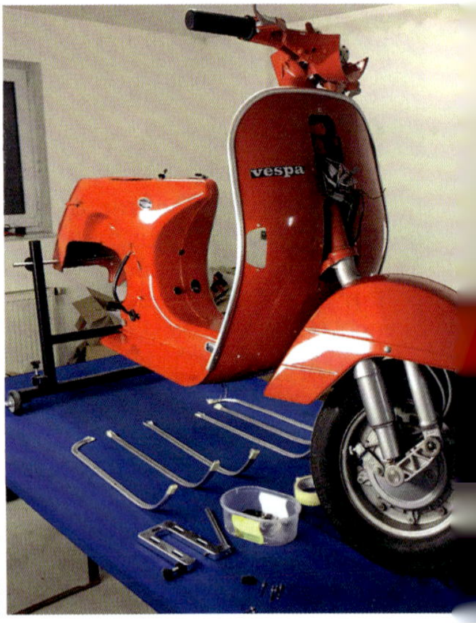

Foto: © Werner Lechner

von der Qualität her kaum. Sie haben aber alle gemeinsam, dass sie von der Biegung her und auch teilweise bezüglich der Bohrungen nicht passen.
Wenn man dann die Leisten in der richtigen Form hat, muss man schauen, dass die Vollnieten und auch die Blindnieten durch das lackierte Trittbrett passen. Oft sind diese Bereiche zulackiert bzw. der **Lochdurchmesser** ist zu gering. Da hilft es dann nur, nachzubohren oder mit einer spitzen Rundfeile diesen Bereich zu weiten. Je nachdem muß mit einem passenden **Lackstift** nachgtetupft werden.

Trittbrettleisten montieren: Vor dem finalen Montieren zuerst einmal die **Leiste auflegen** und versuchen, alle **Nieten durchzustecken.** Erst so kann man erkennen, ob auch alles passt. Aber **Vorsicht:** Bei den Passproben verkratzt man mit den Leistenenden leicht das Trittbrett. Sollte die Vespa im Rahmen einer Restaurierung bereits neu lackiert sein, muß man bei der Anpassung der Leisten die Enden mit **Kreppklebeband** (oder ähnlichem Material) umwickeln, um Kratzer zu verhindern.
Es bietet sich auch an, vor der Montage die Leisten zu **polieren,** zuerst z.B. mit in Öl getränkter feiner Stahlwolle, dann mit Grobpolitur, zuletzt mit einem Alupflegemittel.
Jetzt kann es an die **Montage** gehen. Mit der Spezialzange ist das recht einfach. Wichtig ist, daß die Vollnieten nicht zu lang unter dem Trittbrett hervorstehen. Man kann sie mit der Zange auf 4-5 mm kürzen. Dann einen **Rautenaufsatz** für die unten überstehenden Vollnieten auf die Montagezange setzen, den richtigen Abstand an der Zange einstellen und die Niete zusammendrücken.
Für das Anbringen der Blind- oder Poppnieten empfiehlt es sich, die **Löcher mit Klebeband zu umgeben,** damit nichts verkratzt wird.

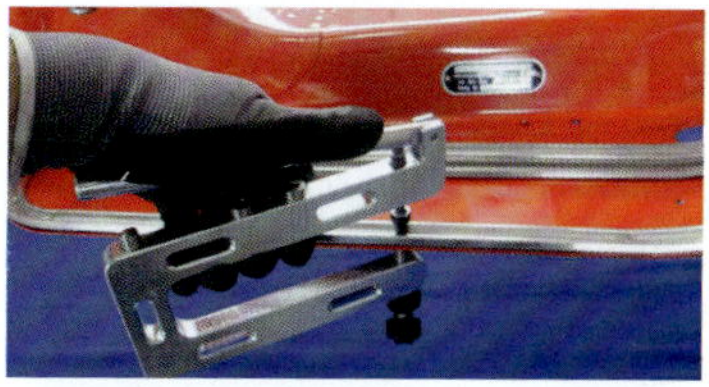

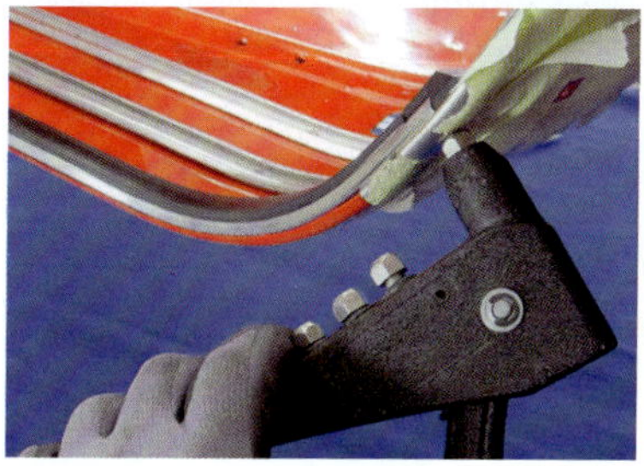

Alle 4 Fotos: © Werner Lechner

Vorsicht: Bei Blindnieten kann es passieren, daß beim Abscheren der Niete das Werkzeug seitlich versetzt, auf den Karosserieboden schlägt und dadurch ein Kratzer im Lack entsteht.

Trittbrettgummis anbringen: Sorgfalt ist auch beim **Anbringen der Trittbrettgummis** nötig (im Spezialhandel als Meterware erhältlich). Besonders leicht geht das, wenn die Gummis vorher mit Silikonspray oder Vaseline behandelt werden. Die Gummis sollten vom Handschuhfach her **spannungsfrei** montiert und dann vorne mit den **Endstücken** versehen werden. Nicht zu kurz abschneiden, weil die Gummis im Laufe der nächsten Zeit etwas schwinden und dadurch unschöne Spalten zwischen Endstück und Gummileiste entstehen.

Beinschildumrandung

Beinschildumrandung montieren: *(Text dieses Abschnitts: **Werner Lechner**).* Bis 1983 besaß die Ves-pa PX eine Beinschildumrandung **aus Aluminium.** Ab 1989 und wieder ab 2011 waren die Leisten innen chrombedampft. Von 1990 bis in die 2000er Jahre bestand die Umrandung aus schwarzem Plastik. **Voraussetzung** für das Anbringen einer neuen Umrandung: Lenker und äußere Trittbrettleisten inklusive der Endstücke sowie alte Umrandung sind abgenommen. Die Umrandung ist an den unteren Enden mit **Poppnieten** befestigt, die ausgebohrt werden müssen.

Rechts: Die chrombedampfte Umrandung unserer Vespa PX 200 E ist gut erhalten und muß nicht ausgetauscht werden

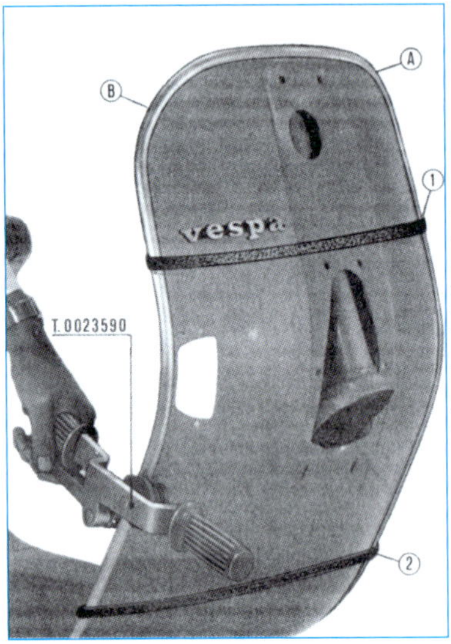

Repro: Werkstatt-Handbücher Piaggio & C. Pontedera

Rechts: die Bördelzange im Einsatz. Ohne Spannstrippen geht es nicht (Werksfoto).

Die neue Profilleiste wird von oben über das Beinschild geführt, indem man dem Außenprofil des Beinschilds folgt. Leiste mit einem **Gummihammer** anpassen ohne Dellen zu erzeugen. Unter dem Vespa-Emblem und ganz unten wird die Umrandung mit **Spannstrippen** oder Gurten an das Beinschild gepreßt (s. altes Werksfoto unten).
Für das **Falzen** braucht man eine **Bördelzange,** wie sie unter der Nummer T.0023590 im Piaggio-Katalog aufgeführt ist. Man fängt oben an und walzt von A nach B (s. Abbildung), dann von A und B bis zum oberen Spanngurt 1. Dieser wird nun entfernt, und man bördelt bis zum unteren Gurt 2 weiter. Jetzt wird auch dieser abgenommen, und es wird bis zu den Enden fertiggebördelt. **Tipp vom Meister:** Sollten sich Falten oder Buckel ergeben, werden diese mit vorsichtigen Gummihammerschlägen beseitigt. Anschließend muß noch einmal gebördelt werden. Schließlich an den Endpunkten neue **Poppnieten** setzen und Trittleisten anbringen.

Mittelständer

Ständer ausbauen: Der **Mittelständer** befindet sich oft in schlechtem Zustand: **Rost,** auch an den **Rückholfedern,** Schmutz, abgenutzte **Gummipuffer.** Verchromte Neuständer gibt es beim Internethandel schon ab ca. 30 Euro. Beim Kauf darauf achten, ob sie mit einer oder zwei Aufnahmen für die Federn versehen sind. Der Piaggio-Handel liefert **schwarz** beschichtete Ständer, aber an eine 1985er PX z.B. gehört ein verzinkter, **silberfarbe-**

ner Ständer. Wenn man den nicht bekommt, muß man den alten aufarbeiten. Neue **Federn** und Gummipuffer sind problemlos zu beschaffen. Befestigt ist der Ständer auf jeder Seite mit je zwei Schrauben M6 nebst zugehörigen Scheiben und Muttern. Mit verschraubt sein kann die **Fußstütze** aus dem Zubehörprogramm. Die Schraubenköpfe werden mit einem Gabelschlüssel SW 10 blockiert, die Muttern von unten mit der Stecknuß SW 10 ausgedreht.

Ständer einbauen: Folgende Elemente werden montiert: die beiden **Haltebügel,** die kleinen **Blattfedern,** die **Spezial-Federringe,** die **Federanker,** die selbst sichernden **Spezialmuttern M6** mit vier **Unterlegscheiben M6,** die beiden **Rückholfedern,** die **Gummipuffer** und natürlich der **Bügel** (Foto oben).
Die beiden **Haltebügel** werden da, wo sich der Ständer dreht, leicht **gefettet.** Bei liegendem Roller halten wir den Ständer so an, daß zunächst der **obere Bügel** samt der Blattfeder mit Schraube, Scheibe und Mutter gesichert werden kann. Die Blattfeder muß so liegen, daß sie auf das Querrohr drückt. Danach folgen der **untere kleine Bügel** mit seinen Schrauben nebst Kleinteilen. Die hintere Schraube des großen Bügels kann nur bei vorgeklapptem Ständer eingesetzt werden.
Unterlegscheiben und **Federringe** sind auf der Trittbrettseite einzusetzen. Die Muttern werden ohne Scheiben eingedreht. Wenn alles an Ort und Stelle ist, werden die vier **Muttern M6** mit einer Stecknuß SW 10 angezogen; dabei müssen die Schraubenköpfe auf der anderen Seite mit einem Ringschlüssel SW 10 gegengehalten werden.
Jetzt werden die **neuen Federn** in die Ständeraufnahmen und die beiden neuen oder neu phosphatierten **Federanker** in das Rahmen-Querprofil eingehängt. Zum Einhängen der Federn in die Anker wenden wir einen Trick an, da sie sich von Hand nicht spannen lassen: Wir legen um das jeweils hintere Ende ein Stück **Kabel** und ziehen dann kräftig an der Schlaufe; dies klappt ganz prima, wobei die Karosserie beim Ziehen festgehalten werden muß (Helferin/Helfer). Ein „Klapptest" beweist zum Schluß, daß alles korrekt funktioniert.

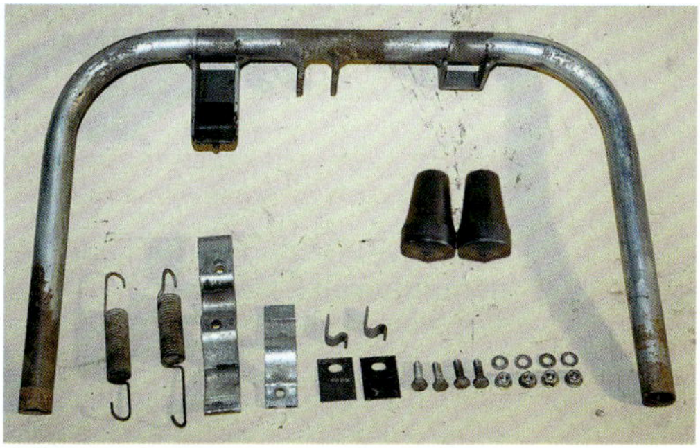

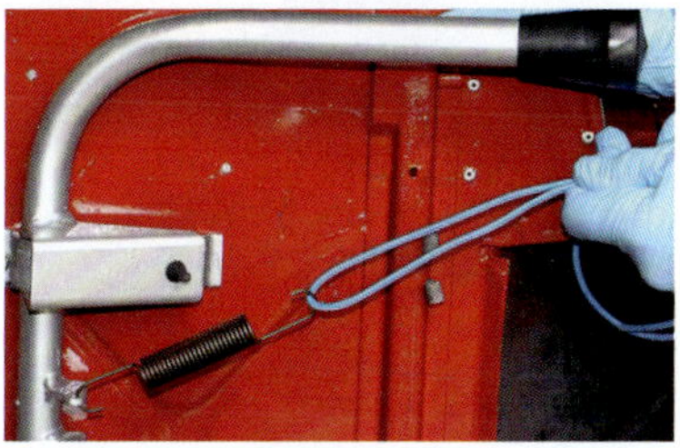

Ganz oben: abgenutzter Ständer mit allen Befestigungsteilen und beigelegten neuen Puffern. Kleine Bilder: Die Blattfederchen gehören zwischen Ständerrohr und Unterboden (Pfeile) und werden mit den vorderen Schrauben fixiert. Großes Foto: ein restaurierter und montierter Ständer mit neuen Federn und Puffern. Unten: Die Federenden werden mit einem Kabel über die Halteklammern gezogen.

Cosa: Besonderheiten Karosserie, Beleuchtung; Einbau einer Alarmanlage

Rechts oben: Bei den Cosa-Modellen werden die Verschraubungen der Rückspiegel einfach mit einem Innensechskantschlüssel gelöst.

Unten: Topmodell der Cosa-Baureihe war die 200 GS mit 12 PS und elektronischem Brems-Antiblokkiersystem EBC.

Lenkerverkleidung, Spiegel

Lenkerverkleidung, Rückspiegel demontieren – Cosa: Zum Wechseln von Glühlampe oder Scheinwerfereinsatz muß auch bei der Cosa die obere **Lenkerverkleidung** abgenommen werden. Zunächst muß man die beiden **Rückspiegel** abmontieren. Dazu die Abdeckkappen an den Spiegelfüßen entfernen und mit einem Inbusschlüssel SW 8 die Verschraubung lösen.

Tachowelle lösen

Tachowelle lösen: Mit einem mittelgroßen Schraubendreher die acht Kreuzschlitzschrauben ausdrehen, mit denen das **Verkleidungsoberteil** von unten befestigt ist. Das Kunststoffelemenrt kann nur dann weit genug nach oben gezogen werden, wenn zuvor die **Tachometerwelle** unten am Vorderrad abgeklemmt worden ist; das untere Ende wird von einer Platte fixiert, die von einer Schraube SW 8 gehalten wird. Zuletzt die Verkleidung samt Instrumenteneinheit und Tachowelle so weit hochziehen, bis der Scheinwerfer frei ist.

Scheinwerfer, Instrumente

H4-Lampe und Scheinwerfer ausbauen – Cosa: Die Cosa ist mit einem leistungsstarken H4-Rundscheinwerfer ausgerüstet. Er ist nach Ausbau von Rückspiegeln und Lenkerverkleidung zugänglich. Die beiden Federklammern am Lampenhalter lösen und Halter samt Lampe abnehmen. **Achtung:** Glaskörper der H4-Lampe nicht mit bloßen Handen berühren.

Der **Scheinwerfereinsatz** ist mit zwei Kreuzschlitzschrauben rechts und links sowie einer Sechskantschraube von unten befestigt, die auch der Scheinwerfereinstellung dient (s.a. Vespa PX); nach Lösen der drei Verbindungen kann er herausgenommen und bei Bedarf ausgewechselt werden.

Wie der **Scheinwerfer eingestellt** wird, haben wir bereits im vorigen Kapitel gezeigt (Karosserie und Elektrik PK und PX).

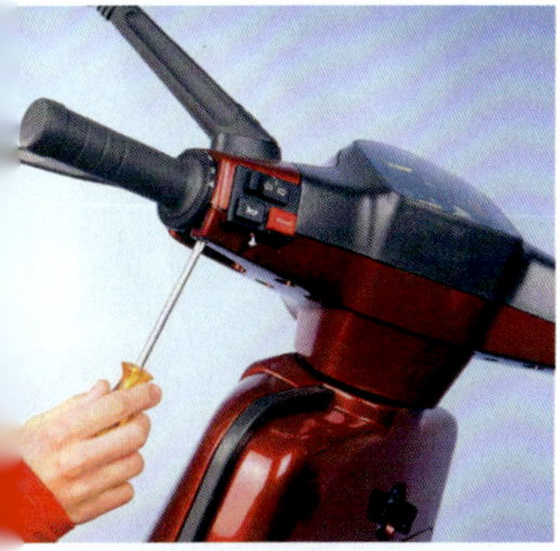

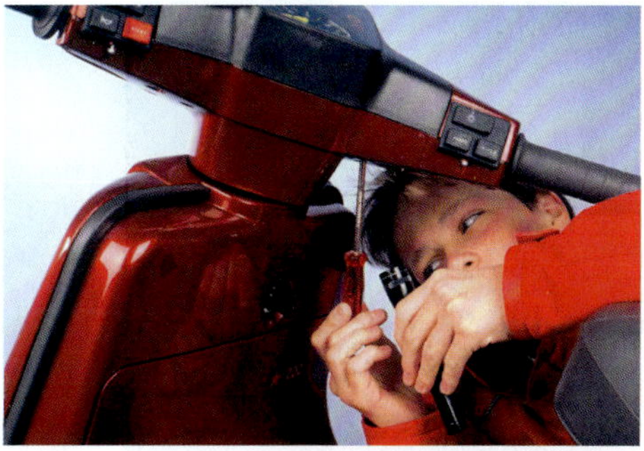

Oben links und rechts: Die obere Lenkerverkleidung der Cosa ist mit insgesamt acht Kreuzschlitzschrauben befestigt.

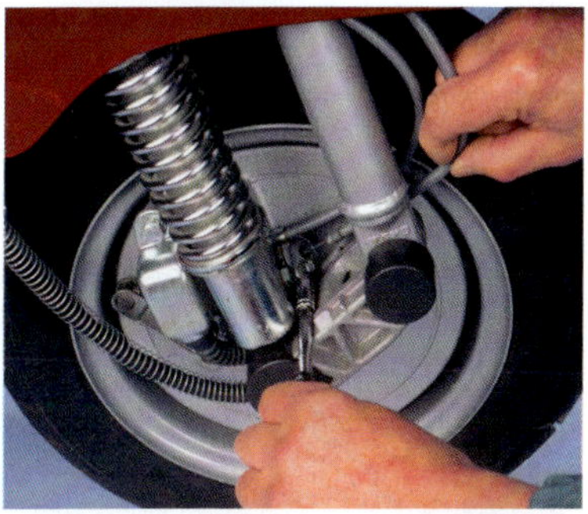

Mitte links: Das untere Ende der Tachowelle kommt frei, wenn die Halteplatte mit einem Steckschlüssel gelöst wird.

Mitte rechts: Bei abgeschraubter Lenkerverkleidung läßt sich das obere Ende der Tachowelle abziehen.

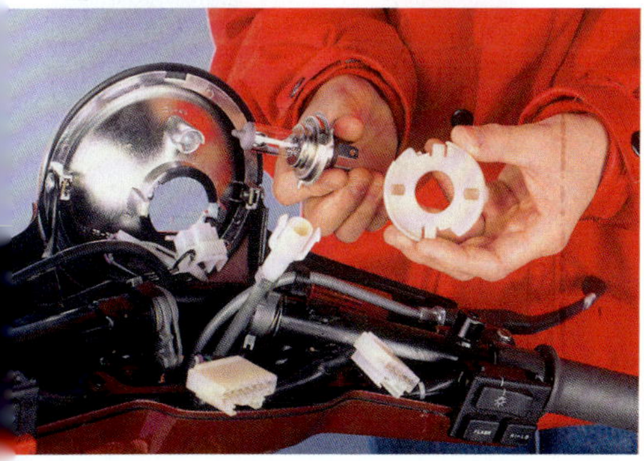

Unten links: So wird die H4-Lampe der Cosa aus dem Scheinwerfergehäuse genommen; neue Lampe auf keinen Fall mit bloßen Fingern anfassen.

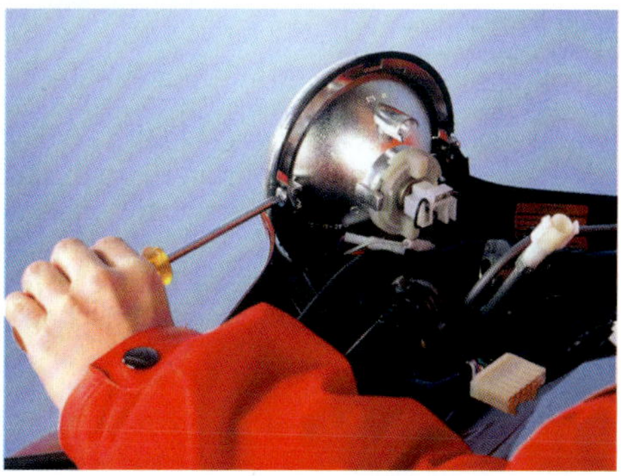

Unten rechts: Zwei Kreuzschlitzschrauben und die Einstelschraube halten den Scheinwerfereinsatz der Cosa.

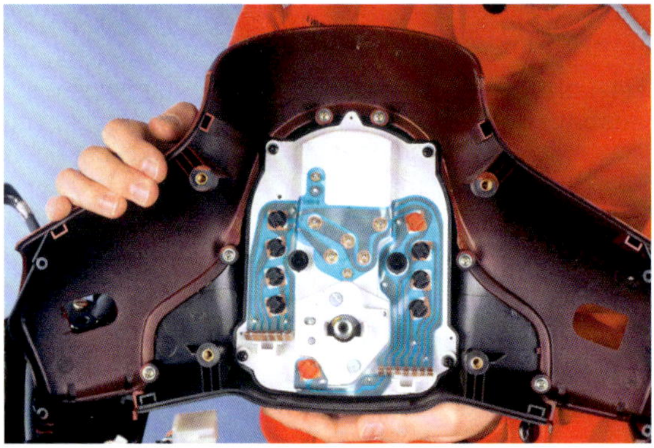

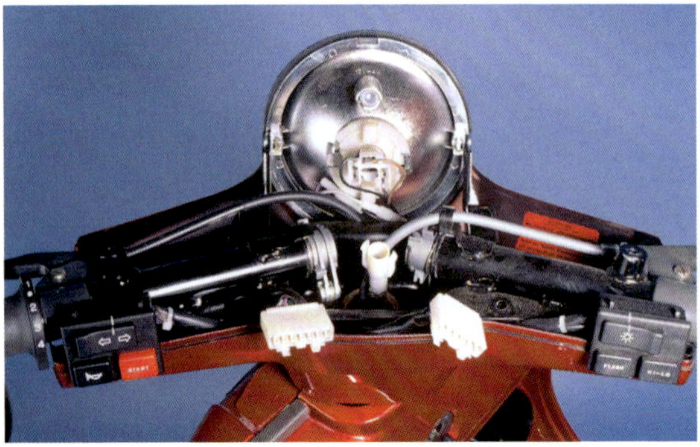

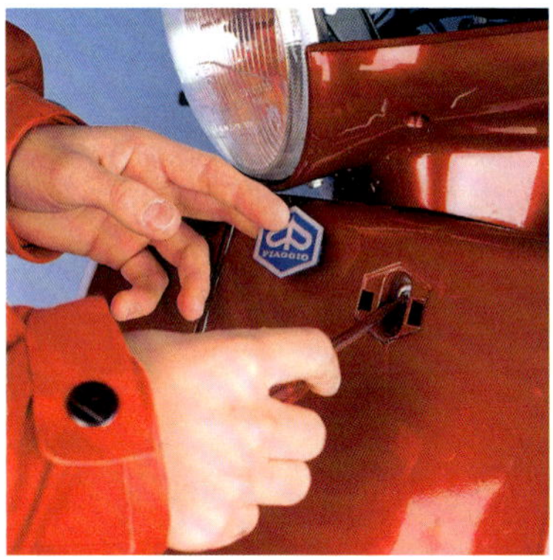

Oben: Instrumenteneinheit und Kontrollampen der Cosa; von unten ist alles bestens zugänglich.

Mitte links: Lenker und Elektrik der Cosa bei abgenommener Verkleidung.

Mitte rechts: Die Schalterelemente sind mit einfachen Kreuzschlitzschrauben befestigt.

Unten links: obere Befestigung der Cosa-Steuerrohrverkleidung bei abgehebeltem Piaggio-Emblem.

Ausbau Instrumente, Kontrolllampen, Tachowelle, Schalter – Cosa: Bei abgenommener Lenkerverkleidung lassen sich weitere Arbeiten durchführen: Austauschen der **Kontrollampen** im Instrumententeil, Demontage der komplett verschalten **Instrumenteneinheit,** Ausbau der **Tachowelle,** Abnehmen der **Schaltereinheiten** für Blinker, Beleuchtung etc.
Die Schalter sind von unten mit Kreuzschlitzschrauben fixiert. Die Tachowelle ist oben mit einem Klemmverschluß gesichert; zuvor wird sie unten vom Rad abgeklemmt. Das Auswechseln von Gasdrehgriff, Schaltdrehgriff und Bowdenzügen wird für alle Modelle im nächsten Kapitel beschrieben.

Steuerrohrabdeckung

Elektrik hinter Steuerrohrabdeckung – Cosa: Hinter der Steuerrohrabdeckung befinden sich wesentliche Abschnitte des Kabelbaums, die Hupe und – bei Modellen mit ESC – die elektronische Steuereinheit. Auch für den Einbau

einer Alarmanlage ist es erforderlich, das Kunststoffelement abzunehmen. Zunächst mit einem kleinen Schraubendreher das **Piaggio-Emblem** abhebeln und die darunterliegende Kreuzschlitzschraube ausdrehen. Dann die beiden Kreuzschlitzschrauben lösen, mit denen die Abdeckung von unten befestigt ist.

Blinker vorn, hinten

Blinker reparieren – Cosa: Die **Frontblinker** der Cosa sind nicht sonderlich gut zugänglich. Um die Glühlampen auszuwechseln, müssen die großen **Gummistopfen** innen am Beinschild ausgehebelt werden. Dies gelingt nur mit einem starken Schraubendreher und ziemlichem Kraftaufwand; **Vorsicht:** den Lack nicht verkratzen. Die Fassungen der **Glühlampen** kräftig nach links drehen und mit den Lampen herausnehmen. Lampen eindrücken und nach links drehen. Glaskolben immer mit einem Lappen anfassen; Feuchtigkeit an den Fingern kann letztlich den Reflektor trüben.

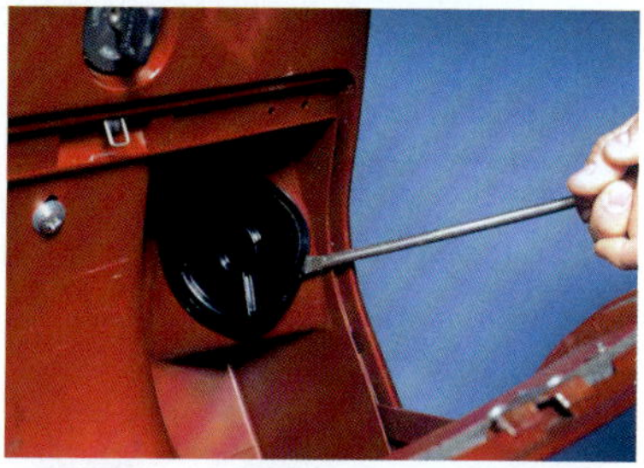

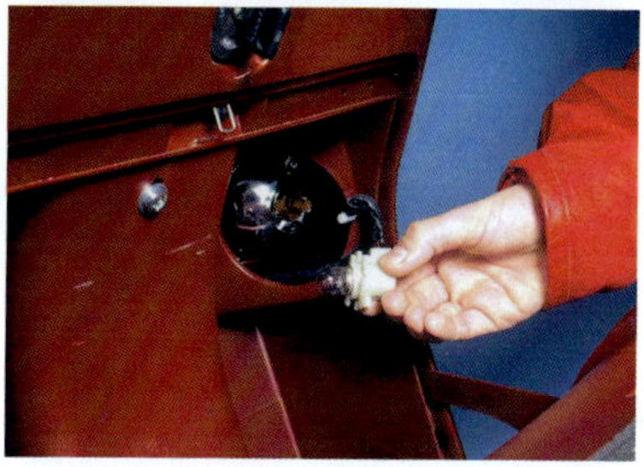

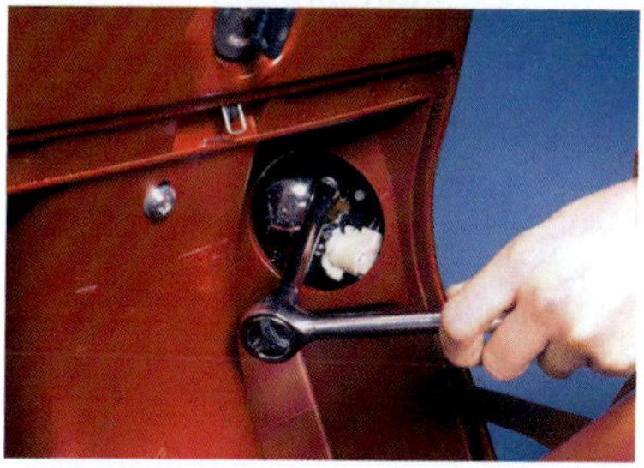

Oben links: Von unten ist die Steuerrohrverkleidung mit zwei Schrauben befestigt.

Darunter: Hupe und elektronische Steuereinheit bei einer Cosa 200 GS mit EBC.

Rechte Bildreihe von oben: Die vorderen Blinkergehäuse der Cosa liegen hinter Gummistopfen, die ausgehebelt werden müssen.

Die Blinkerlampe wird samt der Fassung gedreht und herausgenommen.

Die Verschraubung des vorderen Blinkergehäuses wird mit einem Steckschlüssel SW 8 gelöst.

Unten: Auch hinten wird die Glühlampe samt Fassung abgenommen; das Bild zeigt die um 180° gedrehte Haube.

Wie alle Roller ist auch die Cosa ein perfektes Stadtfahrzeug: Sie ist handlich, spurtfreudig und paßt in jede Lücke. Zudem verbessert die hydraulisch betätigte Integralbremse die Sicherheit (s. Extra-Kapitel). Das Foto zeigt eine Cosa 200 GS mit EBC; es wurde 1991 aufgenommen, als auch der VW Käfer im Hintergrund noch kein Oldtimer war.

Rechts: Bei abgenommenem Heckleuchtenglas lassen sich Lampe und Reflektor auswechseln.

Sind mehrere Lampen auf einmal durchgebrannt, ist der **elektronische Spannungsregler** defekt, zu erkennen an der Verrippung. Er befindet sich unter der linken Heckhaube, ist mit zwei Kreuzschlitzschrauben befestigt und muß bei Schäden komplett ausgewechselt werden. Vorher Batterie abklemmen.
Die **Blinkergläser** sind von innen mit jeweils zwei diagonal angebrachten Muttern SW 8 am Beinschild befestigt; es erfordert Geduld, die Muttern zu lösen. Benötigtes Werkzeug: Umschaltknarre mit Verlängerung und Stecknuß SW 8. Die Blinkleuchten und zugehörigen Glühlampen hinten sind bei abgenommenen Hauben bestens zugänglich. Auch hier werden Fassungen und **Lampen** durch leichtes Eindrücken und Linksdrehen abgebaut. **Achtung:** Die Stromverbindung erfolgt über Kontakte oben an den Haubenrändern. Prüfen, ob die Kontaktflächen frei von Korrosion sind.

Heckleuchte

Heckleuchte mit Brems- und Rücklicht reparieren – Cosa: Die Cosa besitzt eine kombinierte Brems-/Rückleuchte. Zum Auswechseln der **Glühlampe** die beiden Schrauben des Leuchtenglases lösen und Glas abnehmen. Lampe durch Linksdrehen entnehmen und auswechseln. Der **Reflektor** muß sauber und trocken sein. Darauf achten,

daß das **Lampenglas** hundertprozentig abdichtet. Ersatzdichtungen sindn mitumnter schwer zu bekommen. Mit etwas Gesckick kann man sie aus einem alten Schlauch nachfertigen. Gläser mit Rissen schnellstmöglich austauschen.

Unterbodenverkleidung

Bodenverkleidung abnehmen: Anders als bei PK und PX ist der Cosa-Unterboden durch eine aerodynamisch geformte Plastikverkleidung abgedeckt. Dies verhindert Steinschlagschäden und Rostfraß am Blech und schützt die Befestigungen des Mittelständers vor Korrosion.
Nach dem Entfernen des Bodenbelags sind die Schrauben zugänglich, mit denen die Unterbodenverkleidung befestigt ist; Schrauben lösen und Verkleidung nach unten ziehen.

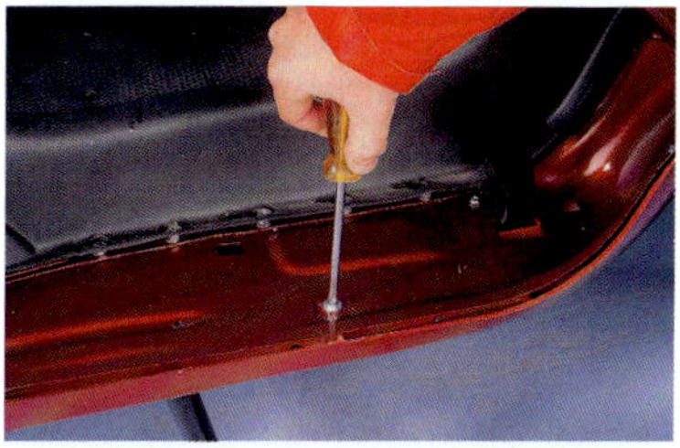

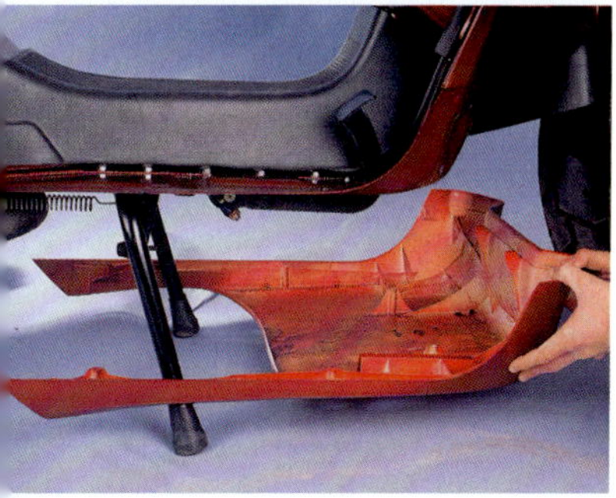

Alarmanlage

Einbau einer Alarmanlage – alle Modelle: Eine Alarmanlage, wie sie im Zubehörhandel erhältlich ist, läßt sich mit einigem Geschick selbst installieren. Schwierigkeiten gibt es nur bei Fahrzeugen mit EBC: Die Steuereinheit nimmt so viel Platz in Anspruch, daß die Alarmanlage nicht mehr vor das Steuerrohr paßt. Ansonsten gilt: **Batterie abklemmen** und Steuerrohrabdeckung abbauen wie gezeigt. Den Montagebereich mit Waschbenzin reinigen. Nun lassen sich Steuereinheit, Batterieteil und Sirene mit den mitgelieferten Klebestreifen fixieren (das Foto unten zeigen die Montage am Beispiel des wassergekühlten 50er-Rollers Quartz von Piaggio).
Kniffelig ist es, die **Kabel** der Steuereinheit mit der Elektrik des Rollers zu verbinden. Dazu muß der **Kabelbaum** geöffnet werden, einige Kabel sind zu durchtrennen und mit Kabelverbindern zu versehen. Welche Kabel in Frage kommen, steht in der beigefügten Montageanleitung; die Elektrik ist nämlich von Roller-Modell zu Roller-Modell verschieden. Das **Massekabel** wird an der Hupenhalterung befestigt, die **Antenne** wird mit Klebeband am Beinschild fixiert. Für moderne Roller gibt es ab Werk Wegfahrsperren.

Linke Spalte: Bei der Cosa liegen nach dem Entfernen des Bodenbelags die Schrauben frei, mit denen die Bodenverkleidung befestigt ist; Schrauben lösen und Verkleidung nach unten ziehen. Dies ist z.B. zum Ausbau des Bremspedalbocks erforderlich.

Unten rechts: fertig montierte Alarmanlage bei einem 50er Roller vom Typ Quartz.

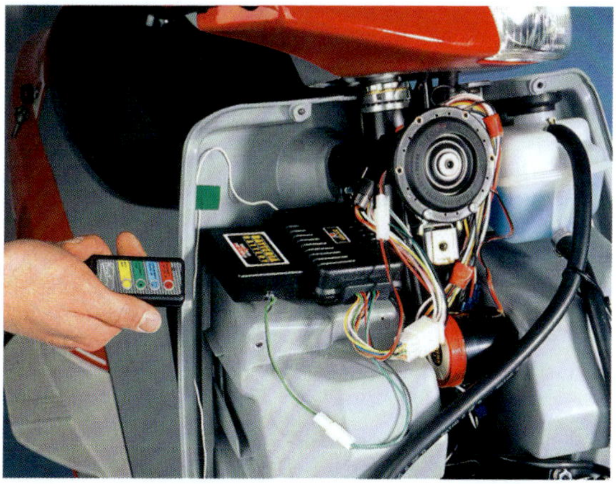

Lenker, Griffe, Bremsbedienung, Tachowelle, Seilzüge: Aus- und Einbau, Wartung

Alle klassischen Vespa-Modelle von der PK bis zur PX und zur Cosa besitzen eine selbsttragende Karosserie aus Stahlblech, die besonders verwindungsfest, robust und langlebig ist. Doch das aus dem Automobilbau stammende Konstruktionsprinzip hat gegenüber modernen Lösungen mit Zentralrahmen und angeschraubten Plastikelementen (Piaggio Sfera, TPH, Zip etc.) auch Nachteile: Viele Bauteile sind schlecht zugänglich, Unfälle erfordern mitunter aufwendige und teure Reparaturen oder führen sogar zum Totalschaden, weil sich der Aufbau irreparabel verzogen hat.

Selbst Eingriffe wie das ***Wechseln von Bowdenzügen*** *oder der Ausbau von Benzin- und Öltank erfordern viel Geschick und Geduld. Zahlreiche Arbeiten an den Seilzügen erfordern den Ausbau des Tanks; alle Details dazu im Kapitel „Benzinversorgung“. Wir beschreiben im Folgenden die Wartungs- und Montagearbeiten an Lenker, Griffen, Bedienelementen und Seilzügen.*

Bowdenzüge pflegen

Alle Motor- und Fahrwerkelemente werden bei der Vespa durch Bowdenzüge bedient und gesteuert – Schaltung, Kupplung, Bremsen (außer Cosa, abgesehen von der Zusatzbremse vorn), Gas, Choke.

Das Funktionieren von Bremsen und Kupplung hängt damit nicht zuletzt von der **Pflege der Seilzüge** ab, mit denen die Fahrzeugkomponenten betätigt werden. Bei jeder Inspektion müssen daher die Seilzugenden herkömmlicher Bowdenzüge mit einem Tropfen Öl versorgt werden. Austausch-Seilzüge mit Teflonbeschichtung dürfen nicht geölt oder gefettet werden.

Die häufigsten **Mängel** bei nachlässiger Wartung: Knick- und Bruchstellen an den Seilzughüllen, durchgescheuerte Einzeldrähte, Schwergängigkeit durch Korrosion. Besonders empfindlich sind die Seilzüge am Übergang zwischen Hülle und Innenseil und an den Befestigungspunkten bzw. Nippeln. Bowdenzüge

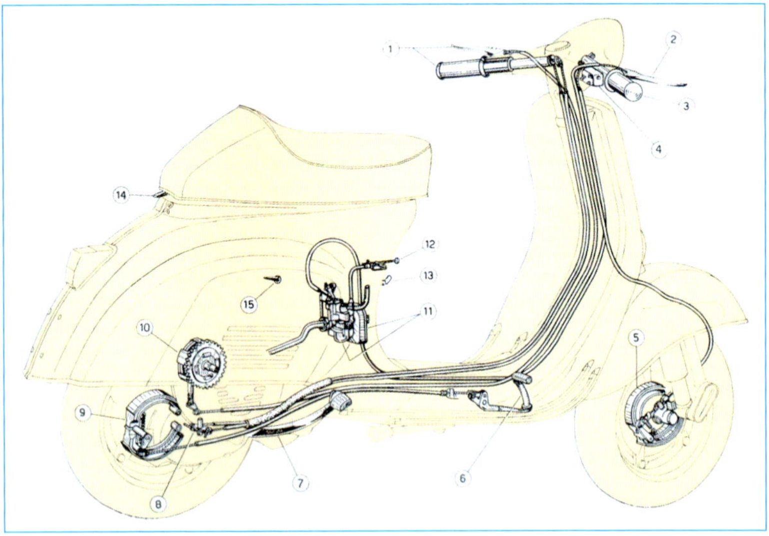

Die Hauptorgane am Beispiel der Vespa 50 von 1970: 1 = Kupplungshebel und Schaltdrehgriff mit Doppelseilzug, 2 = Vorderradbremshebel, 3 = Gasdrehgriff, 4 = Lichtschalter, 5 = Vorderradbremse, 6 = Fußbremspedal mit Seilzug, 7 = Kickstarter, 8 = Schaltsegment, 9 = Hinterradbremse, 10 = Kupplung, 11 = Vergaser und Luftfilter, 12 = Starterzug, 13 = Benzinhahn, 14 = Sitzbank-Verriegelung, 15 = Haubenverriegelung. Im Prinzip sind die klasssischen Vespa-Roller auch 50 Jahre später noch so aufgebaut.

Zeichnung: © Werkstatt-Handbuch Vespa 50, Piaggio & C. Pontedera

mit geknickten Hüllen müssen ausgewechselt werden – die Seile können klemmen. Risse in der Kunststoffummantelung sollten so rasch wie möglich mit Textilklebeband ausgebessert werden. Wasser und Staub können sonst durch die Schadstelle eindringen und dort zerstörerisch wirken. Sind einzelne **Drähte gerissen,** kann es genügen, nur den Innenzug auszuwechseln (mehr darüber s. unten). Im Rahmen der **8000-km-Inspektion** müssen die Züge nicht nur überprüft, sondern auch freigelegt und geschmiert werden (siehe folgende Abschnitte).

Schnellmethode für zwischendurch und **alle 4000 km:** Kupplungshebel sowie Vorderradbremshebel ziehen und die Seilzugnippel ölen, die dabei zum Vorschein kommen (außer Cosa: Hydraulikbremse). Dann die **Hebelgelenke** fetten. Anschließend werden die Seilzugenden an den Bremsankerplatten vorn und hinten sowie am Kupplungsausrückhebel unter dem Getriebeblock geölt. Auch den Hinterradbremszug fetten. Auf diese Weise wird der Korrosion wirksam vorgebeugt. Gleichzeitig kontrollieren, ob die Seilzüge nicht beschädigt sind. **Weitere Tipps** zu Hebeln und Seilzügen s. unten.

Manche Arbeiten können bei abgenommener **oberer Lenkerverkleidung** ausgeführt werden (Ausbau s. weiter vorn). Sind einzelne Drähte gerissen, müssen die Züge ausgewechselt werden. Dazu ist die **Abnahme des Lenkermoduls** erforderlich. Damit befassen wir uns zuerst.

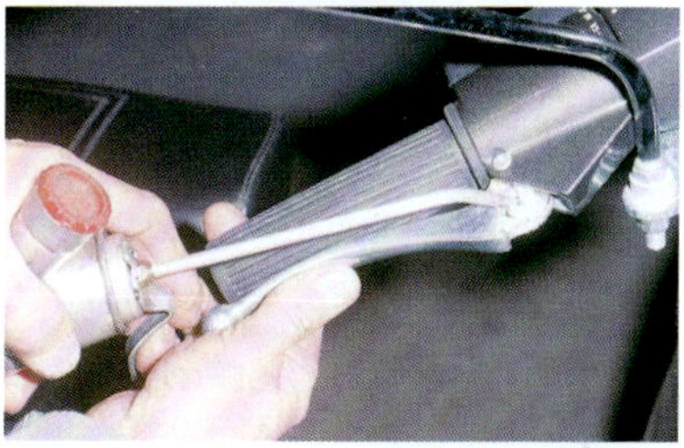

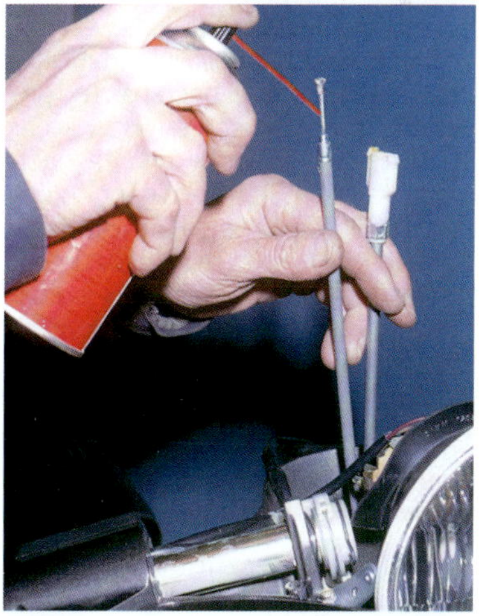

Oben links: Die Bremshebelgelenke sollten alle 4000 km mit Mehrzweckfett geschmiert werden. Daneben: Fetten des Tachowellenendes. Zum Herausziehen mit Schlüssel SW 8 den Halter lösen.

Mitte links: Ölen der Gelenke für Handbrems- und Kupplungshebel mit einer Kanne. Hebelgelenke leicht fetten.

Links: Pflege eines Bowdenzugs bei abgenommener Lenkerverkleidung mit einer Spraydose. Zum Ölen die Seilzüge hochhalten und aus der Spraydose mit Schmierstoff versorgen; fünf Minuten lang durchziehen lassen.

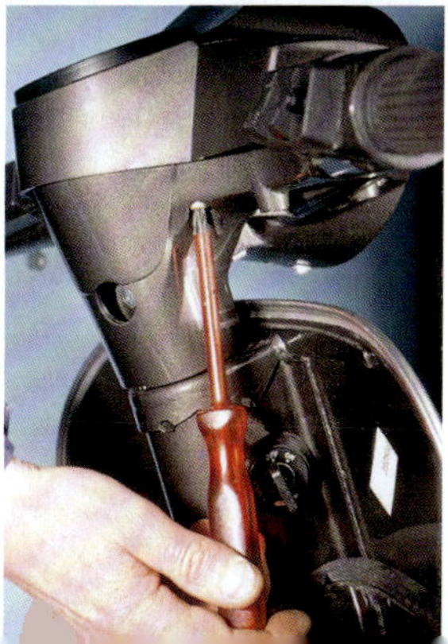

Unten: Zur Wiederholung nochmals die Demontage der Lenkerverkleidung. Sie ist vorn und hinten mit je zwei Schrauben befestigt.

Lenker abklappen

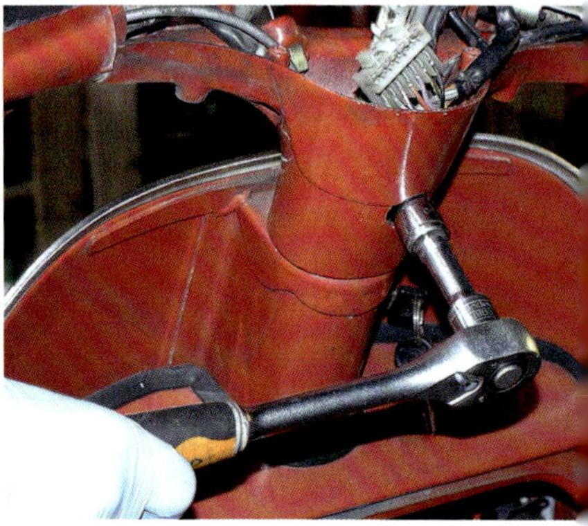

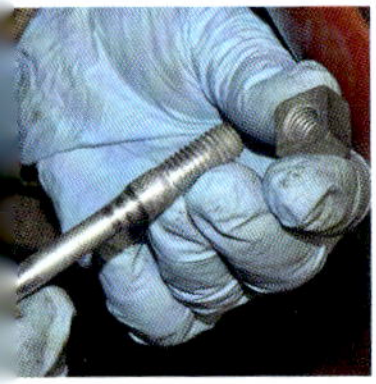

Lenker abklappen: Nach Abnahme der **Lenkerverkleidung** und Lösen von **Tachowelle** und **Bremsseilzug** unten an der Bremsankerplatte (s. weiter unten) muß der Lenker hochgezogen und nach hinten geklappt werden, wenn bestimmte Seilzüge gewechselt werden sollen. Der Schaft des **Lenkermoduls** aus Spezialdruckguß ist mit einem 77 mm langen **Spezialbolzen** am Lenkrohr gesichert. Das M 10-Gewinde greift in eine Vierkantmutter aus Edelstahl vorne vor dem Lenker ein. Gelöst wird der Bolzen mit einem Steckschlüssel SW 13. Um den Bolzen ganz herauszudrehen, muß der **Lenker ganz nach links** eingeschlagen werden. Tut man dies nicht, kommt der Bolzen nicht heraus. Vom Lenk- oder Steuerrohr kommt der Lenker nur los, wenn er von unten rechts und links mit dem Kunststoffhammer nach oben geschlagen wird. Anschließend wird er nach hinten geklappt und je nach Bedarf an den Sielzügen hängen gelassen. Hinweise zur **Komplettabnahme** des Lenkers s. weiter unten. Auf den folgenden Seiten zeigen wir zunächst den **Ausbau** der verschiedenen **Seilzüge** und die sich jeweils logischerweise anschließende **Demontage** der **Bedienelemente.**

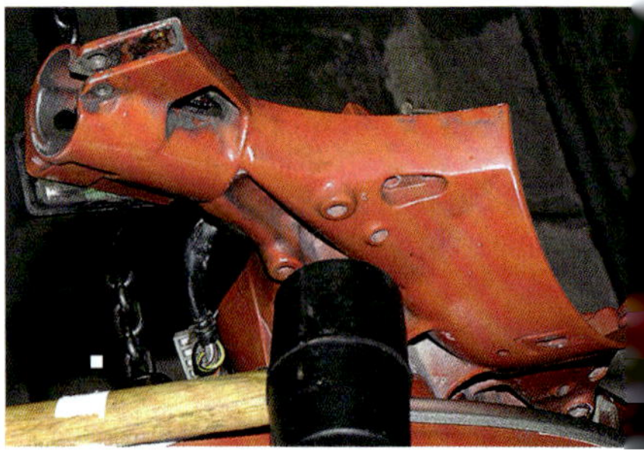

Oben rechts: Lösen des Lenkerbolzens mit der Stecknuß SW 13. Kleines Bild oben: Spezialbolzen mit Kopf SW 13 und Vierkantmutter M 10. Mitte rechts: Der Lenker wird nach oben vom Steuerrohr geschlagen. Darunter: Der Lenker hängt nun an den Seilzügen.

Vorderradbremsbetätigung

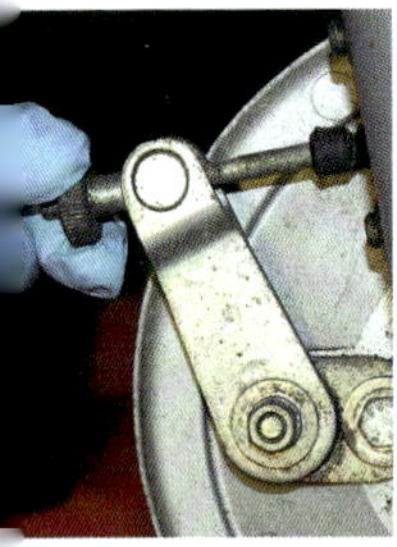

Unten: Zum Ölen des Vorderrad-Bremszugs sind bestimmte Vorarbeiten erforderlich; zunächst wird der Zug vom Radbremshebel abgenommen.

Vorderradbremszug abnehmen, - PK, PX: Zuerst Seilzug unten am Vorderrad vom Bremshebel abnehmen. Bei Fahrzeugen mit **Sechskant-Einsteller** Sicherungsmutter lösen, Einsteller ganz hineindrehen. Radbremshebel unten von Hand betätigen und Seilzugnippel aushängen bzw. Klemme lösen. Bowdenzug komplett aus dem Einsteller herausziehen. Bei Fahrzeugen mit **Rändel-Einsteller** Gewindestange festhalten und Rändelmutter ganz ausdrehen. Seilzugende von der Ankerplatte abziehen.

Das Bremsseil wird von unten durch das **Steuerrohr** geführt, verschwindet oben in einer Aussparung am rechten Lenkerende und endet am Handbremshebel.

Zum **Ausbau des Seilzugs** das obere Ende des Zugs so weit Richtung Hebel stoßen, bis sich der **Nippel** aushängen läßt. Am besten geht das, wenn ein Helfer unten schiebt; der Zug paßt oben so einigermaßen in den Raum neben dem Anschlag. Der Nippel ist geschlitzt und läßt sich daher vom Bremszug abnehmen. **Achtung:** Es ist nicht fest mit dem Seilzug verbunden, er kann deshalb leicht abgleiten und ins Steuerrohr fallen. Deshalb muß er abgenommen werden, bevor das Seil vom Lenker gezogen wird.

Anschließend kann der **Zug von unten** komplett aus dem Fahrzeug gezogen werden. Praktisch ist es, das obere Ende des Seilzugs mit einem Kabel oder Stahldraht zu verbinden; der Draht bleibt im Rohr und dient später dazu, den neuen Zug einzuziehen (s.a. weiter unten).

Vorderradbremshebel Vorderradbremszug ölen – PK, PX: Ist der Bremszug oben abgenommen, das Seil senkrecht halten und mit Ölkanne oder Sprühdose einige Tropfen **Motoröl** SAE 30 oder 40 bzw. **Schmiermittel** zwischen Seil und Hülle träufeln. Warten, bis das Öl zum unteren Ende gelaufen ist.

Vorderradbremshebel Ausbau: Der **Hebel** ist drehbar an einem Gewindebolzen mit Kreuzschlitzkopf gelagert. Bolzen mit einem Kreuzschlitzschraubendreher festhalten und Mutter mit einem Schlüssel SW 8 lösen. Bolzen nach oben drücken und herausziehen. **Achtung:** Beim Herausnehmen des Bremshebels auf die **Distanzscheiben** zwischen Hebelauge und Hebellager achten (Scheiben mit großer Bohrung oberhalb, mit kleiner Bohrung unterhalb des Hebelauges).

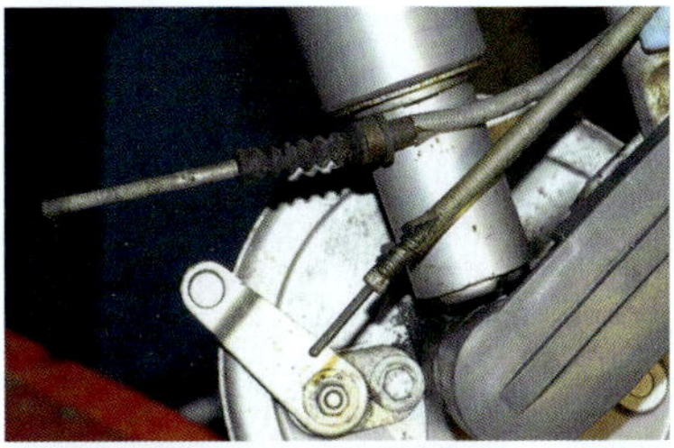

Links: Bremsseilzug (oben) und Tachowelle sind abgenommen. Darunter: Der Bremshebel ist mit einer KS und einer Nylstoppmutter SW 8 befestigt (gelbe Pfeile). Der Seilzug ist in einen abnehmbaren Nippel eingehängt (blaue Pfeile).

Mitte oben: Die Befestigung des Bremshebels ist gelockert. Daneben: Der Hebel wird ausgehängt, der Bowdenzug so weit wie möglich herausgestoßen. Mitte unten: Kopf des Seilzugs mit dem abnehmbaren Nippel. Daneben: Der Bremszug wird von unten aus dem Schlitz im Gasgriff gezogen.

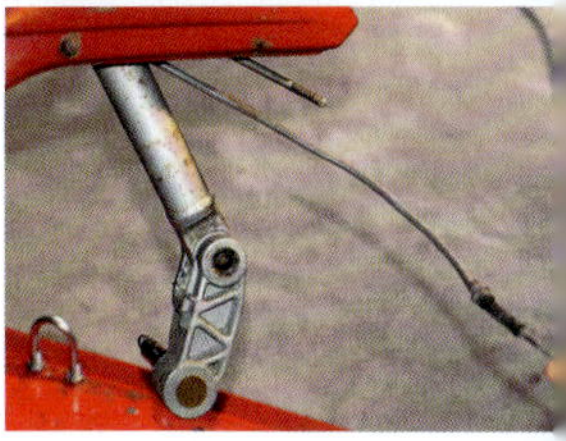

Der Bremszug wird von unten aus dem Steuerrohr gezogen.

Vorderrad-Bremszug komplett auswechseln: Am besten geht's bei liegendem Fahrzeug. Am Lenkrohr haben wir die **Durchlaßöffnungen** für den Bremszug und die Tachowelle markiert (Foto nächste Seite). Der neue **Vorderrad-Bremszug** wird an der unteren Öffnung im Lenkrohr angesetzt und mit etwas Kraftaufwand ganz nach oben

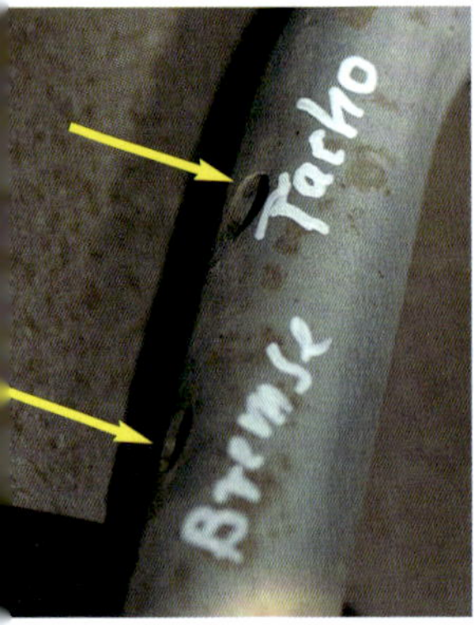

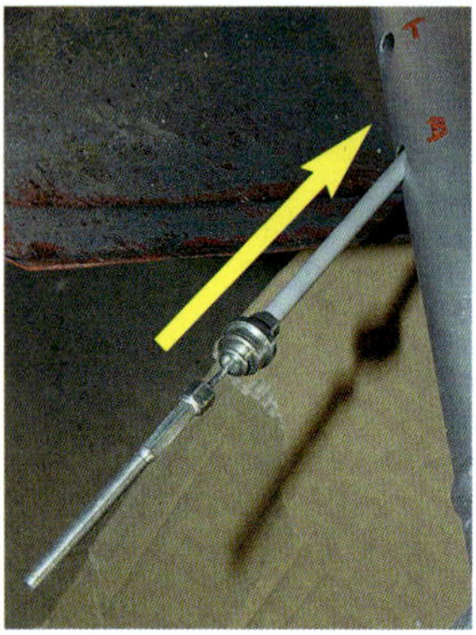

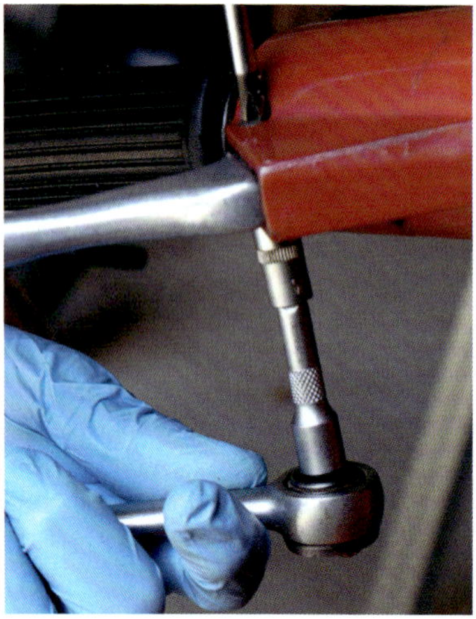

Oben links: Die Eintrittsöffnungen im Lenkrohr für Welle und Zug werden markiert. Rechts: Der neue Vorderrad-Bremszug wird von unten durch die untere Öffnung geschoben.

Rechte Bildleiste von oben: Nippel des neuen Vorderradbremszugs eingehängt. Festziehen von Mutter und Griffbolzen. So muß der Bremszug durch das Griffrohr geführt werden. Gasdrehgriff, Bremshebel und Bremsseilzug sind fertig montiert.

durchgeschoben – es ist eine der einfacheren Übungen. Enden so weit wie möglich vorziehen und **fetten.**

Vorderrad-Bremszug und -hebel anschließen: Der Bremszug kann oben nur **bei fest eingebautem Lenker** angeschlossen werden (Lenkereinbau s. weiter unten).
Unten muß der **Seilzug** etwas herausgezogen werden. Nun den Gasgriff so drehen, daß die längere **Aussparung** nach hinten weist. **Innenzug** so weit wie möglich herausziehen, den kompletten Bremszug durch die Aussparung stecken und **innen im Drehgriffsockel** am Lagerpunkt vorbei durchschieben, bis der Nippel des Innenzugs in den losen Nippel eingehängt werden kann.
Nippel in den **Bremshebel** setzen und diesen am Griffsockel positionieren. Dann die Außenhülle des Seilzugs zurückschieben, von hinten in das Gegenlager im Griff stecken und wieder vorschieben. **Federring M6** und **Gleitscheibe** zwischenschieben, **Bolzen** von oben durchstekken, mit dem KS-Dreher bis zum Anschlag festziehen und von unten mit einer neuen **Nylstoppmutter SW 8** sichern.
Seilzug unten durch das **Bremshebellager** führen, Rändelmutter einsetzen und so weit anziehen, bis sich oben am Hebel ein Spiel von 4-5 mm ergibt.

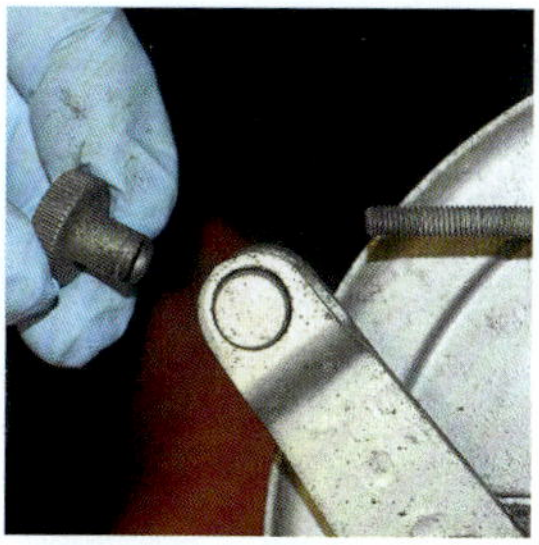

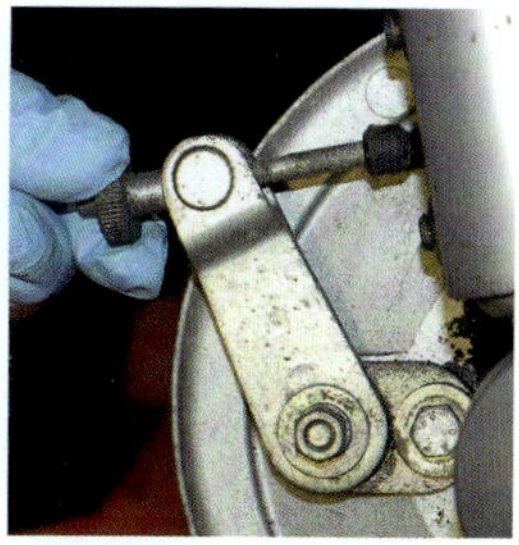

Oben links: Bremshebel und Gasdrehgriff sind fertig montiert. Mitte: Gewinde des Bremszugs durch den Bremshebel führen, Rändelmutter ansetzen. Rechts: Mit der Mutter das Spiel am Handhebel. einstellen (4-5 mm).

Tachowelle

Tachowelle ausbauen: Das untere Ende der **Tachowelle** kommt nach Lösen der Schraube M6 SW 10 und des Halteplättchens frei. Die Welle greift in den auf die Nabe aufgeschrumpften **Schneckenantrieb** ein und wird von diesem über ein **Schneckenritzel** in Drehung versetzt. Mehr dazu weiter unten.
Wie die Tachowelle vom Tachometer abgenommen wird, haben wir bereits gezeigt (Rändelmutter oder Klemmlaschen). Bei **abgeklapptem Lenker** kann die Welle einfach oben herausgezogen werden. Schwieriger ist der Einbau: Daher muß das untere Wellenende mit einem **Draht** oder einem **Kabel,** mit dem die neue Welle später eingezogen werden kann, verknüft werden. **Tipp:** die Bohrungen für Bremszug und Tachowelle am Lenkrohr beschriften, damit später nichts verwechselt wird.

Tachowellenantrieb fetten – alle Modelle: Der Tachometer der Vespa wird vom Vorderrad angetrieben. Der Antrieb muß von Zeit zu Zeit nachgefettet werden. Fahrzeuge älterer Bauart weisen auf der rechten Seite der Bremsankerplatte in Höhe der Federbeinbefestigung eine **Gummikappe** auf, die das Antriebsgehäuse abdeckt. Kappe mit einem Schraubendreher abhebeln und **Antriebskammer** mit frischem Mehrzweckfett füllen; Kappe aufsetzen. Bei neueren Fahrzeugen fehlt diese Abdeckkappe. Die Tachowelle ist ansonsten **wartungsfrei.** Man sollte sie aber etwa alle 4000 km unten vom Antriebsgehäuse abziehen, damit das Ende der Wellenseele nachgefettet werden kann. Zum Herausziehen der Welle den **Halter** mit einem Schlüssel SW 8 lösen. Schraube keinesfalls ganz ausdrehen – sie läßt sich nur sehr schwer wieder einsetzen.

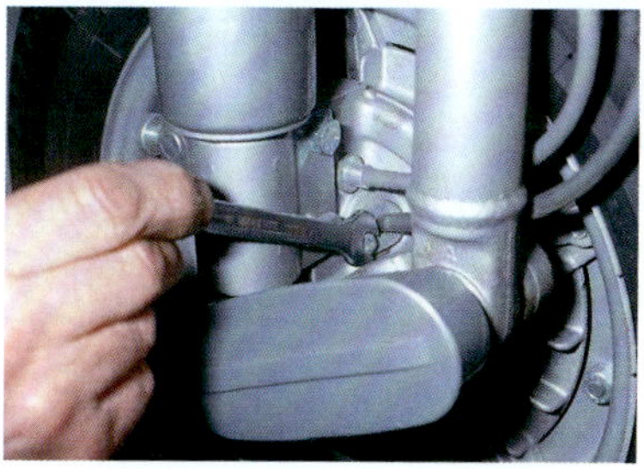

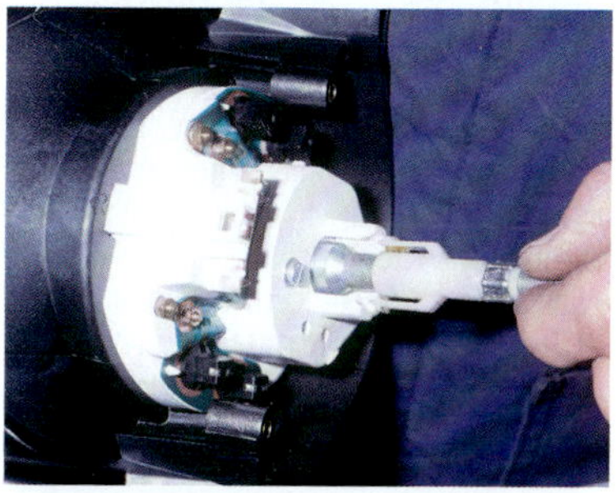

Oben rechts: Zur Demontage der Tachowelle bei der PX zuerst mit einem Gabelschlüssel SW 8 die Klemmlasche an der Ankerplatte lockern. Darunter: Die Klemme am Tacho wird einfach zusammengedrückt (Rändelmutter bei älteren Modellen).

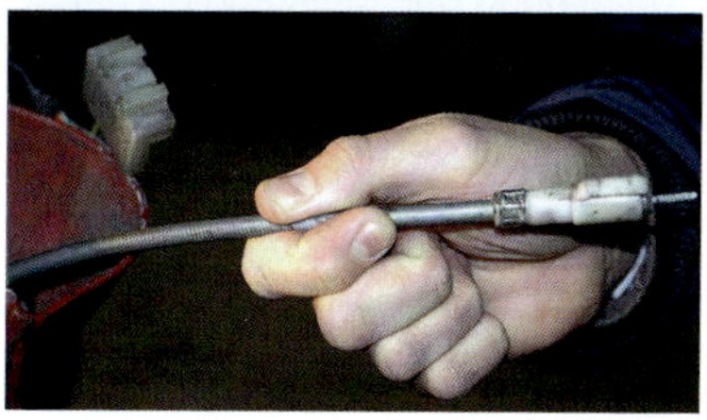

Die Tachowelle wird bei zurückgeklapptem Lenker oben aus dem Steuerrohr herausgezogen.

Zum Fetten des Tachowellenritzels die Gummikappe abhebeln (Führungszylinder vorgezogen).

Oben links: eine neue Tachowelle. Daneben: Draht von unten durch das Steuerrohr schieben, Seele entfernen und leere Hülle von oben einfädeln.

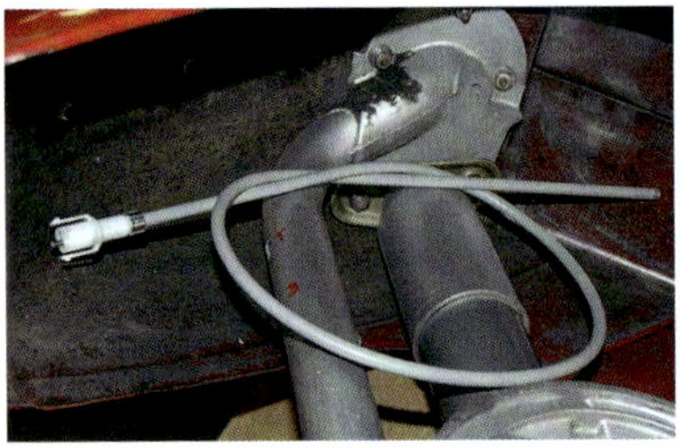

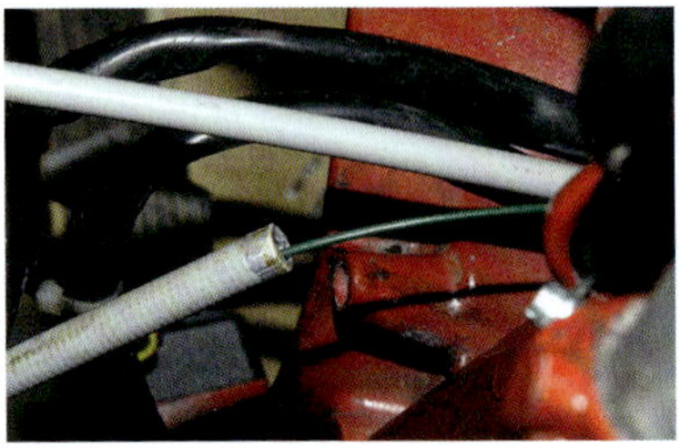

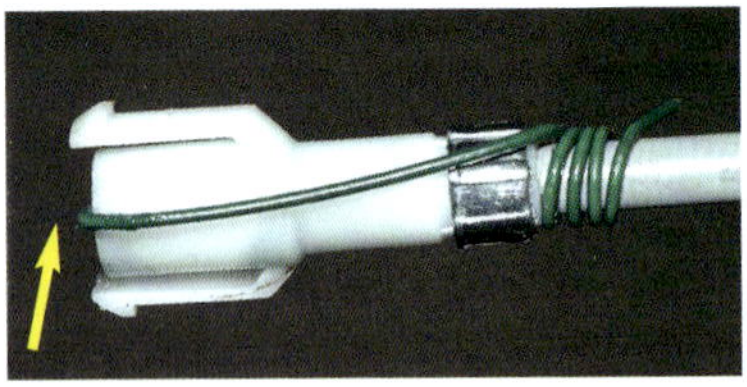

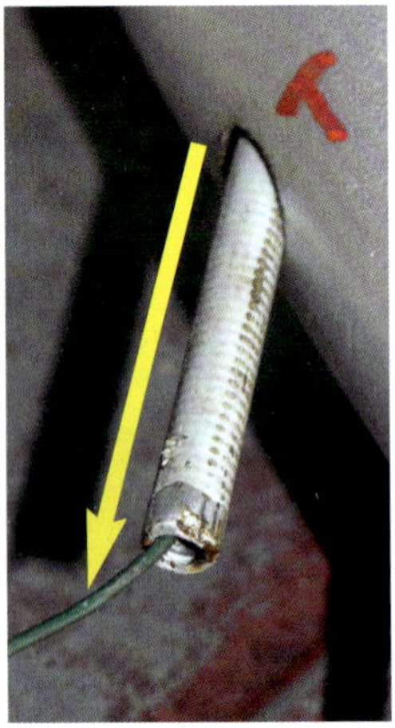

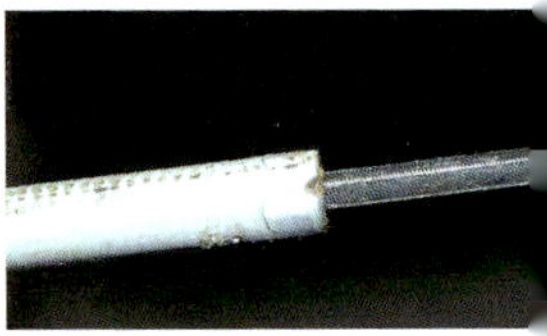

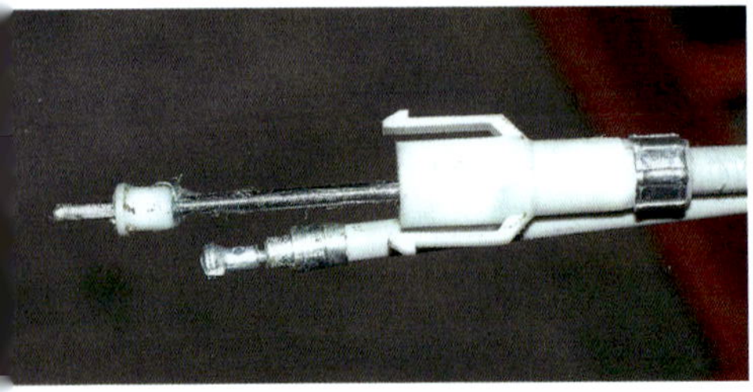

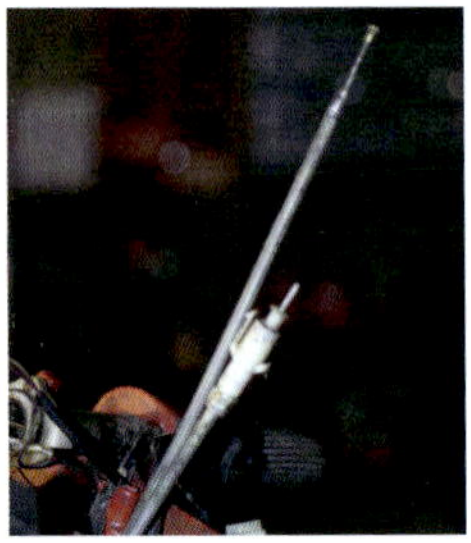

Mitte links oben: das Drahtende so um die Plastikklammer schlingen. Mitte Hochformat: Draht mit Hülle unten herausziehen. Mitte links unten: Zuletzt wird die gefettete Seele der Tachowelle von oben in die Hülle geschoben... bis sie unten ein Stück weit herausschaut (Mitte unten). Hochformat unten: Tachowelle (links) und Vorderradbremszug befinden sich an Ort und Stelle und werden nun noch an Nabe und Lenker angeschlossen.

Tachowelle auswechseln: Auch hierbei muß **der Lenker fest eingebaut** sein. Die **Tachowelle** ist empfindlich und darf vor allem nicht geknickt werden. **Mehrere** (oft kolportierte) **Möglichkeiten bringen gar nichts:** 1. Welle unten mit Draht umwickeln und einziehen – sie bleibt hängen, und der Draht rutscht ab. 2. Welle und Draht unten auf einer Länge von 15 cm mit starkem Kle- beband umwickeln und mittels Draht einziehen – auch dieser Versuch wird scheitern. 3. Welle bis zur Öffnung durchstecken und Ende mit einem Haken herausangeln – Beschädi- gungsgefahr.

Es gibt **nur eine Möglichkeit,** und die geht so: Die (ab Werk eingefettete) **Seele** vom oberen Ende aus ganz aus der Hülle ziehen und so ablegen, daß sie weder beschädigt wird, noch verschmutzen kann. Dann einen etwa 1,20 m langen und 2 mm starken **Bindedraht** von unten in die obere Öffnung und dann nach oben durch das Lenkrohr schieben, bis er einen Meter weit herausragt. Die leere **Hülle** von oben auf den Draht fädeln, bis ein ca. 10 cm langes Drahtstück übrig bleibt. Dieses Drahtende so um den Hüllenkopf schlingen, daß es nicht abrutschen kann (s. Foto). Nun mit

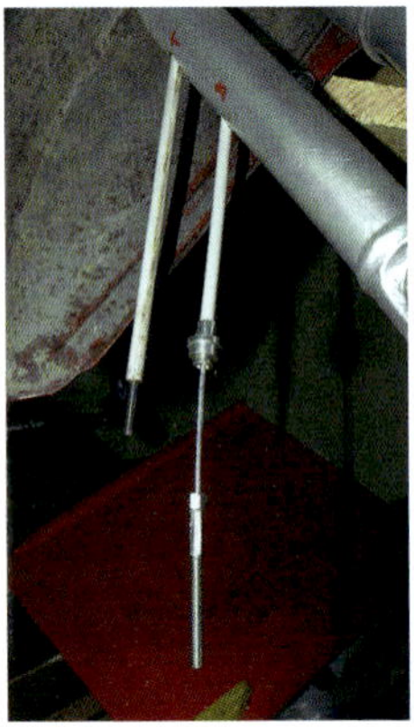

der rechten Hand **unten am Draht ziehen** und mit der linken die Hülle ins Lenkrohr einführen.
Weiter ziehen, bis die Hülle unten aus der Öffnung tritt; es muß im letzten (kurvigen) Abschnitt etwas Kraft aufgewendet werden. Falls es klemmt, ein wenig vor und zurück operieren. Zuletzt die Drahtschlinge lösen, den Draht herausziehen und von oben die **Seele** einführen - fertig!

An der **Radnabe** wird die Welle in den Gummistopfen und den Führungszylinder geschoben, dann mit Plättchen und Schraube SW 8 gesichert (s. auch Kap. „Vorderadführung"). Für das Anschließen am **Tachometer** muß der Lenker befestigt sein. Dann wird die Welle mittels Rändelmutter oder Clipsen an den Tacho in der oberen Lenkerverkleidung angeschlossen (s. Ausbauarbeiten weiter vorn).

Bowdenzug-Komplettaustausch Vorarbeiten, Besonderheiten – alle Modelle:
Sind die Außenhüllen der Seilzüge beschädigt, müssen die Bowdenzüge komplett ausgewechselt werden. Dazu sind unterschiedliche Vorarbeiten erforderlich. Wir behandeln die Züge daher einzeln.
Ausgangssituation bei PX und Cosa für das Auswechseln von Seilzügen, die vom Lenker nach hinten führen: obere Lenkerverkleidung sowie Tank und Sitzbank ausgebaut wie an anderer Stelle beschrieben.
Bei den **PK-Modellen** sind entsprechende Vorarbeiten nicht notwendig. Hier treten die Züge für Kupplung, Schaltung und Hinterradbremse gemeinsam in einer Gummitülle unterhalb des Motorraums aus dem Mittelschacht. Der Tank muß daher nicht ausgebaut werden.
Für die **PX-Modelle** gilt Folgendes: Die Züge für Kupplung, Schaltung, Gas und Hinterradbremse laufen vom Mitteltunnel in den Hohlraum unter der Sitzbank und werden von da aus durch spezielle Öffnungen zu den einzelnen Aggregaten geführt. Dabei sind allerdings die **Gestänge** für die **Haubenverriegelung** im Weg. Die beiden Gestänge laufen jeweils durch einen Stahlblechsockel, der mit zwei KS an der Karosserie festgemacht ist (s.a. weiter vorn). Die beiden Sockel lösen und die Gestänge so verlegen, daß die Züge freiliegen.

Bowdenzüge durch die Karosserie ziehen – allgemeine Tipps: Es gibt verschiedene Methoden, um die Züge durch den Rahmentunnel zu manövrieren. **Achtung: Auf keinen Fall den alten Zug voreilig aus dem Tunnel ziehen,** ohne Maßnahmen zum Einfädeln des neuen Zuges getroffen zu haben!
Aufgrund aktueller Erfahrungen halten wir die früher beschriebenen Methoden zum Einfädeln der Züge für **nicht sicher genug** (Verknüpfen mit Elektrokabeln, Verbindung der Außenhüllen mit Schraubengewinde). Eine dieser Methoden bestand darin, den betreffenden Seilzug an beiden Enden auszuhängen und den Innenzug aus der Hülle zu ziehen; die alte Hülle bleibt dabei zunächst noch im Fahrgestell. Man zwickt dann den Kopf einer kleinen Blechschraube ab und dreht das Gewinde mittels Zange in das obere Ende der alten Hülle. Dann dreht man die neue Hülle auf das andere Ende der Schraube, zieht die alte Hülle von hinten aus dem Chassis und schiebt die neue Hülle von vorn nach. Wenn sich die Hüllen dabei trennten, gibt's massive **Probleme.** Hinzu kommt, daß dieses Verfahren bei den beiden Schaltzügen nicht funktioniert, denn sie sind im Tunnelbereich durch eine Aluklammer miteinander verbunden (s.a. weiter unten).
Hinweis: Bei allen Zügen muß man **zu zweit** arbeiten. Es empfiehlt sich zudem, die Arbeiten **bei hochgezogenem Lenker** vorzunehmen (s. oben), sonst kommt man an Enden und Buchsen nicht heran. Tipps zum Auswechseln der Innenzüge ohne Ausbau der ganzen Züge s. im Folgenden.

Starterzug

Chokezug auswechseln - alle Modelle: Der Starterzug verläuft mit einer **Schleife** im Karosseriehohlraum von vorne zur Seite. Bei **PX** und **Cosa-Modellen** müssen **Luftfilter** und **Tank** demontiert sowie der Starterzug vom **Vergaser** abgehängt werden wie an anderer Stelle gezeigt.

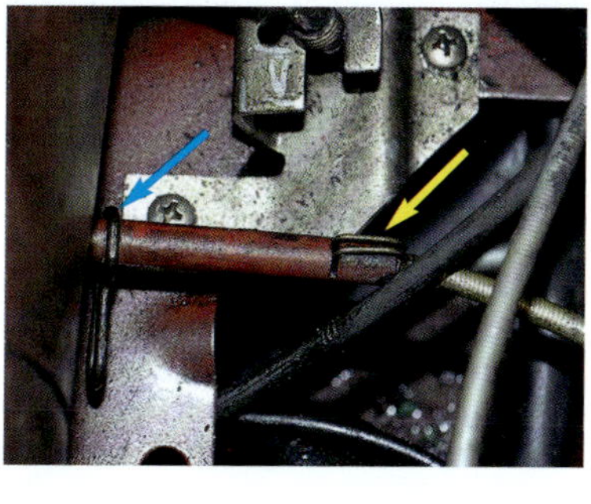

Die Chokezugbefestigung unter der Sitzbank, Tank ausgebaut. Blauer Pfeil: Klammer für den Innenzug; gelber Pfeil: Klammer für den Außenzug. Klammern nicht mit Gewalt hochziehen, sondern Text beachten.

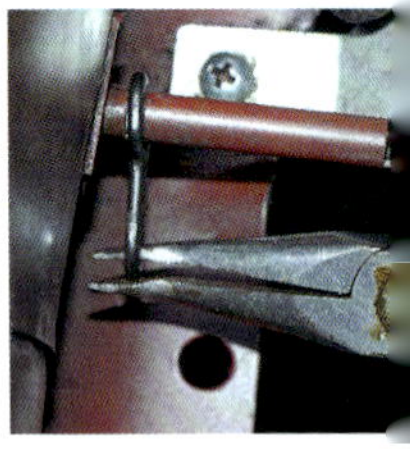

Foto rechts: Der Chokezug bildet eine Schleife. Nach dem Aushängen am Vergaser und dem Lösen der vorderen Klammer wird der Innenzug vorn aus der Karosserie gezogen. Die hintere Klammer hält die Zughülle fest. Darunter: Zuggriff vorziehen und Stahldraht aushängen. Nach Einführen des neuen Zugs Klammer um 90° nach oben klappen.

Nun unten die beiden **Klammern** lösen. **Nicht versuchen,** die große **Klammer** seitlich abzuziehen, sondern nach unten klappen; sie wird von einem nicht einsehbaren Steg gespreizt! Auch **nicht versuchen,** die kleine Klammer rechts abzuziehen: Sie bleibt an Ort und Stelle.

Also die große Klammer nach unten drücken, dann den Bowdenzug nach rechts aus der kleinen Klammer ziehen. **Zuggriff** so weit vorziehen, bis sich der **Stahldraht** aushängen läßt. Bowdenzug komplett aus dem Führungsrohr ziehen und auswechseln.

Einbau: Das vordere, abgewinkelte Stahldrahtende so weit wie möglich vorziehen und von rechts durch die kleine Klammer und das **Führungsrohr** fummeln, bis es vorne herausschaut und in den Zuggriff eingehängt werden kann. Griff mit Draht zurück- und Zughülle nach vorne in die kleine Klammer bis zum Anschlag schieben. Dann mit viel Geduld die große Klammer in der Aussparung positionieren und sie mit einer **Spitzzange** von unten nach oben ziehen, bis sie einrastet. Das hintere Bowdenzugende durch die zuvor eingesetzte **Tülle** schieben. Zuletzt die Öse des **Stahldrahts** durch die Gehäuseöffnung schieben und in den Luftschieber-Mechanismus haken.

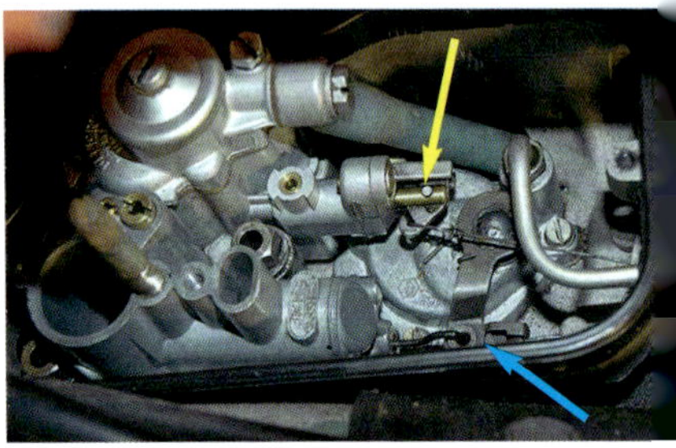

Rechts: Der Rundnippel des Gaszugs (unten, blauer Pfeil) wird mit einer Spitzzange aus der Schieberbetätigung ausgehängt. Der Chokezug ist mit einer Stahldrahtschleife (gelber Pfeil) am Luftregler eingehängt.

Gasbetätigung

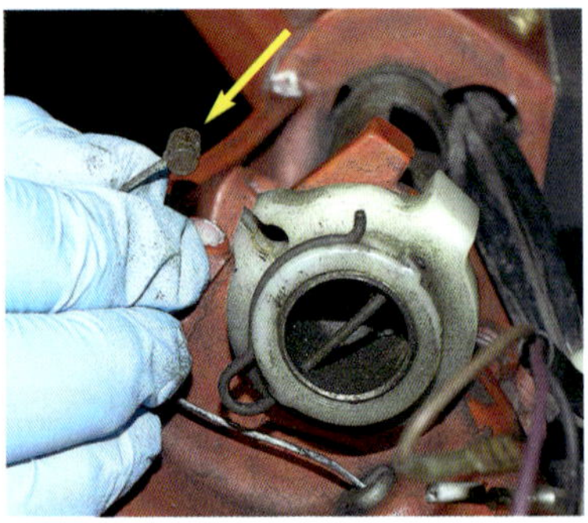

Mitte: den Nippel des Gaszugs aus der Führungsrolle nehmen.

Gaszug aushängen, ölen – PK, PX, Cosa: Das obere Gaszugende ist ebenfalls bei abgenommener Lenkerverkleidung zugänglich. Der Gaszug läßt sich am besten aushängen und ölen, wenn er zuerst vom Vergaser abgenommen wurde.

PK-Modelle: Sitzbank aufklappen, Werkzeugschale entfernen, Gaszug am Vergaser aushängen; **PX- und Cosa-Modelle:** Motorhaube abnehmen, Luftfilter ausbauen (s. Kap. „Benzinversorgung"), **Gaszug** mit Spitzzange aushängen.

Das **obere Gaszugende** ist nur bei

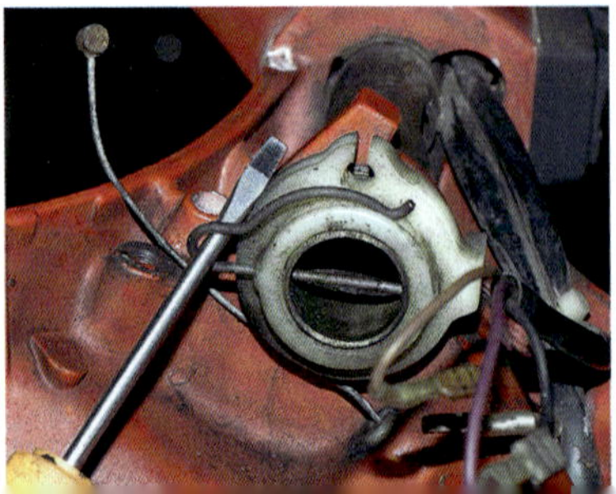

Unten: Mit einem Schraubendreher die Federsicherung von der Führungsrolle abziehen.

abgenommener Lenkerverkleidung zugänglich. **Gasdrehgriff** ganz öffnen, Seilzugnippel festhalten, Drehgriff schließen und Nippel mit einer Spitzzange aus der Drehgriffrolle aushängen. Hülle aus dem Widerlager ziehen. Jetzt kann man Öl zwischen Hülle und Seil träufeln. Wie der Gaszug komplett aus dem Fahrzeug genommen und erneuert wird, zeigen wir weiter unten.

Gasgriff ausbauen: Nach Aushängen des Gaszugs wird der **Splint** abgezogen, der die Drehgriffrolle sichert. **Führungsrolle** sowie **Unterlegscheibe** und **Federscheibe** abnehmen. Danach kann die Gasbetätigung, die aus einem **Rohr** und dem **Gummigriff** besteht, abgenommen werden.

Gaszug komplett auswechseln: Der Gas-Bowdenzug muß **komplett mit dem Innenzug** gewechselt werden, denn er ist vorn und hinten mit festgelöteten Nippeln versehen. Es ist sehr aufwendig, den hinteren Nippel abzuknipsen und später wieder anzulöten. Es gibt zwar Seilzug-Meterware und Lötnippel im Oldtimer-Handel, aber darauf sollte man nur zurückgreifen, wenn Komplettzüge nicht mehr lieferbar sind.
Vor dem **Ziehen durch den Mitteltunnel** die **Kunststoffbuchse** am Lenker abnehmen; sie wird von unten aus ihrem Sitz gezogen. Ausserdem die **Gummitülle** hinten an der Karosserie abnehmen. Den neuen Gaszug von beiden Seiten mit **Kriechöl** schmieren (s. Foto).
Nun den alten Gaszug am hinteren Ende mit dem neuen **verknüpfen,** und zwar so, daß sich die Züge beim Ziehen nicht trennen können. Den hinteren Nippel des alten und den vorderen des neuen Zugs jeweils etwa vier Zentimeter weit aus der jeweilitgen Hülle ziehen. Dann einen dünnen **Bindedraht** so um die Nippel und Innenzüge schlingen, daß sich eine **feste Verbindung** ergibt (s. Fotos). Durch kurzes, ruckartiges Ziehen testen, ob die Verbindung hält.
Buchse am Lenker abziehen. Während nun die erste Person vorne zieht, schiebt die **Helferin/**der **Helfer** hinten nach. Und es geht reibungslos. Im Handumdrehen erscheint das vordere Ende des neuen Zugs oben am Lenker. Bindedraht lösen, den neuen Innenzug seitlich in die **Buchse** einführen, die Außenhülle in die Buchse und zusammen mit dieser von unten in den Lenker stecken.

Oben links: Führungsrolle und beide Scheiben (Pfeile) abziehen.

Oben rechts: Vor dem Auswechseln des Gaszugs zuerst die Führungsbuchse von unten aus dem Lenker ziehen:

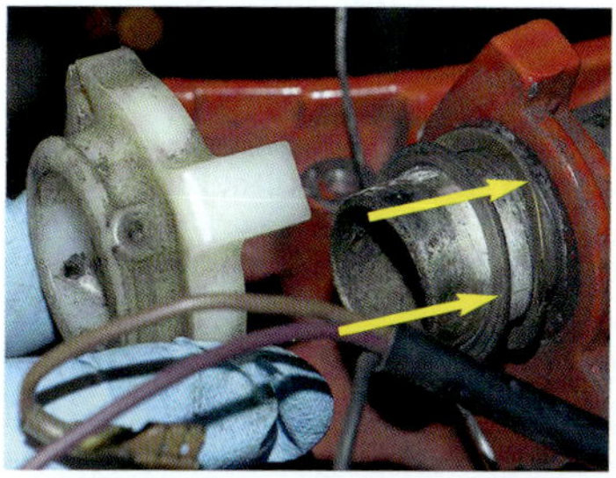

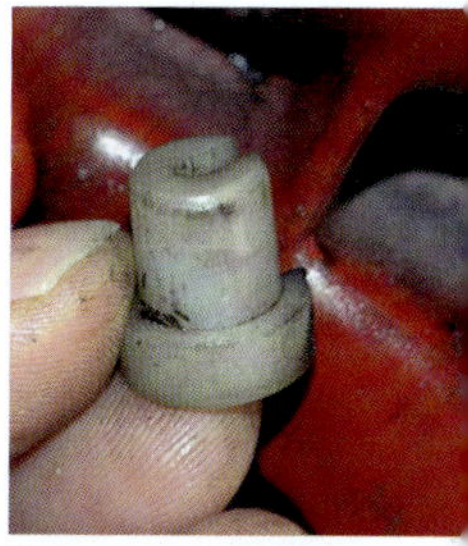

Oben: der abgezogene Gagriff.

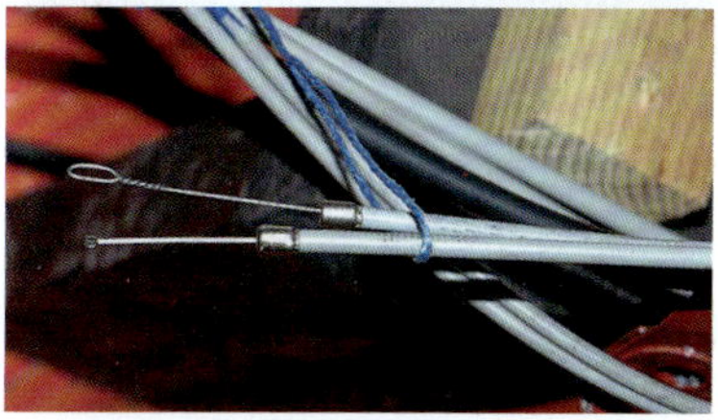

Links: neuer Chokezug (Öse, oben), neuer Gaszug (Nippel, unten), beide Züge vom Vergaser getrennt.

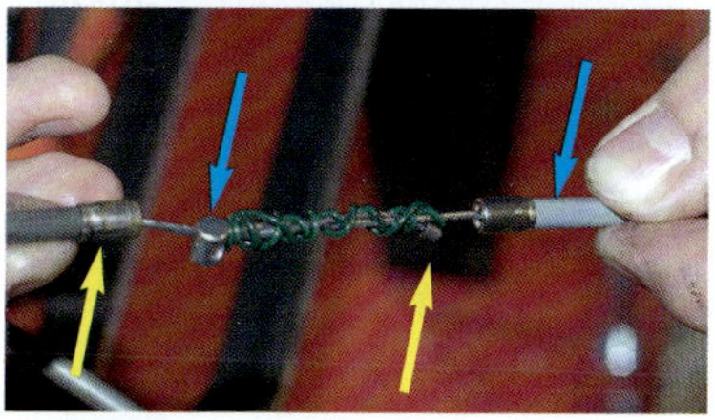

Links: Mit Bindedraht werden die beiden Inenzüge fest miteinander verbunden (blau: neuer, gelb: alter Zug). .

Gasgriff, Gaszug anschließen: Das Prozedere (zu zweit) ist ähnlich wie oben beschrieben: Das Rohr des **Gasdrehgriffs** wird, ebenso wie seine Lagerstellen im Lenker, leicht gefettet. Rohr ganz durchstecken, dann **Federring** und **Gleitscheibe** sowie die **Seilzugrolle** aufstecken und diese von oben mit dem Splint sichern; dabei Druck ausüben und gerade Splintpartie durchstecken. Die **Seele** des neuen Gaszugs so weit vorziehen und abwinkeln, daß der **Nippel** eingehängt werden kann. Den Sitz des metallischen **Endes der Außenhülle** in der Plastikführung unten am Lenker kontrollieren.

Gaszug unten anschließen, Gaszugspiel einstellen – PX, Cosa: Motorhaube abnehmen und Luftfiltereinsatz ausbauen wie an anderer Stelle beschrieben. Der **Mitnehmerhaken** am Gasschieber muß in den Hebel der Ölpumpendosierung eingehängt sein; falls nicht, Vergaser noch einmal lösen und so weit wie nötig anheben. Haken einsetzen und Vergaser wieder festziehen.
Außenhülle und Seele des Gaszugs durch den möglichst ganz eingedrehten **Einsteller** fädeln und mit dem Nippel an der Schieberbetätigung einhängen.
Dann mit einem Gabelschlüssel SW 8 die **Kontermutter** des Seilzugeinstellers lösen und den Einsteller von Hand so lange drehen, bis ein Spiel von 0,5 bis 1,0 mm erreicht ist. Durch Drehen im Uhrzeigersinn wird größeres Spiel erzielt, Drehen gegen den Uhrzeigersinn bewirkt eine Verringerung des Spiels. Abschließend durch Festziehen der Kontermutter Einsteller wieder sichern. **Funktion** von Gas- und Chokebetätigung prüfen. Vor dem Einregulieren der Leerlaufdrehzahl unbedingt Luftfilter nebst Gehäusedeckel wieder aufsetzen und befestigen (s. an anderer Stelle). Der **Chokezug** ist nicht einstellbar.

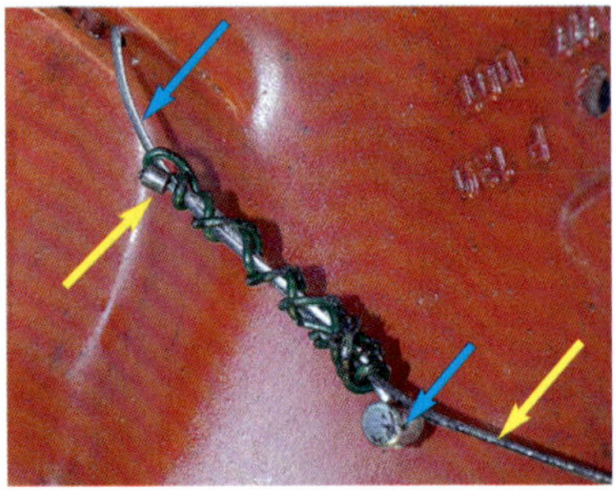

Oben rechts: „Ankunft" des neuen und alten Gaszugs jeweils mit zugehörigem Nippel oben am Lenker (blaue Pfeile neuer, gelbe Pfeile alter Seilzug).

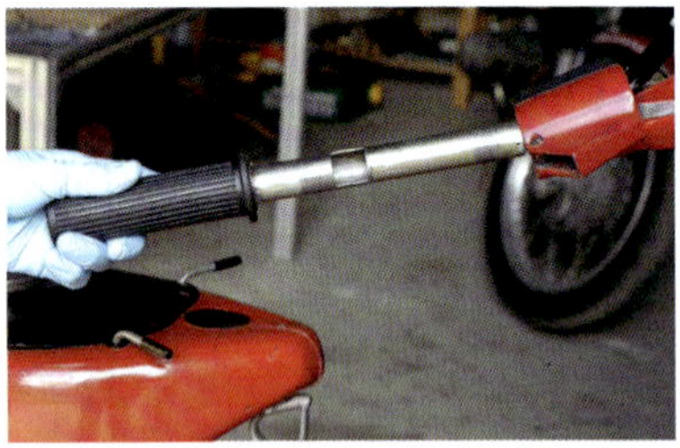

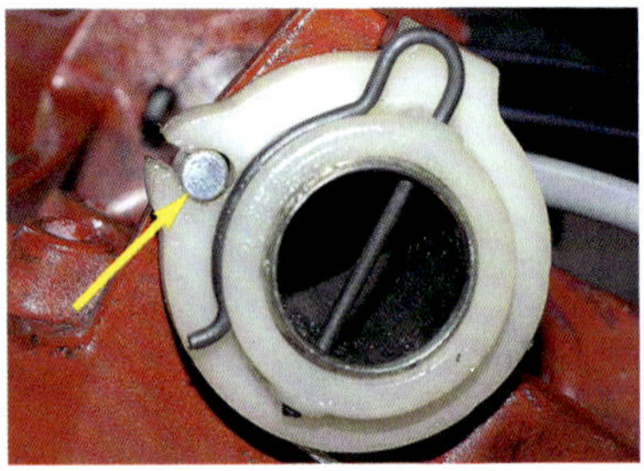

Drei Bilder rechts untereinander: das Rohr des Gasdrehgriffs fetten und Griff aufschieben. Mitte: Aufstecken von Federring, Gleitscheibe, Seilzugrolle. Unten: Seilzugrolle fixiert, Nippel des neuen Gaszugs eingehängt (gelber Pfeil).

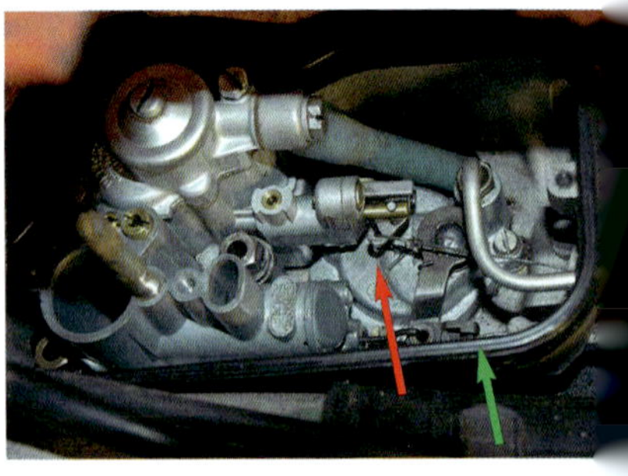

Unten: Vergaser der PX bei abgenommenem Luftfilter; blauer Pfeil: Kontermutter SW 8; gelber Pfeil: Einsteller SW 8; grüner Pfeil: Nippel unten eingehängt; roter Pfeil: der Chokezug ist einfach eingehängt.

Gaszugspiel einstellen – PK-Modelle: Zum Einstellen des Spiels Sitzbank hochklappen und Werkzeugschale herausnehmen. Mit einem Gabelschlüssel SW 8 die **Kontermuttern** am Einsteller lösen, der am Vergaser sitzt. (Bei neueren Modellen wird der Gaszug über eine **Rändelschraube** eingestellt.) Anschließend genauso verfahren wie bei den PX-Modellen.

Kupplungsbetätigung

Kupplungszug abklemmen, ölen, Kupplungshebel ausbauen – PK, PX, Cosa: Der Kupplungsseilzug ist vorne genauso befestigt wie der Handbremszug. Damit er oben am Lenker ausgehängt werden kann, muß er allerdings zuerst auch unten vom **Ausrückhebel** getrennt werden. Hier ist er von einem altmodischen **Schraubnippel** fixiert. Den Nippel mit einem Gabelschlüssel SW 8 festhalten, Verschraubung mit einem Gabelschlüssel SW 7 lösen. Den kompletten Seilzug ganz aus dem Einsteller herausziehen.
Zur Abnahme vom Lenker den Sechskant-Einsteller (SW 8) entsichern, **Einsteller** ganz hineindrehen und Nippel vom Ausrückhebel abnehmen. Zum Seilzugölen muß dieser Nippel nicht abgenommen werden.
Anschließend bei abgeschraubter Lenkerverkleidung (Demontage-Beschreibung s.o.) den **Kupplungshebel** abnehmen. Er ist genauso wie der Handbremshebel mit einem Kreuzschlitzbolzen und einer Mutter SW 8 befestigt. Beim Herausziehen des Bolzens auch hier auf die **Gleitscheiben** beiderseits des Hebelauges achten. Der geschlitzte **Nippel** ist nur lose aufgesteckt, er kann in den Steuerrohrschacht fallen. Seilzug komplett vom Lenkerstummel abziehen und mit Motoröl schmieren. Den Komplettausbau des Zugs zeigen wir später

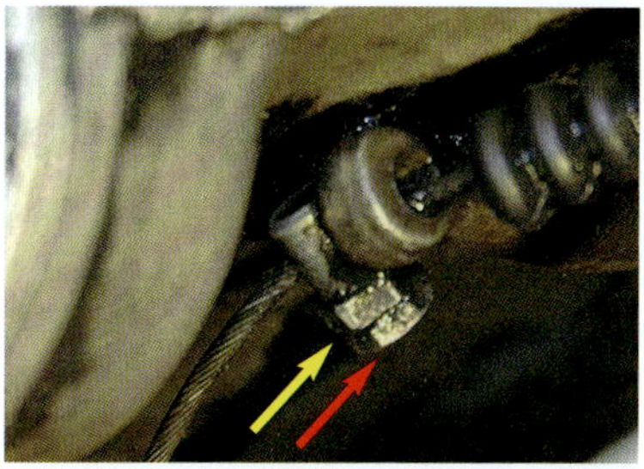

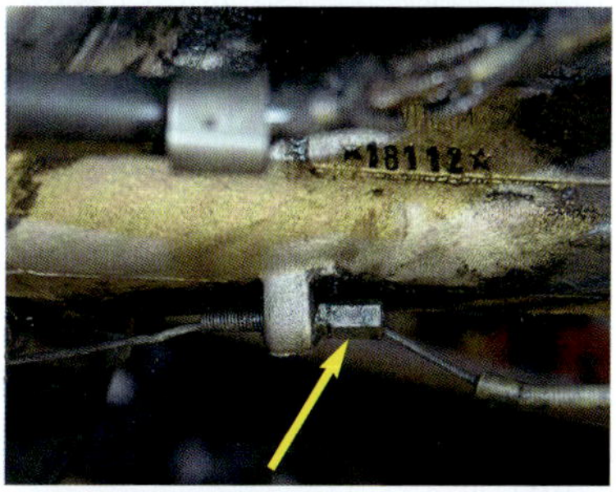

Links: Den Klemmnippel des Kupplungs-Seilzugs mit einem Gabelschlüssel SW 7 lösen (roter Pfeil), Nippel dabei mit Schlüssel SW 8 festhalten (gelber Pfeil). Darunter: Der Kupplungs-Seilzug läßt sich leicht aus dem Einsteller ziehen. Eine defekte Gummitülle muß erneuert werden.

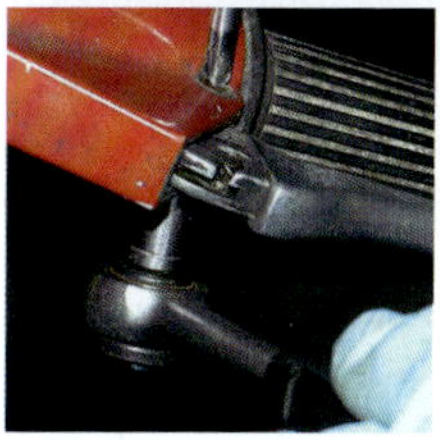

Unten links: Lösen des Bolzenlagers des Kupplungshebels. Daneben: Der Hebel wird vorgezogen, damit Nippel und Zug ausgehängt werden können.

Bowdenzüge-Innenzüge auswechseln: Die Seilzüge, über die Motor, Getriebe und Bremsen bedient werden, müssen nur in den seltensten Fällen komplett ausgewechselt werden. In der Regel genügt es, nur die **Innenzüge** auszutauschen. Das funktioniert problemlos bei allen Zügen mit Schraubnippeln am hinteren Ende. Lediglich Tachowelle, Gaszug und Vorderradbremszug müssen komplett gewechselt werden. Zum Austausch der betreffenden Innenzüge die obere Instrumentenverkleidung abnehmen.

Kupplungszug komplett auswechseln: Voraussetzung: obere Lenkerverkleidung abgenommen. **Kupplungshebel** am Lenker abschrauben, den **Nippel** des Seilzugs aushängen und abnehmen; **Zug vom Lenker** abziehen, alles wie weiter vorn beschrieben. Dann **unten** den **Schraubnippel** am Ausrückhebel lösen und Zug aus dem Einsteller herausziehen, s. weiter vorn. **Gum-**

mitülle an der Karosserieunterseite aus der Bohrung ziehen (das Hinterradbremsseil wird durch die gleiche Tülle geführt).

Bildreihe rechts von oben: Der alte Zug wird unter dem Lenker hervorgezogen; oben schaut der Nippel des Innenzugs heraus.

Der neue Komplettzug wird **von hinten** eingezogen. Der alte Zug wird unten aus dem angehobenen Lenker hervorgezogen. Dann glätten wir den (meist beschädigten) Bereich des Innenzugs am unteren Ende und ziehen den **alten Innenzug** von vorn **aus der Hülle.**

Von einer **Bindedrahtrolle** (Ø 1,5 mm) knipsen wir ein 2,50 m langes Stück ab und schieben es von oben bis auf einen Rest von ca. 40 cm durch die alte Hülle. Aus dem neuen Zug wird ebenfalls die Seele gezogen. Dann wird die neue Hülle von vorn über das lange Drahtstück geschoben, bis ein kurzes Ende von ca. 5 cm übrigbleibt. Beide Hüllen haben nun einen **gemeinsamen Draht-Innenzug.**

Nach dem Herausziehen des alten Innenzugs wird von oben ein 2,5 m langes Stück Bindedraht durchgeschoben.

Das obere Ende der neuen Hülle wird nun blockiert: Um eine kleine **Mutter M2,5** (SW 5,5) wird das kurze Drahtende geschlungen und mit dem Draht so **verzwirbelt,** daß nichts abrutschen kann. Anschliessend kann die alte zusammen mit der neuen Hülle von hinten durch den Tunnel gezogen werden. Ein Helfer schiebt gleichzeitig von oben nach. Zum Schluß werden alter Zug und Draht abgenommen.

Die neue Hülle wird auf den Bindedraht geschoben.

So wird eine kleine Mutter mit dem Bindedraht verknüpft; der neue Kupplungszug wird von hinten eingezogen.

Die neue Innenzug (wenn ohne Teflonbeschichtung) wird mit **Universalfett** geschmiert und von vorn durch die neue Hülle geschoben. Schließlich wird der Nippel in das Gelenkstück am **Kupplungshebel** eingehängt.

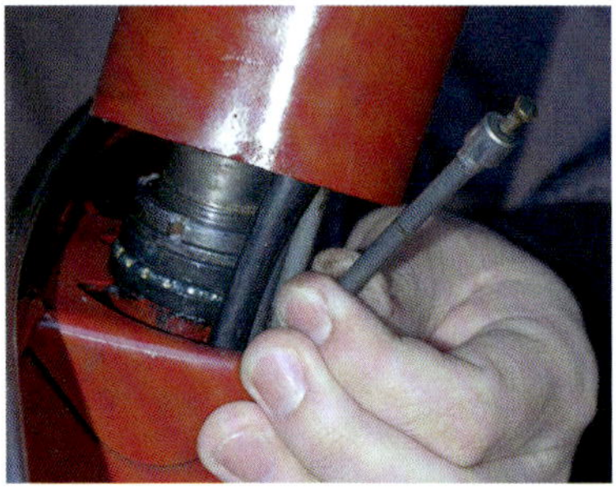

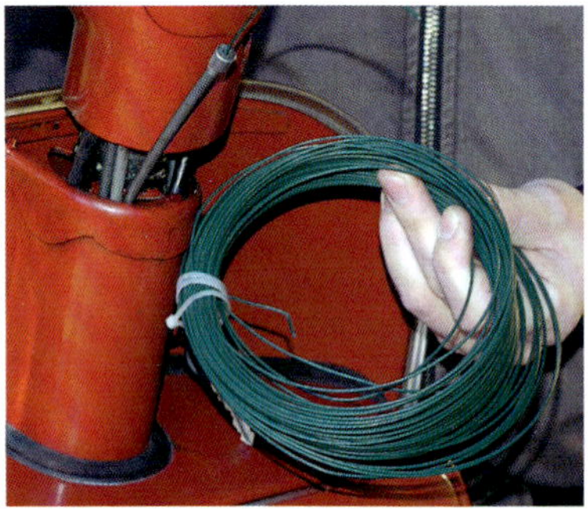

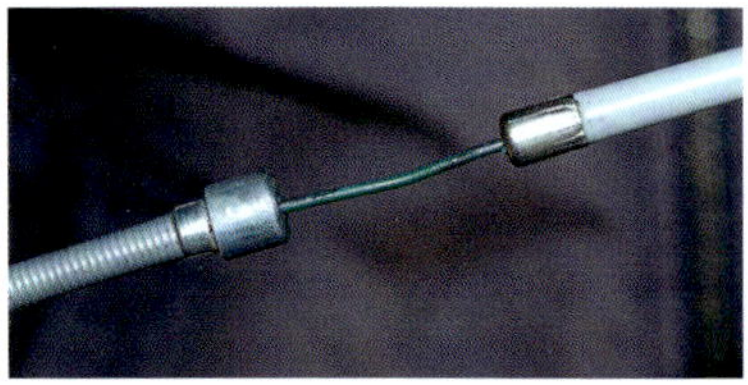

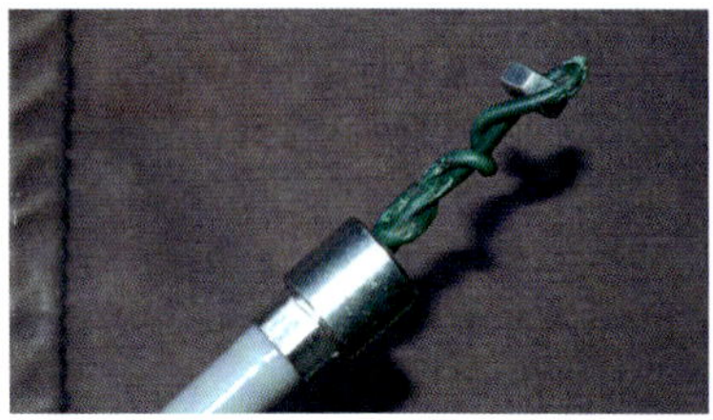

Kupplungs-Innenzug solo auswechseln – alle Modelle: Innenzug am Ausrückhebel vom Schraubnippel lösen wie beschrieben, Ende sorgfältig glätten. **Kupplungshebel** lösen und Seilzug aushängen wie gezeigt. Jetzt den Innenzug ganz aus der Hülle ziehen. Neuen Zug leicht fetten und von oben in die Hülle schieben. Unten Nippel befestigen und Kupplung einstellen wie im Folgenden beschrieben.

Kupplungszug und -hebel am Lenker anschließen: Auch hier wieder **zu zweit** arbeiten. Bei montiertem Schaltgriff kann der **Seilzug für die Kupplungsbetätigung** angeschlossen werden. Dazu den Schaltgriff so drehen, daß die rechteckige **Aussparung** nach hinten weist. **Kupplungszug** etwas zurücksetzen, durch die Aussparung stecken und so weit vorschieben, bis das metallische Ende der Außenhülle fest im Lenker aufsetzt. **Innenzug** etwa 4 cm weit vorziehen und den losen **Nippel** so einhängen, daß der Kopf des Innenzugs in die größere Nippelaussparung paßt.

Nippel und Lagerstellen des aufpolierten Aluhebels leicht fetten und Nippel mit Seele im rechten Winkel zum Griff einfädeln. Hebel am Griff positionieren, dabei oben den Federring M6, unten die Gleitscheibe M6 zwischenschieben. Von oben den **Spezialbolzen** durchstecken und einschrauben, ihn dann von unten mit einer neuen **Nylstoppmutter SW 8** sichern; dabei Schraube mit KS-Schraubendreher gegenhalten. Anschlag der Außenhülle im Drehgriff kontrollieren.

Kupplungszug am Ausrückhebel anschließen und einstellen: Wieder mal einfacher gesagt als getan. Schuld ist der altmodische Klemmnippel. Zuerst wird der **Einsteller** samt Sicherungsmutter unten fast ganz ins Motorgehäuse gedreht. Dann schieben wir den **neuen Kupplungszug** zurück und fädeln die (nachgefettete) **Seele** durch den Einsteller, setzen einen neuen **Gummibalg** auf und schieben dann weiter durch das Loch im **Ausrückhebel. Wichtig:** Außenhülle des Zugs oben gegen den Sitz im Lenker und unten ganz in den Einsteller drücken.

Nun muß der Hebel komplett so weit nach vorn gedrückt werden, bis kein Spiel mehr vorhanden ist. Wenn man alleine arbeitet, kann man sich helfen, indem man den Hebel mit einem **Stück Holzleiste** gegen das Gehäuse abstützt und damit das Spiel ganz wegnimmt. Maße des Holzes: 7 x 2 x 0,5 cm.

Jetzt wird der **Nippel** aufgeschoben. Er besteht aus drei Teilen: Hülse mit Kopf SW 8, Klemmschraube SW 7 und 2 mm dickes Druckstück im Inneren (s. Foto nächste Seite); dieses dreht sich beim Einschrauben nicht mit und klemmt das Seil, ohne es zu be-

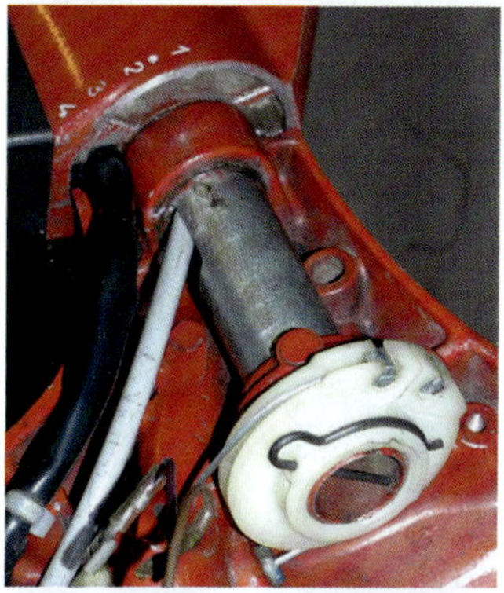

Oben: Die beiden Hebel und die Spezialbolzen wurden aufpoliert, die Federringe und Scheiben sind neu.

Links: So muß der neue Kupplungsseilzug durch die Öffnung im Drehgriffrohr geführt werden

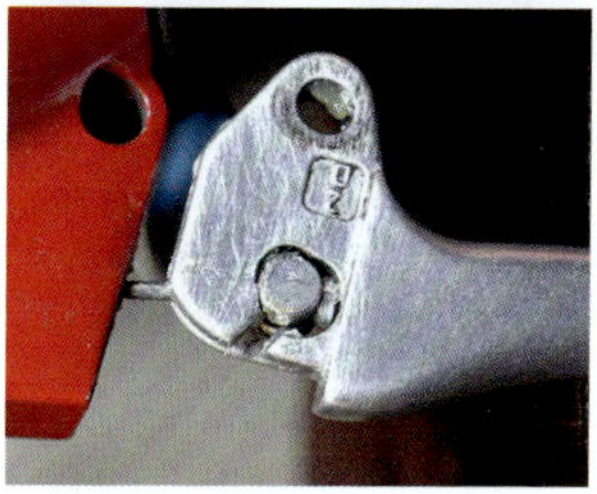

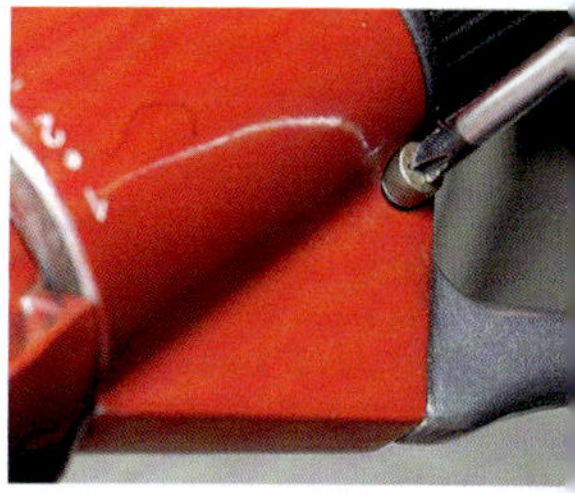

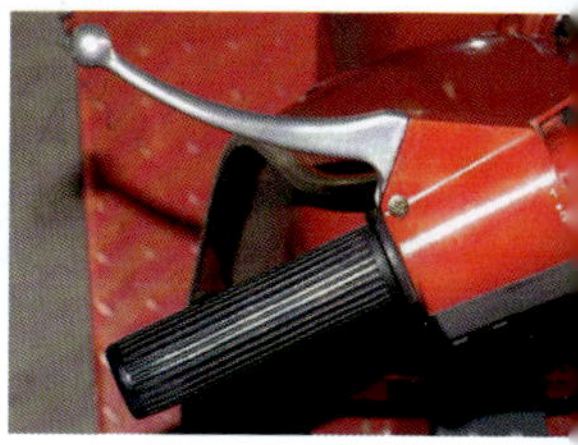

Oben links: Position des Nippels im Hebel. Daneben: Eindrehen des Schraubbolzens. Unten links: Festschrauben der Mutter SW 8 von unten. Daneben: Drehgriff und Hebel ganz montiert.

Links oben: Der Ausrückhebel muß mit einem Holz spielfrei nach vorne gedrückt werden. Daneben: Montagefolge Kupplungsseil von links; Klemmnippel, Hebel, Gummitülle, Widerlager, Einstellschraube mit Kontermutter SW 8.

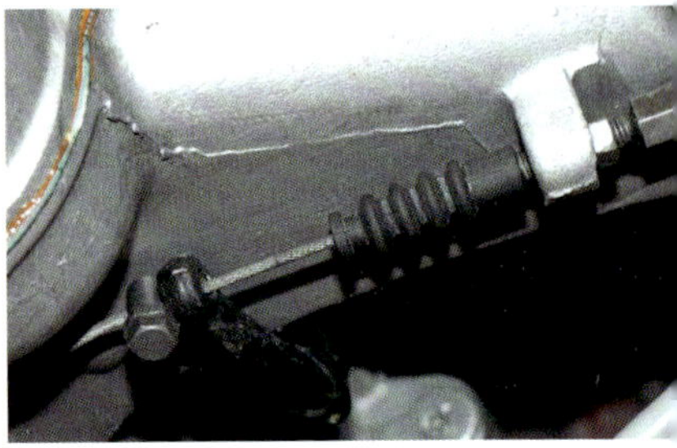

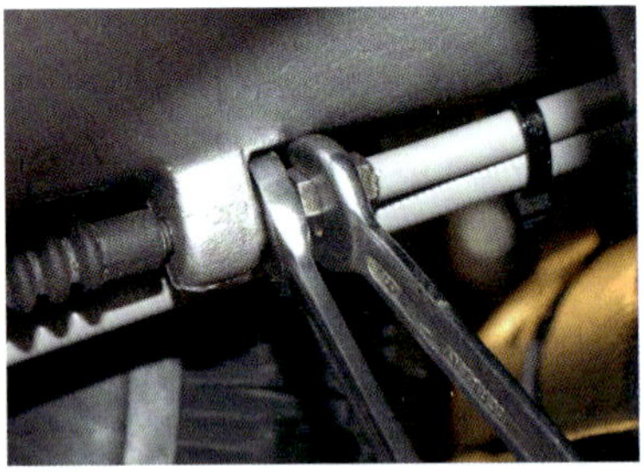

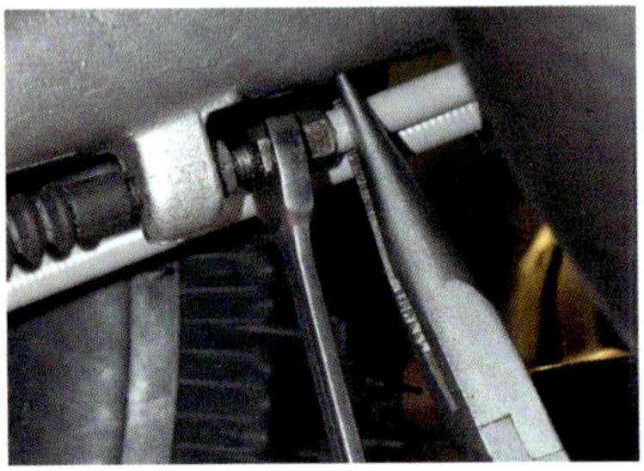

Mitte links: Klemmnippel SW 8, Druckelement, Schraube SW 7. Daneben: Nippel mit Steckschlüsseln SW 7 und Gabelschlüssel SW 8 festschrauben. Rechts: Mutter lösen, Einsteller mit zwei Schlüsseln SW 8 drehen. Unten: Beim Herausdrehen des Einstellers Seilzug mit Spitzzange festhalten.

schädigen. Selbst wenn der Roller auf der Bühne steht, ist das Festklemmen fummelig. Nach einigen Versuchen gelingt es, den Hülsenkopf mit dem Gabelschlüssel SW 8 festzuhalten. Die **Klemmschraube** dreht man am besten mit einem Steckschlüssel und einer Nuß SW 7 fest, und zwar so fest es geht, natürlich ohne sie abzureißen – Gefühlssache.

Das noch verbliebene **Spiel am Kupplungshebel** wird mit dem **Einsteller** reguliert: Kontermutter SW 8 lösen, Außenhülle des Zugs mit der Spitzzange festhalten (damit er sich nicht mitdreht) und Einsteller herausdrehen (SW 8); das Spiel am Hebel sollte 5-10 mm betragen. Einsteller sichern.

Schaltzüge, Drehgriff: Ausbau

Schaltzüge aushängen, ölen – alle Modelle: Die **Schaltzüge** sollten nur anläßlich einer größeren Revision ausgehängt werden. Die Schaltung muß neu eingestellt werden, wenn die Züge demontiert worden sind. Für die einfache Wartung genügt es, die oberen Enden mit hochkriechfähigem Öl aus der Sprühdose zu behandeln. Das **Schaltsegment** sollte von Zeit zu Zeit mit Fett versorgt werden.

Voraussetzung wieder: Tachowelle gelöst und obere Lenkerverkleidung abgenommen wie beschrieben. Nun ist der Schaltdrehgriff mit der Rolle für die Seilzüge zugänglich.

Zum Aushängen der oberen **Schaltzugnippel** den 4. Ganz einlegen und die Einsteller unten am Schaltsegment ganz eindrehen (Schlüssel SW 8). Damit wird Spannung herausgenommen. Jetzt die beiden Nippel mit einer Spitzzange aushängen. Wie die beiden Schaltzüge komplett ausgewechselt werden, zeigen wir weiter unten. Zum **Ölen** die Nippel nicht aushängen. **Schaltdrehgriff auf 1** stellen

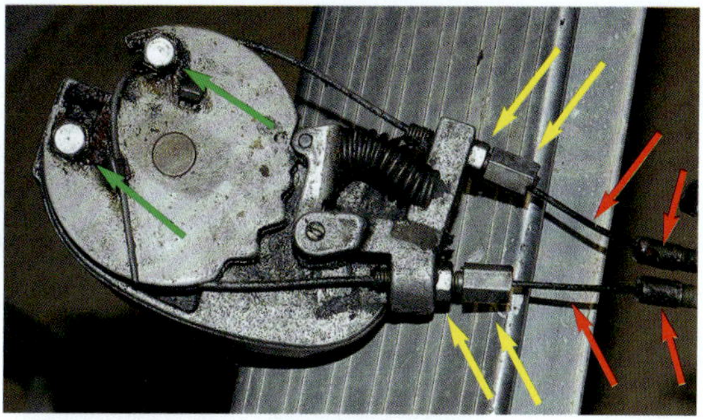

Oben links: Eine KS hält den Deckel des Schaltsegments.

Oben rechts: Schaltsegment mit Seilzügen; grüne Pfeile = Nippel, gelb = Einsteller mit Sicherungen, rot = Innenzüge, Außenzüge etwas zurückgezogen. Links: Führungsrolle der Schaltzüge (blaue Pfeile), Federsicherung ausgehebelt (gelb).

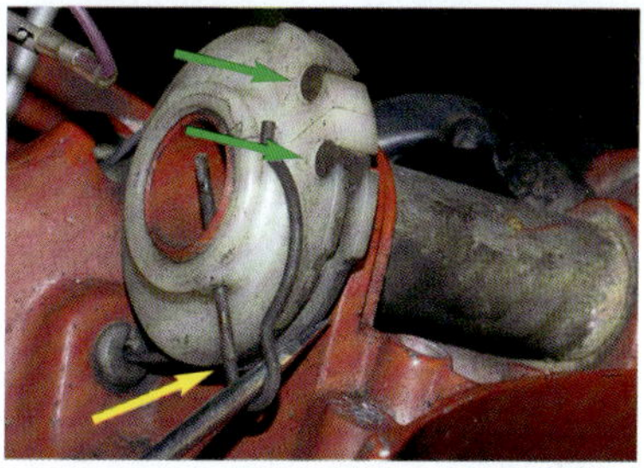

Links: Schaltgriffelement leicht ausgezogen, Gleitscheibe beachten (Pfeil). Rechts: Blick auf die Führungsrolle mit den beiden noch eingehängten Schaltzugnippeln (grüne Pfeile). Die Federklammer (gelber Pfeil) ist leicht vorgezogen.

und zwischen Seil und Hülle des vorderen Zugs Öl sprühen; in den **vierten Gang** schalten und hinteren Zug behandeln.

Schaltdrehgriff ausbauen: Voraussetzung: Abnahme von Lenkerverkleidung, Kupplungshebel und -zug sowie Schaltseilzügen. **Ringfeder** abhebeln, **Führungsrolle** zusammen mit **Feder- und Unterlegscheibe** abziehen. Der **Schaltdrehgriff** läßt sich ausbauen oder zumindest herausziehen, wenn der Stekker des **Kabelstrangs,** der zum linken Schalter für die Blinkerbetätigung führt, vorn am Klemmbrett abgezogen wird. Im Schalter sind die Kabel verlötet. Beim Herausziehen des Schaltgriffs achten wir auf die innere **Gleitscheibe.**

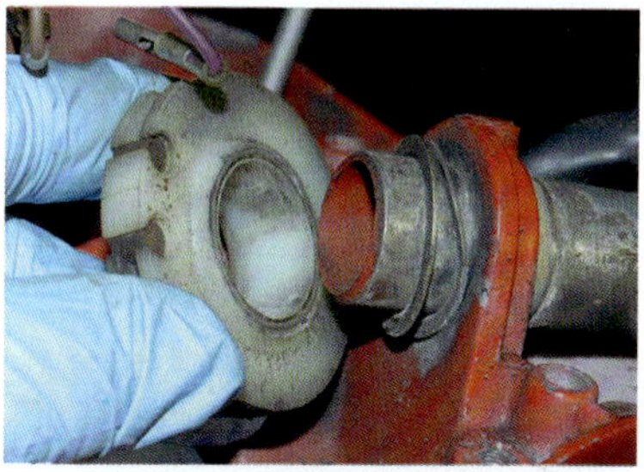

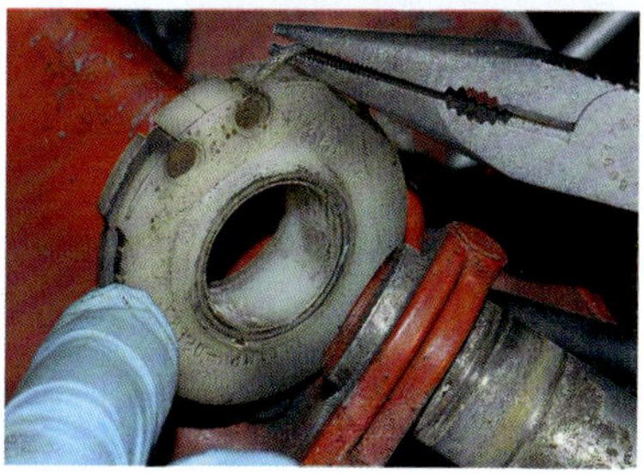

Links: Die Führungsrolle kann zusammen mit den beiden Nippelenden der Züge abgezogen werden. Darunter: Die beiden Nippel werden mit der Spitzzange ausgehängt.

Schaltzüge vor Ausbau markieren: Das Wechseln der Schaltzüge gehört zu den schwierigeren Übungen, zumal **beide Züge zusammen** ausgetauscht werden müssen. Hilfreich ist es, die Züge und ihre La- gerung vorne wie hinten **farbig zu markieren,** rot und blau wie auf den Fotos gezeigt. Dadurch wird eine Verwechslung mit lästigen

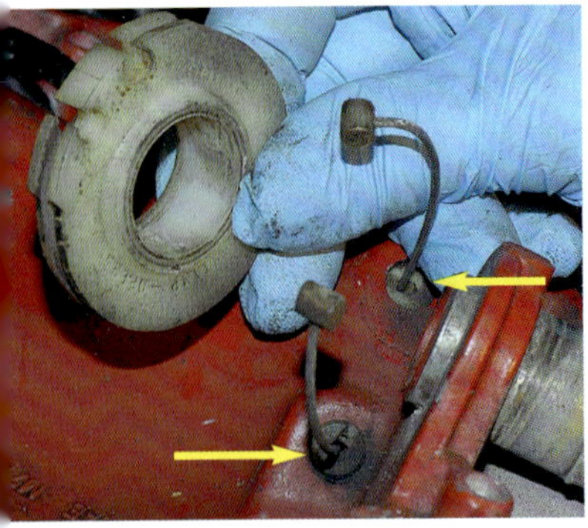

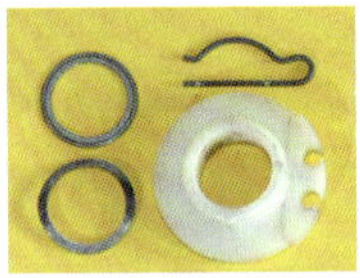

Ganz links: Führungsrolle und ausgehängte Schaltzüge. Die Pfeile weisen auf die Führungsbuchsen aus Plastik hin. Rechts oben: der vorgezogene Schaltgriff; darunter: Gleit- und Federscheibe, Klammer, Führungsrolle.

Folgen ausgeschlossen. Auch die neuen Züge werden entsprechend markiert, wobei beide 1,90 m langen Neuteile identisch sind und die gleiche Ersatzteil-Nummer tragen.

Schaltsegment

Foto rechts oben: Die Ölablaßschraube wird mit einem Inbusschlüssel SW 8 geöffnet. Wanne zum Auffangen des Öls unterstellen (Foto darunter).

Wenn kein Öl austritt, können die im Ölbad laufende Kupplung und das Getriebe bereits Schaden genommen haben.

Getriebeöl ablassen: Dies ist vor dem Ausbau des Schaltsegments notwendig. Wanne unterstellen und mit einem Inbusschlüssel SW 8 die Verschlußschraube ausdrehen und mit der Fiberdichtung abnehmen.
Tipp: Wenn kein Öl austritt, wurden Kupplung und Getriebe infolge schleichenden Ölverlusts gar nicht mehr oder nur noch unzureichend geschmiert. Dann muß der Motor zerlegt werden, um die Ursache zu finden. Alle Tipps dazu in diesem Buch. Tipps zum **Getriebeölwechsel** hinten im Anschluß an den Zusammenbau der Gehäusehälften.

Schaltsegment ausbauen: Dies ist nicht unbedingt nötig, erleichtert die Arbeit aber ungemein. Es geht aber nur dann problemlos, wenn Lüfterhaube und Kickstarthebel demontiert wurden. Zuerst den **4. Gang einlegen.** Dann den hinter dem Kickhebel liegenden **Seilzughalter** abschrauben (Gabelschlüssel SW 11) und den **Deckel** des Schaltsegments entfernen (Mutter SW 13). Wanne unterstellen, weil etwas Öl austreten kann. Das **Segment** ist mit zwei Muttern SW 11 am Getriebeblock befestigt (Stecknuß einsetzen). Das Abziehen gelingt oft nur unter mehrfachem Hin- und Herbewegen. Grund: der sich frei bewegende Keil, der in die Schaltwelle eingreift. Papierdichtung an der Trennfläche später erneuern.
Einbau in umgekehrter Reihenfolge, dazu mehr im Kapitel **„Getriebe“.**

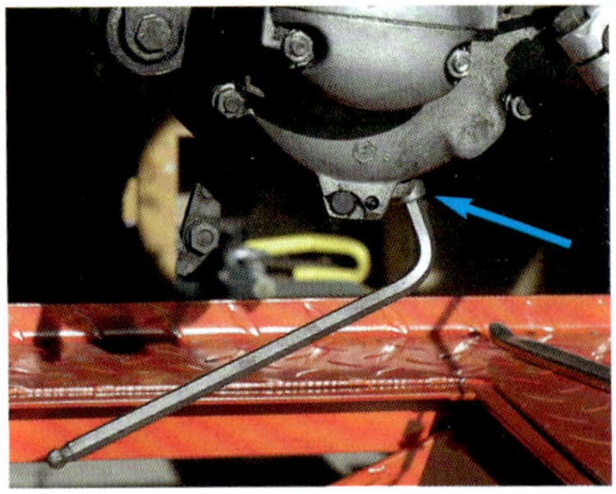

Schaltzüge auswechseln

Beide Schaltzüge erneuern: Bei hochgezogenem Lenker werden zunächst die beiden weißen **Kunststoff-Führungen** ausgebaut, indem sie von vorne mit einem

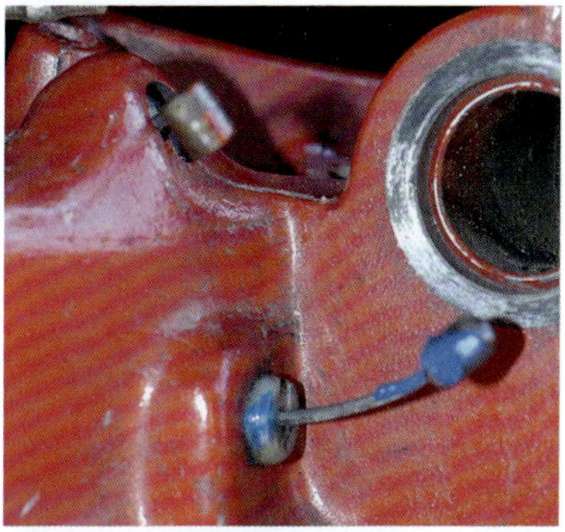

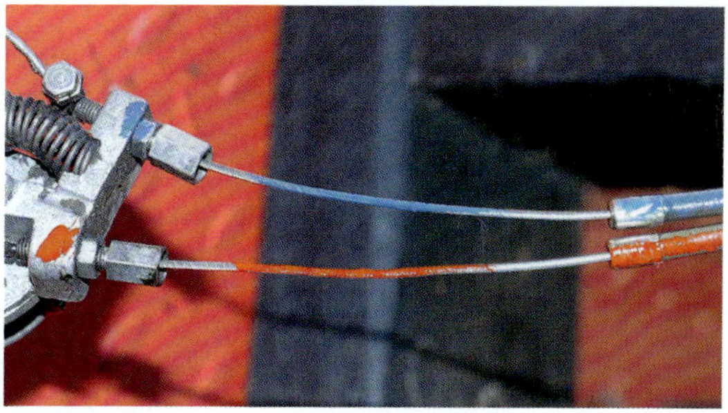

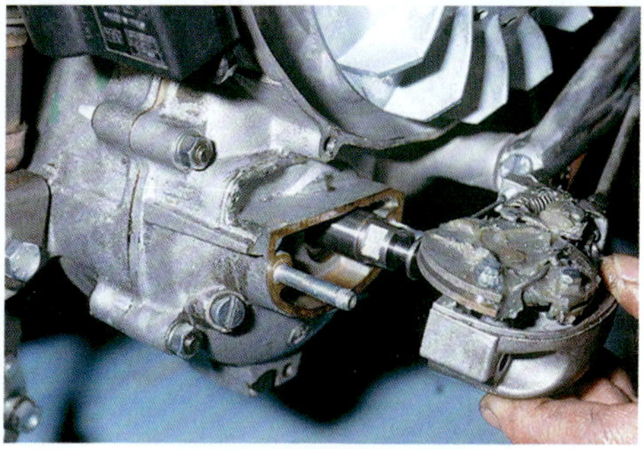

Beide Fotos oben: vor dem Ausbau werden die alten Schaltzüge vorne und hinten farbig markiert, damit später nichts verwechselt wird. Mitte links: Deckel vom Schaltsegment abgenommen. Daneben: gefettetes Schaltsegment und intakte Dichtung bei einem Neufahrzeug (1984). Links: Die hinteren Nippel werden mit einem Gabelschlüssel SW 7 entsichert; die Nippel werden mit SW 8 gegengehalten.

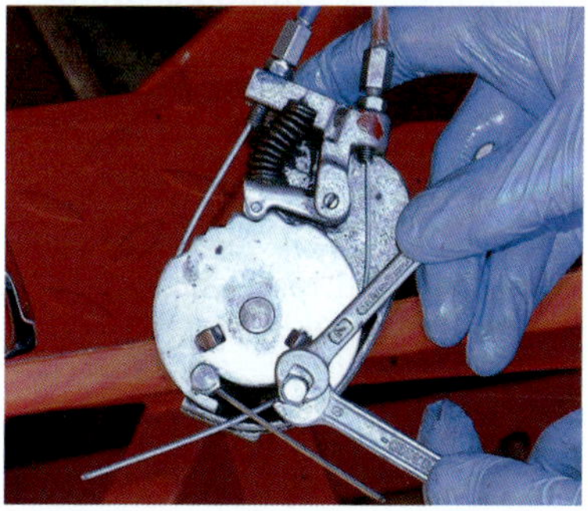

Hammer und einem 2 mm starken Schlagstift nach hinten getrieben werden. Die obere Führung ist anders geformt und größer als die untere. Wer versuchen sollte, die Züge einzeln auszuwechseln, indem er sie von hinten herauszieht, wird scheitern. Denn oben am Lenker und zwar ca. 17 cm unterhalb der Hüllenenden sind die beiden Züge durch eine **Aluminiumklammer** miteinander verbunden. Das verhindert den Einzelaustausch, denn es führt dazu, daß der zweite Schaltzug automatisch mitgenommen wird, wenn man am ersten zieht. Spätestens unten im Tunnel bleibt die Verklammerung dann hängen. Außerdem sind die Züge unten in einem flexiblen **Rohr** zusammengefaßt.

Also gehen wir den umgekehrten Weg, präparieren beide Züge gemeinsam für den Austausch. Dazu müssen zunächst die beiden **Schraubnippel** unten am Schaltsegment gelöst werden (kleine

Beide Fotos unten: Zurückstoßen des Führungsstücks aus Kunststoff mit einem 2 mm starken Schlagstift.

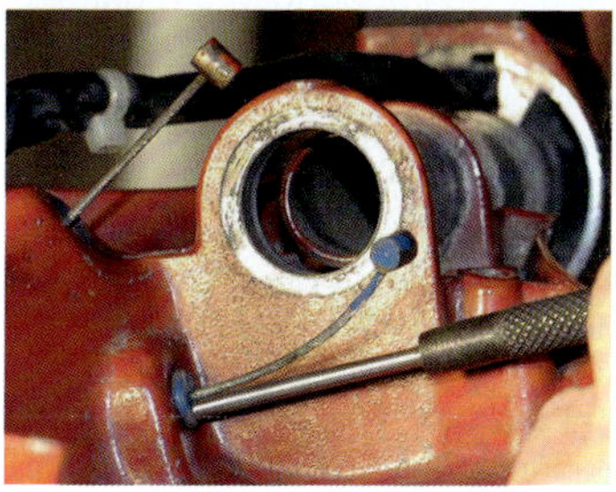

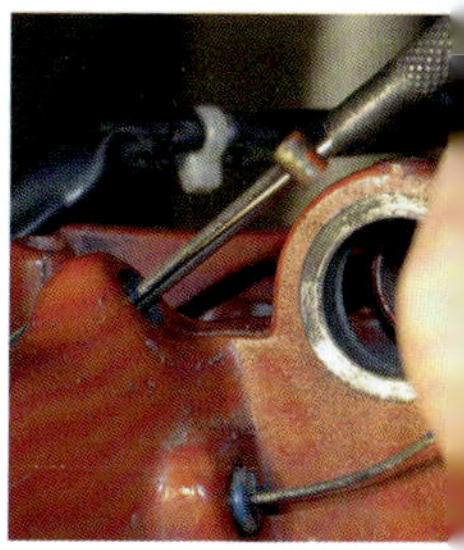

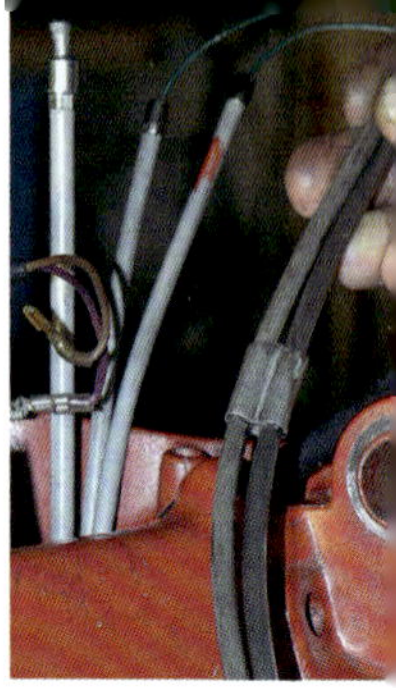

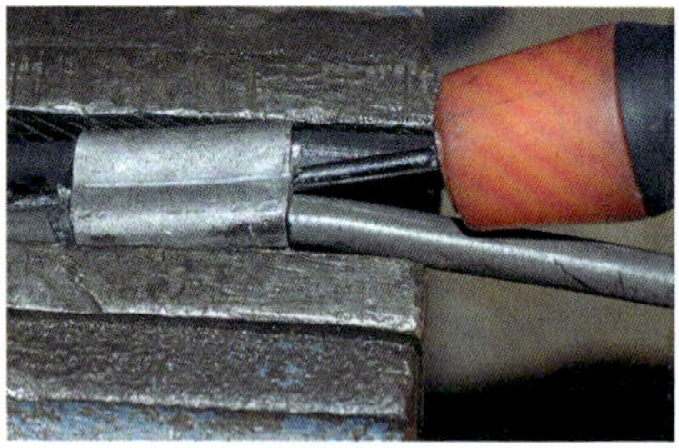

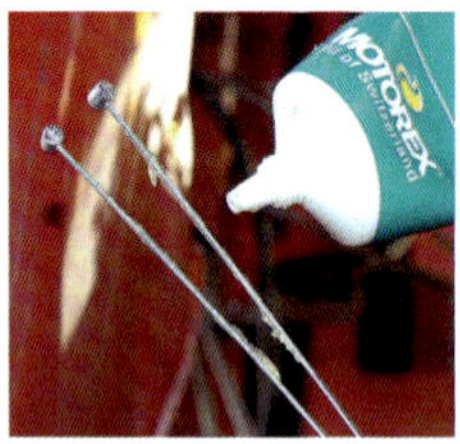

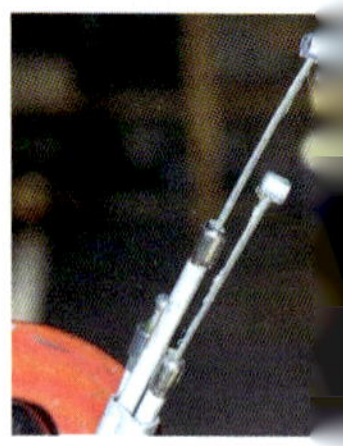

Beide Fotos oben und Bild darunter: Eine Aluklammer verbindet die noch eingebauten Schaltzüge. Schaltzüge und Klammer sind bei abgeklapptem Lenker ausgezogen. Die Klammer muß vor dem Abnehmen geweitet werden.

Mitte: Die Enden der neuen Schaltzughüllen werden hinten durch Muttern und Drahtschlingen blockiert. Unten: Die beiden Innenzüge werden vor dem Einschieben gefettet; die komplettierten neuen Schaltzüge.

Schraube Schlüssel SW 7, Nippel gegenhalten mit SW 8). Die Enden der Innenzüge werden aus den beiden **Einstellern** gezogen.

Dann wenden wir die gleiche Methode an wie beim Kupplungszug, diesmal im Doppelpack, wobei hier aber **von vorne gezogen** wird. Zuerst werden die beiden **alten Innenzüge** von vorne **aus den Hüllen gezogen.** Dann schneiden wir zwei 4,00 m lange **Bindedraht-Stücke** zurecht (Ø 1,5 mm) und führen diese von vorne in die leeren Althüllen ein, bis sie nur noch um ca. 50 cm herausragen. Dann werden die **Innenzüge der neuen Bowdenzüge** herausgezogen. Die **neuen Hüllen** schieben wir von hinten über die beiden Drähte. Die kurzen Drahtenden werden durch kleine **Muttern M2,5** (SW 5,5) geschoben und auf ca. 3 cm umgebogen. Dann werden die Drahtenden wieder so verzwirbelt, daß nichts abrutschen kann. Anschliessend können **die alten zusammen mit den neuen Hüllen von vorne** durch den Tunnel gezogen werden. Helferin oder Helfer schiebt gleichzeitig von hinten nach.

Wenn die neuen Hüllen oben ordentlich vorstehen, werden die alten Hüllen und die Drähte einfach abgezogen. Die **Aluklammer** gibt es nicht als Ersatzteil, sie muß also wiederverwendet werden. Dazu spannen wir sie mit den Zughüllen in den Schraubstock und weiten sie in der Mitte mit Schraubendrehern auf, bis sich die Seilzughüllen herausziehen lassen.

Die **neuen Innenzüge** werden **gefettet** und von vorn mit den freien Enden in die Hüllen geschoben. Und dann wird's besonders knifflig, und es kann – bei weit hochgezogenem Lenker – weider nur zu zweit gearbeitet werden.

Zunächst muß die ausreichend aufgeweitete **Aluklammer** über die beiden neuen Züge geschoben werden. Damit sie nicht in den Schacht fällt, befestigen wir sie vorübergehend mit etwas Draht. Dann müssen beide Züge so weit nach unten gedrückt werden, bis die **Nippel** durch die Bohrungen im Lenker passen und ein Stück hervorschauen. Zwischen Nippel und Hüllenköpfen muß so viel Platz vorhanden sein, daß sich die beiden **Führungsstücke** seitlich über die Innenzüge schieben lassen; das größere Stück kommt nach oben, das kleinere nach unten. Dabei auf die **Position der Schlitze** achten. Die Führungsstücke müssen so angeordnet sein, daß die Innenzüge auf dem Vollmaterial gleiten können und nicht in den Schlitzen. Beide Plastikteile werden von hinten bzw. unten in den Lenker geschoben. Dann geht es darum, die beiden **Hüllenköpfe** aus Metall bündig an die Führungsstücke zu schieben und dort festzuhalten. Sonst hat die Schaltung später „Luft". Wenn die Nippel etwa um 5 cm vorstehen und die Hüllen fest anliegen, muß die **Aluklammer** unterhalb des weiterhin hochgezogenen Lenkers mit einer **Zange** zusammengedrückt werden. Zuletzt die freistehenden Seilzugenden noch einmal **nachfetten.** Die Nippel werden später in die Drehgriffrolle gehängt. Zuvor muß der **Lenker** wieder aufgesetzt und festgezogen werden.

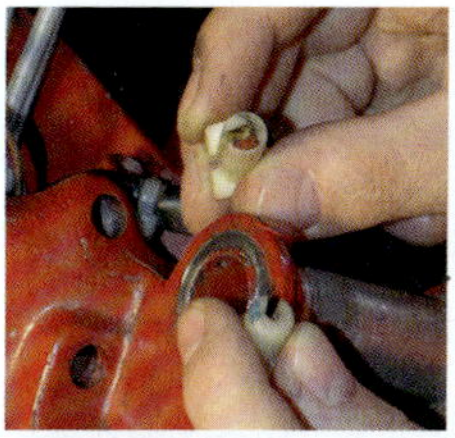

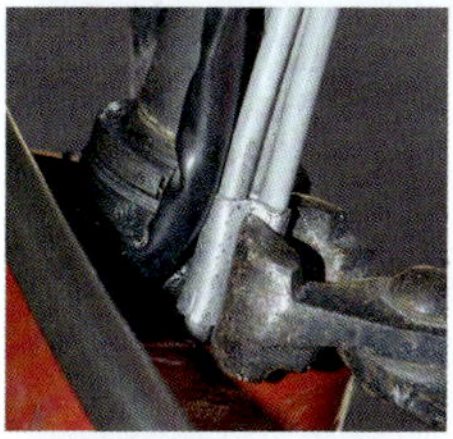

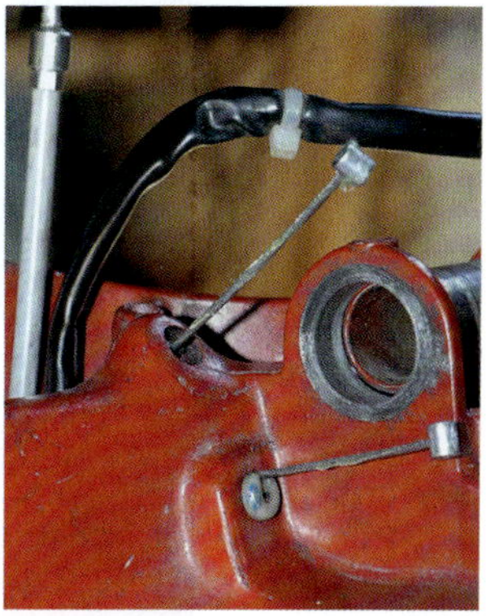

Links oben: Schlitzausrichtung der Führungsstücke vor dem Einbau beachten (von hinten gesehen).

Lenker montieren

Lenker einbauen: Während das bis hierhin beschriebene Auswechseln der Seilzüge bei angehobenem Lenker stattfindet, muß dieser zum **Anschließen der Züge** an den Schaltdrehgriff wieder aufgesteckt und gesichert werden. Wie bereits erwähnt, muß der Lenker auch beim Anschließen von Vorderradbremszug, Gaszug und Tachowelle fest montiert sein. Den **Lenker** auf das Lenkrohr schieben und zusammen mit der Vorderradführung **ganz nach links einschlagen.**
Bolzen SW 13 einführen und in die vorne angesetzte **Vierkantmutter** drehen. Lenkung provisorisch **auf Mitte** stellen und Bolzen mit **Drehmoment 30-44 Nm** festziehen. Nun kann der Schaltdrehgriff eingebaut und an die Seilzüge angeschlossen werden. Mehr zum Thema Lenker im Kapitel **„Elektrik".**

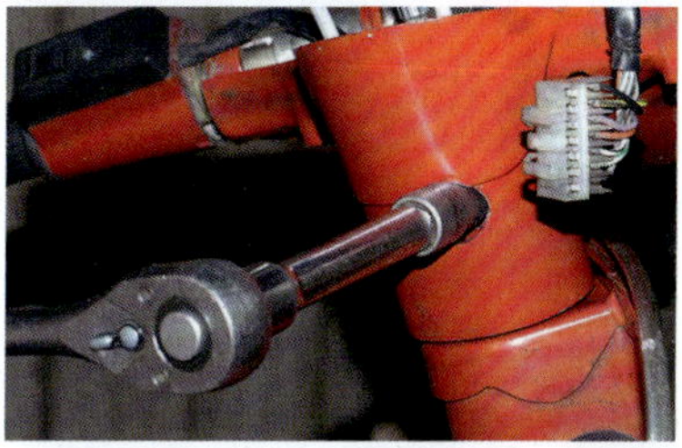

Mitte links: Fixieren der Aluklammer mit der Kneifzange. Daneben: Seilzüge bündig eingebaut. Links: Lenker nach links einschlagen, Vierkantmutter einsetzen und Bolzen mit Schlüssel SW 13 einschrauben.

Unten: fertig montierter Lenker mit Griffen, Hebeln und fünf angeschlossenen Bowdenzügen.

Schaltdrehgriff montieren

Schaltdrehgriff montieren: Das **Rohr** des Schaltdrehgriffs und die **Lagerstellen** im Lenker werden leicht gefettet. Beim Reinschieben auf die **dünne Gleitscheibe** zwischen Griff und Lager achten.

Rohr ganz durchstecken, dann **Federring** und **dicke Gleitscheibe** sowie die **Seilzugrolle** aufstecken und diese von oben mit dem **Splint** sichern; dabei Druck ausüben und die gerade Splintpartie durch die Bohrungen an Rolle und Rohr stecken. Griff in Position 4. Gang drehen. Die beiden **Seelen** der Schalt-

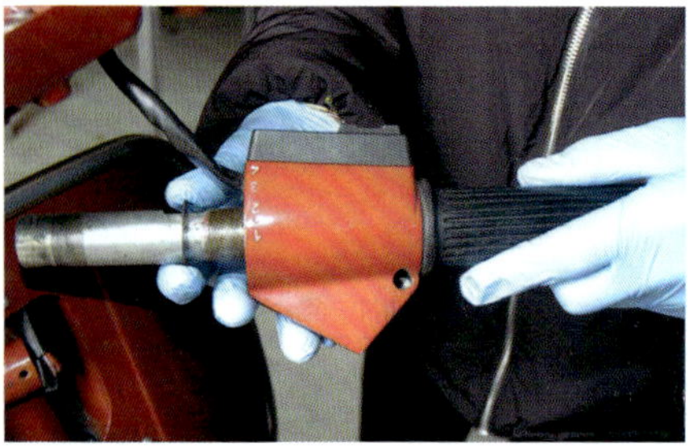

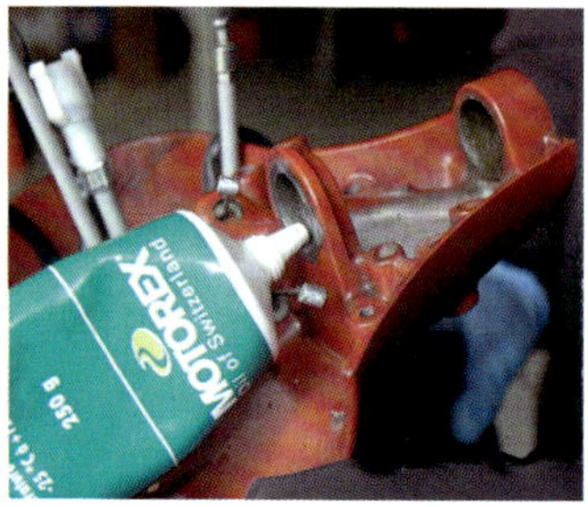

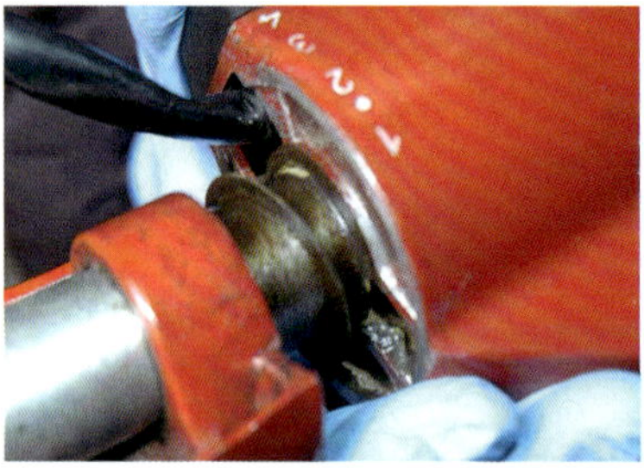

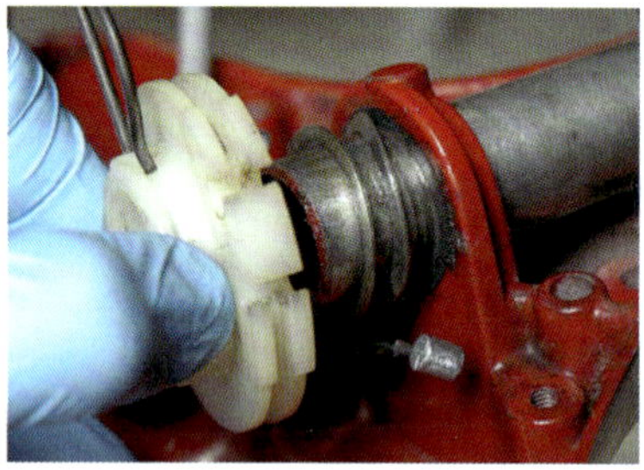

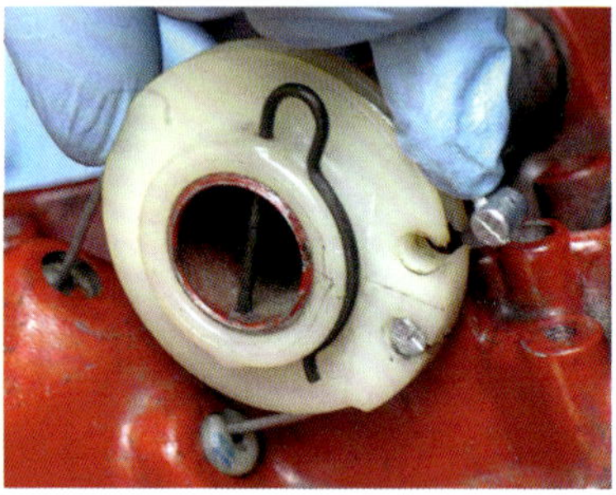

Oben links: Der Schaltgriff wird herausgezogen, das Rohr leicht gefettet. Daneben: Fetten der Lagerstellen. Mitte links: die Gleitscheibe zwischen Griff und Lager. Daneben: Federring, innere Gleitscheibe, Seilzugrolle. Unten links: Einsetzen der beiden Seilzugnippel. Daneben: fertig montierte und versplintete Seilzugrolle.

züge so weit vorziehen und abwinkeln, daß die **Nippel** eingehängt werden können. Nun kontrollieren, daß die metallbewehrten **Enden der Aussenhüllen** bündig in den Plastikführungen unten am Lenker stecken; notfalls mit Spitzzange nachschieben.

Schaltzüge hinten montieren

Seilzüge ans Schaltsegment anschließen: Nach Einbau des Drehgriffs und Einhängen der Züge geht es **hinten** weiter. Zuerst wird das schmale **Bougierrohr** (als Neuteil nicht mehr lieferbar, Ersatz aus dem Werkstattregal) von hinten über die noch nicht angeschlossenen Bowdenzüge geschoben.

Zunächst die vorn angebrachten **Markierungen** in Blau und Rot hinten wiederholen, damit sie bis zuletzt sichtbar bleiben (und die Hülle nicht wieder zur Kontrolle rausgezogen werden muß)

Das Aufschieben gelingt leichter, wenn die beiden Seilzughüllen dünn mit **WD-40** eingesprüht werden. Das Rohr wird so weit durch die **Gummitülle** in der Karosserie geschoben, bis vorne nur noch circa 3 cm Seilzug herausschauen. Damit sich leichter arbeiten läßt, bleibt das **Schaltsegment** noch einen Moment lang ausgebaut.

Nun müssen die beiden **Innenzüge** durch die **Einsteller** geschoben, in die **Kanäle der Stellscheibe** gelegt und stramm vorgezogen werden. Prüfen, daß die **Außenhüllen** der Seilzüge oben am Schaltgriff und unten an den Einstellern **bis zum Anschlag** eingeschoben sind. Die beiden aufbereiteten **Klemmnippel** werden seitlich in ihre Position geschoben, die **Innenzüge** durch die Bohrungen gesteckt. Bevor die Schaltzüge fixiert und eingestellt werden können, muß das **Schaltsegment** montiert werden.

Schaltsegment montieren

Dichtung erneuern, Segment fetten: Vor dem Wiedereinbau des **Schaltsegments** die Auflage am Gehäuse dünn mit Loctite 518 bestreichen, dann eine **neue Papierdichtung** aufschieben und sie auch von außen mit Loctite versehen. (Papierdichtung beidseitig fetten geht auch). Dann alle beweglichen **Elemente des Schaltsegments,** vor allem die **Mitnehmerklaue** und der **Kopf der Schaltwelle** großzügig mit **Heißlagerfett** einstreichen.

Schaltsegment anbringen: Zum **Aufschieben** des komplettierten Schaltsegments sollten Lüftungsgitter und Kickstarthebel abgebaut sein, Schaltraste in den 4. Gang stellen, Schaltwelle ganz herausziehen. Führungskeil des Betätigungshebels in die Nut der Schaltkreuzwelle setzen, aus dem 4. in den 1. Gang zurückschalten (die kleine Rolle muß in der tiefen Einkerbung links sitzen = 1. Gang). Wenn's klemmt, am **Hinterrad** drehen (Maschine hinten entsprechend hochgebockt). Schaltsegment mit zwei Muttern SW 11, Unterleg- und Federscheiben festschrauben. **Deckel** noch nicht aufsetzen.

Schaltzüge unten fixieren, Schaltung einstellen

Schaltzüge festklemmen und einstellen: Roller am besten so aufbocken, daß sich das Hinterrad frei drehen kann (Abdeckung der Schaltbox abgenommen – eine KS, Schaltsegment montiert).
Schaltpunkte am Lenker mit weissem Permanentstift markieren, Überstände mit Pinselreiniger entfernen

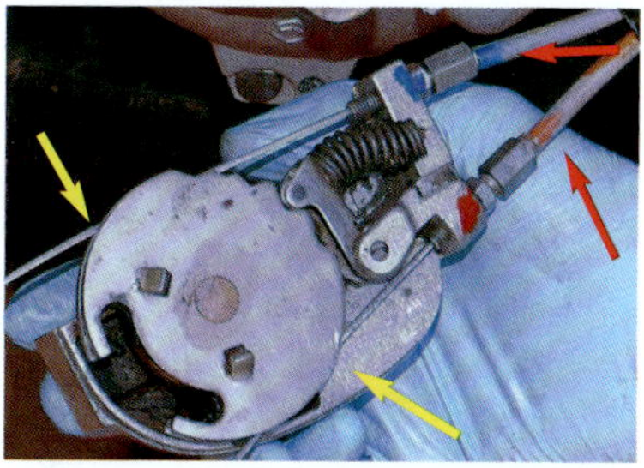

Demonstration am ausgebauten Schaltsegment: *Die Hüllen und Widerlager werden analog zu den Punkten am Lenker markiert (rote Pfeile). Die Innenzüge in die Rillen der Stellscheibe legen (gelbe Pfeile).*

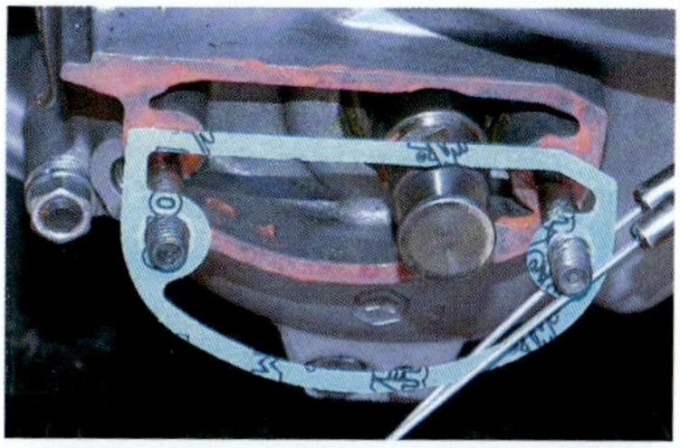

Links: Auflagefläche mit Loctite bestrichen, neue Dichtung angesetzt; nach dem Aufschieben ebenfalls Loctite auf die Dichtung streichen ***(Züge noch lose).***

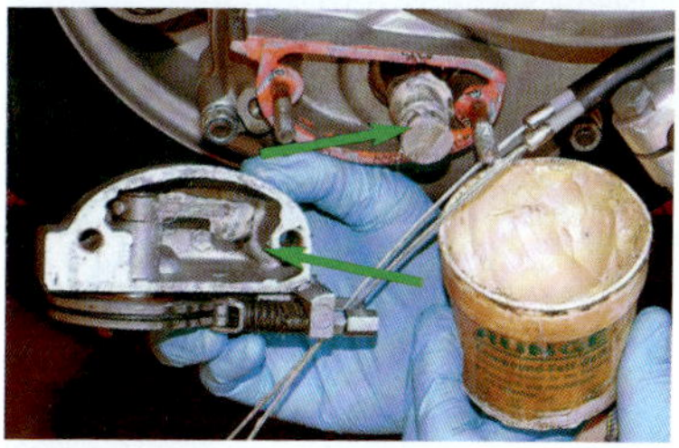

Links: alle beweglichen Elemente des Schaltsegments, vor allem Mitnehmerklaue und Kopf der Schaltwelle mit Heißlagerfett einstreichen. Einbau: ***Schaltraste in den 4. Gang stellen,*** *am Hinterrad drehen.*

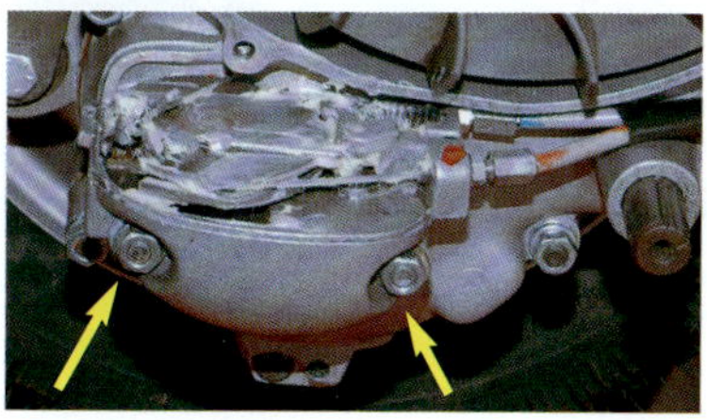

Links: Das Schaltsegment wird mit zwei Muttern SW 11 nebst Scheiben und Federscheiben gesichert (Pfeile); ***(Seilzüge bereits angeschlossen).***

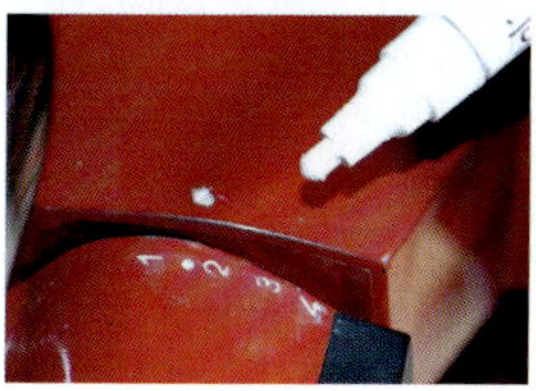

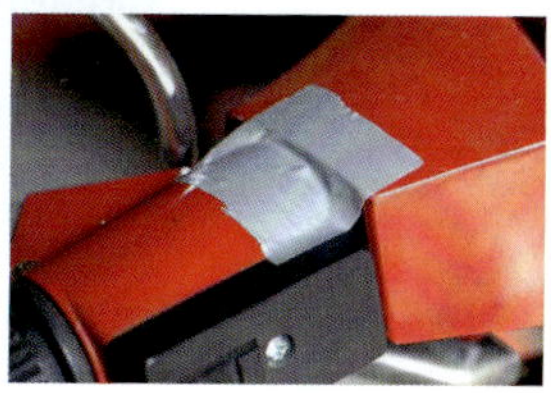

Jetzt ist die Gelegenheit, die Schaltmarken frisch zu markieren. Griff auf Leerlauf stellen und mit Tape gegen Verdrehen sichern.

Oben links: Seilzüge in die Rillen legen und durch die Nippel führen. Daneben: Einsteller bis auf 1-2 mm eindrehen und sichern. Unten links: Zughülle in den Einsteller stoßen.

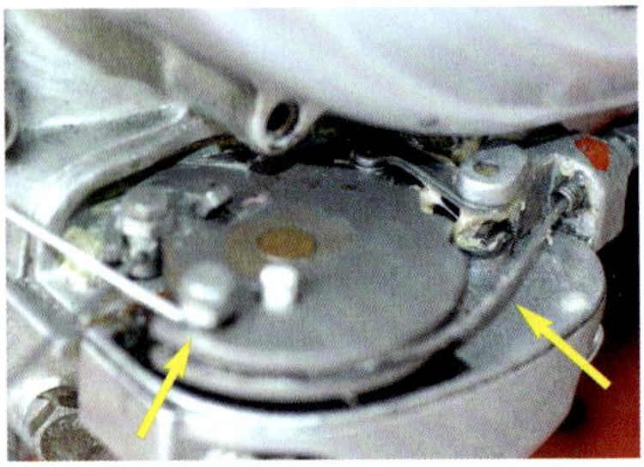

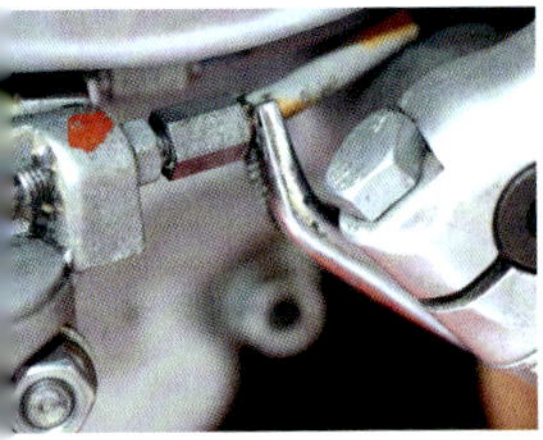

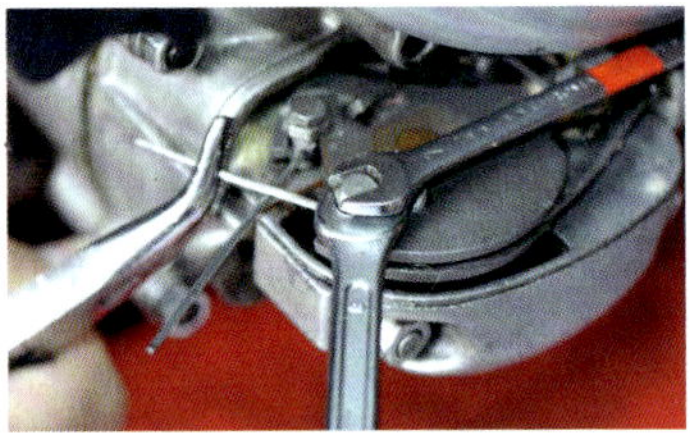

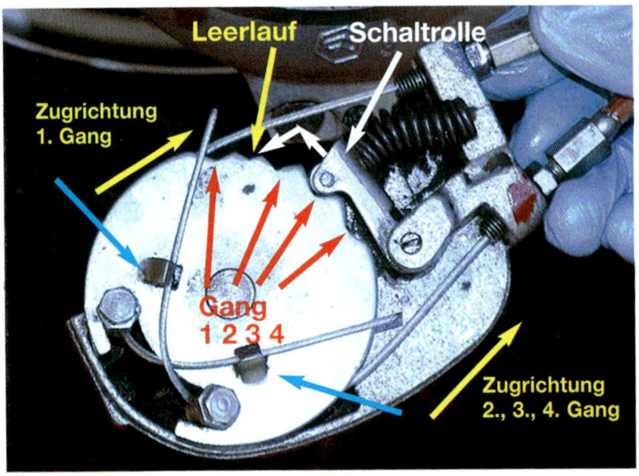

Unten Mitte: Seilzug mit Spitzzange im Nippel vorspannen und in dieser Position festhalten. Daneben: Nippel SW 8 festhalten und mit Schraube SW 7 sichern (Helfer).

Großes Demofoto unten, Segment ausgebaut: beide Seilzüge fertig montiert, Enden eingehakt (blaue Pfeile). Aus- und Einbau Schaltsegment: 4. Gang einlegen, Hinterrad drehen.

(Lappen mit feinem Schraubendreher). Schaltdrehgriff auf **Leerlauf** stellen, Position mit **Tape** sichern. **Einsteller unten** zuerst ganz eindrehen (SW 8, gegenhalten SW 8), dann wieder um 2 mm Länge ausdrehen und sichern.

Schaltplatte so drehen, daß die unter Federdruck stehende **Schaltrolle** auf **Leerlauf** steht (2. Raste von links, diese Raste ist kleiner als die vier Schaltrasten – 1. Gang links davon, die anderen Gänge rechts davon). **Innenzüge einfädeln** und **Seilzughüllen** in die Einsteller stoßen (Spitzzange). Beide Innenzüge um die **Kanäle** der Schaltscheibe legen und durch die **Sicherungsnippel** führen. Nippel mit SW 8 oder Spitzzange festhalten, Schraube SW 7 so weit ausdrehen, bis der Schaltzug sich frei verschieben läßt. Innenzüge mit **Zange** oder Spanngerät (Profibedarf) vorspannen, d.h. ziehen, aber nicht zu fest, da sonst das Klebeband oben nachgibt. **Zugenden sichern:** Nippel SW 8 festhalten, Schraube SW 7 eindrehen. Geht am besten zusammen mit Helfer/Helferin. Zuletzt die **Enden der Innenzüge** hinter die beiden Haken auf der Scheibe klemmen. Schaltplatte und Züge bei eingebautem Schaltsegment nachfetten.

Deckel, Abstandshalter montieren:

Vor dem Aufsetzen des Deckels einen guten Spritzer **Öl SAE 30** in das Segment geben, nicht auffüllen.

Falls abgenommen: Zuerst den **Kickstarthebel** wieder befestigen; bei aufgesetztem Lüfterblech geht von oben der Bolzen nicht rein. Erst dann **Kühlluftblech** aufsetzen und festschrauben wie gezeigt, dabei das Befestigen des **Massekabelanschlusses** für die Elektronikbox nicht vergessen (Details s. Kap. **„Motor“).** Nun die Lasche des **Deckels** über die Lüftungsblech-

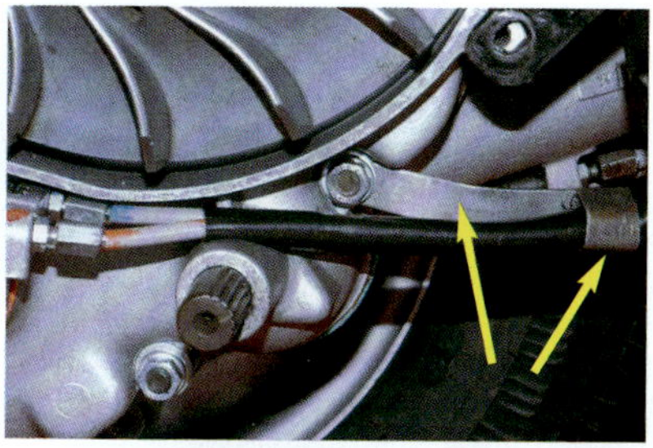

Links: Befestigen der Segmentabdeckung bei montiertem Kühlluftblech (1 KS). Rechts: Der Metallhalter hält das Bougierrohr mit den Seilzügen vom Auspuff fern. Bogen zur Montage aufbiegen.

kante schieben und mit der Kreuzschlitzschraube samt Unterlegscheibe befestigen.

Nicht vergessen werden darf, den **Halter** anzubringen, der die beiden Seilzüge auf **Abstand zum Auspuff** hält; dazu die untere Mutter SW 11 am Gehäuse abschrauben, Halter aufsetzen. Das **Bougierrohr** mit den Zügen in den Bogen legen, diesen wieder zubiegen. Die Scheiben und Mutter anbringen. Halter so biegen, daß der **Abstand zum Auspuff** ausreichend ist.

Nach Inbetriebnahme des Motors kann das Spiel der Seilzüge mittels der beiden zuvor weit eingedrehten **Einsteller** nachreguliert werden (zwei Gabelschlüssel SW 8).

Vier Bilder oben: Bremsseilzug hinten aushängen, von links oben bis rechts unten: SW 13-Mutter des Klemmbolzens lösen, nicht ausdrehen, dabei das Gelenk mit Montierhebel blokkieren; das aus Bolzen und Führung gezogene Seilzugende; Sicherungsmutter SW 8 des Einstellers lösen; Bowdenzughülle herausziehen; Einsteller ganz ausdrehen, wenn alter Seilzug geknickt ist.

Hinterradbrems-Betätigung

Bremspedalbock absenken – PK, PX: Mit einem Schlüssel SW 13 die Klemmschraube lösen, die den Seilzug vor dem Hinterrad am **Bremsgelenk** festhält, Seilzug aus dem Einsteller ziehen.

Dann den **Bremspedalbock** abbauen: Er ist rechts mit zwei durchgehenden Schrauben SW 10 nebst Muttern SW 10 und links mit einer nur von unten zugänglichen Schraube SW 10 befestigt. Pedalbock nach unten drücken und so weit vorziehen, bis die **Öse** des **Innenseilzugs** ausgehängt werden kann.

Zwei Fotos rechts: Die Schrauben SW 10 besitzen Scheiben und Federringe. Der Bremspedalbock ist unten mit zwei Muttern SW 10 (links) und einer Schraube SW 10 befestigt.

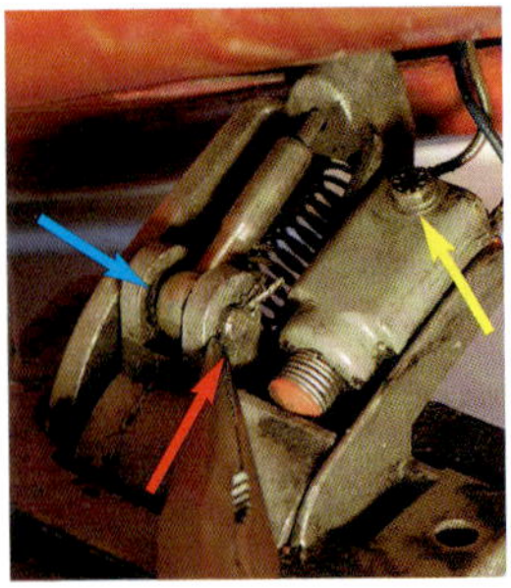

Oben links: Das Bremsseil endet in einer Öse (blauer Pfeil), die mit einem versplinteten Bolzen (roter Pfeil) arretiert ist. Der Bremslichtschalter ist mit einer Schraube SW 8 am Pedalbock fixiert (gelber Pfeil). Oben Mitte: den Bock spreizen und den Bolzen mit einem Schlagstift nach unten austreiben. Oben rechts: Bolzen und Seilzugöse sind abgenommen.

Mitte links: mit der Spitzzange die Kabelstecker des Bremslichtschalters abziehen. Mitte rechts: Der Innenzug wird von vorne aus der Hülle gezogen.

Hinterradbremszug auswechseln: Die **Öse** ist mit einem versplinteten Bolzen gesichert. Der **Splint** wird geradegebogen; er kann u.U. wiederverwendet werden. Dann den **Pedalbock** spreizen (als wenn man aufs Pedal treten würde) und den **Bolzen** mit einem 4 mm starken Durchschlag austreiben. Die **Öse des Bremsseils** ist nun frei, und das **Seil** kann von vorn aus der lose in der Karosserie verlegten **Bowdenzughülle** herausgezogen werden, die genauso einfach von hinten aus dem Hohlraum gezogen wird.

Bremspedalbock ganz ausbauen, Bremslichtschalter abnehmen: Zur kompletten Abnahme des Pedalbocks müssen die beiden **Kabelstecker** vom **Bremslichtschalter** abgenommen werden, was am besten mit einer Spitzzange gelingt. Der Schalter ist mit einer Schraube SW 7 befestigt und kann bei Bedarf ausgewechselt werden.

Hinterrad-Bremsseilzug einbauen: Zum **Einbau** eines **neuen Bremsseilzugs** in der umgekehrten Reihenfolge vorgehen: **Zughülle** von hinten nach vorne schieben, **Pedalbock** anlegen und das Pedal durchstecken, damit der Bock hängenbleibt. **Kabelstecker** anschließen. **Bremsseil samt Öse fetten** und von vorn durch die Bohrung im Pedalbock und dann durch die Hülle schieben, bis von unten der gefettete **Bolzen** eingesetzt werden kann; dazu wieder den Pedalbock spreizen. **Splint** anbringen, Enden umbiegen.

Bremspedalbock montieren: **Pedalbock** korrekt positionieren und **zuerst unten** die Schraube M6 mit neuer Unterlegscheibe und neuem Federring eindrehen. Dann **von der Oberseite des Trittbretts** her die beiden anderen Schrauben einsetzen und von unten mit neuen Muttern, Scheiben und Ringen sichern. Alle drei Verbindungen mit Schlüsseln SW 10 festziehen. Zuletzt wird ein womöglich abgenutzter **Pedalgummi** erneuert.

Fußbremszug anschließen, einstellen: Am besten geht es bei ausgebautem Hinterrad und auf der Bühne. Zuerst den **Einsteller** mit der Mutter (beides SW 11) ins Ge-

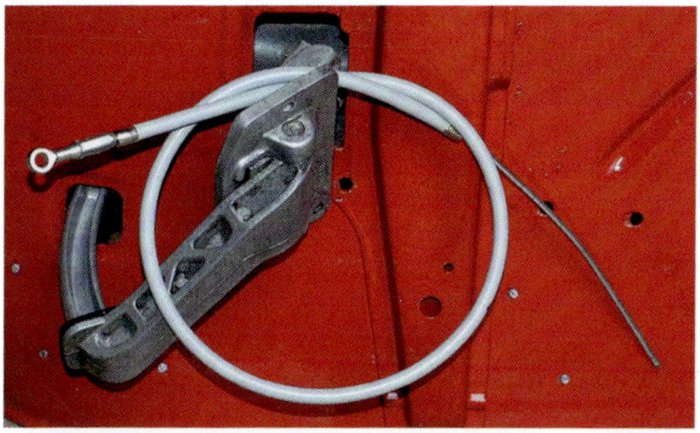

häuse drehen. Dann **Außenhülle** zurückschieben und **Seele** durch den **Einsteller** fädeln.
Jetzt das **Klemmstück** vom **Bremshebel** abspreizen, den Hebel ganz nach vorne drücken und den **Bolzen** so positionieren, daß die **Bohrung** parallel zum Seilzug weist und zwischen Hebel und Klemmplatte zu sehen ist. Bremshebel so weit vordrücken, bis kein Spiel mehr vorhanden ist, notfalls mit Draht nach vorne ziehen. Die (gefettete) **Seele** durch das Loch im Bolzen schieben. Kontrollieren, ob die Außenhülle vorne und im Einsteller fest anliegt. Dann den **Bolzen** mit einem Ringschlüssel SW 13 festhalten und die Mutter SW 13 so weit anziehen, bis die **Seele** perfekt festgeklemmt ist. Der Überstand wird nach vorne geklappt und in den **Haken** gelegt.
Das **Spiel** wird durch Verdrehen des Einstellers SW 11 hergestellt; dabei Außenhülle des Zugs mit Spitzzange festhalten. Der Einsteller wird dann mit der Mutter SW 11 blockiert. Abschließend verbinden wir Kupplungs- und Bremszug durch einen selbstarretierenden Kabelbinder, damit die Züge nicht am Auspuff anliegen.

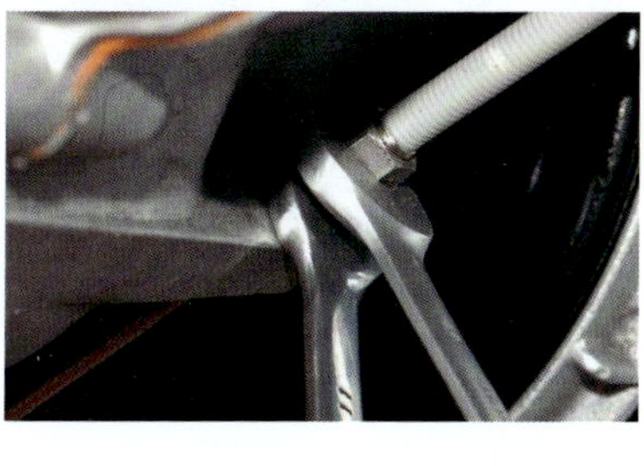

Oben links: ein neuer Hinterradbremszug. Daneben: der gefettete Innenzug wird von vorne durch die Bohrung im Pedalbock geschoben, die neue Hülle von hinten durch den Karosserie-Hohlraum. Unten links: Öse und Bolzen fetten, Pedalbock spreizen, Bolzen einsetzen und versplinten. Unten Mitte: Tülle von hinten über Brems- und Kupplungszug schieben. Unten rechts: Zwei Schrauben M6 von oben und eine Schraube M6 von unten fixieren den Pedalbock.

3 Bilder Bremszug von oben: Festklemmen des Bremszugs mit zwei Schlüsseln SW 13. Das Seilzugende muß vorne eingehängt werden. Einstellen des Seilzugs mit zwei Schlüsseln SW 11.

Räder und Reifen: Aus- und Einbau, Kontrolle und Wartung

Zur Abnahme des Vorderrads Roller auf den Mittelständer stellen, Vorderrad fest aufsetzen oder Bremse betätigen. Die fünf Radmuttern mit einer Stecknuß SW 13 von der Bremstrommel lösen

Foto unten links: Vor dem Ausbau des Cosa-Vorderrads zuerst den Plastikring abhebeln; dann die Muttern lösen.

Genial bei den klassischen Vespa-Modellen ist, daß die Räder geteilte Stahlfelgen besitzen. Das erleichtert das Wechseln von Schläuchen und Reifen – vorausgesetzt, Reifen und Felgenringe sind nicht durch Rosteinwirkung miteinander verbacken. Von Vorteil ist, daß Felgen und Reifen beim Wechsel nicht durch Montiereisen strapaziert werden. Benötigt werden lediglich Steckschlüssel SW 13 und Luftpumpe bzw. Kompressor.

Alle neueren Vespa-Modelle haben serienmäßig eine Reserveradhalterung unter der linken Haube. (Das Reserverad kostete früher Aufpreis, ist seit 2011 Serie.) Der Kauf ist auch deshalb eine sehr sinnvolle Investition, weil das Rad den Gewichtsausgleich zwischen rechts und links verbessert. Bei einigen klassischen Vespa-Modellen steht das Reserverad im Durchstieg oder dekorativ hinter dem Beinschild.

Vorderrad Aus-/Einbau

Vorderrad-Ausbau PK, PX: Der Ausbau des Vorderrads ist einfach, wenn das Fahrzeug stabil auf dem Mittelständer ruht. Nützlich ist es, wenn Helfer/Helferin das Vorderrad auf den Boden drückt und gleichzeitig mit der Vorderradbremse blokkiert. Die Räder älterer Modelle sind mit vier Bolzen an der Nabe befestigt.

Rechts: das von unserer 1985er PX 200 E Lusso abgenommene Vorderrad mit einem stark überalterten Refen. Die Hebebühne erleichtert Montagearbeiten aller Art.

Bei neueren Modellen mit einem Ring- oder Steckschlüssel SW 13 die **fünf Muttern** lösen, die das Rad an der Bremstrommel fixieren; Muttern, Sprengringe und Rad abnehmen.

Vorderrad-Ausbau Cosa: Die **Cosa** ist mit **Kunststoffringen** an den Rädern ausgerüstet. Sie sind mit fünf Klammern befestigt, die mit einem kräftigen Schraubendreher ausgehebelt werden. Am besten beginnt man in der Nähe des Ventils. Beim Radausbau, beim Trennen der Felgenhälften und bei der Reifenmontage genauso verfahren wie bei PK und PX.
Beim **Einbau** des Rads möglichst neue Sprengringe verwenden, Radmuttern mit maximal **27 Nm Drehmoment** anziehen.

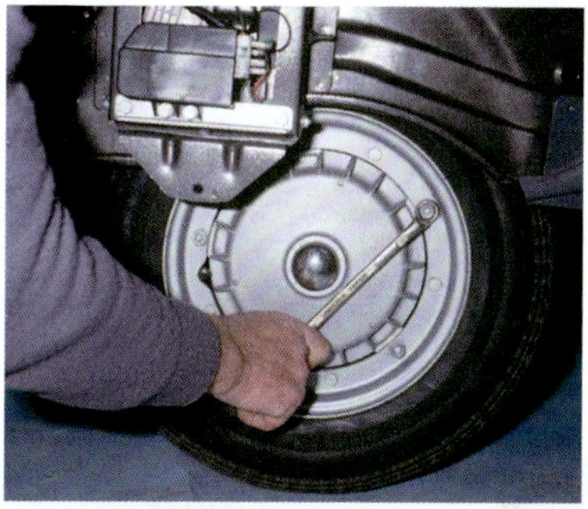

Oben: Abstützung des Hecks mit selbstgebautem Holzbock.

Links außen: ausgebautes Vorderrad bei der Cosa. Links: Lösen der Radmuttern SW 13 am Hinterrad der PX. Es geht auch mit einem Ringschlüssel.

Hinterrad Aus-/Einbau

Das Hinterrad der Vespa muß nicht nur für einen Reifen- oder Schlauchwechsel ausgebaut werden, sondern auch bei bestimmten Arbeiten an Bremsanlage und Antriebseinheit (Motorausbau zum Beispiel).

Hinterrad-Aus- und Einbau – alle Modelle: Nach Entfernen des Batteriehalters (s. Kapitel Elektrik Motor) kann das Hinterrad demontiert werden. Zuerst (bei aufstehendem Rad und blockierter Bremse) mit einem kurzen Steckschlüssel SW 13 oder einer Umschaltknarre samt passender Nuß wie beim Vorderrad die fünf Radmuttern zunächst nur lockern. Das Rad kann erst von der Bremstrommel abgenommen werden, wenn das **Fahrzeugheck** angehoben wurde. Dazu braucht man eine/n Helferin/Helfer. Unter den Kunststoffabschluß des Heckkotflügels eine umgedrehte Getränkekiste oder einen speziell fabrizierten Holzbock (Foto) stellen. Ein 5 cm dickes Brett unter dem Mittelständer sorgt für zusätzliche Luft nach unten. Der Helfer drückt den Roller über den **Mittelständer** so weit nach vorn, bis das Vorderrad fest aufsteht und das Hinterrad frei in der Luft hängt. Raum zwischen Kiste und Kotflügel mit Holzbrettern ausgleichen.
Dann Bremse wieder blockieren (Helfer), die fünf Radmuttern ganz abschrauben und Hinterrad abnehmen. Beim **Einbau** auch hier neue Sprengringe verwenden und die fünf Radmuttern kreuzweise mit **Drehmoment 27 Nm** anziehen.

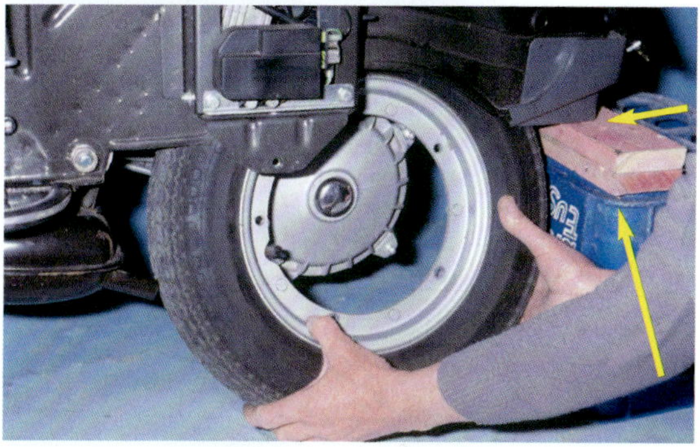

Hinterradausbau am Beispiel PX 200 E von 1984: Fahrzeugheck abstützen (Pfeile), Rad mit der Bremse blockieren und die fünf Radmuttern SW 13 lösen; notfalls Roller etwas nach rechts zur Seite kippen und Rad abnehmen.

Reifen, Schlauch abnehmen

Oben rechts: Zum Reifenwechsel zuerst die Luft ablassen. Mitte: fünf Muttern der Felgenringe lösen; dann versuchen, den Reifen mit dem Fuß loszutreten. Wenn das nickt klappt – siehe Fotos unten.

Felgenringe trennen, Reifen- und Schlauchwechsel: Anders als bei modernen Motorrollern mit einteiligen Leichtmetallrädern können **Reifenwechsel** und **Schlauchreparaturen** bei den klassischen Vespa-Typen in Eigenregie ausgeführt werden – allerdings nur dann, wenn Felgenringe, Reifen und Schlauch nicht durch starke Korrosion miteinander verbacken sind.

Weitere Möglichkeiten: Mit einem langem Kantholz und einem Holzklotz den Reifen von den Felgen trennen. Oder mit einem Montierhebel arbeiten. Wenn das nicht fruchtet, bleibt nur die Demontage mit der Maschine (Foto rechts).

In jedem Fall zum Wechsel von Reifen und Schlauch zuerst die Luft ablassen. Dann mit einem Ring- oder Steckschlüssel SW 13 die **fünf Muttern** lösen, mit denen die beiden **Felgenringe** verbunden sind. Rad so auf den Boden legen, daß das Ventil nach oben zeigt. Jetzt versuchen, die Reifenschultern mit den Füßen so weit wie möglich von den Felgenhälften loszutreten. Es empfiehlt sich notfalls, mit Montierhebeln nachzuhelfen.

Wenn das nichts fruchtet, das Rad vor eine schwer bepackte Palette oder ein anderes Widerlager legen, ein kurzes Holzstück auf die Reifenschulter legen und versuchen mit der **Hebelwirkung eines längeren Balkens** den Reifen abzudrücken. In den meisten Fällen gibt der Reifen dann nach.

Geben die Einzelteile auch dann noch nicht nach, bleibt nur der Gang zu einer Werkstatt mit **Montierapparat.** Wir haben erlebt, daß es sogar dann schwierig war, Reifen und Felgenringe zu trennen – der Rost hielt alles fest zusammen. Problematisch sind vor allem überalterte Reifen, dei völlig ausgehärtet sind.

Räder mit Radkappen

Räder mit Radkappen Aus- und Einbau PK-Modelle: Nach dem Abziehen der Radkappen kommen die fünf **Federclips** zu deren Befestigung zum Vorschein. Sie werden mit den Radmuttern (SW 13) wie Unterlegscheiben festgeklemmt. Beim **Einbau** ist unbedingt darauf zu achten, daß die breite konvexe Seite des Clips nach außen kommt. Wird dies nicht beachtet, klemmt sich beim Anziehen der Mutter das Federblech in den Gewindegängen der Schraubbolzen fest und läßt sich nur sehr schwer wieder entfernen!

Felgen, Reifen montieren

Reifen, Schlauch und Felgen kombinieren: Bei der Montage wird zuerst der **Schlauch** in den Reifen gelegt und etwas aufgepumpt, um zu verhindern, daß er eingeklemmt wird. Beide Innenringe des **Reifens** leicht **einseifen. Dann** Reifen mit Schlauch in die untere Felgenhälfte drücken, danach die zweite Hälfte aufsetzen, dabei **Ventil** durch das Loch führen.
Felgen zusammenschrauben und die fünf **Muttern** über Kreuz vor-, dann zweistufig mit Drehmoment 20-27 Nm festziehen. Zuletzt den Schlauch ganz aufpumpen: **Reifenluftdruck** zuerst auf 2,5 bis 3,0 bar bringen, damit sich der Reifen setzt, dann je nach Fahrzeug auf 1,25 bis 1,75 bar ablassen (Daten s. Tabelle). **Achtung:** Beim Reifenwechsel grundsätzlich immer einen **neuen Schlauch** montieren; darauf achten, daß der

Schlauch nicht eingeklemmt wird. Felgenhälften so verschrauben, daß später bei der Radmontage **nur**

Oben: Vorderrad der PK 50 XL 2 plurimatic. Bei der Montage der Radkappen auf die korrekte Position der Klammer achten (unten).

Oben links: Diese Felgen müssen entrostet werden. Darunter: neuwertige Felge, soeben mühelos abgenommen.

Unten links: Der Schlauch wird eingelegt und leicht aufgepumpt. Rechts: Einseifen der Reifeninnenkanten.

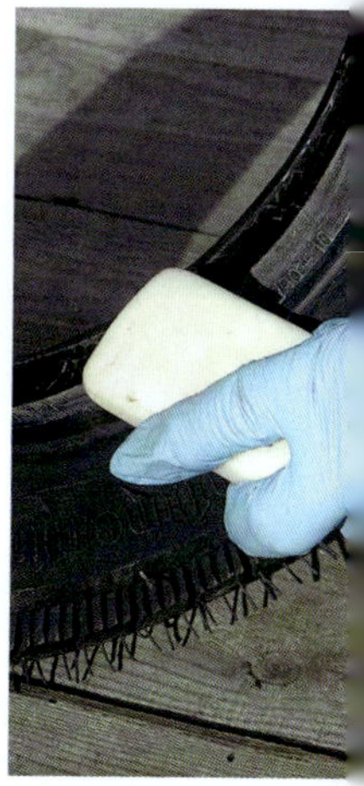

fünf Muttern auf einer Seite sichtbar sind. Anders ausgedrückt: Bei der Radmontage sitzt die tiefere Felgenhälfte über der Bremstrommel. Sind alle zehn Muttern zu sehen, ist das Rad falsch montiert – auf keinen Fall fahren!

Ganz rechts oben: Reifen auf die schmale Felgenhälfte drücken; Ventil nach unten.

Rechts oben: obere, breite Felgenhälfte aufsetzen, dabei Ventil durchstecken. Mitte: Muttern kreuzweise mit Drehmoment 20-27 Nm anziehen. Unten: Zuletzt den Schlauch auf 2,5 bis 3,0 bar aufpumpen, dann den Druck auf den modellspezifischen Wert einstellen (s. Tabelle nächste Seite).

Luftdruck prüfen

Reifenluftdruck und Reifenprofil prüfen – alle Typen: Der Reifenluftdruck muß regelmäßig überprüft werden. Schon ein geringfügiges Absinken des Fülldrucks führt zu einer deutlichen Verschlechterung der Fahreigenschaften. Auch der Reifenverschleiß nimmt dann rasch zu – und das geht ins Kleingeld. Chronischer Unterdruck kann infolge der hitzeerzeugenden Walkung sogar zu gefährlichen Laufflächenablösungen führen.

Deshalb ist es dringend zu empfehlen, den Luftdruck etwa **alle vier Wochen** zu überprüfen. **Achtung:** Luftdruck nur dann messen, wenn die Reifen noch **kalt** sind, also vor dem Start! Vornehmlich der Hinterreifen erwärmt sich bei der hecklastigen Vespa sehr schnell, wobei man wissen muß, daß eine Erwärmung zu einem Anstieg des Reifenluftdrucks führt.

Bei **längeren Fahrten** mit hoher Geschwindigkeit und voller Zuladung empfiehlt es sich, den **Luftdruck** vorn um 0,2 und hinten um 0,4 bar zu **erhöhen.** Der Reifen wird dann weniger stark gewalkt, er erhitzt sich nicht so stark und verschleißt deshalb weniger rasch.

Beim Fahren auf unbefestigten Pisten kann es nützlich sein, den Luftdruck um einige Zehntel bar abzusenken. Die Aufstandsfläche wird breiter, die Reifen sinken nicht ein.

Reifenluftdruck nach Piaggio-Empfehlung (Reifen kalt, Auswahl Modelle)

PK 50/S vorn 1,25, hinten 1,6 bar (mit Sozia/Sozius 2,9 bar);
PK 80/S vorn 1,25, hinten 1,75 bar (mit Sozia/Sozius 3,0 bar);
PK 125/S vorn 1,5, hinten 1,75 bar (mit Sozia/Sozius 3,0 bar);
PX 80 E vorn 1,2, hinten 1,75 bar (mit Sozia/Sozius 2,5 bar);
PX 125, PX 150 und **PX 200 E** vorn 1,2, hinten 1,75 bar (mit Soz. 2,5 bar);
Cosa 125, 150, 200 vorn 1,5, hinten 2,0 bar (mit Sozia/Sozius 2,5 bar).

Auf die Räder historischer Vespa-Modelle gehören klassische Reifen wie der hier gezeigte „Classic" 3.50 x 10 von Continental. Der Schlauch (hier von Michelin) wird miterneuert.

Reifenprofil kontrollieren

Bei der Luftdruckkontrolle stets auch die **Profiltiefe** des Reifens prüfen. Der Pneu sollte an keiner Stelle stärker als bis auf eine Restprofiltiefe von 1,6 mm abgefahren werden. (gesetzliche Mindestprofiltiefe). Reifen, die ungleichmäßig abgefahren sind, sog. „Bremsplatten" oder Beschädigungen an den Flanken aufweisen, müssen sofort ausgewechselt werden. Auch ein kastenförmiger Querschnitt, wie er bei überwiegendem Geradeausfahren entsteht, verlangt nach baldigem Reifenwechsel. Sonst rollen die Räder in Kurven dann nur auf einer instabilen Reifenkante.

Reifenkauf und -pflege

Wie lange die Reifen halten, hängt stark von Fahrstil und Beladung ab. Aber auch **Gummimischung** und Karkassenkonstruktion wirken sich maßgeblich auf die Lebensdauer aus. Wer den Roller bei Wind und Wetter sowie im Winter weiterbenutzt, sollte besonders auf **Nässetauglichkeit** achten. Spezial-Profilierung und Gummimischung sorgen hier für den nötigen Grip. **Vorsicht,** wenn es nach längerer Trockenperiode frisch geregnet hat: Die Straße ist dann gefährlich schmierig. Im Herbst droht Gefahr durch Laub und Dreck.
Aufgezogen werden sollten immer **Reifen gleicher Bauart,** möglichst auch gleichen Fabrikats. Sondergrössen und Niederquerschnittsformate müssen in die Papiere eingetragen werden, sind für die klassischen Modelle aber nicht zu empfehlen.

Bei der Bestückung historischer Vespa-Modelle sollten in jedem Fall klassische Reifenformate, die auch optisch ins Bild passen, verwendet werden (bei der PX z.B. in der Größe 3.50 x 10 Pirelli Typ SC 30, Shinko Typ SR 550 oder Continental Typ Classic.

Achtung: Nicht mit überalterten Reifen fahren. Reifen, die älter sind als sechs Jahre, sollten durch neue ersetzt werden, auch wenn die Profiltiefe noch ausreichend ist. Grund: Mit der Zeit härten die Reifen aus und verlieren dann vor allem bei Nässe ihre Haftung. Stark gealterte Reifen können besonders bei heissem Wetter platzen, was bei einem Roller unkalkulierbare Folgen hat.

Eine simple Prüfschablone, zu haben überall im Reifenfachhandel, zeigt genau die Profiltiefe an. Zwar sind in Deutschland minimal 1,6 mm erlaubt, doch sollten die Reifen nur auf 2,0 mm Restprofil heruntergefahren werden.

Trommelbremse vorn, Lagerung, Tachowellenantrieb, Ankerplatte: Montagearbeiten. Kontrollen, Wartung

Die Befestigungsteile von Rad und Bremstrommel: Rad- und Felgenmuttern mit ihren Federringen, Abdeckkappe, (benutzter) Splint, Kronensicherung, Mutter SW 22.

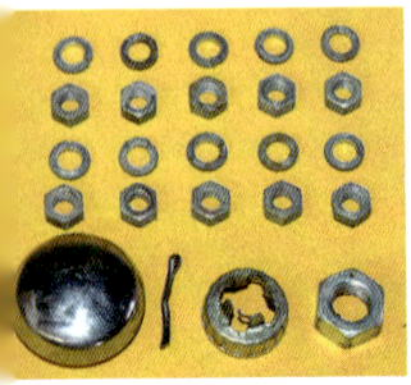

Vorbemerkungen: *Bei der Vespa werden wie bei allen Motorzweirädern im Extremfall bis zu 70 Prozent der Bremskräfte vom Vorderrad aufgenommen – entsprechend schnell nutzen sich vorne die Bremsbeläge ab. Sie können bei scharfer Fahrweise bei weniger als 10 000 km verschlissen sein. Die Beläge der Hinterradbremse halten normalerweise deutlich länger: 20 000 bis 30 000 km. Um zu vermeiden, daß die Beläge bis auf die Metallunterlage abgeschliffen werden, ist* ***regelmäßige Kontrolle*** *unerläßlich. Beläge, die bis auf eine Stärke von 1,5 mm heruntergebremst sind (ohne Unterlage gemessen), müssen schnellstmöglich ausgetauscht werden.*

Alle ***bis 1998*** *gebauten Vespa-Roller der Baureihen* ***PK, PX*** *und* ***Cosa*** *sind vorn und hinten mit Trommelbremsen ausgerüstet. Bei den* ***PK-*** *und* ***PX-****Typen werden sie mechanisch über* ***Seilzüge*** *betätigt, bei der* ***Cosa*** *über* ***Hydraulik-Zylinder*** *(alle Informationen zur Cosa-Bremse im übernächsten Kapitel). Erst* ***1998*** *bekam die* ***PX*** *vorn eine hydraulisch betätigte* ***Scheibenbremse*** *(Einzelheiten dazu in einem weiteren Kapitel).*

Die im Prinzip solide Trommelbremsanlage hat konstruktiv bestimmte ***Schwachpunkte:*** *Die Bremsbeläge liegen im Neuzustand oft nur schlecht an den Trommeln an. Ein ungleichmäßiges Tragbild fällt bei abgenommenen Bremstrommeln sofort ins Auge. Damit hängt auch das lästige Bremsrubbeln zusammen, das bei neuen Vespa-Rollern gele-*

Für den Ausbau der Bremstrommel muß das Rad aufgestützt und blockiert sein (Bremshebel ziehen (Helfer)).

Oben links: Zuerst Nabenkappe abhebeln. Daneben: Splint mit einem Schraubendreher aufbiegen.

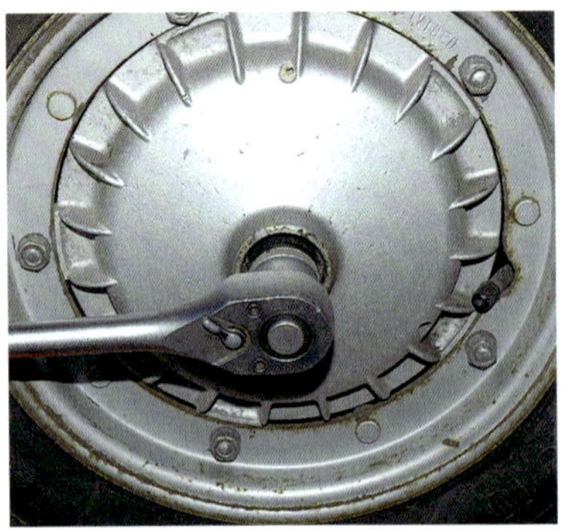

Unten links: Splint mit einem Seitenschneider aus dem Achszapfen herausziehen. Dann die dahinterliegende Kronensicherung abnehmen (Pfeil). Daneben: Lösen der Mutter mit Stecknuß SW 22.

*gentlich auftritt. Dieses Kapitel behandelt die **mechanisch betätigten Bremsen** der PK- und älteren PX-Typen **bis 1998.***

Bremstrommel ausbauen

Vorderrad-Bremstrommel abnehmen – PK, PX bis 1998: Die Vespa-Bremsen alter Bauart sind nicht mit Verschleißanzeigen für die Bremsbeläge oder mit Sichtfenstern in den Trommeln ausgerüstet. Man kommt daher nicht umhin, zur Belagkontrolle die Bremstrommeln abzunehmen. Die Arbeiten sind bei allen Modellen im Prinzip gleich. Weil die Radlager in die vordere Bremstrommel eingelassen sind, muß die Trommel mit einem **Dreiklauenabzieher** abgezogen werden. Wegen des hohen Drehmoments, das zum **Lösen der Achszapfenmutter** aufgewandt werden muß, wird das Vorderrad zunächst an der Bremstrommel gelassen – es dient bei gezogener Bremse zum Abstützen.

Und das sind die einzelnen Handgriffe für den Bremstrommelausbau: Mit einem Schraubendreher die **Abdeckkappe** in Nabenmitte abhebeln. Überschüssiges Fett abwischen und mit einem Schraubendreher den **Splint** am Achszapfen aufbiegen. Splint herausziehen und dahinterliegende **Kronensicherung** abnehmen. Mit einer Stecknuß SW 22 die **Achszapfenmutter** lösen (normales Rechtsgewinde, also gegen den Uhrzeigersinn drehen).

Vorbau und Rad dabei von einem Helfer auf den Boden drücken und mit dem Bremshebel **blockieren** lassen. Rad ausbauen wie weiter vorn beschrieben: die fünf Radmuttern mit einem Ring- oder Steckschlüssel SW 13 lösen und samt Sprengringen abnehmen.

Mitunter läßt sich die **Trommel** problemlos von Hand abnehmen oder mit kräftigen Hebeln abdrücken. Geht dies nicht, muß ein ausreichend großer **Dreiklauenabzieher** her, wie er überall im Handel oder im Internet erhältlich ist. Der Abzieher wird so angesetzt, daß die Klauen die **Kühlrippen** der Bremstrommel

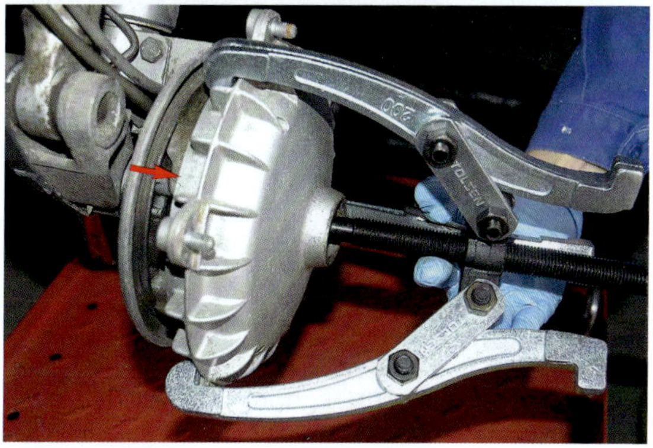

Den Abzieher so ansetzen, daß die drei Klauen hinter die Trommel greifen, auf keinen Fall aber hinter die Bolzenlager. Der Dorn muß gegen den Achszapfen drücken (Spitze in die Vertiefung); mit einer Stecknuß (hier: SW 19) den Dorn eindrehen und so die Trommel vom Achszapfen ziehen; Abzieher mit der Hand unterstützen. Die Trommel kommt dann frei (roter Pfeil).

Links: die abgenommene, ab Werk silbern lackierte Trommel.

Trommel mit ihren Lagern abgenommen; links die Bremsankerplatte mit Bremsbacken und Lagerung sowie dem Tachowellenantrieb im Zentralring.

Rechts oben: Mit dem Finger wird geprüft, ob die Bremsfläche riefig ist, was bei dieser neuwertigen Trommel nicht der Fall ist. Oft ist sie aber vom langen Stehen her stark angerostet. Darunter: Aufrauhen einer angegriffenen Bremsfläche mit 120er, dann 300er Schmirgel.

Oben: entrostetes und geschmirgeltes Bremsband. Auf der Nabe der spiralförmige Tachowellenantrieb.

nicht beschädigen können. Die Klauen dürfen auch nicht an den Radbolzenträgern angesetzt werden – **Bruchgefahr!** Gewindestange so ansetzen, daß die Spitze exakt auf die Mitte des Achszapfens zeigt. Die dort angebrachte Vertiefung verhindert, daß die Stange abrutscht.
Nun mit einem passenden **Ringschlüssel** (meist SW 19) die Gewindestange im Uhrzeigersinn drehen. Schon nach wenigen Umdrehungen springt die Bremstrommel mit vernehmlichem Knacken vom Achszapfen. Abzieher aushängen und Bremstrommel zusammen **mit den Radlagern** abnehmen.

Bremstrommel prüfen

Bremstrommel prüfen, reinigen:

Dann wird der **Zustand** der **Bremstrommel** geprüft. Die Trommel darf nicht verölt oder mit Fett verschmutzt sein. Auch darf sie keine Riefen aufweisen. Festgestellt wird das durch die **Fingerprobe:** Mit dem Zeigefinger Trommel innen ganz umfahren und Bremsbeläge quer zur Laufrichtung prüfen. Bei starker **Riefenbildung** hat man die Trommel früher in einer Fachwerkstatt ausdrehen lassen. Heute ist es billiger, eine neue Trommel zu beschaffen. Ausgewechselt werden muß die Trommel auch, wenn sich beim Bremsen eine **Unwucht** oder ein Rubbeln bemerkbar machen.
Rost und kleinere **Kratzer** können mit feinem Schmirgelleinen (Körnung 400) beseitigt werden. Einge-

drungenes Fett mit **Bremsenreiniger** entfernen. Dabei darauf achten, daß kein Reinigungsmittel in die Lager läuft. Ankerplatte ebenfalls von Fett und Schmutz befreien. **Vorsicht:** Bremsbeläge älterer Modelle können **Asbest** enthalten, daher den Bremsstaub nicht einatmen; bei Einsatz von Preßluft unbedingt **Atemschutz** tragen!

Tachoantrieb revidieren

Tachowellenspindel wechseln: Bei abgezogener Bremstrommel kann der Tachowellenantrieb instandgesetzt oder zumindest neu gefettet werden. Die Tachowelle wird von einer innen auf die Trommelnabe aufgeschrumpften **Schnecke** und einer **Spindel** in der Bremsankerplatte angetrieben. Am besten kommt man an die Spindel heran, wenn auch die Bremsanklerplatte ausgebauit wurde. Aber es geht auch so. Das kleine Plastikelement ist bei hoher Laufleistung abgenutzt oder trockengelaufen. Dann funktioniert der Tacho nicht mehr.

Zum **Ausbau der Spindel** wird zunächst der Gummistopfen auf der Rückseite der Ankerplatte ausgehebelt. Dann wird der Metallzylinder, der als Widerlager dient, von innen mit einem Schraubendreher nach links gedrückt und abgenommen. Danach kann das Plastikritzel herausgezogen und durch ein neues Teil ersetzt werden, das bei Piaggio lieferbar ist. Auf die richtigen **Dimensionen** achten, denn es gibt verschiedene Ausführungen. Kleinteile wie diese können bereits im 3D-Druckverfahren nachgefertigt werden.

Bei der **Montage** (oder beim Nachfetten) das verbrauchte Fett aus dem Lagerbereich bzw. der Spindelkammer entfernen und frisches **Universalfett** einbringen (besser noch: hitze- und wasserfestes Spezialfett). Auf die **richtige Position der Spindel** achten: Die kleine Vierkantöffnung muß links liegen, damit die Seele der Tachowelle hier eingreifen kann. Überschüssiges Fett abwischen. Zuletzt den **Metallzylinder** einsetzen, und zwar mit dem Kragen nach außen; die Bohrung muß sich exakt in den Spindelzapfen schieben. **Gummidichtung** aufsetzen und festklopfen. **Tachowelle** anschließen.

Oben links: Schnecke des Tachoantriebs in der Trommel. Daneben: Lage der Spindel (Altteil). Links: Zurückdrücken des Zylinders nach links. Darunter: Gummistopfen (auch Wellen-Widerlager), Zylinder, kaputtes und neues Ritzel.

Bei abgezogener Bremsankerplatte kommt man leichter an die Spindel heran. Links daneben der Führungszylinder.

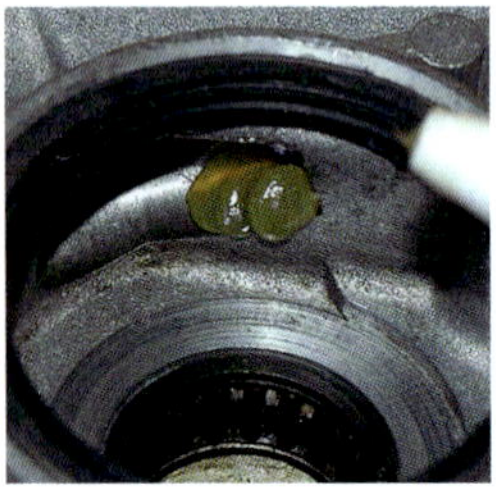

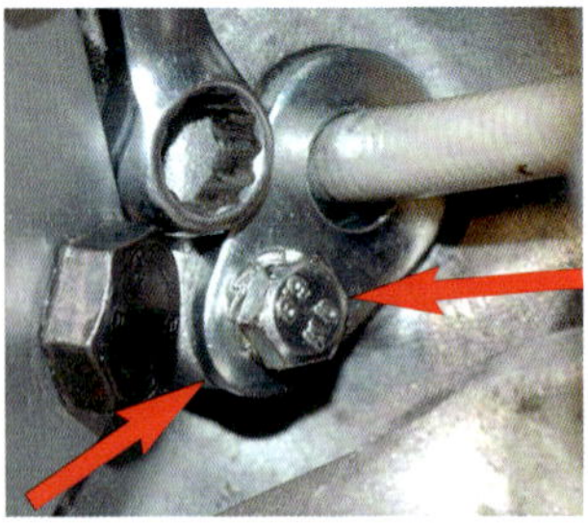

Bildreihe oben von links: neue Welle und altes Ritzel; der Vierkant des Ritzels muß beim Einbau Richtung Welle zeigen. Daneben: etwas Fett in die rechte Ritzelaufnahme geben. Dann neues Ritzel einsetzen (Vierkant nach links), Fett aufbringen. Rechts die korrekt sitzende Spindel, Fettüberschuß abgewischt.

Unten links: auf der Rückseite Zylinder einpassen, Gummistopfen einsetzen. Daneben: Befestigen der Tachowelle mit Plättchen und Schraube SW 8.

Bremstrommellager wechseln

Zustand Radlager in der Bremstrommel prüfen: Bei den in der Bremstrommel sitzenden Radlagern handelt es sich um ein **Kugel-** und ein **Nadellager.** Wenn diese nicht mehr ordentlich runddrehen, sollten sie gegen Neuteile ausgewechselt werden. Verdächtig sind hakeliges Drehen und Laufgeräusche.

Zum Ein- und Ausbau verwendet die Piaggio-Werkstatt spezielle Schlagstempel mit den Durchmessern 18, 25 und 35 mm. Wir nehmen ein 18er Rohr, einen 25er Alustempel und verschiedene Stecknüsse, die probeweise aufgesetzt werden, um zu sehen, ob sie vom Außendurchmesser her passen.

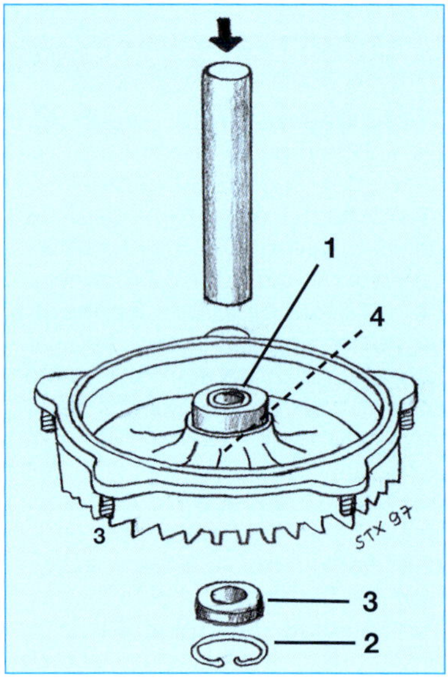

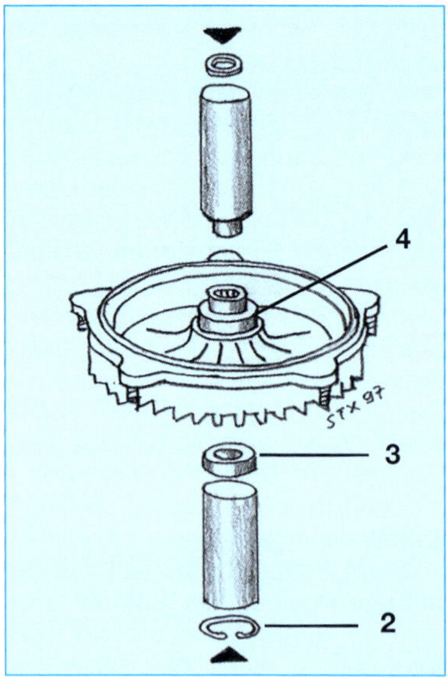

Rechts oben: Aufbau der Vorderrad-Bremstrommel mit den beiden Radlagern; 1 = Wellendichtring, 2 = Sprengring, 3 = Kugellager, 4 = Nadellager (verdeckt). Das Kugellager wird mit einem Rohr mit 18 mm Ø herausschlagen, der Nadelkäfig mit einem Stempel mit 25 mm Ø. Rechts unten: Einbau neuer Lager in die Bremstrommel; von innen zuerst Nadelkäfig 4, dann Dichtring 1 einbauen; von außen Kugellager 3 mit Schlagstift einpressen, Sicherungsring 2 mit Seegerringzange einsetzen.

Zeichnungen: Hans J. Schneider; Basis: Werkstatt-Handbuch Vespa P 200 E, Piaggio & C./Corradino Mori

Trommellager/Radlager Ausbau: Zuerst mit einer geraden Sprengringzange den **Sicherungsring 2** herausnehmen. Trommel mit einem Heißluftfön erwärmen, ein Rohrstück mit Außendurchmesser 18 mm durch den **Nadelkäfig** stecken und unter leichten Hammerschlägen das **Kugellager 3** ausstoßen. Von der anderen Seite das **Nadellager 4** zusammen mit dem **Dichtring 1** austreiben; dazu einen 25 mm dicken Stempel aus Eisen oder Aluminium verwenden. Unbedingt **Distanzhölzer** unter die Trommel legen, damit sie fest aufliegt und nicht beschädigt werden kann.

Oben: Der Seegerring, der das Kugellager sichert, wird mit der geraden Zange zusammengepreßt und abgenommen. Links außen: Brems-trommel auf über 100 °C erwärmen. Daneben: Kugellager mit Stempel 18 mm Ø austreiben (dabei Distanzhölzer unterlegen). Rechts davon: Dichtring und Nadellager mit 25-mm-Rundeisen austreiben.

Trommellager/Radlager Einbau: (Fotos s. folgende Seite. Den neuen **Nadelkäfig 4** (Bild 2) eine halbe Stunde lang ins Kühlfach legen, dann auf der Trommelinnenseite in die zuvor erhitzte Trommel setzen und mit dem 25er Schlagstift einschlagen. Neuen **Dichtring 1** aufsetzen (Lippe nach außen) und rundum in Position klopfen.

Das **Kugellager 3** wird ebenfalls eine halbe Stunde lang ins Tiefkühlfach gelegt. Dann wird es **innen gefettet,** in die erhitzte Trommel gesetzt und von außen mit einem Schlagrohr, Außen-Ø idealerweise 35 mm, in die Trommel geschlagen. Die **offene Flanke** des Lagers mit den Kugeln muß **nach innen** zeigen. Wir benutzen eine im Außen-Ø passende Stecknuß zum Einschlagen bis auf den Boden der Trommelnabe. Wenn es metallisch klingt, sitzt das Lager perfekt. Dann wird der **Sicherungsring 2** mit der geraden Seegerringzange in die umlaufende Nut gesetzt und zur Prüfung abschließend etwas gedreht. Wenn er nicht richtig sitzt, fliegen Rad und Trommel beim Fahren davon! Vor dem Einbau der Trommel auf den Achszapfen muß der Innenraum der Nabe mit **Universalfett** gefüllt werden. Auch der Schneckenantrieb muß wie die Spindel in der Ankerplatte (s.o.) mit etwas Fett bestrichen werden.

Neuteile fertig zum Einbau in die Trommel: Dichtring, Nadellager, Kugellager, Sprengring.

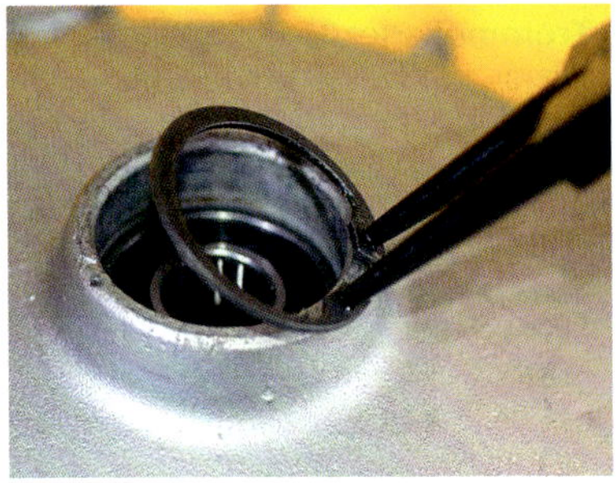

Einbau neuer Radlager; oben links: Das Kugellager wird mit der geschlossenen Seite nach oben eingesetzt. Oben Mitte: Das Lager bis zum Anschlag mittels passender Stecknuß eintreiben. Oben rechts: Den Sprengring präzise in die Nut setzen. Unten links: Nadellager und Dichtring vor dem Einbau. Unten rechts: Raum zwischen den Lagern mit Universalfett füllen, Schneckenantrieb nicht vergessen.

Trommelbremsbeläge

Trommelbrems-Beläge prüfen, Bremsnocken warten: Die Trommelbremsen sind vorn und hinten ähnlich aufgebaut. Wir befassen uns zuerst mit der Vorderradbremse.

Die Beläge müssen gewechselt werden, wenn entweder die Verschleißgrenze von 1,5 mm erreicht ist oder wenn die Beläge verölt sind. Die **Belagstärke** muß ohne Metallunterlage (= Backe) gemessen werden. Verölte Beläge lassen sich nicht einfach reinigen. Durch Behandeln mit Lösungsmitteln kann eingedrungenes Öl nur provisorisch beseitigt werden; besser ist der **Komplettaustausch.** Vor dem Einbau neuer Beläge nachsehen, ob Öl und Fett über defekte Wellendichtringe eingedrungen sind. Diese müssen dann ebenfalls gewechselt werden (s. oben Bremstrommel und weiter unten Bremsankerplatte).

Wenn die Beläge ein stark ungleichmäßiges **Tragbild** aufweisen, können sie als vorübergehende Notlösung mit Schmirgelleinen egalisiert werden **(Achtung:** Ältere Beläge enthalten Asbest, der Abrieb ist gesundheitsschädlich).

Abgenutzte oder verölte Beläge werden zusammen mit den Bremsbacken gewechselt; die Beläge sind nicht mehr wie früher aufgenietet, sondern geklebt. **Vorsicht:** Niemals versuchen, neue Beläge auf gebrauchte Backen zu kleben – das hält nicht, und die Bremsen können versagen!

Rechts: Die Bremsbeläge müssen mindestens noch 1,5 mm dick sein; gemessen wird ohne die Metallunterlage (Pfeile).

Trommelbremsbeläge ausbauen: Bei allen Vespa-Modellen sind die dem Bremsnocken gegenüberliegenden Backenaugen durch **Federklammern** gesichert, die zunächst abgenommen werden müssen, was am besten geht, wenn eine Schraubendreherklinge gegen die Enden der Klammern drückt. Dann werden die **Backen abgehebelt.** Zuerst den Gleitschuh des oberen Bakkens mit einem starken Schraubendreher vom **Bremsnocken** abhebeln. Dann mit zwei Schraubendrehern gleichzeitig beide Backen aus ihren Lagern ziehen. Die **Feder** wird dadurch automatisch entlastet. Nützlich ist alternativ eine Bremsfederzange, wie sie für weniger als 20 Euro beim Interenethandel bestellt werden kann.

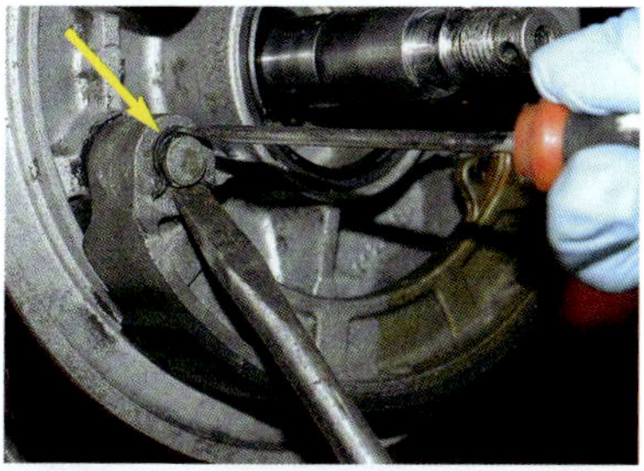

Links: Zum Ausbau der Bremsbacken zunächst die Sicherungsklammern (Pfeil) aushebeln; dabei von unten drücken und oben hebeln.

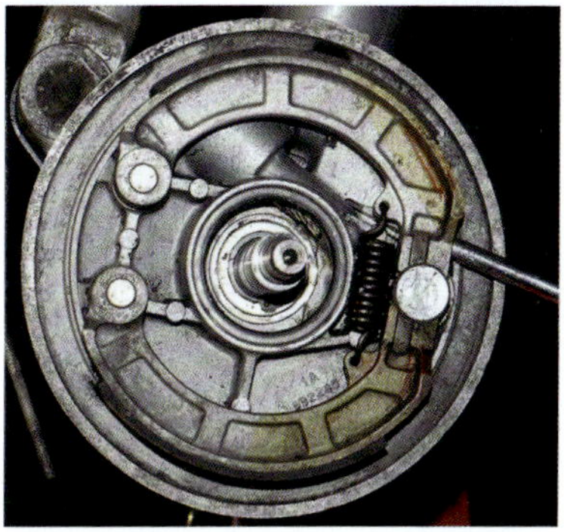

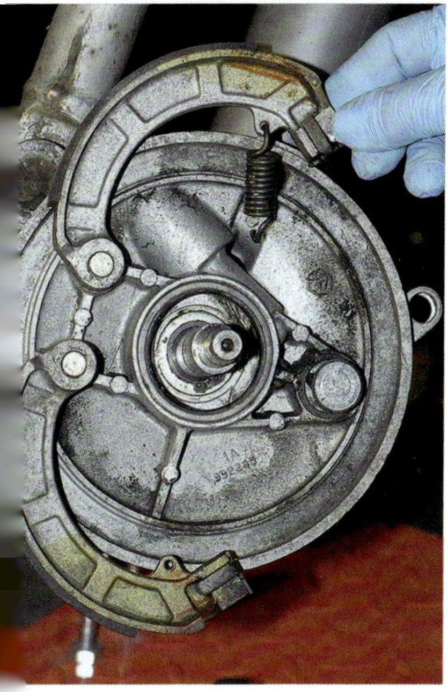

Trommelbremsbeläge einbauen: Bevor neue Bremsbacken aufgelegt werden, **Bremsnocken** auf Leichtgängigkeit prüfen; dazu Bremshebel hin- und her bewegen. Bereitet das Mühe, muß der Bremsnocken abgenommen werden. Wie das geht, beschreiben wir im Abschnitt „Bremsankerplatte revidieren".

Zuerst werden der **Nocken** der Bremshebelwelle und die beiden **Lagerbolzen** mit hochtemperaturfester **Keramikpaste** bestrichen.

Einbau der Bremsbacken: Wenn man keine Bremsfederzange zur Hand hat, positioniert man die untere Backe mit einer bewährten Methode. Wir hängen die Feder auch unten ein, setzen die untere Backe ganz vorn auf den **Lagerbolzen** und legen den Gleitschuh hinten an den **Nocken.** Der Schaft eines mittleren **Schraubendrehers** wird an der Feder vorbei

Links oben: Dann mit einem starken Schraubendreher das Drucklager der oberen Backe nach vorn über den Nocken hebeln. Rechts oben: Mit zwei Schraubendrehern kann die Backe komplett aus ihrer Position gedrückt werden. Links unten: Die Feder wird unten ausgehängt, die Backen können dann von den Lagerbolzen abgezogen werden.

gegen die Nabe geführt und dann mit Kraft nach unten gedrückt. Gleichzeitig wird die untere Backe nach hinten auf Lager und Nocken geschoben. Notfalls mit einem Hammer nachhelfen. Spätestens beim dritten Versuch sollte das klappen. **Federklammern** vorne einsetzen.

Einbau neuer Bremsbacken. Oben rechts: Bremsnocken und Backenlager werden mit hochtemperaturfester Keramikpaste bestrichen.

Mitte links: neue Bremsbacken und neue Feder provisorisch eingehängt. Mitte rechts: Bei eingehängter Rückholfeder mit einem Schraubendreher den Gleitschuh der unteren Backe kräftig nach unten drükken und Backe nach hinten schieben, bis er auf dem Nocken sitzt.

Unten links: Gleitschuh mit leichtem Hammerschlag positionieren. Unten rechts: Zuletzt die beiden Sicherungsklammern anbringen.

Bremstrommel einbauen

Bremstrommel mit den Radlagern einbauen: Was beim Ausbau schwer rausgeht, kann beim Einbau nicht leichter reingehen, zumal mit den zwei neuen Lagern. Zuerst aber füllen wir (wie bereits erwähnt) das Kugellager und den Raum zwischen den beiden Lagern mit **Universalfett.** Dann setzen wir die **Bremstrommel** an, schieben sie ein wenig über den **Achszapfen** und helfen dann mit leichten **Kunststoffhammerschlägen** rund um den Nabenkragen so lange nach, bis die Trommel bündig mit der Ankerplatte abschließt (Ankerplatte Aus- und Einbau s. weiter unten).
Jetzt wird die **Mutter SW 22** angesetzt und zunächst beigedreht; eine Druckscheibe wie hinten gibt es vorne nicht. Die **Vorderradbremse** wird mit der Rändelmutter rechts unten so eingestellt, daß die Trommel mit normaler Hebelkraft blockiert werden kann (Helfer). Trommel und Vorbau mit Holzklötzen **abstützen** und die Mutter zweistufig mit einem **Drehmoment von 77 und 90 Nm** festziehen. **Kronensicherung** aufsetzen und mit neuem **Splint** sichern. **Abschlußkappe** aufsetzen.

Vorderrad montieren

Vorderrad auf die Trommel setzen: Zum Abschluß kann das **Vorderrad** montiert werden. Die fünf **Muttern** mit neuen **Federringen** aufsetzen. Vorderrad blockieren wie beschrieben und Muttern mit Drehmoment **27 Nm** kreuzweise anziehen.

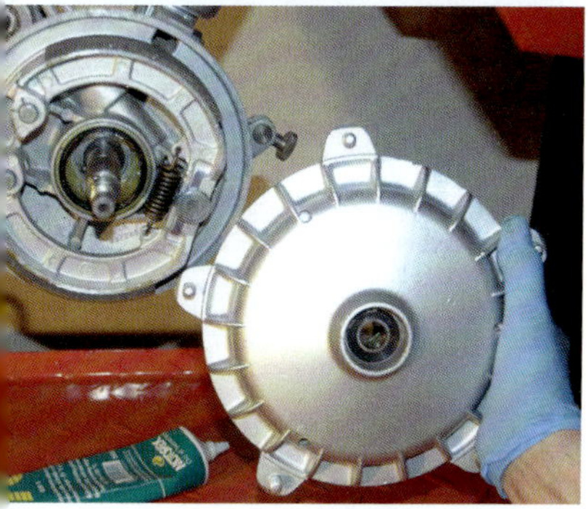

Zuerst das neue **Sicherungsplättchen** aufschieben und das untere Ende der Tachowelle in seine Lagerung in der Ankerplatte schieben; der Vierkant muß in das Ritzel greifen. Das Ansetzen der 1 cm langen **Schraube M5** SW 8 mit Federring ist äußerst fummelig, da kein Platz für eine flexible Welle mit Stecknuß vorhanden ist. Die Schraube muß mit dem Daumen der linken und dem Zeigefinger der rechten Hand ins Gewinde manövriert werden. Erst dann kann sie mit einem leicht abgewinkelten Ringschlüssel SW 8 festgezogen werden.

Oben links: Vor dem Trommeleinbau Raum zwischen den Lagern und Schneckenantrieb fetten. Darunter: Positionieren der neu gelagerten Trommel. Mitte links: Trommel mit Mutter SW 22 und Kleinteilen für Sicherung und Radeinbau. Daneben: So muß der neue Splint gebogen werden.

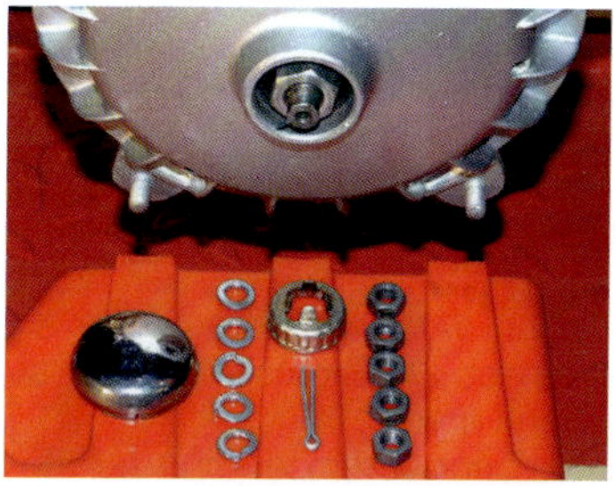

Tachowelle

Tachowelle an der Ankerplatte anschließen: Wie die Tachowelle aus- und eingebaut wird, haben wir bereits weiter vorn erklärt. Hier zusätzlich eine Präzisierung.

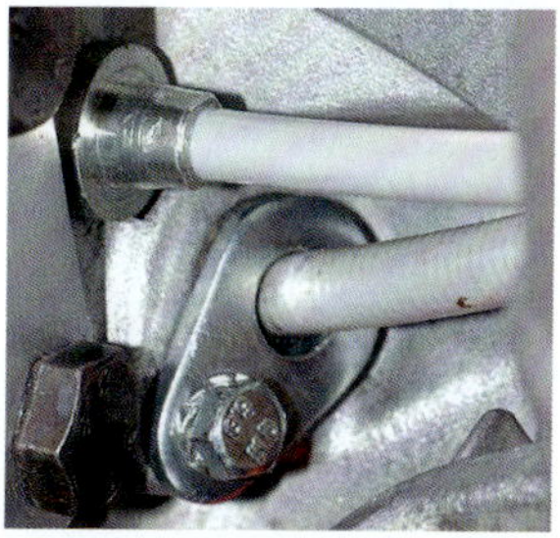

Unten links: das neu bereifte Rad mit Muttern und Scheiben. Unten rechts: Die fünf Muttern SW 13 werden mit 27 Nm Drehmoment angezogen. Links: Befestigung der Tachowelle mit Plättchen und Schraube M5.

Vorderradbremse einstellen

Bremseinstellung prüfen, korrigieren: Auch das Anschließen des **Bremsseilzugs** haben wir bereits gezeigt. Tachowelle und Seilzug dürfen sich nicht **nicht kreuzen,** sie müssen spannungsfrei verlegt sein.

Wenn neue Bremsbacken aufgelegt worden sind, muß die Vorderradbremse natürlich neu eingestellt werden. Ein Prüfen und Nachstellen ist davon unabhängig bei der **8000-km-Inspektion** und gelegentlich auch zwischen den Inspektionsintervallen erforderlich.

Im Prinzip muß immer dann nachgestellt werden, wenn das Spiel oben zwischen Handbremshebel und Hebelsockel größer geworden ist als 8 mm. Mit zunehmendem **Belagverschleiß** wird der Leerweg automatisch größer. Es ist aber auch schlecht, wenn gar kein Spiel vorhanden ist: Die Bremsbeläge schleifen dann an der Trommel.

Die Vorderradbremse kann nur unten an der **Bremsankerplatte** eingestellt werden, und zwar je nach Modell über einen Sechskant-Einsteller oder eine Rändelmutter. Bei den Modellen mit **Sechskant-Einsteller** zunächst mit einem Gabelschlüssel SW 11 die Sicherungsmutter lösen, dann den Einsteller (Schlüsselweite 11) so weit drehen, bis das Spiel oben am Hebellager 5 bis 8 mm beträgt. Durch Hineindrehen des Einstellers wird das Spiel größer, durch Herausdrehen kleiner.

Abschließend Einsteller wieder sichern. Bei Modellen mit **Rändelmutter** den Gewindeschaft des Seilzugendes bei Schwergängigkeit mit einem Gabelschlüssel SW 7 festhalten und mit der Rändelmutter das Seilzugspiel einstellen.

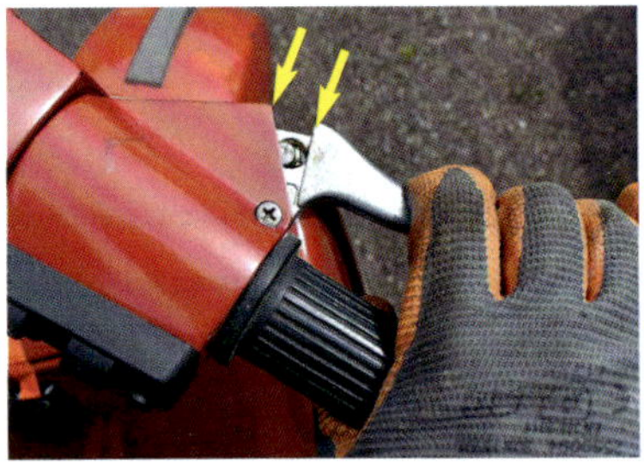

Rechts: Das Spiel zwischen den Hebellagern (gelbe Pfeile) der Vorderrad-Bremsbetätigung sollte 5 bis 8 mm betragen.

Bremsankerplatte

Die Bremsankerplatte ist die Mutter jeder Trommelbremse. Sie trägt Bremsbacken, Teile des Tachoantriebs, die Lagerung des Achsstummels und die untere Befestigung des Federbeins.

*Nach Demontage der Bremstrommel und der Abnahme von Bremsbelägen, Federbein (s. weiter hinten), Tachowelle und Bremsseilzug können die **Bremsankerplatte** und die beiden darin eingelassenen **Nadellager** ausgebaut werden. Für die Demontage der Ankerplatte muß auch das **Federbein abgebaut** sein – s. weiter hinten.*

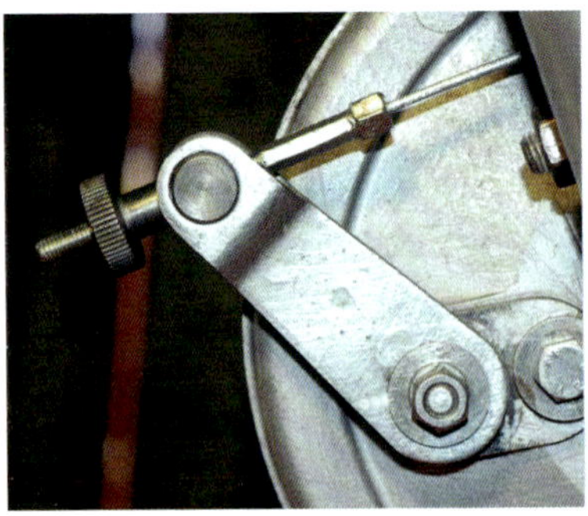

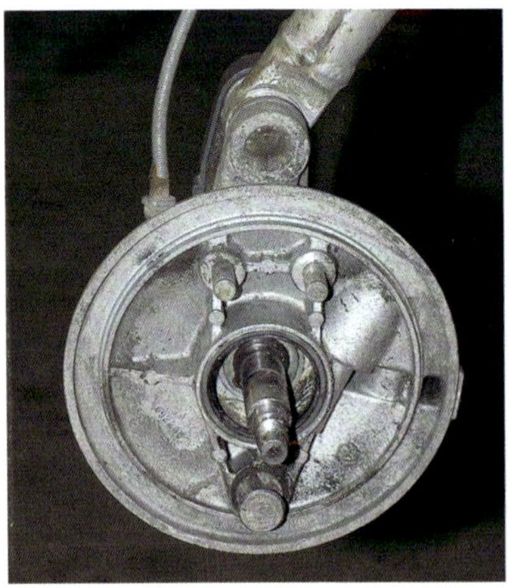

Foto links: Mit der Rändelmutter am Bremshebel der Trommel wird das Seilzugspiel eingestellt.

Foto rechts: Bremsankerplatte mit Achszapfen bei abgebauter Bremse und abgeschraubtem Federbein.

Oben links, rechts: Der Sprengring sichert die Bremsankerplatte; er wird mit der Spreizzange ausgebaut. Mitte rechts: Abziehen der Ankerplatte mit dem Dreiklauenabzieher und Stecknuß (hier: SW 19). Darunter: Ankerplatte und Achszapfen sind getrennt.

Verschlissen sind die beiden Ankerplattenlager in der Regel nur bei sehr hohen Laufleistungen. Denn sie laufen ja nicht rund wie die Trommellager, sondern folgen lediglich die ***Auf- und Abbewegung der Kurzschwinge*** *innerhalb des Federwegs.*

Vorzeitiger Verschleiß kann aber auftreten, wenn das Fahrzeug häufig mit hohem Druck dampfgestrahlt wurde. Dabei kann Wasser von der Rückseite der Bremsankerplatte her eindringen und im äußeren Nadellager für ***Korrosion*** *sorgen. Im Extremfall quietscht es dann beim Ein- und Ausfedern der Vorderradführung.*

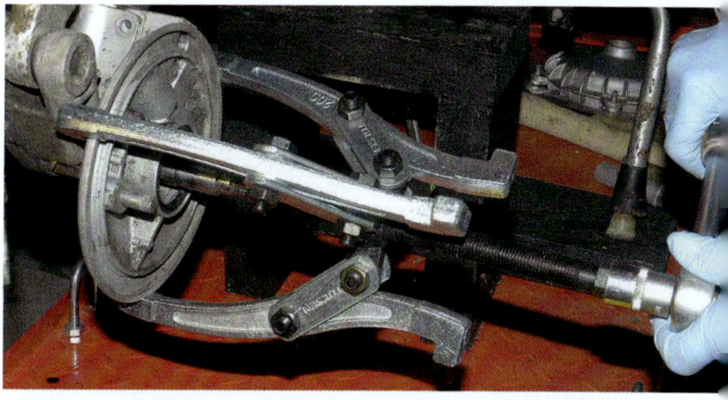

Bremsankerplatte Ausbau: Nach dem Abziehen der Bremstrommel liegt der **Achszapfen** frei. Das **Nadellager der Trommel** läuft direkt auf dem Achszapfen. Zum Ausbau der Bremsankerplatte müssen zunächst der **Seegerring** und die dahinter liegende **Druckscheibe** abgenommen werden. Dann wird der unentbehrliche **Dreiklauenabzieher** angesetzt. Der Sechskant der mit der Spitze auf den Achszapfen gesetzten Gewindestange wird mit einer passenden Stecknuß im

Bremsankerplatte und Kleinteile. 1 = Gleitscheibe an der Schwinge, 2 = O-Dichtring 39 mm, 3 = Form-Dichtring 27 mm Ø, 4 = Wellendichtring 56 mm Ø, 5 = äußeres Nadellager, 6 = inneres Nadellager, 7 = Druckscheibe, 8 = Sprengring.

Uhrzeigersinn so weit gedreht, bis sich die Ankerplatte von der Achse gelöst hat. Auf dem Achszapfen bleiben ein **Form-Dichtring** mit 27 mm Ø außen, ein **O-Dichtring** mit 36 mm Ø außen und eine **Gleitscheibe** zurück, die mit einem spitzen Gegenstand von der Schwinge abgenommen wird.

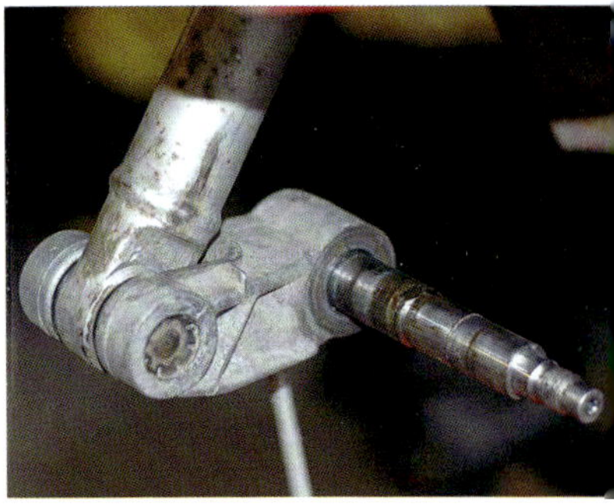

Rechts oben: Schwinge mit Achszapfen (Ringe und Scheiben abgenommen).

Wellendichtring Ankerplatte aus- und einbauen: Bei gebrauchten Fahrzeugen müssen Ankerplatte und Kleinteile zuerst mit Petroleum gereinigt werden. Danach sind der **Wellendichtring** auf der Trommelseite (56 mm Ø außen) und dahinter die beiden meist verharzten **Nadellager** zu erkennen. Zunächst wird der (meist verschlissene) Dichtring mit einem Schraubendreher **ausgehebelt.** Dessen Klinge wird innen angesetzt, der Schaft auf die Plattenkante gelegt. Dann Platte festhalten und einen trockenen Schlag auf den Griff geben. Der Ring springt aus der Einfassung. Den Sitz des Rings sorgfältig reinigen.

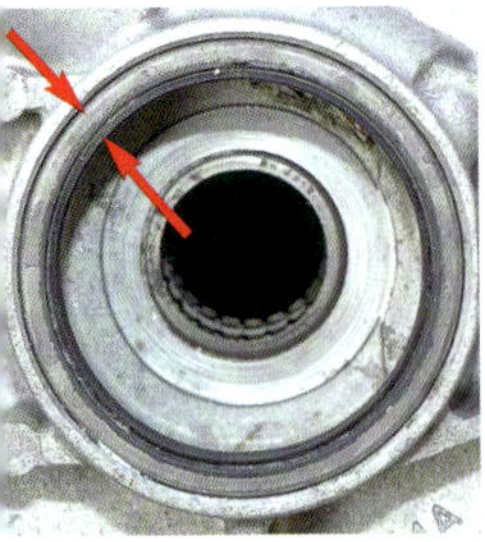

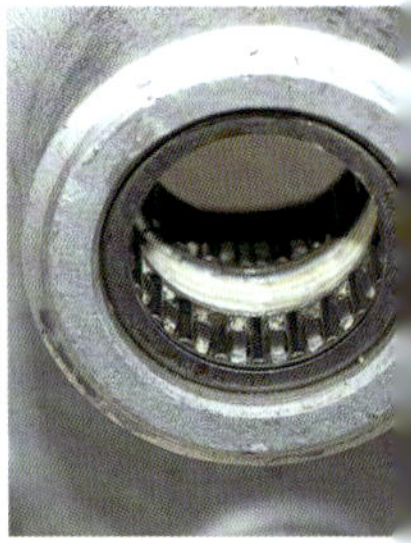

Mitte von links nach rechts: Wellendichtring Trommelseite, Nadellager Trommelseite, die Kunststoffspindel des Tachoantriebs (Pfeile: Verschleiß), Nadellager der Schwingenseite.

Zum **Einbau** die Einfassung mit einem Heißluftgerät erhitzen. **(Achtung:** Falls nicht geschehen, dazu Tachoritzel rausnehmen, s. weiter vorn.) Dann einen **neuen Dichtring** einsetzen und ihn rundum behutsam mit einem leichten Hammer in seine Position klopfen. Zuletzt mit einem 3 mm starken Durchschlag den Außenring aus Metall rundum vorsichtig ganz in die Einfassung schlagen. Wenn es metallisch trocken klingt, liegt der Ring perfekt an.

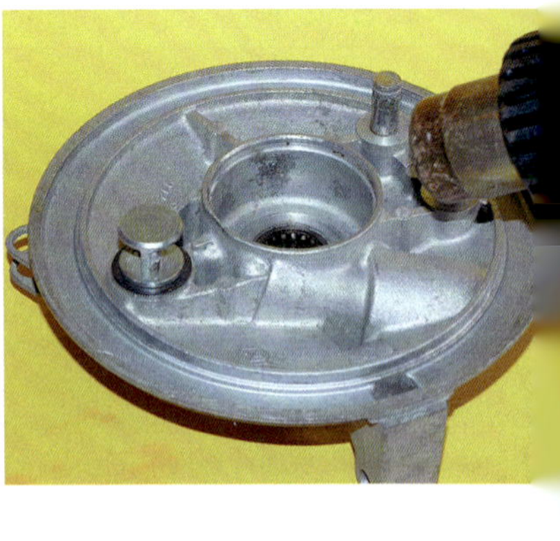

Rechts: Der alte Staubschutz- und Dichtring wird mit einem kräftigen Schraubendreher ausgehebelt. Klinge links ansetzen, Platte festhalten und einen trockenen Schlag auf den Griff geben. Unten: Zum Einbau des neuen Dichtrings Platte auf min. 100 °C erhitzen.

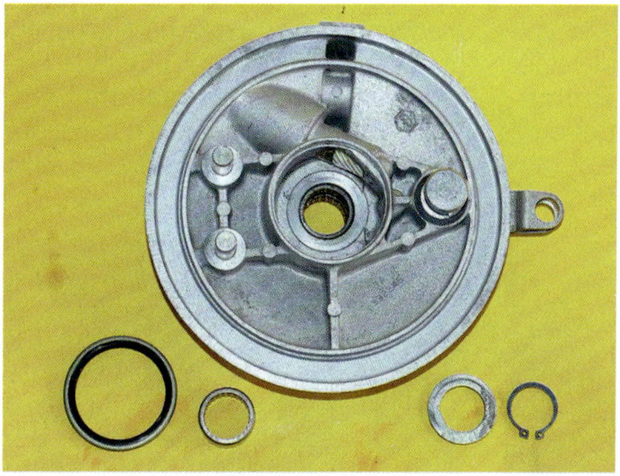

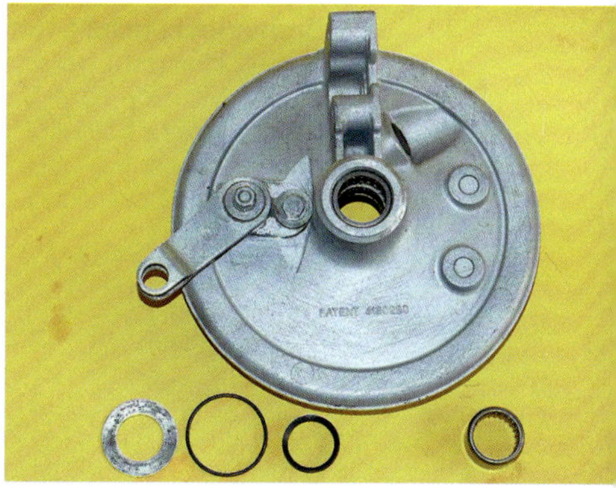

Oben links: Trommelseite Ankerplatte mit Wellendichtring, Nadellager, Druckscheibe, Sprengring. Oben rechts: Schwingenseite der Ankerplatte mit Anlaufscheibe, zwei O-Ringen und Nadellager.

Links: neuer Ring eingesetzt, Hammer, Durchschlag mit 3 mm Ø für das Anpassen der Ränder.

Nadellager Ankerplatte ausbauen: Zum Ausbau der beiden **Nadellager** die Bremsankerplatte mit einem elektrischen Heißlufterzeuger erwärmen und dann mit einem außen 25-27 mm messenden Stempel (am besten aus Alu) und leichten Hammerschlägen die beiden **Nadellager zusammen austreiben**.

Nadellager Ankerplatte einbauen: Die neuen Lager möglichst sofort in die noch heiße Bremsankerplatte einbauen, sonst von neuem erhitzen. Mit dem Alustempel (Ø 25 mm) zuerst die **Nadelhülse 4** von der äußeren Seite her in die Ankerplatte einschlagen, und zwar so weit, bis der gefaste Ring der Nabe ganz zu sehen ist.

Die **Nadelhülse 5** wird von der anderen Seite in die erwärmte Platte geschlagen, und zwar bis knapp 1 mm unterhalb des Nabenrandes. Vor der (späteren) Montage an den Achszapfen muß der innere Raum der Bremsankerplatte mit Universalfett gefüllt werden.

Zeichnung: Hans J. Schneider; Basis: Werkstatt-Handbuch Vespa P 200 E, Piaggio & C./Corradino Mori

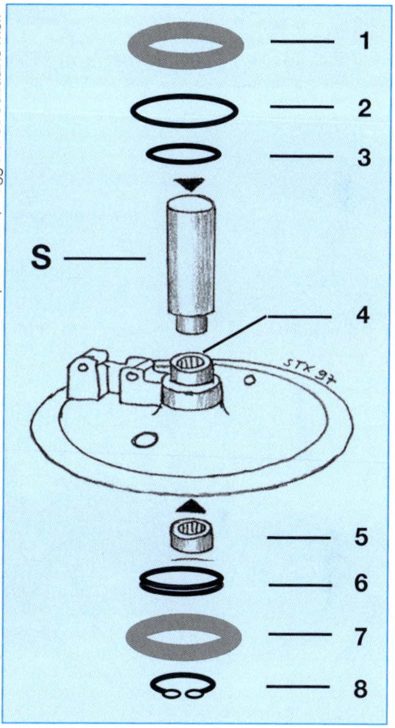

Zeichnung: die Elemente der vorderen Bremsankerplatte; mit passendem Schlagstempel (S) die beiden Nadellager 4 und 5 von oben bzw. unten in die zuvor erwärmte Platte schlagen; den Wellendichtring 6 einsetzen. Bei der Montage später auf den Achszapfen die Gleitscheibe 1 und die Dichtringe 2 und 3 schieben; die komplettierte Platte mit den gefetteten Lagern bis zum Anschlag aufschieben, Druckscheibe 7 einsetzen, alles mit dem Sprengring 8 sichern.

Bremsnockenwelle fetten: Der Vorderrad-**Bremshebel** ist mit einer Mutter M6 SW 10 auf der **Bremsnockenwelle** befestigt. Mutter ausdrehen, Federring und Scheibe abnehmen. Hebelstellung auf der Welle markieren. Dann Welle herausziehen und reinigen bzw. abbürsten. Die Vertiefung mit **Universalfett** füllen und Welle wieder einsetzen. Hebel mit Scheibe, neuem Federring und Mutter M6 befestigen.

Linke Bildleiste von oben: Erwärmen der Ankerplatte auf mindestens 100 °C. Austreiben beider Nadellager zusammen mit Alustempel 25 mm Ø. Links die neuen, rechts die ausgetriebenen Lager. Unten: neues Nadellager aufgelegt, Alustempel zum Eintreiben mit dem Hammer in die erhitzte Platte.

Rechte Bildleiste von oben: Demontage des Bremshebels, die Einzelteile der Bremsbetätigung, die gefettete Bremsnockenwelle.

Bremsankerplatte einbauen: Zuerst wird die mit zwei neuen Nadellagern, neuem Wellendichtring und neuer Tachowellenspindel ausgerüstete Ankerplatte **gefettet,** und zwar zwischen den Nadellagern und im Hohlraum davor inklusive Spindel. Die Rollen der Nadellager werden sorgfältig mit Universalfett bedeckt. Die Lippe des großen Dichtrings bekommt auch etwas Fett ab.
Danach werden die entrostete **Gleitscheibe,** der große **O-Ring** und der kleine **Formring** auf den Achszapfen geschoben. Der Formring muß mit der abgeschrägten Seite zur Ankerplatte,

Obere Bildleiste von links: Fetten der Ankerplatte zwischen den vorgefetteten Nadellagern und im Hohlraum davor. Auflegen der Gleitscheibe, des großen O-Rings und des Formrings. Aufschieben der Ankerplatte bei liegendem Roller. Aufsetzen der Druckscheibe. Anbringen des Sprengrings.

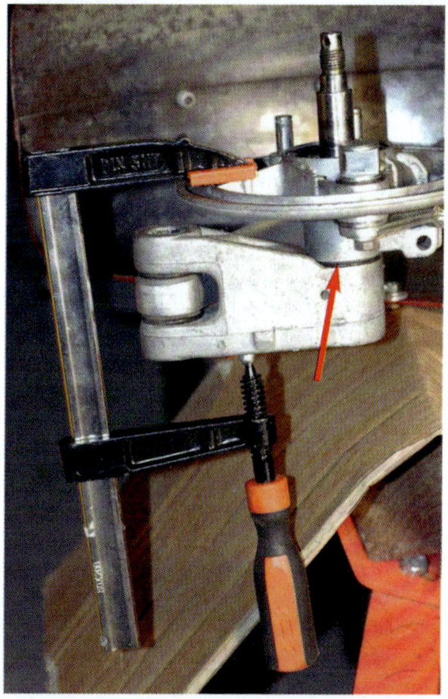

mit der **Doppellippe zur Schwinge hin** zeigen. Vorher prüfen, ob er etwa 1 mm aus der Platte vorsteht, damit er gut abdichten kann. Bei Bedarf Nadellager etwas zurückschlagen.

Die **Ankerplatte** wird am besten bei liegendem Fahrzeug eingebaut. Platte aufsetzen und kleinen O-Ring mit zurückdrücken. Nun die dicke **Druckscheibe** aufschieben und den **Sprengring** mit einer geraden Sprengringzange anbringen. Dies gelingt nur, wenn Schwinge, Ankerplatte und großer O-Ring mit einer **Schraubzwinge** gegeneinandergepreßt werden. Vorher den O-Ring exakt zentrieren; eine Führungsrille gibt es nicht, die Platte ist zur Aufnahme des Rings abgeschrägt.

Wenn ordentlich zusammengepreßt wird, findet der **Sprengring** seine Position in der dafür vorgesehenen Rille. Zuletzt Ring mit einem spitzen Stift drehen, um sicher zu gehen, daß er **hundertprozentig sitzt.** Montage der Bremstrommel s. weiter vorn.

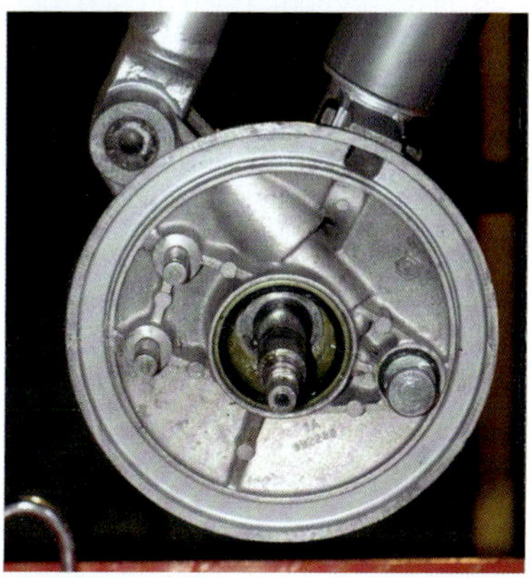

Bilder unten von links: Druckring und Sprengring angesetzt. Ansetzen der Sprengringzange. Zusammenpressen von Ankerplatte und Schwinge; roter Pfeil: zentrierte O-Ring. Der korrekt montierte Sprengring (gelber Pfeil) sichert die Platte; zur Prüfung drehen. Links: die fertig montierte Ankerplatte bei stehendem Fahrzeug.

Trommelbremse hinten, Trommel, Beläge, Ankerplatte, Bremshebel: Montagearbeiten. Kontrolle, Wartung

Auch die hintere Trommelbremsanlage ist bei den PK- und PX-Modellen technisch nahezu identisch aufgebaut. Wir gehen von außen nach innen vor: Ausbau Trommel, Bremsbacken, Ankerplatte, Bremsbetätigung. Nach Kontrolle oder Austausch montieren wie in umgekehrter Reihenfolge.

Bremstrommel hinten Ausbau

Bremstrommel hinten ausbauen:

Die hintere Bremstrommel muß (wie die vordere) zur Kontrolle der Bremsbeläge ausgebaut werden. Denn auch hier gibt es weder eine Verschleißanzeige, noch ein Sichtfenster

Es gibt zwei Möglichkeiten, die hintere Bremstrommel auszubauen: komplett mit dem Hinterrad oder solo direkt von der Antriebswelle.Trommel, Nabe und Rad sind direkt an den Triebwerksblock angedockt. Nabe und Trommel bilden eine Einheit. Als Buchse ist die **Verzahnung** für die Antriebswelle (Achse) eingearbeitet.

Am praktischsten ist es, die Trommel zusammen mit dem noch befestigten Hinterrad abzunehmen, was ohne Abziehwerkzeug gelingt. Von Vorteil ist dabei auch, daß bei montiertem Rad das Drehmoment beim Lösen der Achszapfenmutter aufgenommen werden kann.

Zuerst wird die **Schutzkappe** mit einem starken Schraubendreher abgehebelt. Dann wird der **Splint** mit einem Seitenschneider aufgebogen und aus der Bohrung der Achse gezogen. Er blockiert die **Kronensicherung** an ihren abgewinkelten Zungen; diese läßt sich von Hand abnehmen.

Nun den 1. Gang einlegen, und Hinterrad per Fußbremse blockieren (Helfer). Die **Achsmutter** wird mit einer Stecknuß SW 24 gelöst (nor-

Bildleiste rechts von oben: Mit einem Schraubendreher wird die Schutzkappe abgehebelt. Der Splint wird mit dem Seitenschneider aufgebogen und herausgezogen. Nicht im Bild: Das Abnehmen der Kronensicherung. Mit einer Stecknuß SW 24 die Mutter lösen. Unten die Kleinteile: Kappe, Splint, Kronensicherung, Mutter SW 24, Druckscheibe, auch „Anlaufscheibe“.

males Rechtsgewinde, also gegen den Uhrzeigersinn ausdrehen). Falls die Mutter extrem festsitzt, Knarrenhebel mit einem Stück Rohr verlängern und Hinterrad zusätzlich mit Kantholz oder Keil festsetzen.

Mutter und **Anlaufscheibe** abnehmen. Jetzt die Maschine hinten so anheben, daß sich das Rad frei drehen läßt. Heck mit Getränkekiste o.ä. abstützen. Einfacher geht es, wenn die Maschine auf einer **Montagebühne** steht; diese besitzt eine **Luke,** durch die das Rad mit der Trommel nach unten abgesenkt werden kann.

Rad und Bremstrommel zusammen abnehmen. Notfalls von der rechten Fahrzeugseite aus mit leichten Schlägen auf den Reifen etwas nachhelfen. Die **Bremstrommel** mit der Antriebsverzahnung ist mit **fünf Muttern SW 13** am Rad befestigt. Sie werden zur Trennung von Rad und Trommel ausgedreht.

Oben: Durch die Luke in der Montagebühne läßt sich das Rad mit der Trommel nach unten absenken. Links außen: Die fünf Muttern lösen und Rad abnehmen. Rechts: Trommel und Rad sind getrennt.

Bremsbacken Ausbau

Hinterradbremse Beläge prüfen wechseln: Die Hinterrad-Trommelbremse der Vespa ist genauso konstruiert wie die Vorderradbremse. Auch hier müssen die Beläge gewechselt werden, wenn die **Verschleißgrenze** von 1,5 mm erreicht ist. Die Beläge werden ebenfalls zusammen mit den Backen ausgetauscht (s.a. Kapitel „Vorderradbremse"). Vor dem Auflegen neuer Bremsbacken den **Bremsnocken** auf Leichtgängigkeit prüfen. Notfalls ausbauen und gängig machen (s. weiter unten).

Die beiden Bremsbacken sind in Fahrtrichtung durch zwei **Federklammern** gesichert, die mit einer Spitz-

Links: Die beiden Bremsbacken sind links durch zwei Federklammern gesichert.

zange abgezogen werden. Die **obere Backe** wird mit zwei Schraubendrehern rechts vom **Nocken** und links aus der Lagerung gedrückt. Danach kann sie ganz abgezogen werden. Das System ist nun entspannt, die **untere Backe** läßt sich ohne weiteren Aufwand zusammen mit der **Rückholfeder** abnehmen. Die Feder kann vorher auch mit einer Bremsfederzange ausgehängt werden.

Rechts oben: Zunächst mit einer Spitzzange die Federklammern an den vorderen Backenlagern abziehen.

Mitte links: Mit zwei Schraubendrehern wird die obere Backe nach vorn gehebelt. Rechts: Die Bremsbacke hängt nur noch an der Feder.

Rechts: Die beiden Bremsbacken werden zusammen mit der Rückholfeder abgenommen.

Dahinter werden **vier O-Ringe** sichtbar: ein umlaufender im Zentrum, ein kleinerer zur Abdichtung des Bremsnockens und ein Doppelring an den vorderen Backenlagerungen. Diese Ringe sind meist undicht, was dazu führt, daß sich das Getriebeöl verflüchtigt und die Bremsbeläge verölt. Sie müssen daher ausgewechselt werden.

Auch der **Wellendichtring** an der Antriebswelle kann undicht sein. Hier kann verstärkt Öl in die Bremse gelangen. Wir zeigen im Motor-Kapitel, wie er zusammen mit dem Kugellager ausgewechselt wird.

Staubschutzblech Ausbau

Staubschutzblech abnehmen: Nun kann das **Staubschutzblech** abgeschraubt werden: dazu die drei Kreuzschlitzschrauben lösen.

Das Staubschutzblech ist mit drei Kreuzschlitzschrauben am Gehäuse befestigt.

Oben links: Das ausgebaute, aber noch nicht gereinigte Staubschutzblech und die Radantriebswelle (gleichzeitig Getriebehauptwelle). Rechts: Vier O-Ringe dichten am Gehäuse ab.

Bremsbetätigung Ausbau

Bremshebel und Bremsnockenwelle ausbauen: Die logische Folge der Bremsdemontage hinten ist der Ausbau der Bremsnockenwelle samt Bremshebel. Auch hier treten gern Undichtigkeiten auf.
Zuerst mit einem Schraubendreher die **Rückholfeder** aushängen. Dann mit einem kleinen Schraubendreher den **Sicherungssplint** aufbiegen und ihn mit einer Spitzzange herausziehen. Mit dem großen Schraubendreher die **Bremsnockenwelle** aus ihrer Lagerung nach außen drücken und ganz aus dem Antriebsgehäuse ziehen. **Bremshebel** und Rückholfeder liegen jetzt frei. Die beiden O-Ringe beachten.

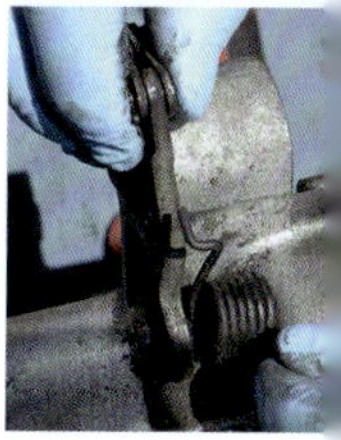

Obere Bildreihe von links: Aushebeln der Rückholfeder, Feder zurückschieben, Sicherungssplint aufbiegen. Untere Bildreihe von links: Sicherungssplint herausziehen, die Bremsnockenwelle aus dem Gehäuse drükken, Feder und Bremshebel entnehmen. Unten: die gereinigte Nockenwelle mit den beiden O-Ringen.

Bremsbetätigung Einbau

Zuerst bauen wir Bremsnockenwelle und Bremshebel wieder ein, dann die Ankerplatte, anschließend neue Bremsbacken. Die Trommel wir gereinigt und aufbereitet oder ersetzt und anschließend auf dem Achsstummel montiert.

Bremshebel, Bremsnockenwelle einbauen: Die beiden **O-Dichtringe** sollten stets erneuert werden, auch wenn sie noch gut aussehen. Mittelbereich der Nockenwelle und Nuten für die Ringe mit **Universalfett** versehen, O-Ringe aufschieben. Dann wird die Welle so ins Gehäuse gesetzt, daß die Nockenfläche parallel zur Mittelachse der Bremsanlage verläuft. Der **Bremshebel** wird aufgesteckt, gefolgt von der **Feder.** Jetzt kann die Welle ganz durchgeschoben werden. Sie wird mit einem neuen **Splint** gesichert. Zuletzt den Bremshebel hochdrücken, damit die Feder eingehängt werden kann.

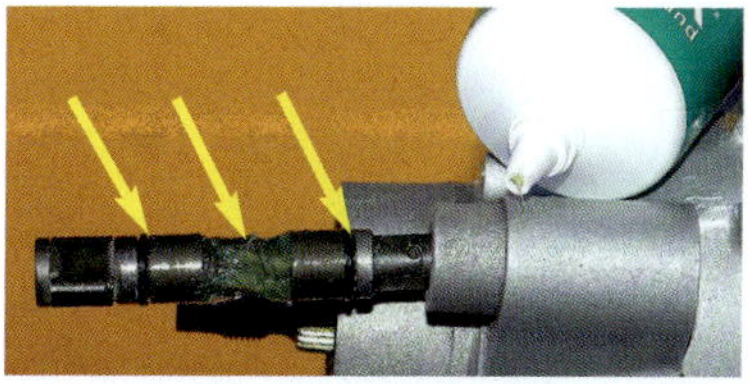

Links: Die Vertiefung wird mit Universalfett gefüllt.

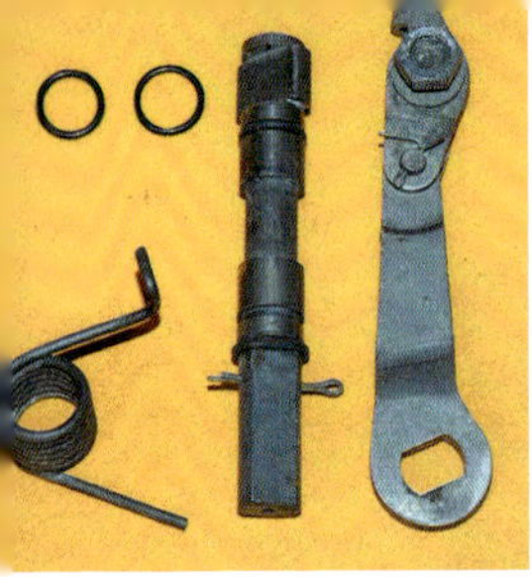
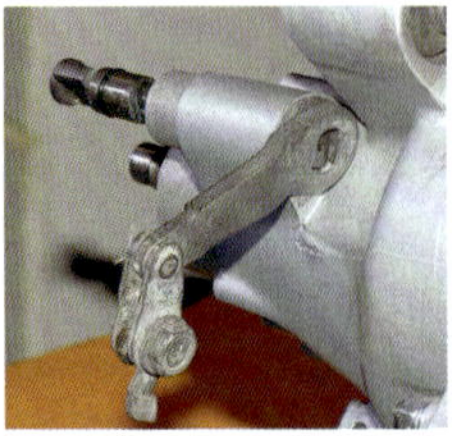
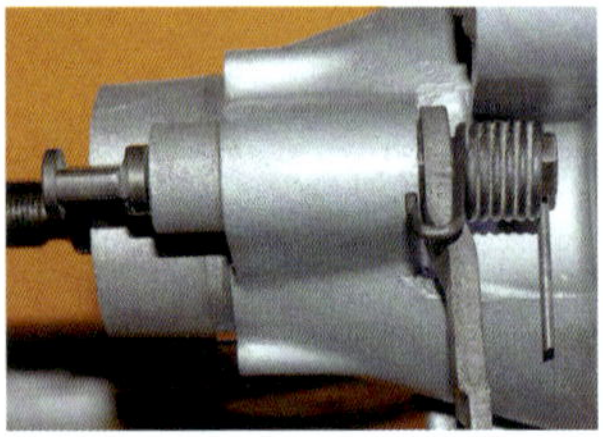

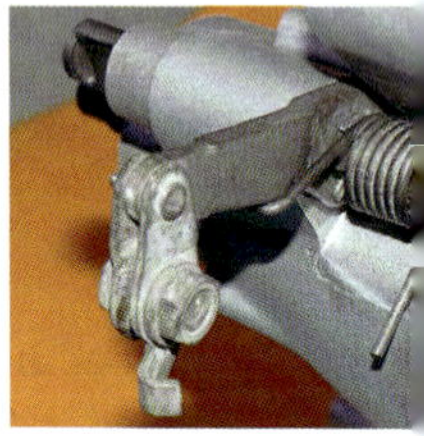

Obere Bildreihe von links: neue O-Ringe, Rückholfeder, Nockenwelle und Bremshebel. So wird der Bremshebel aufgesteckt. Jetzt die Rückholfeder positionieren. Von unten den Splint durchstecken.

Untere Bildreihe: den Splint umbiegen. Den Bremshebel hochdrücken. Zuletzt wird die Feder eingehängt; Widerlagerposition beachten.

Staubschutzblech Einbau

O-Ringe und Staubschutzblech montieren: Das Staubschutzblech sollte gereinigt und, falls nötig, entrostet und neu lackiert werden. Zuerst werden nun **neue O-Ringe** in Position gebracht: die beiden kleinen Ringe links auf die Lagerbolzen der Backen, der mittelgroße Ring an der Bremsnockenwelle und der große Ring am Gehäuse. Dann wird das aufbereitete **Staubschutzblech** aufgesetzt und mit den drei Kreuzschlitzschrauben befestigt.

Rechts: Die aufgeschobenen O-Ringe dichten die Staubschutzplatte gegen Welle und Gehäse ab. Unten: die montierte Ankerplatte mit den drei Schrauben (Pfeile).

Bremsbeläge Einbau

Bremsbelagmontage: Lagerbolzen und Bremsnocken werden nach Augenmaß mit **Keramik-Gleitpaste** bestrichen. Dann die **beiden Bremsbacken** mit der **Rückholfeder** verbinden und links so weit wie möglich auf die Lagerbolzen schieben. Das Aufschieben der **Gleitschuhe** rechts auf den Bremsnocken, der einen überstehenden Kragen hat, ist knifflig: Den oberen Gleitschuh auf den Kragen setzen, die Klinge eines möglichst breiten **Schraubendrehers** zwischen die beiden Gleitschuhe schieben und diesse mit Kraft so weit auseinander hebeln, bis auch der untere Gleitschuh auf dem **Kragen** sitzt. Von Hand läßt sich die Feder unmöglich auseinanderziehen, das geht nur mit einer **Bremsfederzange,** wenn beide Backen aufgeschoben sind.

Liegen beide Gleitschuhe auf, sorgt ein leichter Hammerschlag dafür, daß sie auf den Nocken springen. Zuletzt werden mit einer Spitzzange zwei möglichst neue **Sicherungsklammern** positioniert, wobei man höllisch aufpassen muß, daß sie nicht wegspringen. Die Klammern verhindern, daß sich die Bremsbacken von den Lagerbolzen schieben können.

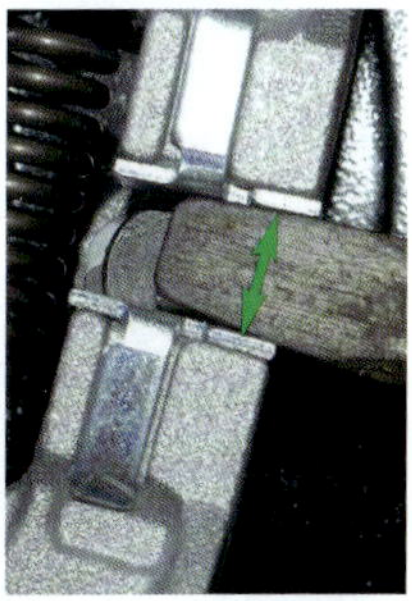

Bremstrommel-Check hinten

Hinterrad-Bremstrommel prüfen, reinigen: Die ausgebaute Trommel auf **Riefenbildung** prüfen wie im Vorderradbrems-Kapitel beschrieben. Leichte Rostbildung mit Schmirgel beseitigen, riefige Trommel möglichst durch ein Neuteil ersetzen. Fett und Schmutz von der Trommel sorgfältig abwaschen.

Oben links: Aufbringen von Keramikpaste auf Lagerbolzen und Bremsnocken. Darunter: Bremsbacken und Feder einbaufertig.

Kleine Bilder von links oben nach rechts unten: Aufsetzen der oberen Backe auf den Nockenkragen, Spreizen der Backen mit breitem Schraubendreher, Positionieren der Gleitschuhe auf dem Bremsnocken, Aufschieben der Sicherungsklammern mit einer Spitzzange.

Oben rechts: fertig montierte Backen und Bremstrommel. Unten rechts: Beseitigen von Korrosion auf der Bremsfläche.

Rechts: die Befestigungsteile von Rad und Bremstrommel; Druckscheibe, Mutter SW 24, Sicherung, Splint, Kappe, Radmuttern, Sprengringe.

zen, **neuen Splint** montieren, **Abschlußkappe** aufdrücken, fertig. Wie der **Hinterradbremszug** angeschlossen und eingestellt wird, haben wir bereits vorne im Kapitel „Griffe und Seilzüge" gezeitgt.

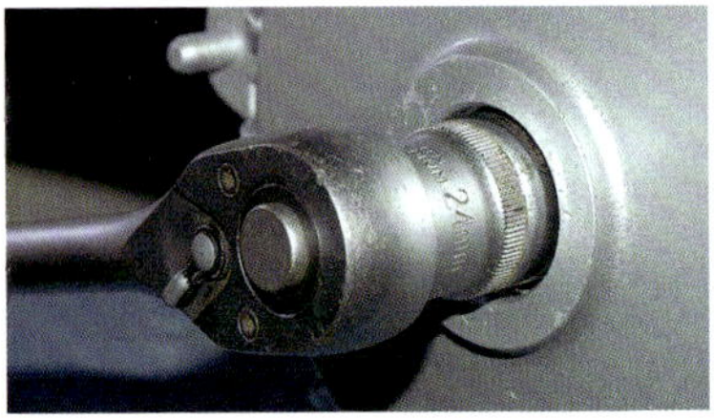

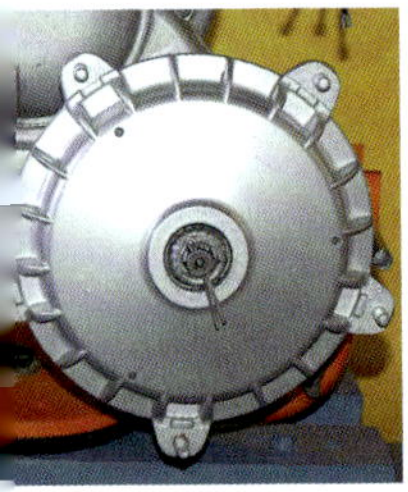

Bildleiste oben von links: Aufschieben der Druckscheibe, aufgesetzte Mutter, Vorziehen der Mutter, Kronensicherung und Splint. Kleine Bilder oben: korrekt umgebogener Splint, aufgesetzte Trommel.

Bilder rechts von oben: Positionieren des Hinterrads, Anziehen der Radmuttern SW 13, Festziehen der Achsmutter SW 24 mit Drehmoment.

Bremstrommel Einbau

Bremstrommel einbauen: Die geprüfte und gereinigte **Bremstrommel** wird bis zum Anschlag aufgeschoben, wobei sie in die **Achsverzahnung** eingreift. Dann die **Anlaufscheibe** und die **Mutter SW 24** aufgesetzen; diese zuerst nur leicht, später bei montiertem und blockiertem Hinterrad mit **Drehmoment Nm 90-110** anziehen. Danach die **Kronensicherung** und einen **neuen Splint** anbringen.

Hinterrad Einbau

Hinterrad einbauen, Bremstrommel sichern: Das u.U. neu bereifte **Hinterrad** ist mit wenigen Handgriffen auf der **Bremstrommel** montiert. Das Fahrzeug muß hinten angehoben sein und auf einem Bock stehen. Optimal ist eine Hebebühne. Das Rad wird durch die Montageöffnung der Bühne nach oben gehoben und auf die **fünf Stehbolzen** der Trommel gesetzt. Mit Stecknuß SW 13 und Verlängerung werden die fünf **Muttern M8** mit möglichst neuen **Sprengringen** zunächst leicht angezogen.
Erst wenn der Roller wieder **fest auf dem Boden** steht und hinten belastet werden kann, werden **Radmuttern** handfest und **Achsmutter SW 24** mit **Drehmoment** festgezogen (s. oben). **Kronensicherung** aufset-

Cosa: hydraulisch betätigte Integralbremse; Aufbau, Funktion, Wartung, Reparatur

In einem ganz wesentlichen Punkt unterscheidet sich die Cosa von den Vespa-Klassikmodellen bis Baujahr 1996: Sie hat eine ***hydraulisch*** *betätigte* ***Integral-Bremsanlage****. Das bedeutet: bessere und gleichmäßigere Verzögerung, geringere Bedienkräfte, mehr Sicherheit und einfachere Wartung. Während bei den meisten Rollern die Bremskreise für Vorder- und Hinterrad getrennt sind und ein entsprechend gefühlvolles Bremsen erforderlich ist, genügt bei der Cosa ein Druck aufs Pedal, um die Bremskraft im richtigen Verhältnis von etwa 70 : 30 Prozent auf Vorder und Hinterrad zu verteilen.*

Zusätzlich *– und das ist eine weitere Besonderheit – kann das Vorderrad der Cosa über* ***Handhebel*** *und* ***Seilzug*** *verzögert werden. Unserer Erfahrung nach wird die gewohnte „Handbremse“ bei der Cosa nur bei Notbremsungen benötigt.*

Der Clou ist das elektronisch gesteuerte ***ABS*** *(von Piaggio* ***EBC = Electronic Brake Control*** *genannt), das als Extra für die Cosa lieferbar war. 1988 war Piaggio seiner Zeit mit diesem System weit voraus. Mit Hilfe eines Radsensors und eines Minicomputers verhindert die Anlage ein Überbremsen und Blokkieren des Vorderrads. Vor allem auf nassem, sandigem oder verschneitem Untergrund ist dies ein unschätzbarer Vorteil.*

Hydraulikbremse allgemein

Hydraulikbremse – Funktion und allgemeine Tips: Wartungs- und besonders Reparaturarbeiten an einer hydraulischen Bremsanlage setzen technisches Wissen und handwerkliches Können voraus. Wer sich diese Arbeiten nicht zutraut, sollte die **Werkstatt** aufsuchen. Wir beschreiben die Arbeiten zwar, lehnen aber auch hier jede Haftung ab.

Bei der hydraulisch betätigten **Trommelbremsanlage** der Cosa wird der am Pedal ausgeübte Druck in den **Hauptbremszylinder** geleitet, der geschützt unter der Bodenabdeckung angebracht ist. Bremslei-

Unten: schematische Darstellung der Cosa-Hydraulikbremse (ohne EBC); A = Vorderradbremse mit Radbremszylinder, B = Hauptbremszylinder, C = Druckregler, D = Bremsflüssigkeitsbehälter, E = Hinterradbremse mit Radbremszylinder.

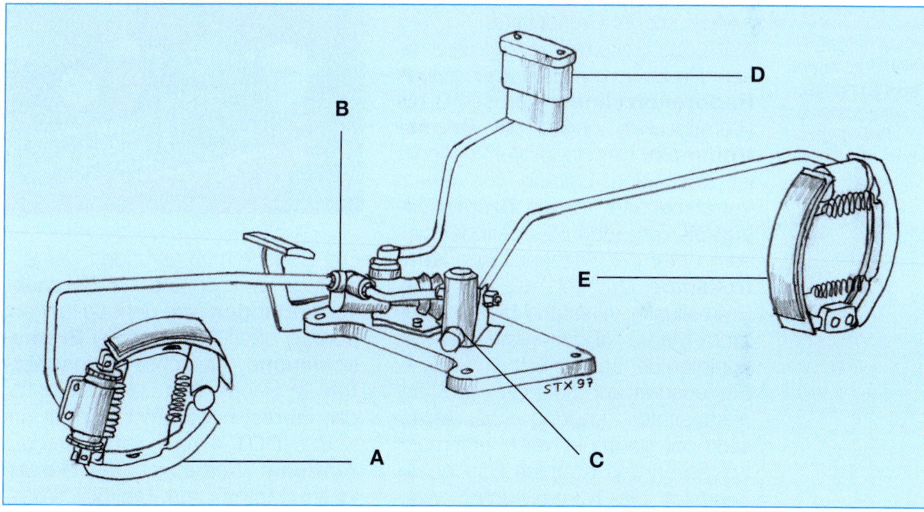

Zeichnungen: Hans J. Schneider; Basis: Werkstatt-Handbuch Cosa, Piaggio & C. Pontedera

Oben: Die Cosa-Karosserie wurde im Windkanal geformt und geglättet.

tung und Bremsschlauch führen zum **Radbremszylinder** am Vorderrad. In die hintere Bremsleitung ist ein **Druckregler** integriert, der ein Überbremsen des Hinterrads verhindern soll; er sitzt neben dem Hauptbremszylinder auf der Grundplatte.
Auch das Hinterrad verfügt über einen Radbremszylinder. Die beiden **Radbremszylinder** pressen die Bremsbacken gegen die **Bremstrommeln.** Der Hauptbremszylinder ist über eine Leitung mit einem Vorratsbehälter für die **Bremsflüssigkeit** verbunden; er befindet sich vorn unter der Sitzbank. Eine **Kontrollampe** leuchtet auf, wenn der Bremsflüssigkeitsstand bis zur Minimum-Marke abgesunken ist. Die Funktion der Lampe läßt sich testen: Sie leuchtet auf, solange – bei eingeschalteter Zündung – der Anlasserknopf gedrückt wird; erst nach Loslassen des Knopfes erlischt sie. Leuchtet die Kontrolleuchte während der Fahrt auf, ist **Gefahr** im Verzug: Es droht Bremsversagen z.B. infolge Bremsflüssigkeitsmangels! Da sich unterwegs die Ursache in der Regel nicht so einfach ermitteln läßt, ist es ratsam, das Fahrzeug per Transporter nach Hause in die Garage oder in die **Werkstatt** zu bringen.

Bremsflüssigkeit

Bremsflüssigkeit kontrollieren: Der Bremsflüssigkeitspegel darf **nie unter die Minimum-Marke** absinken. Ist dies der Fall, besteht die Gefahr, daß beim Bremsen Luft angesaugt wird – die Bremswirkung läßt dramatisch nach. Die beiden **Markierungen** „Min“ und „Max“ auf dem transparenten Behälter unter der Sitzbank erleichtern die Kontrolle, die einmal im Monat erfolgen sollte.
Bei starkem **Flüssigkeitsverlust** ist es mit dem Nachfüllen nicht getan:

Rechts: Sinkt der Pegel im Behälter am Heck unter die Minimum-Marke, muß Bremsflüssigkeit nachgefüllt werden.

Die Ursache muß gefunden werden. In Frage kommen undichte **Schraubverbindungen** an den Leitungen, poröse oder beschädigte **Bremsschläuche,** undichte **Manschetten** an Haupt- und Radbremszylinder. Es darf nur Bremsflüssigkeit der Klasse **DOT 4** nachgefüllt werden. **Achtung:** Werden andere Flüssigkeiten (Motoröl zum Beispiel) eingefüllt, lösen sich die Gummidichtungen der Bremsanlage auf, die Bremse fällt aus. Darauf achten, daß kein Wasser in den Vorratsbehälter gelangt. Deckel also nie im Freien bei Regen öffnen.

Bremsflüssigkeit nachfüllen: Zum **Nachfüllen** von **Bremsflüssigkeit** Fahrzeug auf ebenem Untergrund aufbocken, Sitzbank hochklappen, die beiden Deckelschrauben am

Behälter lösen und Deckel mit Membrane abnehmen. Beim Einfüllen darauf achten, daß keine Flüssigkeit auf lackierte Teile oder Teile aus Kunststoff tropft. Geht trotzdem etwas daneben, den betroffenen Bereich mit viel klarem Wasser abspülen. **Achtung:** Weil Bremsflüssigkeit die Eigenschaft hat, Wasser aus der Luft aufzunehmen und damit an Wirkung zu verlieren, muß sie spätestens **alle zwei Jahre** oder **alle 20 000 km** gewechselt werden.

Bremse entlüften

Bremsanlage entlüften (außer bei EBC): Wenn die Cosa-Bremse sich schwammig anfühlt und erst nach mehrmaligem Betätigen des Pedals Wirkung zeigt, befindet sich **Luft im System.** Zunächst prüfen, ob die Anlage keine **Leckagen** hat; dazu müssen die Bodenverkleidung und die Räder mit den Bremstrommeln abgenommen werden (s. Kap. „Karosserie", „Vorder- und Hinterradführung"). Bevor die Bremsanlage entlüftet werden kann, müssen eventuelle Undichtigkeiten beseitigt werden. **Achtung: EBC-Bremse** nur in der **Werkstatt** entlüften lassen.

Zum **Entlüften** benötigt man ein fabrikneues Gebinde mit 500 cm³ Bremsflüssigkeit **DOT 4,** einen durchsichtigen Plastikschlauch mit 3,0 mm Innendurchmesser, einen Gabelschlüssel SW 8, ein gut gespültes Haushaltsglas und einen Helfer.

Links: Der Bremsschlauch, der zur Vorderradbremse führt, wird durch eine Spiralummantelung geschützt. Trotzdem sollte er in bestimmten Abständen gewechselt werden, da er mit der Zeit porös wird. Neben der Verschraubung (roter Pfeil) ist das Entlüftungsventil des vorderen Radbremszylinders zu sehen (gelber Pfeil).

Zunächst Sitzbank hochklappen und Deckel des Bremsflüssigkeitsbehälters abnehmen. Dann ungefähr 100 cm³ Bremsflüssigkeit in das Glas füllen. Gummikappe von der **Entlüftungsschraube** des vorderen Radbremszylinders abnehmen und den **Plastikschlauch** aufschieben; er muß luftdicht abschließen. Das andere Ende des Schlauchs in das mit Bremsfluid gefüllte Glas halten. Entlüftungsschraube mit dem Gabelschlüssel eine halbe Umdrehung öffnen.

Foto unten: Hydraulikbremsen werden immer nach dem gleichen System entlüftet. Auch bei der Cosa muß zunächst ein Glas mit Bremsflüssigkeit gefüllt werden. Dann wird das Entlüftungsventil mit einem Schlauch verbunden, dessen unteres Ende in die Flüssigkeit getaucht wird. Ventil öffnen, während ein Helfer den Bremshebel betätigt und so das Fluid und die Luftbläschen aus der Leitung pumpt. Bei Fahrzeugen mit EBC raten wir vom Entlüften in Eigenregie ab, hier ist die Werkstatt zuständig.

Dann tritt der Helfer das **Bremspedal** bis zum Anschlag durch, die mit Luft durchsetzte Bremsflüssigkeit entweicht über die Leitung ins Glas; Entlüftungsschraube schließen, erst dann Bremspedal wieder loslassen. Vorgang so lange wiederholen, bis keine Luftbläschen mehr austreten und sich ein fühlbarer **Gegendruck** aufbaut. **Achtung:** Der Schlauch darf nicht aus der Bremsflüssigkeit herausrutschen; die Arbeit ist dann umsonst gewesen.

Während des Entlüftens immer so viel **Bremsflüssigkeit** nachfüllen, daß der Pegel im Vorratsbehälter nicht unter die „Min“-Marke sinkt, sonst wird Luft angesaugt. Dabei wieder darauf achten, daß kein Fluid auf den Lack gelangt. Tritt keine Luft mehr aus, Pedal bis zum Anschlag durchgetreten lassen und gleichzeitig Entlüftungsschraube schließen. Erst dann Pedal loslassen. Anschließend die **hintere Bremse** sinngemäß ebenso entlüften. Zum Abschluß Bremse mehrmals kräftig betätigen; es muß ein gleichmäßig deutlicher Druckpunkt zu spüren sein.

Bremsschläuche

Bremsanlage prüfen, Bremsschläuche auswechseln: Routinemäßig sollten Bremsschläuche spätestens **nach vier Jahren** auch dann erneuert werden, wenn sie keine sichtbaren Schäden aufweisen. Unabhängig davon gilt: Wenn immer wieder Luftblasen aus dem Schlauch austreten, müssen alle **Anschlüsse** der Bremsanlage überprüft werden; sind sie nicht einwandfrei, dringt Luft über fehlerhafte Dichtungen an Haupt- und Radbremszylinder ins System ein.

Zeigen sich an den Schläuchen **Risse** oder Beschädigungen, muß das betreffende Teil unverzüglich ausgetauscht werden. Unter dem Einfluß von Schmieröl **aufgequollene** oder **rissige Schläuche** müssen auf jeden Fall sofort ersetzt werden. Dazu zunächst Bremsanlage ganz entleeren, Bremsflüssigkeit in einem Behälter auffangen und später zum **Sondermüll** geben; Bremsflüssigkeit ist giftig und darf nicht ins Grundwasser gelangen!

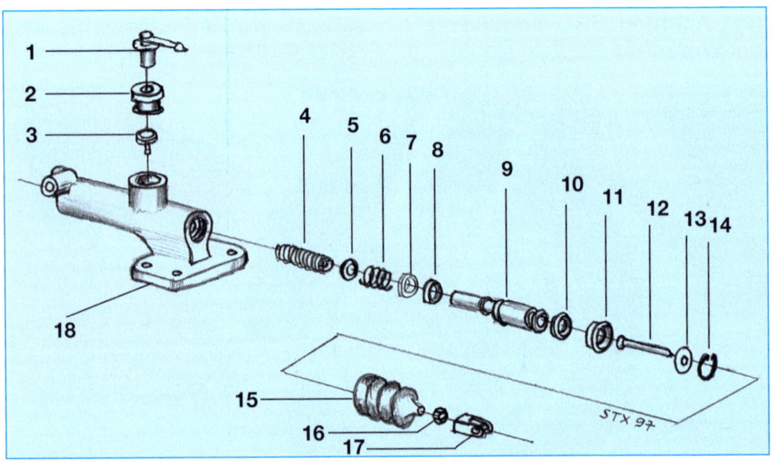

Aufbau des Cosa-Hauptbremszylinders; 1 = Bremsleitungsanschluß, 2 = Stopfen, 3 = Anschlagstift/Kolben, 4 = Feder, 5 = Teller, 6 = Feder, 7 = Dichtung, 8 = Distanzhülse der Ventilführung, 9 = Kolben, 10 = Dichtring, 11 = Balgbefestigungsring, 12 = Schaft, 13 = Scheibe, 14 = Sicherungsring, 15 = Balg, 16 = Mutter, 17 = Gabel, 18 = HBZ-Gehäuse.

Zeichnungen: Hans J. Schneider; Basis: Werkstatt-Handbuch Cosa, Piaggio & C. Pontedera

Nach dem Einbau neuer Leitungen oder Schläuche Anlage mit neuer Bremsflüssigkeit **DOT 4** befüllen und entlüften wie oben beschrieben. Beim Einbau neuer Leitungen und

Schläuche darauf achten, daß sie nirgends scheuern können. Mit Schellen an den zugehörigen Haltebügeln oder Nylonbändern dafür sorgen, daß Vibrationen und Bewegungen unterbunden werden – **Bruchgefahr!**

Hauptbremszylinder

Hauptbremszylinder und Bremslichtschalter – Aus- und Einbau: Arbeiten am Hauptbremszylinder sollte man möglichst der **Fachwerkstatt** überlassen. Geübten Schraubern wollen wir (unter Ausschluß jeder Haftung) trotzdem nicht vorenthalten, wie dieses wichtige Element aus- und eingebaut wird.

Zunächst die **Kunststoff-Bodenabdeckung** des Fahrzeugs abnehmen (s. Kap. „Karosserie"). An die Halteschrauben kommt man nur heran, wenn der Bodenbelag entfernt ist: Stopfen abnehmen und die Plastikklammern entsichern; dazu mit einem Dorn die **Sicherungsstifte** nach unten schlagen. Die Bodenplatte ist mit Kreuzschlitzschrauben befestigt und läßt sich entsprechend leicht demontieren.

Jetzt das Fahrzeug auf die Seite legen; dazu die rückwärtigen Hauben abnehmen und ein geeignetes Polster unterlegen, um Beschädigungen zu vermeiden; zuvor möglichst Tank entleeren und Batterie ausbauen (s. entsprechende Kapitel).

Zuerst muß das **Bremspedal** abgezogen werden; es ist durch eine Klemmschraube gesichert. Dann die Steckverbindung des Kabels lösen, das zum **Bremslichtschalter** führt. Anschließend mit einem Gabelschlüssel die vordere Bremsleitung abschliessen; auslaufende Bremsflüssigkeit auffangen. Jetzt die sechs Muttern lösen, mit denen die **Halteplatte** am Boden befestigt ist. Die Platte vorsichtig absenken, damit keine **Leitungen** geknickt werden. Befestigungsschelle der Verbindungsleitung zum Bremsflüssigkeitsbehälter lösen und Leitung abziehen. Flüssigkeit auffangen. Die rückwärtige Bremsleitung abschrauben und Platte komplett abnehmen. **Hauptbremszylinder** und **Druckregler** sind jetzt für Revisionen unterschiedlicher Art frei zugänglich.

Wiedereinbau in umgekehrter Reihenfolge; Leitung zum Vorratsbehälter unbedingt mit einer neuen Schelle sichern. Die Muttern der Halteplatte mit Gefühl handfest anziehen. **Achtung:** Nach jedem Eingriff in die Anlage und nach dem Lösen von Bremsleitungen muß das System entlüftet werden wie oben beschrieben!

Zur Kontrolle und zum Ausbau der Bremsträgerplatte muß die Cosa auf die Seite gelegt werden. Im Bild: Kontrolle der Bremslichtschalter-Anschlüsse.

Hauptbremszylinder Zerlegung: Nach Ausbau der Halteplatte den Hauptbremszylinder von Bremspedal und Druckregler trennen sowie die vier Befestigungsschrauben lösen. Gehäuse in Schraubstock spannen, Aluminiumplatten zwischen die Backen legen. Die Zeichung auf der vorhergehenden Seite zeigt, wie der HBZ aufgebaut ist.

Vor dem Zerlegen Entfernung der **Gabel** vom Gehäuse messen; idealer Wert: 52 mm. Gegenmutter „16" mit Schlüssel SW 10 lösen und Staubschutzmanschette „15" abziehen. Mit einem Schraubendreher den Balgbefestigungsring

„11“ entfernen, dann Anschlag „1“ und Stopfen „2“ abbauen. Schaft „12“ so verschieben, daß Sicherungsring „14“ und Anschlagstift „3“ ausgebaut werden können. Druck auf Schaft verringern und Kolben auf Druck der Feder „4“ aus Gehäuse „9“ stoßen. Anschließend alle Teile in Alkohol waschen und mit Druckluft trocknen; Benzin oder Petroleum greifen die Gummiteile an.

Hauptbremszylinder prüfen: Jetzt die Elemente auf **Beschädigung** prüfen: Zylinderlaufbahn und Kolben dürfen keine Riefen oder korrodierten Stellen aufweisen. Auch darf kein unzulässiges **Spiel** vorhanden sein (Einbaubeispiel: 0,015 bis 0,058 mm). Die Gummiteile dürfen nicht geschwollen oder beschädigt sein, die Rückstellfeder muß zuverlässig wirken. Rückfluß und Ausgleichsloch am Stift „3“ dürfen nicht verstopft sein.

Hauptbremszylinder Zusammenbau: Dies erfolgt in umgekehrter Reihenfolge. Dazu alle Teile leicht mit Bremszylinder-Paste (ATE oder Lockheed) bestreichen. Anschließend **Funktion prüfen:** Kolben in den Zylinder drücken und loslassen; er muß schnell zurückgleiten. Montage des HBZ, Leitungsanschluß und Halteplatteneinbau sinngemäß in umgekehrter Reihenfolge wie beschrieben.

Wenn trotz einwandfrei dichter Bremsanlage und korrekter Entlüftung die Hinterradbremse schlecht funktioniert, ist vermutlich der **Druckregler** schuld. Er ist nach Ausbau der Halteplatte frei zugänglich. Für die Überprüfung sind Spezialwerkzeuge wie Manometer erforderlich – Werkstattsache.

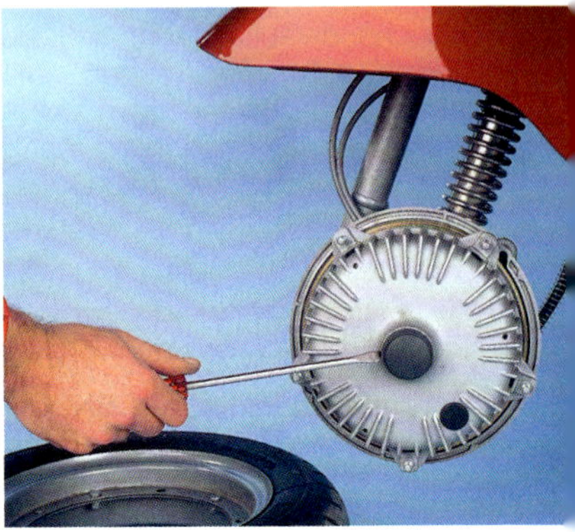

Oben: Bevor die Achszapfenmutter gelöst werden kann, muß die Schutzkappe abgehebelt werden.

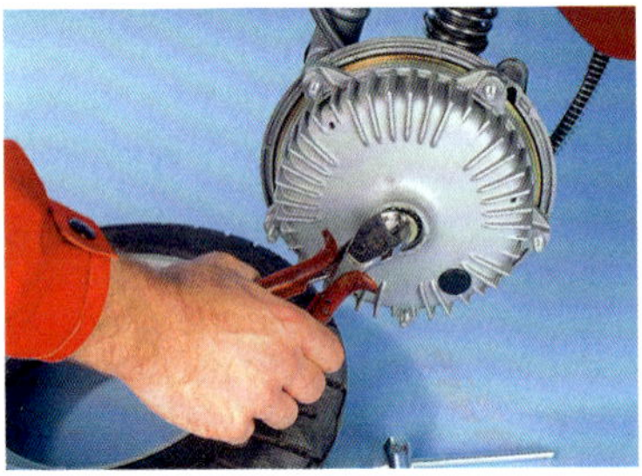

Unten: Bremstrommelausbau am Vorderrad der Cosa; mit einem Seitenschneider Splint aufbiegen und entfernen; später neuen Splint verwenden. Kronensicherung entfernen.

Bremstrommeln Ausbau

Bremstrommeln abziehen: Bremstrommelaus- und -einbau wurden weiter vorn am Beispiel der Vespa PX bereits ausführlich gezeigt. Wir fassen bei der Cosa die Arbeiten an vorderer und hinterer Bremse zusammen. Auch wenn die Bremse der Cosa hydraulisch betätigt wird, sind die Bremstrommeln mit den Bremsbacken im Prinzip genauso konstruiert wie die der Vespa PX. Augenfälligster Unterschied an der vorderen Bremstrommel ist der **Zahnkranz** für das elektronische **EBC,** das seinerzeit auf Wunsch lieferbar war.

Zunächst müssen die **Räder ausgebaut** werden wie weiter vorn beschrieben. Stichwortartig zählen wir die einzelnen Schritte fürs **Abziehen der Trommeln** noch einmal auf: Rad und Staubschutzkappe von der Nabe abnehmen, **Splint** aufbiegen und entfernen, dann **Kronensicherung** entfernen. Mit einer Stecknuß

SW 22 die **Achszapfenmutter** lösen und zusammen mit der (bei der von uns demontierten Cosa vorhandenen) **Druckscheibe** entfernen; ein Helfer betätigt die zusätzliche mechanische Vorderradbremse, damit sich die Trommel nicht mitdrehen kann. Mitunter läßt sich die Trommel mit zwei starken Schraubendrehern oder zwei Montiereisen zusammen mit den Radlagern von der Achse abziehen. Ansonsten muß ein Dreiklauenabzieher eingesetzt werden, s. Kapitel „Vorderradbremse PX". Bei der **Hinterradtrommel** gehen wir genauso vor wie anhand der PX weiter vorn gezeigt.

Bremstrommeln prüfen: Der **Zustand** der **Bremstrommeln** wird genauso geprüft wie bei der Vespa PX (s. weiter vorn). Falls sich starke Riefen, Rillen oder andersartige Beschädigungen zeigen, muß die Trommel ersetzt werden. Das gilt auch für Trommeln, die unrund sind. Anzeichen dafür ist das schlagende Ansprechen.

Bremsbacken

Bremsbacken prüfen und wechseln: Wie bei der PX sind die **Bremsbeläge** auf die Backen aufgeklebt. Sie sind auszutauschen, wenn die **Mindeststärke** von 1,5 mm erreicht ist (Belag ohne Backe), falls sich Riefen oder Beschädigungen zeigen oder wenn die Beläge durch ausgetretenes Hydrauliköl verunreinigt sind. Zum Backenausbau die **Rückholfedern** mit einer gekröpften Spitzzange oder besser mit einer Bremsfederzange aushängen. Die stärkere Feder befindet sich beim Vorderrad hinten, beim Hinterrad unten. Die verdeckten Haltefedern mit Spezialzange aushängen und Backen abnehmen. Verformte und überdehnte Halte- oder Rückholfedern müssen ersetzt werden. Dabei auf die **Farbmarkierungen** achten. **Einbau** in umgekehrter Reihenfolge (s.a. PX).

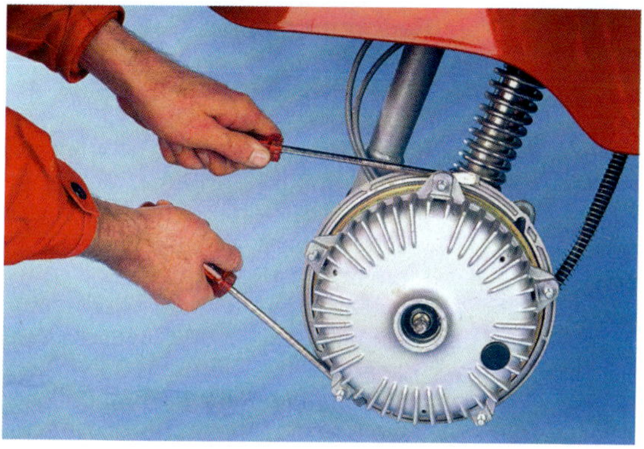

Oben: Das Rad ist bereits abgenommen. Vor dem Lösen der Achszapfenmutter die Trommel mit der Handbremse blockieren. Steckschlüssel oder Stecknuß SW 22 verwenden.

Unten: Mitunter läßt sich die Bremstrommel mit einfacher Hebelkraft (wie hier mit zwei Schraubendrehern) vom Achszapfen trennen. Anderenfalls Dreiklauenabzieher einsetzen (s. Kapitel Bremse PX).

Radbremszylinder

Radbremszylinder – Aus- und Einbau: Die Radbremszylinder können vorne wie hinten abgenommen werden, wenn die Bremsbacken ausgebaut sind. Zunächst **Bremsleitung** mit einem Schlüssel lösen und Bremsflüssigkeit auffangen. Dann auf der Rückseite der **Ankerplatte** die Schrauben SW 10 lösen, mit denen der Bremszylinder befestigt ist. Bei Fahrzeugen mit **EBC** sitzt in der Ankerplatte zusätzlich der Sensor für die Erfassung der Raddrehzahl. **Achtung:** Nach **Wiedereinbau** des Radbremszylinders und Komplettierung des Systems die Bremsanlage befüllen und entlüften wie beschrieben. Schrauben mit maximal **10 Nm** anziehen.

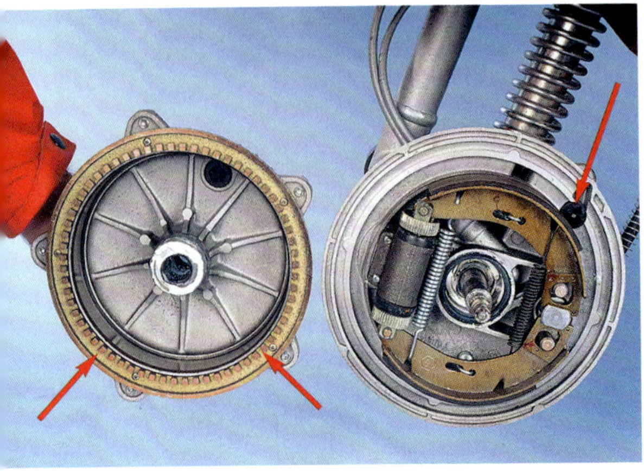

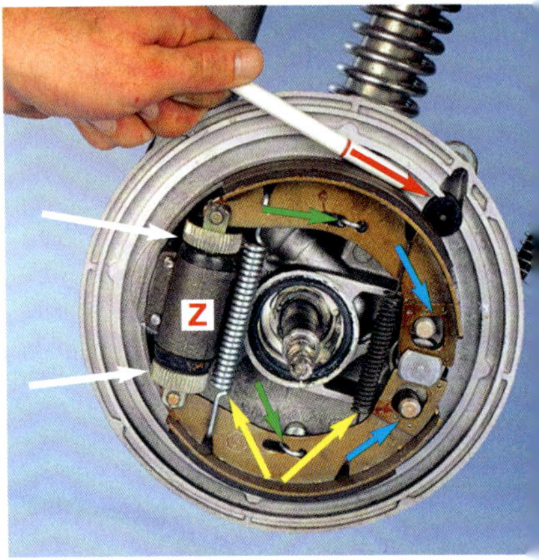

Oben links: Blick auf die hydraulisch betätigte Vorderrad-Trommelbremsanlage mit Bremstrommel, Bremsankerplatte, Bremsbacken und Radbremszylinder. Es handelt sich hier um eine Cosa mit EBC (rote Pfeile = Sensor und Markierungen).

Radbremszylinder-Revision: Für die Zerlegung und Revision der beiden Radbremszylinder gelten im Prinzip die gleichen Grundsätze wie für die Revision des Hauptbremszylinders. Zunächst müssen die Räder und Bremstrommeln demontiert werden wie gezeigt. Dann die Radbremszylinder ausbauen und prüfen. Besonders wichtig: Eintrittsloch „6", Entlüftungsloch „7" und die beiden Abflußöffnungen „4" dürfen nicht verstopft sein (s. Zeichnungen auf der übernächsten Seite); sie sollten daher mit Preßluft durchgeblasen werden. Die **Feder** im hinteren Radbremszylinder muß die erforderliche Spannung aufweisen. Maximal zulässiges **Spiel** zwischen Kolben und Zylinder: 0,065 bis 0,15 mm. Beim Einbau der **Dichtringe** müssen die Lippen so liegen wie auf den Abbildungen gezeigt. Die Zylinderschutzventile sind zu erneuern.

Bremsankankerplatte

Bremsankerplatte hinten – Aus- und Einbau: Nach Demontage aller Bremselemente läßt sich die hintere Bremsankerplatte problemlos abnehmen. Sie ist mit vier Schrauben SW 13 am Getriebegehäuse befestigt. Details zum Ausbau von Achse, Lager und Dichtring siehe Kapitel „Motor und Antrieb PK/PX".

Aufbau der Cosa-Trommelbremsen vorn (oben links, rechts), hinten (unten); der Stift oben (roter Pfeil) zeigt auf den Sensor für die Raddrehzahl. Er kommuniziert mit den Marken am Rand der Bremstrommel (rote Pfeile links). Gelbe Pfeile: die beiden Rückholfedern; grüne Pfeile: die beiden Haltefedern; blaue Pfeile: die beiden Sicherungsklammern; weiße Pfeile: die beiden Rändelmuttern für das Einstellen der Backen; Z = Radbremszylinder mit seinen Staubschutz- und Dichtmanschetten.

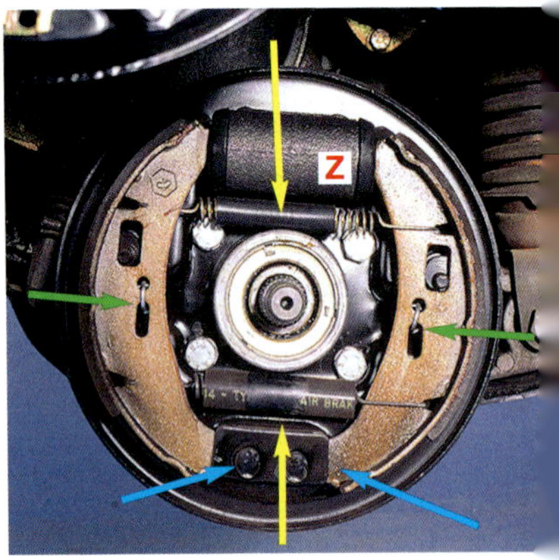

Mitte und unten rechts: Blick auf die hydraulische Hinterradbremse der Cosa; zum Auswechseln der Bremsbacken müssen die stramm sitzenden Rückholfedern ausgehängt werden. Wenn dies nicht mit einer Spitzzange gelingt, muß eine Bremsfederzange her.

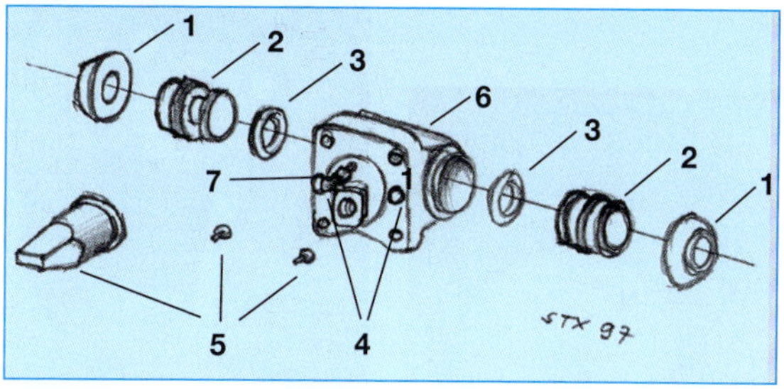

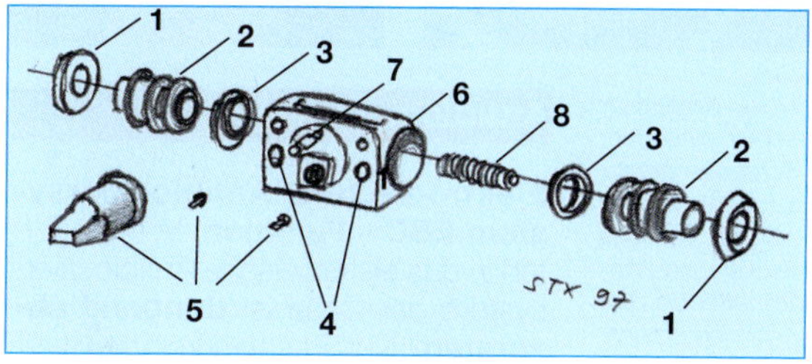

Aufbau der beiden Cosa-Radbremszylinder – vorn (oben), hinten (unten): 1 = Staubschutzring, 2 = Kolben, 3 = Dichtung, 4 = Abflußbohrungen, 5 = Zylinderschutzventile, 6 = Eintrittsbohrung, 7 = Entlüftungsschraube, 8 = Spiralfeder.

Zeichnungenen: Hans J. Schneider; Basis: Werkstatt-Handbuch Cosa, Piaggio & C. Pontedera

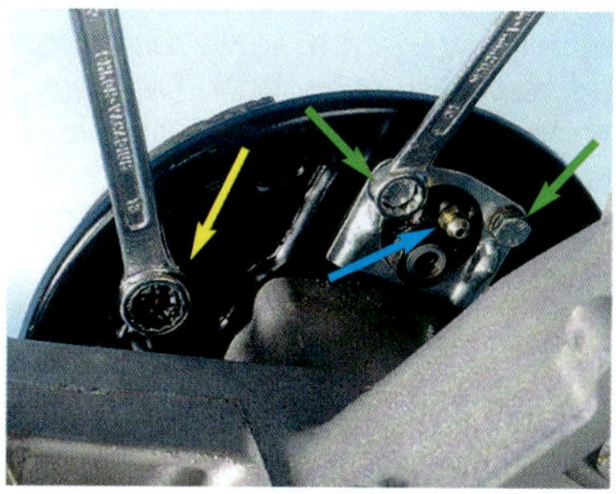

Das Foto zeigt die Bremsankerplatte der Cosa von hinten; links Exzenter zum Nachstellen mit Schlüssel SW 13 (gelber Pfeil); rechts Befestigung SW 10 des Radbremszylinders (grüne Pfeile); Anschluß für die Hydraulikleitung, Entlüftungsventil (blauer Pfeil).

Beim **Wiedereinbau** der Bremsankerplatte kontrollieren, ob sie nicht verzogen oder an den Rändern beschädigt ist. Schrauben über Kreuz mit maximal **24 Nm** anziehen.

Bremstrommeln Einbau

Bremstrommeln montieren: Trommel vorn wie hinten aufsetzen, Druckscheibe und Mutter ansetzen. **Achtung:** Die Muttern, mit denen die Bremstrommeln auf den Achsen festgehalten werden, müssen in zwei Stufen mit dem vorgeschriebenen Drehmoment angezogen werden: Mutter der Vorderradachse **75 und 90 Nm,** Mutter der Hinterradachse **90 und 110 Nm.**
Anschließend Kronensicherung aufsetzen und neuen Splint anbringen. Die Enden des Splintes müssen vorschriftsmäßig gebogen werden (s. PX). Zwischen Sicherungskappe und Radachse darf **kein Spiel** vorhanden sein. Staubschutzkappe nicht vergessen!

Bremsen Einstellung

*Bevor die Bremsen der Cosa eingestellt werden können, müssen sie bei laufenden Rädern betätigt werden (kurze **Probefahrt);** nur dann liegen die Bremsbacken gleichmäßig an.*

Vorderradbremse einstellen: Fahrzeug aufbocken und mit einem Schraubendreher durch das Loch in der Bremstrommel die **Rändelmutter** der oberen Bremsbacke (s. Foto linke Seite) so verdrehen, bis die Backe an der Trommel anliegt; dann die Mutter um eine halbe Umdrehung zurückdrehen. Anschließend Rad um 180° weiterdrehen und die gleiche Prozedur an der zweiten Bremsbacke durchführen. Testen, ob sich die Räder bei gelöster Bremse frei drehen; **Probefahrt** durchführen.
Der Hebelweg der **per Seilzug betätigten Vorderrad-Zusatzbremse** kann zusätzlich eingestellt werden (s.a. Wartung PX). Dazu die Rändelmutter oben am Bremshebel lösen und mit der Einstellschraube das Spiel des Bowdenzugs so regeln, daß sich 1 bis 2 mm Leerweg ergeben.

Hinterradbremse einstellen: Das Fahrzeug so aufbocken, daß sich das Hinterrad frei drehen kann. Von einem Helfer das Bremspedal niedertreten lassen, bis die Bremsbacken leicht anliegen. Bremspedal festhalten und die beiden auf der rechten Seite der Ankerplatte sichtbaren **Exzenterschrauben** mit einem Gabelschlüssel bis zum Anschlag verdrehen. Anschließend um 1/8 Drehung zurücknehmen. Im Rahmen einer Probefahrt Wirkung überprüfen.

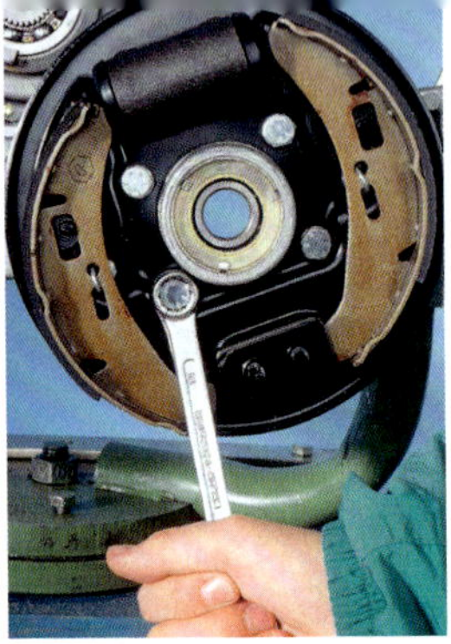

Links: Vorderradbremse einstellen; Schraubendreher durch die Öffnung in der Trommel stecken und Rändelmutter bis zum Anschlag drehen. Dann Einsteller wieder um eine halbe Umdrehung zurückdrehen.

Rechts oben: Die Bremsankerplatte ist mit vier Schrauben SW 13 an der Schwinge befestigt; zuerst Bremsbacken und Radbremszylinder ausbauen.

Antiblockiersystem

Elektronisches Antiblockiersystem EBC – Funktion: Von Eingriffen in das elektronische Antiblockiersystem der Cosa ist **dringend abzuraten.** Nur Fachwerkstätten verfügen über die nötigen Diagnose- und Einstellgeräte sowie über das erforderliche Know-how. Die Funktionsweise wollen wir allerdings kurz erläutern.

Das **EBC** wirkt über das Pedal **nur auf das Vorderrad.** Der Vorzug der Anlage besteht darin, daß sie ein Blockieren des Vorderrads bei zu scharfem Bremsen auf kritischem Untergrund verhindert. Das EBC umfaßt folgende Elemente:

1. Geschwindigkeitsgeber am Vorderrad mit einpoligem Magnetsensor und einer Zahnscheibe, die sich mit der Bremstrommel dreht und die per Geber die Raddrehzahl erfaßt.

2. Elektronische Kontrolleinheit; ein Mikrocomputer hinter der Steuerrohrabdeckung verarbeitet die Daten der Raddrehzahl und steuert die Ventile, die ein Blockieren verhindern.

3. Kontrollventile mit doppelter Elektromagnetsteuerung; das sind zwei Highspeed-Magnetventile, die den Bremsdruck im Vorderradbremskreis impulsabhängig steuern.

4. Kontrolleuchte im Cockpit, die aufleuchtet, wenn etwas im EBC-System nicht funktioniert. Nach dem Anschalten der Zündung leuchtet die Lampe auf. Wenn sie nach ca. zwei Sekunden erlischt, funktioniert die Anlage korrekt.

Achtung: Wer eine Cosa mit EBC besitzt, sollte die Batterie niemals am Fahrzeug aufladen, sondern vorher abklemmen; nie das Massekabel bei laufendem Motor abhängen. Außerdem niemals die Verbindungsstecker zur Kontrolleinheit abziehen, wenn die Zündung eingeschaltet ist. Es drohen sonst schwere Schäden.

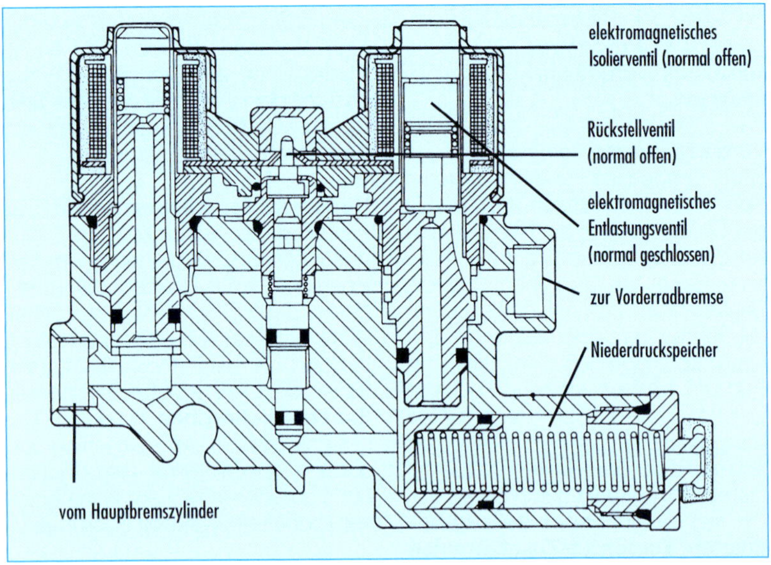

Rechts: Aufbau der elektronisch gesteuerten Antiblockieranlage EBC für das Vorderrad der Cosa; ein System von elektromagnetischen Ventilen verhindert in Verbindung mit einem Mikroprozessor, daß das Rad plötzlich bei Not- und Vollbremsungen blockiert.

Das EBC kann nicht repariert, sondern nur komplett in der Fachwerkstatt ausgetauscht werden.

Zeichnungen: Hans J. Schneider; Basis: Werkstatt-Handbuch Cosa, Piaggio & C. Pontedera

Vespa PX 1998-2008, ab 2011: Scheibenbremse, Bremshydraulik; Wartung, Reparatur

Hydraulikbremse allgemein

*1992 stellte Piaggio zum ersten Mal einen Motorroller mit Scheibenbremse am Vorderrad vor – den Quartz. 1993 folgten weitere Modelle mit stufenloser Riemenautomatik und Scheibenbremse vorn: SKR 125 und 150. 1995 bekamen dann Sfera 50 Zweitakt und Sfera 125 Viertakt die **hydraulisch betätigte Scheibenbremsanlage.***

*Unter den klassischen Rollern war die von 1987 bis 1995 produzierte Cosa lange Zeit der einzige Typ mit hydraulischer Bremsanlage. Allerdings wirkte das System lediglich auf konventionelle Trommelbremsen (s. voriges Kapitel). Bei der legendären Vespa zögerte Piaggio bis Ende der 1990er Jahre mit der Einführung moderner Bremstechnik. Doch **1998** war es soweit: Bei allen PX-Modellen von 125 bis 200 cm³ Hubraum wurde die altmodische, schlecht dosierbare und in der Wirkung unbefriedigende Vorderrad-Trommelbremse durch eine moderne Scheibenbremse ersetzt, die im Aufbau weitgehend identisch mit der Anlage war, die in den Automatik-Typen Quartz, SKR 125 oder ET 4 verwendet wurde. Einziger Unterschied: Bei den Automatikrollern ist die Bremsanlage links an der Radführung befestigt, bei der Vespa PX auf der rechten Seite.*

*Übertragen wird die Bremskraft wie bei Motorrädern über einen **Hauptbremszylinder** mit Hebel rechts am Lenker, Bremsschlauch, Bremszange und gelochte Bremsscheibe. Beim Fahren mit den modernisierten Vespa-Typen zeigen sich klar die Vorteile von Scheibenbremsen: bessere und gleichmäßigere Verzögerung, geringere Bedienkräfte, mehr Sicherheit. Und auch die Wartung ist erheblich einfacher.*

*Wir wiederholen auch in diesem Kapitel unseren **Sicherheitshinweis:** Vom Funktionieren der Bremsanlage hängt die Verkehrssicherheit des Fahrzeugs ab. Wer nicht über die nötigen Kenntnisse und handwerklichen Fähigkeiten verfügt, sollte Arbeiten am Bremssystem der **Fachwerkstatt** überlassen. In jedem Fall ist äußerste Sorgfalt geboten. Unsere Hinweise haben nur Informationscharakter, eine Haftung lehnen wir grundsätzlich ab.*

Seit 1998 sind alle PX-Varianten mit hydraulischer Scheibenbremse am Vorderrad ausgerüstet. Die von den Automatik-Typen SKR und Quartz übernommene Anlage sitzt auf der rechten Rollerseite. Die geteilte Felge mit der Fünffachverschraubung wurde beibehalten. Im Bild eine Vespa PX 125 von 1999.

Foto rechts: © Ufficio Stampa Gruppo Piaggio, Pontedera

Links: Vorderradführung mit Kurzschwinge, progressiver Schraubenfeder und Scheibenbremse der PX 150 2011. Rechts: fünffache Radbefestigung am Radstern.

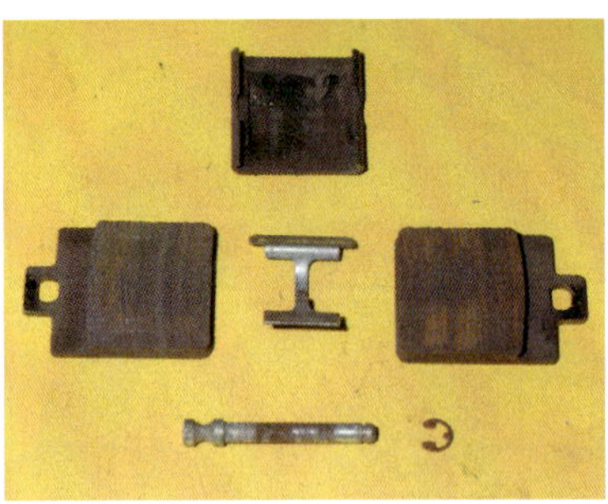

Oben links: Bei der PX-Bremszange handelt es sich um einen Festsattel mit zwei Kolben. Die Hälften sind vierfach miteinander verschraubt. Die übrigen Bilder zeigen die links angeordnete Bremse der Vespa ET 4, die genauso funktioniert. Mitte links: Zuerst die Plastikkappe abnehmen. Rechte Bildleiste von oben: Abnehmen der Sicherung, Austreiben des Sicherungsbolzens, Abziehen der Bremsbeläge, kompletter Bremsbelagkit der ET 4.

Funktion Scheibenbremse

Aufbau/Funktion der Scheibenbremsanlage – Vespa PX 125 bis 200: Das System entspricht normalem Motorrad-Standard. Der Handhebel wirkt direkt auf den Kolben des am Lenker festgeschraubten Hauptbremszylinders; der Bremsflüssigkeitsbehälter ist oben aufgesetzt. Der Druck wird über die in einen Gummi-Bremsschlauch stehende **Bremsflüssigkeit** zur Festsattel-Bremszange weitergeleitet und preßt dort über zwei Kolben die mit aufgeklebten Belägen ausgerüsteten Bremsplaketten gegen die rotierende Scheibe.

Vorbereitung Belagausbau

Bremsbeläge prüfen, Vorbereitung Ausbau: Die Bremsbeläge müssen regelmäßig auf Abnutzung kontrolliert werden. Die Verschleißgrenze ist erreicht, wenn die Beläge nur noch 1,5 mm dick sind. Aber **Achtung:** Nicht die Trägerplatte mitmessen, nur die aufgeklebten Reibbeläge prüfen! Zum Ausbau der Plaketten muß zunächst das Vorderrad der PX demontiert werden, da sonst nicht genug Platz für den Ausbau der Bremsbeläge vorhanden ist.

Vorderrad Aus- und Einbau: Hier läßt die alte Vespa grüßen: Das Rad ist mit fünf Muttern an der sternförmigen Radnabe befestigt, die Felge ist geteilt, was den Reifenwechsel erleichtert (falls die Felgen nicht korrodiert sind). Zum Radausbau zunächst mit einem Schraubendreher den großen **Plastikring** von der Felge hebeln (nicht bei allen Modellen vorhanden); Klinge zwischen Felge und Ring ansetzen. Dann **Rad blockieren** und mit einem Steckschlüssel SW 13 die **fünf Radmuttern** lösen. **Wiedereinbau:** Muttern ringsum handfest, dann kreuzweise in zwei Stufen mit **Drehmoment Nm 20-27** anziehen.

Bremsbelag Aus-/Einbau

Bremsbeläge ausbauen: Zuerst den Deckel des Bremsflüssigkeitsbehälters abschrauben. Dann an der Bremszange **Schutzabdeckung** abnehmen, **Sicherungssplint** oder Seegerring entfernen, **Sicherungsbolzen** von rechts mittels eines Dorns austreiben, **Druckfeder** abnehmen (dabei auf die ursprüngliche Lage achten) und **Bremsbeläge** aus dem Schacht ziehen (Die Fotos auf der vorigen Seite zeigen die ähnlich aufgebaute, aber links in Fahrtrichtung montierte Scheibenbremsanlage der Vespa ET 4).

Bremsbeläge einbauen: Vor dem Einbau der Plaketten Bremskolben von Hand oder mit einem Holz zurückdrücken; keine scharfkantigen Gegenstände verwenden. **Achtung:** Darauf achten, daß beim Zurückdrücken keine Bremsflüssigkeit oben aus dem Behälter tritt; notfalls absaugen. **Belagschacht** – falls nötig – mit Spiritus oder Bremsenreiniger säubern. **Sicherheitshinweis:** Auf keinen Fall ölhaltige Reinigungsmittel, Diesel, Petroleum etc. oder Benzin verwenden! Diese Flüssigkeiten zersetzen die Gummiteile der Bremsanlage, was ein späteres Bremsversagen zur Folge haben kann.
Prüfen, ob die **Gummimanschetten** an den Kolben trocken und damit dicht sind. Bei Dichtungsdefekten muß die Bremszange überholt werden (s.u.). Neue Plaketten einsetzen. Dann die **Druckfeder** so einsetzen, daß der eingestanzte Pfeil außen liegt und nach oben zeigt. Feder festhalten, **Bolzen** durchstecken (nicht fetten!) und neuen Sicherungssplint bzw. **Seeger-Ring** anbringen.
Achtung: Vor dem Losfahren **Bremsflüssigkeitsstand** kontrollieren bzw. regulieren und **Behälterdeckel** festschrauben. Bremshebel mehrmals betätigen, damit sich die Beläge der Scheibe anpassen können.

Oben und unten: Der Festsattel (hier: ET 4) ist mit 2 Inbusschrauben SW 6 befestigt und läßt sich nach Lösen derselben mit den Belägen nach hinten ziehen.

Bremszange Aus-/Einbau

Bremszange ausbauen: Die beiden Inbusschrauben SW 6 lösen, mit denen die als Festsattel ausgelegte Bremszange am Träger befestigt ist; Bremsschlauch nicht abschrauben. Nach dem Lösen läßt man die Zange einfach an der Bremsleitung herunterhängen. **Achtung:** Bremshebel bei ausgebauter Zange nicht betätigen; die Kolben würden dabei ausgepreßt.

Bremszange einbauen: Kontrollieren, ob der Tachowellenmitnehmer korrekt montiert ist und nicht am Rad schleift. Die **Tachowelle,** falls sie gelöst wurde, sorgfältig einsetzen und befestigen. Die Inbusschrauben der Zangenbefestigung zusammen mit den zwei Unterlegscheiben einsetzen; die flexible Drahtführung für die Tachowelle beachten.

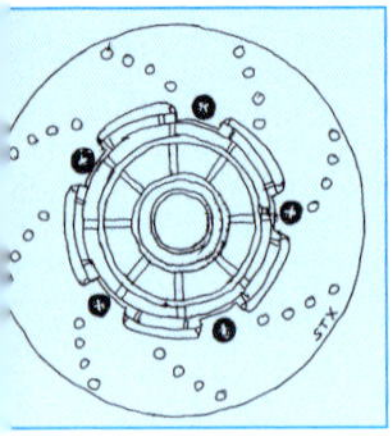

Zeichnung: © Piaggio & C.

Die Zeichnung zeigt die fünf Punkte, an denen die Scheibe mit der Nabe verschraubt ist. Rechts: vordere Radnabe mit Bremsscheibe der Vespa GT 200. Das Radführungs- und Bremssystem ist im Prinzip seit 1992 bei allen Vespa-Modellen gleich.

Bremszange anschrauben, Schrauben in zwei Stufen mit **Drehmoment 20-25 Nm** anziehen. **Rad** aufsetzen und Muttern am besten mit **Drehmoment 20-27 Nm** anziehen. Vor dem Losfahren Bremshe-bel mehrmals betätigen, damit sich die Beläge der Scheibe richtig anpassen können.

Radlager, Nabe, Bremsträger

Unten: Querschnitt Radnabe und Bremsscheibenbefestigung: 1 = Kugellager, 2 = Nadellager, 3 = Rad u. Nabe, 4 = Radbolzen, 5 = Bolzen, 6 = Bremsscheibe. Zum Ausbau der Bremsscheibe muß bei allen Vespa-Modellen zuerst die Radnabe abgezogen werden.

Radnabe, Radlager, Lager Bremsträger allgemein: Der Ausbau der **Radnabe** ist erforderlich, wenn die **Bremsscheibe** abgenommen werden soll. Bei allen Modellen sitzen die beiden **Radlager** in der Nabe (analog zu den Lagern in der Bremstrommel, s. vorn); sie ermöglichen die Drehung des Rades auf der Achse. Im **Bremszangenträger sitzen** (analog zur Bremsankerplatte bei der Trommelbremse) **zwei weitere Lager;** sie gleichen die kurzen Drehbewegungen aus, die von der Schwinge mit der fest eingepreßten Achse induziert werden. Die Lager müssen ausgewechselt werden, wenn Spiel vorhanden ist oder Laufgeräusche auftreten. Am besten Lager paarweise austauschen.
Im Prinzip sind beim Aus- und Einbau von Radlager und Bremszangenträger **die gleichen Grundsätze** zu beachten wie bei den Bremstrommellagern und der Bremsankerplatte **der PX,** s. auch dort.

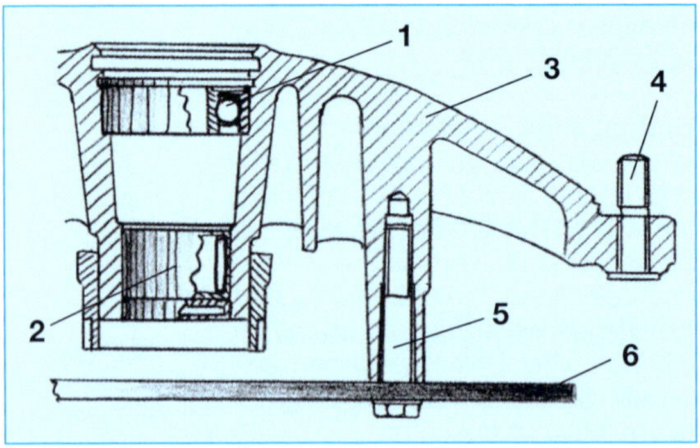

Zeichnung: Hans J. Schneider; Basis: Werkstatt-Handbücher, Piaggio & C. Pontedera

Radnabe mit Bremsscheibe – Aus- und Einbau: Zunächst Vorderrad und Bremszange demontieren wie beschrieben. Klemmplatte der Tachowelle abnehmen (Schraube SW 8) und Welle abziehen. Dann die **Radnabe mit Bremsscheibe** ausbauen; die Scheibe ist an der Nabe befestigt und kommt mit frei. Schutzkappe vom Achsstummel ziehen, **Splint** aufbiegen, Sicherungskappe abnehmen und **Zentralmutter** mit einer Stecknuß SW 22 lösen. Radnabe mit Bremsscheibe abziehen.
Einbau: Nabe mit Scheibe aufsetzen, Vordere Achs-Mutter aufsetzen und mit **Nm 60-100** anziehen. Sicherungskappe aufsetzen und mit Splint sichern. Splintenden so biegen, daß **kein Spiel** zwischen Kappe und Achsstummel bleibt.

Bremsscheibe

Bremsscheibe Aus-, Einbau, Kontrolle: Nach dem Ausbau der Radnabe kann die **Bremsscheibe** abgenommen werden; sie ist mit fünf Inbusschrauben SW 4 befestigt. Schrauben ausdrehen, Scheibe abnehmen und prüfen. Die Scheibe darf an den Rändern nicht übermäßig **eingelaufen** sein und keine starken **Riefen** haben. Schlägt oder vibriert die Bremse spürbar, Scheibe mit einer Meßuhr auf **Seitenschlag** und **Verzug** prüfen lassen. Der Seitenschlag darf nicht größer als 0,1 mm sein. Bei starker Riefenbil-

dung oder übermäßiger Abnutzung Scheibe erneuern.
Einbau: Bremsscheibe mit Alkohol oder Spiritus (niemals mit Diesel oder ölhaltigen Mitteln) sorgfältig von Öl- und Bremsflüssigkeits-Rückständen **reinigen** und dann so einbauen, daß der eingeprägte Laufrichtungspfeil auf der Federbeinseite liegt. Schraubengewinde mit **Schraubensicherung** LOCTITE 242 bestreichen, Schrauben einsetzen und dann mit **5-6 Nm** anziehen.

Radlager Aus-/Einbau

Radlager aus- und einbauen: Vorderrad, Bremszange, Radnabe und Bremsscheibe ausbauen wie oben beschrieben. Zum Ausbau der beiden äußeren Lager Radnabe in Schraubstock spannen. Das kleinere **Nadellager** und das größere **Kugellager** werden mit einem Spezial-Abzieher ausgebaut (u.U. in Fachwerkstatt ausleihen oder die Arbeit direkt in der Werkstatt ausführen lassen). Vor der Montage neuer Lager die Räume zwischen den Lagern mit **Universalfett** versehen
Eingebaut werden die Lager mit exakt passenden Schlagdornen (Fachwerkstatt aufsuchen oder Tipps im Kapitel „Vorderrad-Trommelbremse" beachten).

Bremszangenträger

Bremszangenträger mit Lagern aus- und einbauen: Zuerst Bremszange, Radnabe und Bremsscheibe abnehmen wie oben beschrieben. Den **Bremszangenträger** vom Federbein abschrauben; er ist mit zwei Innensechskantschrauben SW 6 und zugehörigen Muttern befestigt. Zuletzt den **Seegerring** ausbauen, der den Träger auf dem Achsstummel festhält.
In den Bremszangenträger sind zwei **Nadellager** eingesetzt; sie lassen sich einfach mit einem genau passenden Schlagdorn aus- und eintreiben (s.a. Kapitel „Vorderrad-Trommelbremse"). Beim Einbau die Lager nicht verkanten. Vor der Montage die Lager innen und den Raum dazwischen mit **Universalfett** versehen.
Einbau der Einheit: Träger auf den Achsstummel schieben und mit Seegerring sichern. Träger wieder am Federbein befestigen, Bolzen einführen, Muttern kräftig anziehen.

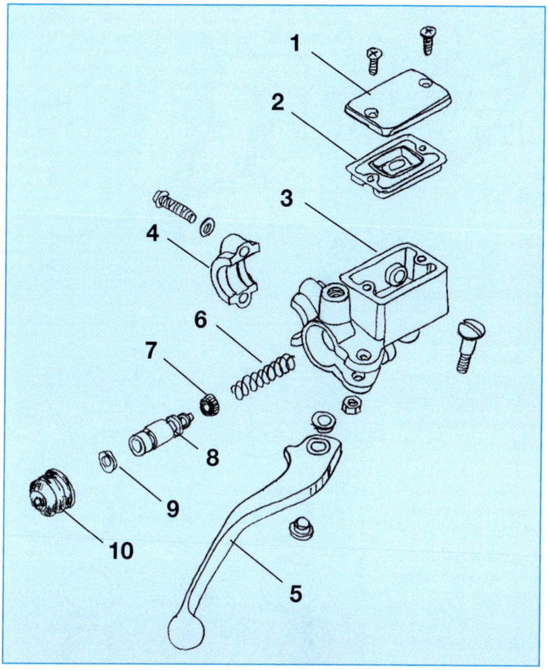

Betätigungselemente der PX-Scheibenbremse: 1 = Deckel Behälter, 2 = Membrane, 3 = Hauptbremszylinder mit Flüssigkeitsbehälter, 4 = Klemmschale, 5 = Bremshebel, 6 = Feder, 7 = Dichtung, 8 = Kolben, 9 = Staubschutzring, 10 = Gummibalg.

Zeichnung: Hans J. Schneider; Basis: Werkstatt-Handbücher, Piaggio & C. Pontedera

Hauptbremszylinder

Hauptbremszylinder Ausbau: Der Hauptbremszylinder sitzt zusammen mit dem integrierten Bremsflüssigkeitsbehälter am rechten Lenkerende. Zunächst Bremsflüssigkeit ablassen. Schutzkappe des Entlüftungsventils an der Bremszange entfernen und transparenten **Schlauch** aufstecken. Anderes Schlauchende in ein Gefäß halten. **Entlüftungsventil** mit einem Gabelschlüssel SW 8 öffnen und Bremshebel solange betätigen, bis keine Flüssigkeit mehr ausströmt. **Bremsschlauch** vom Haupt-

Zeichnungen: Hans J. Schneider; Basis: Werkstatt-Handbücher, Piaggio & C. Pontedera

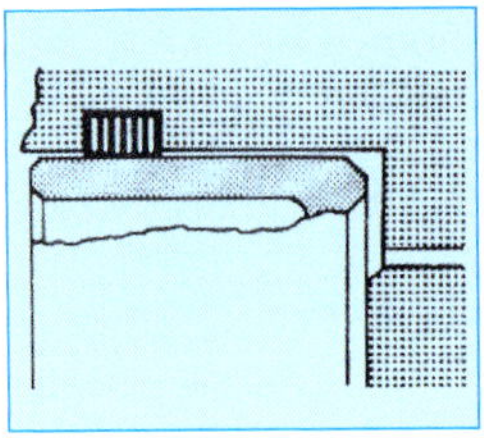

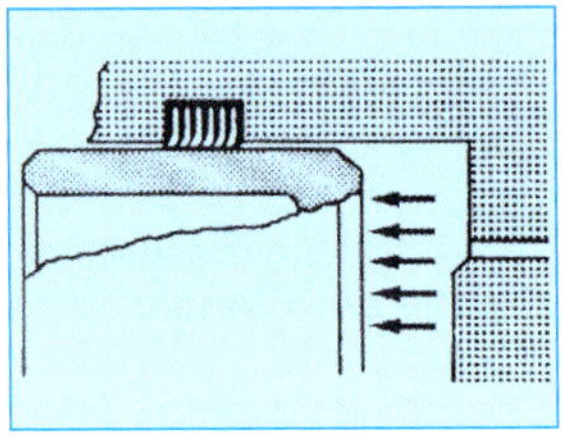

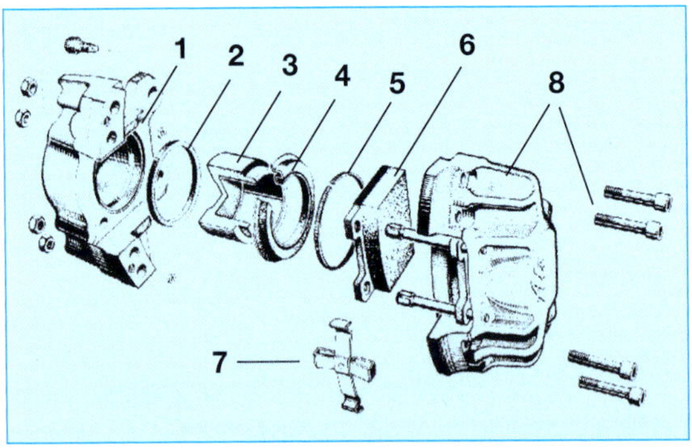

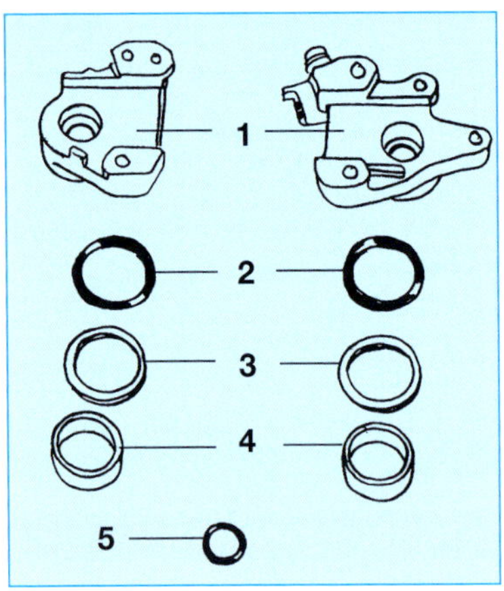

Oben links: Kolben des Bremssattels in Lösestellung. Daneben: Bremskolben unter Druck.

Mitte oben: Elemente einer Ate-Zweizylinder-Festsattelhälfte; 1 = Zangenhälfte, 2 = Dichtring, 3 = Kolben, 4 = Staubschutzring, 5 = Sicherung, 6 = Bremsplakette, 7 = Spreizfeder, 8 = zweite Hälfte, Schrauben.

Unten links: Elemente einer Piaggio-Bremszange; 1 = Zangenhälften, 2 = Staubschutzmanschetten, 3 = Dichtringe, 4 = Kolben, 5 = Dichtung zwischen den Hälften.

bremszylinder abschließen. Klemmschale (u.U. auch Bremshebel) lösen und Hauptbremszylinder vom Lenker nehmen. Bei Undichtigkeiten und Beschädigungen den Zylinder komplett austauschen.

Hauptbremszylinder Revision: Das **Zerlegen** und **Überholen** ist aus Sicherheitsgründen normalerweise **Werkstattsache.** Die einzelnen Schritte: Sprengring am Druckbolzen lösen, Staubschutzmanschette und Kolben mit Dichtmanschette entnehmen. Kolben und Zylinderlaufbahn dürfen keine Korrosion oder Riefen zeigen. Eintrittsloch, Entlüftungsbohrung und Abflußöffnung dürfen nicht verstopft sein; mit Preßluft durchblasen. Defekte Dichtringe und geschwollene Gummiteile er-

Gasgriff, Schalter, Brems-flüssigkeitsbehälter einer Vespa PX von 1999.

setzen **(Reparatursatz,** falls erhältlich). Alle Teile vor dem Zusammenbau reinigen. **Achtung:** Dazu nur Spiritus, denaturierten Alkohol oder Bremsenreiniger (Spray), niemals Benzin oder Petroleum verwenden. Der **Zusammenbau** erfolgt in umgekehrter Reihenfolge. Dichtungsringe in frische Bremsflüssigkeit tauchen. Metallteile können dünn mit **Bremszylinder-Spezialpaste** bestrichen werden (Fachhandel, z.B. Fiat PFR1, Ate). Nach Komplettierung die Funktion prüfen: Kolben in den Zylinder drücken und loslassen; er muß schnell zurückgleiten.

Hauptbremszylinder Einbau: Bei der Montage die Drehmomente für die Verbindungsschrauben beachten: nur **8-12 Nm,** das ist praktisch „handfest". Fabrikneue **Bremsflüssigkeit DOT 4** in den Behälter füllen, System unter Druck setzen und entlüften wie weiter unten beschrieben. Prüfen, ob alle Verbindungen hundertprozentig dicht sind.

Achtung: Bei allen Arbeiten darauf achten, daß keine Bremsflüssigkeit auf lackierte Teile tropft; es können Schäden entstehen. Spuren von Bremsflüssigkeit auf der Bremsscheibe mit Spiritus entfernen. Mit Bremsflüssigkeit benetzte Beläge austauschen, da die Bremswirkung sonst herabgesetzt würde. Bremse entlüften (s. unten).

Die miteinander verschraubten Zangenhälften werden mit einem Inbuisschlüssel getrennt.

Bremszange

Bremszange Zerlegung und Revision: Zunächst die Bremszange abnehmen und die Bremsbeläge ausbauen wie vorn beschrieben. Dann Bremsflüssigkeit ablassen wie im Abschnitt „Hauptbremszylinder“ gezeigt. Bremszange ausbauen und Bremsschlauch abnehmen. Zum Zerlegen vier Innensechskantschrauben lösen (zwei SW 6, zwei SW 5). Die beiden **Hälften** der Zange ablegen. Nun die Innenteile herausnehmen; dazu – falls nötig – Preßluft in die äußeren Bohrungen für die Bremsflüssigkeit schicken; nicht mit hohem Druck arbeiten, sonst fliegen die Einzelteile durch die Gegend. Hand oder Lappen schützend davorhalten.

Jede Hälfte enthält einen **Staubschutzring,** eine **Dichtmanschette** und einen **Leichtmetallkolben.** Außerdem gibt es einen zentralen **O-Dichtring** (s. Graphik). Kolbenlaufbahnen prüfen; falls Kratzer oder Korrosion festgestellt werden, muß die Bremszange komplett ausgetauscht werden. **Achtung:** Die inneren Einzelteile müssen laut Piaggio nach jedem Zerlegen der Zange erneuert werden, auch wenn keine Beschädigungen festzustellen sind. Für **Reinigung** und Zusammenbau gelten ansonsten die gleichen Grundsätze und Sicherheitshinweise wie in den Abschnitten „Hauptbremszylinder“ weiter oben.

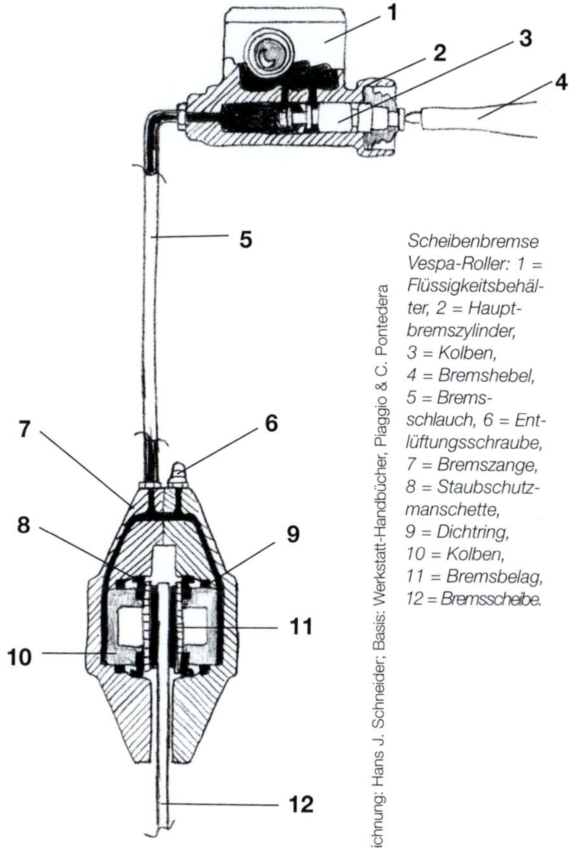

Scheibenbremse Vespa-Roller: 1 = Flüssigkeitsbehälter, 2 = Hauptbremszylinder, 3 = Kolben, 4 = Bremshebel, 5 = Bremsschlauch, 6 = Entlüftungsschraube, 7 = Bremszange, 8 = Staubschutzmanschette, 9 = Dichtring, 10 = Kolben, 11 = Bremsbelag, 12 = Bremsscheibe.

Zeichnung: Hans J. Schneider; Basis: Werkstatt-Handbücher, Piaggio & C. Pontedera

Bremszange Zusammen- und Einbau: Alle Teile in Alkohol oder Spiritus reinigen wie beschrieben; Spuren von Fett und Öl sorgfältig entfernen. Gummiteile kurz in Bremsflüssigkeit tauchen, u.U. dünn mit Bremszylinder-Paste bestreichen (Ate, Fiat PFR1). Genauen **Sitz** aller Einzelteile prüfen. Anschließend die **Funktion** prüfen: Kolben in die Zange drücken und loslassen; er muß schnell zurückgleiten. Hälften der

Das Entlüften einer hydraulischen Bremse ist bei allen Fahrzeugen gleich; im Bild: Bremse einer Vespa PX 125. Schlauch auf Entlüftungsventil stecken, anderes Ende in Glas mit Bremsflüssigkeit halten. Ventil lösen und Anlage entlüften wie im Text beschrieben. Nur Flüssigkeit DOT 4 verwenden.

Zange zusammenfügen und fest verschrauben. Bremszange am **Träger** befestigen **(Drehmoment 20-25 Nm),** Bremsschlauch anschließen und mit Gabelschlüssel gefühlvoll festziehen; Bremsbeläge einsetzen, Anlage befüllen und entlüften wie unten beschrieben.

Bremse entlüften

Bremsanlage entlüften: Nach allen Arbeiten an der Bremsanlage muß das System entlüftet werden (und gefüllt, falls vorher entlehrt). Entlüftet werden muß auch, wenn die Bremse sich schwammig anfühlt und erst nach mehrmaligem Betätigen des Hebels richtig Wirkung zeigt. Zunächst stets prüfen, ob die Anlage **dicht** ist. Entweicht beim Entlüften ständig weiter Luft durch den Entlüftungsschlauch, müssen alle Verbindungen geprüft und gegebenenfalls nachgezogen werden.

Zum **Entlüften** benötigt man eine Dose mit 500 cm^3 Bremsflüssigkeit **DOT 4,** einen durchsichtigen Plastikschlauch mit 3,0 mm Innendurchmesser, einen Gabelschlüssel SW 8, ein sauberes Haushaltsglas und einen Helfer. Zunächst **Deckel** des Bremsflüssigkeitsbehälters abnehmen. Dann ungefähr 100 cm^3 Bremsflüssigkeit in das Glas füllen. Fahrzeug auf einer ebenen Fläche aufbocken. Gummikappe von der **Entlüftungsschraube** der Bremszange abnehmen und den Plastikschlauch aufschieben; er muß luftdicht abschließen. Das andere Ende des Schlauchs in das mit Bremsflüssigkeit gefüllte Glas halten. Entlüftungsschraube mit dem Gabelschlüssel eine halbe Umdrehung öffnen. Dann betätigt der Helfer den Bremshebel bis zum Anschlag. Die mit Luft durchsetzte Bremsflüssigkeit entweicht über die Leitung ins Glas; Entlüftungsschraube schließen und Hebel loslassen. Vorgang so lange wiederholen, bis **keine Luftbläschen mehr** austreten. Jetzt den Hebel am Anschlag halten und die Entlüftungsschraube letztmalig schliessen. Erst dann Hebel loslassen. Zum Abschluß Bremse mehrmals kräftig betätigen; es muß ein gleichmäßig deutlicher, unnachgiebiger **Druckpunkt** zu spüren sein.

Achtung: Der Schlauch darf nicht aus der Bremsflüssigkeit rutschen. Während des Entlüftens immer so viel Bremsflüssigkeit nachfüllen, daß der Pegel im Vorratsbehälter nicht unter die „Minimum“-Marke absinkt.

Bremsflüssigkeit

Bremsflüssigkeit kontrollieren: Der Bremsflüssigkeitspegel im Behälter am Lenker darf nie unter die „Minimum“-Marke sinken. Ansonsten kann beim Bremsen Luft angesaugt werden – die **Bremswirkung** läßt dramatisch nach, denn Luft läßt sich ja komprimieren.

Achtung: Bei starkem Flüssigkeitsverlust nicht einfach nachfüllen, sondern die **Ursache** suchen. In Frage kommen undichte Schraubverbindungen, poröse oder beschädigte Bremsschläuche, undichte Manschetten an Haupt- und Radbremszylinder. Bei Bedarf nur frische Bremsflüssigkeit **DOT 4** nachfüllen.

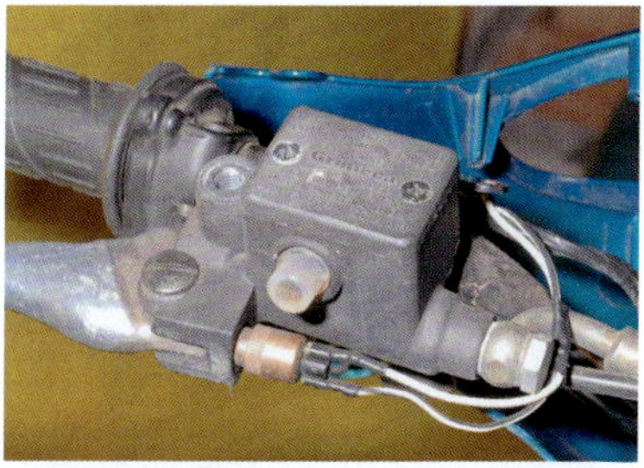

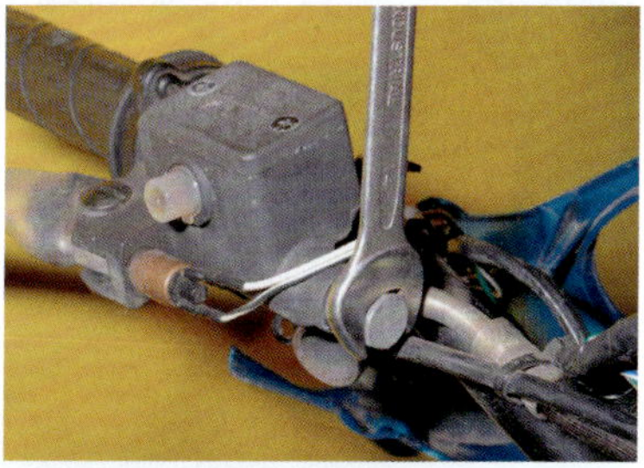

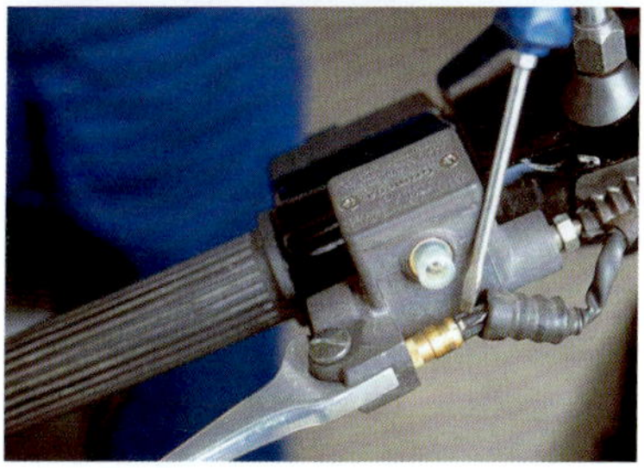

Bremsflüssigkeit nachfüllen: Zum Nachfüllen von Bremsflüssigkeit Fahrzeug so aufbocken, daß es gerade steht. Dann die beiden Deckelschrauben am Behälter lösen und **Deckel** mit **Membrane** und **Dichtung** abnehmen. Nur frische Flüssigkeit **DOT 4** aus zuvor versiegeltem Behälter verwenden. Beim Einfüllen darf keine Flüssigkeit auf lackierte Teile oder Teile aus Kunststoff tropfen. Geht etwas daneben, den Bereich mit klarem Wasser abspülen.
Achtung: Die Bremsflüssigkeit nimmt Wasser aus der Luft auf und verliert damit an Wirkung (sie ist „hygroskopisch"). Unter starker Belastung (Paßfahrten) kann dann die Bremse ausfallen („Fading"). Flüssigkeit am besten alle zwei Jahre austauschen.

Bremsschlauch

Bremsanlage prüfen, Bremsschlauch wechseln: Wenn trotz sorgfältigen Entlüftens immer wieder Luft ins System eindringt, müssen alle Anschlüsse und Komponenten der Bremsanlage überprüft werden. Bremsschläuche mit Rissen, Scheuerstellen, porösen Partien oder Aufquellungen sofort austauschen. Dazu zunächst Bremsanlage entleeren, Bremsflüssigkeit auffangen und umweltgerecht entsorgen.
Den alten Bremsschlauch unten und oben abschrauben (Steck-/Ringschlüssel SW 13 oder 14). Kaskade von der Fahrzeugfront abnehmen. Schlauch aus der Karosserie fädeln und dabei darauf achten, daß keine Flüssigkeit auf den Lack tropft.
Beim **Wiedereinbau** stets neue Dichtringe verwenden. Hohlschrauben mit Gefühl handfest anziehen. Der Schlauch darf nirgends scheuern. Dann Anlage mit fabrikneuer Bremsflüssigkeit **DOT 4** befüllen und entlüften wie oben beschrieben.

Bremshebel, Bremslicht

Bremshebel aus- und einbauen: Der Handhebel für die Vorderradbremse wirkt direkt auf den Hauptbremszylinder, ist aber nicht mit diesem verbunden. Zum Auswechseln die Schlitzschraube, die als Lager dient, mit einem Schraubendreher festhalten und von unten mit einem Ringschlüssel SW 10 die selbstsichernde Mutter lösen. Schraube herausziehen und Hebel abnehmen. Beim Einbau Mutter handfest anziehen.

Bremslichtschalter: Der vordere Bremslichtschalter sitzt unter einer Gummitülle unterhalb des HBZ. Tülle abziehen und prüfen, ob die beiden Kabelschuhe fest sitzen und **keine Korrosion** aufweisen. Zum Ausbau Kabel abziehen und Schalter mit einem Gabelschlüssel lösen, beim Einbau handfest anziehen.

Beispielfotos für den oberen Bereich der Hydraulikbremsanlage, aufgenommen an der Vespa ET 4.

Oben: Bremsflüssigkeitsbehälter mit Bremslichtschalter.

Mitte: Lösen der oberen Hohlschraube am Bremsschlauch.

Unten links: Der Handhebel löst über den Bremslichtschalter das Stopplicht aus. Tülle abziehen und Kabelverbindung prüfen.

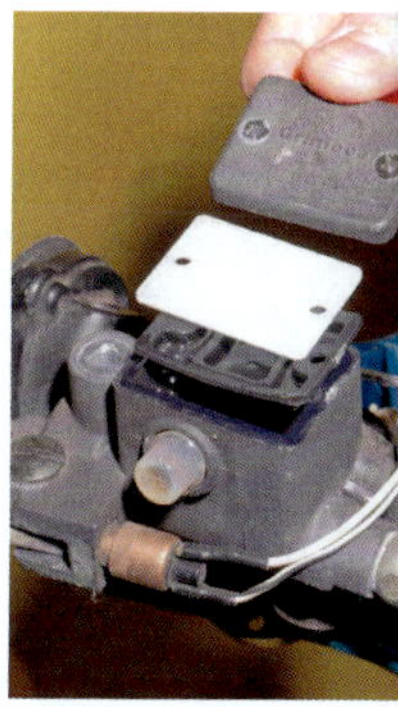

Geöffneter Bremsfüssigkeitsbehälter der ET 4 mit Dichtung und Membran.

Radlagerspiel

Radlagerspiel prüfen – alle Modelle: Die Radlager sind bei der Vespa keinem allzu hohen Verschleiß ausgesetzt, weil es sich teilweise um **Doppellager** mit breiter Aufstandsfläche handelt. Trotzdem kann eine gelegentliche Überprüfung nicht schaden. Aus- und Einbau haben wir bereits weiter vorn gezeigt. Wir geben hier einige Tipps, bevor wir uns mit Kurzschwinge und Steuerrohr befassen.

Vorderradspiel: Maschine auf den Mittelständer stellen, das Rad hängt dann frei in der Luft. Von der linken Fahrzeugseite her den Reifen ergreifen, eine Hand oben, die andere unten. Nun versuchen, das Rad quer zur Vertikalen ruckartig hin- und her zu kippen. Dabei darf sich keinerlei Spiel zeigen.

Hinterradspiel: Maschine aufbokken und Heck so abstützen, daß sich das Rad frei drehen kann. Dann von der linken Fahrzeugseite her Rad rechts und links mit beiden Händen ergreifen und versuchen, es quer zur Achse hin- und her zu bewegen. Auch hierbei darf sich keinerlei Spiel zeigen.

Rechts: Prüfung des Radlagerspiels vorn (z.B. PK); Maschine auf den Mittelständer stellen und das frei hängende Rad quer zur Achse hin- und herbewegen wie auf dem Bild gezeigt.

Unten: Prüfung des Radlagerspiels hinten (z.B. PK): Maschine aufbokken, Rad erfassen und versuchen, es quer zur Achse hin- und herzubewegen. Es darf sich kein Spiel zeigen.

Federbein vorn

Federbein vorn auswechseln – allgemein: Poltergeräusche in der Vorderradaufhängung und eine Verschlechterung der Fahreigenschaften können damit zusammenhängen, daß das vordere Federbein ausgeschlagen ist. Es besteht aus einer gekapselten **Schraubenfeder** und einem **hydraulischen Stoßdämpfer.** Bei vor Herbst 1978 gebauten Fahrzeugen sind Stoßdämpfer und Feder separat befestigt. Die Befestigung ist bei allen neueren Vespa-Modellen einheitlich.

Federbein vorn Ausbau, Vorbereitung Ausbau Bremsankerplatte: Das Federbein muß z.B. ausgebaut werden, wenn die **Bremsankerplatte** überholt und neu gelagert werden soll. Wie bereits im vorigen Abschnitt beschrieben müssen zunächst auch **Tachowelle** und **Vorderrad-Bremsseilzug** von der Ankerplatte abgenommen werden.

Anschließend ist die **untere Federbeinbefestigung** zu lösen (zwei Bolzen M8 und Muttern SW 13 mit Federringen). Dies ist aber schwierig, zumindest bei aufgebocktem Fahrzeug und nicht belastetem Vorderrad. Denn der untere Befestigungsbolzen stößt beim Ausdrehen gegen das Lenkrohr.

Daher **spannen** wir die Vorderradaufhängung **mit einem Nylongurt vor.** Mit einem schmalen **Hilfsriemen** bilden wir eine Schlaufe um das rechte Lenkerende. Dann führen wir den **Gurt** von unten um die Kurzschwinge herum und haken ihn mit seinen beiden Enden in der Schlinge ein. Mit der Ratsche wird dann das Federbein so weit gespannt, bis sich der **Bolzen** entfernen läßt. Er kommt wegen des Spanndrucks nur raus, wenn er mit einem Ringschlüssel immer weiter gedreht wird. Damit die Schwinge beim Entlasten des Gurts nicht nach unten springt, unterfangen wir es mit einem **Holzbock** und einem Brett.

Das Federbein ist **oben** mit zwei Muttern SW 13 am Lenkrohr befestigt. Die rechte Mutter wird mit Stecknuß und Verlängerung ausgedreht, die linke läßt sich nur mit einem gekröpften Ringschlüssel lösen. Danach kann das Federbein nach unten abgenommen werden.

Das **Federbein** läßt sich zerlegen (Mutter SW 17 oben, Kreuzschlitz zum Gegenhalten der Dämpferstange, Schlüsselweite SW 44 zum Lösen der Plastikhülse). Aber eine Überholung lohnt sich nicht, da es identisch aufgebaute Federbeine für rund 68 Euro im Handel gibt. Oft wird die PX auch mit dem Federbein mit offenliegender Feder der Modelle ab 2011 nachgerüstet. Einstellbare Federbeine kosten zwischen 50 und 150 Euro.

Oben links: Muttern SW 13 lösen, Bolzen gegenhalten. Daneben: Schneller geht es mit der Stecknuß.

Links: Die Schwinge wird mit Holzbock und Brett unterfangen.

Links: Die Schwinge wird mit einem starken Nylongurt vorgespannt.
Oben: Der untere Bolzen muß mühsam ausgedreht werden.

Oben links: Die rechte Mutter der oberen Federbeinbefestigung ist mit Umschaltknarre und Verlängerung gut von unten zu erreichen. Oben rechts: Lösen der linken Mutter mit einem gekröpften Ringschlüssel. Darunter: Feder und Dämpfer werden von einer Mutter SW 17 zusammengehalten. Der Schlitz in der Dämpferstange dient zum Gegenhalten.

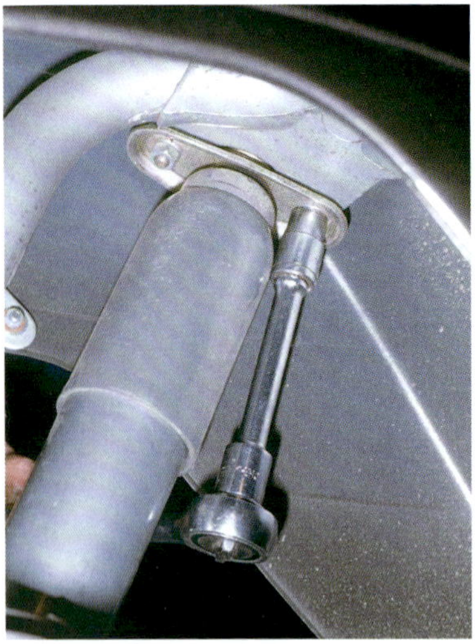

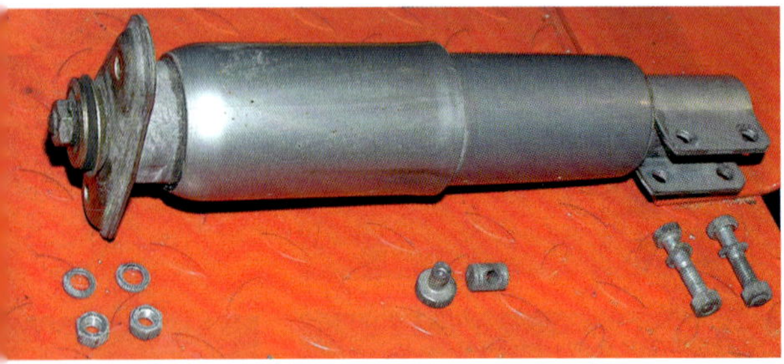

Das ausgebaute Federbein mit seinen Befestigungselementen und dem Bremszugeinsteller.

Federbein vorne einbauen: Am besten geht der Einbau des Vorderrad-Federbeins bei seitlich **liegendem Roller.** Die beiden Schrauben M8 oben im **Lenkrohradapter** von hinten mit **Holzstückchen blockieren,** damit die Muttern angezogen werden können (s. Foto). Federbeinflansch über die Bolzen schieben, neue Federringe und Muttern anbringen und festziehen. Holzstücke entfernen.

Der **obere Bolzen M8,** mit dem das Federbein an der **Bremsankerplatte** befestigt ist, läßt sich problemlos von vorn einsetzen. Für das Einsetzen **des unteren Bolzens** muß das Federbein (wie beim Ausbau) **bei aufgerichtetem Roller** mittels eines Spanngurts **vorgespannt** werden. Wir hängen die Vespa an einen Kettenzug und stützen sie vorne mit einem Holzbock ab. Den **Gurt** in die am Lenker angebrachte Schlaufe hängen und unten **um die Kurzschwinge** legen. Dann den Spanngriff so lange betätigen, bis sich der untere Bolzen eindrehen läßt (Umschaltschlüssel SW 13). Zuletzt werden **neue Federringe** und die **Muttern SW 13** auf der anderen Seite angebracht und festgezogen, idealerweise mit Drehmoment 20-27 Nm. Abschließend wird die zuvor entfernte und gereinigte **Kunststoffabdeckung** auf die Schwinge gedrückt.

Rechts oben: Die (verdeckten) Bolzenköpfe werden von hinten mit kleinen Holzstücken blockiert. Die Muttern M8 werden samt neuer Federringe festgeschraubt. Unten: Der untere Bolzen M8 läßt sich nur bei vorgespanntem Federbein einsetzen. Pfeile: die beiden Bolzenköpfe.

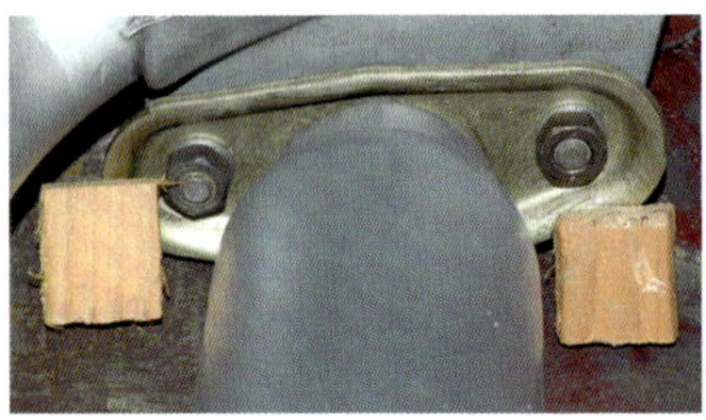

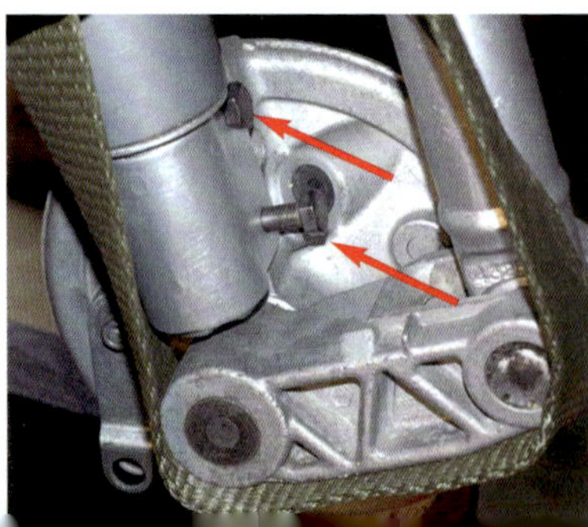

Links: Eindrehen der beiden Bolzen bei vorgespanntem Federbein. Rechts: Anziehen der beiden Muttern hinten mit Ringschlüssel.

Federbein hinten

Federbein hinten allgemein: Das hintere **Federbein** ist oben an der Karosserie und unten am Antriebsgehäuse befestigt. Es muß die gesamte Karosserie inklusive Fahrer und Sozius/Sozia gegen den Motor-/Getriebeblock abstützen. Kein Wunder, daß sich nach einiger Zeit **Verschleiß** bemerkbar macht. Auch das hintere Federbein besteht aus einer **Schraubenfeder** und einem innenliegenden **Stoßdämpfer.**

Federbein hinten auswechseln – PK-Modelle: Bei der Vespa PK zunächst Fahrzeugheck abstützen wie beschrieben; das Hinterrad muß entlastet sein. Dann die **untere Federbeinbefestigung** lösen; Bolzen rechts mit einem Schlüssel SW 14 festhalten, Mutter von links mit einem Schlüssel SW 13 abschrauben. **Motorblock** mit der einen Hand abfangen, mit der anderen Bolzen herausziehen; Motorblock ablassen, dabei auf einen Holzklotz setzen.
Zum Lösen der **oberen Federbeinbefestigung** zuerst **Tank** ausbauen (s. Kapitel Benzinversorgung); dazu vier Schrauben SW 13 unter der Sitzbank lösen. Das obere Federbeinende der PK ist in der Karosserie mit einer **Spezialschraube SW 13** befestigt. Schraube lösen und Federbein abnehmen. Beim **Wiedereinbau Drehmoment** beachten: s. Anhang.

Federbein hinten auswechseln – PX und Cosa: Die **untere Befestigung** wird ebenso gelöst wie bei der PK-Reihe: Bolzen SW 14, Mutter SW 13. **Oben** stützt sich das Federbein über einen Sechskantbolzen gegen ein Gummielement ab. In der Karosserie ist es mit einer **Mutter M8** SW 13 befestigt. Diese ist wieder nur bei ausgebautem Tank zu erreichen (s. weiter hinten im Buch). Sie ist schlechter zugänglich als bei der PK. Das Lösen ge-

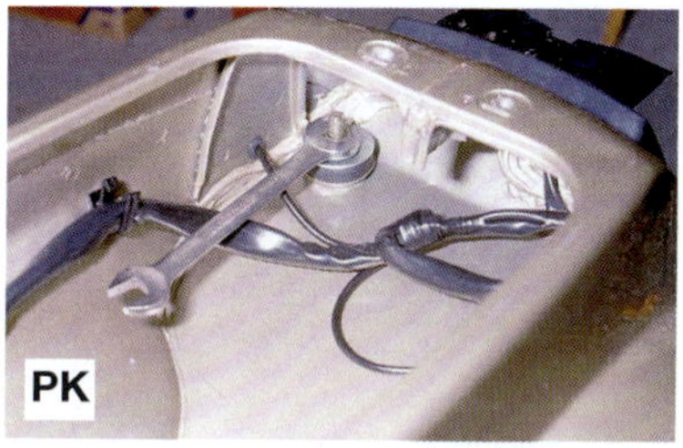

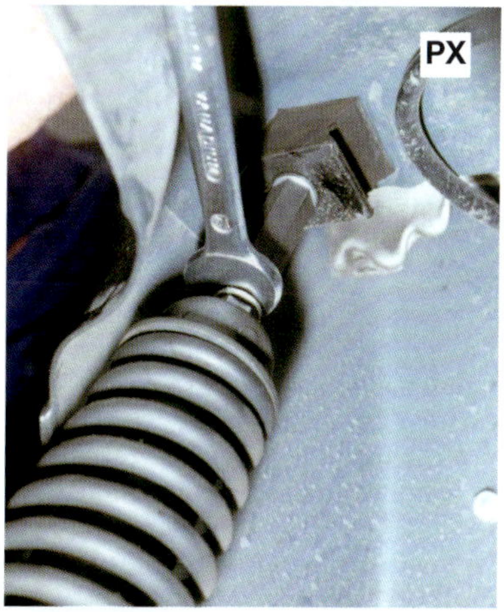

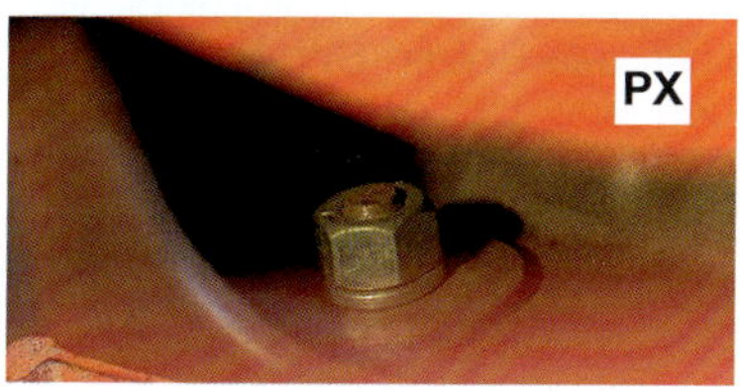

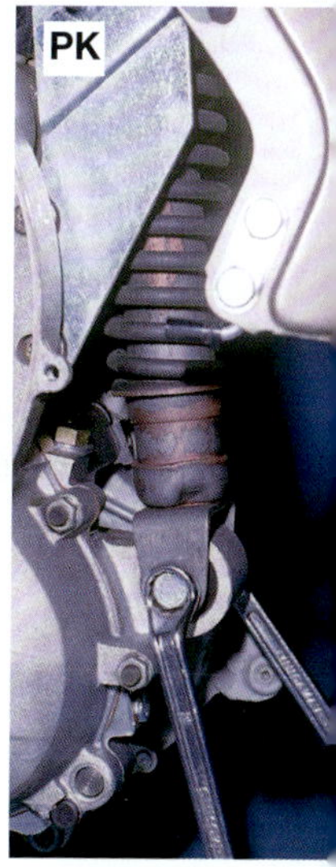

Oben links: obere, gut zugängliche Federbeinbefestigung bei der PK.

Oben rechts und darunter: untere Befestigung bei der PK mit Bolzen und Mutter. Bei PX und Cosa sieht es genauso aus.

Mitte links: Gegenhalten der Federbeinstange bei der PX mit einem Gabelschlüssel.

Links: Die obere Spezialmutter ist bei der PX nicht gut zugänglich.

Rechts: So wird das Federbein positioniert; Abschrägung des Gummipuffers nach außen, Aufnahme parallel zur Fahrtrichtung (Pfeile); unten die Befestigungselemente oben, unten.

Unten: Befestigung am Antriebsgehäuse: Bolzen von links einschieben, Mutter rechts beidrehen und dann festziehen.

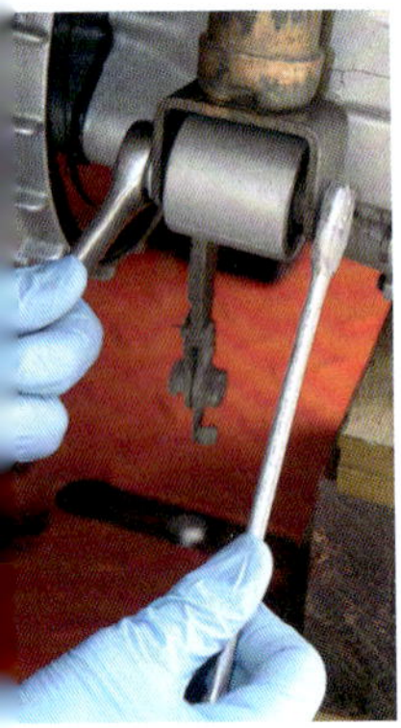

lingt am besten mit einem flachen Umschaltschlüssel und einer Nuß SW 13. Gleichzeitig sollte die **Federbeinstange** unten mit einem Gabelschlüssel SW 14 gegengehalten werden.

Federbein wieder einbauen: Das funktioniert wieder am besten bei liegendem Fahrzeug. Das Federbein wird so positioniert, das die **Abschrägung** des Gummipuffers zur rechten Fahrzeugseite hin weist. Die **Gabelaufnahme für den Bolzen** muß parallel zur Fahrtrichtung stehen. Am Motorblock von links den Bolzen SW 14 einschieben und mit der Mutter SW 13 samt Unterlegscheibe und Sprengring sichern. Drehmomentwerte s. Anhang.

Traversenlagerung prüfen – alle Modelle: Der Motor-/Getriebeblock der Vespa ist über Gummilager und eine Traversenachse mit der Karosserie verbunden. Sind die **Gummilager** in der Traverse ausgeschlagen, verschlechtert sich das Fahrverhalten drastisch. Zur Prüfung der Lagerung Maschine auf den Mittelständer stellen und Heck so abstützen, daß sich das Hinterrad frei drehen kann. Nun mit der linken Hand das Fahrzeug festhalten und mit der rechten das untere **Federbeinende** ergreifen.
Dann versuchen, den **Motorblock** quer zur Fahrtrichtung hin- und herzubewegen. Dabei wird die Gummilagerung in beiden Richtungen etwas nachgeben. Es darf aber kein freies Spiel vorhanden sein (ruckartiges Anschlagen der Traverse zur Seite hin). Defekte Gummilager müssen in der Werkstatt ausgewechselt werden; es sind komplizierte Spezialwerkzeuge erforderlich.

Oben: So wird die Schwingenlagerung z.B. bei der PX überprüft; eine Hand oben, die zweite an der unteren Federbeinbefestigung.

Lenkrohrlagerung Vorarbeiten

Lenkung und Steuerrohrlagerung prüfen – alle Modelle: Auch bei der Vespa wird das Fahrverhaltenbentscheidend dadurch beeinflußt, ob das Lenkkopf- oder Steuerrohrlager in Ordnung und korrekt eingestellt ist. Unzulässiges **Spiel** im oberen und unteren Steuerrohrlager der Vespa führt zu unangenehmen Pendelerscheinungen, Geradeauslauf und Spurtreue werden negativ beeinflußt. Deshalb sollten die Lager in regelmäßigen Abständen, mindestens aber **einmal im Jahr** überprüft und, falls nötig, neu eingestellt oder erneuert werden.

Zur Überprüfung Fahrzeug **aufbocken;** die Vorderradaufhängung muß ganz entlastet sein. Nun mit der linken Hand die Radführung, mit der rechten die Abdeckkappe an der Bremstrommel ergreifen und versuchen, das Steuerrohr samt Radführung durch ruckartiges Ziehen und Drücken längs zur Fahrtrichtung hin- und herzubewegen. Dabei darf sich keinerlei Spiel zeigen.

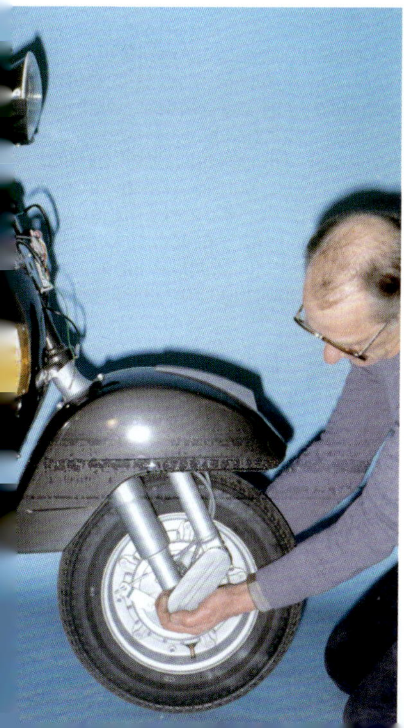

Oberes Lenkrohrlager ausbauen – Vorarbeiten: Hat das Lenkrohrlager Spiel oder geht die Lenkung schwer, müssen die Lager nachgestellt oder erneuert werden. Dazu sind umfangreiche **Vorarbeiten** erforderlich.

Zunächst **Tachowelle** und **Vorderradbremszug** abnehmen wie weiter vorn beschrieben. Dann **obere Lenkerverkleidung** ausbauen, den Bremszug vom Handhebel lösen und Tachowelle abnehmen. Nun Tachowelle so weit von unten aus dem Steuerrohr ziehen, bis sie oben fast im Rohr verschwindet. Mit dem Bremszug ebenso verfahren.

Die wichtige Wartung oder der Austausch der Lenkkopflager erfordern umfangreiche Vorarbeiten. Hier ist das Lenkmodul samt den Seilzügen bereits nach hinten abgeklappt.

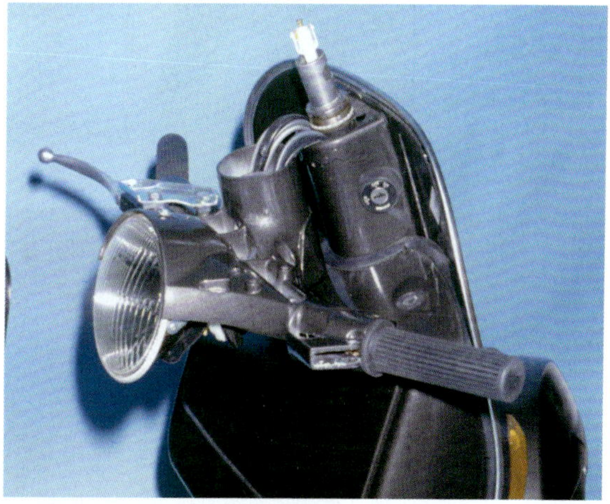

Dann mit einer Stecknuß SW 13 (ab 2011: Inbus SW 8) die Schraube der **Lenkerbefestigung** lösen und herausnehmen; auf die Vierkantschraube am anderen Ende achten. **Lenkkörper** nach oben vom Steuerrohr abziehen und an den verbliebenen Bowdenzügen hinten herunterhängen lassen. Bei Fahrzeugen mit vorderer **Hydraulikbremse** den Bremsschlauch dran lassen, aber beim Ablegen des Lenkers nicht knicken. Besser ist es, ihn abzuschrauben. Hinweise zu Montage und Bremsenentlüften s. Kapitel Hydraulikbremse Vespa PX. Nach Abklappen des Lenkmoduls ist das obere Lenkkopflager frei zugänglich.

Links unten: Kontrolle der Steuerkopflager. Die Vorderradführung muß bei aufgebocktem Roller frei schweben. Die Enden der Kurzschwinge ergreifen und versuchen, das Steuerrohr vor- und zurückzubewegen. Dabei darf sich kein Spiel zeigen. In Aktion und unvergessen: Willi Rodenwald (†), Helfer bereits 1985.

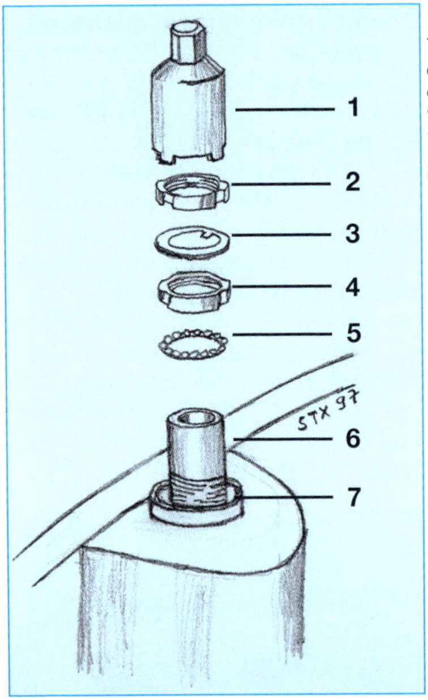

Aufbau des oberen Lenkrohrlagers; 1 = Spezialschlüssel mit Außensechskant, 2 = obere Nutmutter, 3 = Gleit- und Sicherungsscheibe, 4 = untere Nutmutter, gleich oberer Lagerring, 5 = Kugelkäfig, 6 = Lenkrohr, 7 = untere Lagerschale.

Zeichnung: Hans J. Schneider; Basis Werkstatt-Handbuch Cosa, Piaggio & C. S.p.A.

Lenkrohrlager oben Ausbau

Oberes Lenkrohrlager ausbauen: Das **obere Lenkrohrlager** besteht aus folgenden Elementen (von oben nach unten): obere **Nutmutter (2), Gleitscheibe (3)** mit Sicherungsnase, **untere Nutmutter (4)** (gleichzeitig **obere Lagerschale), Kugelkäfig (5), untere Lagerschale (7).** Die oberen Bestandteile sind mitunter festgerostet und lassen sich dann nur mit dem **Nutmutterschlüsel** (Piaggio-Nr. 19.1.20055) lösen. Von Schlagstiften und Rohrzangen raten wir ab, weil sie den oberen Ring beschädigen können. Hakenschlüssel aus dem Bordwerkzeug sind zu schwach.

Bei festgerosteter Nutmutter **Rostlöser** auf das Lager sprühen und eine Weile einwirken lassen. Dann die **Lenkung** bis zum Anschlag nach links einschlagen und den Nutmutterschlüssel mit seinen vier Zapfen in die **obere Nutmutter** einsetzen. Der Umschaltschlüssel wird oben in den Vierkant gesetzt und mit einem kräftigen Schlag gegen den Uhrzeigersinn gedreht. In der Regel kommt die Mutter dann frei. Oft erfordert das Drehen der ersten Gewindegänge Kraft.

Nach dem Abnehmen der **Gleitscheibe** wird der **obere Laufring** ausgedreht, der als Nutmutter ausgelegt ist und ebenfalls den Einsatz des Piaggio-Schlüssels erfordert. Dann wird der **Kugelkäfig abgenommen** und später durch ein Neuteil ersetzt. Zum Ausbau des unteren Lagerrings muß das **Lenkrohr** nach unten gezogen werden.

Lenkrohr und untere Lagerschale oben ausbauen: Dies gelingt nur bei liegendem oder vorn freischwebendem Fahrzeug. Wir haben vor Beginn der Arbeiten die Karosserie so auf die Hebebühne gesetzt, daß der **Vorbau frei in der Luft** hängt. So ist es kein Problem, das **Lenkrohr** zusammen mit dem **unteren Lagerring,** dem **unteren Kugel-**

Mitte links: oberes Lenkkopflager bei einem Neufahrzeug 1985; seine Teile: obere Nutmutter, Gleitscheibe, untere Nutmutter als obere Lagerschale, Kugelkäfig, untere Lagerschale. Mitte rechts: verrostetes Lager 2017. Rechts: reichlich Rostlöser aufbringen.

Oben links: das Spezialwerkzeug von Piaggio mit seinen vier Zapfen. Daneben: Lösen des oberen Nutrings mit Umschalt- und Spezialschlüssel.

Mitte von links: Aushebeln der Gleitscheibe mit dem Schraubendreher; Abschrauben der unteren Nutmutter/oberer Lagerring. Der Ring läßt sich schließlich von Hand ausdrehen.

Unten links: zerstörter Kugelkäfig, es fehlen zahlreiche Kugeln. Daneben: Nach Absenken des Lenkrohrs kommt das untere Lager frei. Die Karosse wurde so auf die Hebebühne gesetzt, daß sich das Lenkrohr leicht nach unten abziehen läßt.

käfig und dem **Kotflügel** nach unten herauszuziehen (Demontage Kotflügel s. unten).

Anschließend wird der **untere Lagerring des oberen Lagers** von unten durch leichte Hammerschläge auf ein 50 cm langes **Eisenrohr** ausgetrieben, das rundum unten an den Laufring gesetzt wird. Nach wenigen Schlägen haben wir den Ring in der Hand und damit alle Bestandteile des oberen Lagers. Wir empfehlen, in jedem Fall alle Lagerbestandteile **durch Neuteile zu ersetzen,** selbst wenn die Lagerschalen keine Laufspuren aufweisen.

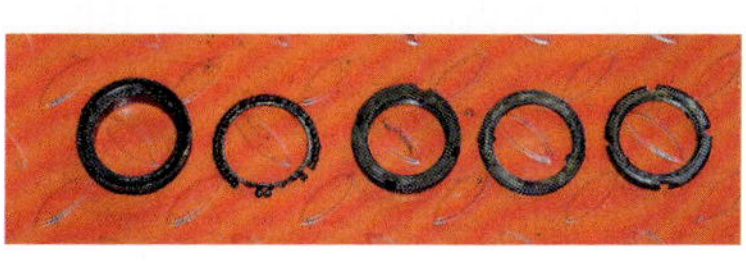

Links: Reihenfolge der Lagerelemente.

Oben links: Kugelkäfig des unteren Lagers. Daneben: Die untere Schale des oberen Lagers wird von unten mit einem 50 cm langen Rohr ausgetrieben.

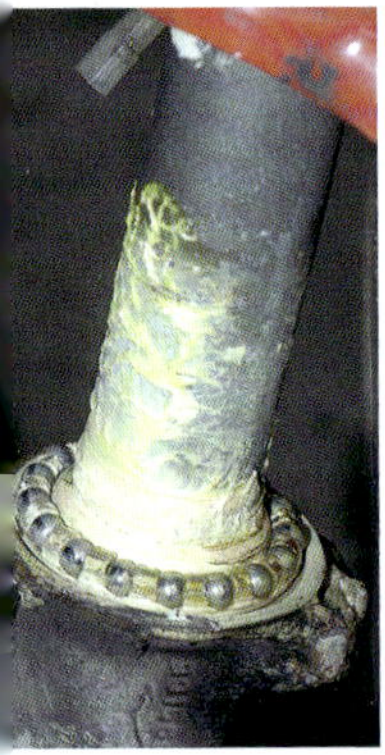

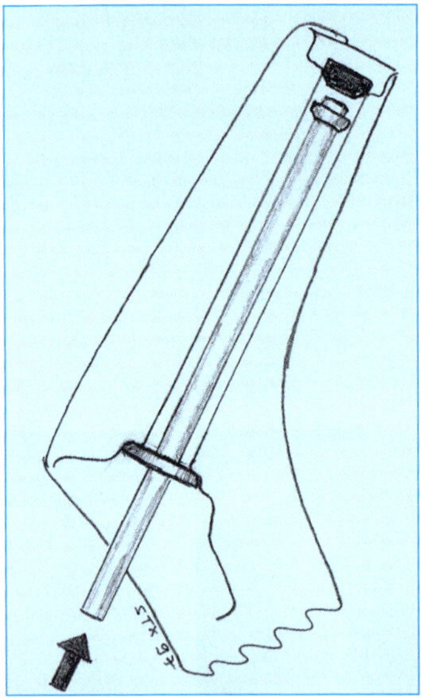

Zeichnung: Hans J. Schneider; Basis Werkstatt-Handbücher, Piaggio & C. S.p.A.

Mitte von links: Hier sitzt die untere Schale noch oben im Chassis; Abnehmen der Schale; umlaufende Riefen im Lagersitz durch früheres, gewaltsames Einschlagen der Lagerschale.

Kotflügel vorn Aus-/Einbau

Vorderradkotflügel ausbauen: Der vordere **Kotflügel** kommt nur frei, wenn zuvor das **Lenkrohr** ausgebaut wird, s. oben. Zuerst werden die drei **Schrauben SW 10** gelöst, die von unten mit **Muttern, Scheiben** und **Federringen** gesichert sind. Oben Ringschlüssel, unten Stecknuß SW 10 zum Gegenhalten einsetzen.

Probleme macht mitunter die große **Schlitzschraube** der Befestigung auf der rechten Seite, die innen mit einer Mutter SW 8 samt Scheibe fixiert ist. Oft läßt sie sich trotz massivem Rostlösereinsatzes nicht aufdrehen. Da hilft nur eins: **Ausbohren.** Zuerst muß mit einem 4-mm-Bohrer ein kleines Loch in den

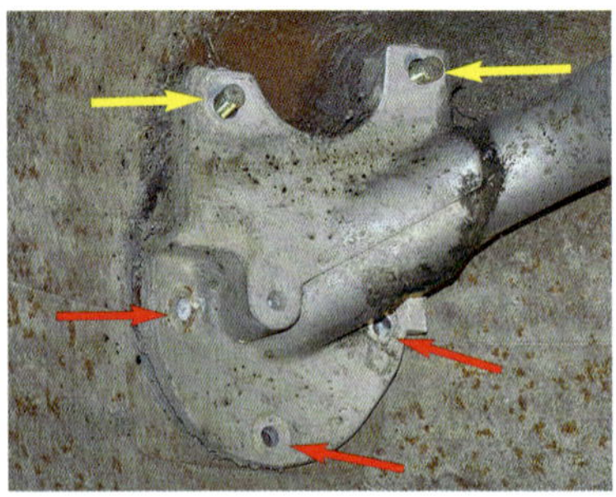

Rechts oben: Am Adapter ist der Flügel mit drei Schrauben M6 befestigt. Darunter: Von unten sind die Schrauben mit Muttern nebst Scheiben gesichert (rote Pfeile). Auf die beiden Bolzen M8 der Federbeinbefestigung achten (gelbe Pfeile), sie fallen leicht heraus.

Schlitz gebohrt werden, damit der große Bohrer nicht abrutschen kann. Dann wird ein **Titanbohrer** mit **7 mm** Durchmesser angesetzt und unter Zuführung von Bohröl und mit niedriger Drehzahl (600 min^{-1}) so lange gebohrt, bis der Kopf durchbohrt ist. Zuletzt den Kopf mit Hammer und Meißel wegschlagen.
Lenkrohr nun senkrecht stellen, den Kotflügel anheben und so nach vorne schieben, daß er vom **Rohradapter** freikommt – keine Gewalt anwenden, es ist etwas fummelig. Nun Flügel nach oben vom Rohr abziehen.

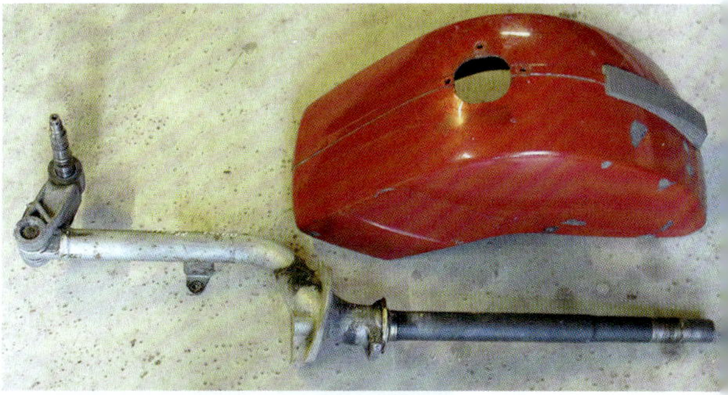

Vorderradkotflügel einbauen: Zuerst müssen die beiden Schrauben M8, die später das **Federbein** halten, eingesetzt werden. Dann wird der Kotflügel von oben über das Lenkrohr und die Lagerbasis geführt und auf den Adapter gesetzt. Von oben werden die drei Schrauben M6 eingeführt, wobei die Unterlegscheiben nicht vergessen werden dürfen.
Von unten werden die drei Schrauben mit Muttern M6, Scheiben und Federringen gesichert (Stecknuß SW 10, flexible Welle, zweiter Schlüssel SW 10 oben zum Gegenhalten). Vor dem Festziehen rechts außen neue Schlitz-Maschinenschraube mit Scheiben und Mutter einsetzen. Dann alles fest anziehen.

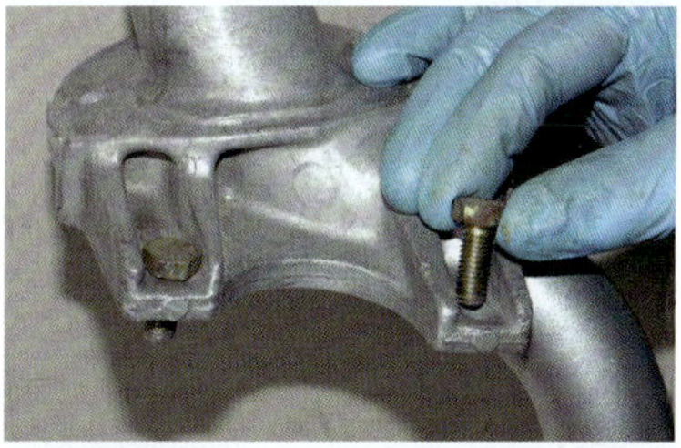

Oben links, rechts: Schraubendreher und Nuß SW 8 scheitern am Rost, Schraube also ausbohren. Darunter: Kotflügel und Lenkrohr sind getrennt. Links: Einsetzen der Federbeinschrauben.

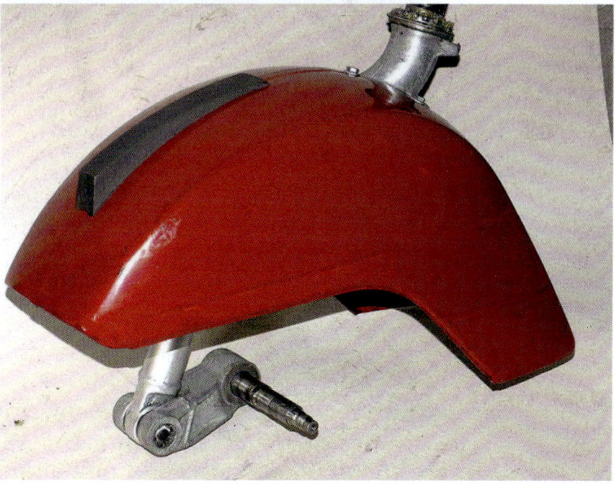

Zum Einbau den Kotflügel über den Lenkrohradapter stülpen und die drei Halteschrauben mit je zwei Unterlegscheiben oben/unten und je einem Federring einsetzen. Vor dem Festziehen seitliche Schlitzschraube einsetzen. Rechts: der aufbereitete und fertig montierte Vorderradkotflügel unserer PX 200 E.

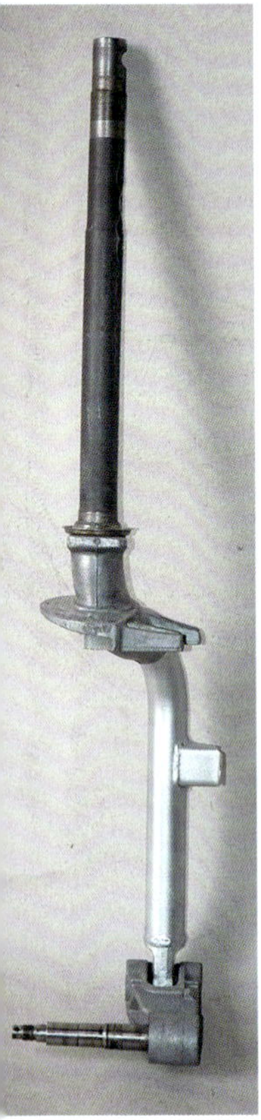

Lenkrohrlager unten Ausbau

Unteres Lenkrohrlager ausbauen: Das **untere,** kräftiger ausgebildete **Kugellager** kommt mit dem Lenkrohr frei. Es besteht aus einem **Kugelkäfig** und **zwei Lagerschalen,** von denen die obere fest im Chassis sitzt und die untere auf dem Kotflügelträger des Lenkrohrs liegt.
Der **obere Laufring** wird in der Werkstatt mit dem unten konisch ausgebildeten **Piaggio-Spezialwerkzeug** 19.1.20004 ausgetrieben. Unser stets hilfreicher Zweiradmechanikermeister Rainer Schulz hat sich selbst ein Werkzeug gebaut, das von unten wie ein Lagerabzieher eingreift, und dann von oben mit einem Rohr herausgeschlagen wird. Alternative ist das Einschweißen einer passenden Schraube M10

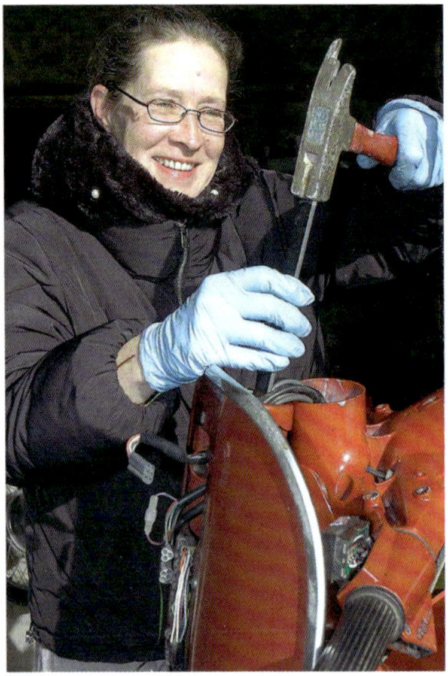

quer in die Lagerschale, auf die dann von oben mit einem Rohr geschlagen werden kann.
Es kann auch Folgendes versucht werden: eine **Eisenstange** auf 40 cm Länge absägen und unten um 3 cm und in einem Winkel von ca. 20° abwinkeln (Schraubstock). Dann die

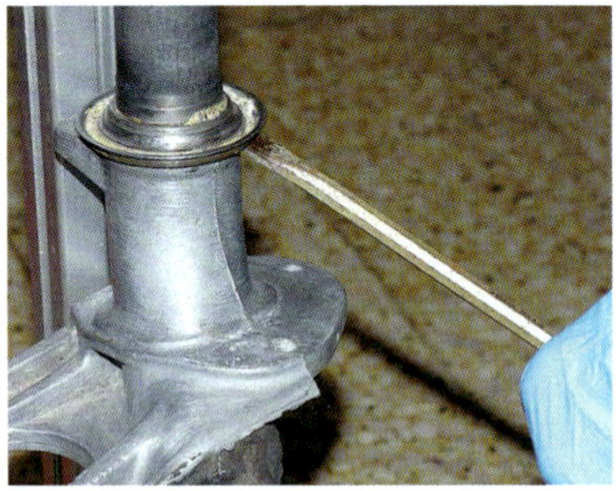

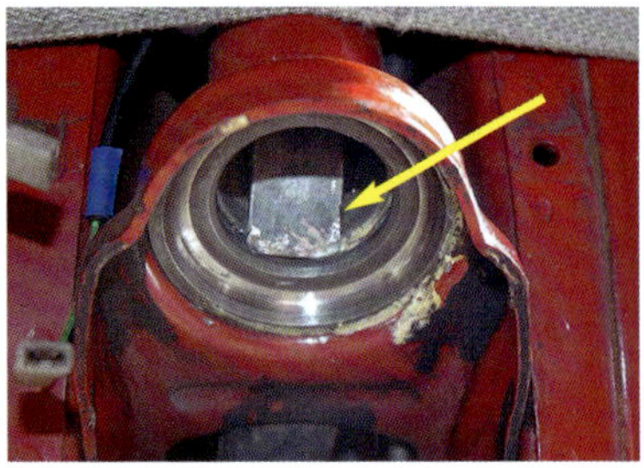

Oben: das mit der Schwinge ausgebaute Lenkrohr inklusive Alulager für den Vorderkotflügel. Rechts oben: ein verharztes unteres Kugellager. Darunter: So wird die untere Lagerschale abgehoben.

Mitte, rechts daneben: Mit einem unten abgewinkelten Flacheisen kräftig auf die untere Lagerschale schlagen. Besser geht's mit dem selbstgebauten Werkzeug von Meister Schulz (unten).

Zeichnung: Hans J. Schneider; Basis Werkstatt-Handbücher, Piaggio & C. S.p.A.

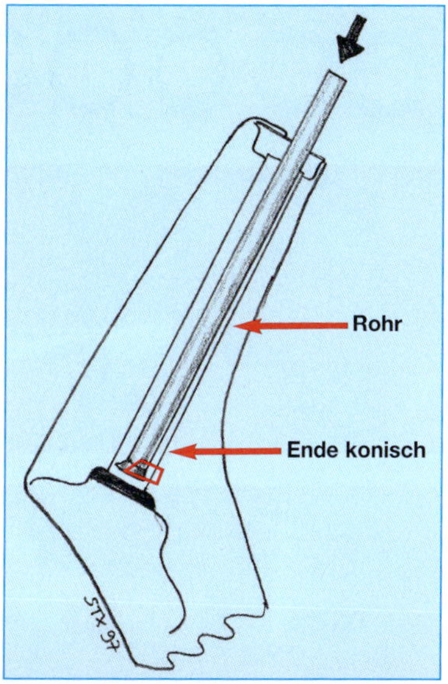

Zeichnung: Ausstoßen des oberen Lagerrings des unteren Lagers von oben mit Piaggio-Spezialwerkzeug 19.1.20004. Unten: die vier Elemente des unteren Lenkrohrlagers.

Ecken so anschleiden, daß sie in die Rundung passen.
Die Stange wird von oben so ins Chassisrohr gesetzt, daß die abgebogene Kante unten auf dem Lagerring aufliegt. Mit einem Rundholz wird verhindert, daß das Eisen seitlich ausweichen kann. Jetzt schlägt ein Helfer mit einem ca. 500 Gramm schweren Schlosserhammer von oben kräftig auf die Stange, damit die **Lagerschale** nachgibt.
Der **Kugelkäfig** wird einfach hochgehoben. Der **untere Laufring** des unteren Lagers sitzt zusammen mit dem metallenen **Staubschutzring** auf dem Adapter des Lenkrohrs und wird mit Hammer, Meißel oder einem starken Schraubendreher abgehoben, indem rundum unter das Ringblech geschlagen wird.

Lenkrohrlager unten Einbau

Unteres Lager einbauen: Bei einer Grundüberholung sollten stets neue Lager eingebaut werden. Zuerst den **Staubschutz** und den **unteren Laufring** des unteren Lenkrohrlagers auf das Steuerrohr stecken und mit Hammer und Schlagrohr (Innendurchmesser 35 mm) bis zum Anschlag treiben.
Schlagrohr herausziehen und den satt gefetteten Kugelkäfig aufsetzen. Dann den **oberen Laufring** des unteren Lagers (Position LU Bild unten) und den **unteren Laufring** des oberen Lagers (Position LO) mit geeignetem Werkzeug in die Sitze treiben. Die Vespa-Werkstatt verfügt über eine Gewindestange mit Druckscheiben und Muttern, die so weit angezogen werden, bis die einzelnen Laufringe fest anliegen.

Zeichnung: Hans J. Schneider; Basis Werkstatt-Handbücher, Piaggio & C. S.p.A.

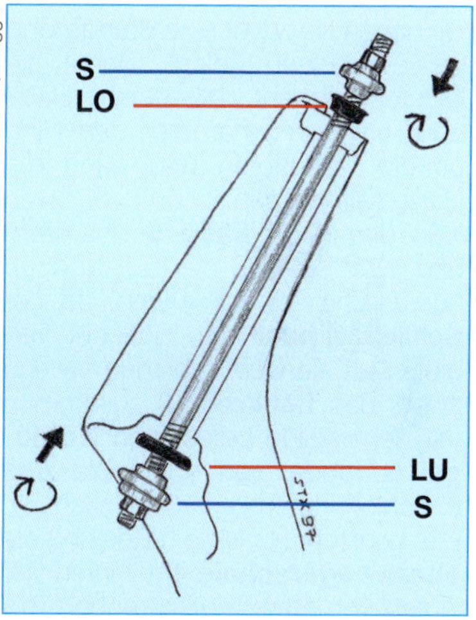

Zeichnung: Einbau der inneren Steuerrohr-Lagerschalen LO und LU mit einem Einziehwerkzeug auf Basis einer Gewindestange. S = Muttern zum Beiziehen.
Fotos Spalte rechts von oben: Aufschieben von Staubschutz- und unterem Laufring, Aufsetzen des Kugelkäfigs (offene Seite nach oben), Fetten der unteren Lagerschale. Unten: Die untere Partie des unteren Lagers ist fertig zum Einbau in den Lenkrohrschacht.

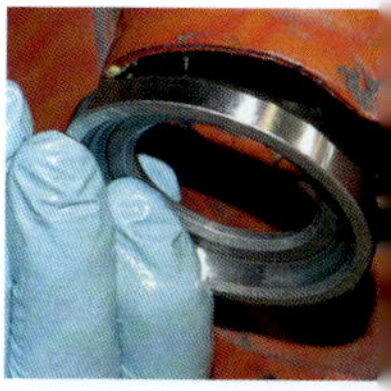

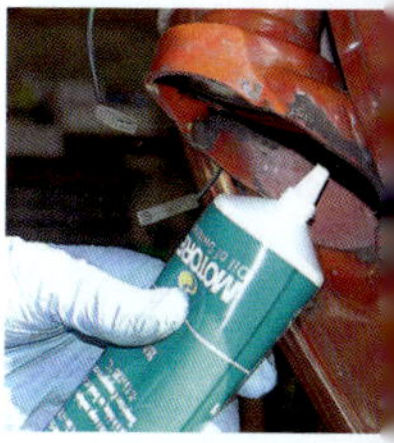

Lenkrohr, Lager oben Einbau

Rechts oben: die fünf Elemente des oberen Lenkrohrlagers (Neuteile); Nutmutter und Gleitscheibe (links), beide Lagerschalen und Kugelkäfig.

Darunter: Vor dem Zusammenbau die Position des Schließzylinders korrigierern, sonst geht das Lenkrohr nicht in den Schacht.

Mitte unten: Die untere Lagerschale tiefkühlen und mit einem Gummihammer bis zum Anschlag eintreiben.

Unten rechts: den unteren Lagerring fetten und Kugelkäfig positionieren.

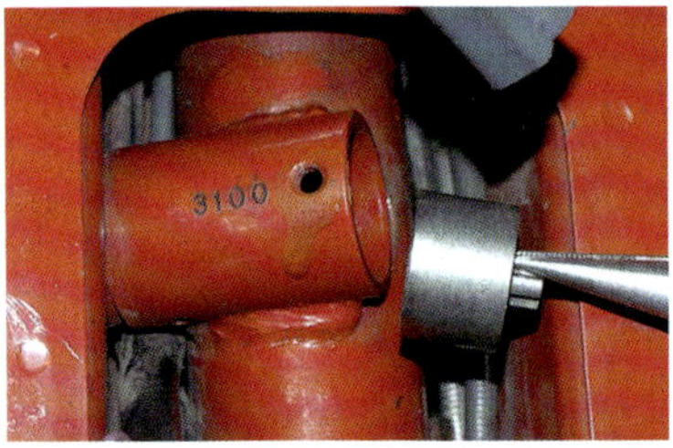

*Angesichts des hohen Aufwands ist es ratsam, die alten Lenkkopflager stets durch neue zu ersetzen. Sollte dies nicht möglich sein, müssen die **Lagerschalen** der beiden Kugellager auf Verschleiß geprüft werden. Sie dürfen keine Laufspuren und keinen Rostansatz zeigen. Intakte Altlager entfetten und mit frischem Universalfett schmieren.*

Lenkrohr und oberes Lenkkopflager einbauen: Oben verwenden wir ein **neues, dreiteiliges Lager** und die alten Fixierelemente. Vor dem Einschieben des mit den neuen unteren Lagerelementen versehenen **Lenkrohrs** müssen zwei Elemente des oberen Lager eingebaut werden.

Zuerst die **untere Lagerschale 7** (s. Zeichnung weiter vorn) des oberen Lagers in den Schacht setzen; wir haben sie zuvor eine Stunde lang ins Gefrierfach gelegt, damit sie leichter reingeht. Mit einem Holz- oder Hartgummihammer den Ring bündig festklopfen und dann mit Universalfett füllen.

Nun den **Kugelkäfig 5** einsetzen, und zwar so, daß die Kugeln oben herausschauen. Wir prüfen, ob der **Schließzylinder** den Schacht freigibt. Erst danach schieben wir (zu zweit) das **Lenkrohr 8** zusammen mit dem solide befestigten **Kotflügel** (s. oben) von unten bis zum Anschlag in den Lenkrohrschacht.

Das Lenkrohr auf Mitte halten und die **obere Lagerschale 4** mit ihren vier Nuten von Hand aufschrauben, bis sie fest auf den Kugeln sitzt. Mit dem **Kronenschlüssel** so weit nachziehen, bis die Lenkung anfängt, schwergängig zu werden, dann etwas lockern, aber nur so viel, daß **kein Spiel** entsteht; die Lenkung mit Lenkrohr und Kotflügel muß leicht vom linken zum rechten Anschlag fallen.

Danach die **Gleitscheibe 3** so aufsetzen, daß ihr Innenzahn in die Nut im Lenkrohr greift. Zum Abschluß die **Nutmutter 2** einschrauben und sie mit dem Kronenschlüssel von Piaggio gegen den oberen Laufring **kontern;** dabei den Laufring mit einem Hakenschlüssel festhalten.

Achtung: Der obere Laufring darf sich beim Anziehen nicht verdrehen, damit kein Spiel, aber auch keine

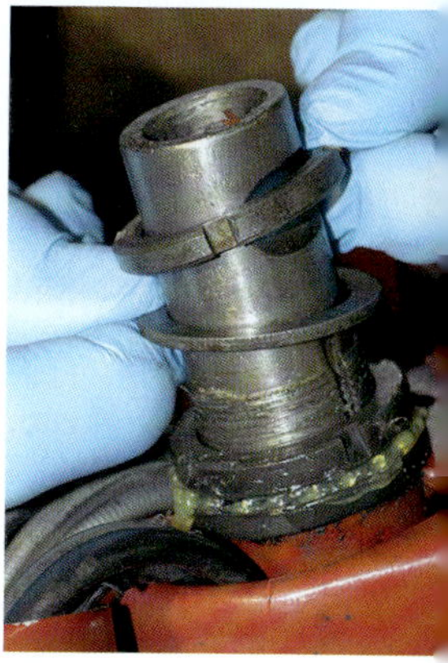

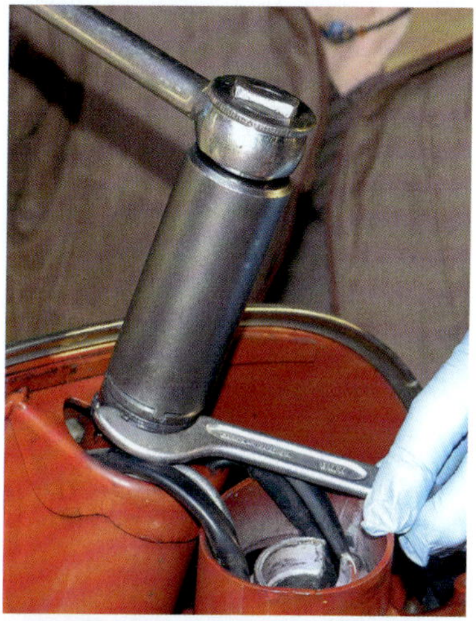

Großes Foto links: Lenkrohr mit Kotflügel einschieben und oben mittig halten.

Darunter: Rohr durchstecken (nicht im Bild), den Kugelkäfig einsetzen und fetten; oberen Lagerring positionieren.

Kleines Foto oben links: Der obere Lagerring wird mit dem Kronenschlüssel eingeschraubt.

Daneben: Nach dem Festziehen des oberen Rings werden Druckscheibe und Nutmutter positioniert.

Mitte rechts: Nutmutter anziehen, und mit Hakenschlüssel den oberen Laufring gegenhalten.

Links: das fertig montierte obere Lenkkopflager.

Bremswirkung eintritt. In beiden Fällen würde sich das Fahrverhalten spürbar verschlechtern. Überschüssiges Fett abwischen. Piaggio empfiehlt zum Aniehen von oberem Laufring und Nutmutter **Drehmomentwerte** von 50-60 bzw. 60-70 Nm. Es geht auch mit Gefühl und dosierter Kraft. Nach einigen 100 km Spiel prüfen und u.U. nachziehen, wobei dazu wieder das Lenkermkodul abgeklappt werden muß.

Nach dem Einbau von Lenkrohr und Lagern das **Lenkmodul** und die **Seilzüge** befestigen wie weiter vorn im Buch beschrieben.

Nur **Cosa:** Zum Lenkereinbau **Führungsscheibe B** aufstecken, Lenker positionieren, **Nutmutter A** aufschrauben und in mehreren Stufen kräftig anziehen, danach etwas lokkern, ohne daß Spiel entsteht. Dann die oben liegende Konter-Nutmutter aufschrauben und festziehen (siehe Zeichnung).

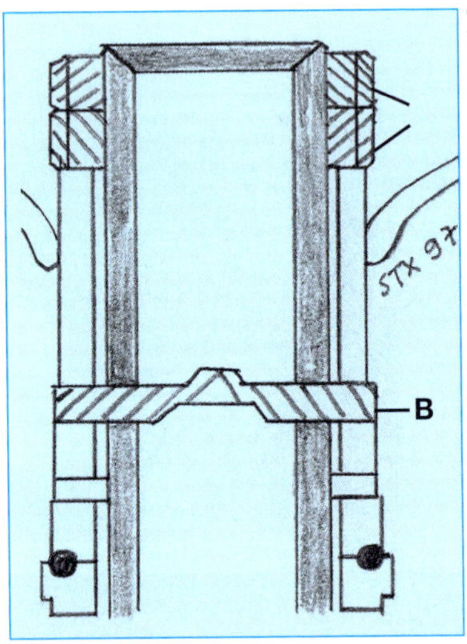

Zeichnung rechts: Montage von Lenker und oberem Lenkrohrlager am Beispiel Cosa; Führungsscheibe B aufstecken und Lenker positionieren.

Zeichnung: Hans J. Schneider; Basis Werkstatt-Handbücher, Piaggio & C. S.p.A.

Lenkspiel einstellen

Lenkkopflager einstellen – alle Modelle: Nach der Montage der beiden Lenkkopflager und des Lenkrohrs muß das obere Lager eingestellt werden. Dies ist auch erforderlich, wenn die Lenkung radiales und/oder axiales Spiel hat. Wie beschrieben, kann dies nur bei abgeklapptem Lenkmodul erfolgen.

Wir haben bereits gezeigt, wie das Lager korrekt montiert wird. Auch die **routinemäßige Korrektur** des Spiels gelingt am besten, wenn ein Piaggio-Kronenschlüssel und ein Hakenschlüssel eingesetzt werden.

Mit dem Hakenschlüssel den **oberen Lagerring** festhalten, mit dem Piaggio- oder einem zweiten Hakenschlüssel die **Nutmutter** (= oberer Lagerring) zunächst lösen. Dann oberen Lagerring so weit anziehen, bis kein Spiel mehr vorhanden ist. Danach Nutmutter wieder gegen den Uhrzeigersinn drehen, also etwas lockern; dabei darf allerdings kein Spiel entstehen.

Bei richtig eingestellten Lagern muß der **Lenker** (bei aufgebocktem Fahrzeug und frei hängendem Vorderrad) gerade noch bis zum rechten und linken Anschlag durchfallen. Werden Lagerring und Nutmutter zu fest angeknallt, geraten die Lager unter Druck und verschleißen schnell.

Zuletzt die oben liegende Nutmutter festziehen (Vespa-Drehmomente und unsere Empfehlungen s. Anhang); dazu die untere Mutter mit dem zweiten Hakenschlüssel festhalten – sie dreht sich sonst mit und klemmt die Lager fest.

Nach dem Einstellen Lenkkörper wieder aufsetzen und Befestigungsschraube SW 13 nebst Vierkantmutter einsetzen. Die Schraube zunächst lose anziehen und Lenker genau **im Winkel von 90°** zum Vorderrad ausrichten. Dann erst Schraube festziehen **(30-44 Nm).** Tachowelle und Vorderradbremszug anschließen, obere Lenkerverkleidung aufsetzen wie beschrieben.

Kurzschwingenlager

Kurzschwingenlager am Lenkrohr

Ausbau: In einem normalen Rollerleben muß diese Arbeit so gut wie nie ausgeführt werden. Doch sie kann im Rahmen von Unfallreparaturen bei neuwertigen Fahrzeugen oder beim Restaurieren von Oldtimern erforderlich sein. In der Regel ist das **Werkstattsache,** wobei nur die wenigsten Werkstätten die erforderlichen (teuren) Spezialwerkzeuge besit-

zen. Wirtschaftlich betrachtet ist es sicher sinnvoller, Steuerrohr und Schwinge bei Bedarf komplett gegen Neuteile auszutauschen. Wir geben trotzdem einen Überblick zum Lagerwechsel.
Da, wo die Kurzschwinge am Lenkrohr angelenkt ist, sitzen **zwei Nadellager.** Wenn hier Spiel vorhanden ist und Poltergeräusche auftreten müssen beide Lager ausgetauscht werden, und zwar stets paarweise.
Dazu muß der **Vespa-Vorbau** frei hängen, und alles muß demontiert werden: Vorderrad, Bremstrommel, Bremsankerplatte, Lenkung und Lenkrohr (s. weiter vorn im Buch).
Lenkrohr mit der **Kurzschwinge** in einen mit Alublechen gefütterten Schraubstock spannen. Zum Ausbau der **Schwingenlagerung** zunächst den **Sicherungskranz** mit einem Schlagdorn zerdrücken und einem spitzen Stift entfernen. Dann das zweite Sicherungsblech auf der anderen Seite ausbauen. Der **Bolzen** und die beiden **Nadellager** mit den **O-Ringen** werden mit dem Piaggio-Werkzeug T 0060472 zur Bremstrommelseite hin ausgestossen, indem der Knebel im Uhrzeigersinn gedreht wird (s. Zeichnungen auf der nächsten Seite). Unter Umständen Ausdrückvorrichtung auch auf der gegenüberliegenden Seite ansetzen, um Bolzen und Nadellager auszupressen

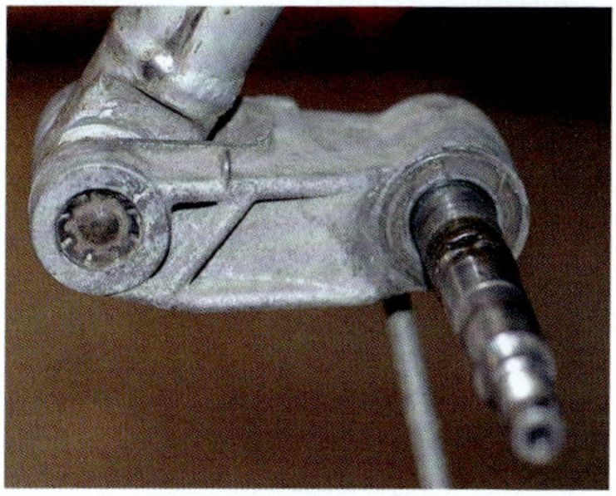

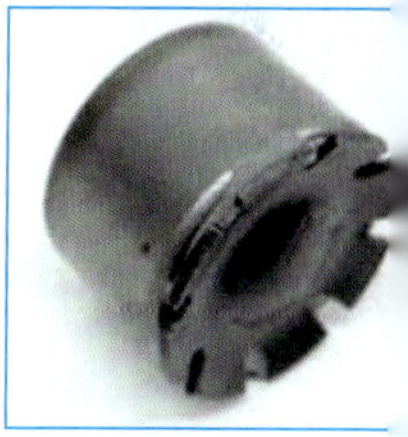

Beide Fotos oben: Schwinge auf der Federbeinseite, Sicherungskranz rechts im Detail. Beide Fotos darunter: Schwinge mit Achszapfen auf der Bremstrommelseite, Sicherungskranz links im Detail. Fotos untere Bildreihe: Reparaturkit mit Zapfen und je zwei Nadellagern, Dichtringen, Staubschutzringen. Fabrikneue Schwinge mit Achszapfen. Neue Nadelhülse mit Sicherungskranz. Alle Teile lassen sich im Internethandel finden.

Kurzschwingenlager am Lenkrohr

Einbau: Der Zusammenbau hat's besonders in sich. Dabei beachten: **nur neue** Nadellager, Bolzen und O-Dichtringe verwenden. Zuerst die beiden **Dichtringe „C“** einsetzen. Dann Schwinge mit einem Führungsstift (Teil 5 in Graphik L) am Steuerrohr fixieren. Spezialwerkzeug mit Teil 3 am Druckstift und Teil 4 am Boden der Vorrichtung anbringen.
Den Bolzen mit Molykote-Pulver bestreichen, in die Schwingnabe einsetzen und durch Drehen des Spezialwerkzeug-Griffes so tief einpressen, bis Teil 3 auf dem Lenkrohr aufsitzt. Danach die beiden **Distanz-**

stücke 17 (Graphik N) mit leichten Hammerschlägen eintreiben. Jetzt die **Dichtringe** mit Mineralöl benetzen und die **Nadellager** halb mit Fett (z.B. ESSO Beacon 3) füllen. Dichtring zusammen mit Nadellager und Sicherungskranz auf Bolzen aufschieben. Führungsteil (Teil 5) des Spezialwerkzeugs abnehmen, Teil 4 an Ort und Stelle lassen. Am Druckstift Teil 3 durch Teil 16 ersetzen. Durch Drehen des Griffs die Einheit Sicherungsblech/Nadellager/Dichtring so weit einpressen, bis Teil 16 auf der Schwingnabe aufsitzt (Graphik M).

Zum Eintreiben der **zweiten Einheit** aus Nadellager, Sicherungsblech und Dichtring das Ganze auf der anderen Seite wiederholen, dabei das **Spezialwerkzeug** mit Teil 16 verwenden und Teil 4 durch Teil 21 ersetzen (Graphik N). Nun müssen die **Nadellager** noch exakt auf dem **Bolzen** positioniert werden. Dazu das Spezialwerkzeug mit Teil 20 am Druckstift und Teil 21 von unten verwenden. So lange am Griff drehen, bis die Enden der Nadellager auf den Bolzenenden aufliegen.

Abschließend die neuen **Sicherungskränze** verkeilen; dazu das Werkzeug mit den Teilen 3 und 4 wie bei der Bolzenmontage verwenden und durch Drehen des Griffs die Sicherungskränze auf der Schwingnabe verkeilen. **Distanzstücke 17** entfernen, den Raum zwischen Lenkrohr und Schwingnabe mit **Mehrzweckfett** füllen und die Staubschutzkappe einsetzen.

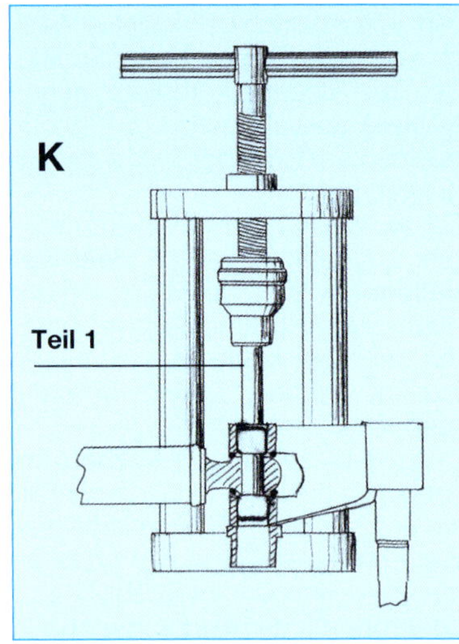

Zeichung K: Auspressen von Bolzen und Nadelkäfigen mit Spezialwerkzeug.

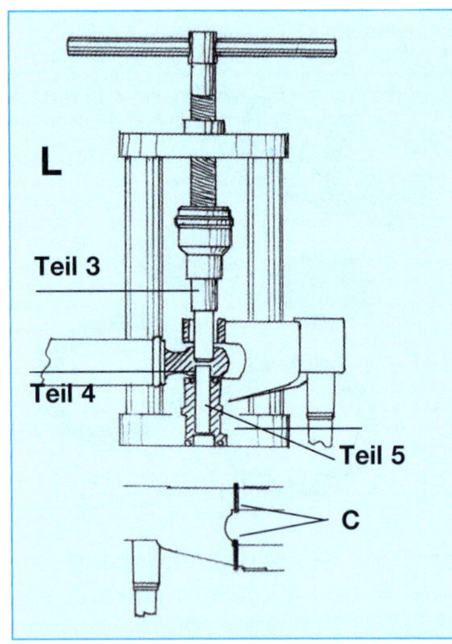

Zeichnung L: Einbau eines neuen Bolzens in die Kurzschwinge.

Beide Zeichnungen: Hans J. Schneider; Basis Werkstatt-Handbuch Vespa P 200 E, Piaggio & C. S.p.A.

Links: Lagerung des Steuerrohrs an der Kurzschwinge über Bolzen und Nadelhülsen.

Rechts: restaurierter Vorbau mit aufgesetzter Staubschutzkappe.

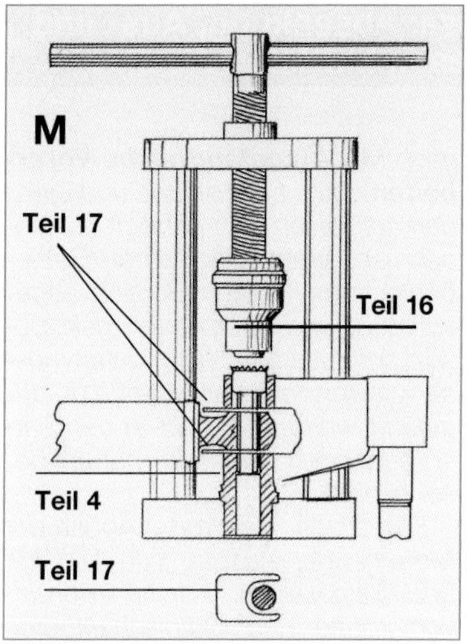

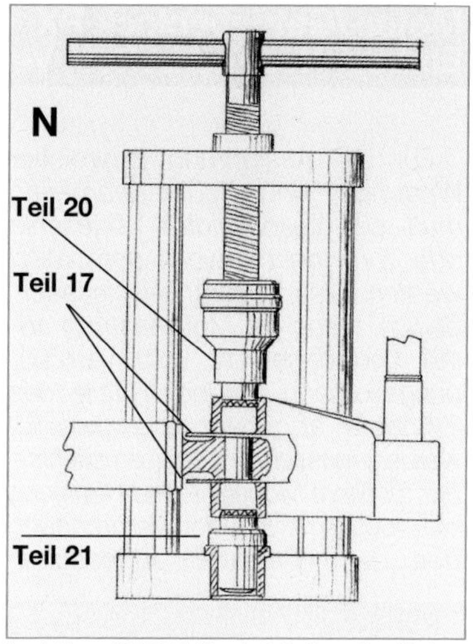

Beide Zeichnungen oben: Hans J. Scvhneider; Basis: Handbuch Vespa P 200 E, Piaggio & C./Corradino Mori

Zeichnung M: Einbau neuer Nadellager, Dichtringe und Sicherungsbleche.

Zeichnung N: Ausrichtung der Nadellager auf dem Bolzen. Da die Arbeiten schwierig auszuführen sind und zudem teures Spezialwerkzeug erfordern, ist von Reparaturversuchen in Eigenregie abzuraten. Die Zeichnungen und die Erklärungen im Text sollen nur einen Eindruck von der Komplexität der diversen Aktionen vermitteln. Im Zweifelsfall ist der Kauf einer neuen Einheit von Lenkrohr und Kurzschwinge rentabler.

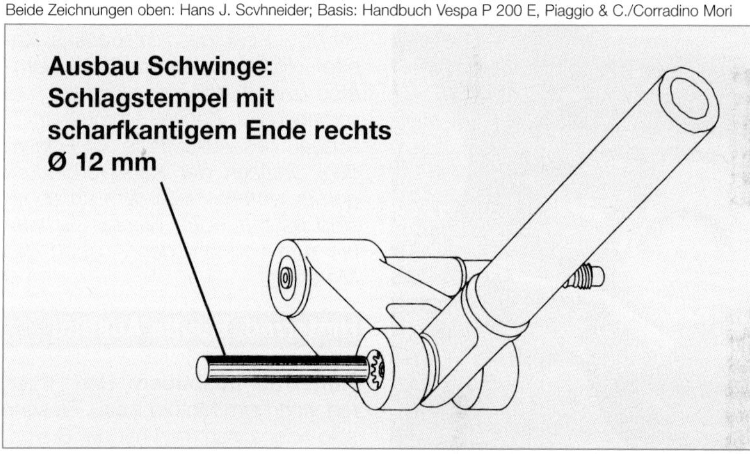

Links: Mit dem Schlagstempel wird die Lagerung ausgetrieben.

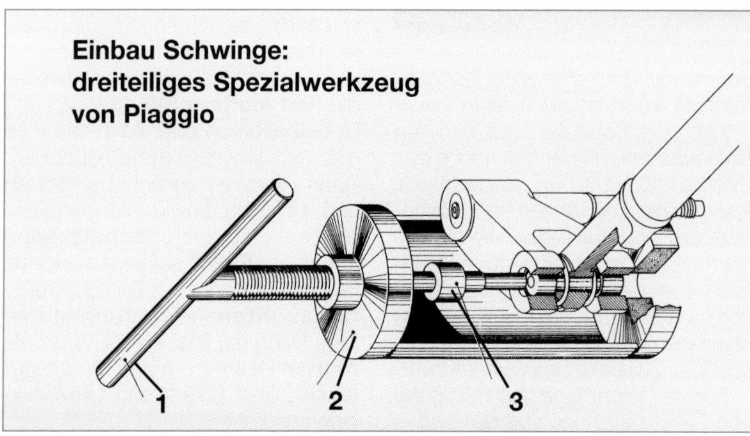

Links: Der Einbau von Zapfen und Lagern ist kompliziert und erfordert ein Spezialwerkzeug sowie mehrere Zusatzstücke. Selbst Piaggio-Werkstätten haben diese (teuren) Teile nur selten auf Lager.

Beide Zeichnungen unten: © Handbuch Vespa P 200 E, Piaggio & C./Corradino Mori

Motor-/Getriebeblock PX, Cosa: Absenkung, Aus- und Einbau, Nebenarbeiten; Vergaser, Luftfilter: Ausbau

Für die Ausführung zahlreicher Wartungs- und Reparaturarbeiten muß der Vespa-Motor abgesenkt oder zumindest teilweise demontiert werden. Dies ist zum Beispiel erforderlich, wenn die Motorleistung abfällt und daher die vom Verbrennungsvorgang berührten Teile des Zylinders abgebaut und gereinigt werden müssen (Piaggio empfiehlt – nur für ältere Modelle – eine Reinigung alle 4000 km). Bei der Verbrennung des dem Treibstoff zugesetzten Schmieröls entstehen nicht nur gasförmige, sondern auch feste Rückstände. Die Schlacke setzt sich am Kolbenboden, an der Innenseite des Zylinderkopfs und im Auspuffkanal fest. Mit der Zeit können sich millimeterdicke Schichten bilden. Werden die Rückstände nicht entfernt, nehmen Startfreudigkeit und Leistungsfähigkeit des Motors stark ab. Zudem steigt der Schadstoffanteil im ohnehin stickigen Zweitaktabgas erheblich.

Für die Demontage und Reinigung von Zylinderkopf und Zylinder sind je nach Modell ***umfangreiche Vorarbeiten*** *nötig. Lüfterhaube und Zylinderkopf lassen sich nämlich nur abnehmen, wenn der Motor-/Getriebeblock im hinteren Bereich abgeschraubt und nach unten geklappt wird. Im Zusammenhang damit müssen zahlreiche Arbeitsschritte durchgeführt werden, die wir in den entsprechenden Kapiteln näher beschreiben.*

Hier einige Stichworte: Abbau der Motorhaube, Ausbau von Luftfilter und Vergaser (s. Kapitel „Benzinversorgung und Gemischaufbereitung"), Abstützen des Fahrzeughecks, Ausbau des Hinterrads (s. Kapitel „Hinterradführung"), Abklemmen bzw. Ausbau der Batterie (falls vorhanden, s. Kapitel „Motorelektrik"), Ausbau des Auspuffs (s. im Folgenden), Trennen der Kabelverbindungen (s. unten). Nach dem Absenken sind es nur noch wenige Schritte bis zum vollständigen Ausbau des Motors.

Antriebseinheit der Cosa 200 GS, aufgenommen 1991 bei einem Neufahrzeug. Der Motor wird genauso wie bei der PX ausgebaut.

Hinterrad, Haube Ausbau

Hinterrad ausbauen: Das Hinterrad stört beim Motorausbau. Es kann solo oder zusammen mit der Bremstrommel abmontiert werden. Dabei vorgehen wie im Kapitel „Trommelbremsanlage hinten" beschrieben.

Kurz zusammengefaßt: Entweder die **fünf Muttern SW 13** lösen und Rad abnehmen oder es zusammen mit der Bremstrommel abbauen: Dann Hinterrad zunächst aufsetzen und belasten sowie mit der Fußbremse blockieren. **Schutzkappe** abhebeln, **Splint** aufbiegen und mit Seitenschneider oder Zange herausziehen; **Kronensicherung** abziehen. Dann mit Stecknuß SW 24 die **Mutter** lösen (normales Rechtsgewinde), also gegen den Uhrzeigersinn ausdrehen.

Zum Abnehmen von Hinterrad und Trommel den Roller **auf die Seite legen** (Helfer nötig) oder auf der Bühne hinten **aufbocken** und durch die Montageöffnung nach unten absenken (s.a. weiter vorn).

Motorhaube abnehmen: Sitzbankschloß öfnen und Bank hochklappen. Haubenverriegelung lösen, Haube leicht anheben und aus den beiden Führungen ziehen.

Luftfilterabdeckung und Luftfilter abnehmen: Die beiden Schlitzschrauben ausdrehen, Luftfilter abnehmen.

Batterie ausbauen: Bei Fahrzeugen mit Batterie **linke Haube** abnehmen, an der Batterie zunächst den **Minus-** dann den **Pluspol** abklemmen. **Entlüftungsschlauch** aus der Führung ziehen. Batteriehalterung lösen und Batterie aus dem Schacht nehmen.

Oben: Hinterradausbau bei der Cosa 200 GS, in diesem Fall zusammen mit der Bremstrommel. .

Links: Nach Aushängen der Gummihalterung (hier bei einer PK) kann die Batterie aus dem Batteriekasten genommen werden.

Batterie, Elektrik abnehmen

Kerzenstecker abziehen: Dies erfolgt ohne Werkzeug, dabei nicht am Kabel reißen. Das **Zündkabel** aus der Klammer oben an der Lüfterhaube ziehen.

Verteilerkasten öffnen, Kabelbaum trennen: Der schwarze Verteilerkasten sitzt hinten am Motor. Kreuzschlitzschraube ausdrehen und Deckel öffnen. Die Kabelbaumverbindung durch Auseinanderziehen des **weißen Rundsteckers** trennen. Kabelbaum aus der Lasche an der Lüfterhaube ziehen, nach vorne legen und mit Klebeband an der Karosserie festkleben, am besten zusammen mit dem Ölschlauch. Das außenliegende **grüne Kabel** von der **Zündspule** bzw. Elektronikzentrale abziehen.

Links: Die Zylinderabdeckung aus Plastik ist vorne mit einer Schlitzschraube befestigt.

Gebläsehaube abnehmen: Es ist sinnvoll, vor dem Auspuff-Ausbau die Gebläsehaube aus schwarzem Kunststoff auszubauen. Sie ist vorne mit einer großen Schlitz-, seitlich mit zwei Kreuzschlitzschrauben befestigt und läßt sich nach Lösen derselben nach vorne abziehen.

Oben links: Zum Trennen der Kabelverbindungen wird der Deckel des Verteilers abgenommen – eine Schraube, Pfeil. Oben rechts: Die drei Pfeile weisen auf die Schrauben der Zylinderhaubenbefestigung. Darunter: Trennen des Rundsteckers im Verteilergehäuse.

Züge, Schläuche abnehmen

Luftfilter mit Deckel ausbauen: Die beiden Schlitzschrauben ausdrehen und die Abdeckung abnehmen. Dann die beiden Schrauben ausdrehen, mit denen der Luftfilter befestigt ist.

Starterzug, Gaszug aushängen: Beide Seilzüge lassen sich leicht aushängen; die kompletten Bowdenzüge aus dem Luftfiltergehäuse ziehen (s. Fotos und Kapitel „Griffe und Züge“).

Ölschlauch abziehen: Bei Fahrzeugen mit Getrenntschmierung wie der PX 200 E wird der Ölschlauch abgezogen, nachdem die Spreizklammer mit einer Spitzzange zusammengedrückt wurde. Womöglichen Ölaustritt mit einer Blechschraube stoppen.

Benzinschlauch abnehmen: Bei der **Cosa** die Kabel für den **elektrischen Benzinhahn** und die **Startautomatik** abschließen. Auffangbehälter für auslaufenden Sprit bereitstellen. Bei der **PX** und älteren Mo-

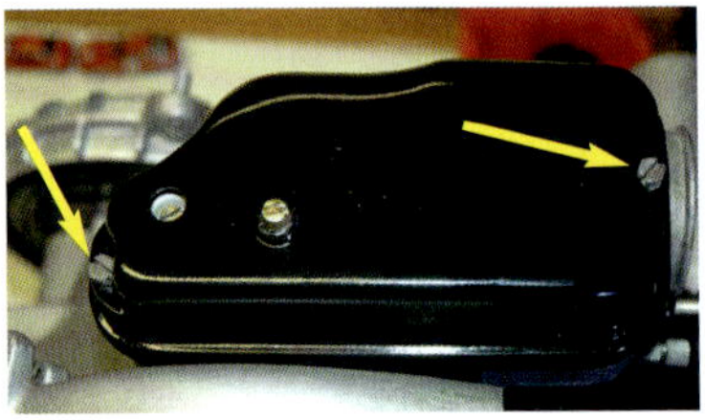

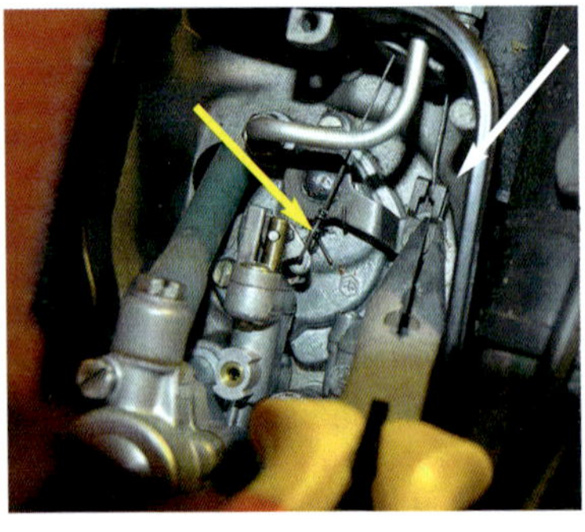

Rechts außen: Der Luftfilterdeckel ist mit zwei Schrauben befestigt. Darunter: Die beiden Schrauben der Luftfilterbefestigung (rote Pfeile) und die Gasschieber-Anschlagschraube. (blauer Pfeil). Unten rechts: Chokezug (gelber Pfeil) und Gaszug (weißer Pfeil) werden einfach mit einer Spitzzange ausgehängt.

dellen den Benzinhahn schließen und den **Benzinschlauch** vom Vergaser abziehen, dabei die Federklemme zusammendrücken. Bei verhärtetem Schlauch die Fixierschraube für den Zulauf oben am Vergaser (SW 10) ausdrehen und den Schlauch samt dem **Metallanschluß** abziehen.

Gummitülle Saugrohr abnehmen: Die Gummitülle einfach von der Karosserie und vom Vergasergehäuse abziehen und auf Schäden untersuchen. Sie darf keine Risse oder Löcher aufweisen.

Auspuff abbauen

Auspuff abbauen: Zuerst mit einem Schlüssel SW 13 die Mutter lösen, die den **Auspuffkrümmer** am Auspuffstutzen des Zylinders festklemmt. Wenn die Mutter durchdreht, die **Klemmschelle** nach unten schlagen. Dann mit einem Ringschlüssel SW 17 die Schraube ausdrehen, die den **Schalldämpfer** mit der Schwingentraverse verbindet. **Auspuff** abnehmen, später reinigen und entrosten. Unter Umständen den korundstrahlen lassen und mit hitzefester Farbe lackieren. Bei der Cosa ist der Auspuff mittels eines Spezialflanschs befestigt.

Federbein unten lösen

Federbein lösen, Motor absenken: Die untere Befestigung des **Federbeins** lösen; mit einem Ringschlüssel SW 13 die Mutter abschrauben, mit einem Schlüssel SW

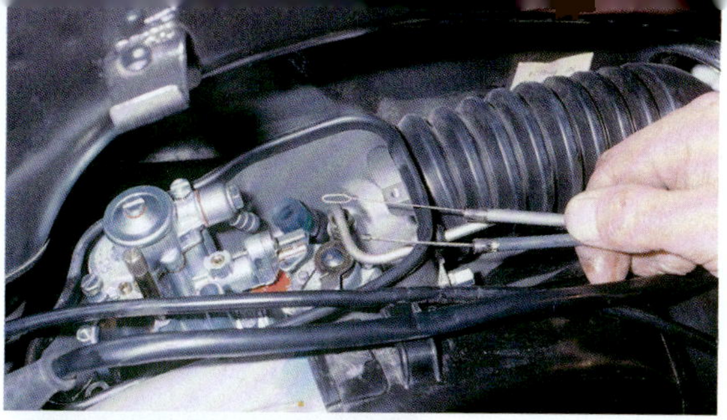

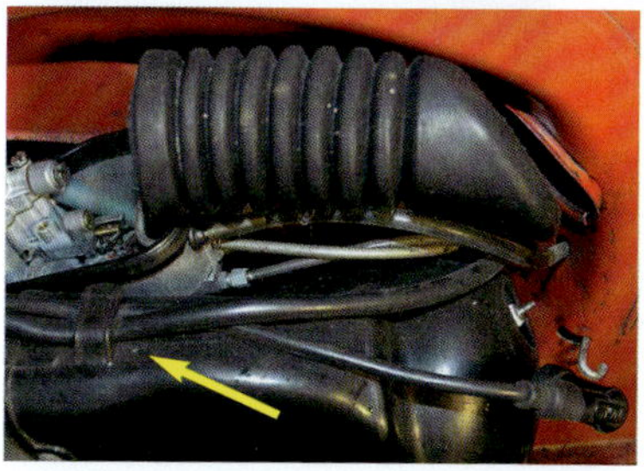

Links außen: Der Benzinschlauch kommt nach Ausdrehen der Schraube SW 10, die den Adapter fixiert (roter Pfeil) frei. Auf die beiden Fiberdichtungen achten. Der Ölschlauch wird vom Zuführungsrohr abgezogen (gelber Pfeil).

Bildleiste von oben: Die ausgehängten Züge für Choke (oben) und Gas werden aus dem Luftfiltergehäuse gezogen. Zündkerzenstekker, Kabel und Ansaugtülle abziehen.

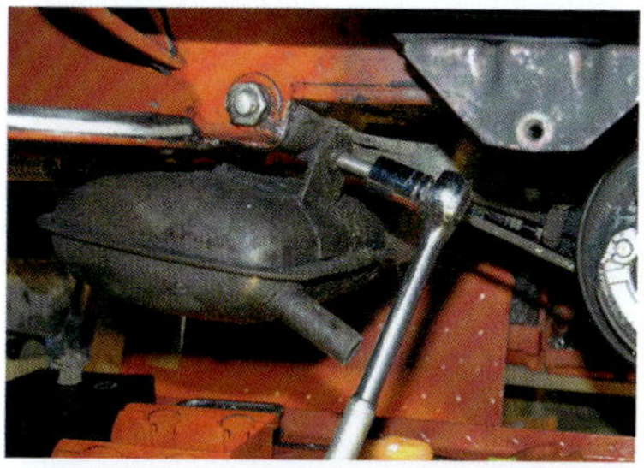

Zum Auspuffausbau zuerst die Mutter SW 13 vorne am Abgasstutzen lösen. Den Bolzen an der Traverse mit Schlüssel SW 17 ausdrehen. Der ausgebaute und infolge Ölaustritts verdreckte Auspuff.

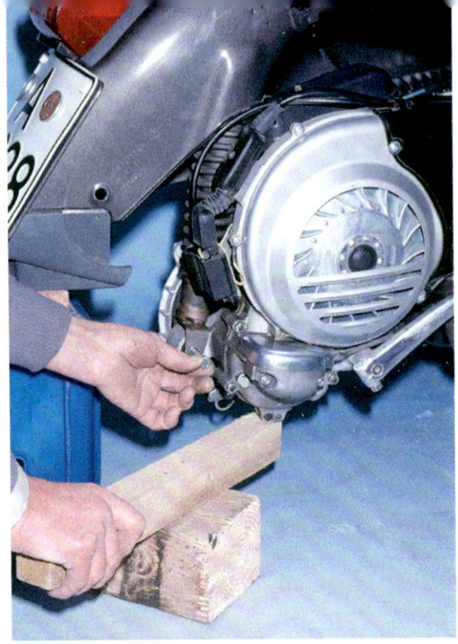

Oben links: lösen der Verbindung Federbein/Antriebsblock; Bolzen SW 14 festhalten, auf der gegenüberliegenden Seite Mutter SW 13 lösen. Daneben: Federbein vorziehen. Rechts oben und darunter: Motor mit Kantholz unterfangen, langsam absenken und aufsetzen.

14 den Bolzen gegenhalten. Antriebsblock mit der rechten Hand abfangen, **Federbeinbolzen** ganz aus der Lagerung ziehen und Motor-/Getriebeblock bis zum Boden ablassen. Wer seine Kräfte schonen will, kann den Antriebsblock auch mit einem Hebel ablassen, etwa mit einem Kantholz ca. 5 x 5 x 50 cm.

Motorblock ganz ausbauen:

Seilzüge abklemmen: Zum Komplettausbau der Motor-/Getriebeeinheit ist es jetzt nur noch ein kurzer Weg. **Zusätzlich** müssen Hinterradbremszug (außer Cosa: hydraulische Anlage), Kupplungszug und Schaltsegment abgeschlossen werden (Details und Fotos s.a. Kap. „Griffe und Züge“).

Kurz zusammengefaßt: **Hinterrad-Bremszug** lösen (Mutter SW 13 am Bremshebelgelenk); Gelenk mit Kombizange festhalten. Seilzug ganz aus dem Einsteller ziehen. Anschließend **Kupplungszug** lösen; dazu Schraubnippel mit Gabelschlüssel SW 8 festhalten, Schraube mit Gabelschlüssel SW 7 lösen. Seilzug aus dem Einsteller herausziehen.

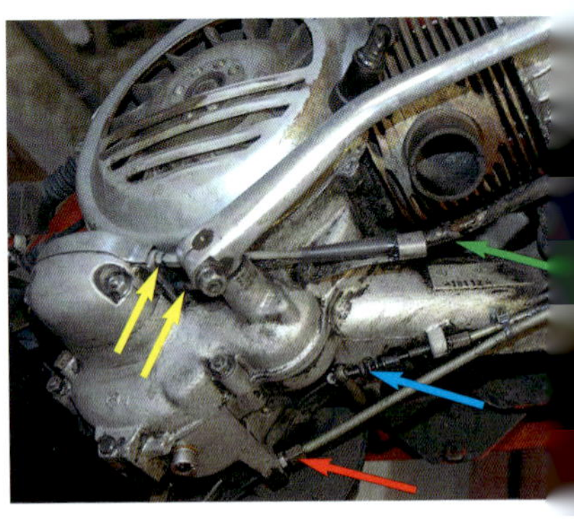

Unten rechts: Anordnung der Seilzüge; die beiden Schaltzüge und ihre Einsteller (gelbe Pfeile); das (hier defekte) Schutzrohr der Schaltzüge (grüner Pfeil); der Kupplungs-Seilzug mit Einsteller (blauer Pfeil); der Brems-Seilzug mit Einsteller (roter Pfeil).

Lüfterhaube ausbauen: Dies empfiehlt sich, bevor das Schaltsegment abgenommen wird. Die drei

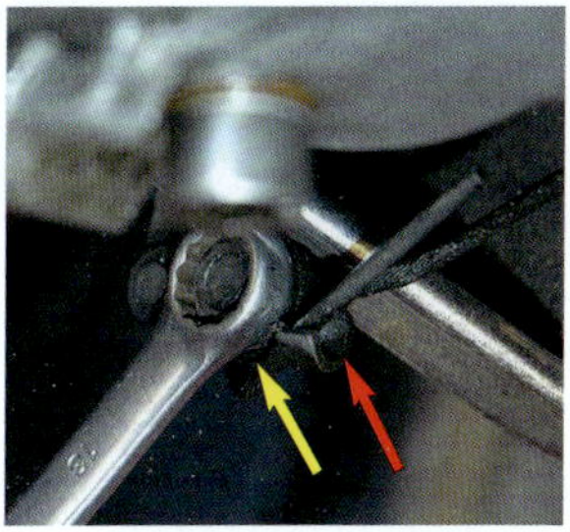

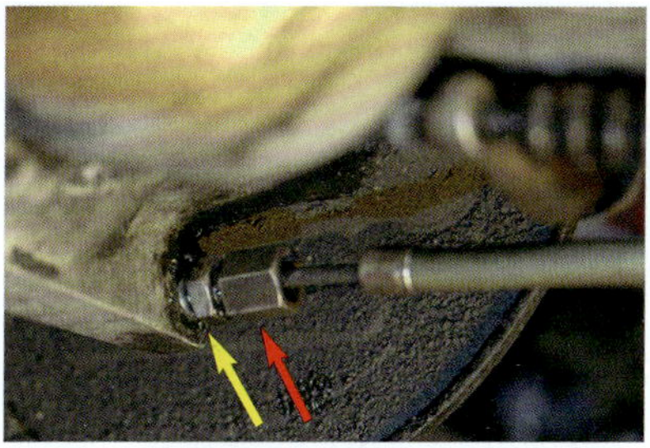

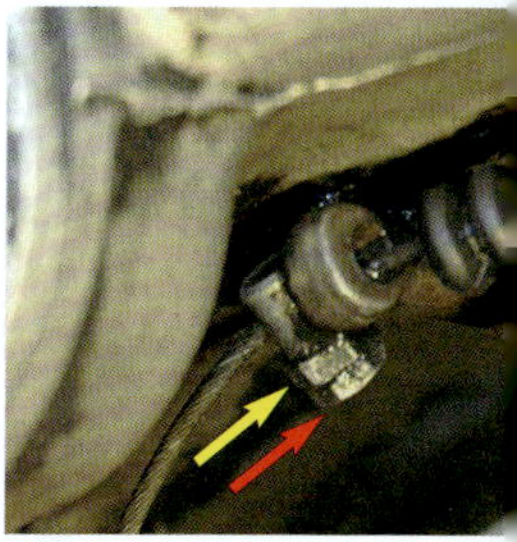

Obere Bildreihe von links: Mutter des Klemmbolzens lösen (gelber Pfeil), nicht ausdrehen, dabei das Gelenk mit Montierhebel blockieren (roter Pfeil); Sicherungsmutter SW 8 des Einstellers lösen (gelber Pfeil), Einsteller SW 8 ausdrehen (roter Pfeil); den Klemmnippel des Kupplungs-Seilzugs mit einem Gabelschlüssel SW 7 lösen (roter Pfeil), Nippel dabei mit Schlüssel SW 8 festhalten (gelber Pfeil).

Schrauben und die Elektronikbox-Befestigung ausdrehen, Haube abnehmen

Kickstarthebel ausbauen: Praktischerweise wird jetzt auch der Kickstarthebel abgenommen. Dazu die **Mutter SW 13** lösen und mit Sprengring und Unterlegscheibe abnehmen: **Bolzen SW 13** nach oben herausziehen (geht nur bei abgenommener Lüfterhaube). Hebel und Welle müssen nicht mit Reißnadel markiert werden, die **Verzahnung ist vorgegeben.**

Schaltsegment abnehmen: den 4. Gang einlegen und Halter lösen, der rechts die beiden Schaltzüge führt. Deckel des Schaltsegments entfernen, Mutter SW 13. Wanne unterstellen, da etwas Öl austritt. Die beiden Muttern SW 11 der Segmentbefestigung am Getriebeblock mit einem Steckschlüssel lösen und mit den Sprengringen und Unterlegscheiben abnehmen. Zum Abziehen des Segments Kickstarter nach vorn drücken und Schaltzüge vor den Auspuffstutzen am Zylinder legen. Dann erst Segment abziehen; Dichtung nicht beschädigen, ansonsten später erneuern.

Abstützung und Traversenachse ausbauen: Wenn noch nicht geschehen, die Verbindung **Federbein-/Motorblock** trennen wie weiter oben gezeigt. Antriebsblock bis zum Boden ablassen.
Zuletzt wird die **Traversenachse** vorn an der Karosserie ausgebaut: Mit

Die Metallgebläsehaube ist mit drei Schrauben befestigt (rote Pfeile), die untere hält auch den Deckel des Schaltsegments. Der Kickstarterhebel ist mit Bolzen und Mutter befestigt (gelbe Pfeile).

Der gelbe Pfeile zeigt auf die Schraube, die gleichzeitig Lüfterhaube und Schaltsegmentdeckel hält. Der rote Pfeil weist auf die Mutter, die den Halter der Seilzüge fixiert. Die blauen Pfeile zeigen auf die beiden Muttern SW 11 der Segment-Befestigung.

Links oben: der abgenommene und umgedrehte Deckel des Schaltsegments. Rechts: Das Schaltsegment wird nach Lösen der beiden Muttern abgezogen; zu sehen ist die (zu erneuernde) Dichtung.

Vollständiger Motorausbau. Auf der rechten Rollerseite den Achsenkopf mit Schlüssel oder Radkreuz SW 22 gegenhalten (Foto rechts). Unten links: Die Mutter SW 22 auf der linken Seite mit Verlängerung lösen.

einem Ringschlüssel SW 22 die Mutter auf der linken Fahrzeugseite lösen, mit einem zweiten Schlüssel SW 22 den Bolzen auf der rechten Seite gegenhalten. Traverse mit der linken Hand abfangen und mit der rechten Hand die Traversenachse herausziehen; dabei mit Kunststoffhammer nachhelfen. Motor-/Getriebeblock vom Fahrzeug abnehmen. Bei dieser Operation sind Helferin oder Helfer nützlich.

Rechts: Der von allen Verbindungen und Befestigungen gelöste Motor einer PX 200 E von 1985, damals im fast neuwertigen Zustand fotografiert.

Vergaser, Filtergeh. Ausbau

Vergaser, Luftfiltergehäuse ausbauen: Einige Arbeiten hierzu haben wir bereits weiter ausgeführt. Zur Erinnerung: **Gehäusedeckel** abnehmen (zwei Sechskant-Schlitzschrauben); **Luftfilter** abbauen (zwei unterschiedliche Schrauben, die linke in einer Vertiefung, die rechte flach auf dem Blech); **Gaszug** und **Chokezug** aushängen.
Der **Vergaser Dell'Orto SI 24/24 E** ist solide mit zwei Hülsenmuttern festgeschraubt, die mit einem Umschaltschlüssel nebst Verlängerung und Stecknuß SW 11 ausgedreht und zusammen mit Federringen und Unterlegscheiben abgenommen werden. Nach dem Herausheben des Vergasers kommt die eingeölte **Papierdichtung** zum Vorschein. Sie wird abgenommen. Darunter sitzt die **Schlitzschraube** der Gehäusebefestigung. **Achtung:** Einlaßöffnung zur Kurbelwange zustopfen, damit die Schraube nicht in den Kurbeltrieb fallen kann! Nach Lösen der Schraube kann das **Gehäuse samt Ölpumpe**. abgenommen werden. Zuletzt die grüne Papierdichtung entfernen. **Revison und Einbau** Vergaser, Ölpumpe, Luftfiltergehäuse s. Kap. **„Treibstoffversorgung".**

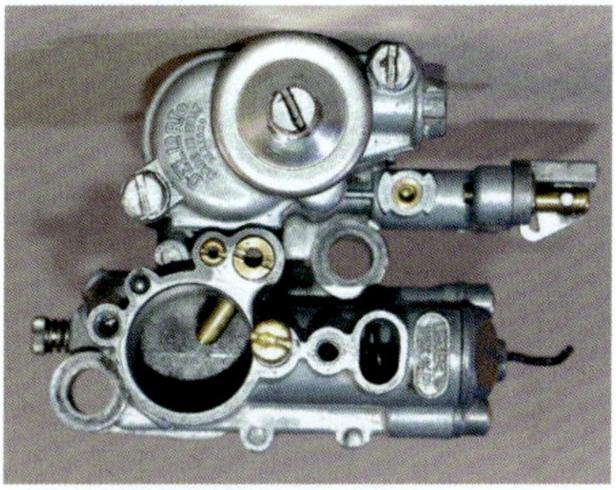

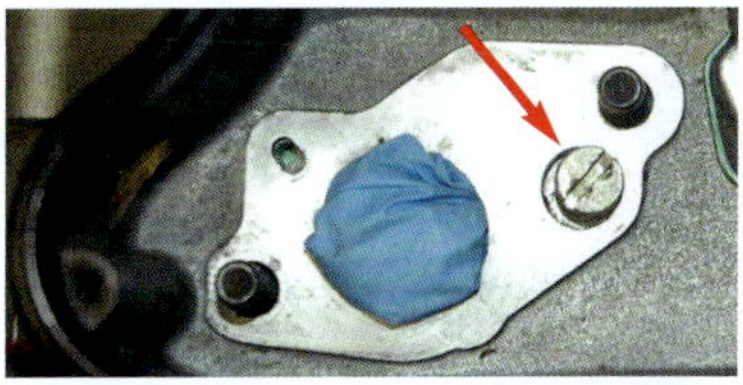

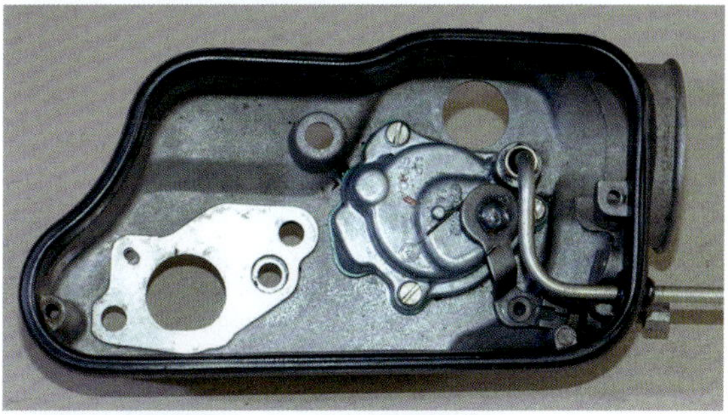

Oben: Zwei Langmuttern SW 11 mit Scheiben und Federringen halten den Vergaser. Darunter: der Dell'Orto-Vergaser der PX 1985 von oben. Mitte: eine alte Vergaserfußdichtung. Kleines Foto links außen: Die Gehäuseschraube sitzt unter der Dichtung; Achtung: Sie darf nicht in den Drehschieber fallen, daher mit Tuch abdecken. Großes Foto: das ausgebaute Luftfiltergehäuse samt Ölpumpe.

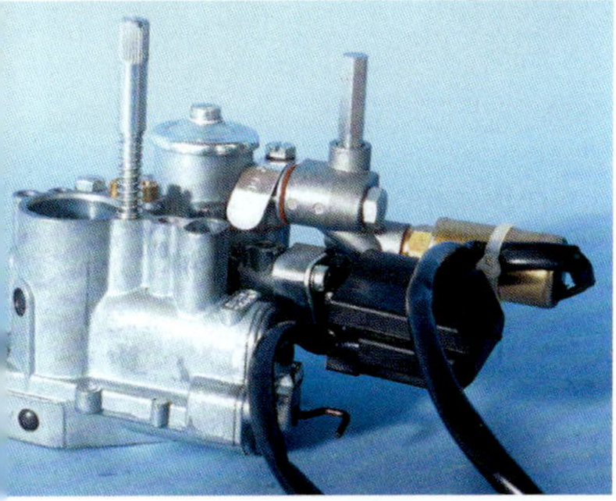

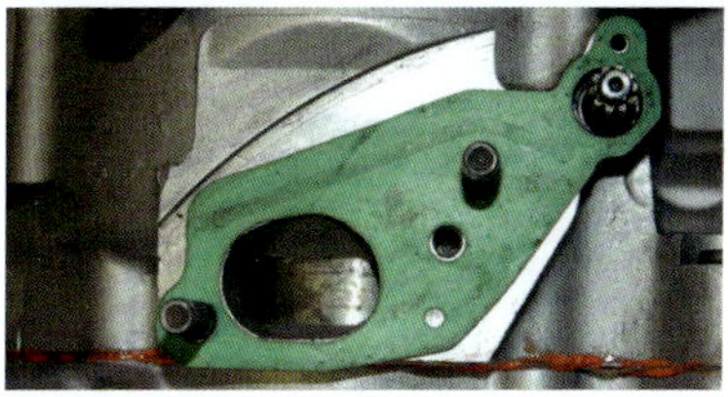

Unten links: Vergaser Cosa 200 mit elektrischem Benzinhahn und Automatik-Choke. Unten rechts: Fußdichtung des Luftfiltergehäuses mit Ölpumpenantrieb.

Rechts oben: Der Bolzen mit Sechskant SW 22 wird von rechts durch Chassis und Schwinge geschoben. Darunter: Federring und Mutter SW 22 werden auf der linken Seite angesetzt und später festgezogen. Unten: Die Schwingenachse ist halb drin, der Motor ist korrekt ausgerichtet und ruht hinten auf einem Holzklotz. Schläuche und Bowdenzüge wurden zur Seite gebogen.

Antriebseinheit einbauen

Motor ins Chassis hängen: Wir bleiben wieder bei der Baugruppe und zeigen jetzt den Einbau eines restaurierten PX 200-Triebwerks in das Chassis. Vergaser, Luftfiltergehäuse und Abgasstutzen sind bereits montiert, Einzelheiten dazu, wie gesagt, weiter hinten.

Der über 25 kg schwere Triebwerksblock wird auf die Montagebühne gelegt und dann **zu zweit so angehoben,** daß der **Lagerbolzen** der vorderen Aufhängung durch die verstärkten Öffnungen im Chassis und gleichzeitig durch die Silentblöcke der **Schwinge** geschoben werden kann. Der Helfer oder die Helferin peilt von links, von rechts wird der Bolzen mit dem Kunststoffhammer im richtigen Moment durch die Passage geschlagen. Auf der linken Seite werden **Federring** und **Mutter SW 22** aufgesetzt, aber erst später festgezogen.

Dann muß der **Triebwerksblock hinten angehoben** und unten mit dem Federbein verbunden werden. Während ich den Block hochhieve, schiebt die Helferin von rechts den **Bolzen M8 SW 13** ein und sichert ihn links mit der **Mutter SW 14** samt Federring und Scheibe. Angezogen wird mit **25 Nm Drehmoment**. Damit der Roller nicht nach hinten kippt, müssen rechtzeitig **Holzklötze** untergeschoben werden. Jetzt auch die Schwingenachse festziehen, dabei gegenhalten; **Drehmoment 75 Nm.**

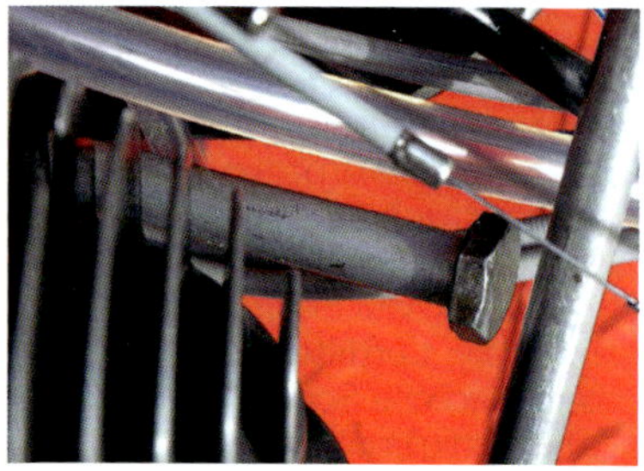

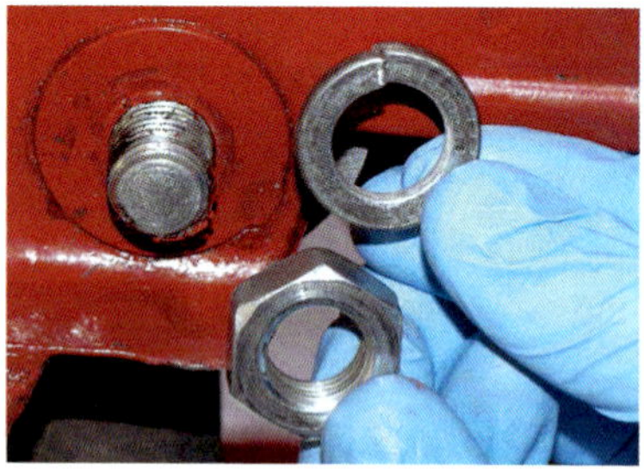

Rechts: der hinteren Bolzen wird ins Federbein geschoben, die Mutter zunächst lose angesetzt.

Auspuff einbauen: Hier muß man wieder **zu zweit** arbeiten. Zunächst die **Klemmschraube** der Schelle kontrollieren und ersetzen. Wenn der Vierkant durchdreht. muß der Bolzen durchgesägt werden. Die

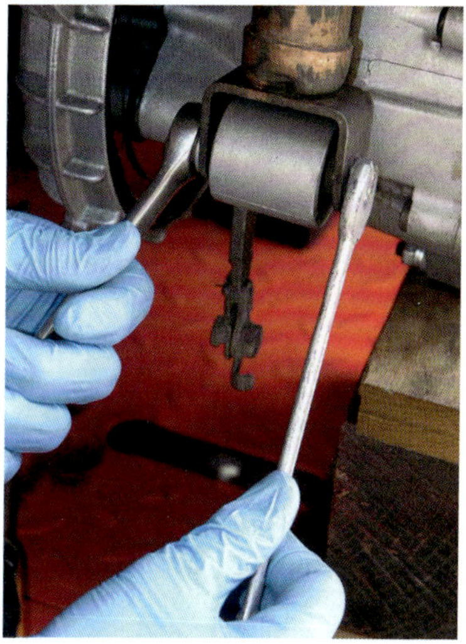

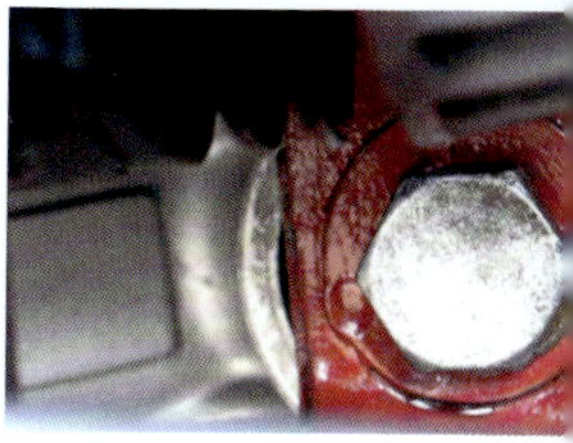

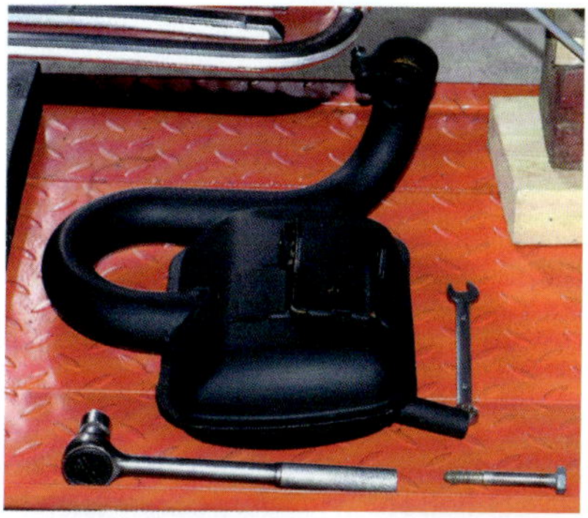

Links oben: Anziehen der hinteren Verbindung (Mutter SW 14, Bolzen SW 13). Mitte oben: Mutter SW 22 der Schwingenachse, daneben der Drehmomentschlüssel. Rechts: Kopf der Schwingenachse. Links: aufbereiteter Auspuff mit Bolzen und Werkzeug.

(neue) **Schloßschraube** wird zusammen mit neuer Scheibe und neuem Federring vormontiert. Mit einem starken Schraubendreher weiten wir das Rohr im Klemmbereich ein wenig auf.

Auf den bereits montierten **Abgasstutzen** streichen wir etwas Keramikpaste, damit es besser rutscht. Den **Krümmer** ansetzen, die Helferin schiebt die gabelartige **Halterung** des Topfs unten über die Aufnahme am Motorblock.

Mit einem Schraubendreher wird zentriert, dann mit einem **Holzhammer** von unten abwechselnd gegen **Krümmer** und Topfkante geschlagen, bis der Krümmer sitzt und der Haltebolzen eingeschoben werden kann. Wenn sich der **Käfig** für die Mutter auf der Vorderseite verschoben hat, diese mit einem langen Schraubendreher zurechtrücken. Eine Lampe ist hierbei unentbehrlich. Nun den **Bolzen** mit der Stecknuß SW 17 eindrehen und festziehen. Die Schelle am Krümmer mit einem Ringschlüssel SW 13 anziehen.

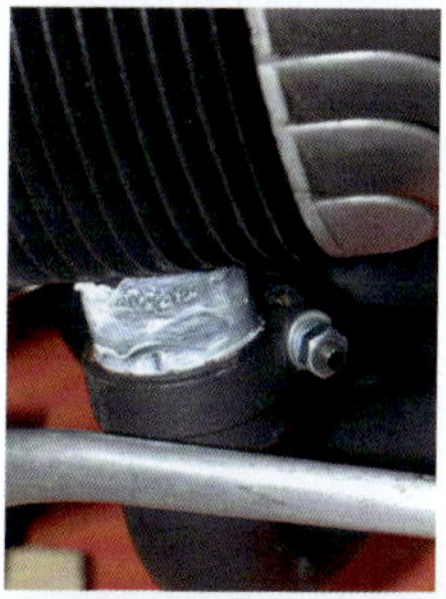

Mitte links: Keramikpaste macht alles leichter. Mitte rechts: Anziehen der Schelle mit Schlüssel SW 13. Unten: Mit dem Schraubendreher wird der Käfig für die Mutter zurechtgerückt; Anziehen mit Nuß SW 17.

Kühlluft-Leitblech montieren: Das **Kühlluft-Leitblech** wird oben und mittig mit zwei Kreuzschlitz-Maschinenschrauben am Motorgehäuse befestigt (ohne Scheiben). Unten wird das Blech zusammen mit dem später zu montierenden Deckel des Schaltsegments gehalten.

Zylinderhaube montieren: Für den Einbau der **Zylinderhaube** müssen Seilzüge und Schläuche zur Seite gebogen werden; nur so kann die, Haube übergestülpt werden. An der Seite befestigen wir sie mit zwei Karosserieschrauben, die besser halten als die originalen Blechschrauben. Oben verwenden wir wieder die serienmäßige Schlitz-Maschinenschraube.

Seilzüge, Schläuche, Kabel anschließen: Wir verweisen auf die ausführlichen Beschreibungen im Kapitel „Griffe und Züge“. Hier nur einige **Stichworte: Schaltzüge** einhängen, Nippel befestigen, **Schaltsegment** anschrauben, innen fetten und etwas Öl SAE 30 einfüllen; **Deckel** befestigen. **Kupplungszug** und **Hinterrad-Bremszug** anschließen.

Luftfiltergehäuse, Vergaser und **Luftfilter** montieren, falls noch nicht geschehen; bei der **Cosa** Ka-bel für **elektrischen Benzinhahn** und **Startautomatik** anschließen. **Öl- und Benzinschlauch** aufschieben und sichern; **Gas- und Chokezug** einhängen; **Gummitülle** mit dem Ansaugrohr verbinden.

Kabelbaum und **Zündkabel** mit den Anschlüssen im Verteilerkasten verbinden, **Zündkerzenstecker** aufsetzen. Nach dem Wiedereinbau des Triebwerksblocks **Seilzüge exakt einstellen:** Schaltung, Hinterradbremse, Kupplung, Gas, Choke (s. vorige Kapitel).

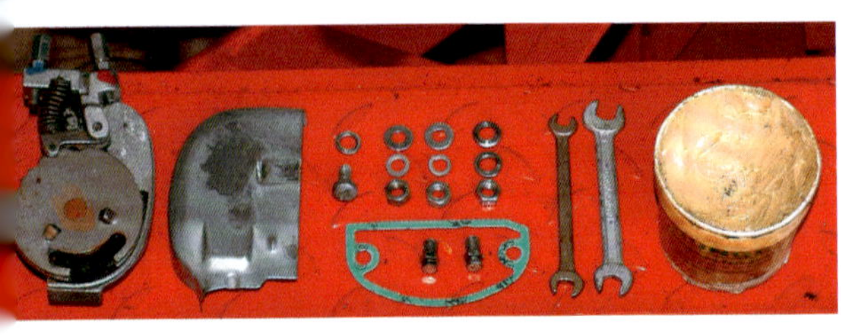

Oben links: Das Luftleitblech wird mit drei Schrauben befestigt (rote Pfeile; blauer Pfeil zusätzlich für die Schaltsegmentdeckel-Befestigung). Drei Schrauben halten die Zylinderabdeckhaube. Unten links: die Elemente des Schaltsegments mit Werkzeug, neuer Dichtung und Spezialfett.

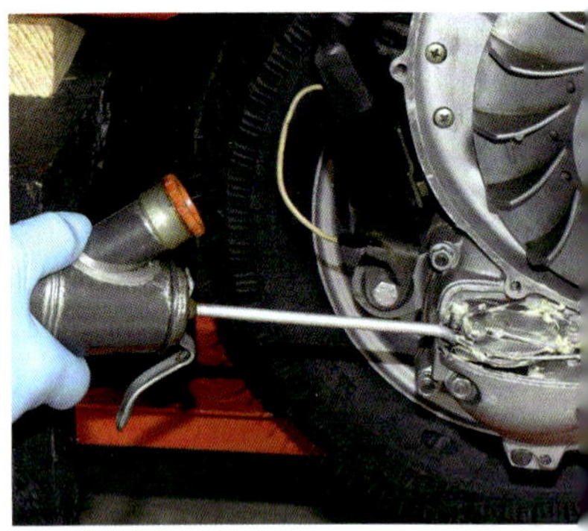

Oben rechts: Nach dem Fetten der Einzelteile etwas Öl SAE 30 in das Segment spritzen. Unten: Befestigen der Segmentabdeckung bei montiertem Luftleitblech (eine Schraube).

Zylinderkopf, Zylinder, Kolben: Aus- und Einbau, Reinigung, Prüfung, Instandsetzung

Die Baugruppe Zylinderkopf/Zylinder/Kolben ist auch bei der Vespa das zentrale Element der Kraftentfaltung. Um vorzeitigem Verschleiß vorzubeugen, müssen diese Teile inspiziert bzw. von Verbrennungsrückständen gereinigt werden, vor allem bei Leistungsabfall. (Piaggio für ältere Modelle: „alle 4000 km"). Bei einer Grundüberholung werden die Teile ausgebaut und ersetzt. Nur der Zylinder kann nachgearbeitet werden.

Vorbereitungen

Antriebseinheit reinigen: Zunächst Motor absenken oder ganz ausbauen wie im vorigen Kapitel beschrieben. Oft sind die Triebwerke stark durch ein zähes Gemisch aus abgetrocknetem Getriebeöl und Strassenschmutz verdreckt.
Auf gut zugänglichen Flächen den Schmutz zunächst mit einem **Dreikantschaber** abziehen, dessen Kanten leicht abgenutzt sind, so daß keine Kratzer auf den Gehäuseflächen entstehen können. Aus den Ecken wird der Dreck mit der (ebenfalls nicht allzu scharfen) **Klinge eines Schraubendrehers** herausgeholt. Schließlich wird eine schmale **Drahtbürste** eingesetzt.
Den vorgereinigten Motorblock in eine ausreichend große Wanne setzen und mit Pinsel und **Kaltreiniger** abwaschen. Mit **Bremsenreiniger** wird der letzte Schmutz abgespült, ein Lappen nimmt die Rückstände auf. Dann können die Motorelemente demontiert werden, ohne daß Dreck nach innen dringt.

Unten links: Vor Arbeiten an Zylinder und Antriebskomponenten muß ein verschmutzer Motor sorgfältig gereinigt werden. Zuerst mit geeigneten Werkzeugen groben Schmutz abkratzen.

Oben: Zur Feinreinigung wird die Antriebseinheit in eine Wanne gesetzt und mit einem fettlösenden Mittel abgepinselt.

Anbauteile abnehmen: Vor der Demontage von Zylinderkopf und Zylinder die **Lüfterhaube** abnehmen. Sie wird am unteren Rand von zwei Kreuzschlitzschrauben, oben von einer Schlitzschraube gehalten. Kerzenstecker und **Zündkerze** abnehmen.

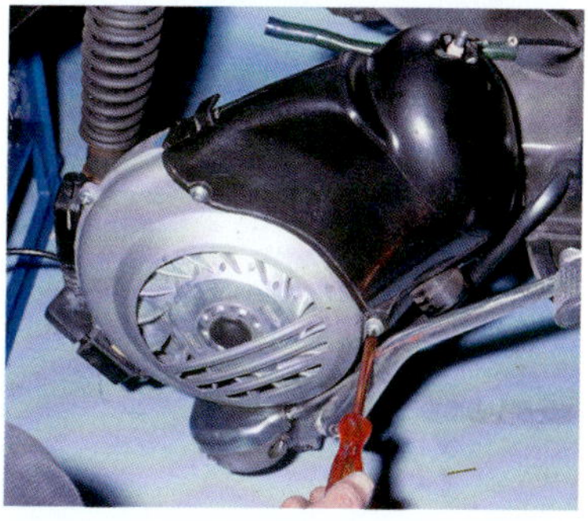

Links: Zunächst müssen Haube und Gebläseabdeckung abgenommen werden – sechs Schrauben insgesamt (s. Vorkapitel).

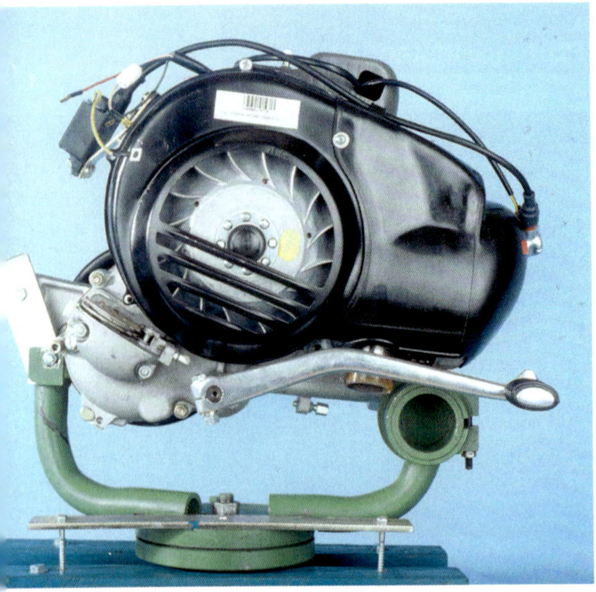

Oben: Ideale Ausgangsbasis für Arbeiten an Zylinderkopf und Zylinder: ein blitzsauberes Triebwerk auf einem speziellen, im Internethandel erhältlichen Montageständer.

Die **Gebläseabdeckung** hängt links an zwei Kreuzschlitzschrauben, unten an einer Schlitzschraube. Schrauben und Deckel abnehmen. Luftfiltergehäuse und Vergaser sollten demontiert sein (s. Vorkapitel).

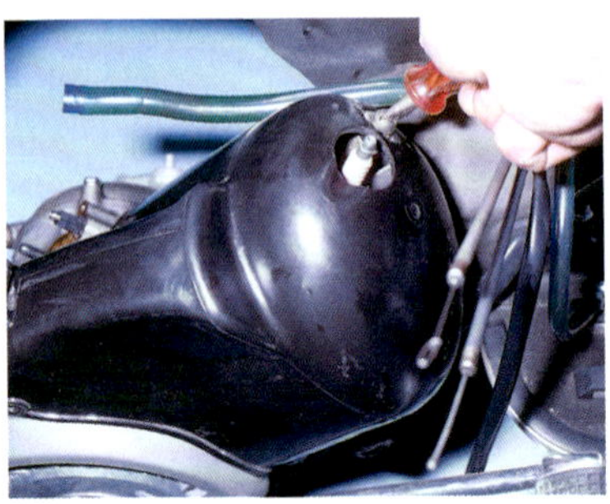

Rechts: Abnahme des Kerzensteckers an einem Neumotor im Jahr 1985.

Rechts: Die Zündkerze wird mit einer Stecknuß SW 19,5 ausgedreht.

Zweitakt-Charakteristik

Funktionsweise Vespa-Zweitaktmotor: Der Einzylinder-Motor der Vespa ist eine legendäre und geniale Konstruktion, die auf 1946 zurückgeht – 75 Jahe vor dem Erscheinen der Jubiläumsausgabe dieses Buchs. Er ist unkompliziert, leicht zugänglich und einfach demontierbar. Als **Zweitakter** kommt er mit wenigen Bauteilen aus, Ventile und Nockenwelle wie beim Viertakter gibt es nicht.

Das Benzin-Öl-Luftgemisch wird nach dem **Drehschieberprinzip** über die Kurbelwangen in den Brennraum gesaugt. Zu den Stärken des Vespa-Motors gehört das **hohe Drehmoment bei niedrigen Drehzahlen;** dementsprechend gut ist die Durchzugskraft. Bei einer PX 200 wird die maximale Leistung von **9,5 PS** bereits bei 5500/min^{-1} erreicht. Das Verdichtungsverhältnis beträgt 1 : 8,8, ist damit relativ hoch.

Die **Getrenntschmierung** mit von der Kurbelwelle angetriebener Ölpumpe erfordert das separate Befüllen von Öl- und Benzintank. Wer das Nachfüllen des Öl vergißt, riskiert einen „Kolbenfresser“ und Schäden am Zylinder. Im Extremfall kann die Pleuelstange reißen und das Motorgehäuse durchschlagen.

Zylinderkopf ausbauen

Zylinderkopf abnehmen: Der aus Leichtmetall bestehende **Zylinderkopf** ist mit vier Muttern SW 14 oder 13 befestigt. Zuvor ist der **Distanzbolzen** zu entfernen, der die Lüfterhaube abstützt; mit einem Steckschlüssel abschrauben.

Anschließend die vier **Zylinderkopfmuttern** sowie die darunterliegenden Federringe und Scheiben abnehmen. **Zylinderkopf** abheben; wenn er locker sitzt, sind Hilfsmittel zum Lösen (Gummihammer) nicht erforderlich. Eine **Zylinderkopfdichtung** gibt es beim PX-Motor nicht, sie ist ab Werk nicht vorgesehen.

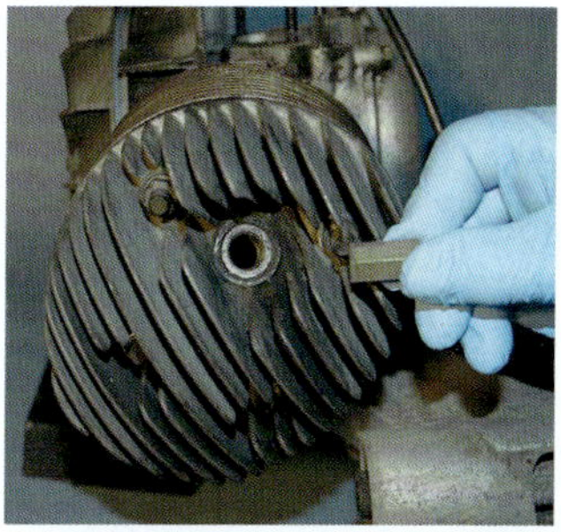

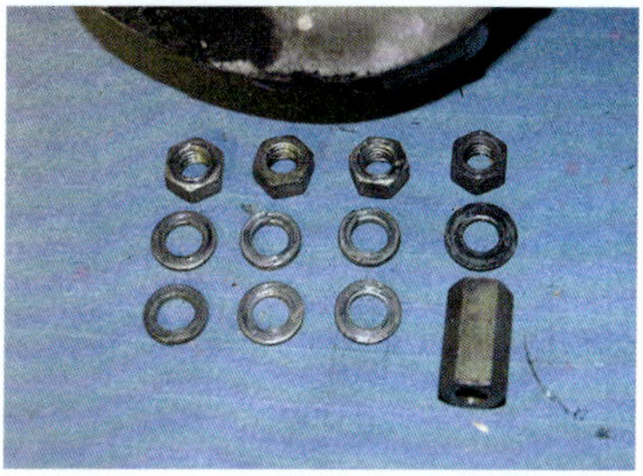

Oben links: Zuerst den Bolzen SW 13 ausdrehen, der die Lüfterhaube stützt. Oben Mitte: Die Pfeile zeigen auf die vier Kopfmuttern M8 SW 13. Oben rechts: Die Muttern werden mit der Stecknuß SW 13 ausgedreht. Unten links: Das Sortiment an Muttern, Bolzen, Federringen und Druckscheiben. Unten rechts: Der Kopf wird abgehoben, eine Dichtung gibt es nicht.

Zylinderkopf reinigen

Rückstände beseitigen: Hierbei möglichst keine Reinigungsgeräte aus Metall, kein Schmirgelpapier verwenden. Zunächst den **Zylinderkopf innen** und zwischen den **Kühlrippen** mit Nylonpinsel und Kaltreiniger säubern. Als Unterlage eignet sich perfekt eine **Ölauffangwanne** aus dem Zubehörhandel. Grobe Fettablagerungen werden mit einem Hartholzspan abgeschabt, damit das Metall nicht verkratzt wird. Besonders sorgfältig beim **Brennraum** vorgehen, dort alle Ablagerungen sowie öligen Ruß entfernen. Der mit dem Kaltreiniger gelöste Dreck wird schließlich mit Bremsenreiniger abgesprüht. Den gesäuberten Zylinderkopf **prüfen:** Es dürfen keine Haarrisse oder angebrochene Kühlrippen festzustellen sein. Im Zweifelsfall den Kopf durch ein Neuteil ersetzen.

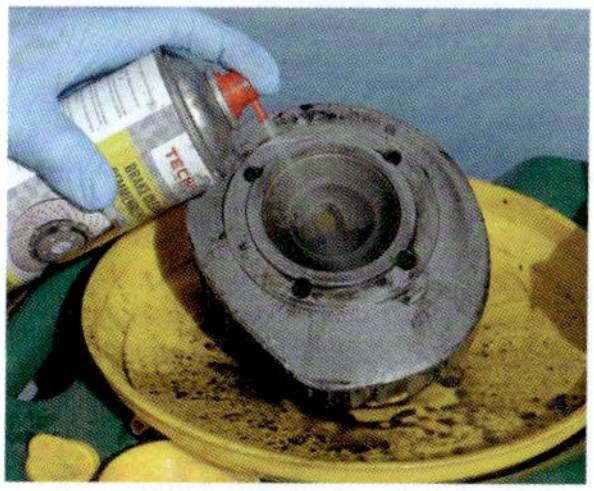

Bilder oben: Säubern des Zylinderkopfs zuerst mit mit Kaltreiniger, dann mit Holzspan und Bremsenreiniger. Möglichst keine Drahtbürste verwenden.

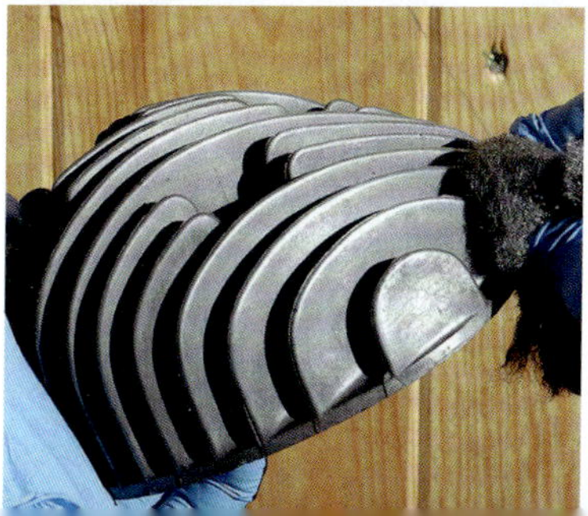

Rechts: Der grundgereinigte Zylinderkopf wird zum Schluß mit Mikrostahlwolle blankgeputzt.

Zylinder ausbauen

Zylinder abnehmen: Der PX-Zylinder besteht aus **Grauguß** (aus Leichtmetall bei Modellen des Typs Cosa FL) und ist nicht gesondert am Motorblock befestigt; er kann nach Lösen der Zylinderkopfschrauben und Abheben des Zylinderkopfs von den vier Stehbolzen abgezogen werden. Zylinder etwas hochziehen, einen sauberen Lappen ins Kurbelgehäuse stecken, damit nichts hineinfällt und Zylinder vorsichtig vom Kolben abziehen.

Zylinder säubern: Den Zylinder reinigen wir außen und innen ebenfalls mit Kalt- und Bremsenreiniger. Ablagerungen in den **Kanälen** werden mit einem Holz- oder Kunststoffspan gelockert. Verrostete **Kühlrippen** können grob mit einer Stahlbürste abgezogen werden. Es empfiehlt sich, den Außenbereich des Zylinders korundstrahlen zu lassen. Dabei muß vermieden werden, daß Bohrung und Kanäle mitgestrahlt werden.
Gestrahlt werden sollte auch der **Abgasstutzen.** Er ist mittels eines Feingewindes mit dem Zylinder verschraubt und läßt sich nach Aufbringen von Rostlöser mit einer Wasserpumpenzange ausdrehen.
Zuletzt wird die **Zylinder-Fußdichtung** aus Verbundmaterial abgezogen und später erneuert.

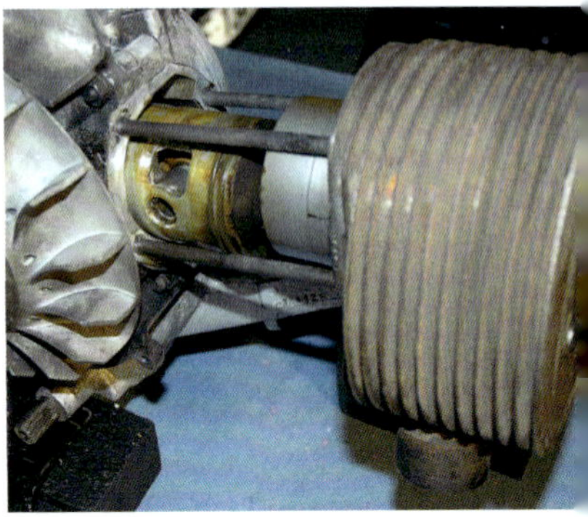

Oben rechts: Beim Abziehen des Zylinders darauf achten, daß Kolben und Kolbenringe nicht beschädigt werden. Darunter: Reinigung von Zylinder und Auspuffkanal mit Kaltreiniger und Holz- oder Kunststoffspan. Die Kühlrippen können mit einer Drahtbürste vorgereingt werden.

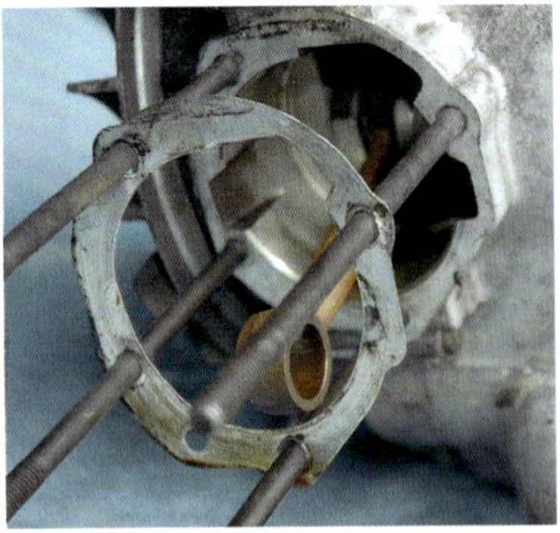

Unten links: Die Zylinderfußdichtung aus Verbundmaterial muß in jedem Fall erneuert werden. Unten rechts: Der Abgasstutzen läßt sich mit einer Rohrzange aus dem Zylinder drehen.

Zylinder prüfen, vermessen

Ob es sich lohnt, einen Zylinder ausschleifen zu lassen und dann einen passenden Kolben einzusetzen oder einen neuen Kit zu kaufen, ist eine Frage des Budgets und der Einstellung. Wer eine Vespa restaurieren will, sollte auch hier möglichst bei den Originalteilen bleiben. Wer tunen will, greift zu speziellen Zylinder-/Kolben-Kits. Wir beschreiben, was bei der Prüfung und Vermessung des Zylinders zu beachten ist.

Zylinder-Sichtprüfung: Zuerst wird der Zylinder auf äußere Schäden überprüft. Wenn **Kühlrippen abgebrochen** sind, ist der Zylinder reif für den Schrott. Das Gleiche gilt, wenn starke **Riefen** die Lauffläche beschädigt haben oder wenn der Zylinder im oberen Totpunktbereich der Laufbahn oder insgesamt **stark eingelaufen** ist. Dann läßt er sich nicht mehr ausschleifen, weil der Verschleiß über das dritte Übermaß hinausgeht (s. nächste Seite). **Rost** an den Kühlrippen ist nicht weiter tragisch, er läßt sich durch Strahlen entfernen. Anschließend müssen die Rippen mit hitzefestem Lack beschichtet werden.

Zylinderbohrung vermessen: Wenn der Zylinder wiederverwendet werden soll, muß er zunächst vermessen werden. Dazu ist ein **Innen-Feinmeßgerät** mit Uhr erforderlich (ab 50 Euro im Internet). Eine erste Messung kann auch mit einer digitalen **Schieblehre** erfolgen. Für unseren Zweck muß sich der Meßbereich bis 100 mm erstrecken.

Piaggio empfiehlt für den 200er Motor, den Fühler 30 mm unterhalb der Zylinderoberkante anzusetzen (s. Tabelle und Zeichnung unten). Die **Sollmaße** für Standardbohrung und drei Übermaße stehen in der Tabelle (nächste Seite, 66,5 bis 67,1 mm).

Wir begnügen uns nicht mit einer Messung, sondern führen vier jeweils um 90° versetzte Messungen durch: **1.** am oberen Totpunkt des Kolbens, **2.** 30 mm unter Zylinder-Oberkante, **3.** zwischen den Über-

Die Größe der Zylinderbohrung wird mit der Innenmeßuhr an vier verschiedenen Punkten ermittelt, s. Lauftext. Dabei werden die Messungen um jeweils 90° versetzt vorgenommen

Blick auf die Zylinderbohrung eines Motors, der jahrelang nicht gestartet wurde. Öl und Rost haben ihre Spuren hinterlassen. Der Pfeil weist auf den oberen Totpunkt des Kolbenwegs hin, an dem eine leichte Rille zu sehen ist.

Offizielle Piaggio-Maßzeichnung für Kolben- und Zylindervermessung der Vespa-PX-Motoren; A = Zylinderdurchmesser, B = Kolbendurchmesser, die einzelnen Angaben s. Tabelle; C und D: Hier müssen die Meßuhren laut Piaggio angesetzt werden. Abstand C beträgt 25 mm bei PX 80, 125 und 150, 30 mm bei PX 200/E/GS; Abstand generell D = 5 mm.

strömkanälen, **4.** 10 mm über der Unterkante der Laufbuchse. Bei einem 200er Motor ist eine Erweiterung der Zylinderbohrung (= Verschleiß) von 0,25 mm gegenüber dem Grundmaß 66,5 mm auf 66,75 noch vertretbar. Der Zylinder muß nicht ausgeschliffen oder ausgetauscht werden.
Dies vor allem dann hicht, wenn eine **zusätzliche Messung oberhalb des OT** (also außerhalb des Arbeitsbereichs der Kolbenringe am äußersten oberen Rand des Zylinders) das Grundmaß von 66,5 mm Durchmesser anzeigt.

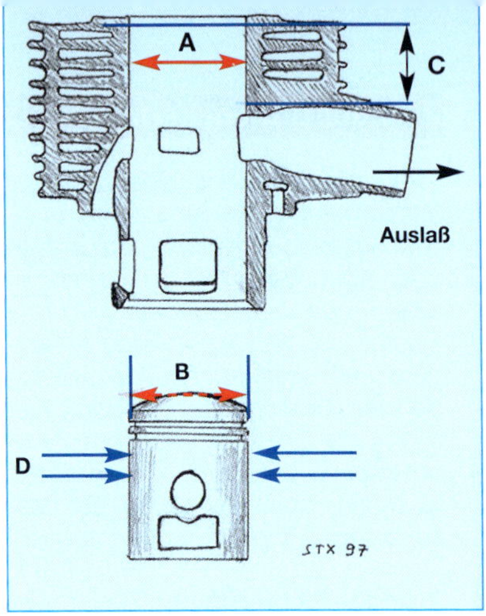

Kolben- und Zylindermaße
Werte fürs Auswechseln und Ausschleifen

Maße und Übermaße in mm

PX-Reihe, Cosa: cm³		**80**	**125**	**150**	**200**
Zylinder normal	A =	46,0	52,5	57,8	66,5
Zylinder 1. Übermaß	A =	46,2	52,7	58,0	66,7
Zylinder 2. Übermaß	A =	46,4	52,9	58,2	66,9
Zylinder 3. Übermaß	A =	46,6	53,1	58,4	67,1
Kolben normal	B =	45,820	52,330	57,585	66,295
Kolben 1. Übermaß	B =	46,020	52,530	57,785	66,495
Kolben 2. Übermaß	B =	46,220	52,730	57,985	66,695
Kolben 3. Übermaß	B =	46,420	52,930	58,185	66,895

Zylinder aufbereiten

Zylinder vorbereiten: Wie bereits erwähnt, empfiehlt es sich, den Zylinder im Außenbereich zu strahlen. Auch der Abgasstutzen wird gestrahlt, wobei dessen Gewinde zusätzlich mit der **rotierenden Drahtbürste** aufbereitet wird. Dichtflächen, Laufbahn und Zylinderhemd dürfen nicht mitgestrahlt werden, weil es sonst später zu Undichtigkeiten kommen kann.

Wichtig ist, daß gestrahlte Teile aus Eisen und Stahl spätestens **vier Stunden später** gegen erneutes Rosten geschützt werden. Daher lackieren wir den Zylinder – bis auf die erwähnten Bereiche – und den Stutzen sofort nach dem Strahlen mit einem besonders hitzefesten Industrielack in Mattschwarz. Dichtflächen und Zylinderbohrung werden leicht eingeölt.

Oben: Zylinder und Abgasstutzen nach dem Korundstrahlen; Stutzengewinde zusätzlich poliert. Unten: Zylinder und Stutzen müssen kurz nach dem Strahlen mit hitzefestem Lack beschichtet werden (bis auf die Dicht- und Laufflächen, die sofort mit Öl gegen Korrosion geschützt wurden).

Zylinderbohrung honen

Kolbenlauffläche honen: Wenn der Zylinder nicht auf Übermaß ausgeschliffen werden muß, reicht es, die Bohrung zu honen, was man leicht selbst erledigen kann. Eine Honspindel findet sich für wenig Geld im Internethandel. Das **Honen** ist vor allem dann ratsam, wenn der Zylinder später zusammen mit einem neuen Kolben oder zumindest mit neuen Kolbenringen wiederverwendet werden soll.

Da der Zylinder fest stehen und nach unten Luft haben muß, bauen wir zunächst einen speziellen **Holzbock:** dabei werden zwei Auflagehölzer 17 x 15 x 5 cm und zwei Sperrhölzer 12,5 x 7,5 x 5 cm miteinander verschraubt. Die Holzkonstruktion wird zusammen mit dem eingeklemmten Zylinder in eine Wanne gesetzt.

Dann benetzen wir die Zylinderbohrung ordentlich mit **Diesel** und honen sie dann, indem das in eine Bohrmaschine gespannte Doppelgelenk-**Hongerät** jeweils einige Minuten lang von oben nach unten durch die Laufbahn geführt wird. Dabei bringen wir ständig Diesel auf. Nach zehn Minuten ist der erwünschte **Kreuzschliff** hergestellt.

Sind **Riefen** vorhanden, werden diese weggeschliffen, bis die Bahn rundum gleichmäßig aufgeraht ist. Im Bereich des oberen und unteren Totpunkts bleiben normalerweise leichte **Einlaufringe** sichtbar, was aber nicht bedenklich ist. Nach dem Honen wird die Laufbahn ausgewaschen, ausgeblasen und dann satt mit WD-40 oder einem anderen Konservierungsprodukt eingeölt.

Oben: Anordnung für das Honen des Zylinders; Auflage- und Klemmbock, Metallwanne, Diesel, flexibles Hongerät mit Bohrmaschine.

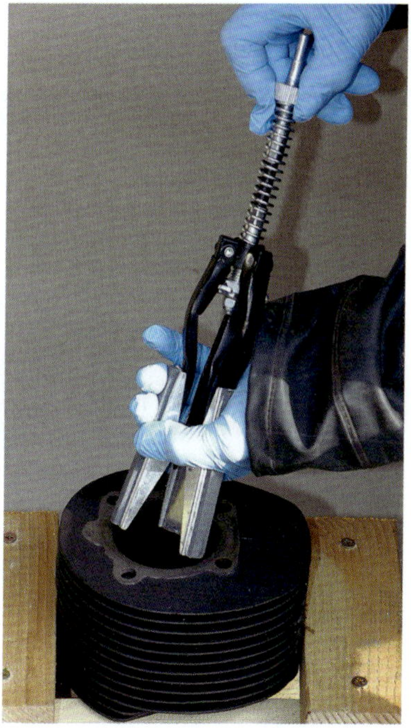

Links außen: Hongerät mit drei doppelt gewinkelten, selbstzentrierenden Schleifklötzen; mit der Rändelmutter wird der Durchmesser an die Lauffläche des Zylinders angepaßt. Das Hongerät wird in eine Bohrmaschine gespannt und bei niedriger Drehzahl fünf bis zehn Minuten lang von oben nach unten und umgekehrt über die Lauffläche geführt. Dabei die Lauffläche immer wieder mit Diesel benetzen.

Zylinderbohrung bzw. Kolbenlaufbahn nach dem Honen; der Kreuzschliff ist gut sichtbar.

Kolben, Kolbenbolzen Ausbau

Kolbenlagerung prüfen: Bevor der Kolben ausgebaut wird, prüfen wir durch **ruckartiges Ziehen** in Längs- und Querrichtung, ob Pleuelauge, Kolbenbolzen und Pleuelfuß Spiel haben (s. Fotos und Pfeile). Ist dies nicht der Fall, müssen die Lager nicht ersetzt werden.

Oben und rechts: der ölverschmierte und verkrustete Kolben eines zur Restaurierung anstehenden Motors. Gut zu sehen: leichte Riefen und Brandspuren sowie die leicht vorgezogene Zylinder-Fußdichtung. Pfeile: Vor dem Ausbau wird durch ruckartiges Ziehen in Längs- und Querrichtung geprüft, ob Pleuelauge, Kolbenbolzen und Pleuelfuß Spiel haben.

Rechte Bildspalte: Ausbau der Seegerringe mit einer speziellen Zange. Ein Helfer greift mit Schraubendrehern ein. Unten: Austreiben des Kolbenbolzens mit einem passenden Dorn.

Kolben, Kolbenbolzen ausbauen: Wenn der Motor nicht ausgebaut wurde, muß er zumindest nach unten geklappt werden (s. vorige Kapitel). Gebläsehaube, Zylinderkopf und Zylinder abnehmen wie beschrieben. **Kolben** möglichst mit einem weichen Tuch vor Beschädigungen schützen.

Der **Kolbenbolzen** ist durch zwei **Seegerringe** gesichert; sie werden mit einer Seegerringzange ausgefedert und abgenommen. Die Ringe kommen aber nur frei, wenn sie gleichzeitig in den Augen mit der Seegerringzange zusammengedrückt und auf der anderen Seite mit einem oder zwei schmalen Schraubendrehern aus der Nut gehebelt werden (Helfer erforderlich).

Der 16 mm dicke **Kolbenbolzen** wird mit einem 14 bis 15 mm dicken Dorn herausgeschlagen; vorher Tuch zwischen Kolben und Zylinder-Stehbolzen legen. Eine **Helferin** oder ein **Helfer** hält den Kolben dabei so fest, daß er nicht gegen

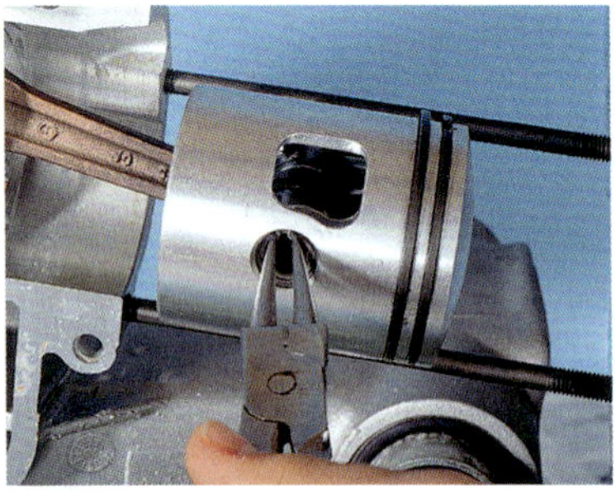

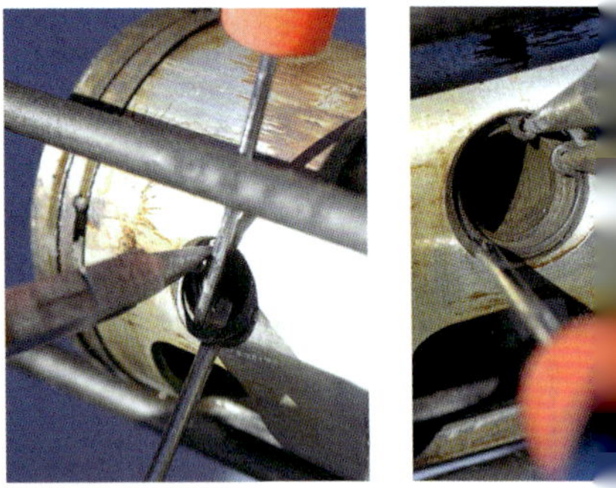

Kurbelgehäuse oder Stehbolzen schlägt. Möglichst passendes Stück Holz zwischen Stehbolzen und Kolben setzen, um die Schläge abzufangen, denn es darf kein übermäßiger Druck auf die Pleuelstange

ausgeübt werden. In der Regel sind nur einige leichte Hammerschläge nötig. Bolzen ganz herausziehen und Kolben abnehmen.

Typische Kolbenschäden: Ob der Kolben wiederverwendet werden kann, hängt nicht nur von der Toleranz zwischen Laufbahn und Kolben ab (s. Tabelle), sondern auch vom Gesamtzustand.
Typische Schäden sind: festgebackene, ölige Rückstände und Verbrennungsspuren, festgebrannte Ölkohle auf dem Kolbenboden, Riefen, Kerben und Schleifspuren am oberen Rand (verursacht durch beim Zündkerzenwechsel eingedrungene Metallpartikel), abgenutzte, festgebrannte oder gebrochene Kolbenringe.

Nadellager ausbauen: Anschliessend das **Nadellager** aus dem Pleuelauge ziehen. **Achtung:** Kolbenbolzen und Nadellager dürfen nur dann wiederverwendet werden, wenn sie keinerlei Spiel und keine Schäden aufweisen; s. a. „Wiedereinbau". Bei geplanter Wiederverwendung muß die **Einbaulage** des Nadellagers **markiert** werden (s. Foto).

Kolben grobreinigen

Kolben, Kolbenbolzen reinigen: Mit Pinsel, Holzspan, Kalt- und Bremsenreiniger werden **ölige und feste Ablagerungen** entfernt. Was Brandspuren ähnelt, ist oft nur eine **angetrocknete Mischung aus Öl und Ruß (Ölkohle).** Sie läßt sich meist problemlos abwaschen. Ein zurückbleibender schwarzer Film kann mit 600er Schmirgel abgeschliffen werden. Kleine Krater auf dem **Kolbenboden** deuten darauf hin, daß hier eingedrungene Metallteile ihr Unwesen getrieben haben.
Der **Kolbenbolzen** muß vor allem maßhaltig sein und darf keine Riefen zeigen. Blau verfärbte Zonen sind nicht problematisch.

Oben: der ausgebaute Bolzen neben dem lose abgelegten Kolben. Mitte: Kolben und Pleuelauge mit noch eingebautem Nadellager. Unten links/rechts: das ausgebaute Nadellager; für eine mögliche Wiederverwendung wird das Lager markiert.

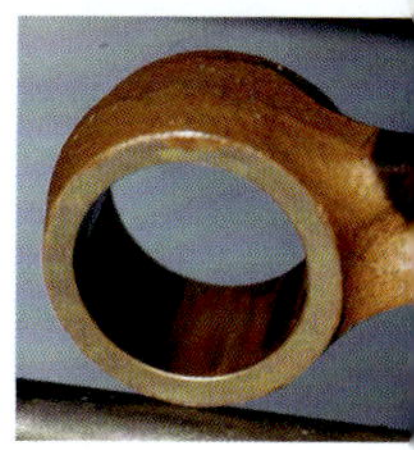

Ein noch leicht verröltes, aber unbeschädigtes Pleuelauge. Der Durchmesser beträgt beim 200er Motor 16,0 mm.

Links: Entfernen von Ölkohle und Ablagerungen vom Kolbenboden.

Kolben vermessen

Kolben und Kolbenbolzen vermessen: Reinigungsarbeiten sind natürlich nur dann sinnvoll, wenn der Kolben wiederverwendet werden kann. Dabei müssen die **Toleranzmaße** bezüglich der Zylinderbohrung stimmen (s. Tabelle vorn). Um dies zu prüfen, wird der **Durchmesser des Kolbens** an mehreren Stellen mit einer **Bügelmeßschraube** ermittelt. Dieses Feinmeßgerät liefert die Maße bis auf 1/100stel mm genau, der Rändelmechanismus erlaubt ein exaktes Ansetzen der zwei Meßstifte. Präzise messen läßt sich auch mit einer **elektronischen Schieblehre,** doch erfordert die Handhabung mehr Fingerspitzengefühl.

Kolben, Kolbenringe, Kolbenbolzen wechseln, Zylinder ausschleifen – allgemeine Tips:

Kolben, Kolbenringe und Zylinder sind auch beim Vespa-Motor der härtesten Belastung und dem größten **Verschleiß** ausgesetzt. Die Palette der möglichen Schäden ist groß. Die schlimmsten Beschädigungen werden von **Schmierölmangel** hervorgerufen. Auch wer mit falschem Öl fährt, ruiniert seinen Motor. Oft sind auch Defekte im Bereich von Ölförderung und Ölpumpe schuld.

Hat der Motor einen **Kolbenklemmer** erlitten, weil der Ölfilm kurz abriß, ist es in der Regel damit getan, den Kolben zu wechseln und den Zylinder ausschleifen zu lassen. Untrüglicher Hinweis auf Ölmangel und **Überhitzung** durch erhöhte Reibung sind mehr oder weniger starke Riefen an Kolben und Zylinderwand. Reißt der Ölfilm dauerhaft bei hoher Drehzahl, kann es zu einem Totalschaden kommen: Verschmelzen von Kolben und Zylinderwand, Abreißen des Pleuels, Kurbelwellenlagerdefekt.

Fehlerhafte oder falsche **Zündkerzen** können zu Löchern im Kolbenboden und Lagerschäden als Folgedefekt führen. Auch unter normalen Bedingungen unterliegen Kolben und Zylinder fortschreitendem Verschleiß. Mangelhafte Leistung, erhöhter Benzin- und Ölverbrauch, schließlich metallische Geräusche durch **„Kolbenkipper“** und **Kolbenbolzenspiel** machen einen **Austausch des Kolbens** und ein **Ausschleifen des Zylinders** erforderlich. Piaggio hält für alle PK-, PX- und Cosa-Modelle Kolben bis zum 3. Übermaß bereit; d.h. der Zylinder kann bis zur Mindestwandstärke dreimal ausgeschliffen werden. Im Anhang finden sich dazu nähere Angaben. Zum **Vermessen** von Kolben und Zylinder sind Präzisionsinstrumente nötig, wie sie die Fachwerkstatt besitzt. Es kann auch sinnvoll sein, Zylinder und Kolben komplett gegen **Neuteile** auszuwechseln (Teile bei Piaggio oder im Spezialhandel). Gerne werden dabei **Tuningteile** zur Leistungssteigerung genommen. Aber **Vorsicht:** Die Änderungen hinsichtlich Hubraum und Leistung müssen auf Basis eines Mustergutachtens in die Kfz-Papiere eingetragen werden. Anstonsten erlöschen **Betriebserlaubnis** und **Versicherungsschutz.**

Wenn Zylinder und Kolben von der Oberflächenbeschaffenheit her noch in Ordnung sind, ist es auch schon mal damit getan, nur die **Kolbenringe** auszuwechseln; Ersatz gibt‘s bei Piaggio oder Motorinstandsetzern. Festgebrannte Ringe brechen meist beim Lösen und müssen dann sowieso ersetzt werden. Gebrochene Ringe führen sofort zu starkem Leistungsverlust und lassen den Treibstoffverbrauch merklich ansteigen.

Zweitaktmotoren, die länger nicht gelaufen sind, zeigen mitunter starke **Korrosionsschäden.** In leichteren Fällen verkleben Kolbenringe und Zylinderwand miteinander; Lösung des Problems: Zylinderdeckel abnehmen, Rostlöse- oder Universalschmiermittel auf den Kolben geben und ein paar Tage einwirken lassen. Dann mit einem zwischengesetzten Holzhammer oder passendem Stück Weichholz den **Kolben vorsichtig freiklopfen.** Wenn das nicht klappt, ist meist der Kolben komplett mit dem Zylinder verbacken. Dies kann unter Umständen bedeuten, daß der ganze Motor reif für den Schmelzofen ist.

Beim Kolbenausbau wird automatisch auch der **Kolbenbolzen** ausgebaut; er ist bei den großen Vespa-Modellen nadelgelagert, was den Verschleiß enorm minimiert. Beide Elemente müssen schon bei minimalem Spiel ausgewechselt werden. Achtung: Neue Kolben und frisch ausgeschliffene Zylinder müssen sorgfältig eingefahren werden. Faustregel: Auf den ersten 500 km nur mit zwei Drittel Gas/Drehzahl fahren, bei den großen Modellen im vierten Gang 70 km/h nicht überschreiten. Während des Einfahrens niemals Vollgas geben.

Piaggio empfiehlt für den 200er Kolben eine Messung 5 mm unterhalb des unteren Kolbenrings, unterhalb der Bolzenaugen, und 1 cm oberhalb der Kolbenunterkante. Bei einem 200er Motor kann der Kolben wiederverwendet und mit **neuen Kolbenringen** ausgerüstet werden, wenn die **Toleranz** unterhalb von 0,205 mm, liegt (Werte für andere Hubräume s. Tabelle). Die Maße der **Kolbenaugen** innen und des Kolbenbolzens außen müssen identisch sein, jeweils 16 mm beim Motor mit 200 cm^3.

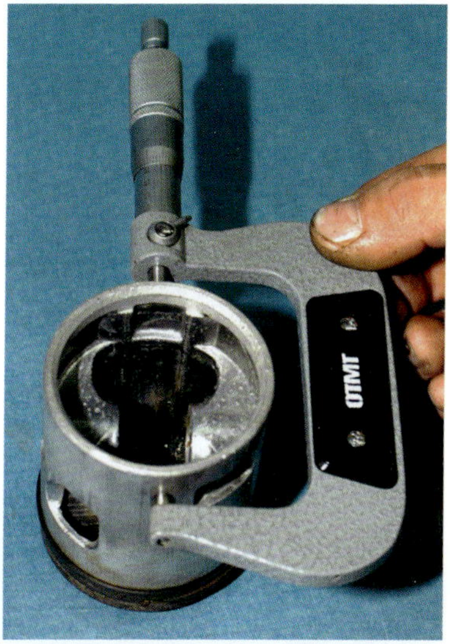

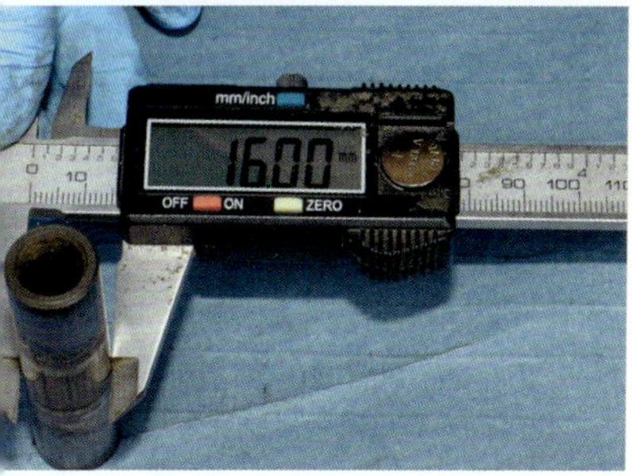

Oben: Ermitteln des Kolbendurchmessers z.B. oberhalb der Kolbenunterkante. Darunter: Die elektronische Schieblehre zeigt einen Durchmesser des Kolbenbolzens von 16 mm an.

Links: der Kolben und seine Elemente: Kolbenringe (versetzt), Kolbenbolzen mit Sicherungsringen.

Zeichnung: Hans J. Schneider; Basis: Werkstatt-Handbuch P 200 E. Piaggio & C.

Kolben fest – was tun?

Bei Motoren von Fahrzeugen, die lange Zeit nicht bewegt wurden, womöglich jahrzehntelang nicht, kann es vorkommen, daß der Kolben im Zylinder festsitzt. Man kann dann versuchen, ihn zu lösen, indem man einen passenden Holzhammer oder Holzklotz aufsetzt und auf diesen mit einem Stahlhammer einschlägt – aber mit Gefühl und nicht zu stark. Zuvor Brennraum und Kolbenboden mit reichlich Rostlöser einsprühen und das Mittel ein paar Stunden, besser über Nacht, einwirken lassen. In harmlosen Fällen kommt der Kolben frei, und der Zylinder läßt sich abziehen. Oft entstehen dabei allerdings Riefen, auch können unter Umständen die Kolbenringe brechen.

Löst sich der Kolben nicht, den Zylinder mit der Lötlampe erhitzen und danach das Prozedere wiederholen. Hilft auch dies nicht, haben wir ein großes Problem: Stahl und Aluminumlegierungen haben sich durch Korrosion miteinander verschweißt. Da sich Zylinder und Kolben nicht von der Kurbelwele trennen lassen, muß ein kompletter Ersatzmotor beschafft werden. Brutale Alternative: den Zylinder mit einem großen Winkelschleifer aufflexen und damit den Kolben „befreien". Das ist billiger als ein Austauschmotor, wenn der Rumpfmotor noch brauchbar ist. Nur Zylinder und Kolben müssen dann ersetzt werden.

In besonderen Fällen hilft nur die Holzhammer-Methode, um den Kolben zu lockern; dies ist unter Umständen dann nötig, wenn das Fahrzeug über einen langen Zeitraum hinweg nicht bewegt wurde.

Kolben feinreinigen

Kolben für Wiedereinbau vorbereiten: Wenn die Vermessung zufriedenstellende Ergebnisse gebracht hat, muß der Kolben penibel für den Weidereinbau vorbereitet werden. Dazu gehört u.a. das **Wechseln der Kolbenringe.**

Verbliebene kleine Krater auf dem Kolbenboden werden mit einem **Dreieckschleifer** und Papier **Korn 120** beseitigt. Anschließend wird die Fläche noch einmal mit **Schmirgel Korn 600** aufpoliert. Das **Kolbenhemd** sieht nach der Behandlung mit **Feinstahlwolle** wie neu aus.

Aufbereitung, Bilder links: Mit Korn 120 und Dreieckschleifer Krater beseitigen; mit 600er Schmirgel weiter glätten. Unten: Bearbeitung mit Feinstahlwolle; Nach wenigen Minuten Polieren sieht der Kolben aus wie neu.

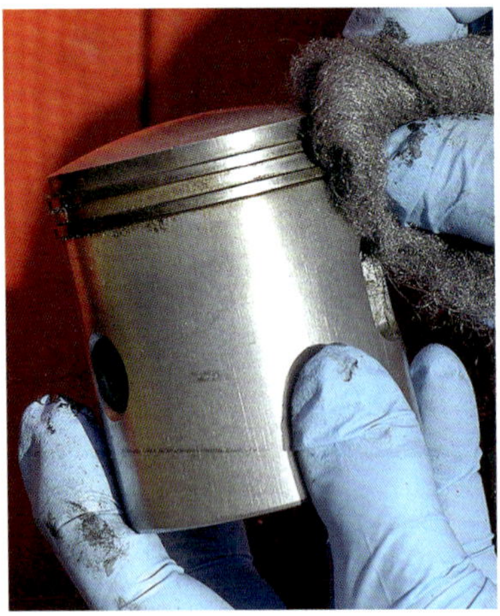

Kolbenringe wechseln

Kolbenringe erneuern: Zuerst müssen **alten,** oft festgebrannte **Ringe entfernt** werden. Es gibt zwei Möglichkeiten: 1. Sie werden einfach herausgebrochen. 2. Sie werden (bei geplanter Wiederverwendung) vorsichtig auseinandergezogen und

Bildspalte rechts: Ausbau alter Kolbenringe, Oben links: Aushebeln des oberen Kolbenrings mit einem schmalen Schraubendreher. Daneben: Der Ring ist draußen. Darunter: Vorziehen des unteren Rings nach dem Aushebeln. Nach dem Ausschaben wird mit Feinstahlwolle nachgereinigt. Unten: Beide Kolbenringe sind ausgebaut.

nach oben herausmanövriert. Dabei werden kleine Schraubendreher und eine Spitzzange zuhilfe genommen (s. Fotos). Mit der Klinge eines genau passenden Schraubendrehers

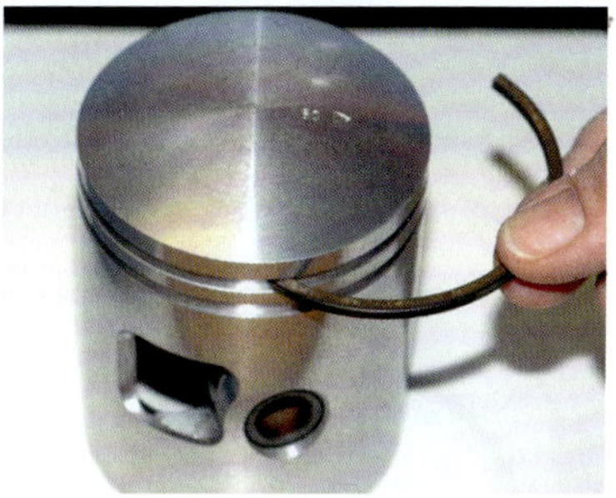

können die **Nuten ausgeschabt** und anschließend noch einmal mit Feinstahlwolle gereinigt werden.
Das **Herausbrechen** geht schneller und ist praktischer: Mit einer scharfen Ringbruchkante kann man prima die Nuten von Rückständen befreien, sie werden rundum ausgekratzt. Die Reinigung ist wichtig, damit die neuen Ringe später nicht klemmen und heißlaufen.
Neu zu verwendende Kolbenringe werden zuerst oben in den Zylinder gesetzt, um das **Stoßspiel** zu kontrollieren. Wenn es mit 0,35 mm unterhalb der Tolerenzgrenze von 0,45 mm liegt, ist das gut für optimale **Kompression.**
Zum **Aufbringen neuer Ringe** gibt es zwei Möglichkeiten: 1. Einsetzen von Hand. 2. Plazieren mit der Kolbenringzange. Wer Übung hat, kann die Ringe **von Hand** vorsichtig spreizen, nach unten ziehen und einsetzen. Dabei die beiden versetzen Stoßblockierer beachten. Einfacher geht es mit der **Kolbenringzange:** Ring einsetzen, Zange spreizen, über den Kolben ziehen und Ring in die Nut setzen.

Nadellager gebraucht und neu

Nadellager prüfen und einsetzen: Wenn sich ein **gebrauchtes Nadellager** bei eingeschobenem Bolzen noch in gutem, spielfreiem Zustand befindet und in seiner Position markiert worden war, kann es leicht eingeölt und **wieder ins Pleuelauge** eingesetzt werden.
Einige **Bemerkungen zum Nadellager:** Die Nadeln sind gleitend gelagert und passen sich ans Pleuelauge radial erst an, wenn der Kolbenbolzen eingeschoben wurde. „Leer" hat das Lager immer Spiel. Geprüft wird dies, indem das **Nadellager** ins **Pleuelauge** gesetzt und dann der **Kolbenbolzen** ganz eingeschoben wird. Durch ruckartiges Hin- und Herziehen des Bolzens kontrollieren, ob Spiel vorhanden ist. Ab Werk sind vier Nadellager mit unterschiedlichen Maßen und Farbmarkierungen lieferbar (s. Foto unten und Bildzeile rechts dazu); wenn sie keine Verbesserung bringen, werden sie nicht verwendet.

Oben links: Ausschaben einer Nut mit der scharfen Kante eines abgebrochenen Altrings (Musterfoto mit fabrikneuem Kolben). Oben rechts: Zwei neue Kolbenringe werden mit der Spezialzange eingesetzt. Unten rechts: Die roten Striche markieren das Stoßspiel von 0,35 mm eines neuen Standard-Kolbenrings in der Zylinderbohrung.

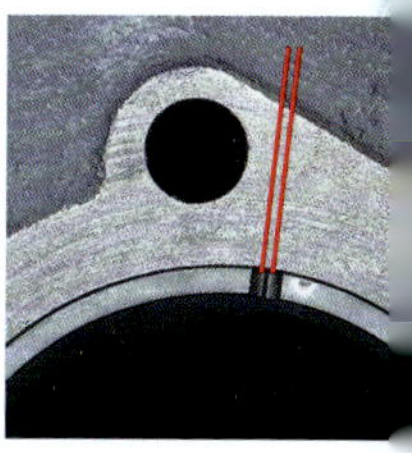

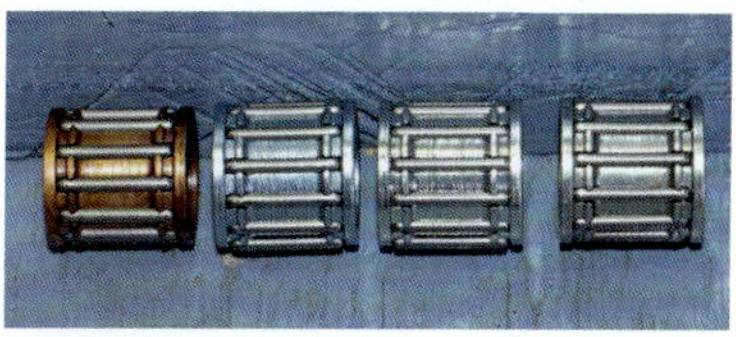

Links: Ab Werk stehen für den 200er Motor vier Austausch-Nadellager zur Verfügung – kupfer, blau, grün, metallisch; Nummern 500511, 500512, 500513, 500514.

Kolben mit Bolzen einbauen

Kolben und Kolbenbolzen einsetzen: Nach dem Einsetzen des Nadellagers wird der **Kolben** aufgeschoben, und zwar unbedingt in der auf den Fotos gezeigten Lage. Wenn die **Auslaßmarkierung (Pfeil)** fehlt, kann es zum Verdrehen um 180° kommen – dann läuft der Motor später nicht. Wir malen einen Pfeil auf, er muß beim Kolbeneinbau **nach unten** weisen. **Achtung:** Kolben und Zylinderwand zuvor **leicht einölen!**
Dann wird auf der Kolbengegenseite die **Sprengringsicherung** für den **Kolbenbolzen** eingesetzt. Dann muß der **Kolben** so plaziert werden, daß Kolbenaugen und Nadellager exakt fluchten (Helfer/-in nützlich). Anschließend den ebenfalls geölten **Kolbenbolzen** ansetzen und mit vorsichtigen Plastikkammerschlägen eingetreiben; dabei wird ständig kontrolliert, ob er das Nadellager auch richtig trifft. Der Bolzen muß perfekt im Lager und in beiden Kolbenaugen sitzen.
Achtung: Bolzen nicht zu weit eintreiben; der rückwärtige Seegerring wird sonst verbogen und muß mühsam wieder herausgefummelt und dann ersetzt werden. Abschließend wird der **zweite Sprengring** eingebaut und zur Prüfung des korrekten Sitzes etwas gedreht.

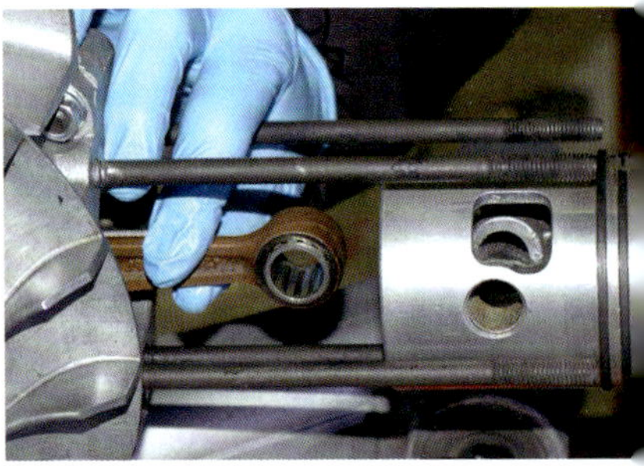
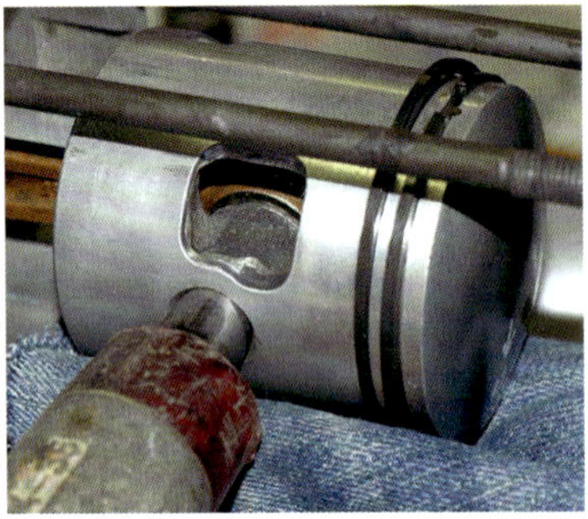

Rechte Bildspalte von oben: das eingeschobene Nadellager, korrekt gedrehter Kolben. Zuerst Sprengring auf der Gegenseite einsetzen, dann Kolbenbolzen eintreiben. Einsetzen des zweiten Seegerrings mit der Spezialzange. Unten: So muß der Sprengring sitzen; ihn zur Prüfung mit den Zangenspitzen etwas drehen.

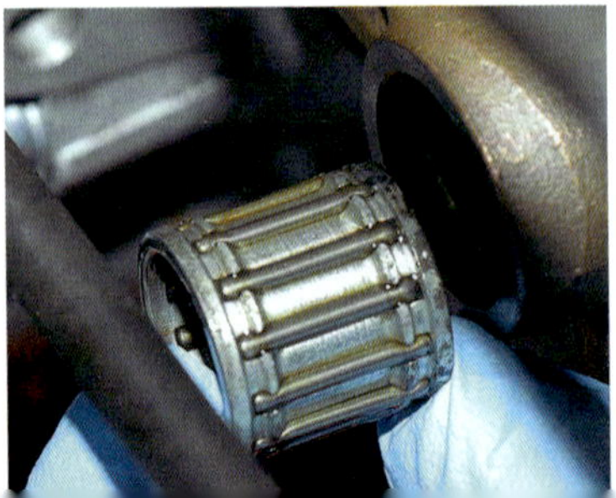

Oben: Die Nadeln fallen nach innen, wenn kein Bolzen eingeschoben ist. Daneben: Sie treten heraus, wenn der Bolzen drin ist. Unten links: Einsetzen des eingeölten Nadellagers in das Pleuelauge.

Zylinder, Zyl.-kopf einbauen:

Zylinder und Zylinderkopf montieren: Zuerst wird eine neue **Zylinderfußdichtung** aufgeschoben; die **Dichtflächen** müssen absolut sauber und trocken sein. Dichtpaste darf nicht aufgetragen werden. Mit Geduld findet sich die richtige Position für die vier asymmetrisch angeordneten Zuganker.
Nun Kurbelwelle drehen und den **Kolben** Richtung unteren Totpunkt schieben. Noch einmal die richtige Position der Kolbgenringe prüfen. Dann den innen eingeölten **Zylinder** ein paar Zentimeter weit auf die vier Ankerbolzen schieben, Kolben vorziehen und bis zum Ansatz des ersten Rings in den Zylinder einführen. Jetzt preßt ein Helfer/eine Helferin den ersten **Ring** an der **Trennmarkierung** so zusammen, daß Kolben und Ring in den Zylinder gleiten können. Beim zweiten Ring wird ebenso verfahren. **Zylinder** bis zum Anschlag aufschieben. Ein Spezialwerkzeug, das den Kolben ummantelt und die Ringe dabei zusammendrückt, ist nicht erforderlich.
Der **Zylinderkopf** wird **ohne Dichtung** aufgesetzt. Die vier **Kopfmuttern M8** können bei gutem Zustand wiederverwendet werden, **Unterlegscheiben** und **Federringe** aber müssen neu sein. Zuerst die Scheiben, dann die Federringe einsetzen. Die vier Muttern werden beigedreht und mit einer Nuß SW 13 oder 14 (je nach Modell), Verlängerung und Drehmomentschlüssel **über Kreuz** angezogen, und zwar zweistufig mit **Drehmoment 13-18 Nm.** Zuletzt wird oben rechts der **Distanzbolzen** für die Haubenbefestigung montiert und mit der Schraube gesichert.

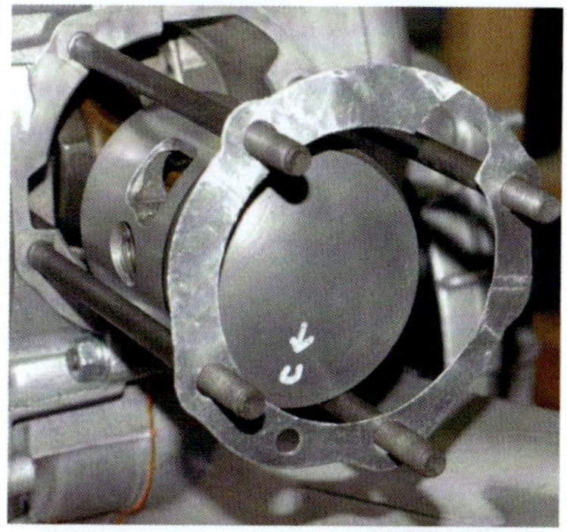

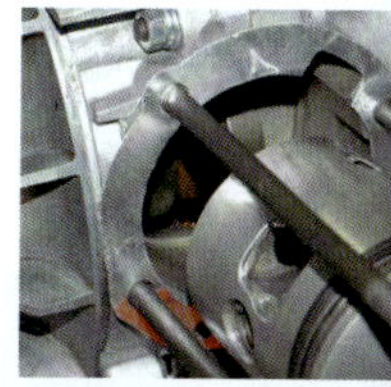

Beide Fotos oben: So wird die neue Zylinderfußdichtung über die Stehbolzen geschoben.

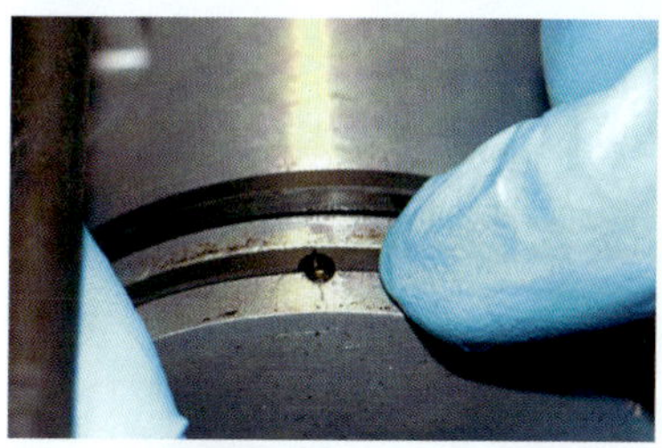

Oben: Ansetzen des Zylinders und Vorschieben bis an den oberen Kolbenring. Links: Kolbenringe maximal zusammendrücken, dabei auf die Stoßmarkierungen achten.

Rechts: Der Zylinder wird über die Kolbenringe geschoben. Das Foto zeigt, wie die metallisch blanke Laufbuchse über den Kolben gleitet.

Links oben: Den Zylinder bis zum Anschlag durchschieben. Darunter: Kolben eingebaut, Zylinderkopf gereinigt, Anziehen der 4 Muttern mit Drehmoment, Aufsetzen des Distanzhalters.

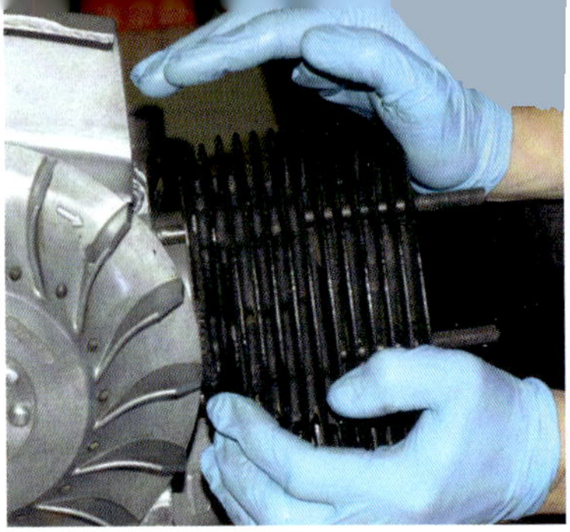

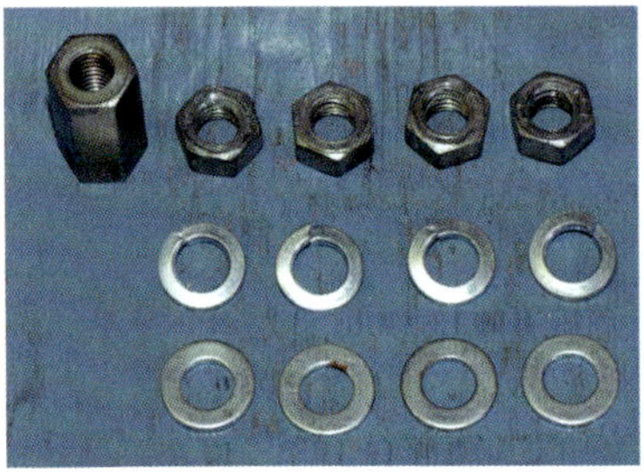

Abgasstutzen montieren: Der Stutzen sollte gestrahlt und beschichtet werden. Bei unbeschädigtem, mit Keramikpaste bestrichenen **Feingewinde** läßt sich das Teil leicht von Hand eindrehen. Festgezogen wird es über die beiden Montagenuten mit einem passenden **Flacheisen**.

Bilder rechts von oben: die Befestigungsteile, Scheiben und Sprengringe auf den Kopf gesetzt, Eindrehen des Abgasstutzens, Festziehen des Stutzens mit einem Flacheisen.

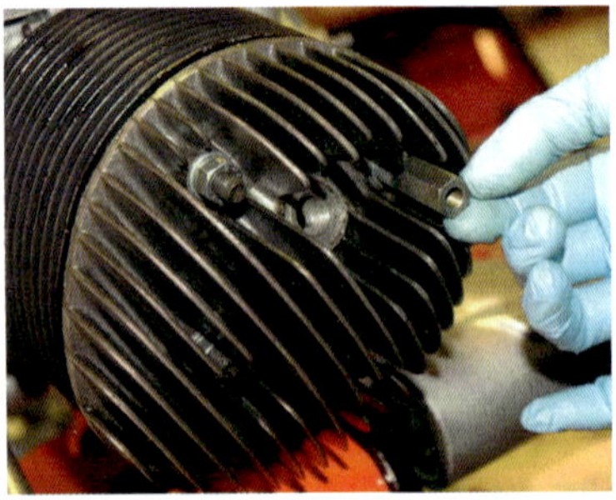

Kupplung PX und Cosa: Aus- und Einbau, Kontrolle, Reparatur

Wenn das Kupplungsseil nicht mehr nachgestellt werden kann oder die Kupplung beim Beschleunigen durchrutscht (hohe Drehzahl, kein Vorwärtskommen), sind die Kupplungsscheiben so stark abgenutzt, daß sie erneuert werden müssen.

*Die **Kupplung** befindet sich bei allen Vespa-Modellen auf der linken Seite des Antriebsblocks (in Fahrtrichtung gesehen), und zwar hinter einem Aluminiumdeckel, der mit Schrauben der Größe SW 10 befestigt ist. Zur Demontage muß der **Motor abgesenkt** oder – noch besser – ausgebaut werden. Der Kupplungskorb ist durch eine **Kronenmutter** gesichert, die sich u.U. mit selbstgebautem Werkzeug lösen läßt. Wir empfehlen aber den Kauf der Piaggio-Spezialwerkzeuge.*

*Bei demontiertem Luftfiltergehäuse sollte der **Drehschiebereinlaß** mit einem sauberen Tuch **abgedeckt** werden, damit keine Kleinteile in die Kurbelwelle geraten, wonach der Motor komplett zerlegt werden müßte!*

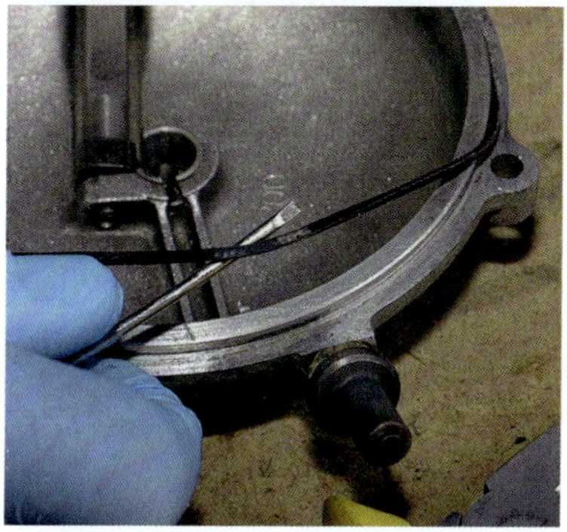

Oben: Die drei Schrauben SW 10 ausdrehen. Mitte: Die alte O-Ringdichtung wird mit einem Schraubendreher abgehebelt. Unten: Kupplungsdeckel und Ausrückelemente sorgfältig reinigen.

Kupplung ausbauen

Kupplungsdeckel Ausbau: Der **Kupplungsdeckel** ist mit drei Schrauben M6 am Motorgehäuse befestigt. Die Schrauben werden mit einem Schlüssel SW 10 ausgedreht und mit ihren Federringen und Unterlegscheiben abgelegt. Sollte der Deckel festsitzen, mit einem Kunststoff- oder Holzhammer leicht auf den äußeren Rand schlagen. **Drehschiebereinlaß** verstopfen. Mit einem kleinen Schraubendreher den **O-Dichtring** vom Deckel hebeln und später erneuern. Deckel innen und außen sorgfältig reinigen.

Ausrückhebel ausbauen: Der Deckel stützt den federgelagerten **Ausrückhebel** ab, der sich als Gestänge nach oben bis zur Lagerung fortsetzt und in einem **Nocken** endet. Dieser Nocken wirkt von hinten auf den **„Pilz“** aus Bronze. Der Ausrücknocken greift von hinten in den Schlitz des Druckstücks aus Bronze ein.

Elementar wichtig: der Ausbau der **Betätigungswelle.** Denn sie ist unten, wo sie im Deckel gelagert ist, mit einem **O-Ring** abgedichtet. Dieser O-Ring ist meist verschlissen, was zur Folge hat, daß sich das gesamte Getriebeöl mit der Zeit verflüchtigen kann. Zum Ausbau der Welle mit einem Schraubendreher die **Rückfholfeder** aushängen, dann Welle zusammen mit der Feder aus dem Deckel ziehen.

Oben rechts: Kupplungsdeckel von innen gesehen mit Ausrückmechanismus. Unten: Ausrücknocken im Detail.

Entlüftungsventil ausbauen: Wenn das Entlüftungsventil oben am Dekkel mit Schmutz verstopft ist, kann es nicht mehr „atmen“. Die **Abdeckkappe** wird mit einem Ringschlüssel SW 14 gelöst. Dann das Ventil und Innenseite des Deckels mit Bremsenreiniger säubern und die Bohrungen mit Druckluft ausblasen. Das Ventil selbst läßt sich mit einer Kombizange ausdrehen; dabei auf den Sockel einwirken.

Unten: die gereinigte Kappe des Entlüftungsventils. Mitte: Ausdrehen des Ventils. Bilder rechts: Aushebeln der Rückholfeder und Vorziehen der Ausrückwelle.

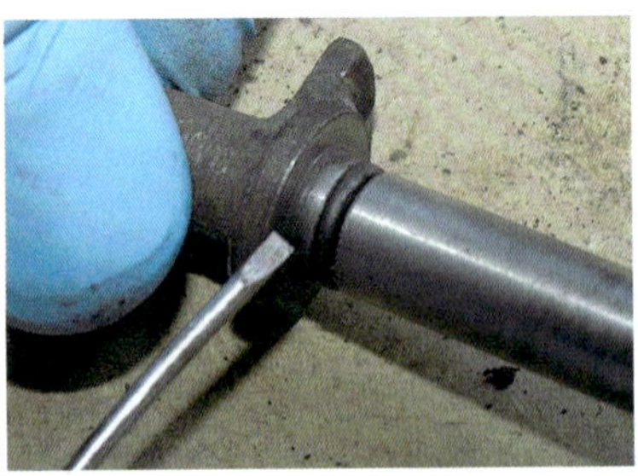

Rechts: kleines Detail, große Wirkung; der O-ring an der Ausrückwelle verhindert den Austritt des Getriebeöls. Mit einem kleinen Schraubendreher aushebeln.

Kupplungskorb ausbauen: Jetzt liegt die Kupplung bzw. der **Kupplungskorb** frei. Die **Feder** an der kleinen **Ausrückplatte** in der Mitte aushängen; dazu mit einem passenden Schraubendreher in das größere der beiden Löcher fahren und Feder zur Mitte hin drücken. Feder und Platte abnehmen.

Oben: Der abgenommene Deckel gibt den Blick auf die noch fest montierte Kupplung frei. Unten links: Kupplungsdeckel mit Ventil und Ausrückwelle mit Feder und Nocken in zerlegtem Zustand.

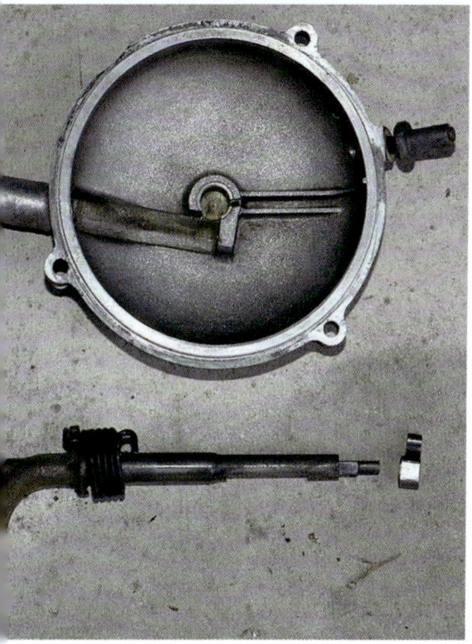

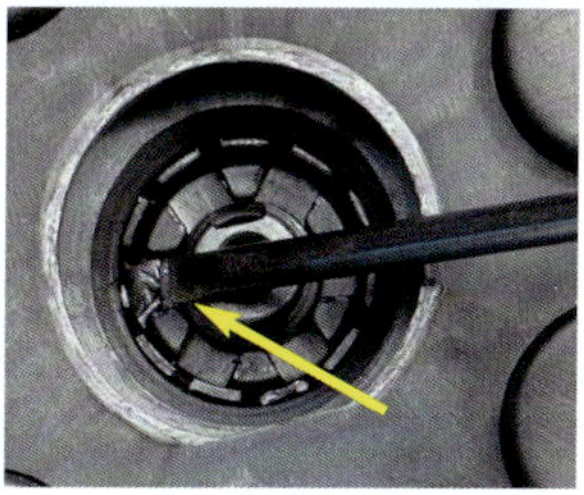

Kleine Fotos oben: Aushebeln der Feder an der kleinen Ausrückplatte. Kleine Fotos unten: Die spezielle Kronenmutter ist mit einer Blechzunge gesichert. Mit einem kleinen Schraubendreher die Blechzunge aufbiegen und ganz zurückbiegen.

Mit einem schmalen Schraubendreher das gezahnte **Sicherungsblech** an der **zentralen Kronenmutter** aufbiegen, und zwar am äußeren Rand und an der Nut in der Kurbelwelle.

Die **Kronenmutter,** mit der Druckplatte und Kupplungskorb auf der Kurbelwelle befestigt sind, weist nicht die übliche Sechskantform auf. Das Werkzeug muß vielmehr an den **Nuten** angesetzt werden, mit denen die Mutter versehen ist. Die Werkstätten besitzen einen Spezialaufsatz (den man auch bei Piaggio erwerben kann). Gelegenheitsschrauber können sich jedoch einen **Behelfsschlüssel** aus einem Stück Flacheisen **herstellen** (s. Kasten übernächste Seite).

Anwendung des Behelfsschlüssels: Flacheisen wie auf den Abbildungen gezeigt an der Mutter ansetzen, Kupplungskorb mit einem weiteren Flacheisen (oder mit dem Piaggio-Sperrbügel T 00311729) gegen die Gehäuseverrippung blockieren; Mutter durch Drehen des Flach-

So funktioniert die PX-Kupplung

Bei einem Motorroller wie der Vespa PX mit mechanischem Getriebe und Handschaltung stellt die Kupplung die Verbindung zwischen Kurbelwelle und Vorgelegewelle und von dort zum Getriebe her. Der Kupplungshebel am Lenker wirkt über einen Seilzug auf den Ausrückhebel am Kupplungsdeckel. Wird der Hebel gezogen, drückt der Nocken des Ausrückhebels über den „Pilz" aus Bronze auf den federgelagerten Kupplungskorb. Dadurch werden die Reibscheiben entlastet, die Verbindung zum Getriebe ist unterbrochen, es kann geschaltet werden.
Die Vespa PX verfügt über eine **Zweieinhalbscheiben-Kupplung, die im Ölbad läuft (Getriebeöl SAE 30).** Die Kupplung ist folgendermaßen aufgebaut:

1. Betätigung: Handhebel, einstellbarer Seilzug, Kupplungsdeckel, Ausrückhebel mit Nocken, Zwischenstück aus Bronze, Druckplättchen mit Feder.
2. Kupplungskorb mit 8 Schächten: Er ist über die Nocken der Druckplatte fest mit der Kurbelwelle verbunden; jeweils sieben Teller und Federn; mitlaufend: Druckplatte mit acht Nocken und Hohlwelle mit Aussparung für Keil; zwei Reibscheiben mit beidseitigen Kupplungsbelägen (Lamellen) und je acht Nocken, Basisring mit acht Nocken und Reibschicht innen, Sprengring. Die Druckplatte ist in ihrer Hohlwelle durch einen Keil auf der Kurbelwelle gegen Verdrehen gesichert und mit einer blechzungengesicherten Kronenmutter befestigt; Kupplungskorb, Reibscheiben und Basisring werden über die Nocken in den Schächten automatisch mitgedreht.
3. Kupplungsnabe mit Primärantrieb: Ist über Schrägverzahnung mit der Vorgelegewelle verbunden (permanenter Eingriff); läuft über Gleithülse lose auf der Kurbelwelle; Zwischenring zur Druckplatte hin aus Bronze; über Innenverzahnung mitlaufend: zwei Mitnehmerscheiben.
4. Abfolge der Kupplungselemente von außen: Kupplungskorb, 7 Teller, 7 Federn, Druckplatte, Kupplungsnabe mit Primär-Zahnrad (starr), Mitnehmerverzahnung (starr), Zwischenring und Gleithülse, Reibscheibe 1, Mitnehmerscheibe 1, Reibscheibe 2, Mitnehmerscheibe 2, Basisring mit Reibschicht innen, umlaufender Sprengring.
5. Funktionsweise im Detail: Bei nicht gezogenem Kupplungshebel stellen die Reibscheiben aufgrund des Federdrucks eine feste Verbindung zwischen Kurbelwelle und Vorgelegewelle des Getriebes her. Kupplungskorb, Becher, Federn, Reibscheiben und Basisring bilden eine Einheit; über ihre jeweils acht Nocken können die Reibscheiben und der Basisring axial innerhalb der Aussparungen am Kupplungskorb gleiten. Den Gegenpart spielen der Primärantrieb und die beiden Mitnehmerscheiben, die über ihre Innenverzahnung mit dem größeren Zahnkranz des Primärantriebs und damit mit der Vorgelegewelle verbunden sind. Wir halten fest: Druckscheibe und Primärantrieb drehen sich, sitzen aber axial fest; Kupplungskorb, Mitnehmer- und Reibscheiben sowie Basisplatte können sich axial verschieben.
Wird nun durch Ziehen des Kupplungshebels über den Ausrückhebel Druck auf den Kupplungskorb ausgeübt, verschiebt sich dieser mit allen innenliegenden Scheiben axial zur Motormitte hin; dabei werden die vorgespannten Federn noch stärker gegen die feststehende Druckplatte gepreßt. Durch die Verschiebung des Kupplungskorbs (maximal um ca. 3 mm) bekommen Reibscheiben und Mitnehmerscheiben „Luft", sie reiben sich nicht mehr aneinander. Dadurch wird die Verbindung zwischen Kurbelwelle/Druckscheibe/Kupplungskorb und Primärantrieb unterbrochen; der Primärantrieb wird (während das Fahrzeug rollt) nur noch von der Vorgelegewelle mitgenommen, dreht frei auf der Gleitbuchse. Der Kupplungskorb dreht sich mit seinem Innenleben abgekoppelt weiter auf der Kurbelwelle.

eisens **gegen den Uhrzeigersinn** lösen. Sollten sich die Zähne des Eisens aufgrund zu schwachen Materials verbiegen, kann man die Mutter auch durch leichte Schläge auf einen passenden Dorn lösen.

Wie im Kasten erläutert, sollte man für das selbst hergestellte Werkzeug kein billiges Baueisen, sondern härteren Stahl verwenden.

Kronenmutter und dahinterliegende **Sicherungsscheibe** abnehmen und **Kupplungskorb** komplett abziehen. Sollte sich der Kupplungskorb nicht sofort lösen, einen Dorn in die Vertiefung des Kurbelwellenendes setzen und einige leichte Hammerschläge ausführen.

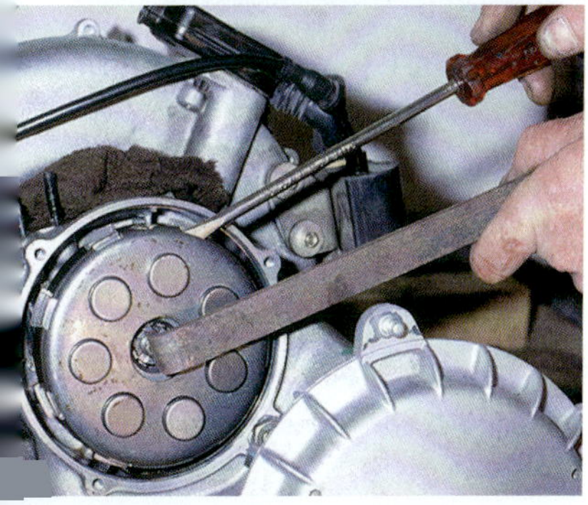

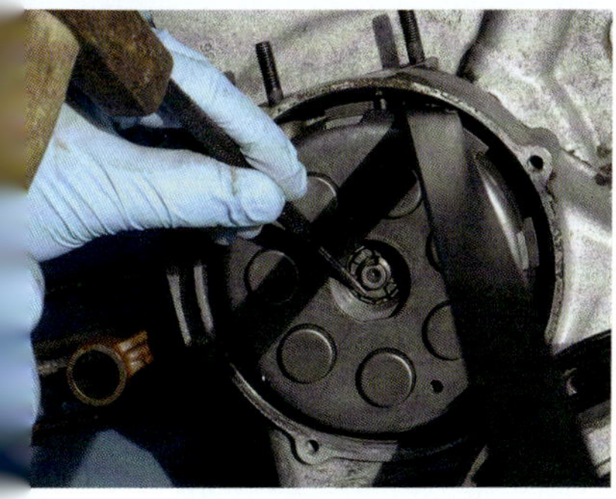

Oben: Mit Glück läßt sich die Mutter mit dem Behelfsschlüssel ausdrehen. Mitte: behelfsmäßiges Blockieren des Kupplungskorbs mit einem starken Schraubendreher. Unten: Weniger elegant – Dorn und Hammerschläge.

Ausbau Kupplungskorb: Werkzeug herstellen

Der Kupplungskorb ist mit einer Kronenmutter auf der Kurbelwelle arretiert. Die Mutter ist durch ein Sicherungsblech blockiert, bei dem die Blechzungen umgebogen werden. Wenn kein originaler Piaggio-Spezisalschlüssel zur Verfügung steht, kann man ein passendes **Behelfswerkzeug** anfertigen.

Zuerst wird die **Zentralmutter vermessen;** bei der Vespa PX 200 E hat sie einen Außendurchmesser von 20 und einen Innendurchmesser von 12 mm. Die Nuten sind 4 mm breit. Als Basismaterial muß demnach ein 20 mm breites und 4,0 mm dickes **Flacheisen** verwendet werden. Doch Achtung: Flacheisen aus dem Baumarkt ist zu weich, es verbiegt sich zu schnell. Daher im Fachhandel nach Material aus Stahl fragen. Die Rohlänge sollte 40 cm betragen.

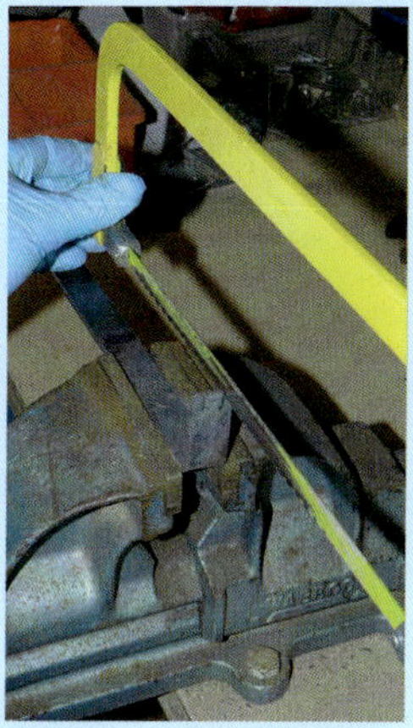

Oben links: Das Flacheisen auf 4 cm Länge umbiegen; zuvor rotglühend erhitzen. Rechts: Zwei 8 mm tiefe Schnitte sägen, so daß zwei 4 mm breite Zähne stehen bleiben. Links: Material zwischen den Zähnen abflexen.

Das Ende des Eisens rotglühend erhitzen (Schweißbrenner, offenes Feuer) und auf dem Amboß oder im Schraubstock mit einem schweren Hammer im rechten Winkel auf ca. 4 cm Länge umbiegen. Aus dem Ende der umgebogenen Partie wird nun ein Stück herausgesägt, das dem Innendurchmesser der Kronenmutter bzw. dem Außengewinde auf der Kurbelwelle entspricht: 12 mm; die Schnittiefe muß 8 mm betragen, d.h. die beiden Zähne am Ende des Flacheisens müssen am Ende 8 mm lang sein. Das Material zwischen den beiden Schnitten wird mit dem Winkelschleifer abgetragen. Den fertigen Schlüssel anlegen und durch Schleifen anpassen, falls nötig.

Kupplung zerlegen

Kleine Fotos oben: So sitzen der Sicherungsring und die Mutter auf der Kurbelwelle. Der Keil garantiert, daß die Kupplung sich spielfrei zusammen mit der Kurbelwelle dreht. Oben und rechts: Die komplette Kupplung wird abgezogen; Blick von hinten auf den Primärantrieb, den Ölpumpenantrieb, die Kurbelwelle, Vorgelegezahnrad.

Kupplung zerlegen: Zum Zerlegen der Kupplung muß der großen **Sprengring** auf der Rückseite ausgehängt werden, wobei die Kupplung gleichzeitig **zusammengedrückt** werden muß. Die Fachwerkstatt besitzt eine spezielle Druckvorrichtung (siehe „Kupplung zusammenbauen"). Allein von Hand geht das kaum. Aber mit einem Hebel von 50 bis 70 cm Länge (Hartholzlatte) ist das Niederhalten kein Problem. Wir benutzen einen **Schraubstock** als

Widerlager. Gleichzeitig hebelt ein Helfer den Sprengring aus. Dann das **Federpaket** langsam entlasten und Kupplung in ihre Einzelteile zerlegen. Dabei die ursprüngliche Lage und Reihenfolge beachten, Seiten nicht verdrehen (s. Fotos weiter hinten).

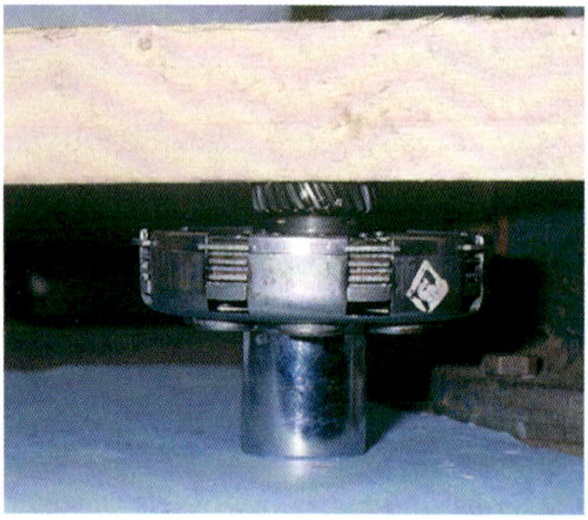

Rechts oben: Kupplung auf eine passende Stecknuß setzen und mit einem Hartholz zusammenpressen; als Widerlager dient ein Schraubstock.

Abnahme der Teile – Reihenfolge: Von der Rückseite der Einbaulage her: Sicherungsring, Basisplatte mit Innenbeschichtung, Mitnehmerscheibe 2, Reibscheibe 2 (= eigentliche Kupplungsscheibe mit beidseitiger Lamellenbeschichtung), Mitnehmerscheibe 1, Reibscheibe 1, doppelverzahnter Primärantrieb, Bronze-Gleitbuchse, Messing-Zwischenring, Druckscheibe, Kupplungskorb mit sieben Federn und sieben Tellern. Teile prüfen und in dieser Reihenfolge ablegen.

Rechts unten: Bei zusammengepreßter Kupplung mit einem kleinen Schraubendreher den entlasteten Sperr-Ring ausheben.

Links: Sprengring abgenommen. Rechts: die völlig entspannte Kupplung; oben der Primärantrieb.

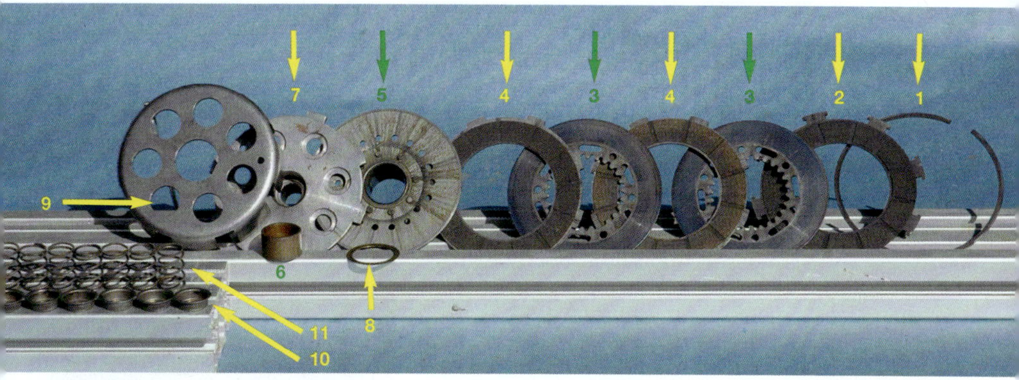

1 = Sprengring, 2 = Basisplatte (innen mit Beschichtung), 3 = Mitnehmerscheiben, 4 = Reibscheiben, 5 = Primärantrieb, 6 = Bronzebuchse, 7 = Druckplatte, 8 = Distanzring, 9 = Kupplungskorb, 10 = 7 Becher, 11 = 7 Federn.

Oben: Einbaufolge der Elemente von der Motorseite her; gelbe Pfeile: Teile drehen sich mit der Kurbelwelle; weiße Pfeile: Teile drehen sich mit der Vorgelegewelle. Unten: Kupplungs-Elemente von der Außenseite her gesehen. Rechts: Der Kupplungskorb wirkt mit den in den Tellern gelagerten Federn auf die Druckplatte (rechts).

Kupplung zusammenbauen

Die Kupplung ist ein stark belastetes Antriebselement und besonderem Verschleiß ausgesetzt. Zu den häufigsten Kupplungsschäden gehören: gerissener oder festsitzender Seilzug, undichter O-Ring am Ausrückhebel, Lagerschaden an der Ausrückwelle, abgenutzter Ausrücknocken, gebrochene oder erlahmte Federn, abgenutzte oder verbrannte Reibscheiben.

Sollte die Reparatur bei noch eingebautem, hinten aber abgesenktem Motor durchgeführt werden müssen, Fahrzeug zum Wiedereinbau der Kupplungsscheiben auf die Seite legen, denn sonst fallen die Federn leicht aus dem Kupplungskorb. Vorher auf jeden Fall Tank entleeren und Batterie ausbauen.

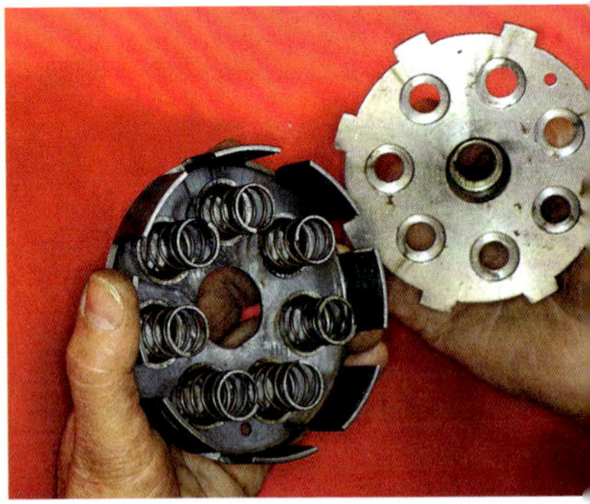

Rechts: Mit neuen Federn und übernommenen Federtellern ausgerüsteter Kupplungskorb, daneben die Druckplatte.

Oben: Einbaureihenfolge der neuen Kupplungsteile mit Primärantrieb und probeweise mittels des Einbauwerkszeugs (Pfeile) zusammengepreßter Druckplatte. Rechts: Aufsetzen der Druckplatte auf die Federn.

Kupplungskorb zusammenbauen:

Wer keinen komplett neuen Kupplungssatz montieren will, sollte zumindest alle beanspruchten Elemente durch **Neuteile** ersetzen. Wir empfehlen Original-Teile von Piaggio, weil sie unserer Erfahrung nach optimale Paßgenauigkeit garantieren. Als da wären: **Sicherungsring, Basisplatte** mit **Reibbelag,** zwei **Reibscheiben,** zwei **Mitnehmerscheiben,** sieben **Federn, Sicherungskrone, Kronenmutter.**

Die Teile müssen in folgender Reihenfolge montiert werden: Zuerst die **sieben Becher** und die **sieben neuen Federn** in den **Kupplungskorb** setzen. Dann folgen **Druckplatte, Distanzring** und **Bronzebuchse.** Über die Buchse wird der **Primärantrieb** geschoben, der in das große Zahnrad des Vorgeleges eingreift.

Weitere Abfolge: **neue Reibscheibe Nr. 1, neue Mitnehmerscheibe Nr. 1, neue Reibscheibe Nr. 2, neue Mitnehmerscheibe Nr. 2, neue Basisplatte mit Reibbelag** zur Mitnehmerscheibe hin. Die **Innenverzahnung** der Scheiben sowie die Sprossen der Mitnehmerscheiben müssen ohne

Oben links: Distanzring und Bronzebuchse werden auf die Druckplatte geschoben. Oben rechts: Beginn des Zusammenpressens mit dem Piaggio-Spannwerkzeug (Foto Mitte links), die sieben Federn sind noch entlastet.

Unten links: Zusammenpressen des gesamten Scheibenpakets mit Schlüssel SW 17. Unten Mitte: Auflegen des Sprengrings bei gepreßter Kupplung. Unten: Der Stoß muß innerhalb eines Stegs des Kupplungkorbs liegen.

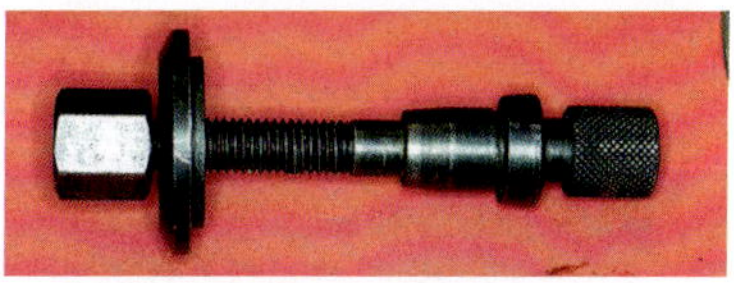

Verspannung in den Kupplungskorb eingepaßt werden.

Zum Einsetzen des neuen **Sperr-Rings** muß die Kupplung zusammengepreßt werden, entweder mit einem Kantholz gegen den Schraubstock wie bei der Demontage gezeigt oder mit Hilfe des Spannwerkzeugs von Piaggio Nr. T.0020322. **Achtung:** Der **Stoß** des auf der Basisplatte liegenden **Sicherungsrings** muß hinter einem Steg des Kupplungskorbs sitzen, nicht im Gleitraum dazwischen. Kupplung entspannen.

Kupplung einbauen

Kupplung einbauen: Die fertig vormontierte Kupplungseinheit auf die Kurbelwelle setzen und vorsichtig über den **Sicherungskeil** schieben, der bereits eingesetzt wurde. Der **Primärantrieb** auf der **Kupplungsrückseite** muß in das große **Zahnrad der Vorgelegewelle** greifen; notfalls mit leichten Gummihammerschlägen etwas nachhelfen.

Die neue **Sicherungskrone,** dann die **Spezial-Kronenmutter** SW 17 ansetzen; die Innenlasche der Krone muß in die Nut an der Kurbelwelle greifen. Die **Kupplung** mit starkem Schraubendreher oder Spezialbügel T.0031729 gegen das Gehäuse **blockieren** (Bügel in eine Schraube links oben und den Kupplungs-

Oben: Aufschieben der Kupplung auf die Kurbelwelle und den Keil. Kleine Bilder darunter: Aufsetzen der neuen Kronensicherung, Lasche in die Nut einführen; Einsetzen der Kronenmutter.

korb einhängen und Mutter mit der (käuflich zu erwerbenden) Spezialnuß von Piaggio T.0030627, kombiniert mit einer Stecknuß SW 17 und mit Gefühl im Uhrzeigersinn anziehen. Piaggio empfieht zwar ein Drehmoment von **40-45 Nm** anziehen, wir gehen aber sicherheitshalber nicht so weit...
Eine **Außenzunge der Kronensicherung** nach innen biegen. Nun die Feder mit dem Druck-Zwischenteller einsetzen. Sperrbügel abnehmen.

Die Kronenmutter wird über den Sechskant SW 17 mit Gefühl stramm festgezogen. Piaggio empfiehlt das Anziehen mit Drehmoment. Doch wir sind vorsichtig, denn nach fest kommt locker... und in diesem Fall wäre eine neue Kurbelwelle fällig. Oben im Bild ist der eingehängte Sperrbügel zu sehen.

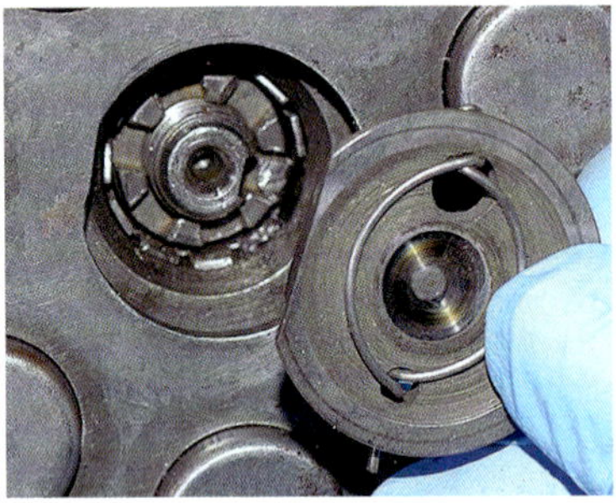

Rechts: Fürs Festschrauben ist die Spezialnuß von Piaggio eigentlich unerläßlich.

Oben: Die Kronenmutter der Kupplungsbefestigung wird gesichert, indem eine Lasche der Kronensicherung mit Hilfe eines Durchschlags in eine Vertiefung der Mutter geschlagen wird. Darunter: Zuletzt wird der Teller mit der Feder eingehängt; dabei die Abflachung links an die Kupplung anpassen.

Kupplungsdeckel montieren

Kupplungsdeckel einbauen: Bei herausgezogenem Ausrückhebel einen **neuen O-Ring** unten in den Lagerbereich des Hebels setzen; zuvor diesen Bereich etwas einfetten. **Achtung:** Wird der Ring nicht erneuert, verliert der Antrieb an dieser Stelle Öl. Jetzt **Rückholfeder** einsetzen wie auf dem Foto gezeigt. **Druckhebel** und **Pilz** einsetzen. Neuen **O-Ring** in den Deckelrand legen, und zwar trocken, keine zusätzliche Flüssigdichtung verwenden. **Kupplungsdeckel** mit Ausrückhebel, Druckhebel und Pilz aufsetzen und festschrauben; dabei darauf achten, daß der Deckel perfekt abdichtet (er darf nicht im Bereich der Vorgelegesicherung klemmen). **Drei Schrauben SW 10** mit neuen Unterlegscheiben und Federringen einsetzen und mit **Dremoment 13-15 Nm** festziehen. Zuletzt das gereinigte **Entlüftungsventil** und die **Kappe** aufsetzen und diese bei Bedarf mit Zweikomponentenkleber fixieren.

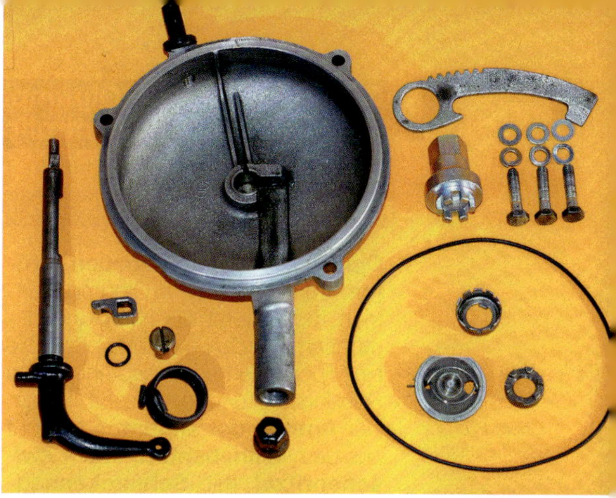

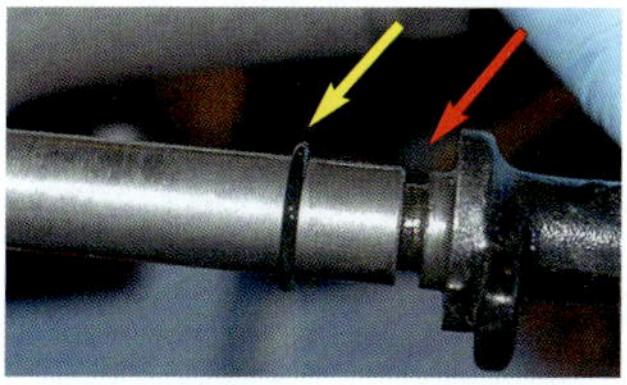

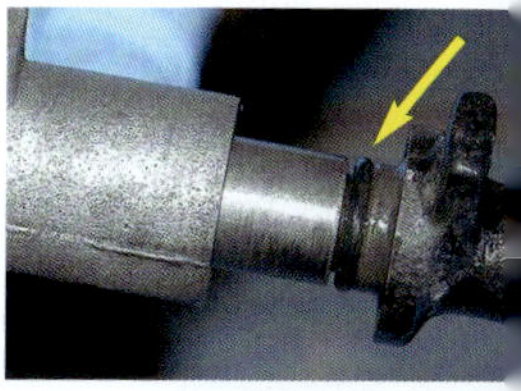

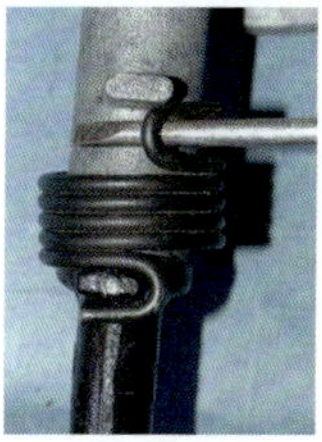

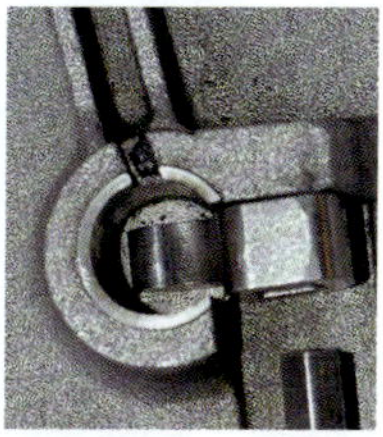

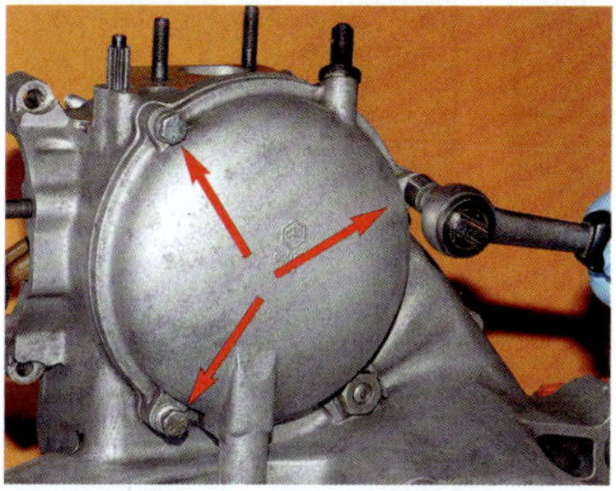

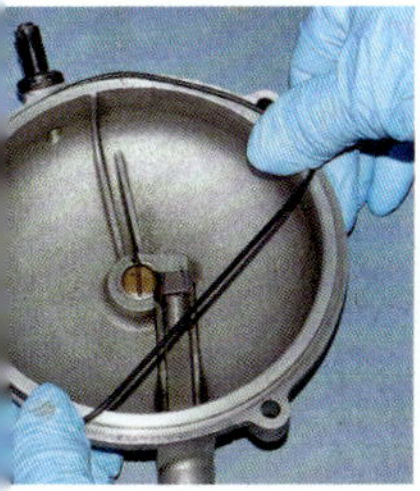

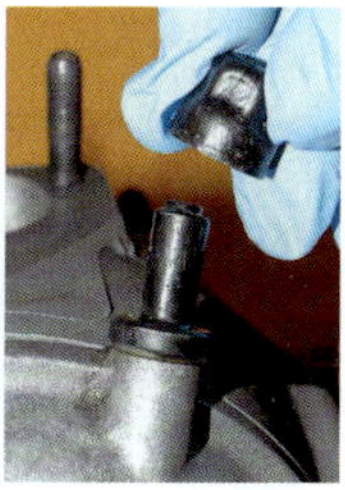

Großes Bild oben: Einzelteile des Kupplungsdeckels, Werkzeuge zum Kupplungseinbau; Ausrückhebel mit Zubehör, Deckel mit Entlüftungsventil, O-Ring, Verschraubung etc.

Links oben: Der (neue) O-Ring wird trocken um den Deckelrand gezogen. Mitte: Montage des Entlüftungsventils mit Kappe. Links unten: einbaufertiger Kupplungsdeckel samt Ausrückmechanismus. Oben: Der Deckel wird mit drei Schrauben M6 SW 10 befestigt.

Mitte links, rechts: Der neue O-Ring wird eingeölt, übergeschoben und in die Nut gedrückt; er ist dünner als diese, damit er sich beim Zusammenbau dehnen kann. Unten links: Vor dem Einführen des Hebels Rückholfeder aufschieben und später einhängen. Unten Mitte: Ausrückhaken mit eingeführter Ausrückstange. Unten rechts: Zuletzt den Druckpilz aus Bronze einsetzen.

Ölpumpenantrieb, Ölpumpe PX, Cosa: Aus- und Einbau, Kontrolle, Instandsetzung

Ölpumpenantrieb ausbauen

Ölpumpenantrieb ausbauen, prüfen: Für Arbeiten am Ölpumpenantrieb muß zuerst die Kupplung demontiert werden, s. Vorkapitel. Die einzelnen Elemente bestehen aus Spezialstahl und sind sehr filigran. Der **Antrieb der Ölpumpe** besteht aus dem **Antriebsritzel,** einem **Zwischenritzel** mit **Schneckensegment** und der spiralverzahnten **Antriebswelle,** die nach oben durchs Vergasergehäuse zur Ölpumpe führt. Schäden können durch Abnutzung über extrem lange Laufzeiten oder Materialfehler auftreten. Ein leichtes Spiel ist normal. Aber Achtung: Die **Verzahnung der Welle** darf nicht „angefressen" oder ausgebrochen sein.

Zuerst den **Keil** von der Kurbelwelle nehmen, der für die Sicherung der Kupplung da ist. Dann das primäre Antriebsritzel von der **Kurbelwelle** abziehen. Die angeschrägte Seite der Verzahnung muß nach außen zum Deckel hin zeigen (s. Foto). Die **Spiralwelle** nach oben aus dem Gehäuse ziehen; dazu müssen Vergaser und Luftfiltergehäuse demontiert sein.
Das **sekundäre Ritzel** mit dem Schneckenantrieb ist durch einen Seegerring mit Scheibe gesichert; Ring mit Spezialzange entfernen, Sekundärritzel mit Schneckenantrieb abziehen. Alle Elemente sorgfältig auf Abnutzung und Beschädigungen (ausgebrochene Verzahnungen, verstopfte Rille) prüfen.

Obere Bildreihe links: Entfernen des Keils auf der Kurbelwelle. Mitte: Antriebsritzel der Ölpumpe abziehen; roter Pfeil: Antriebsschnecke. Gelber Pfeil: Auf die Ausrichtung der Abschrägung achten. Rechts: Spiralwelle nach oben aus dem Gehäuse ziehen.

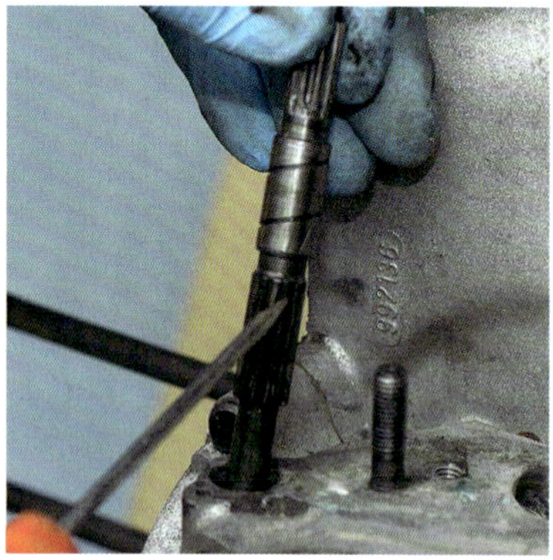

Unten links: Die umlaufende Rille für die Wellenschmierung muß frei von Rückständen sein. Unten rechts: Diese Spiralverzahnung zeigt leichte Abnutzungsspuren.

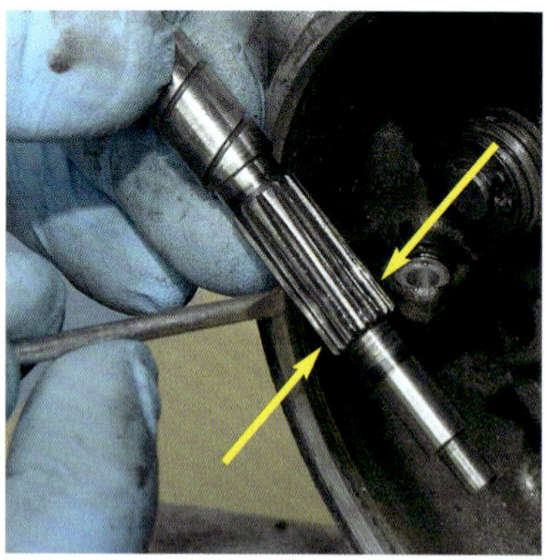

Oben links: Den Sicherungs-Sprengring ausheben. Mitte: Die dahinterliegende vordere Scheibe und das Rtzel abnehmen. Rechts: Rückseite des Sekundärritzels mit Anlaufscheibe.

Ölpumpenantrieb einbauen

Ölpumpenantrieb montieren: Nur bei demontierter Kupplung kann der Ölpumpenantrieb wieder eingebaut werden – **Antriebsritzel, Zwischenritzel** mit **Schneckensegment** spiralgefräste **Welle** nach oben zur Ölpumpe.

Damit keine Kleinteile ins Motorgehäuse fallen können, decken wir es mit einem **Tuch** ab. Dann werden die Elemente in folgender Reihenfolge aufgeschoben: 1. die **hintere Anlaufscheibe,** 2. das **große Ritzel** mit dem **Schneckensegment** (dieses nach vorne), 3. die **vordere Anlaufscheibe,** 4. der **Sprengring,** 5. der **Keil** auf der Kurbelwelle, der mit einer Wasserpumpenzange in seinen Sitz gedrückt wird, 6. das **kleine Antriebsritzel,** das mit der angefasten Seite nach vorn über den Keil auf die Kurbelwelle geschoben wird, 7. die **Spiralantriebswelle** der Ölpumpe, die von oben durch das Gehäuse bis runter zu ihrem Basislager gesteckt wird. Anschliessend kann die komplettierte Kupplung aufgesetzt werden.

Achtung: Der kleinste Fehler beim Zusammenbau des Ölpumpenantriebs kann zu Motorschäden führen. Vor allem muß der kleine **Sprengring** am Schluß perfekt sitzen. Mit einem spitzen Gegenstand den Ring an den Ösen in der Nut drehen.

Einbau Ölpumpenantrieb. Links: Die einzelnen Elemente des Antriebs – Welle, 2 Ritzel, 2 Anlaufscheiben, Sprengring. Darunter: Blick auf Kurbelgehäuse und Vorgelege. Kleines Bild unten: Etwas Fett ins Basislager geben, hintere Anlaufscheibe aufsetzen. Großes Bild unten: Das große Ritzel von hinten gesehen, Anlaufscheibe eingesetzt (Pfeil).

Links oben: das große Ritzel in der richtigen Einbauposition. Daneben: äußere Anlaufscheibe einsetzen. Kleines Bild unten: den Sprengring einsetzen. Daneben Mitte: das gesicherte Ritzel.

Mitte rechts: den Keil in die Nut der Kurbelwelle einsetzen, der das Antriebsritzel und den Kupplungskorb sichert und mitnimmt (Pfeile). Kleines Bild oben: den Keil mit einer Wasserpumpenzange festdrücken.

Mitte links unten: das kleine Antriebsritzel mit seiner glatten Rückseite von hinten gesehen.

Mitte rechts unten: So wird das Antriebsritzel aufgesetzt, mit den abgeschrägten Zähnen nach vorn. Links: Der Keil fixiert das kleine Ritzel auf der Kurbelwelle, die Zähne greifen perfekt in das große Ritzel ein.

Oben links: Die spiralverzahnte Welle wird von oben eingeführt. Oben rechts: der fertig montierte Ölpumpenantrieb.

Getrenntschmierung

Getrenntschmierung Funktion, Kontrolle: Die Schmierung von Kolben, Kurbeltrieb und Zylinder erfolgt durch das **Öl,** das bei Modellen wie der PX 200 E dem Kraftstoff per **Getrenntschmierung** zugesetzt wird. Das Öl wird durch eine von der Kurbelwelle aus angetriebene (wie gezeigt) **Misch- und Dosierpumpe** aus dem separaten Öltank in den Vergaser befördert. (Andersartige Getrenntschmierung bei der **PK** s. Kapitel „PK plurimatic".)

Bei der **PX** ermöglicht ein **Schauglas** neben dem Benzinhahn eine leichte Kontrolle des Ölstands. Wenn das Öl zur Neige geht, sind eine Luftblase und eine weiße Markierung zu sehen. Dieses Schauglas fehlt bei der **Cosa,** sie hat stattdessen eine **Kontrolleuchte** im Zentralinstrument. Der **Öltank** (PX 1,5, Cosa 1,3 Liter Inhalt) muß mit vollsynthetischen Zweitakt-Ölen aufgefüllt werden.

Ölpumpe ausbauen

Ölpumpe ausbauen, zerlegen: Die **Ölpumpe** ist ins Vergasergehäuse integriert. Schon kleine Defekte können zu Störungen der Ölzufuhr und zu schweren Motorschäden führen. Daher ist es ratsam, die Pumpe im Rahmen einer Motorrevision zu öffnen und zu prüfen.

Zur Demontage zunächst Vergaser ausbauen wie beschrieben und Vergasergehäuse mit der **Papierdichtung** vom Motor abnehmen; dazu die **Schlitzschraube** am Boden ausdrehen.

Von der Pumpe wird das **Öl** durch einen **Kanal** an der **Unterseite des Luftfiltergehäuses** zu einer **Bohrung** geführt, die mit einer Bohrung unten im Vergasergehäuse korrespondiert.

Jetzt zuerst das **Ölzuleitungsrohr** abnehmen; es ist mit einer Überwurfmutter SW 10 an der Pumpe befestigt. Mutter ganz ausdrehen und Rohr abziehen. Dann die drei

Unten: Das ausgebaute Luftfiltergehäuse mit noch angeschlossener Ölpumpe.

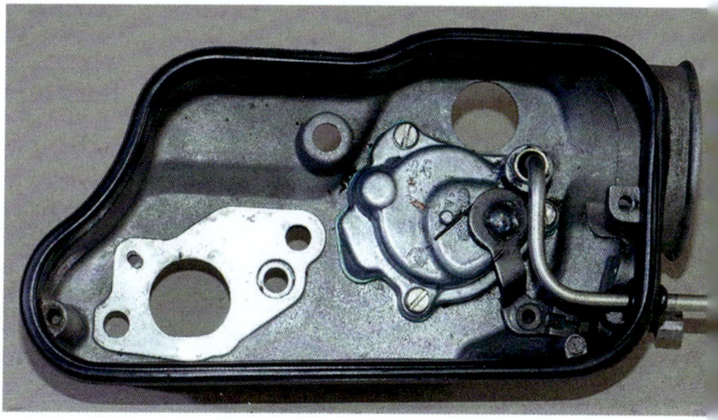

Schlitzschrauben und die Federringe des **Ölpumpendeckels** lösen und Deckel abnehmen; dabei auf die **Feder** achten, die gegen das Ritzel drückt.
Das **Ritzel** besteht aus Kunststoff oder Metall, ist mit Spezialfett geschmiert. Kunststoffritzel können Risse und abgenutzte oder abgebrochene Zähne haben und müssen dann ausgetauscht werden.

Unten: Luftfiltergehäuse und Vergaser von unten mit Aus- und Einlaufbohrungen für das Öl (rote Pfeile).

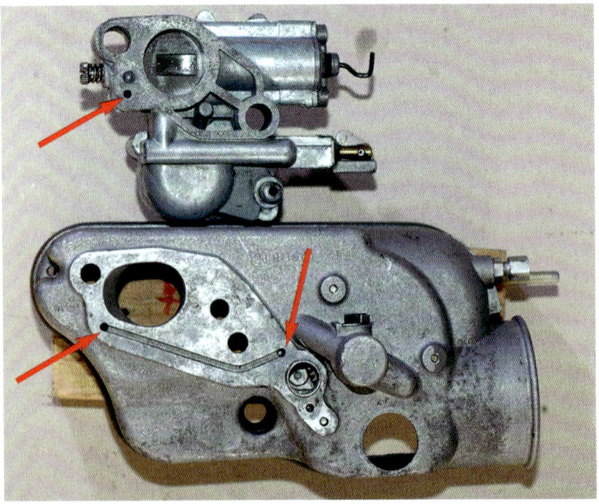

Oben: ausgebauter Ölpumpendeckel mit alter Dichtung. Rechts: Ritzel und Feder ausgebaut.

Rechts: Ritzel gefettet, neue Dichtung aufgelegt.

Ölpumpe montieren, prüfen

Ölpumpe montieren: Beim **Zusammenbau** die **Fettfüllung** und die **Papierdichtung** des Deckels erneuern. Feder und Ritzel paßgenau einsetzen. und die Schrauben mit Federringen handfest anziehen, Beim Aufsetzen des Deckels muß das **Gelenk des Betätigungshebels** nach vorne zum Gehäuserand zeigen, damit der **Mitnehmerhaken des Gasschiebers** in das Loch in der Gelenkachse greifen kann. Die drei Schrauben mit den Federringen werden handfest angezogen. **Ölzuleitungsrohr** bündig einpassen, Überwurfmutter SW 10 so anziehen, daß der Anschluß vollkommen dicht ist. **Papierdichtung** des Vergasergehäuses erneuern, vorher leicht einfetten.

Leitungen entlüften: Nach Arbeiten an Öltank und Ölpumpe sind die Leitungen leergelaufen. Schon beim Auftreten von Luftblasen reißt die Schmierung ab. Daher vor dem Motorstart kontrollieren, ob die **Ölzufuhrleitung** ganz mit Öl gefüllt ist. Auch nach längerer Standzeit empfiehlt sich eine Kontrolle. Zeigen sich **Luftblasen,** die Leitung vom Motor abhängen und so lange Öl ablaufen lassen, bis die Blasen verschwunden sind; dann Verbindung wieder herstellen. Kurbelwelle mit dem Kickstarter so lange drehen, bis die **Ölzufuhr** perfekt ist. Man kann zur Sicherheit auch drei Liter Benzin-Öl-Gemisch im Verhältnis 1 : 50 in den Benzintank füllen, um den kurzfristigen Engpaß in der Ölzufuhr zu überbrücken.

Lichtmaschine und Schwungradmaget-Zündanlage: Aus- und Einbau, Kontrolle

Für Kontroll- und Reparaturarbeiten an der Lichtmaschine bzw. am Schwungrad-Magnetzünder oder bevor der Motor-/Getriebeblock komplett zerlegt werden kann, müssen die Hauptelemente der Lichtmaschine ausgebaut werden. Die „LiMa", wie sie gemeinhin abgekürzt wird, sitzt auf dem rechten Kurbelwellenstumpf und besteht aus dem sich drehenden ***Rotor*** *mit dem* ***Gebläserad*** *und dem am Gehäuse festgeschraubten* ***Stator.***

Die älteren Modelle haben kontaktgesteuerte Zündanlagen, zu deren Prüfung und Wartung ebenfalls der Rotor abgezogen werden muß (s. Kapitel „Motorelektrik"). Die neueren Modelle sind seit Mitte der 1980er Jahre mit wartungsfreien elektronischen Zündanlagen ausgerüstet (Details s. ebenfalls Kapitel „Motorelektrik").

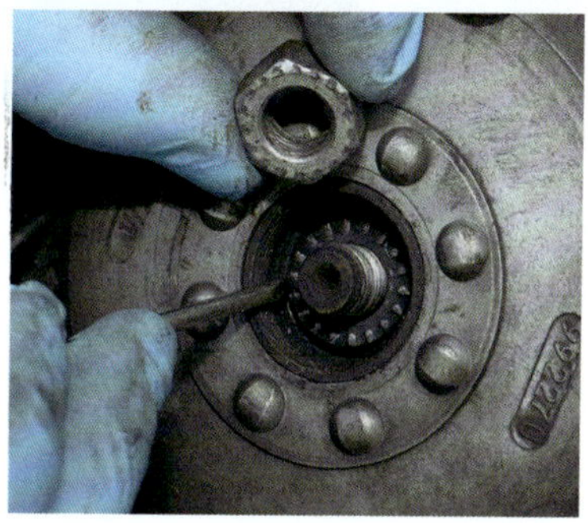

Oben: Der Rotor wird (wenn kein Piaggio-Werkzeug zur Verfügung steht) über eine Gebläseschaufel mit einem passenden Holz oder Hammerstiel blockiert. Gleichzeitig wird die Mutter SW 19 gelöst. Links: Unter der Mutter sitzt eine Federscheibe.

Lichtmaschinenrotor Ausbau

Rotor blockieren, abziehen: Der Motor muß nicht unbedingt abgesenkt oder ausgebaut werden. Nur Motorhaube und **Gebläsemantel** sind vorher zu demontieren wie gezeigt.
In der Regel ist die Rotorverschraubung mit einer **Kappe** abgedeckt. Rotor mit einem etwa 2 cm starken Kant- oder Rundholz gegen den Zylinderfuß **blockieren** und mit einer Stecknuß SW 19 die Haltemutter lösen. Die Mutter samt der Zahnscheibe abnehmen. (Perfekt blokkiert wird mit dem Piaggio-Spezialwerkzeug T 0031760, s. a. Einbau) Gewinde mit **Kriechöl** (WD-40 zum Beispiel) einsprühen. Der via Internet beschaffte oder selbst hergestellte Abzieher (s. Kasten folgende Seite) wird wie folgt eingesetzt: **Abzieher** mit Gewinde 28 mm in den Rotor bis zum Anschlag einschrauben. Die **Abdrückschraube** des Abziehers von Hand so weit eindrehen, bis sie auf dem Kurbelwellenstumpf aufsitzt. Dann mit einem Schlüssel SW 32 das **Rohrstück blockieren** und gleichzeitig mit einem Schlüssel SW 19 die Schraube in den Abzieher hineindrehen. In der Regel löst sich der Rotor dann problemlos mit vernehmlichem Knacken von der Kurbelwelle. Tut er dies nicht sofort, einige leichte Hammerschlage auf die Abdruckschraube geben.
Beim Abnehmen auf den **Keil zur Rotorsicherung** achten, der ein Verdrehen auf der Kurbelwelle verhindert; er muß unbeschädigt sein und darf nicht verlorengehen.
Nach der Demontage des Rotors können folgende Arbeiten durchge-

Oben: Vor dem einsetzen des Abziehers das Gewinde leicht mit Kriechöl (WD-40) einsprühen.

Rechts: Der Rotor-Abzieher wird bis zum Anschlag in das Gewinde geschraubt. Unten: Mit dem Ringschlüssel SW 19 wird die Abdrückschraube gegen den Kurbelwellenstumpf gedreht, bis sich der Rotor mit einem vernehmlichen Knacken löst.

führt werden (Details s. Kapitel „Motorelektrik"): **Auswechseln des Unterbrechers** und **Wechsel** der **Schleifkohlen** bei älteren Modellen, Kontrolle der **Zündeinstellung** anhand der Markierungen an Ankerplatte (Stator) und Kurbelgehäuse bei Modellen mit elektronischer Zündung oder Prüfung der **Statorbefestigung** (drei Kreuzschlitzschrauben z.B. bei der Vespa PX 200 E).

Lichtmaschinenstator Ausbau

Lichtmaschinenstator und Kabel abnehmen: Der unter dem Rotor (auch als Polrad bezeichnet) liegende **Lichtmaschinenstator** ist mit drei oder vier Schlitz- oder Kreuzschlitzschrauben am Gehäuse befestigt und kann nach Lösen derselben zur Seite geklappt werden.

Abzieher Lichtmaschinenrotor herstellen

Den für den Lichtmaschinenrotor erforderlichen **Abzieher** findet man im Internethandel oder leiht ihn beim Vespa-Vertreter aus. Alternativ kann man den Abzieher auch von einem geübten Dreher oder Schlosser anfertigen lassen. Wir haben aus einem dickwandigen **Rohrstück** und einer starken **Maschinenschraube** (mindestens 12er Schaft) den Rotorabzieher herstellen lassen.

Zunächst wird mit einer Gewindelehre die **Steigung** des Gewindes gemessen. Bei der PX 200 E beträgt die Steigung **1 mm.** Auch der **Durchmesser** des Gewindes muß exakt bestimmt werden – in unserem Falle sind es **28 mm.** Diese Daten genügen dem Dreher, um das Abziehergewinde in das Rohrstück zu schneiden. Am anderen Ende wird eine große **Sechskantmutter** festgelötet, SW 32 zum Beispiel. In die Mutter wird eine **Maschinenschraube** mit passendem Schaft (12 mm Durchmesser) und kräftigem Sechskant (SW 19 zum Beispiel) eingesetzt.

Oben: Mit einer Lehre wird die Steigung des Gewindes ermittelt; sie beträgt 1,0 mm. Unten: In ein 28 mm dickes Rohrstück wird das passende Gewinde geschnitten. Auf das Ende wird eine starke Mutter hartgelötet. In ihr Gewinde wird eine Schraube gedreht.

Bei neueren Modellen wird der zugehörige **Kabelstrang** einfach aus dem Motorgehäuse gezogen. **Vorsicht:** Spulen des Stators nicht anschlagen und damit beschädigen. Zunächst per **Sichtkontrolle** nach möglichen Defekten oder Fehlern suchen. Das **Pickup** ist mit ein bis zwei Schrauben befestigt.

Vor dem Ausbau des Stators bzw. der Zündspulenplatte die **Position** derselben am Gehäuse beachten und notieren bzw. fotofgrafieren. Stator später wieder genau in dieser Position einbauen.

Defekte Spulen können durchgemessen und gegebenenfalls ersetzt werden, siehe Schemata im Kapitel „Motorelektrik“. Bei älteren Modellen sind, falls die Arbeit denn nötig ist, zur Spulenmontage Piaggio-Spezialwerkzeuge erforderlich. Bei neueren Typen müssen nur die Sicherungsbleche der betreffenden Spulen aufgebogen und die Kabelanschlüsse abgelötet werden.

Bevor der Stator vom Gehäuse getrennt werden kann, müssen die **Steckverbindungen des Kabelstrangs** aus dem Verteiler genommen und von der Zündbox abgezogen werden. Besonderes Augenmerk sollte dem Rundstecker gelten: Die Verbinder müssen fest sitzen und dürfen nicht deformiert sein. Weitere Informationen zur Lichtmaschine finden sich im Kapitel „Motorelektrik“.

Oben links: Rotor mit Abzieher und freiliegendem Stator. Oben rechts: Blick auf die Innenseite des Polrads und auf den noch befestigten Stator.

Bild oben in der Reihe: Markierung der Zündgrundeinstellung beachten und für den späteren Einbau festhalten. Mitte: Den Keil, der den Rotor gegen Verdrehen sichert, mit einem Seitenschneider vom Kurbelwellenstumpf abziehen und sorgfältig aufbewahren. Unten: Pickup (roter Pfeil); gelbe Pfeile: Befestigungsschrauben des Stators. Man sieht die Schlitze für das Verdrehen des Stators zur Zündeinstellung.

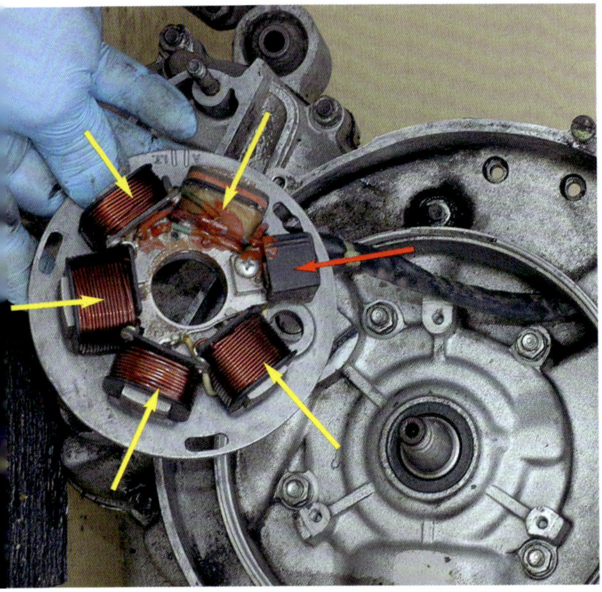

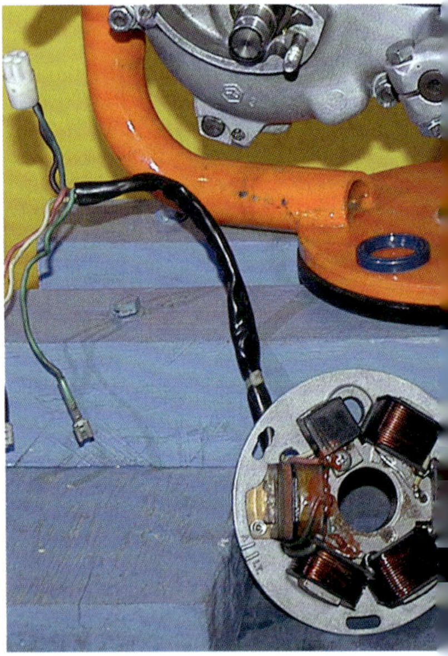

Oben: Nach dem Abschrauben wird der Stator zusamem mit dem Kabelstrang vom Motorgehäuse abgezogen.

Lichtmaschinenstator Einbau

Lichtmaschinenstator und Dichtring einbauen: Zuerst wird (falls der Motor zerlegt war oder wenn sich eine Undichtigkeit gezeigt hat) ein neuer **Wellendichtring** auf die Kurbelwelle gesetzt, die glatte Seite nach außen. Außen und innen etwas **einfetten,** dann vorsichtig ringsum mit Hülse, Holzstück und leichtem Hammer in den Sitz treiben. **Achtung:** Die Dichtlippen dürfen dabei nicht hängen bleiben, der Ring muß zuletzt bündig mit dem Gehäuse abschließen.

Der **Stator** bzw. der **Spulenträger** ist mit drei, der Pickup mit zwei Kreuzschlitzschrauben befestigt. Zuerst den **Kabelbaum** oben ins Gehäuse einfädeln. Stator und Pickup plazieren und Schrauben mit den Unterlegscheiben und Federringen festdrehen. **Achtung:** die **Markierung** für die Vorzündung am Motorgehäuse muß, wie beim Ausbau festgestellt, mit der Markierung an der Ankerplatte übereinstimmen.

Bildspalte rechts von oben: Stator mit Spulen und Kabelstrang, Wellendichtring, Keil, Befestigungselemente. Ansetzen eines neuen Wellendichtrings 24/35/6 mm. Diesen vorsichtig mit Hülse und leichtem Hammer eintreiben, dabei immer ringsum schlagen.

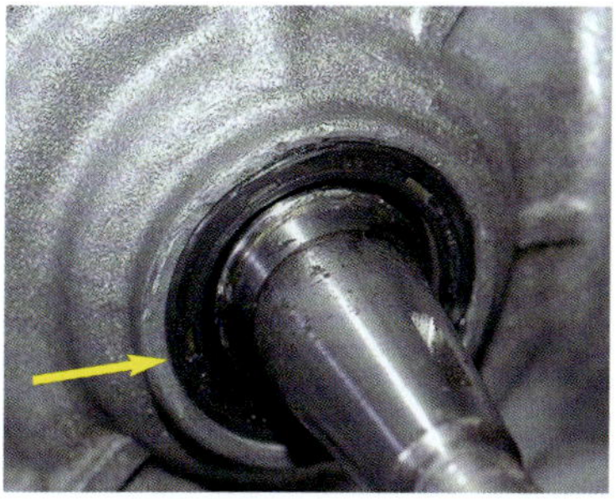

Oben links: Die glatte Seite des Rings muß bündig mit dem Gehäuse abschließen (Pfeil). Oben rechts: Den Keil einsetzen und leicht festklopfen. Darunter: Die Markierungen an Stator und Gehäuse müssen mit dem übereinstimmen, was beim Ausbau vorgefunden wurde.

Lichtmaschinenrotor Einbau

Lichtmaschinenrotor montieren: Zuerst den **Sicherungskeil** auf die Kurbelwelle setzen und leicht festklopfen. Dann den (gereinigten) Rotor vorsichtig über Kurbelwellenstumpf und Keil schieben, eine **neue Zahnscheibe** und die **Mutter SW 19** ansetzen. Anschließend Rotor blockieren (am besten mit Piaggio-Spezialwerkzeug, s. oben). Mutter zweistufig mit **Drehmoment 60-65 Nm** anziehen. Zuletzt **Plastikkappe** aufsetzen.

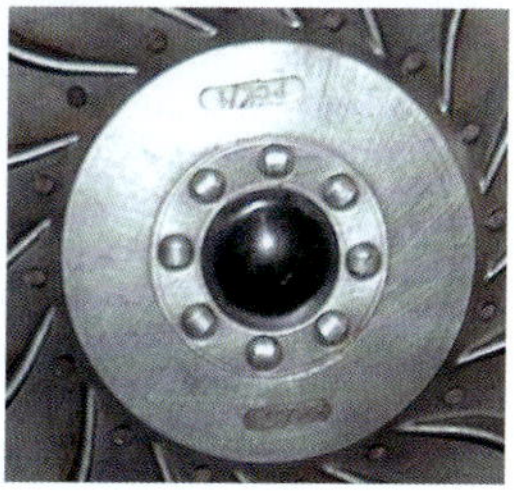

Mitte links: Kabel durchfädeln und Stator mit den drei Schrauben samt je zwei Scheiben montieren.

Unten links und Mitte: Eine neue Zahnscheibe anbringen und die Mutter SW 19 aufdrehen.

Mitte rechts: Mit dem Sperrbügel Nr. T 0031760 von Piaggio wird der Rotor blokkiert. Dann die Mutter mit Drehmoment 60-65 Nm festziehen.

Unten rechts: Zuletzt die Kunststoffkappe aufsetzen.

Motor- und Antriebsgehäuse PX und Cosa: Trennung, Ausbau Kurbelwelle und KW-Lager

Motor, Getriebe und Hinterachsantrieb sind bei allen Vespa-Modellen traditionell in einem einzigen Gehäuse untergebracht. Die **Gehäusehälften** bestehen aus Leichtmetallguß und lassen sich mit überschaubarem Aufwand trennen. Voraussetzumng ist, daß alle **Anbauelemente** demontiert wurden. Anschliessend können Vorgelege, Getriebe, Kickstarteinrichtung, Kurbelwelle, Lager und Hinterachse ausgebaut und geprüft werden.

Für die Demontage von **Kurbelwelle** und **Lagern** sind verschiedene Piaggio-Spezialwerkzeuge nützlich: Abdrück- und Einziehvorrichtung für Kurbelwelle und Hinterachse (= Getriebe-Hauptwelle) sowie verschiedene Dorne. Sogar für das Einpassen der diversen Wellendichtringe gibt es spezielle Montagehilfen.

Mit Gefühl und Geschick, Erhitzen und Vereisen lassen sich Dichtringe und Lager auch mit einfachen Mitteln wie **Kunststoffhammer,** passend zugeschnittenen **Stempeln** aus Hartholz, Leichtmetall oder Messing eintreiben. Unentbehrlich, aber überall erhältlich sind **Seegerringzangen** für das Spreizen oder Zusammendrücken der Sicherungsringe im Getriebe- und Achslagerbereich.

Für den Einbau der Kurbelwellenlager müssen die Gehäusehälften erwärmt werden – mit einer handelsüblichen Heißluftpistole. In den folgenden Abschnitten erklären wir Punkt für Punkt, wie der PX- und Cosa-Antrieb komplett zerlegt, geprüft, instandgesetzt und zuammengebaut wird.

Motorgehäuse trennen

Voraussetzungen: Vor der Zerlegung sollte der Motor zumindest grob **gereinigt** werden. Außerdem

Unten links: Die beiden Gehäusehälften sind mit zwölf Schrauben und Muttern SW 11 samt Unterlegscheiben und Federringen miteinander verbunden. Rote Pfeile: im LiMa-Bereich liegende Muttern; gelbe Pfeile: aussenliegende Muttern bzw. Bolzen. Die Muttern sind teilweise bereits abgenommen.

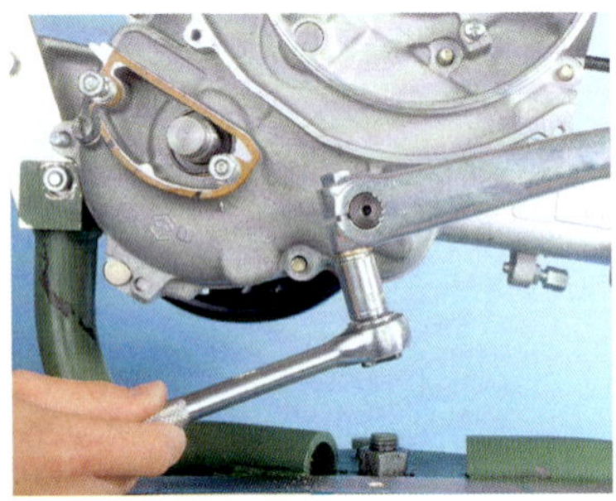

Unten rechts: Abbau des Kickstarthebels mit Schlüssel SW 13.

Darunter: Elf Muttern können von der Lichtmaschinenseite aus gelöst werden, die 12. von der Kupplungsseite.

müssen Zylinder (am besten auch Kolben), Vergaser, Luftfilter- und Ölpumpengehäuse, Kupplung, Lichtmaschine und Schaltsegment ausgebaut werden wie bereits beschrieben. Auch der **Kickstarthebel** muß weg: Mutter SW 13 lösen, Messingdruckscheibe, Sprengring, Sicherungsbolzen und Hebel abnehmen.

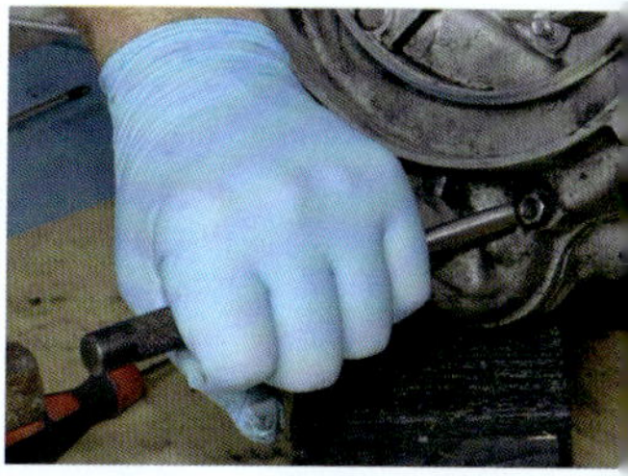

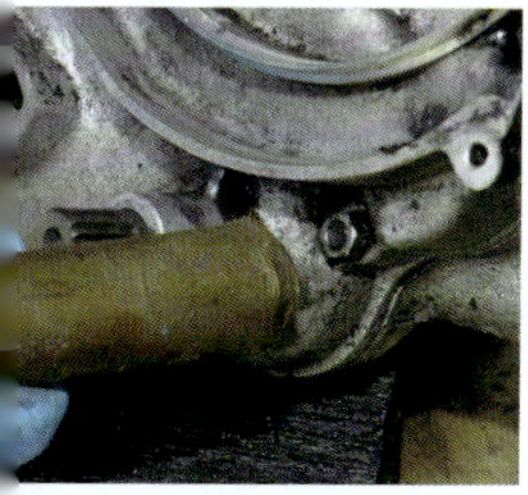

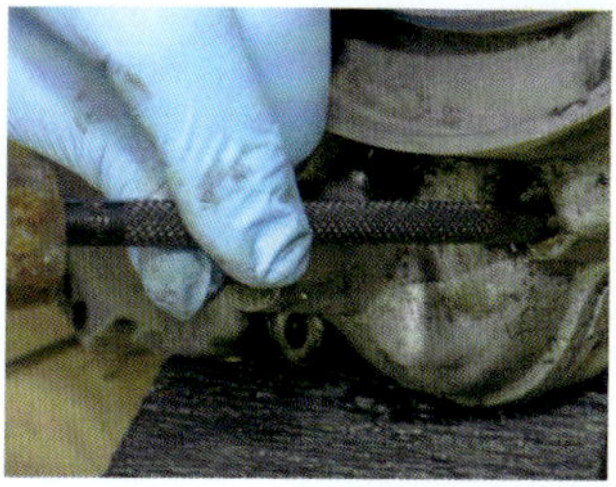

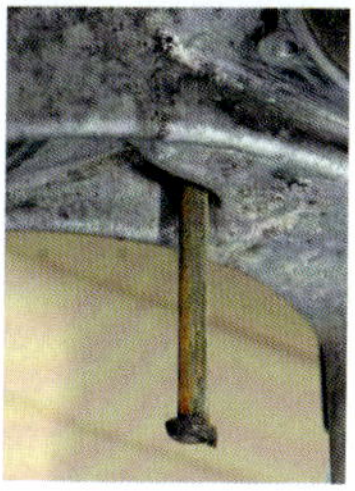

Gehäusehälften trennen – Vorbemerkung: Um das **Gehäuse trennen** zu können, müssen **zwölf Muttern** SW 11 mit Scheiben und Federringen abgenommen werden. Vier Muttern liegen innen im Bereich der Lichtmaschine, acht Muttern außen am Gehäuserand. Dazu gehören acht Bolzen. Die am weitesten unten und vor der Ölablaßschraube liegende Mutter ist von der Kupplungsseite aus erreichbar. Alle anderen Muttern liegen auf der Lichtmaschinenseite.

Korrodierten Bolzen ausbauen: Der **Bolzen,** der in Höhe des Übergangs zur Schwinge liegt, ist meist **festgerostet.** Er liegt im Spritzwasserbereich und hat auf der ganzen Länge Kontakt zum Leichtmetallgehäuse. Die Korrosion zwischen den unterschiedlichen Metallen führt dazu, daß der Bolzen festgeht.
Zunächst die Mutter so weit herausdrehen, bis sie das Gewinde vorne voll abdeckt. Dann einen **Durchschlag** mit 10 oder 12 mm Stärke ansetzen und darauf so lange leichte Hammerschläge geben, bis der Bolzen nachgibt. Dann die Mutter abnehmen und den Bolzen mit einem **Bronzedorn** bis an den Gehäuserand zurückschlagen. Anschliessend kommt ein Durchschlag mit 8 mm Stärke zum Einsatz: Mit diesem den Bolzen ganz aus dem Gehäuse. treiben. Er kann aufbereitet oder durch ein Neuteil ersetzt werden.

Gehäusehälften trennen – Ausführung: Ansonsten lassen sich nach dem Lösen der Muttern **acht Bolzen M7** mit verdrehgesicherten Köpfen aus dem Gehäuse ziehen: vier 50 mm lange oben, drei 60 mm lange unten, ein 100 mm langer

Oben links: festgerosteter Bolzen vor der kickstarterwelle (Mutter bereits abgenommen). Daneben: Mutter wieder aufsetzen und mit einem Durchschlag 12 mm den Bolzen etwas zurückschlagen. Bildreihe unten von links: Einsatz eines Schlagdorns aus Bronze und eines Durchschlag 8 mm; damit den Bolzen ganz aus dem Gehäuse schlagen. Der verrostete Bolzen kommt jetzt frei.

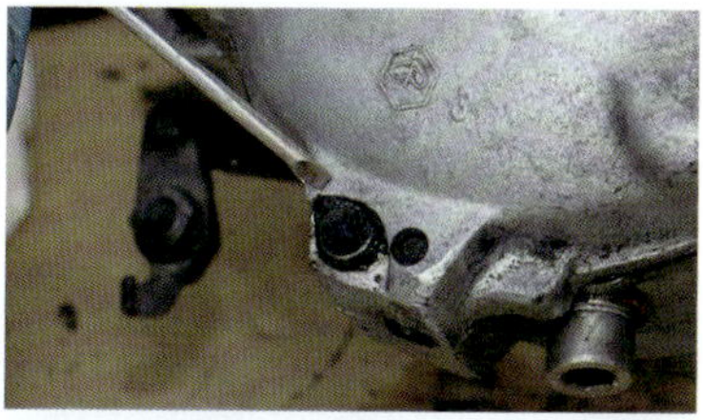

Links oben, unten: Der Bolzen vor der Ölablaßschraube liegt mit dem Kopf auf der LiMa-Seite. Die Mutter wird von der Kupplungsseite her gelöst.

Oben rechts und darunter: Mit einem Gummi- oder Kunststoffhammer leicht auf die lichtmaschinenseitige Gehäusehälfte schlagen, um sie von der Kurbelwelle zu trennen.

Kleines Bild unten und Foto daneben: Nach dem Lockern die Hälften mit einem starken Schraubendreher auseinanderdrücken.

vorn an der Schwinge (Anordnung wichtig für den späteren Einbau). Jetzt mit einem Gummihammer die **Gehäusehälfte** auf der LiMa-Seite vorsichtig **lockern;** keine Gewalt anwenden. Löst sich die Gehäusehälfte nicht von ihrem Gegenüber, mit einem Kunststoffhammer kurz und trocken auf das Ende der Kickstarterwelle schlagen. Haben sich die Hälften etwas voneinander getrennt, werden sie mit einem starken Schraubendreher so weit aus-

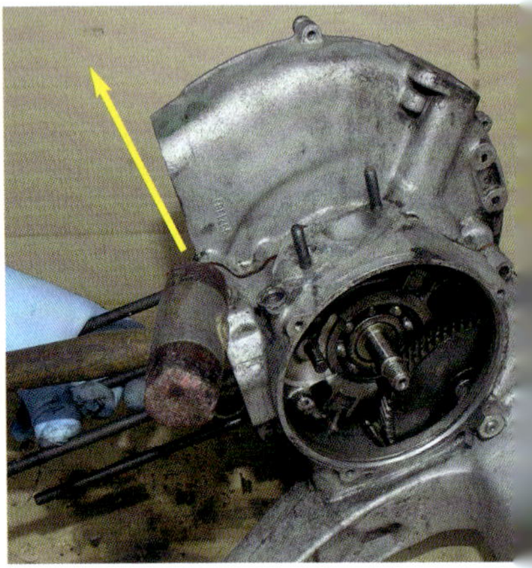

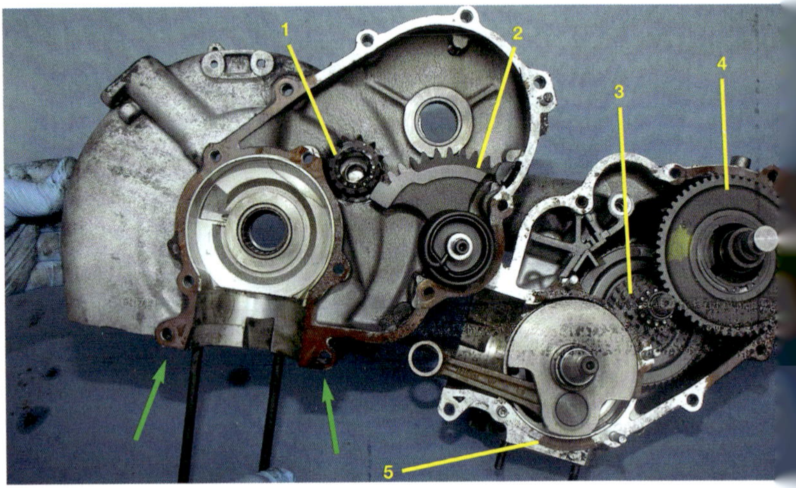

Rechts: Die lichtmaschinenseitige Hälfte durch Hin- und Herbewegen von Kurbel- und Getriebewelle lösen. Nach Abheben der Hälfte liegen die inneren Komponenten frei; 1= Kickstartritzel, 2 = Kickstarterwelle mit Zahnsegment und Rückholfeder, 3 = Vorgelege, 4 = Getriebe, 5 = Kurbelwelle, Pleuel. Grüne Pfeile: die verölte, gerissene Papierdichtung.

einander gedrückt, bis sie sich von Hand abnehmen lassen.

Gehäusehälften getrennt – Befund: Die **Papierdichtung** zwischen den Hälften klebt meistens fest, ist verölt und zerreißt normalerweise beim Abnehmen. Oft ist zusätzlich aufgebrachte Dichtpaste feststellbar. Alle Reste müssen entfernt werden, s. weiter hinten.
Mit der rechten Gehäusehälfte kommen die beiden **Nadellager** für Kurbelwelle und Antriebswelle heraus (Details s. unten). Der Innenring des KW-Lagers bleibt auf der Welle zurück. Achtung: Wenn dieser **Innenring** schlüssig an der Kurbelwange anliegt (was er nicht darf), zeigt dies, daß hier schon einmal unfachmännisch gewerkelt wurde.
Kurbelwelle, Vorgelege und Antriebswelle mit den Getriebezahnrädern und dem Schaltautomaten bleiben in der kupplungsseitigen Gehäusehälfte, Ausbau s. unten. Falls der Kolben nicht ausgebaut wurde, sollte er mit einem Tuch vor Beschädigungen geschützt werden.

Kurbelwelle ausbauen, prüfen

Kurbelwelle ausbauen: Die Kurbelwelle läuft auf der Kupplungsseite auf einem kräftig dimensionierten **Kugellager,** auf der Lichtmaschinenseite in einem **Nadellager.** Der Innenring dieses Nadellagers mit den Nadeln verbleibt beim Trennen der Gehäusehälften auf der Kurbelwelle.
Die Kurbelwellenhälfte auf der Lichtmaschinenseite löst sich beim Trennen der Gehäusehälften meist von selbst aus dem Nadellager. Vom Kugellager auf der Kupplungsseite kann die Kurbelwelle mit einer **Abdrückvorrichtung,** wie sie Werkstätten benutzen (Piaggio Teile-Nr. T 0022467), getrennt werden. Meist ist es aber kein Problem, die Kurbelwelle mit einem Kunststoff- oder Hartholzhammer Richtung Lichtmaschinenseite herauszuschlagen.

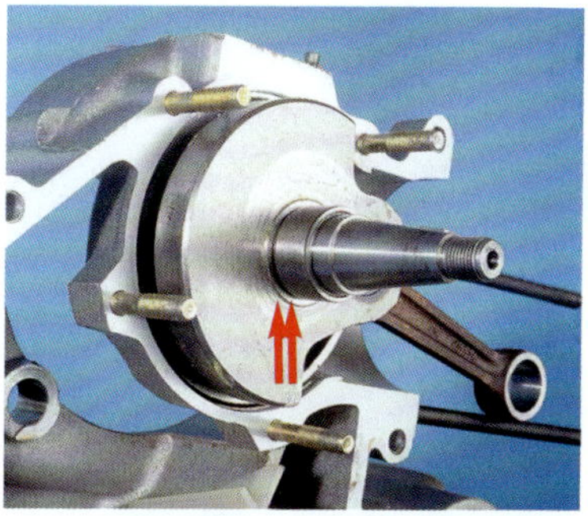

Links: PX-Kurbelwelle mit dem noch fest aufsitzenden Innenring des äußeren Nadellagers. Achtung: Der Innenring muß einen gewissen Abstand zur Kurbelwange haben (Pfeile).

Links: Die Holzhammermethode funktioniert beim Austreiben der Kurbelwelle aus dem Kugellager meist einwandfrei.

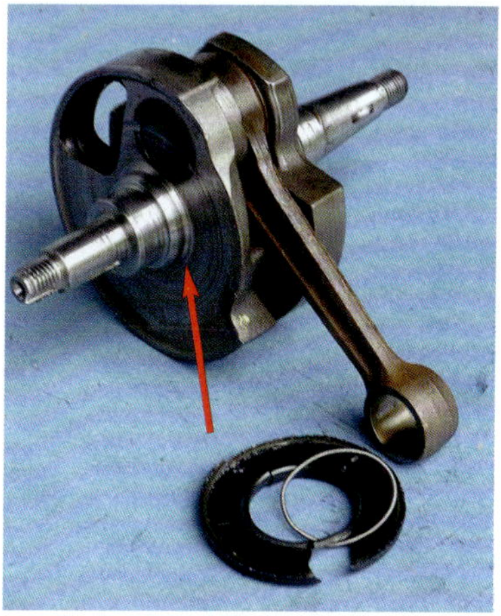

Links: Kurbelwelle mit Pleuel und Dichtring, bei dem ein Stück fehlt; außerdem ist kein Abstand zwischen dem Innenring des Nadellagers und der Kurbelwange vorhanden (Pfeil).

Kurbelwelle prüfen: Kurbelwelle und Pleuel dürfen weder axiales noch radiales Spiel haben. Sollte dies im Rahmen einer Motorrevision der Fall sein, kann die Kurbelwelle theoretisch in einer Fachwerkstatt überholt werden. Aber nur noch wenige Spezialisten haben das Know-how.

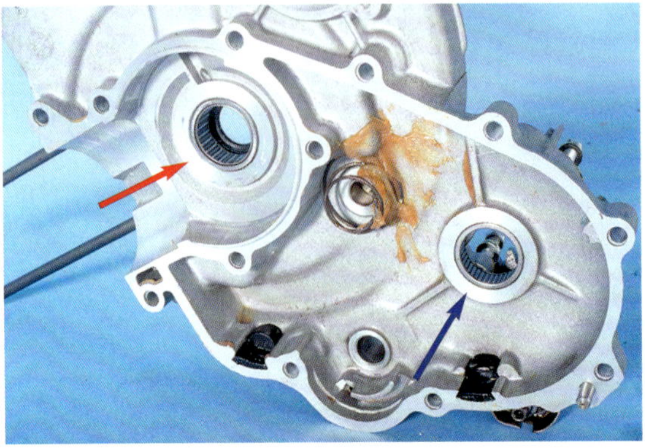

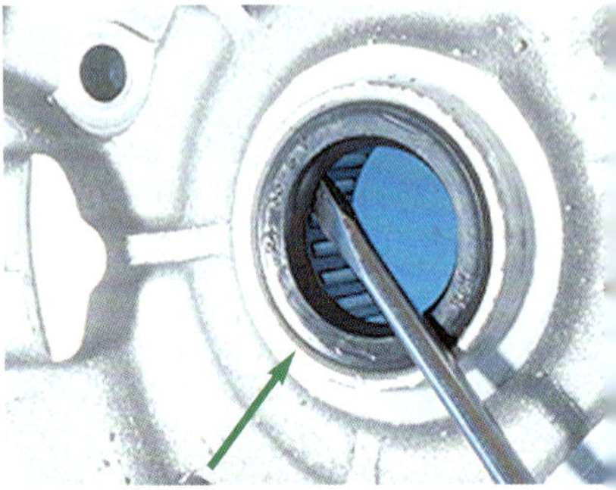

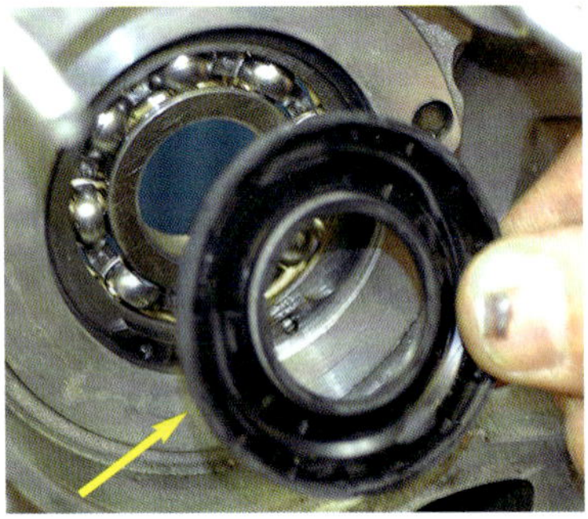

Oben links: LiMa-seitige Gehäusehälfte mit dem verbliebenen Teil des Kurbelwellen-Nadellagers (roter Pfeil) und dem noch eingebauten Nadellager der Antriebswelle (blauer Pfeil).

Oben rechts: Entfernen des Simmerrings aus der hierzu umgedrehten LiMa-seitigen Gehäusehälfte (grüner Pfeil). Foto darunter: Abnehmen des großen KW-Dichtrings auf der Innenseite der kupplungsseitigen Gehäusehälfte (gelber Pfeil).

KW-Simmerringe ausbauen

Kurbelwellen-Dichtringe ausbauen: insgesamt drei **Wellendichtringe** (auch „Simmerringe" genannt) verhindern, daß an Kurbelwelle und Achswelle Öl austreten kann. Die Dichtringe lassen sich mit einem Schraubendreher aushebeln und werden später durch Neuteile ersetzt.

Der große Dichtring, der das **Kugellager** der Kurbelwelle zur Kupplung hin abdichtet, kommt erst nach Ausbau der Kurbellwelle zum Vorschein, er sitzt innen im Gehäuse. Umgekehrt der kleinere Dichtring am **Nadellager** auf der Lichtmaschinenseite: Er wird von außen ausgehebelt (Foto oben rechts). Mit dem Dichtring am Achsantrieb befassen wir uns später.

Defekte Dichtringe führen über kurz oder lang zu Ölverlust und **Motorschäden.** Bruchstücke eines gebrochenen KW-Dichtring können in den Zylinder wandern und Riefen am Kolben erzeugen.

Kurbelwellenlager ausbauen

Nadellager KW ausbauen: Nach dem Aushebeln des Simmerrings auf der Lichtmaschinenseite wird des **Hauptelement des Nadellagers** ausgebaut, siehe Fotos. Für das Abziehen des auf der Welle verbliebenen **Nadellager-Innenrings** ist normalerweise ein Spezialwerkzeug erforderlich. Es verfügt über Spreizklauen, die von außen bzw. innen in die Lagerringe eingreifen; abgezogen wird durch Drehen der jeweiligen Zentralmuttern. Es geht aber auch anders - siehe weiter hinten im Abschnitt „Kurbellwelle einbauen".

Die Umgebung des **eigentlichen Nadellagers** wird auf 150 °C erhitzt, dann mit Dorn und Hammer nach innen ausgetrieben. Dabei mit dem Dorn ringsum auf den Außenring schlagen.

Kugellager KW ausbauen: Das **Kugellager** auf der **Kupplungsseite** liegt nach Ausbau von Simmerring und Kurbelwelle frei; es ist mit einem großen **Sprengring** gesichert. **Vorsicht** beim Ausbau: Der Ring muß komplett zusammengepreßt, dann abgehoben werden; wenn die Zange abrutscht, fliegt der Ring unkontrolliert durch die Gegend, was im wahrsten Sinne des Wortes ins Auge gehen kann.

Nach dem Ausbau des Rings wird das Lager von der Kupplungsseite her herausgeschlagen (u.U. mit Spezialwerk-zeug. Es funktioniert auch mit einem passend zurechtgesägten **Brettstück aus Hartholz** (Breite 58, Stärke 27, Länge ca. 15 cm). Zuvor wird das Gehäuse mit einem **Heißluftgerät** auf ca. 150 °C erhitzt. Auf keinen Fall zuzsätzlich Vereisungsspray für das Lager verwenden, das Gehäuse könnte Risse bekommen.

Ausbau Nadellager KW links oben, daneben: Dichtringsitz und Außenring des Nadellagers, Lager auf der LiMa-Seite von innen. Rechts oben: Gehäuse auf ca. 150 °C erhitzen. Links: Ringsum mit einem Dorn auf den Außenring des Lagers schlagen.

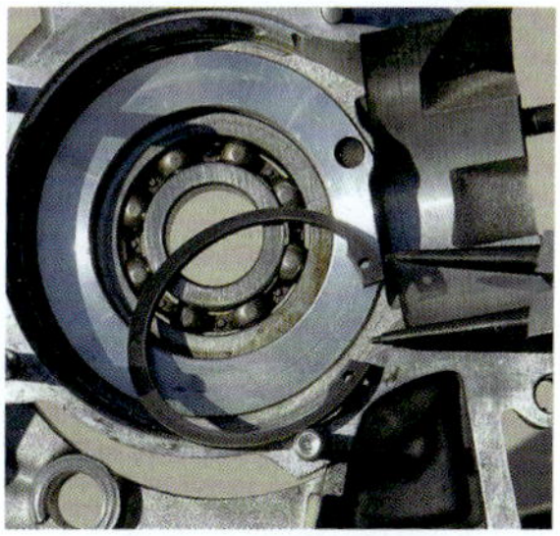

Ausbau des KW-Kugellagers; links außen: Der Sprengring wird mit einer Seegerringzange ausgebaut. Mitte rechts: Das Gehäuse mit einem Heißluftgerät auf ca. 150 °C erwärmen. Rechts im Bild: das Kugellager der Antriebswelle.

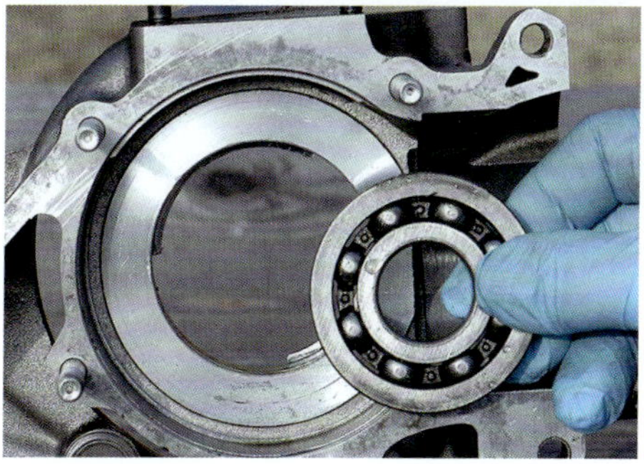

Unten links: Austreiben des KW-Lagers von der Gehäuse-Kupplungsseite her mit einem zurechtgesägten Hartholzstück (Querschnitt 27 x 58 mm) oder Spezialwerkzeug. Unten rechts: das ausgebaute Kugellager.

Getriebe, Schaltvorrichtung, Vorgelege, Kickstartanlage PX, Cosa: Ausbau, Zerlegung

Wir gehen beim Zerlegen des Triebwerks weiter systematisch vor, daher folgt jetzt das Getriebe. Um am Getriebe arbeiten zu können, muß der Motor ausgebaut und komplett zerlegt werden. Erst nach dem Trennen der Gehäusehälften, wie im vorigen Kapitel gezeigt, liegen Wellen und Zahnräder von Getriebe und Vorgelege, die Einzelteile der Kickstartvorrichtung und die Lager frei.

Getriebe, Schaltautomat

Getriebe und Schaltautomat ausbauen: Die vier Getriebezahnräder sitzen zusammen mit dem **Schaltautomaten** auf der **Antriebswelle** (gleichzeitig **Radachse).** Der Zusammenhalt der Getriebeeinheit wird von einem großen **Sprengring** garantiert. Bei der Antriebswelle wird der Kraftschluß zum Rad über die **Kerbverzahnung** auf der Bremsseite der Welle hergestellt.

Bei auseinandergebautem Antriebsgehäuse mit einem Holz- oder Kunststoffhammer von der Bremsseite her auf die **Radachse** schlagen, bis der Getriebesatz aus dem Gehäuse tritt. Sollte sich die Welle dabei nicht bewegen, greifen wir zu einem Stück Hartholz und einem Eisenhammer; die Welle schiebt sich dann normalerweise wie gewünscht aus dem Innenring des **Kugellagers,** das in die kupplungsseitige Gehäusehälfte eingelassen ist. Wenn die Welle sich nicht bewegt, die Umgebung maßvoll auf ca. 80 °C erhitzen.

Achtung: Niemals direkt mit einem Eisenhammer auf Antriebswelle und Achsgewinde schlagen, immer Hartholz als Schutz zwischenlegen!

Oben rechts: Mit dem Holz- oder Kunststoffhammer maßvoll auf die Antriebswelle schlagen. Mitte rechts: Meist kommen Antriebswelle und Getriebezahnräder nach wenigen Schlägen vom Gehäuse frei. Unten links: der ausgebaute Getriebe-Zahnradsatz mit der Abtriebswelle; 1 = Eingriff des Schaltsegments, 2 = Getriebe-Zahnradsatz (von links 1., 2., 3., 4. Gang), 3 = Endantriebswelle mit Radverzahnung, 4 = Radmuttergewinde. Bild unten rechts: Zum Zerlegen des Getriebes wird der große Seegerring mit einer gekröpften Zange zusammengedrückt.

Links: die Elemente des Getriebes von links; Seegerring, Schulterring, Getriebezahnräder 1., 2., 3., 4. Gang, Schaltautomat mit Antriebswelle. Unten: Damit Seiten und Reihenfolge nicht verwechselt werden, binden wir die Elemente zusammen.

Getriebe zerlegen: Zuerst den **Seegerring** so weit wie möglich spreizen und zusammen mit dem dahinter liegenden **Schulterring** abnehmen. Auch hierbei **Vorsicht:** Ring langsam entspannen, sonst fliegt er davon. **Zahnräder** nacheinander abnehmen und in der richtigen Reihenfolge ablegen (siehe Foto), dabei die **Zahnradseiten nicht verdrehen.**

Der bei neueren Motoren montierte hintere Distanzring und der rückwärtige Sprengring sind bei älteren Motoren nicht vorhanden. Der **zweite Distanzring** und der **hintere Sprenggring** können beim Zerlegen auf der Welle bleiben.

Schaltautomat zerlegen: Zusammen mit der Antriebswelle bzw. Radachse wird die **Schaltvorrichtung** abgenommen; sie besteht aus einer beweglichen **Schaltkreuzwelle** und dem **Schaltkreuz.** Das Schaltkreuz wird in einem zylindischen Führungselement, das fester Bestandteil der Antriebswelle ist, über das Schaltsegment und die Schaltzüge hin- und hergeschoben.

Zum **Zerlegen** (z.B. wenn das Schaltkreuz defekt oder verschlissen ist) wird es wie folgt ausgebaut: Antriebswelle fixieren (Schraubstock mit Alubacken und Distanzstücken, Wasserpumpenzange) und mit einem Gabelschlüssel SW 13 zunächst die Schaltkreuzwelle lösen. **Achtung: Linksgewinde** (also Losdrehen **im Uhrzeigersinn);** vorsichtig drehen, das Gewinde der Schaltkreuzwelle ist mit 6 mm Durchmesser schwach dimensioniert und zudem mit Schraubensicherungsmittel verklebt! Auf die aufgeschrumpfte Unterlegscheibe hint-

Links: Zum Ausbau des Schaltkreuzes die Schaltkreuzwelle lösen (empfindliches M6-Linksgewinde). Welle zusätzlich mit Wasserpumpenzange fixieren; Schaltkreuzwelle mit Gabelschlüssel SW 13 rechts herum (!) ausdrehen.

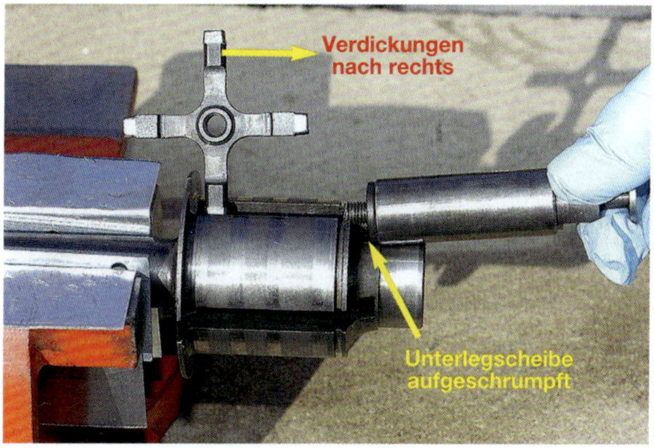

Oben: Schaltkreuz verkanten und abnehmen; rechts im Bild die Achse mit Gewinde M6, die aus dem Schaltkreuz gedreht wurde.

Oben rechts und darunter: Blick auf das Nadellager der Getriebewelle; ein Wellendichtring ist nicht vorhanden. Nach dem Erhitzen des Gehäuses auf 150 °C wird das Nadellager ringsum mit Dorn und Bronzehammer ausgetrieben.

rer dem Gewinde achten. Schaltkreuz verkanten, seitlich herausziehen und später auswechseln. Dabei **Seiten nicht vertauschen;** genaue Erklärung dazu im Kapitel „Montage Antrieb".

Achslager, Dichtringe

Nadellager ausbauen: Auf der Lichtmaschinenseite läuft die Getriebehauptwelle in einem **Nadellager.** Ein Wellendichtring ist hier nicht vorhanden, die Welle wird nach außen durch die Schaltbox abgedichtet. Zum Ausbau das Gehäuse auf 150 °C erhitzen. Dann das Nadellager mit Dorn und Bronzehammer durch Schläge ringsum auf den Außenring nach innen austreiben.

Rechts: Zum Aushebeln des Wellendichtrings am Achsantrieb Schraubendreher innen ansetzen und Dichtring ganz aus dem Gehäuse hebeln.

Kugellager, Dichtring ausbauen: Der **Wellendichtring** wird von aussen mit einem geeigneten Schraubendreher ausgehebelt. Dann den **Sprengring** zusammenpressen (Vorsicht) und abnehmen. Das **Kugellager** mit einem passenden Dorn oder Rundholz (42 mm Durchmesser, Länge ca. 25 cm, abgesägter Gerätestiel z.B.) von innen nach außen austreiben.

Oben und rechts daneben: Der Sprengring wird mit einer geraden Zange zusammengepreßt; Vorsicht beim Abnehmen, sonst fliegt er weg.

Oben: Das Achskugellager schlagen wir mit einem 42 mm dicken Rundholz nach außen raus. Dazu eignet sich prima ein passender und auf Länge gesägter Gerätestiel.
Links: das ausgebaute Achskugellager, das später in jedem Fall erneuert werden sollte.

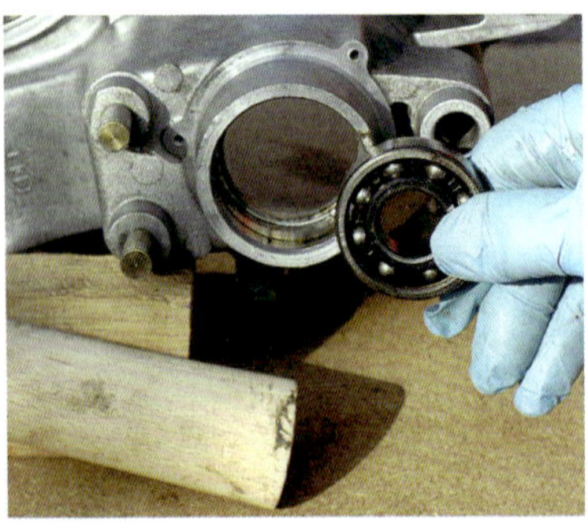

Vorgelege ausbauen, zerlegen

Vorgelege-Konstruktion: Von der Kurbelwelle wird die Kraft bei PX und Cosa direkt auf die Kupplung und von da auf das **Vorgelege** übertragen. Es ist mit einem großen, schrägverzahnten **Antriebsrad** ausgerüstet, das von dem rückseitig auf dem Kupplungsgehäuse montierten Ritzel in Drehung versetzt wird.
Ferner verfügt das Vorgelege über vier geradverzahnte, aus dem Vollen gefräste **Zahnräder** für die einzelnen Gangstufen, die in die vier verschiebbaren Getriebezahnräder eingreifen. Von diesen fließt die Kraft dann direkt auf die **Hinterachse.** Zahnräder und Außenwelle bilden zusammen das Vorgelege. Bei älteren Modellen sitzt das **Kickstarterritzel** abnehmbar auf der Innenseite der rechten Gehäusehälfte. Bei neueren Modellen ist es Bestandteil des Vorgeleges.
Genau betrachtet sitzen die Zahnräder des Vorgeleges fest auf einer **Hohlwelle,** die sich über ein Kugellager und ein Nadellager auf einer fest montierten Achse bzw. **Innenwelle** dreht, die mit einem Ende in einer gepanzerten Bohrung der lichtmaschinenseitigen Gehäusehälfte steckt, mit dem anderen kupplungsseitig über eine gesicherte Mutter der Größe SW 17 verschraubt ist.

Vorgelege ausbauen: Zum Ausbau des **Vorgeleges** muß zuerst die Mutter unterhalb der **Kupplungskammer** entsichert werden; dazu die Blechzunge aufbiegen. Dann mit einem Schlüssel SW 17 die Mutter lösen und zusammen mit der **Sperrscheibe** und dem **Sicherungsblech** abnehmen.
Die **Innenwelle** wurde beim Trennen des Gehäuses bereits aus der Führung in der lichtmaschinenseitigen Gehäusehälfte gezogen. **Achtung:** Die Laufrollen des **Nadellagers liegen frei;** sie sind lose eingelegt, nur mit Fett fixiert und kön-

Beide Fotos oben, Sicherungsblech der Vorgelegeverschraubung mit einem Schraubendreher aufbiegen, die Mutter SW 17 lösen. Links: Sicherungsblech, Sperrscheibe, Mutter. Mit dem Kunststoffhammer wird das Vorgelege nach rechts aus dem Gehäuse geschlagen.

Links: Vorsicht beim Herausnehmen des Vorgeleges, sonst fallen die Nadeln heraus. Darunter: Die Innenwelle etwas vorziehen und Nadeln mit Isolierband fixieren. Unten: Das Vorgelege ganz aus dem Antriebsgehäuse ziehen.

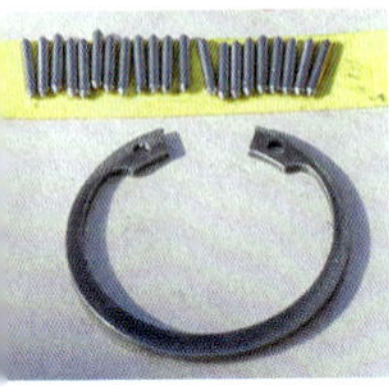

Oben links: Vorgelege mit dem in die Kupplung greifenden Primärrad, den Gangrädern 1 bis 4 (von links) und den abgeklebten Lagernadeln (s.a. kleines Foto: 21 Rollen bei der PX, je 1 mm Ø, lose in Fett eingelegt). Oben rechts: neueres Vorgelege mit Kickstartritzel.

Mitte links: Rückseite des Primärrads mit Sprengring und Nietkranz. Mitte rechts: Mit der gekröpften Zange den Sprengring abnehmen.

nen leicht verlorengehen (PX 80 E z.B. 24 Rollen, übrige PX- und Cosa-Modelle 21 Rollen). Nun das **radiale Spiel** bezüglich der Außenwelle mit ihren Zahnrädern prüfen. Dann die Nadeln für den späteren Wiedereinbau mit Isolierband abkleben. Zuletzt das komplette **Vorgelege** samt Innenwelle aus dem Gehäuse nehmen.

Vorgelege zerlegen: Zum **Zerlegen** des Vorgeleges den Seegerring vor dem Antriebsrad mit der Spezialzange spreizen und abnehmen. Außenwelle und Kugellager von der

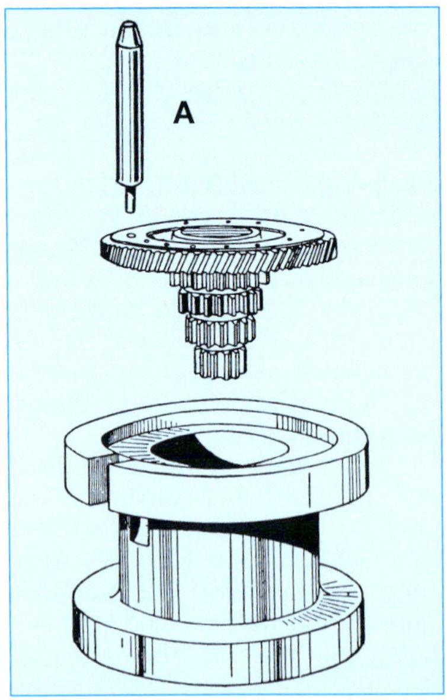

Zeichnung rechts: Zum Auswechseln des Kugellagers wird das Vorgelege auf einen Stahlbock gesetzt. Die sechs Nieten werden abgeschliffen und dann mit passendem Dorn oder Spezialdorn von Piaggio (A) ausgeschlagen.

Zeichnung: © Werkstatt-Handbuch Vespa P 200 E, Piaggio & C. /Corradino Mori

Innenwelle ziehen; **Kugellager** austreiben und falls nötig ersetzen. Das **Primärrad** ist auf das Vorgelege **aufgenietet.** Zum Ausbau ist Spezialwerkzeug nötig, mit dem die Nieten entfernt werden können, Details dazu s.a. Zeichnung.

Kickstarter ausbauen

Kickstartvorrichtung ausbauen: Die **Kickstartwelle** ist direkt im Gehäuse gelagert. Auf den Dichtring achten, er muß in jedem Fall später ausgewechselt werden. Die beiden **Anschlagpuffer** aus Gummi zeigen oft deutliche Abnutzungsspuren, was auch für das Ritzel gilt. Alle stark beanspruchten Elemente müssen durch Neuteile ersetzt werden; s. Kapitel Zuzsammenbau.

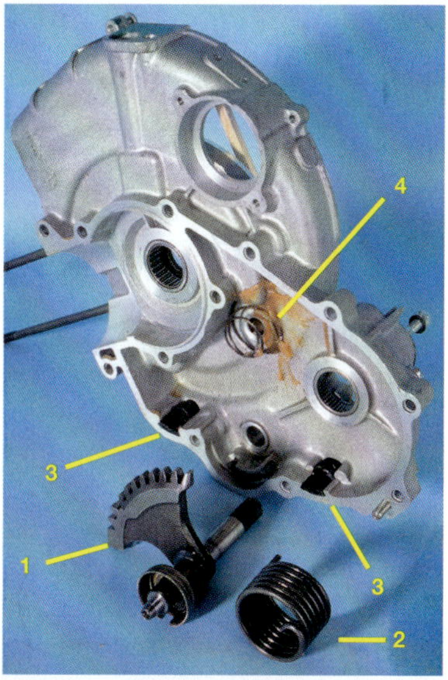

Links: Die Elemente der Kickstarteinrichtung (bei einem Motor mit elektrischem Anlasser): 1 = Welle mit Zahnsegment, 2 = Rückholfeder, 3 = Anschlagpuffer, 4 = Feder des bereits abgenommenen Starterritzels.

Fotos Mitte von links: Das lose sitzende Starterritzel wird vorgezogen; die Feder drückt von hinten gegen das Ritzel; die beiden (abgenutzten Anschlaggummis werden aus dem Gehäuse gezogen.

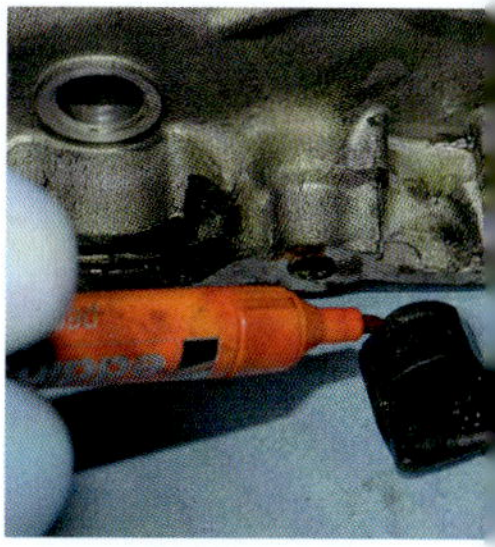

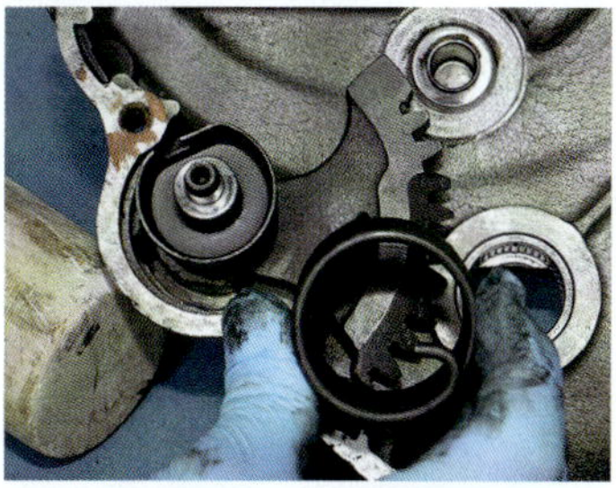

Oben von links, Mitte: Die Rückholfeder wird einfach ausgehängt; rechts: Die Kickstarterwelle wird mit leichten Holzhammerschlägen ausgetrieben. Unten links: Die Welle ist direkt im Gehäuse gelagert; rechts: Der Dichtring wird ausgehebelt und erneuert.

Vorgelege, Lager, Schaltvorrichtung, Getriebe, PX, Cosa: Einbau

Oben rechts: Auch ohne Ausbau des Kugellagers sollte der Sitz des Sprengrings durch Drehen geprüft werden.

In der Montagelogik gehen wir nun den umgekehrten Weg, beschreiben zunächst den Wiedereinbau von Vorgelege, Schaltvorrichtung, Achswellenlager und Getriebe. Im nächsten Kapitel folgt dann in der zweckmäßigen Reihenfolge der Einbau von weiteren Lagern, Kurbelwelle und Kickstartvorrichtung, schließlich der Gehäusezusammenbau.

Die Montage von Kupplung, Lichtmaschin, Ölpumpe, Kolben und Zylinder wurde bereits im Anschluß an die jeweiligen Ausbauanleitungen beschrieben.

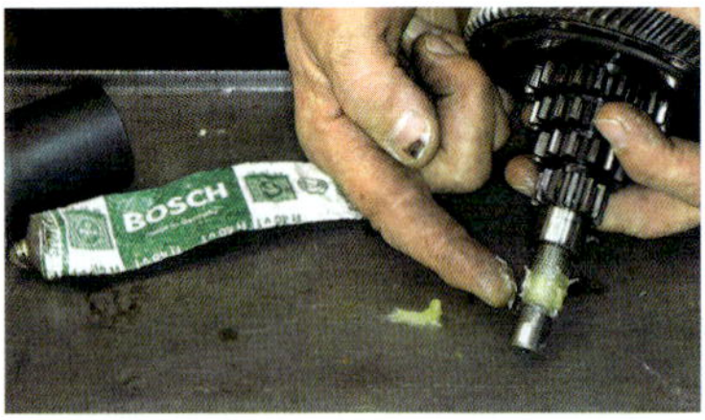

2 Fotos Mitte rechts, kleines Foto: Mit Fett die umlaufende Nut und die 21 Nadeln in die vorgezogene Innenwelle setzen.

Vorgelege einbauen

Einbau von Kickstartsystem, Vorgelege und Getriebe gehen Hand in Hand. Vor der Positionierung von Kickstartritzel und Feder müssen Vorgelege und Getriebe eingesetzt sein.

Vorgelege montieren, einbauen: Wenn das **Kugellager** des Vorgeleges auf der Kupplungsseite noch in Ordnung ist, wird es nicht ausgetauscht. Zur Prüfung des korrekten Sitzes des **Sprengrings** diesen etwas in der Nut drehen.

Foto unten: Das komplettierte Vorgelege wird eingesetzt, indem die Innenwelle in die Lagerstelle des Gehäuses geschoben wird.

Oben: Das eingesetzte und auf der Kupplungsseite gesicherte Vorgelege.

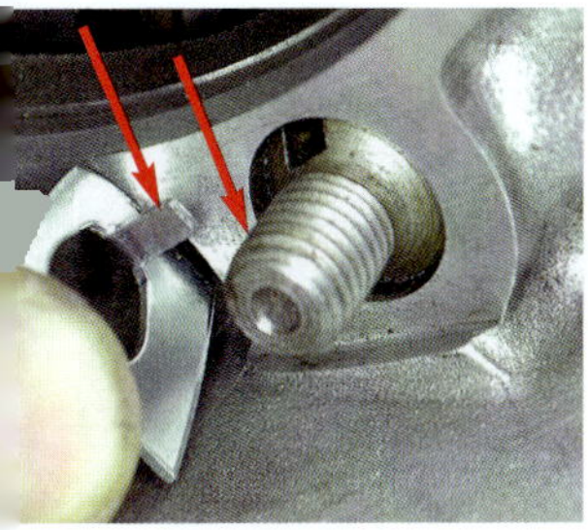

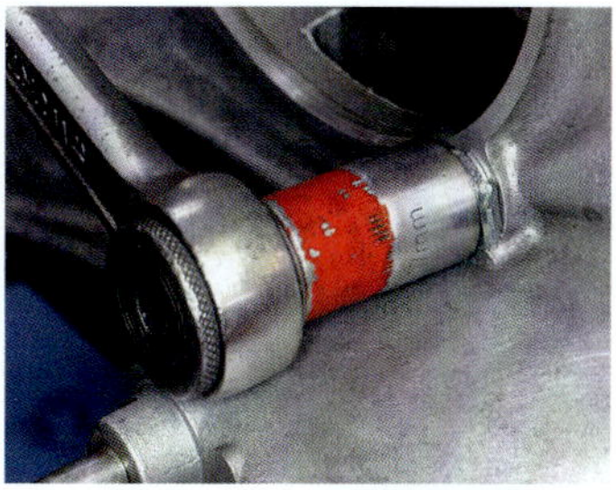

Anschließend wird die **Innenwelle** so weit wie möglich vorgezogen, damit die **21** herausgenommenen **Lagernadeln** wieder eingesetzt werden können. Die umlaufende Lagernut wird mit **Heißlagerfett** beschichet. Dann setzen wir die losen Laufrollen des Außenlagers rund um in die Fettpackung, indem wir die Welle immer weiter drehen. Danach wird die Innenwelle mit den anhaftenden Laufrollen unter leichten Drehbewegungen vorsichtig in die Außenwelle zurückgeschoben, und zwar so weit, bis die Nadeln nicht mehr herausfallen können.
Nun kann das **komplettierte Vorgelege** in die kupplungsseitige Gehäusehälfte gesetzt werden. Zuletzt wird das Vorgelege am Rand des Kupplungsgehäuses gesichert. Dazu werden ein neues **Sicherungsblech,** eine neue **Sperrscheibe** und die **Mutter SW 17** benötigt. Dabei **unbedingt beachten:** Welle im Gehäuse so drehen, daß die Nut im kupplungsseitigen Gewinde nach vorn zeigt – anderenfalls kommen sich später Sicherungsblech, Sperrscheibe und Kupplungsdeckel in die Quere; die Innenlasche der Sicherung muß in diese Nut greifen.
Mutter mit einer **Stecknuß SW 17** und **Drehmoment Nm 35** festziehen, **Zunge** des Sicherungsblechs **umbiegen,** am besten mit einer Wasserpumpenzange. Zunge und Sperrscheibe müssen so liegen, daß der Kupplungsdeckel bündig aufgesetzt werden kann.

Arretierung der Innenwelle auf der Kupplungsseite. Oben links: Sicherungsblech so positionieren, daß die Lasche in die Kerbe der Welle eingreift und nicht ins Kupplungsgehäuse ragt. Mitte: Sicherungsblech (neu), Sperrscheibe (neu) und Mutter (gebraucht). Oben rechts: Mit Drehmoment Nm 35 und Stecknuß SW 17 wird die Mutter angezogen.

Kleines Foto oben: Die Außenlasche des Sicherungsblechs wird mit der Wasserpumpenzange so umgebogen, daß sie fest an einer Kante der Mutter anliegt.

Kugellager, Dichtring Achse

Bevor das Getriebe mit der Achswelle (gleichzeig Getriebehauptwelle) eingesetzt werden kann, müssen Kugellager und Dichtring für die Achse in die kupplungsseitige Gehäusehälfte eingebaut werden. Dabei stets Neuteile verwenden. Am besten bei liegendem Gehäuse arbeiten.

Achskugellager einbauen: Auch hierbei wird der Umgebungsbereich des Lagersitzes wieder mit der **Heißluftpistole** bis auf 150 °C erwärmt. Es ist heiß genug, wenn aufgebrachte Spucke kocht. Nach dem „Spucktest“ Gehäuse flach auf ein Holzbrett legen, neues Lager einset-

Unten: Vor dem Einbau des Achslagers dessen Umgebung mit dem Heißluftgerät auf circa 150 °C erhitzen.

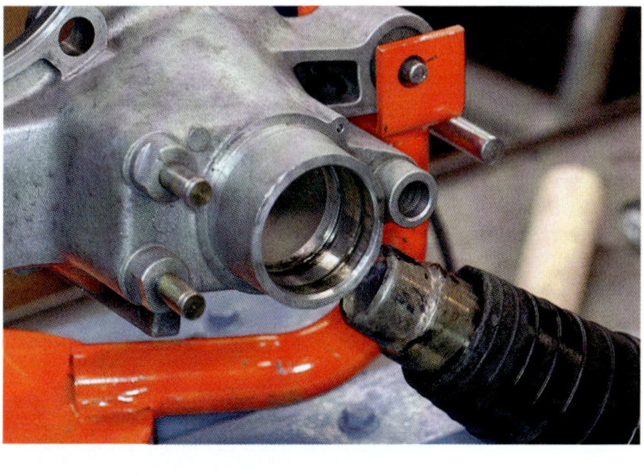

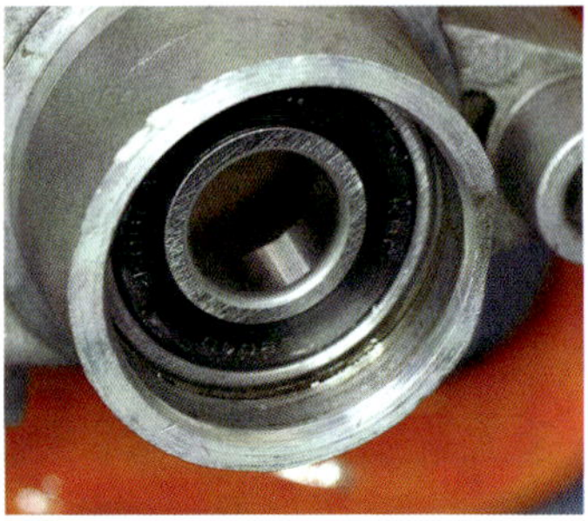

Bildreihe oben: Einsetzen eines neuen, abgedichteten Lagers von Hand und dann bis zum Anschlag mit dem passenden Piaggio-Stempel.

Mitte links: Einsetzen des Seegerrings mit der Spezialzange, scharfe Kante nach außen. Der Sicherungsring muß perfekt in der Nut sitzen.

Rechts: Der neue Wellendichtring wird so eingesetzt, daß er außen bündig mit dem Gehäuse abschließt.

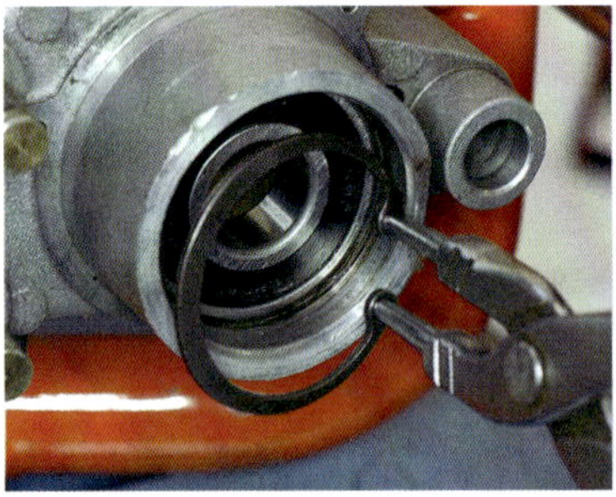

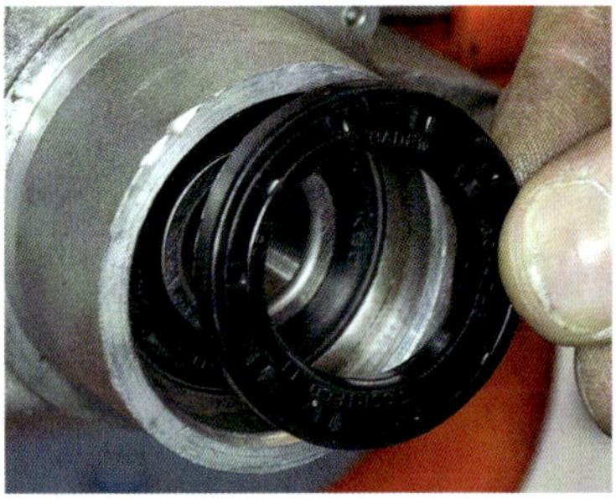

zen und mit passender Hülse bis zum Anschlag **eintreiben.** Gehäuse nun auf den Montageständer setzen und **Seegerring** anbringen, scharfe Kante nach außen. Perfekten Sitz durch Drehen des Rings in der Nut prüfen.

Dichtring einsetzen: Unbedingt neuen **Wellendichtring** verwenden und dabei beachten, daß beim Einsetzen die schwarze, geschlossene Seite nach außen zeigt. **Achtung:** Der Ring darf nicht bis zum Kugellager eingeschoben werden, sondern muß vorne bündig mit dem Gehäuse abschließen, weil er sonst erfahrungsgemäß nicht richtig abdichtet. Zum Anpassen an das Gehäuse leichten Hammer verwenden.

Für zahlreiche Arbeiten an der Antriebseinheit ist ein solcher Montageständer sehr nützlich. Er verfügt über eine drehbare Walze mit Sicherungsbolzen und einen Haltebügel. Die Walze läßt sich mit einer Mutter SW 13 sichern. Der Ständer wird in einen Schraubstock oder in eine selbstgebaute Unterlage aus Holz geklemmt.

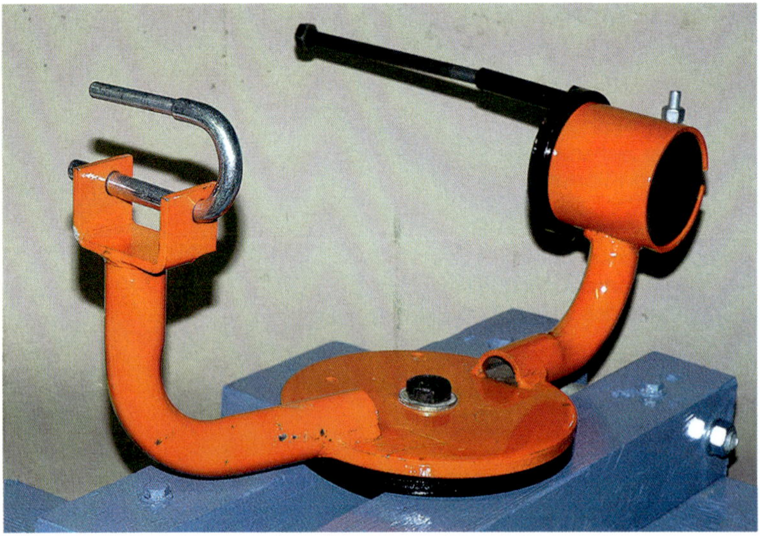

Schaltvorrichtung einbauen

Schaltzapfen und Schaltkreuz montieren: Auf der **Achs- und Getriebehauptwelle** ist der **Schaltautomat** montiert. Die Zerlegung haben wir bereits gezeigt. Wenn das **alte Schaltkreuz** an den Ecken Abnutzungsspuren zeigt, sollte es ersetzt werden. Auch der **Schaltzapfen** wird am besten erneuert.
Das **Schaltkreuz** verkanten und so in die Kammer des Schaltautomaten einführen, daß die Wölbung zu den Getriebezahnrädern hin zeigt, also Richtung Schaltraste/Lichtmaschi-ne. Unbedingt die unterschiedliche Ausprägung der Schlitze beachten; verkanten läßt sich das Kreuz nur in den Schlitzen mit den größeren Buchten.
Dann **Welle** in Schraubstock spannen. Gewinde des Schaltzapfens mit **Schraubensicherung** benetzen, Unterlegscheibe ansetzen und Zapfen in das Schaltkreuz drehen. Dabei **Achtung: Linksgewinde M6,** also **gegen den Uhrzeigersinn** festschrauben!

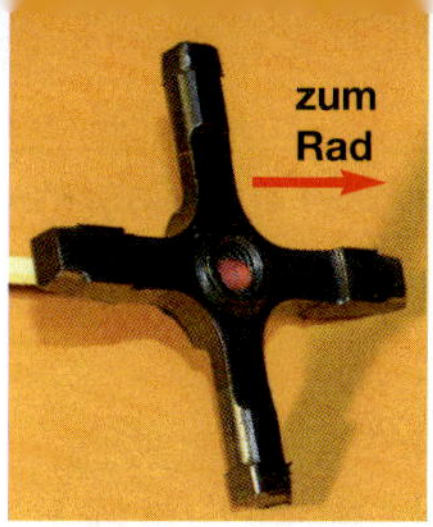

Oben links: Schaltkreuz Hinterradseite, oben rechts: Schaltkreuz Schaltrastenseite.

Links: Schaltkreuz um 90° drehen, in die Aussparung setzen, dann wieder zurückdrehen.

Links: das Schaltkreuz sitzt in seiner Position, Wölbungen nach vorn.

Unten links: Schaltzapfen mit Loctite 271 einsetzen. Daneben: Verschrauben von Zapfen und Kreuz – Linksgewinde!

Getriebe montieren

Getriebe zusammenbauen: Das **Getriebe** wird nach der Montage des Schaltkreuzes und des Schaltzapfens **komplettiert.** Dazu werden die Getriebezahnräder auf die Antriebswelle geschoben, dabei mit dem kleinsten Zahnrad (4. Gang) beginnen.
Achtung: Die **Zahnräder** haben **ungleiche Seiten,** sie dürfen nicht vertauscht werden! **Zur Orientierung: 4. Gang** (kleinstes Zahnrad) mit der glatten Seite nach hinten, mit dem erhöhten Innenring nach vorne einsetzen; **3. Gang** mit dem Piaggio-Signet nach hinten, dem Innenring

Die Lage zueinander der vier Getriebe-zahnrad-Rückseiten aus Richtung Achslager gesehen.

Antriebswelle alt PX 200 E bis 1984 mit Zahnrädern und Zubehör

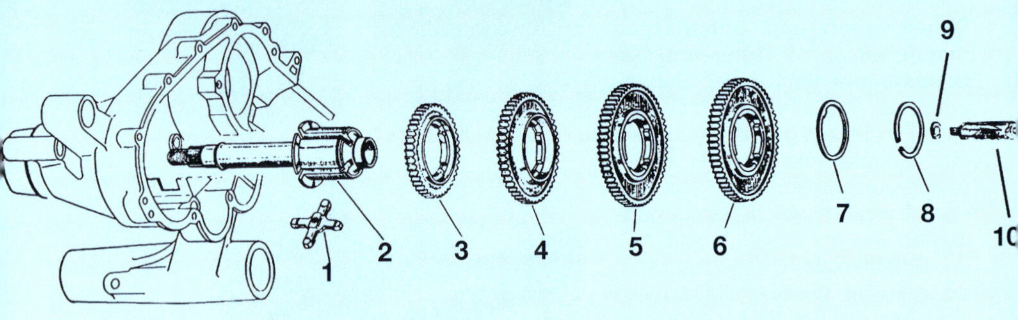

Zeichnung: © Werkstatt-Handbuch Vespa P 200 E, Piaggio & C. /Corradi

Zeichnung oben: Elemente des Getriebes; 1 = Schaltkreuz, 2 = Antriebswelle, 3 = Zahnrad 4. Gang, 4 = Zahnrad 3. Gang, 5 = Zahnrad 2. Gang, 6 = Zahnrad 1. Gang, 7 = Schulterring, 8 = Sprengring, 9 = Unterlegscheibe, 10 = Schaltzapfen. Zur Orientierung beim Einbau: s. nebenstehenden Lauftext.

Foto oben: Alle Getriebeelemente von vorne, also von der Lichtmaschinenseite her gesehen; die Unterlegscheibe am Schaltzapfengewinde nicht vergessen (Pfeil).

Foto unten: das fertig auf der Achswelle montierte Getriebe von der Radseite her gesehen.

nach vorn; **2. Gang** mit niedrigerem Innenring nach hinten, dem Piaggio-Signet und dem erhöhten Ring nach vorn; **1. Gang** (größtes Zahnrad) mit der Vertiefung nach hinten, der glatten Seite und der Teilenummer nach vorn. Zuletzt den **Schulterring** aufsetzen und den großen **Sicherungsring** montieren.

Achtung: Es gibt unterschiedliche Ausführungen der Achswelle. Bei neueren Modellen befindet sich zur Sicherung der Getriebezahnräder auf der Radlagerseite **ein zusätzlicher Schulterring,** der mit einem **zweiten Sprengring** gesichert ist. Das Vorhandensein von zwei Ringen vorn und hinten erleichtert das Einstellen und Zentrieren – s. unten.

Hinweis: Die Zahnräder lassen sich auch direkt am Mortor aus- und einbauen – s. Foto nächste Seite oben.

Getriebe Spiel prüfen

Spiel Zahnradsatz messen: Piaggio empfiehlt in älteren Anleitungen, vor dem Einbau der Antriebswelle das axiale **Spiel** zwischen dem kleinen Zahnrad für den 4. Gang und der Innenplatte bei komplett aufgeschobenen **Zahnrädern** zu **messen.** Dies ist aber unpraktikabel, weil dort die Fühlerlehre zu stark abknickt. Das hat auch der Hersteller erkannt und empfiehlt ab der Cosa das Messen vorn zwischen Schulterring und dem großen Zahnrad des 1. Gangs (s. Zeichnung).

Das **Einbauspiel** liegt zwischen 0,15 und 0,40 mm. Das **zulässige Mindestspiel** beträgt **0,15 mm,** das **maximal zulässige Spiel 0,50 mm;** die Zahnräder müssen sich auf jeden Fall ohne zu klemmen auf der Schaltwalze drehen können. Zum **Spielausgleich** gibt es bei Piaggio unterschiedlich starke Schulterringe, minimal mit einer Stärke von 1,04, maximal mit 2,65 mm. Man kann auch zwei dünne Ringe zum Ausgleich nehmen. Bei Ausführungen wie dem Cosa-Motor mit Schulterringen vor und hinter dem Schaltautomaten (s. oben und Zeichnung) läßt sich das Spiel durch Aufschieben passender Ringe besonders leicht herstellen.

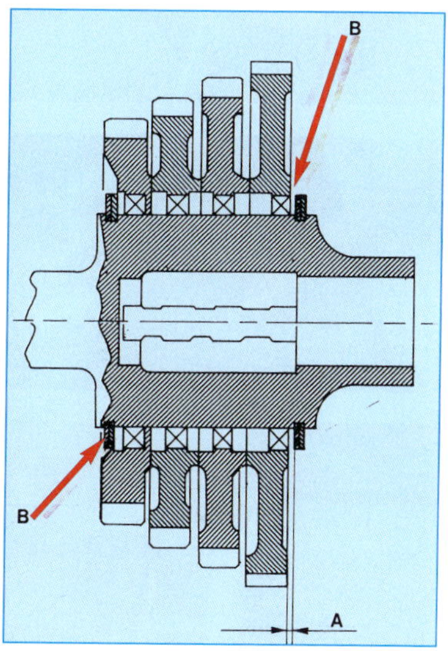

Schnittzeichnung des Cosa-Getriebes mit zwei Schulterringen ***B*** *vor und hinter dem Zahnradsatz. Die beiden Sprengringe sind nicht eingezeichnet.* ***A*** *= Spiel zum Ring.*

Oben: Auch nach Abbau von Lichtmaschine und rechter Gehäusehälfte sowie dem Entfernen von Spreng- und Schulterring lassen sich die Getriebezahnräder abnehmen und wieder einbauen.

Mitte oben: Unter Umständen sind zwei Schulterringe zum Spielausgleich erforderlich. Mitte unten: Messen des Gesamtspiels. Links: Setzen des Sprengrings.

Getriebe einbauen

Getriebehauptwelle ohne Zahnräder einbauen: Die Haupt- bzw. achswelle wird **vereist** und mit leichten Gummihammerschlägen in das Kugellager eingeführt; damit's besser rutscht, den Lagerbereich dünn mit Fett bestreichen. Die Welle muß bis zum Anschlag ins Lager getrieben werden. Besser ist es aber, sie mit einem Spezialwerkzeug einzuziehen (s. unten). Die Achse mit der **Kerbverzahnung** für die Bremstrommel muß am Ende rund 36 mm vom Radlagergehäuserand abstehen. **Achtung:** Nie auf den Innenring des Lagers und den Kugelkäfig einwirken!

Großes Bild unten: Ansetzen des vormontierten Getriebes. Rechts oben: Einziehen der Antriebswelle mit dem Getriebe – zuerst Einschrauben des Gewindestücks (Pfeile). Darunter: das Widerlager (Pfeil) aufsetzen.

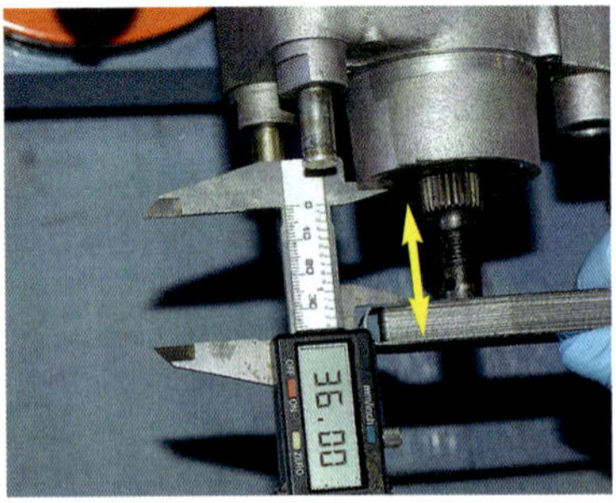

Mitte rechts: das komplette Einziehwerkzeug mit Knebelschraube, Einziehmutter, Distanzrohr und zuvor aufgeschobenem Ringschlüssel SW 30. Darunter: Die Zahnräder dürfen nicht Zahn auf Zahn stehen, sondern Zahn auf Raum zwischen den Zähnen. Rechts unten: Die Achse muß zuletzt rund 36 mm vorstehen (Doppelpfeil).

Getriebesatz komplett einbauen: Zum professionellen Einbau eines **komplett vormontierten Getriebes** inklusive Antriebswelle wird das vierteilige Piaggio-Spezialwerkzeug T 0018119 an die Welle geschraubt, und zwar in folgender Reihenfolge: zuerst das kurze Gewindestück SW 17, dann die Widerlagerhülse mit 57 mm Durchmesser, die lange Distanzhülse, zuletzt den den Knebel mit Gewinde und Stellmutter SW 30. Falls kein Gabelschlüssel SW 30 zur Hand ist, Ringschlüssel nehmen und vor der Positionierung des Knebels aufschie-

Links: das fertig eingezogene Getriebe mit dem zuvor eingesetzen Vorlege.

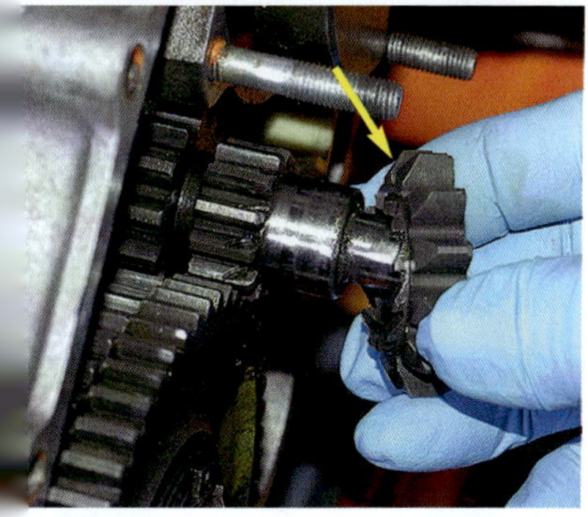

Links außen: Das Kickstarterritzel wird bei älteren Modellen auf die Vorgelegewelle geschoben. Die abgeschrägte Mitnehmerverzahnung (Pfeil) muß zum Vorgelege hin weisen. Daneben: Anordnung von Ritzel und Feder später im Gehäuse. Die Feder wird vor der Endmontage auf die flach liegende kupplungsseitige Gehäusehälfte gesetzt wie hier gezeigt; dabei die Feder mit Universalfett fixieren (Pfeil), damit sie nicht herunterfällt.

ben. Mit dem Schlüssel wird die Welle dann behutsam von der Bremsseite her in das Lager gezogen – s. nebenstehende Fotos.
Dabei **Achtung:** Wenn es hakt, keine Gewalt anwenden, sonst wird u.U. großer Schaden angerichtet. Die Getriebezahnräder müssen sich gleitend in die Vorgelegezahnräder schieben können. Wenn es klemmt, das betreffende Zahnrad mit einem Schraubendreher in seine Position drücken. Nicht weiterdrehen, wenn der Knebel beim Einziehen der Achse blockiert, sondern die Ursache suchen!

Kickstarterritzel aufschieben: Anschließend das **Kickstarterritzel** (mit den Mitnehmerzähnen nach innen) auf die Vorgelegewelle stecken (bei neueren Motoren sitzt sie fest auf dem Vorgelege). Am besten das alte, meist abgenutzte Ritzel durch ein **Neuteil** ersetzen. Die **Druckfeder** für das Ritzel mit etwas Fett aufsetzen wie im Bild gezeigt. Sie fügt sich später in die zweite Gehäusehälfte (Kickstartermontage im Detail s. weiter unten).

Kurbelwellenlager, Kurbelwelle, Kickstarter einbauen, Gehäusehälften zusammenfügen

Nach dem Einbau von Vorgelege und Getriebe nebst Lagerung kann die Kurbelwelle montiert werden, zunächst zusammen mit dem kupplungsseitigen Kugellager. Das Nadellager wird vor dem Zusammenfügen der Gehäusehälften eingebaut. Zuvor muß die Kickstartvorrichtung eingesetzt werden.

KW-Kugellager, Dichtring

Rechts oben: Die Umgebung des Lagersitzes 15 Minuten lang auf 150 °C erwärmen. Darunter: Danach schiebt sich das Kugellager leicht in seinen Sitz.

Kugellager Kurbelwelle einbauen: Für den Einbau des Kurbelwellen-Hauptlagers (Kugellager) muß zunächst die **kupplungsseitige Gehäusehälfte** im Bereich des Lagersitzes mit einer handelsüblichen Heißluftpistole auf ca. 150 °C erwärmt werden. **Tipp:** Nach circa 15 Minuten auf den Lagersitz spucken; wenn die **Spucke** kocht, ist das Gehäuse heiß genug.

Achtung: Gehäuse jetzt vom Ständer nehmen und **flach** auf ein

Links: Mit einem selbst angefertigten Hartholzstück wird das Kugellager bis zum Anschlag eingetrieben. Rechts: Optimal ist das Eintreiben mit der passenden Hülse von Piaggio.

Links: Einsetzen des Seegerrings mit der Zange. Rechts: Der Ring muß perfekt in der Nut sitzen; ihn zum Testen über die Ösen (rote Pfeile) etwas drehen.

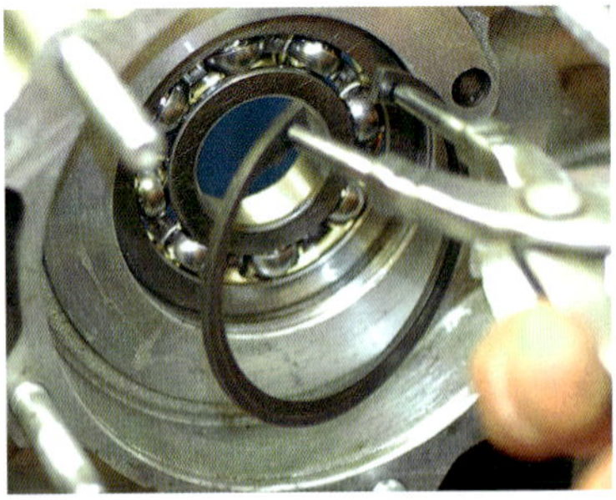

Links oben: Der große Wellendichtring wird mit der schwarzen Seite nach außen, d.h. zur Kurbelwelle hin, eingesetzt. Mitte: Der Ring muß perfekt anliegen. Rechts: Zur Sicherheit wird er mit dem Hammer rundum angeklopft. Nur leicht schlagen und dabei Gehäuse nicht berühren und beschädigen.

Stück Holzbohle legen, damit richtig geschlagen werden kann. Dann das Kugellager einsetzen und mit einem passenden **Stempel,** einer **Hülse** oder einem **Hartholz** in den Lagersitz hineinschlagen. Es geht auch mit einem alten Kugellager, das angeschliffen und aufgesetzt wird, wie im untenstehenden Kasten beschrieben. **Achtung:** Niemals auf den Innenring oder den Kugelkranz schlagen, das Lager würde zerstört. Nach dem Einbau wird das Lager mit dem großen **Seegerring** gesichert. Der Ring muß mit der scharfen Kante nach außen weisen. Dann testen wir, ob er richtig sitzt, indem er über eine Öse etwas weitergedreht wird.

Wellendichtring einbauen: Es folgt der Einsatz eines neuen **Wellendichtrings,** dessen Dichtlippen zur Kurbelwelle hin weisen müssen; anders gesagt: helle Seite zum Lager hin, schwarze Seite nach außen Richtung Lichtmaschine. Mit dem Hammer leicht rundum festklopfen.

Nadellager-Innenring KW

Nadellager-Situation: Der **Innenring** des **Kurbelwellen-Nadellagers** auf der LiMa-Seite bleibt bei der Demontage meist unverrückbar auf der Kurbelwelle, was normalerweise immer der Fall ist. Wenn zudem der Abstand zwischen Ring und Kurbelwange nicht korrekt ist, muß der Ring abgezogen und ersetzt werden. Dies ist aber einfacher gesagt als getan. Das eigentliche **Nadellager** wird separat in die lichtmaschinenseitige Gehäusehälfte eingesetzt, s. weiter unten.

Ausbau des alten Innenrings: Die Kurbelwelle wird in den **Schraubstock** gespannt, und zwar unbedingt zwischen **Alubacken,** um Beschädigungen zu vermeiden. Dann wird der Ring mit dem **Dremelschleifgerät** quer aufgeschlitzt, aber nicht bis runter auf die Welle; ein kleiner Rest bleibt stehen. Beim Schleifen wegen des Funkenflugs unbedingt **Schutzbrille** anlegen. Neben dem Ring wird anschliessend dick **Isolierband** um die Welle gewickelt, als Schutz vor Beschädigungen beim folgenden Sprengen. Anschließend wird der Ring mit **Hammer** und scharfem **Meißel** gesprengt. Nun Kurbelwelle läppen, also mit feinem 600er **Schmirgelleinen** Arbeitsspuren entfernen.

Links: Kurbelwelle im Schraubstock mit altem Innenring ohne den nötigen Abstand zur Wange.

Einbau eines neuen Innenrings: Die Kurbelwelle wird danach über Nacht ins **Gefrierfach** gelegt und am nächsten Morgen sofort wieder in den **Schraubstock** gespannt; dabei wieder **Alubacken** zwischensetzen, damit die Welle nicht verkratzt wird. Zuvor wurde der neue Innenring in eine motorölgefüllte Blechbüchse gelegt und im **Ölbad** mittels Kochplatte auf **180 °C** erhitzt – Vorsicht bei der Handhabung, **Verbrennungsgefahr!**

Oben rechts: Auftrennen mit dem Dremel-Schleifer. Unten: Sprengen des Rings mit Hammer und Meißel.

Mitte rechts: Das Distanzstück wird auf die vereiste Kurbelwelle gelegt. Rechts außen: Mit der Zange wird der im Ölbad auf 180 °C erhitzte neue Ring übergestülpt.

Unten rechts: Bei aufgesetztem Distanzstück wird der Ring mittels der Spezialhülse aufgeschlagen.

Achtung: Der neue Ring darf nicht ganz bis zum Anschlag geschlagen werden; es muß vielmehr das **Distanzstück** T 0060007 von Piaggio aufgelegt werden. (Zwischen die Kurbelwangen kann auch der Keil T 0025127 gesteckt werden, damit es beim Einschlagen nicht zu Beschädigungen kommt.)
Den **erhitzten neuen Ring** mit der Zange aus dem Ölbad nehmen und auf die vereiste Kurbelwelle schieben, was problemlos klappt. Mit einer **Spezialhülse** (19.1.20003) wird der Ring bis zum Distanzstück getrieben. Dieses erst entfernen, wenn der Lagerinnenring sich etwas abgekühlt hat. Dabei **nicht anfassen,** sondern Kombizange nehmen – das Distanz-stück ist noch heiß.

Links: Das aufgeheizte Blech wird mit der Zange abgezogen. Rechts: Die Pfeile zeigen auf den erzielten Abstand zur Wange.

Kurbelwelle einbauen

Kurbelwelle einbauen: Nach dem Aufbringen des Nadellager-Innenrings kann die **Kurbelwelle** in die kupplungsseitige Gehäusehälfte und in das Kugellager geschoben werden, was besonders leicht geht, wenn sie noch eiskalt ist. Die Kurbelwelle kann in der Werkstatt auch mit dem Piaggio-**Spezialwerkzeug** T 0018119 von der Kupplungsseite her ins Lager gezogen werden.

Bevor die zweite, bereits mit den Nadellagern ausgerüstete Gehäusehälfte aufgesetzt wird, muß eine zuvor vereiste Kurbelwelle **trockengeföhnt** werden: beim Warmwerden an der Luft hat sich **Kondenswasser** gebildet, das sonst im Gehäuse bleibt und dort Korrosion hervorrufen kann.

Wenn noch nicht erfolgt, muß nach dem Einbau der Kurbelwelle und vor dem Zusammenfügen der Gehäusehälften das **Kickstarterritzel** auf die Vorgelegewelle geschoben werden. Einzelheiten zur Kickstartermontage auf den folgende Seiten.

Oben Mitte: Die noch vereiste Kurbelwelle wird in das Hauptlager eingesetzt. Unten: Blick auf die fertig montierte und optisch feinbearbeitete Gehäusehälfte; links das Getriebe mit der Achswelle und dem Schaltzapfen, in der Mitte das Vorgelege, rechts die Kurbelwelle mit dem Pleuel. Anschließend kann die rechte Gehäusehälfte vormontiert und aufgesetzt werden.

Beide Nadellager einbauen

Beim Zusammenbau der Antriebseinheit ist die Komplettierung der lichtmaschinenseitigen Gehäusehälfte der nächste logische Arbeitskomplex: Einbau der Nadellager von Kurbelwelle und Antriebswelle sowie Montage der Kickstartelemente, wobei das Ritzel bereits auf das Vorgelege aufgeschoben sein muß.

Nadellager Kurbelwelle und Achswelle einbauen: Die Arbeitsschritte sind bei beiden Lagern identisch. Zunächst werden die beiden Lagersitze mit der **Heißluftpistole** auf ca. 150 °C erhitzt. Ein wenig Spucke auf den jeweiligen Lagersitz zeigt, ob das Gehäuse heiß genug ist: Wenn die Spucke kocht, kann das Lager eingesetzt werden.

Beide Lager gleiten nun leicht in ihre Sitze. Mit einem **Stempel** aus Kunststoff oder einem zurechtgeschnittenen Stück Hartholz wird noch einmal kurz auf die Außenringe geschlagen, damit die Lager auch hundertprozentig bündig sitzen. Mit einem Durchschlag anschliessend leicht auf die Außenringe klopfen; klingt es metallisch, ist alles in Ordnung. Damit die Lager später beim ersten Motorstart nicht trocken laufen, werden sie innen mit **Universalfett** bestrichen.

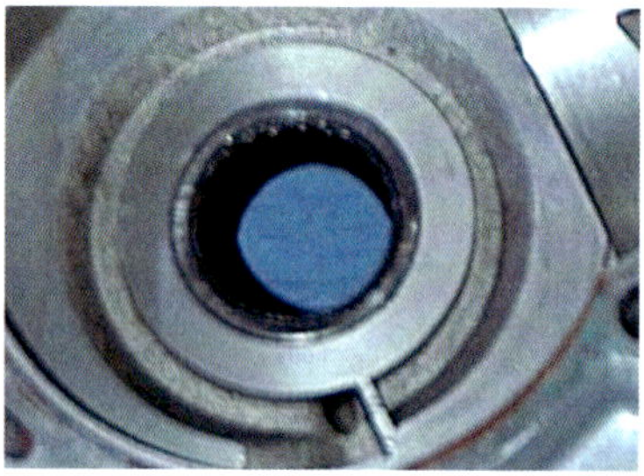

Einbau Nadellager Kurbelwelle, 3 Bilder rechts von oben: Erhitzen des Lagersitzes auf 150 °C; das neue Nadellager schließt bündig mit dem Gehäuse ab, wobei der Innenring bereits auf der Kurbelwelle sitzt, s. vorige Seiten; zuletzt wird innen Universalfett aufgetragen.

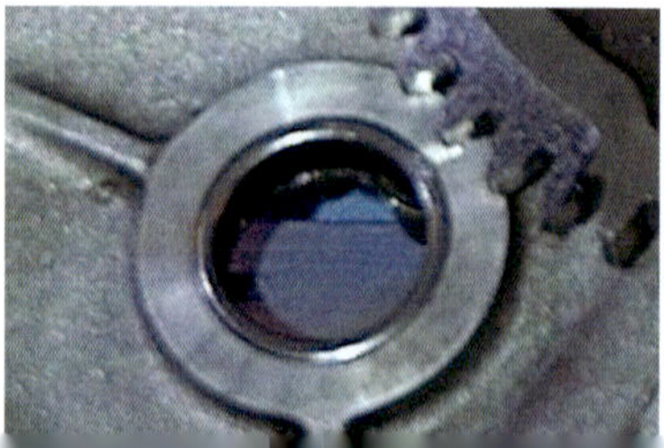

Einbau Nadellager Antriebs-/Getriebeachswelle, 3 Bilder rechts: Auch hier wird das Gehäuse auf 150 °C erhitzt; ganz rechts: Mit dem Plastikstempel wird das Lager bis zum Anschlag in den Sitz der Gehäusehälfte getrieben. Unten links: Das neue Lager (hier inklusive Innenring) sitzt an seinem Platz.

Kickstarter einbauen

Kickstartanlage einbauen: Zuerst neue **Anschlaggummis** einsetzen. Die letzten Millimeter werden sie mit der Klinge eines starken Schraubendrehers in ihre Sitze gedrückt. Dann wird ein neuer **O-Dichtring** in die **Nut** des Lagers für die Kickstarterwelle eingesetzt. Die Nut zuvor säubern und mit **Heißlagerfett** füllen. Auch die Welle wird mit etwas Heißlagerfett bestrichen. O-Dichtring einsetzen und die Welle des **Kickstartersegments** so in die lichtmaschinenseitige Gehäusehälfte einführen, daß die Verzahnung zum Lager der Antriebswelle weist. Zuletzt die **Rückholfeder** einfügen; sie muß von Hand etwas **vorgespannt** und dann zuerst mit dem **unteren, geraden Ende** in die entsprechende Bohrung im Gehäuse gesteckt werden.
Dann wird das **obere, abgewinkelte Ende** der Feder in die Segmentnabe eingehängt, wozu eine Wasserpumpenzange benutzt wird. **Achtung:** Die Feder muß glatt im Gehäuse sitzen. Die Segmentwelle muß bis zum Anschlag im Gehäuse stecken, sonst lassen sich Kickstarterhebel und Sicherungsbolzen nicht montieren. Das **Kickstartersegment** muß vor der Gehäusemontage mit seinem äußeren Ende auf dem Höcker des **Gummianschlags** anliegen.
Ritzel und **Feder** sitzen letztlich nach dem Zusammenfügen der Gehäusehälften auf der Vorgelegewelle. Eingebaut werden am besten **Neuteile.** Beim späteren Zusam-

Oben links: die beiden (neuen) Anschlaggummis mit einem Schraubendreher bis zum Anschlag runterdrücken. Oben rechts: den Lagersitz der Starterwelle mit Heißlagerfett füllen, einen neuen O-Ring einsetzen.

Mitte links: Auch die Welle mit Heißlagerfett versehen; rechts: Das Segment muß, wie gezeigt, am Anschlaggummi anliegen. Untere Bildleiste von links: die Position des unteren Federendes über der Bohrung; Spannen der Feder mit Rohrzange; rechts: So muß die Feder eingehängt werden.

häusehälften haben wir penibel von alten Dichtungsresten befreit.

Dichtungsreste entfernen: Auch wenn die **alte Papierdichtung** noch intakt ist, muß sie erneuert werden. Ist sie defekt, die verbliebenen **Reste** entfernen. Die Dichtflächen dürfen keine Riefen zeigen. Sehr festsitzende Reste der Dichtung werden vorsichtig mit einem **Stechbeitel** abgeschabt. Dabei die Dichtfläche des Gehäuses nicht verkratzen. Danach die Dichtfläche mit **600er Schmirgel** abziehen.

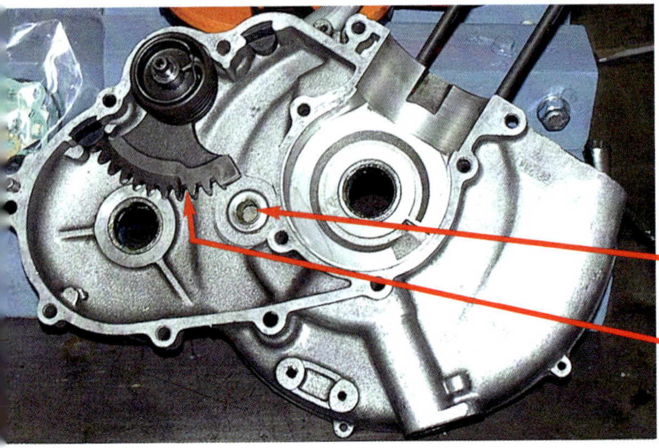

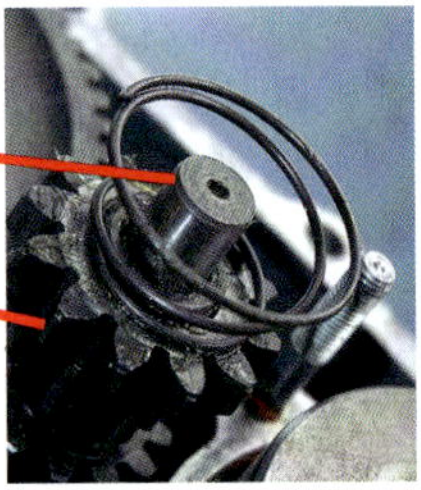

Links: die rechte Gehäusehälfte mit Nadellagern und Kickstartsegment. Rechts: linke Hälfte mit Ritzel und Feder (enge Windung zum Ritzel hin); die Pfeile zeigen die spätere Einbaulage.

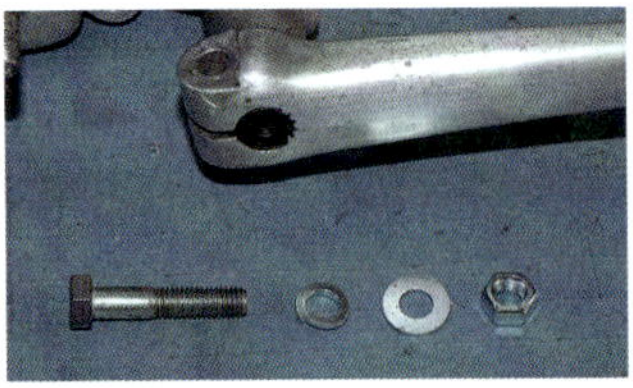

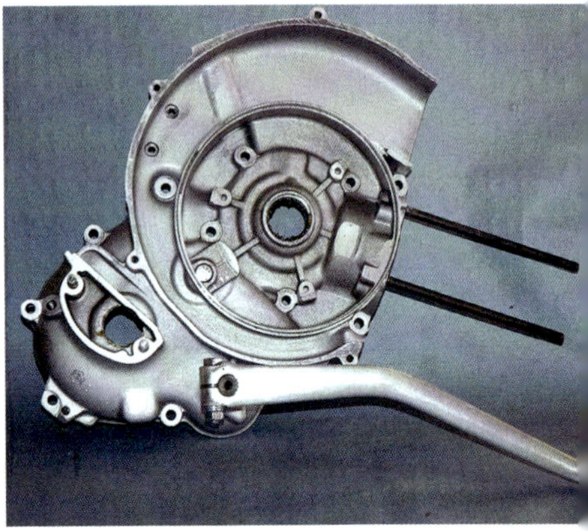

Rechts oben: aufgesetzter Kickstarterhebel und seine Befestigungsteile SW 13. Darunter: Die Mutter wird handfest angezogen. Rechts: die fertig vormontierte lichtmaschinenseitige Gehäusehälfte mit den zwei gefetteten Nadellagern.

menbau müssen die Gehäusehälften liegen, sonst fallen Ritzel und Feder heraus. Zuletzt wird der **Kickstarthebel** montiert, seine Position ist vorgeprägt. Bolzen von oben einsetzen und mit Mutter SW 13 sichern.

Gehäusehälften montieren

Reinigung – Vorbemerkung: Die **Gehäusehälften** müssen absolut sauber und fettfrei sein; sie wurden beizeiten **gereinigt** und im Aussenbereich aufpoliert. Dabei haben wir Dreieckschleifer, Drahtbürste, Schleifpapiere verschiedener Körnung von 120 bis 600 sowie Reinigungsmittel wie Aceton und Waschbenzin eingesetzt. Völlig entkernte Gehäuseteile können außen auch gestrahlt werden. Die **Dichtflächen** der Ge-

Rechts außen: Die festsitzenden Reste der Dichtung werden vorsichtig mit einem Stechbeitel abgeschabt. Unten: Die Dichtflächen werden mit 600er Schmirgel poliert.

Bolzenführungen reinigen: Vor dem Gehäusezusammenbau müssen die **Bolzenführungen** gecheckt werden. Sie sind meist sauber, bis auf eine – die Bohrung unten, in der die lange Schraube oft festkorrodiert (s. weiter vorn „Motorzerlegung“). Das korrodierte Material muß mit einem 8 mm starken Bohrer vorsichtig **ausgebohrt** werden.

Gehäusehälfte Kupplungsseite – Vorbereitung: Wie bereits erwähnt, muß die vormontierte Gehäusehälfte mit Kurbelwelle, Vorgelege und Getriebe wegen der vorab nötigen Positionierung von **Kickstarterritzel** und **Feder** flach hingelegt werden. Dann wird die Feder aufgelegt; sie gleitet beim Aufsetzen der anderen Gehäusehälfte in ihren Sitz (enge Windung nach unten gegen das Ritzel, s. Foto oben). Mit etwas Fett wird sie „festgeklebt“.

Gehäusehälfte LiMa-Seite – Vorbereitung: Die rechte Gehäusehälfte muß mit neuen Nadellagern und der Kickstartvorrichtung samt Kickstarthebel ausgerüstet sein, s. vorige Seiten.

Gehäusehälften-Abdichtung: Früher hat man die sorgfältig gereinigte Dichtfläche dünn mit Universalfett bestrichen, bevor die neue **Papierdichtung** aufgelegt wurde. Wir nehmen zusätzlich zur Papierdichtung die bewährte **Flüssigdichtung: 518** oder **510** von **Loctite. Achtung:** Die Dichtmitel werden nur auf dem Flansch der kupplungsseitigen, flach auf dem Montagetisch liegenden Gehäusehälfte aufgetragen.
Mit der Spezialtube wird rundum und auch rund um die Bohrungen für die Bolzen eine feine und gleichmäßige Linie **Loctite 518** aufgebracht; **Loctite 510** muß nach dem Aufbringen mit dem Finger geglättet werden, dabei vom Gehäuseinnenraum wegbleiben. Dann wird die originale, **grüne Papierdichtung** auf-

Links: Die Führung des langen, unten aus dem Gehäuse getriebenen Bolzens ist meist mit Korrosionsrückständen zugesetzt. Dann muß sie mit einem 8-mm-Bohrer ausgebohrt werden.

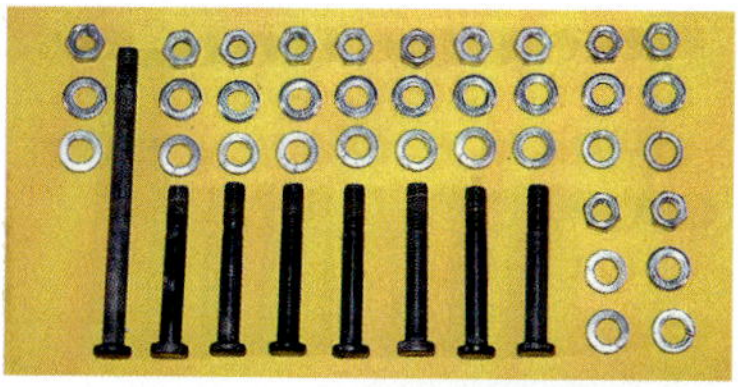

Beide Fotos links: neue Papierdichtung, Loctite Flüssigdichtung, acht Bolzen mit Scheiben und Muttern SW 7.

Unten: die perfekt gereinigten und komplett vormontierten Gahäusehälften eine PX-Motors vor dem Zusammenbau (Kickritzel und Feder fehlen noch).

Links: Auf eine erste Schicht Loctite wird die neue Papierdichtung gelegt. Unten: Auf die Papierdichtung legen wir eine zweite Schicht Loctite.

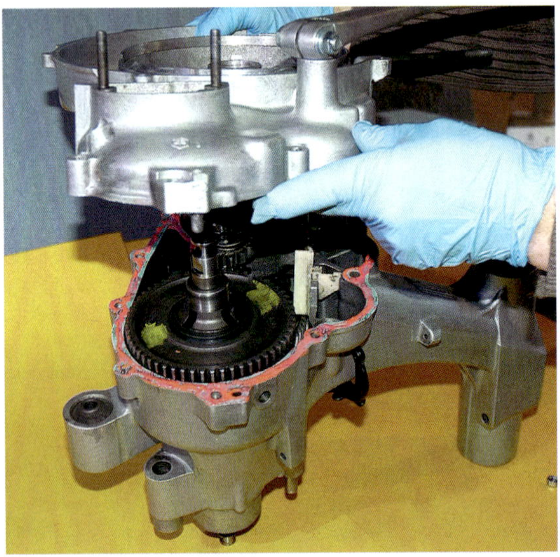

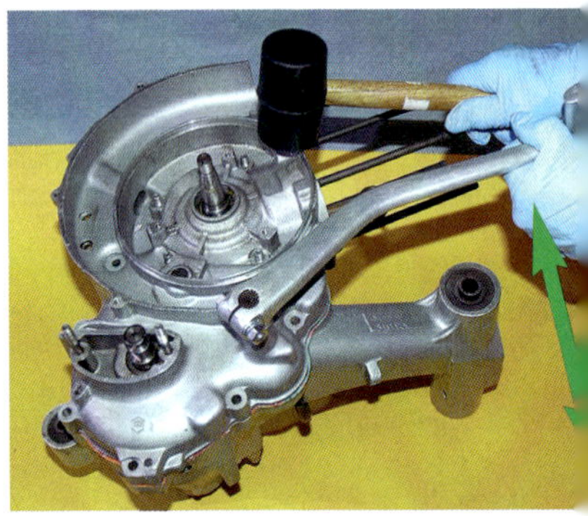

Links: Die beiden Gehäusehälften werden liegend zusammengefügt. Rechts: Den Kickstarthebel hin- und herbewegen, dabei leicht auf das Gehäuse klopfen.

gelegt und leicht angedrückt. Eine **zweite Linie** Loctite auf der Papierdichtung komplettiert das Abdichtungsprogramm.

Achtung: Eventuell **überstehende Dichtungskanten** im Zylinderbereich unbedingt mit einem Reißmesser abschneiden, sonst dichtet der Zylinder später nicht richtig ab.

Gehäusehälften zusammenfügen: Jetzt die beiden **Gehäusehälften zusammenfügen,** indem die lichtmaschinenseitige Hälfte von oben auf das liegende Gegenüber gesetzt wird. Dabei keine Gewalt anwenden, vor allem nicht auf die Kurbelwelle schlagen. Antriebs- und Kurbelwelle müssen mit Nachdruck in die Nadellager der oben liegenden Gehäusehälfte geschoben werden.

Den **Kickstarterhebel** haben wir bereits vormontiert wie gezeigt. Hebel etwas nach unten drücken; jetzt greifen Segment und Ritzel ineinander, die Gehäusehälften finden mit einem Ruck zueinander. Wenn es klemmt, ist das Kickstarterritzel schuld; die Feder muß ganz in ihrem Gehäuse liegen, das Ritzelsegment muß auf dem Anschlaghöcker des Gummipuffers liegen, die Welle muß ganz im Gehäuse stecken.

Die **obere Gehäusehälfte** bis zum Anschlag aufschieben. Mit einem

Links: Drei bis vier Bolzen am liegenden Gehäuse einsetzen und vorziehen. Unten: Mit passender Hülse leicht auf den Sitz des Nadellagers schlagen, damit das Gehäuse sich setzt.

Unten links: Positionierung der vier rückwärtigen Bolzen. Kleine Bilder: Bolzen vorne oben, der gefettete Langbolzen. Rechts: Die Muttern werden mit Drehmoment 24-27 Nm angezogen.

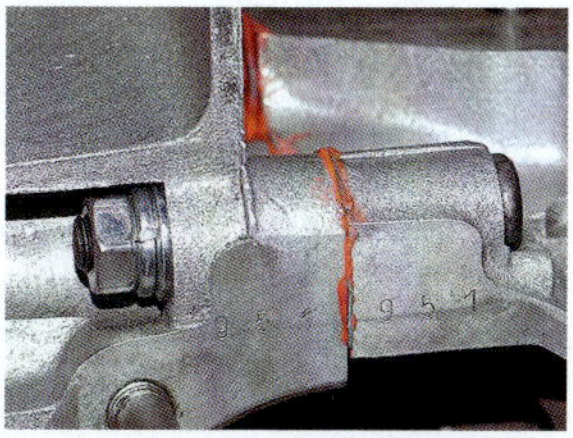

Gummihammer behutsam nachhelfen. In das liegende Gehäuse drei bis vier Bolzen setzen und die Muttern leicht anziehen. Dann das Gehäuse auf den Montageständer setzen.

Nun rundum die **acht** jeweils passenden, gereinigten oder neuen **Bolzen M7** einsetzen (s.a. Abschnitt „Zerlegung"). Die **Bolzenköpfe** sind asymmetrisch und blockieren sich automatisch am Gehäuse. **Neue Scheiben, neue Federringe** und auch **neue Muttern SW 11** verwenden.

Vier Muttern sitzen auf den **Stehbolzen** rund um die Kurbelwelle im Gehäusekranz für die Lichtmaschine. Diese werden zuerst leicht vorgezogen. Die übrigen acht Muttern liegen außerhalb, die untere auf der Rückseite. Der entrostete oder erneuerte **Langbolzen** unten rechts wird mit Fett bestrichen, damit er nicht mehr korrodieren kann. Bevor die Muttern angezogen werden, setzen wir mit einem passenden Rohr einen leichten **Schlag auf den Gehäusebereich** um die Kurbelwelle herum, damit die Welle ihre perfekte Position findet und nicht zu stramm dreht. Jetzt können alle Muttern festgezogen werden, und zwar über Kreuz zweistufig mit einem **Drehmoment** von **24-27 Nm.** Der Kernbereich der Antriebseinheit ist nun fertig montiert.

Foto der fertig montierten Gehäusehälften auf der folgenden Seite.

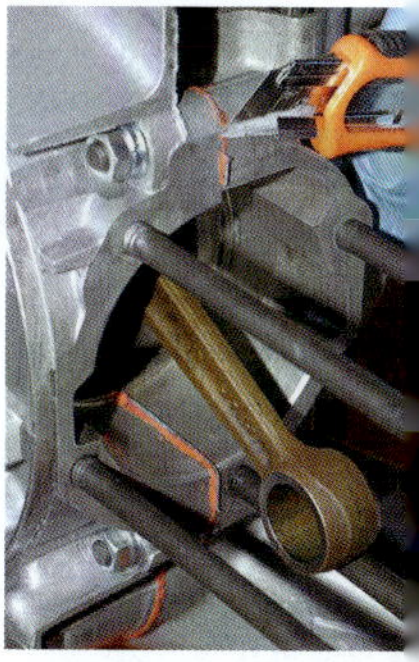

Wichtig: überstehendes Dichtpapier mit dem Cutter abschneiden.

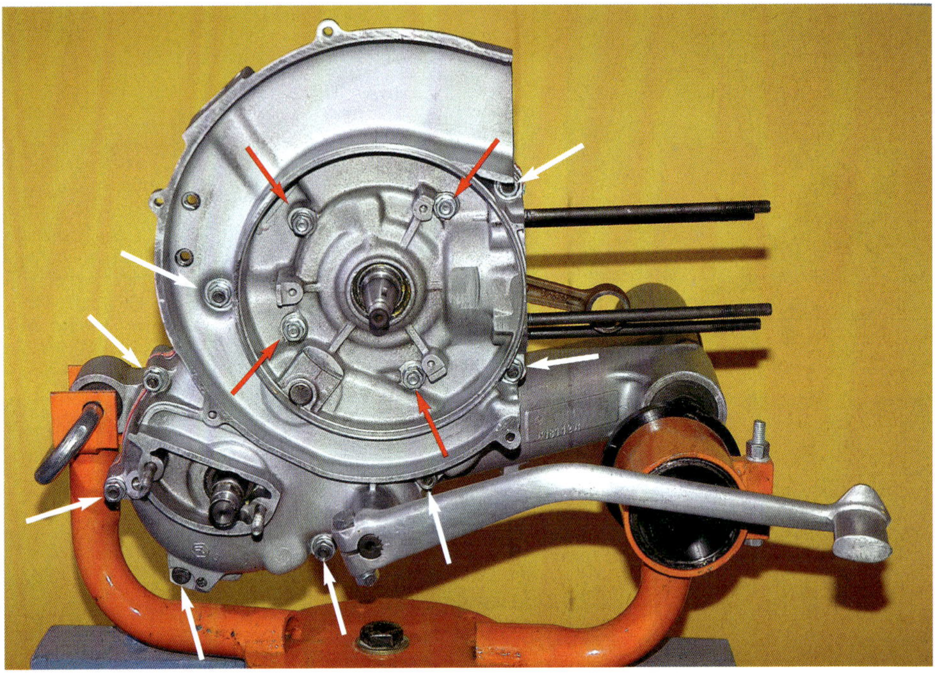

Oben die fertig montierten Gehäusehälften mit Pfeilen für die Muttern und Bolzen außen. Unten: komplettierter Motor PX 200 E von 1985.

Komplettierung Motor

Komplettierung Antriebseinheit: Nach dem Einbau von Getriebe und Kurbelwelle sowie dem Zusammenfügen der Gehäusehälften kann die **Antriebseinheit komplettiert** werden. Wie Ölpumpenantrieb, Ölpumpe, Schaltsegment, Kupplung, Lichtmaschine, Kolben, Zylinder und Zylinderkopf montiert werden, wurde bereits weiter vorn ausführlich gezeigt. Tipps zu Vergaser, allgemeiner Benzinversorung und Elektrik folgen.

Getriebe befüllen

Getriebeöl einfüllen: Zuerst muß die sorgfältig gereinigte **Ölablaßschraube** (Inbus SW 8 oder Sechskant SW 11) eingesetzt werden, und zwar mit einem neuen **Kupferdichtring** M10. Von Hand vorziehen, damit die Schraube nicht verkantet und das Gewinde nicht beschädigt wird. Mit Schlüssel handfest, aber mit Gefühl festziehen.

Nun **250 cm³** frisches **Getriebeöl** der Viskositätsklasse SAE 30 einfüllen (Sommer und Winter, alte Modelle). Neue Modelle ab 2011: SAE 80W-90 API-GL4. Bei Dauertemperaturen über 35 °C dickflüssigeres Getriebeöl SAE 40 verwenden.

Wegen der kleinen Einfüllöffnung muß das Öl mit einer Spritzkanne oder aus der Spezialflasche eingefüllt werden. Menge genau abmessen. Ansonsten gilt: Es ist genug, wenn bei waagerecht stehender Maschine **Öl aus der Einfüllöffnung** überläuft. Einfüllschraube M8 mit neuem Kupfer-Dichtring einsetzen und mit Schlüssel SW 13 handfest anziehen.

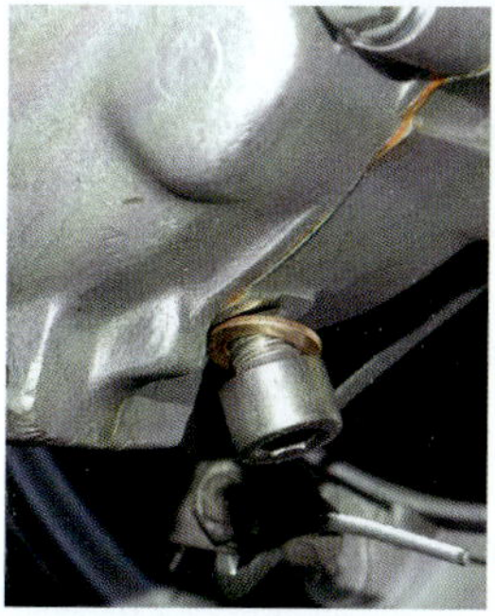

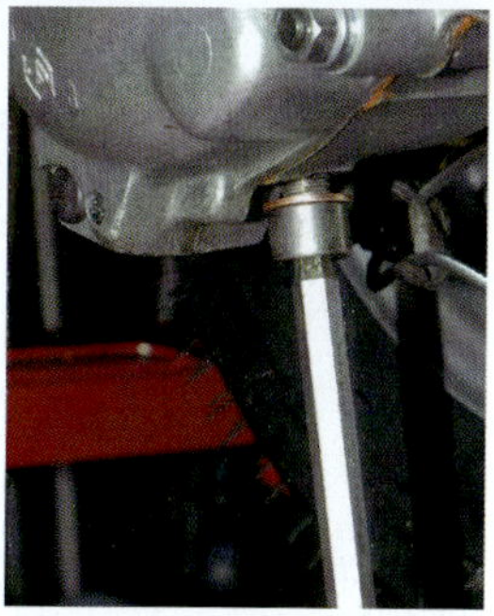

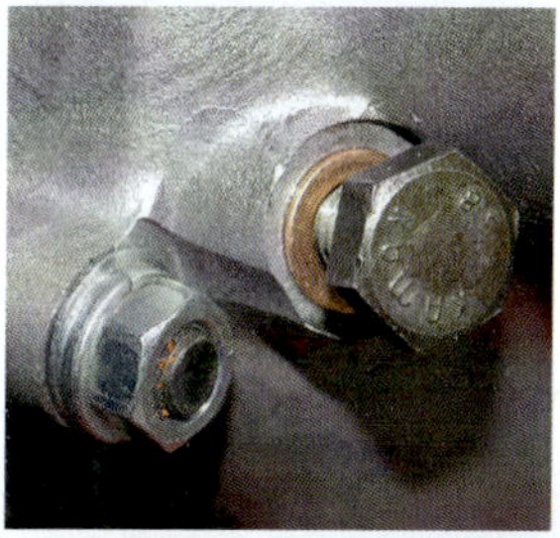

Oben links, rechts: Ölablaßschraube mit neuem Kupferdichtring ansetzen und handfest anziehen. Mitte links, rechts: Das Getriebeöl läßt sich nur mit einer Spritzkanne einfüllen. Unten links, rechts: Einsetzen von Ring und Schraube, Anziehen mit einem Gabelschlüssel SW 13.

Links: der inklusive Kupplung und Hinterrad-Bremse fertig montierte Triebwerksblock. Nur Vergaser, Ölpumpe und Luftfilter fehlen noch.

Gemischaufbereitung: Aus-/Einbau, Zerlegung, Prüfung Luftfilter, Vergaser PX, Cosa

*In diesem Kapitel werden alle Montage- und Wartungsarbeiten an Luftfilter und Vergaser beschrieben. Luftfilter und Vergaser müssen routinemäßig **alle 4000 km** oder einmal im Jahr inspiziert und eingestellt werden. Ein verschmutzter Vergaser ist häufig schuld, wenn der Motor nicht anspringt oder nicht sauber rundläuft. Die Vergaser der neueren PX- und der Cosa-Modelle sind nicht mit Sechskantschrauben SW 11, sondern Innensechskantschrauben SW 8 befestigt. **Vorsicht:** Bei Arbeiten an Vergaser und Kraftstoffsystem Hautkontakt mit Benzin möglichst vermeiden, benzolhaltige Dämpfe nicht einatmen.*

***Vorsicht:** Ältere Modelle bis 2008 nur mit **Super 98** mit geringem Ethanol-Anteil betanken! Super 95 oder E10 sind für die alten Zweitakt-Vergasermodelle nicht freigegeben; E10 kann Teile im System der Benzinversorgung zerstören. Nur die Modelle mit SAS ab 2011 vertragen E10 bzw. ROZ 95.*

Luftfilter und SAS

Luftfilter und SAS-Filter – allgemein: Der Luftfilter verhindert, daß Staub und Schmutz vom Vergaser angesaugt werden und in den Zylinder gelangen. Dort würde der Dreck zu erhöhtem Verschleiß führen. Außerdem hat der Luftfilter die Aufgabe, die Ansauggeräusche zu dämpfen. Die neuen, ab 2011 gebauten PX-Modelle besitzen zur Abgasverbesserung zusätzlich einen **SAS-Filter** neben dem Vergaser.

Sämtliche Vespa-Roller sind mit auswaschbaren, stahlwollegefüllten **Dauerluftfilter-**Einsätzen ausgerüstet. Zum Warten des Luftfilters muß bei PX und Cosa nur die Motorhaube abgenommen werden.

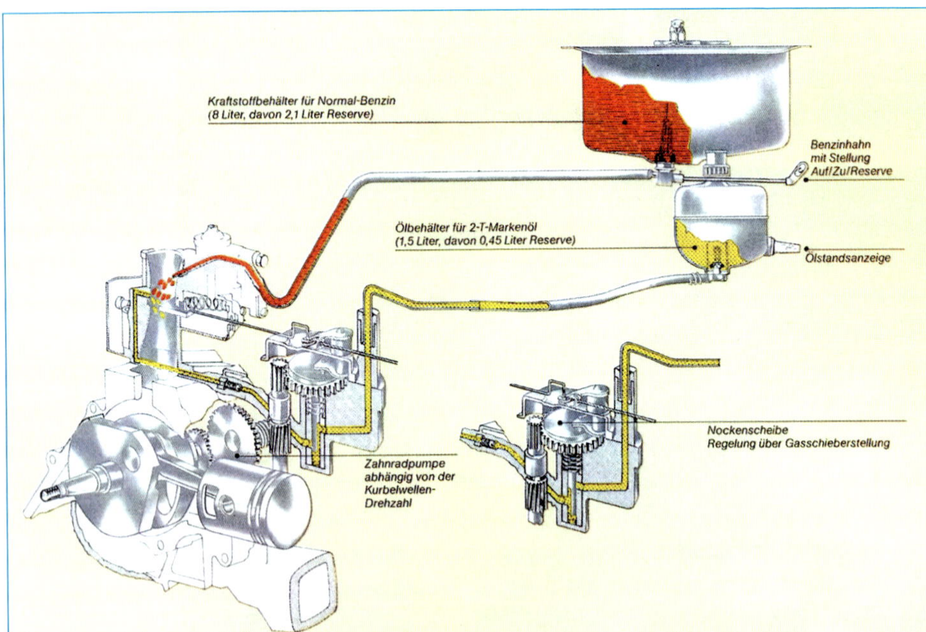

Schema der Getrenntschmierung bei PX- und Cosa-Modellen; die Öldosierung läuft drehzahlabhängig über eine Zahnradpumpe, die direkt von der Kurbelwelle aus angetrieben wird. Kern des Systems ist die Nockenscheibe der Pumpe. Oben rechts im Bild Benzintank und separater Öltank in Blechbauweise. Modelle ab den 1980er Jahren haben einen Öltank aus Kunststoff.

Luftfilter Ausbau PX

Luftfilter Ausbau, Reinigung PX: Bei der PX befindet sich das **Luftfilterelement** unter einer Blechkappe zwischen Kühlgebläse und Aufbau (zwei Schlitzschrauben). Nach dem Entfernen des Deckels den **Gummipfropfen** abnehmen, der den Spalt zwischen Leerlaufregulierschraube und Filterdeckel abdichtet. Der Dauerfilter ist links und in der Mitte mit zwei Schlitzschrauben befestigt (s.a. Kapitel Motorausbau); Schrauben lösen, Filter herausnehmen und mit Kaltreiniger auswaschen. Anschließend mit Druckluft ausblasen. Ein Benetzen der **Filterwolle** mit Öl ist bei der PX aufgrund der seitlich offenen Filterkonstruktion weniger empfehlenswert, denn das Öl würde rasch herauslaufen. **Zusammenbau** des Filters in umgekehrter Reihenfolge.

Oben links und darunter: Zum Luftfilterausbau bei den PX-Modellen Motorhaube abnehmen und Gehäusedeckel abschrauben. Bei abgenommenem Gehäusedeckel sind PX-Luftfilter und Vergaser bestens zugänglich.

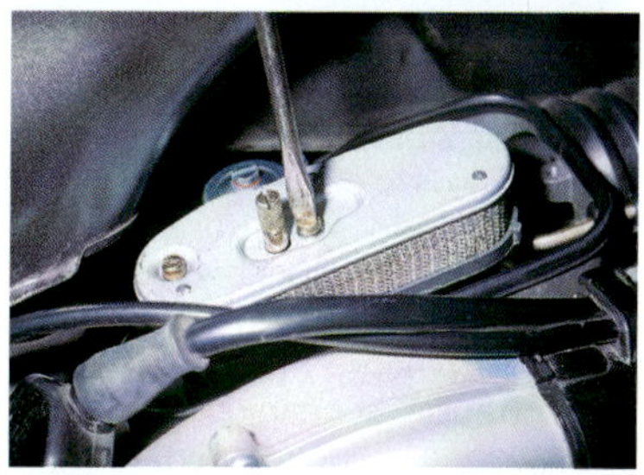

Links außen: Der Gummiring unter dem Deckel dichtet die Leerlauf-Einstellschraube ab.

Rechts daneben: Der Luftfilter ist mit zwei Schlitzschrauben oben am Vergaser befestigt.

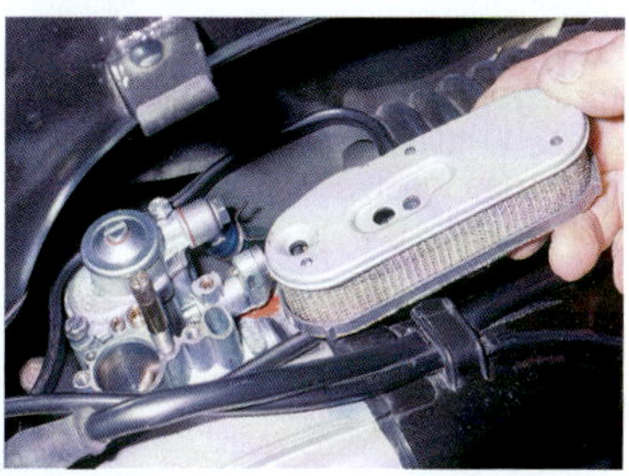

Links außen: Abnahme des mit Stahlwolle gefüllten Luftfilters. Daneben: Auswaschen des Dauerfilters alle 4000 km.

Unten: SAS-Filteranlage der PX-Modelle 125 und 150 ab 2011.

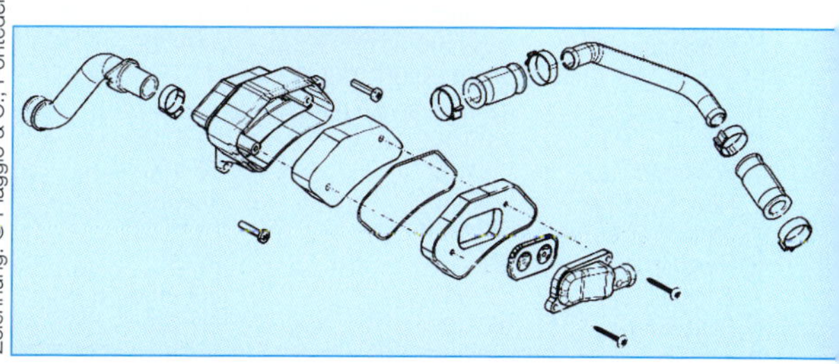

Zeichnung: © Piaggio & C., Pontedera.

SAS-Filter – Reinigung PX ab 2011: Der **SAS-Filter** sitzt vor dem Luftfiltergehäuse (SAS = Secondary Air Box) und ist mit diesem über einen Schlauch verbunden. Er sollte immer zusammen mit dem Luftfilter ausgebaut und mit Wasser und Seife ausgewaschen, dann mit Preßluft getrocknet werden. Den **O-Ring** stets erneuern. **Achtung:** Wenn der **Schlauch** Risse zeigt, muß er erneuert werden.

Luftfilter ausbauen, reinigen Cosa: Zunächst genauso verfahren wie bei der PX – Motorhaube und Schutzkappe abnehmen, **Hauptluftfilter** abziehen, alle 8000 km das mit Stahlwolle gefüllte Element in Kaltreiniger auswaschen und mit Druckluft trocknen. Die Cosa hat zusätzlich einen **Vorluftfilter,** der vom Helmfach unter der Sitzbank aus leicht zugänglich ist. Er muß alle 8000 km (bei starker Verschmutzung öfter) gewechselt werden.

Rechts: Die Cosa verfügt über einen zusätzlichen Trockenluftfilter. Darunter: Der Hauptluftfilter der Cosa unterscheidet sich nicht von dem der PX-Typen.

Vergaser ausbauen

Vergaser Ausbau: In wesentlichen Punkten wurde der Ausbau des PX-Vergasers bereits im Kapitel **„Motorausbau“** beschrieben und im Bild gezeigt. Wir fassen noch einmal kurz zusammen:
Motorhaube abnehmen, **Luftfilter** ausbauen (s. oben), **Benzinhahn** schließen, **Benzinschlauch** vom Vergaser abziehen (Federklemme lösen), **Schlauch** für die **Ölzufuhr** abziehen (nur Roller mit Getrenntschmierung) und dessen Ende mit einer passenden Blechschraube verschließen, **Starterseilzug** (Choke) und **Gaszug** aushängen und vom Luftfiltergehäuse abziehen.
Der **Dell'Orto-**Schiebervergaser ist mit zwei Schrauben SW 11 befestigt; sie werden mit einem Steckschlüssel gelöst. Vergaser abheben.

Luftfiltergehäuse mit Ölpumpe ausbauen: Nach Abnehmen der Vergaserflansch-Dichtung die Schlitzschraube ausdrehen, die das **Luftfiltergehäuse** am Motorgehäuse fixiert. Luftfiltergehäuse zusammen mit Ansaugschlauch und Ölpumpe abheben.

Die Tabelle führt alle wichtigen Grunddaten der Vespa PX-Modelle der 1980er und 1990er Jahre auf.

Vergaserdaten	**Vespa PX 80,125/150/E**	**Vespa PX 200/E**
Vergaser Dell'Orto	SI 20/20 D	SI 24/24 E
Luftdüse	20 mm	24 mm
Hauptdüse	102/100 (PX 125: 98/100) *bei Getrenntschmierung:* 100/100	118/100 116/100
Leerlaufdüse	48/100	55/100
Hauptluftdüse	160/100	160/100
Gasschieber-Typ	6823.01	8492.04
Mischrohr	BE 3	BE 3
Zerstäuber	280/100	300/100
Starterdüse	60/100	60/100

Foto unten rechts: Der PX-Vergaser ist mit zwei Schrauben SW 11 befestigt (gelbe Pfeile); grüner Pfeil: der passende Steckschlüssel.

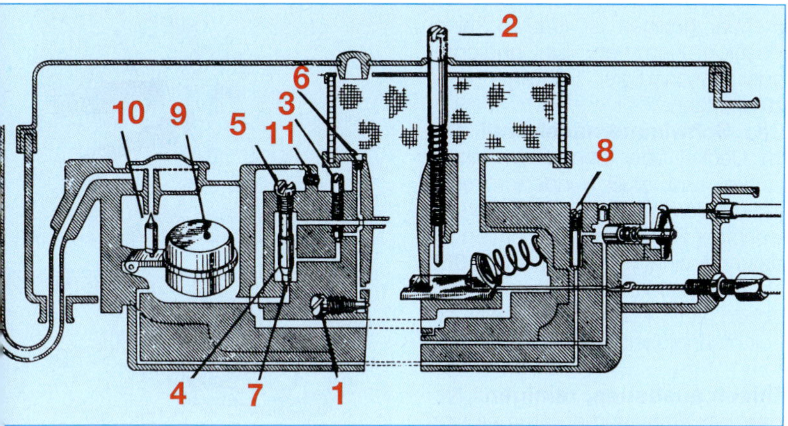

Vergaser SI 20/20 D und SI 24/24 E der PX im Schnitt; 1 = Leerlaufgemisch-Einstellschraube, 2 = Gasschieber-Anschlagschraube, 3 = Leerlaufdüse, 4 = Mischrohr, 5 = Luftregler für Mischrohr, 6 = Luftregler für Leerlaufdüse, 7 = Hauptdüse, 8 = Starterdüse, 9 = Schwimmer, 10 = Schwimmernadelventil. 11 = Luftregler für Hauptdüse.

Die Vespa-PX-Modelle der Generation **bis 2008** sind mit zwei unterschiedlichen **Dell'Orto-Vergasern** bestückt: Typ SI 20/20 D für PX 80/E, PX 125/E, PX 150/E; Typ SI 24/24 E für PX 200/E. Die neuen Modelle PX 125 und PX 150 ab 2011 haben Vergaser des Typs SI 20/ 20 D mit 20 mm Durchlaß. Die Bedüsung ist aber bei beiden verschieden.
Die Vergaser-Daten wichtiger Modelle der 1980er und 1990er Jahre sind in der **Tabelle links unten aufgeführt,** die Zeichnung oben zeigt den typischen Aufbau eines PX-Vergasers. Auf die Besonderhei-ten des Cosa-Vergasers wird unten näher eingegangen; für die Standard-Vergaserelemente wie Schwimmer, Düsen und Schieber gelten für die Cosa die gleichen Hinweise wie in diesem Abschnitt.

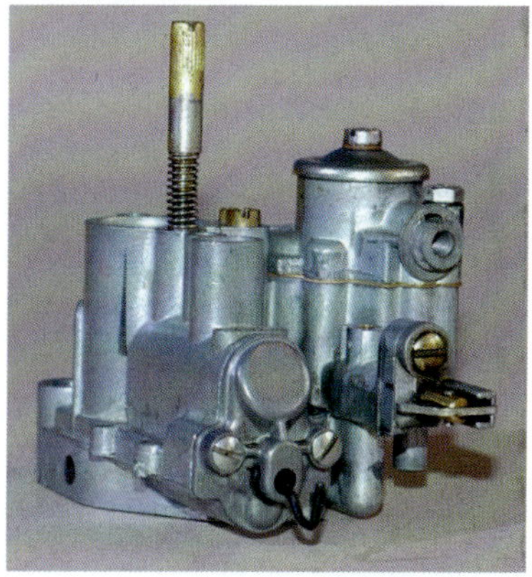

Links: gereinigter und neu abgedichteter Vergaser SI 24/24 E der PX.

Vergaser zerlegen

Einlaßsieb ausbauen, reinigen: Am ausgebauten Vergaser zuerst den runden **Deckel** oben auf dem Vergasergehäuse (mit seiner **Papier- oder Fiberdichtung)** abnehmen; er ist mit einer Schlitzschraube befestigt. Darunter befindet sich ein **Kunststoffsieb,** das bei Verschmutzung in Reinigungsmittel ausgewaschen wird.

Blick auf die Eintrittskammer mit sauberem Sieb, neuer Dichtung und Deckel.

Schwimmer, Nadelvetil ausbauen, prüfen: Der **Schwimmerkammerdeckel** läßt sich nach Lösen von zwei Schlitzschrauben abnehmen. Der **Schwimmer,** der über einen Stift drehbar gelagert ist, darf in keiner Position klemmen. Ein undichter oder beschädigter Schwimmer ist zu ersetzen.

Das **Schwimmernadelventil** sitzt im Deckel über dem Schwimmersockel und muß hundertprozentig funktionieren. Es kommt heraus, wenn der Schwimmer demontiert ist; dazu mit einer Heftklammer den **Stift** herausschieben. Schwimmer im Benzinbad auf Dichtheit und Ventil auf Leichtgängigkeit prüfen.

Düsen ausbauen, reinigen: Neben der Schwimmerkammer sind fünf **Düsen** in das Vergasergehäuse eingelassen; vier davon lassen sich ausdrehen: **Leerlaufdüse, Luftregler für Mischrohr,** darunterliegendes **Mischrohr, Luftreg-ler für Leerlaufdüse.** Der **Luftreg-ler für die Hauptdüse** ist fest eingebaut.

Die **Starterdüse** befindet sich auf der anderen Seite des Gehäuses im Bereich des Chokehebels und kann ebenfalls nicht ausgebaut werden. Düsen mit einem Schraubendreher ausdrehen, auswaschen und vorsichtig mit Preßluft ausblasen. Beim **Wiedereinbau** darauf achten, daß die Düsen nicht verkanten, weil sonst das Gewinde im Vergasergehäuse beschädigt würde.

Gasschieber ausbauen: Jetzt die beiden Schlitzschrauben des seitlich angebrachten **Gasbetätigungsdeckels** ausdrehen und zusammen mit dem **Gasschieber** vom Gehäuse abnehmen; dabei **Feder** zusammengedrückt halten.

Chokebetätigung ausbauen: Die **Chokebetätigung** ist mit nur einer Schlitzschraube befestigt und wird einfach herausgezogen.

Vergaser reinigen: Der zerlegte Vergaser wird mit **Bremsenreiniger** ausgewaschen. Bei sehr stark verschmutzten Vergasern ist eine Be-

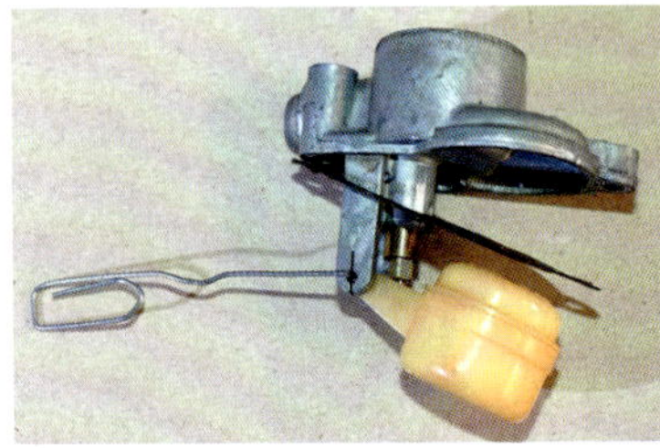

Rechts oben: Mit einer Heftklammer läßt sich die Schwimmerachse herausschieben.

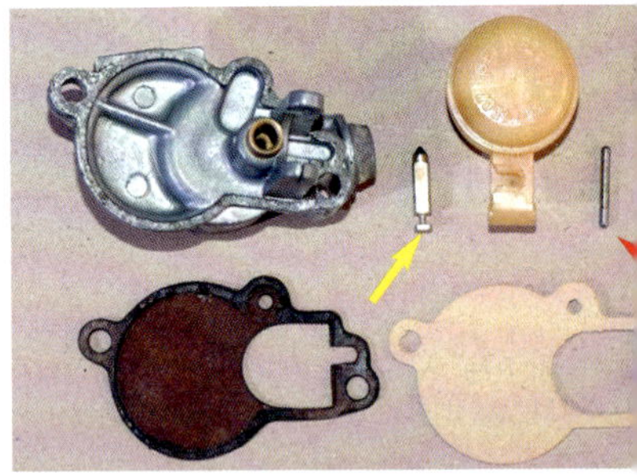

Darunter: das zerlegte Schwimmerkammergehäuse mit Nadelventil (gelber Pfeil), Schwimmer, Achse (roter Pfeil), alter und neuer Dichtung.

Mitte: Vergasergehäuse SI 24/24 E mit ausgedrehten Düsen; 3 = Leerlaufdüse, 4 = Mischrohr, 5 = Luftregler für Mischrohr (gehört zusammengesetzt), 6 = Luftregler für Leerlaufdüse; 8 = Starterdüse.

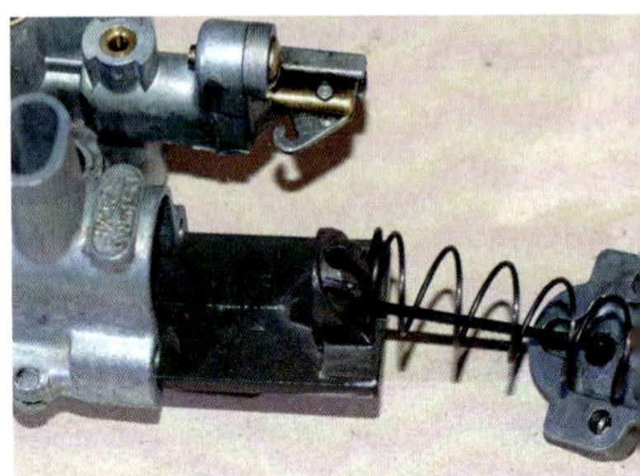

Rechts: der herausgezogene Gasschieber; beim Einbau leicht ölen, ansetzen, Gestänge einhängen, Feder vorspannen, alles einschieben und zusammenpressen, Deckel festschrauben.

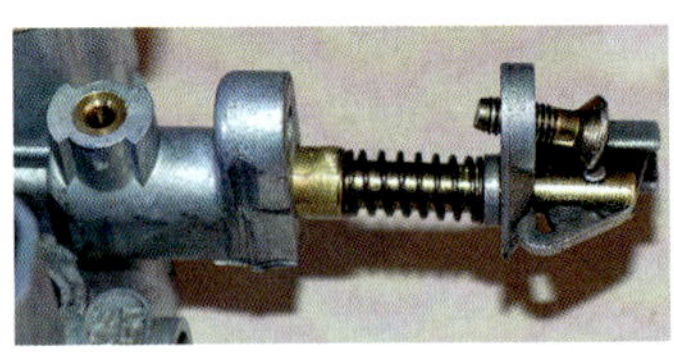

Unten rechts: Die Chokebetätigung wird zum Einbau leicht geölt, eingeschoben und festgeschraubt.

handlung mit Ultraschall zu empfehlen. Alle Durchgänge im Vergasergehäuse werden mit Preßluft ausgeblasen. Ablagerungen im **Schwimmerkammergehäuse** entfernen.

Der völlig zerlegte Vergaser Dell'Orto SI 24/24 E einer PX 200 E von 1985; Positionen 1-8 und 11: s. Erklärungen zur Schnittzeichnung zwei Seiten weiter vorn. Position 12 = Deckel Benzineintrittskammer mit Deckelschraube, Filter und Schrauben der Schwimmerkammerbefestigung, 13 = Schwimmerkammer mit Schwimmer und Nadelventil, 14 = Startvorrichtung mit Schraube, 15 = Gasschieber mit Deckel, Gestänge, Feder und Schrauben.

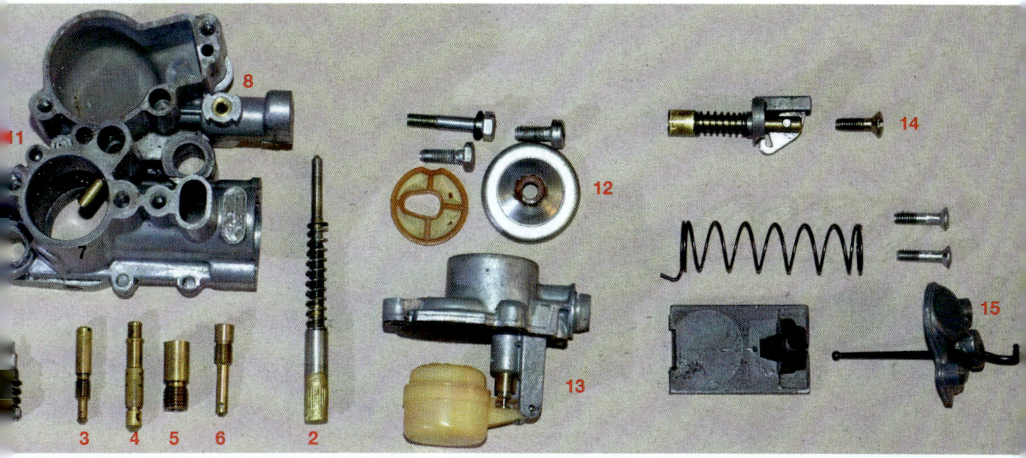

Vergaser zusammenbauen

Gasschieber prüfen: Vor dem **Zusammenbau** des Vergasers den Sitz des **Gasschiebers** prüfen; zeigen sich Klemmneigung oder zu viel Spiel, Schieber oder in Extremfällen den ganzen Vergaser austauschen.

Düsen und Dichtungen plazieren: Nachdem alle Düsen gecheckt wurden, werden sie wieder ins Vergasergehäuse geschraubt. **Luftregler** und **Mischrohr** werden aufeinandergeschoben.
Piaggio und spezialisierte Händler halten Dichtungskits bereit. Für die Abdichtung des **Benzineintritts** und des Deckels werden die Original-Ringe aus Spezialpapier verwendet, die wir zuvor mit etwas Motoröl benetzt haben. Auch ansonsten verwenden wir **neue Dichtungen** aus dem Kit, die ebenfalls mit Motoröl bestrichen werden.
Zur Abdichtung des **Schwimmergehäuses** muß der **Schwimmer ausgebaut** sein, s. weiter vorn. Die alte Dichtung wird auf jeden Fall entfernt und durch eine neue Dichtung ersetzt. Nadelventil einsetzen und Schwimmer mit Achse einbauen.

Gasschieber, Choke einbauen: Den auf Leichtgängigkeit geprüften **Gasschieber** zum Einbau leicht ölen, ansetzen, Gestänge einhängen, Feder vorspannen, alles einschieben und zusammenpressen, Deckel aufsetzen und festschrauben. Auch die **Chokebetätigung** wird zum Einbau leicht geölt, dann eingeschoben und festgeschraubt.

Luftfiltergehäuse einbauen

Luftfiltergehäuse einbauen: Wie bereits vorne im Zusammenhang mit der Ölpumpe beschrieben, muß vor dem Vergasereinbau das **Luftfiltergehäuse** montiert sein. Kurz zusammengefaßt noch einmal die wesentlichen Schritte:
Zuerst **trocken** eine neue **Papierdichtung** auflegen. Dann das **Gehäuse** mit der integrierten Ölpumpe aufsetzen. **Ansaugöffnung** zur Kurbelwange hin sorgfältig **abdecken,**

Mischrohr und Luftregler zusammengesetzt (Positionen 4 und 5 im Bild oben).

Foto rechts: Luftfilter, Vergaser, Gehäuse mit Ölpumpe.

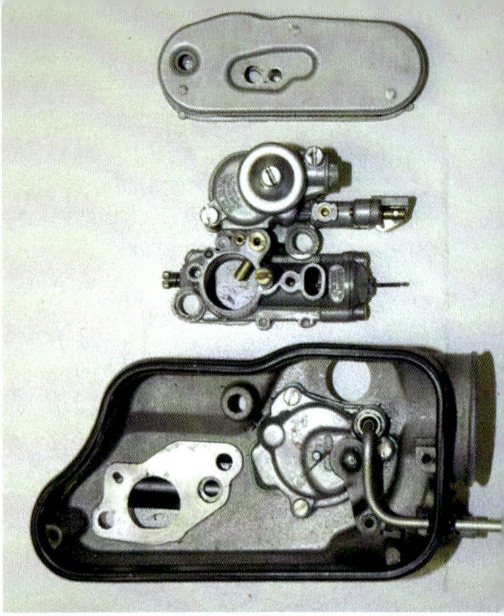

bevor die **Schlitzschraube** eingedreht wird. Wenn die Schraube in das Kurbelgehäuse fallen würde, müßte der ganze Motior wieder auseinandergenommen werden!

Vergaser montieren, anschliessen: Nach dem Befestigen des Gehäuses wird ebenfalls trocken eine neue **Vergaserfußdichtung** aufgelegt. Der gereinigte und durchgesehene Vergaser wird auf die Stehbolzen gesetzt. Die beiden **Hülsenmuttern** werden samt Unterlegscheiben und Federringen mittels einer Stecknuß SW 11 nebst

Mitte links: neue Gehäusedichtung. Mitte: Gehäusebefestigung (roter Pfeil, Schlitzschraube), Abdeckung des Ansaugschachts (grüner Pfeil). Mitte rechts: neue Vergaserfußdichtung.

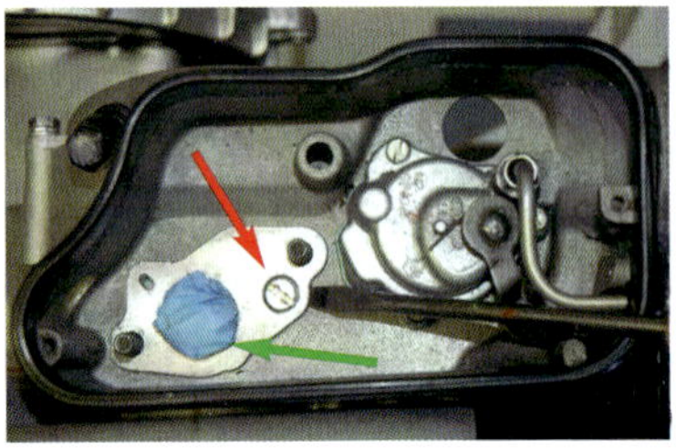

Rechts: Vergaser mit Hülsenmuttern SW 11 und Werkzeug dazu.

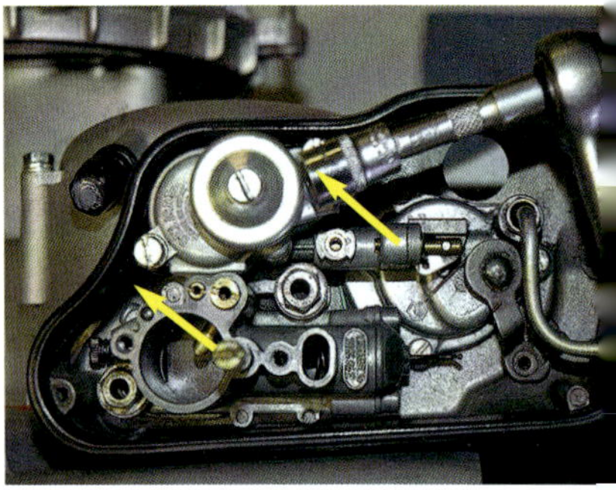

Verlängerung eingesetzt und handfest angezogen. **Choke-** und **Gaszug** anschließen wie weiter vorn im Buch gezeigt. Einstellarbeiten s. folgende Seiten.

Vergaser Cosa ausbauen

Vergaser ausbauen, überprüfen – Cosa: Der Cosa-Vergaser wird im wesentlichen genauso ausgebaut wie bei der PX. Es sind aber zusätzliche Details verbaut. So müssen bei den Cosa-Motoren auch die Kabel für den **elektrischen Benzinhahn** (Position 12 in der Graphik auf Seite 253 oben) und die **Startautomatik** (Position 5) abgeschlossen werden. Bei Modellen mit einer Sechskant-Leerlaufgemischschraube muß die Schraube ganz herausgenommen werden. Beim Zerlegen, Überprüfen und Reinigen des **Dell'Orto-**Vergasers genauso vorgehen und die gleichen Grundsätze beachten wie bei der PX.

Unten rechts: ausgebauter Cosa-Vergaser von der Kupplungsseite her gesehen; links die eingeschraubte Startautomatik (roter Pfeil) und der elektrische Benzinhahn (gelber Pfeil).

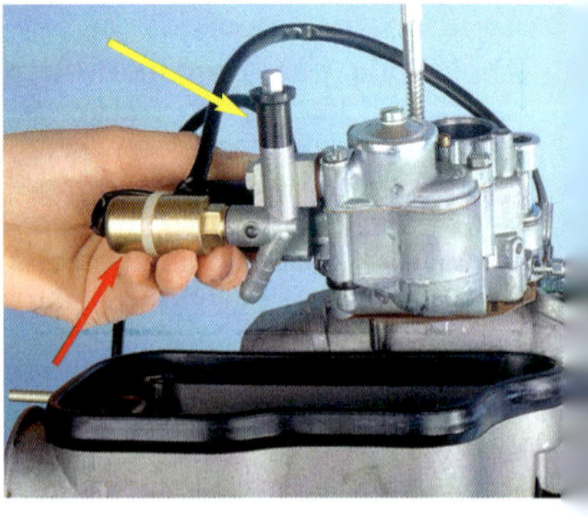

Vergaser einstellen PX

Vergaser einstellen – allgemein: Läuft der Motor nicht richtig rund, hat er Aussetzer oder springt er nicht an, ist oft der Vergaser schuld. Wenn der Schmierölanteil im Kraftstoff korrekt ist bzw. bei Rollern mit Getrenntschmierung die Öldosierung exakt funktioniert, bleibt trotzdem ein Schwachpunkt übrig: das **Benzin-Luft-Gemisch.** Der Ben-zinanteil kann zu hoch, aber auch zu niedrig sein.

Vergaser einstellen allgemein PX: Reguliert wird das **Leerlaufgemisch** mit der **Regulierschraube** unten am Vergasersaugrohr; die Schraube schaut hinten aus dem Luftfiltergehäuse heraus.
Zwar ist es für einen versierten Schrauber kein Problem, eine Vergaser-Grundeinstellung vorzunehmen, doch ist es besser, den Vergaser in einer mit modernen Meßgeräten ausgerüsteten **Fachwerkstatt** einstellen zu lassen.
Wird unsachgemäß an den Stellschrauben gedreht, steigt die Emission giftiger Schadstoffe (Kohlenmonoxid, Stickoxide, Kohlenwasserstoffe) unter Umständen drastisch an. Umwelt- und energiebewußte Vespa-Fahrer lassen mindestens einmal im Jahr einen **Abgastest** machen, zumal der Zweitaktmotor konstruktionsbedingt bereits sehr schlechte Emissionswerte hat. Schadstoffärmer sind die auf **Euro 3** feineingestellten PX-Modelle, die **ab 2011** wieder als Neufahrzeuge verkauft wurden.
Zwischendurch dürfen **einfache Einstellarbeiten** aber auch einmal in Eigenregie durchgeführt werden. Die **Dell'Orto-Vergaser** der verschiedenen Vespa-Modelle älterer Bauart sind einfach aufgebaut und nicht – wie bei neueren Motorzweirädern vielfach üblich – verplombt.

Leerlauf einstellen – allgemein: Die richtige Leerlaufeinstellung ist nicht nur für den Spritverbrauch entscheidend, sondern auch für die **Emissionswerte.** Bei allen Modellen Motor starten und einige Minuten warmlaufen lassen. Während der Einstellarbeiten muß der Motor im Leerlauf weiterarbeiten. Überhitzungsgefahr besteht wegen der Gebläsekühlung nicht. **Vorsicht:** Nicht mit drehenden oder spannungsführenden Motorteilen in Be-rührung kommen!

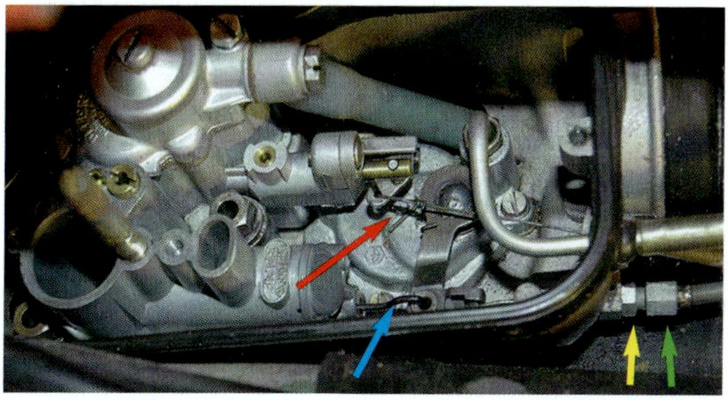

Nach Arbeiten am Vergaser muß das Gaszugspiel eingestellt werden. Es genügt ein Spiel von 0,5 bis 1,0 mm am Seilzugende. Gelber Pfeil: Kontermutter, grüner Pfeil: Einsteller SW 8. Roter Pfeil: Chokezug-Anschluß; blauer Pfeil: Gaszug-Anschluß.

Gaszugspiel einstellen PX: Nach Revisionsarbeiten am Vergaser muß das **Gaszugspiel** eingestellt werden. Dazu muß der Gasdrehgriff vollkommen geschlossen, der Choke ganz hineingeschoben sein.
Durch die Herstellung eines Spiels am Seilzugende wird garantiert, daß der **Gasschieber** stets ganz in die Nullstellung zurückgehen kann. Es genügt ein Spiel von **0,5** bis **1,0 mm** am Seilzugende.
Wie das Gaszugspiel korrekt eingestellt wird, haben wir im **Kapitel „Seilzüge“** bereits beschrieben. In Stichworten: Kontermutter des Einstellers am Vergaser lösen (Schlüssel SW 8), dann Einsteller so verdrehen, bis ein Spiel von 0,5 bis 1,0 mm erreicht ist, Kontermutter wieder festziehen.
Der **Chokezug** ist **nicht einstellbar,** eine starke Feder zieht ihn immer korrekt zurück.

Oben rechts: ausgebauter Dell'Orto-Vergaser SI 24/24 E der PX; gelber Pfeil: Leerlaufgemisch-Regulierschraube zum Einstellen des Benzin-Luft-Gemischs; weißer Pfeil: Gasschieber-Anschlagschraube zum Einstellen der Leerlaufdrehzahl. Darunter: Die Leerlaufgemisch-Regulierschraube schaut aus dem Gehäuse heraus.

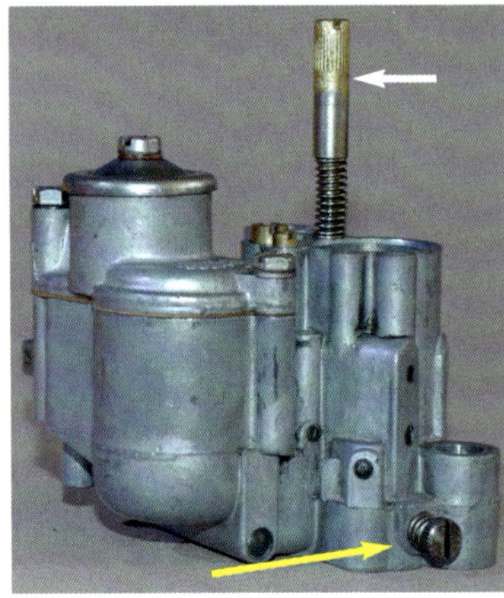

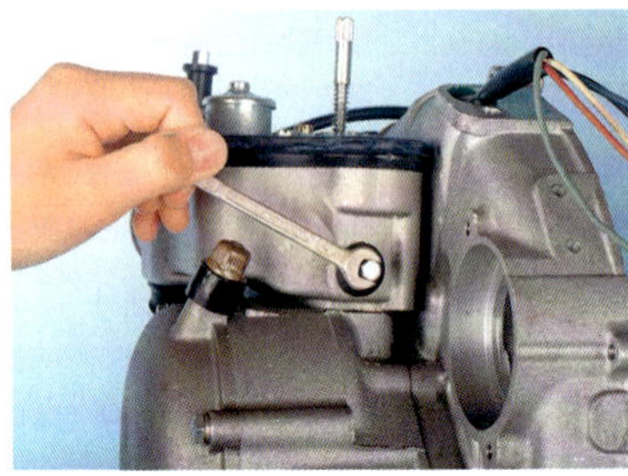

Leerlaufgemisch einstellen PX, Cosa: Ist der Gaszug richtig eingestellt, müssen die Leerlaufgemisch-Regulierschraube unten am Saugrohr und die Gasschieber-Anschlagschraube in Grundstellung gebracht werden.

Bei den **PX-** und **Cosa-Modellen** muß zunächst ein Gummistopfen an der rückwärtigen Querwand des Luftfiltergehäuses entfernt werden; durch die Öffnung wird ein Schraubendreher oder ein Steckschlüssel SW 7 gesteckt.

Dann die **Leerlaufgemisch-Regulierschraube** so weit in den Vergaser hineindrehen, bis sie leicht aufsitzt – der Motor droht nun abzusterben. Bevor der Motor ganz abstirbt, Schraube rasch wieder herausdrehen, und zwar um eine halbe Umdrehung.

Leerlaufdrehzahl einstellen PX: Nun wird die **Leerlaufdrehzahl** mittels der Gasschieber-Anschlagschraube eingestellt. Bei den **PX-** und **Cosa-Modellen** ragt die Schraube oben aus dem Luftfiltergehäusedeckel heraus. Durch Drehen im Uhrzeigersinn wird die Drehzahl erhöht, durch Drehen gegen den Uhrzeigersinn reduziert. Ideal ist eine Leerlaufdrehzahl von 800 bis 1000/min^{-1}.

Unten links: Cosa-Vergaser mit ausgebautem Gasschieber samt Feder und Elektroventil des Benzinhahns. Rechts: teilzerlegter Cosa-Vergaser. a = Leerlaufgemisch-Einstellschraube b = Schwimmer, c = Schwimmerkammer, d = Benzinhahngehäuse mit manueller Überbrückung des (hier ausgebauten) elektrischen Benzinhahns, e = Zulauf Benzin, f = Startautomatik mit Abdeckkappe, g = Leerlaufregulierschraube, h = Gasschieber mit Feder und Deckel.

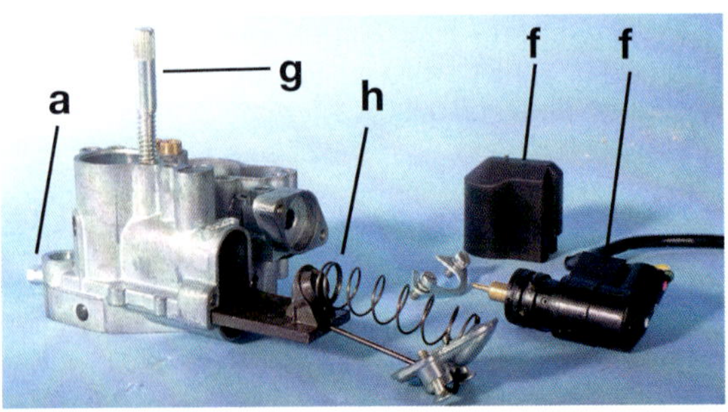

Vergaser einstellen Cosa

Vergaser einstellen – Besonderheiten Cosa: Die Cosa-Motoren sind mit Dell'Orto-Vergasern ausgerüstet, die in wesentlichen Teilen genauso aufgebaut sind wie die Vergaser der PX-Motoren. Einzelheiten gehen aus der Graphik auf der folgenden Seite hervor.

Die wesentlichen Unterschiede sind der **elektrische Benzinhahn** (Position 12 auf der Graphik) und die **Startautomatik** (Position 5). Die

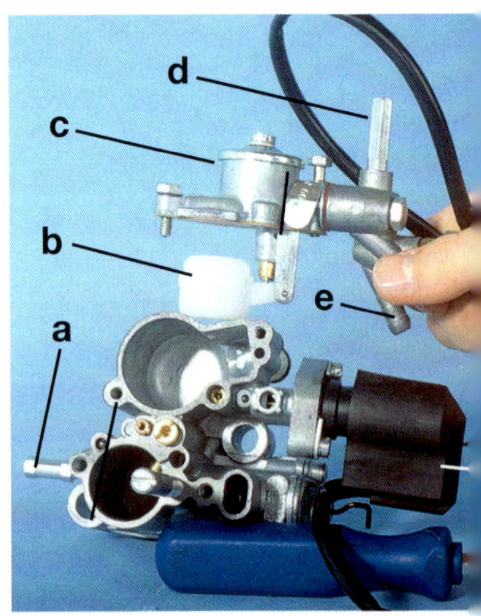

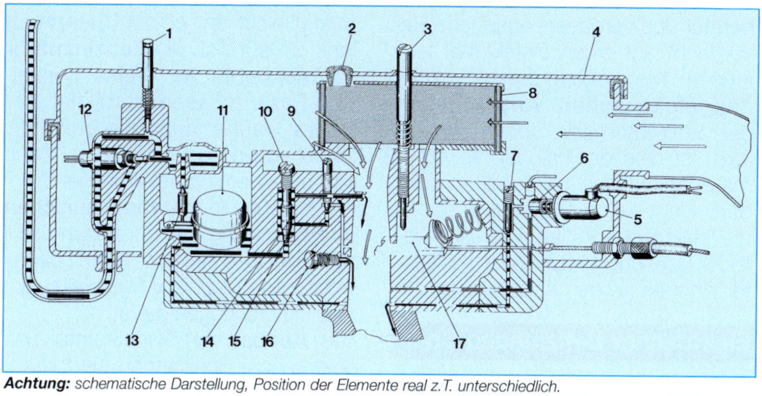

Achtung: *schematische Darstellung, Position der Elemente real z.T. unterschiedlich.*

Aufbau Cosa-Vergaser (Ziffern gleichlautend für Zeichnung und Fotos darunter): 1 = Schraube zur Überbrückung des elektrischen Benzinhahns, 2 = Stopfen, 3 = Leerlaufreguliersschraube, 4 = Luftfilterdeckel, 5 = Startautomatik, 6 = Starterventil, 7 = Starterdüse, 8 = Luftfilter, 9 = Leerlaufdüse, 10 = Hauptluftdüse, 11 = Schwimmer, 12 = elektrischer Benzinhahn, 13 = Schwimmernadelventil, 14 = Mischrohr, 15 = Hauptdüse, 16 = Leerlaufgemischreguliersschraube, 17 = Gasschieber.

Leerlaufdrehzahl wird – genauso wie bei der Vespa PX – über die Schieberanschlagschraube reguliert, die oben aus dem Luftfilter herausragt (Position 3 Graphik und Fotos). Veränderungen an der **Leerlaufgemisch-Einstellschraube** (Position 16) sollten möglichst unterbleiben, bzw. nur in einer Werkstatt durchgeführt werden, die über die nötigen Diagnose- und Abgasmeßgeräte verfügt. Klarer Hinweis auf eine zu fette Gemischzusammensetzung sind ein unrunder Motorlauf, starkes Qualmen aus dem Auspuff und zu hoher Verbrauch. Bei zu magerer Abstimmung drohen Aussetzer, der Motor neigt zum Klingeln.

In Fällen, in denen die Werkstatt nicht helfen kann, müssen auch bei der Cosa **Leerlaufgemisch-Regulierschraube** und **Gasschieber-Anschlagschraube** in Grundstellung gebracht werden. Zur Wiederholung in Stichworten: Gummistopfen an der rückwärtigen Querwand des Luftfiltergehäuses entfernen, die Leerlaufgemisch-Regulierschraube so weit eindrehen, bis sie leicht aufsitzt (neuere Modelle verfügen über eine Sechskantschraube SW 7); der Motor droht abzusterben. Schraube rasch wieder herausdrehen, und zwar um eine halbe Umdrehung. Anschließend die Schieberanschlagschraube so verdrehen, bis der Motor mit **Leerlaufdrehzahl** 800 bis 1000/min^{-1} dreht.

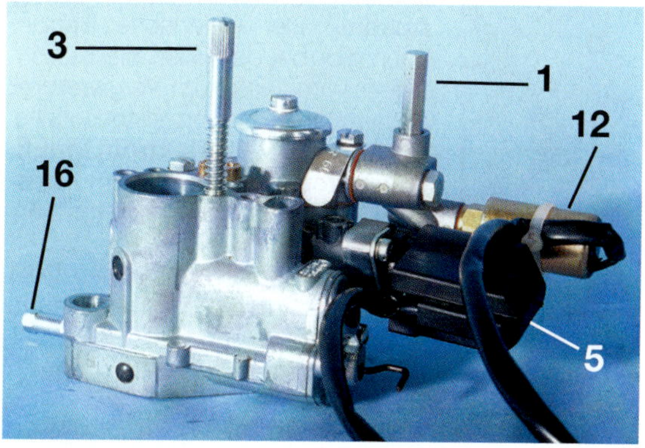

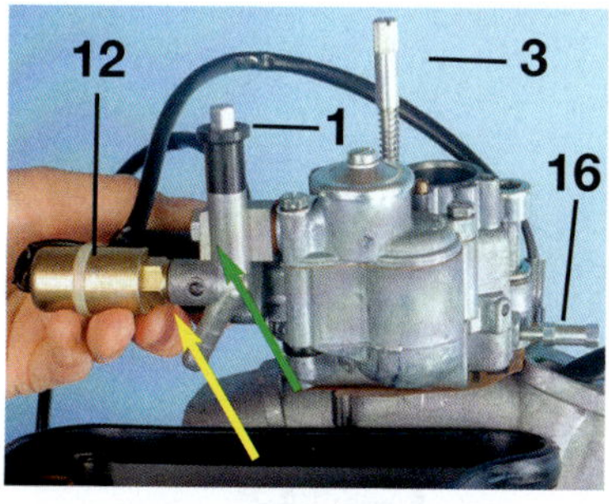

Gelber Pfeil Foto links: Mutter SW 13 für den Ausbau des Elektroventils. Grüner Pfeil: Schraube SW 10 für den Ausbau des Benzinhahngehäuses.

Startautomatik Cosa

Startautomatik prüfen: Eine Cosa-Besonderheit ist die **Startautomatik.** Sie regelt selbständig die Anreicherung des Benzin-Luft-Gemischs während der Kaltlaufphase, was zu einem besseren Kurzstreckenverhalten führt. Herz der Automatik ist ein Wachsfühler mit eingebautem elektrischem **Widerstand,** der auf die Innentem-

Details elekrischer Benzinhahn Cosa; a = Überbrückungsschraube SW 7, b = Befestigung SW 10 (verdeckt), c = Befestigung Elektroventil SW 13.

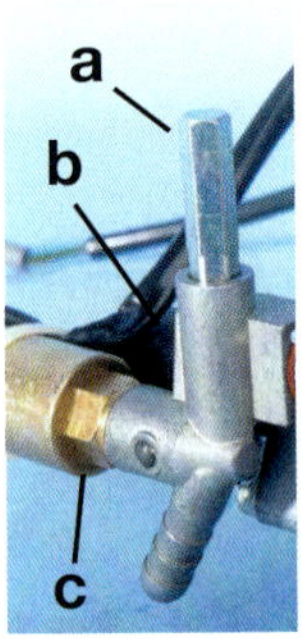

peratur des Vergasers anspricht. Bei Verdacht auf einen Defekt bei laufendem Motor kontrollieren, ob an den **elektrischen Anschlüssen** der Startautomatik Spannung anliegt. Ist dies der Fall, ist die Automatik defekt und muß ersetzt werden. Liegt keine Spannung an, ist die elektrische Anlage schuld: defekter Spannungsregler oder schlechter Kontakt an den Anschlüssen.

Elektrischer Benzinhahn Cosa

Elektrischer Benzinhahn Prüfung, Ausbau: Der elektrische Benzinhahn gibt bei der Cosa die Benzinzufuhr vom Tank zum Vergaser frei, sobald die Zündung eingeschaltet ist. Kern ist ein **elektromagnetisches Ventil,** das sich beim Anlassen des Motors öffnet und sich beim Abstellen schließt.

Beim Ausfall des elektrischen Benzinhahns unterwegs (der Motor springt nicht an, obwohl Benzin im Tank ist) läßt sich die **Benzinzufuhr** auf **mechanische Weise** herstellen. Dazu müssen zunächst die rechte Haube und der Luftfilterdeckel abgenommen wer-den. Dann wird mit einem Gabelschlüssel SW 7 die Schraube für die **mechanischen Überbrückung** des Benzinhahns auf dem Sockel rechts hinter dem Luftfilter (Position 1 Graphik vorige Seite) um zwei Umdrehungen gelöst.

Zum **Ausbau** von Startautomatik und elektrischem Benzinhahn sind lediglich je ein Gabelschlüssel SW 10 und SW 13 erforderlich.

Benzin- und Getrenntschmierung der Cosa: 1 = Benzintankverschluß, 2 = Öltankverschluß, 3 = Ölstandsanzeiger (nicht alle Modelle), 4 = Ölpumpengehäuse, 5 = Ölzufuhrleitung, 6 = Ölzufuhrkanal zum Vergaser, 7 = Ölzufuhrventil; A = System im Ansaug-stadium mit geöffnetem Drehschieber, B = die wellengetriebene Ölpumpe in ihren Details, P = Ölpumpen-Zahnradgetriebe.

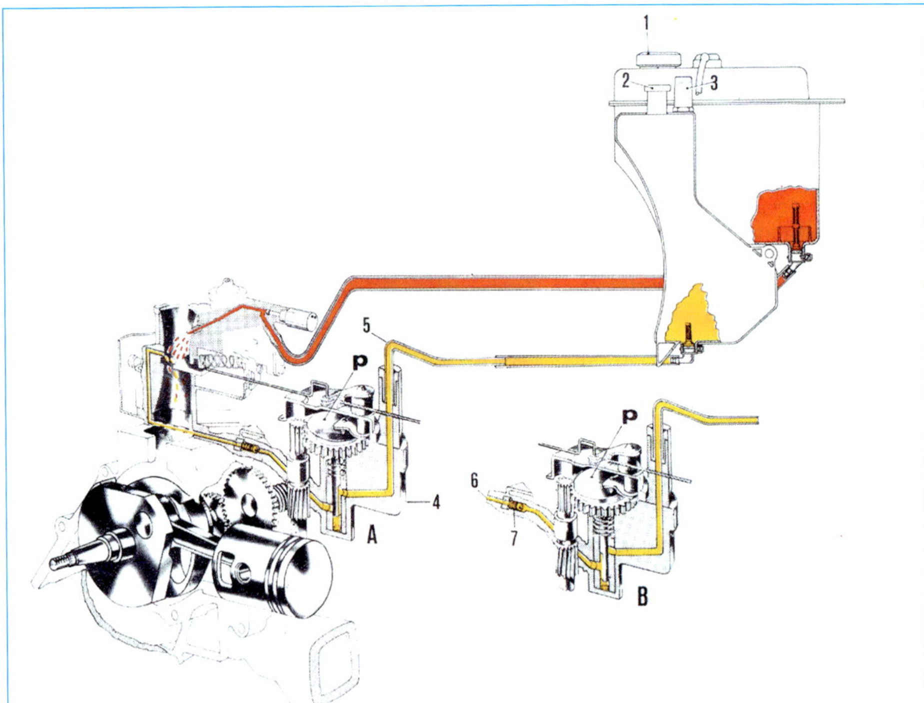

Treibstoffversorgung: Benzin- und Öltank Aus-/Einbau, Wartung PX, Cosa

Benzin- und Öltank Ausbau

Bei den großen Vespa-Modellen mit Getrenntschmierung ist der Ausbau des Benzintanks ausgesprochen fummelig. Grund: Der Öltank ist unten an den Treibstoffbehälter angeschraubt und durch das Schauglas zusätzlich mit der Karosserie verschachtelt. Wer den Ausbau des komplizierten, seit 1972 bei der Vespa installierten Tanksystems alleine durchführen muß, braucht starke Nerven; man sollte sich auf jeden Fall um einen Helfer oder eine Helferin bemühen.

Benzintank und Öltank Vorbereitungen Ausbau – PX-Modelle mit Getrenntschmierung: Zuerst Motorhaube abheben, Luftfilterdeckel und **Luftfilter** ausbauen wie weiter vorn beschrieben. Benzinhahn schließen. Dann **Benzinschlauch** mit einem starken Schraubendreher vom Vergaser abdrücken; dabei Federklemme entspannen. **Gummitülle** zwischen Luftfiltergehäuse und Karosserie entfernen und Benzinschlauch ganz aus dem Gehäuse ziehen. Jetzt **Ölschlauch** vom Luftfiltergehäuse abziehen und Ende mit einer passenden Schraube verschließen.

Geber Benzinuhr ausbauen: Zuerst die **Kabelsteckverbindung** am **Geber** für die **Benzinuhr** abziehen; das aus der Karosserie kommende Ende mit Klebeband fixieren, es rutscht sonst durch das Loch.
Drehverschluß des Gebers mit einem starken Schraubendreher gegen den Uhrzeigersinn schlagend lösen, Geber aus dem Tank ziehen.
Doch das verwinkelte **Schwimmergestänge** verhakt sich mit der Tanköffnung. Mit Vorsicht und Geduld gelingt es aber letztlich, das gesamte Gebersystem herauszuheben.

Links: Oberseite des Tanks mit Benzin- und Öltankdeckel, Geberplatte und Kabelanschlüssen. Kleines Bild: Lösen der Schrauben.

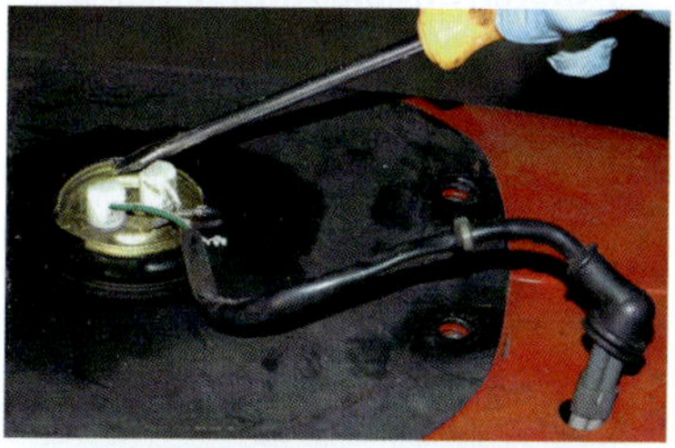

Links: Der Doppelstecker der Kabel für den Geber der Benzinstandanzeige wird einfach abgezogen. Mit einem starken Schraubendreher den Karabinerverschluß lösen.

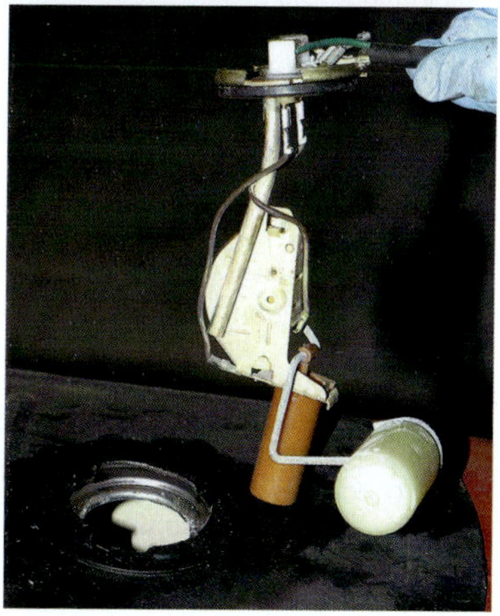

Das Schwimmergestänge verhakt sich und muß vorsichtig „befreit“ werden. Hier die komplette Geberanlage mit dem Schwimmer.

Benzin- zusammen mit Öltank ausbauen: Die drei Schrauben SW 13 lösen, mit denen vorn gleichzeitig **Tank** und **Sitzbankhalterung** befestigt sind (s. Karosserie-Kapitel). Dann die beiden hinteren Schrauben SW 13 der Tankbefestigung lösen. Die Tankkombination läßt sich nur aus dem Fahrzeug heben, wenn die **Gummitülle** vorn am **Ölschauglas** entfernt wird. Tank so anheben, daß der Benzinhahn sich durch das

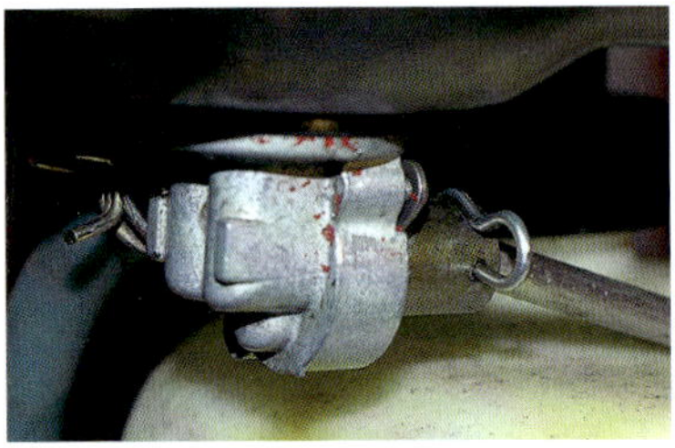

Bildreihe oben und rechts darunter: Zuerst die Gummitülle am Schauglas abziehen; das Benzinhahngestänge ist mit einem Splint gesichert; der ausgebaute Benzinhahn mit Splint; Öltankverschraubung und Benzinhahn mit Klammer des Schlauchs; Herausheben der Tankkombination aus dem Schacht.

Unten: Der Benzinhahn kann nach Lösen der beiden Schrauben eingestellt werden. Die Schrauben drücken gegen eine Federplatte.

Rechts: Die Dichtung zwischen Karosserie und Tank muß meist erneuert werden.

Loch nach innen ziehen läßt. Wenn das nicht klappt, Tank anheben und die **Sicherungsklammer** am Benzinhahn abziehen. Betätigungsstange vorne herausziehen Auf das **Schauglas** am Öltank achten – es darf beim Herausziehen nicht beschädigt werden. Vor allem bei älteren Rollern ist es ausgehärtet und daher recht zerbrechlich.

Der erste Monteur zieht nun den Tank so weit wie möglich hoch und hält ihn fest. Die zweite Person zieht das obere Ende des **Benzinschlauchs** vom Benzinhahn ab – der Schlauch bleibt im Fahrzeug. Der (gut verschlossene!) Ölschlauch muß von außen durch die Karosserie in den Tankraum gedrückt werden; dazu die Gummitülle lockern und nach vorn ziehen. **Ölschlauch** ganz durchschieben. Jetzt kann die Tankkombination endlich abgenommen werden.

Dann den Tank so weit wie möglich hochheben und festhalten. Eine Helferin oder ein Helfer schiebt den **Benzin-** und den **Ölschlauch** von außen durch die Karosserie in den Tankraum nach; dazu die Ölschlauchtülle lösen und ebenfalls nachschieben. Tankkombination komplett abnehmen und in eine Wanne legen, weil Reste von Benzin und Öl auslaufen. Die Flüssigkeiten mit Katzenstreu abbinden.

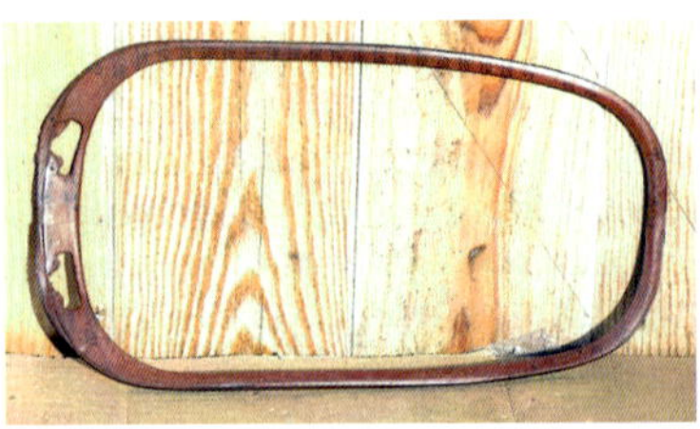

Benzinhahn prüfen

Benzinhahn ausbauen, prüfen: Darauf achten, daß das Hahngestänge nicht klemmt. Ist der Benzinhahn **undicht,** zunächst Treibstoff ganz ablassen. Dann die beiden Schlitzschrauben lösen, mit denen der Deckel befestigt ist. Deckel abnehmen und die dahinterliegende **Dichtung** erneuern.

Zum Komplettausbau des Benzinhahns ist ein gekröpfter **Spezialschlüssel** erforderlich (s. Graphik

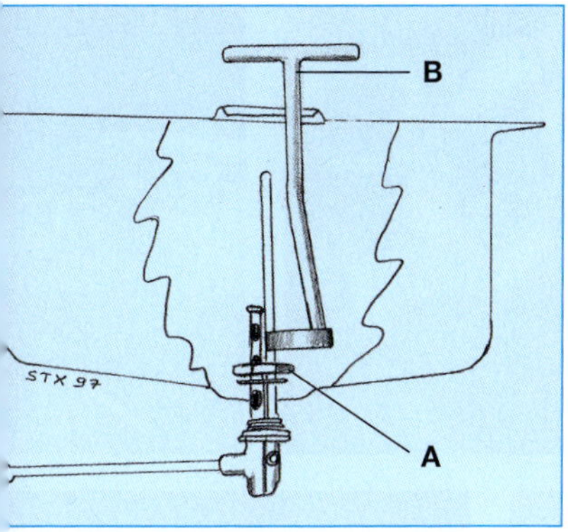

Oben: Lösen der Benzinhahnverschraubung A mit dem Piaggio-Spezialschlüssel B.
Rechts: die Tankkombination mit Hahn und Schläuchen, die ausgewechselt werden müssen, wenn sie ausgehärtet sind.

Zeichnung: Hans J. Schneider; Basis: Werkstatt-Handbücher Piaggio & C.

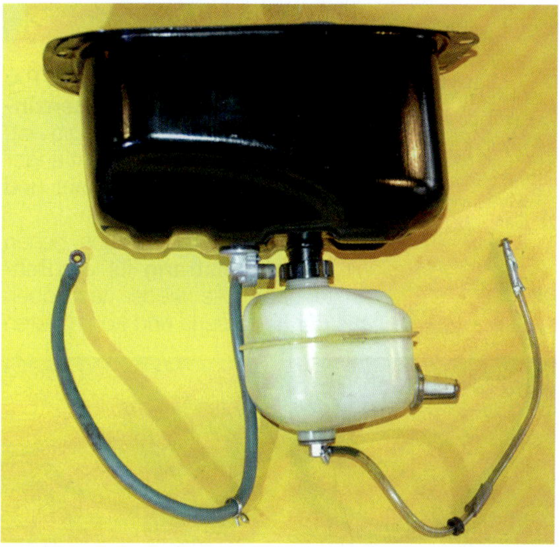

Seite 257). Schlüssel durch die Einfüllöffnung führen und die Sechskantmutter lösen, die den Hahn von innen festhält.

Dichtigkeit prüfen

Benzin- und Öltank Dichtigkeitsprüfung: An den ausgebauten Teilen ferner überprüfen, ob alle **Verbindungen** und **Anschlüsse dicht** sind, vor allem zwischen **Benzin- und Öltank.** Die Kunststoffmutter muß fest sitzen und darf keine Ölspuren zeigen. Sitz mit der Hand prüfen, notfalls nachziehen. Sollen die beiden Tanks getrennt werden, muß die Mutter durch Drehen gegen den Uhrzeigersinn gelöst werden.
Auch die **Dichtungen** an Öltank-Ablaßschraube sowie am Schauglas dürfen nicht durchlässig sein. Ersatzdichtungen sind nur schwer aufzutreiben.

Verbindung Öltank/Ölschlauch auf festen Sitz prüfen: Zuerst kontrollieren, ob die Verschraubung des **Anschlußröhrchens** gut sitzt. Bei älteren Modellen ist der Ölschlauch einfach auf das Röhrchen gesteckt und nur durch eine primitive Feder gesichert. Es kann leicht passieren, daß der Schlauch abrutscht und dadurch das Öl innerhalb weniger Minuten in den Karosserie-Hohlraum läuft. Dann wird der Motor bald mangels Schmierung mit einem Kolbenklemmer stehenbleiben. Dies läßt sich jedoch zuverlässig verhindern: Federklemme durch eine passende Schlauchschelle oder eine **Quetschsicherung** ersetzen.

Schläuche prüfen

Schläuche erneuern: Oft sind die **Öl- und Benzinschläuche ausgehärtet.** Sie lassen sich nur abziehen, nachdem sie mit dem elektrischen **Heißlufterzeuger** erwärmt wurden. **Vorsicht:** Nur kurz erhitzen und nicht zu nahe an die Tanks rangehen! Auch die neuen, dickwandigen Schläuche (als Meterware erhältlich), müssen an den Enden kurz erhitzt werden, sonst lassen sie sich nicht aufschieben. Danach werden sie mit passenden **Klammern** an Benzinhahn und Öltank gesichert. Auch prüfen, ob alle **Kabelstecker** festen Sitz haben, lose Stecker nachbiegen.

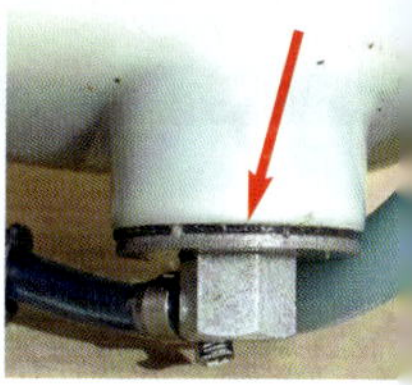

Oben: Dichtung am Schlauchadapter prüfen.

Benzin-/Öltank einbauen PX

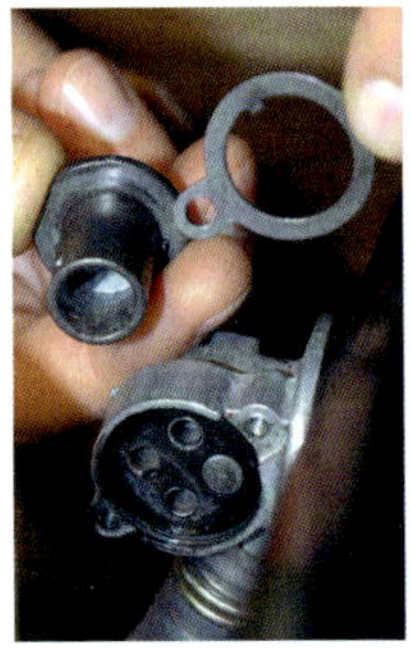

Links: zerlegter Benzinhahn mit Dichtung. Rechts: Mit zwei Schlitzschrauben (Pfeile) wird die Gängigkeit des Benzinhahns eingestellt. Die Schrauben drücken gegen eine Federplatte.

Benzintank und Öltank Einbau PX:

Zuerst wird geprüft, ob der **Benzinhahn** nicht zu schwergängig ist. Wenn die **Federplatte** zu fest angezogen ist, wird sie ausgebaut und neu eingestellt.
Vor Beginn des Tankeinbaus ziehen wir den **Kabelstrang** für die Benzinstandkontrolle wieder nach oben aus der Karosserie und kontrollieren

Mitte links: so wird der neue Benzinschlauch richtig angeklemmt. Daneben: korrekt gesicherter neuer Ölschlauch.

Großes Foto: Einsetzen der aufbereiteten Tankkombination.

nebenbei den festen Sitz der oberen **Federbeinbefestigung** in ihrem Schacht. Dann zuerst die große umlaufende **Gummidichtung** von unten über den Tank stülpen. Die Helferin oder der Helfer senkt die Kombination dann so weit ab, daß die zweite Person die **Schläuche** durch die Karosserie nach außen führen kann.
Nun bei noch angehobenem Tank das **Hahngestänge** am Hahn anschließen und mit dem Spezialsplint sichern; darauf achten, daß er auf **„C“** („chiuso“ = geschlossen) steht, also quer nach rechts, sonst läßt er sich nicht einfädeln. Tank absenken und Hahn sowie **Öl-Schauglas** vorsichtig in Position bringen; Schläuche dabei noch weiter herausziehen, Tank ganz aufsetzen, die **Tüllen** über Hahn und Schauglas schieben und anbringen, was ziemlich fummelig ist.

Folgende Seite oben: Einsetzen der Schauglastülle, Hahntülle bereits am Platz; Benzin- und Ölschlauch sind nach außen geführt. Darunter: Einsetzen des Benzinstandgeber s mit dem Kabelanschluß. Festsetzen der Geberplatte mit Schraubendreher

Geber mit Schwimmer einsetzen:

Schwimmer auf freie Beweglichkeit prüfen und Gebersystem komplett einsetzen. Dabei auf die **Nockenposition** achten: Es gibt zwei kleine und einen großen Nocken. Durch Rechtsdrehen bis zum Anschlag den Geber arretieren. Zur Prüfung des Sitzes einen kurzen Schlag mit dem Schraubendreher im Uhrzeigersinn ausführen. Vor dem Einbau prüfen, ob die **Gummidichtung** noch in Ordnung ist. Den **Kabelstrang** anschließen und Tülle einschieben. Zuletzt die Befestigungsschrauben M8 SW 13 mit neuen Scheiben und Federringen eindrehen. Beide **Tankdeckel** aufsetzen, falls nicht schon geschehen.

Ölförderung in Gang setzen: **Achtung:** Wenn der **Öltank** abgeklemmt war, den Motor nicht sofort starten. Motor zuerst bei ausgeschalteter Zündung 15- bis 20mal mit dem Kickstarter durchtreten, damit die Ölpumpe fördert; erst wenn keine Luftblasen mehr zu sehen sind, ist eine zuverlässige Schmierung garantiert.

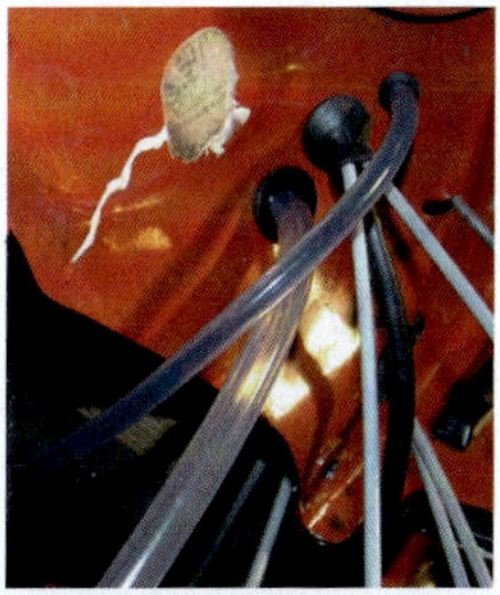

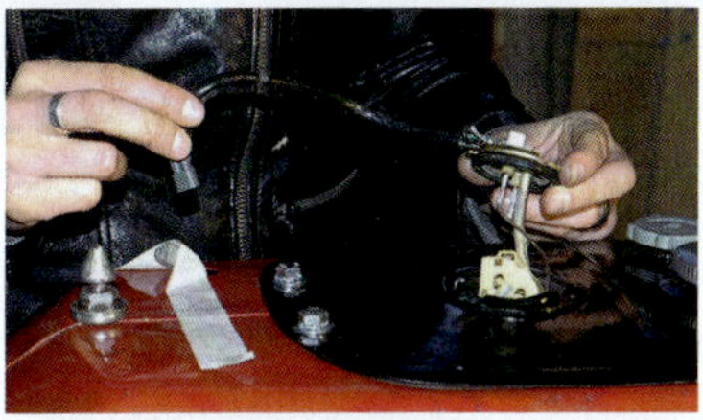

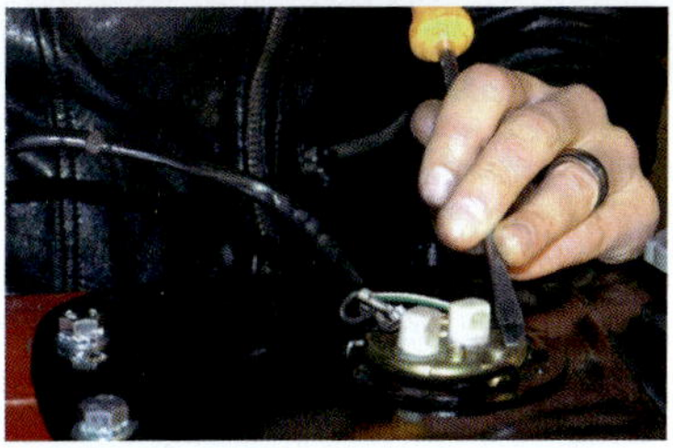

Cosa-Tanks entleeren, ausbauen

Benzintank, Öltank Ausbau Cosa: Die Cosa ist mit einem **Kunststofftank** ausgerüstet. Zum Ausbau Sitzbank und Geber für die Benzinanzeige ausbauen wie bei der PX. Der **Bremsflüssigkeitsbehälter** kommt mit dem Benzintank frei (s.a. Kapitel „Cosa-Bremse").
Den Tank vor dem Ausbau völlig leerzufahren ist kaum machbar. Das **Ablassen des Treibstoffs** ist schwierig: das am Vergaser in den elektrischen Benzinhahn mündende Ende des Schlauchs ist extrem schlecht zugänglich. Den Tank vorsichtig abheben, weil sonst der Benzinschlauch mitsamt dem Filter oben am Tank abrutscht.
Leser Michael Nowak weiß nun einen **Trick:** Damit sich beim Abziehen des Benzinschlauchs kein Sprit über den Motor ergießt, den Luftansaugschlauch von der Vergaserwanne abziehen und den Benzinschlauch vorübergehend mit einer **Schlauch-Klemme** komplett abquetschen. So kann er ohne Benzinverlust vom Vergaseranschluß abgezogen und durch Aufstecken einer selbstgemachten **Verlängerung** erweitert werden: **1. Schlauch** mit Durchmesser innen 7,5 / außen max. 13 mm, Länge ca. 1 Meter, **2. Alu-Röhrchen** mit Außendurchmesser 8 mm, Länge ca. 5 cm. Das Röhrchen zur Hälfte in ein Ende des Verlängerungsschlauchs stecken; die andere Hälfte steht hervor und dient zum Einstecken in den Benzinschlauch der Cosa. Durch **Lösen der Schlauch-Klemme** kann jetzt der gesamte Tankinhalt in ein passendes Gefäß abgelassen werden.
Der **separate Öltank** ist mit einer Kreuzschlitzschraube befestigt, die vor dem Reserverad unter der linken Haube sitzt. Einbau und Sicherheitshinweise wie bei der PX (s. Kapitel „Ölförderung").

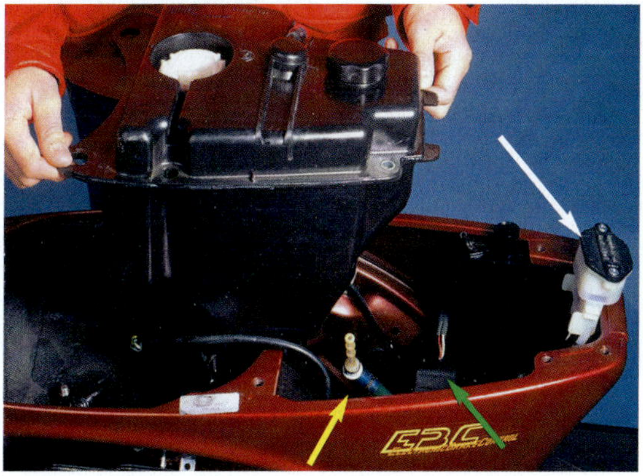

Oben: Der ausgebaute Kunststofftank der Cosa 200. Beim Ausbau kann die Spritleitung (gelber Pfeil) leicht abrutschen. Daher den oben geschilderten Trick anwenden. Unten im Schacht: die Ölleitung (grüner Pfeil), rechts der Hauptbremszylinder (weißer Pfeil).

PK-Modelle 50, 80, 125 cm³: kompakt und unverwüstlich. Alle Technik- und Wartungstipps auf den folgenden Seiten.

PK 50 XL 2 von 1992 in voller Fahrt. *Die kleinen Vespa-Modelle mit kurzem Radstand stehen den Urmodellen technisch und optisch noch näher als die großen PX-Typen. 1963 schuf sich Piaggio mit kompakten 50er und 90er Modellen ein zweites Standbein. Die ab 1965 lieferbaren Typen 50 N mit Dreigangschaltung, 50 S mit Vierganggetriebe und 50 Super Sprint mit leistungsgesteigertem Motor waren als Vorläufer der PK ein großer Erfolg. Das erste Modell mit elektrischem Anlasser war die 50 N „elestart" von 1969. Von 1983 bis 1996 wurden die neu entwickelten PK-Modelle gebaut, zunächst als PK 50, PK 50 S, PK 80 S und PK 125 S. 1986 folgten die verbesserten XL-Modelle, 1990 erschienen die XL 2-Typen. Wegweisend waren 1983 die Vespa automatica und 1987 die Vespa plurimatic mit Keilriemenantrieb, auf die wir in einem speziellen Kapitel ausführlich eingehen.*

PK-Modelle: Motor-/Getriebeblock Absenkung, Aus- und Einbau, Nebenarbeiten

*Auch bei den kompakten **PK-Modellen** muß der Motor für die Ausführung zahlreicher Wartungs- und Reparaturarbeiten abgesenkt oder zumindest teilweise demontiert werden. Bei der PK ist das **Absenken des Antriebsblocks** allerdings etwas komplizierter als bei den großen PX-Modellen. Grundsätzliches dazu haben wir bereits in der Einleitung zum entsprechenden PX-/Cosa-Kapitel bemerkt (Reinigung des Brennraums alle 4000 km z.B.).*

*Im Zusammenhang mit der Motorabsenkung müssen auch bei der PK zahlreiche Arbeiten durchgeführt werden, die wir in den Kapiteln über PK und Cosa näher beschreiben: Abbau der **Motorhaube** (s. Kap. „Karosserie"), Ausbau von **Luftfilter und Vergaser** (s. untenstehende Schnellanleitung und Kapitel „Benzinversorgung und Gemischaufbereitung"), Abstützen des **Fahrzeughecks,** Ausbau des **Hinterrads** (s. Kapitel „Hinterradführung"), Abklemmen bzw. Ausbau der **Batterie** (s. untenstehende Schnellanleitung und Kapitel „Motorelektrik").*

In diesem Kapitel** zeigen wir speziell den Ausbau des **PK-Auspuffs,** und das Trennen der **PK-Kabelverbindungen.

PK: Vergaser-Ausbau

Vergaser-Ausbau (Schnellanleitung): Der PK-Motor läßt sich nur abklappen, wenn der **Vergaser** ausgebaut ist. Luftfiltergehäuse abnehmen, Benzinhahn schließen, Benzinschlauch vom Vergaser abziehen (Federklemme), Chokezug und Benzinhahngestänge abklemmen, Vergaser vom Ansaugkrümmer lösen (Schelle). Weitere Details zum Vergaserausbau s. Kapitel „Benzinversorgung und Gemischaufbereitung" PX und PK weiter hinten.

Oben: Triebwerksblock der PK 50 XL 2 von 1992; der Ausbau erfordert wegen der eingeschränkten Zugänglichkeit einiges Geschick.

PK: Batterie-Ausbau

Batterie-Ausbau (Schnellanleitung) – PK-Modelle: Bei Fahrzeugen mit Batterie kommt das Hinterrad nur frei, wenn zuvor Batterie und Batteriehalterung entfernt worden sind. Klappe an der **linken Haube** und Batterieabdeckung ausbauen; Massekabel, dann das Pluskabel von der **Batterie** abnehmen, Entlüftungsschlauch von der Batterie abziehen, Batteriehalteband aushängen und Batterie abnehmen. Weitere Details s. Kap. „Motorelektrik".

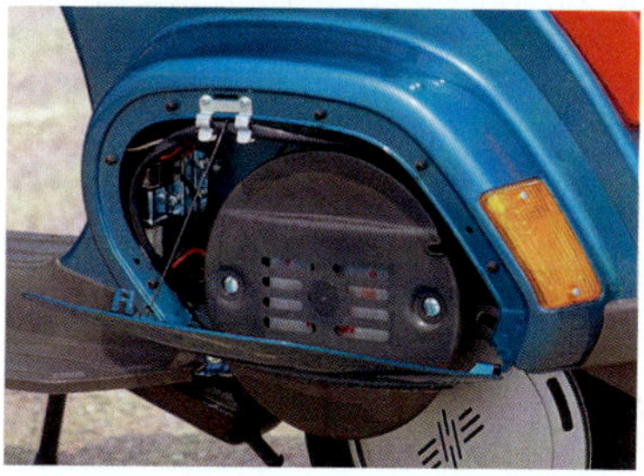

Links: Die Batterie der PK 50 XL 2 sitzt hinter der Blende, die von zwei Schrauben gehalten wird. Sie muß vor dem Motorausbau abgeklemmt werden.

PK: Auspuff-Ausbau

Auspuff demontieren: Der Auspuff muß unter anderem abgenommen werden, wenn am Zylinder gearbeitet werden soll.

Beide Bilder rechts: Auspuffausbau bei den PK-Modellen; zuerst die beiden Muttern SW 10 lösen, mit denen der Auspuff-Flansch am Zylinder befestigt ist (Bild oben); dann die Schraube SW 13 lösen, die den Auspuff mit der Traverse verbindet. Die Auspuffanlage muß demontiert werden, wenn der Motor abgesenkt oder ausgebaut werden soll.

Zuerst mit Umschalt- oder Steckschlüssel SW 10 die beiden Muttern oben am **Flansch** abschrauben; sie sind vom Radhaus her zugänglich. Anschließend die Schraube SW 13 lösen, die den Schalldämpfer an der Schwinge festhält. Auspuff abnehmen. Später die **Flanschdichtung** möglichst erneuern. **Achtung:** Ältere Dichtungen sind **asbesthaltig,** Staub nicht einatmen. Neue Ersatzdichtungen sind asbestfrei. Weitere Hinweise zum Auspuff-Ausbau PK s. Kapitel „Vespa plurimatic“.

PK: Auspuff reinigen

Auspuff aufarbeiten, reinigen: Soll der Auspuff wiederverwendet werden, muß er so weit wie möglich von **Verbrennungsrückständen** befreit werden. Ruß und Schlacke setzen sich vor allem im Rohrbereich hinter dem Flansch fest. Mit einem schmalen Schaber, einem Messer und einem Stück Schweißdraht lassen sich die gröbsten Schmutzpartikel entfernen (s.a. Bilder zur Zylinderreinigung PX-Kapitel). Der Draht sollte am Ende umgebogen und plattgeklopft sein. **Vorsicht:** Staub nicht einatmen, Atemschutzmaske anlegen.

Der **Schalldämpfer** läßt sich nur schwer säubern. Hier setzen sich gern unverbrannte Ölrückstände ab, die sich mit Ruß und Schlacke zu einer teerartigen Substanz verbinden. Traditionelle Reinigungsmethode in Werkstätten: **Erhitzen** des Auspuffs mit einem Schweißbrenner, gleichzeitig vom Stutzen her Druckluft einblasen. Doch weil dabei giftige und umweltschädliche Gase entstehen, ist es besser, einen zu stark verteerten Schalldämpfer durch einen neuen zu ersetzen. Das wirkt sich nebenbei auch positiv auf die Leistungsfähigkeit des Motors aus. Ein verstopfter Auspuff mindert den Wirkungsgrad, reduziert die Leistungsausbeute und führt zu einer stark erhöhten **Schadstoffemission.**

Auspufftöpfe, die nicht zugesetzt und nicht durchgerostet sind, kann man **korundstrahlen** und neu beschichten lassen oder mit **hitzefestem Lack** streichen.

PK: Kabel abklemmen

Zündelektronik abklemmen: Damit der Motor beim Abklappen nicht hängenbleibt, müssen einige **Kabelverbindungen** gelöst werden. Zweckmäßigerweise werden zunächst Elektronikzentrale bzw. Zündspule abgenommen. Dazu den Motordeckel rechts abnehmen. Die Elemente sitzen oben an einem Blechhalter und sind mit zwei Muttern SW 10 befestigt.

Gebläseabdeckung abschrauben: Dann die beiden oberen Kreuzschlitzschrauben lösen, mit denen die **Gebläseabdeckung** am Motorgehäuse festgehalten wird; sie fixieren gleichzeitig die Unterkante der (meist schwarzen) Lüfterhaube, ein Massekabel und eine Kabelklammer. Gebläseabdeckung komplett ausbauen; dazu zusätzlich die beiden untenliegenden Schlitzschrauben und die oben links sitzende Kreuzschlitzschraube lösen.

Zünd- und Anlasserkabel lösen: **Kerzenstecker** abziehen und **Zündkabel** aus der Klammer ziehen. Bei Fahrzeugen mit elektrischem Anlasser muß zusätzlich die Kabelverbindung zum **Anlasser** gelöst werden. Die Kabelklemme kommt nach Lösen einer Mutter SW 8 frei (s.a. Kap. „Motorelektrik").

Gummitülle Ansaugrohr abnehmen: Nun die **Gummitülle,** die das **Ansaugrohr** des Vergasers zur Karosserie hin abdichtet, von der Karosse abziehen. Die **Bowdenzüge** für Kupplung, Bremse und Schaltung müssen zum Abklappen des Motors **nicht abgenommen** werden.

Federbein unten abschrauben: Zuletzt muß die untere Befestigung des hinteren **Federbeins** gelöst werden: Mit einem Ringschlüssel SW 13 die Mutter abschrauben, mit einem Schlüssel SW 14 den Befestigungsbolzen gegenhalten. Antriebsblock mit der rechten Hand abfangen, Federbeinbolzen ganz aus der Lagerung ziehen und Antriebsblock bis zum Boden ablassen.

PK: Motor ganz ausbauen

Motor-Komplettausbau – Vorbereitungen: Ausgangssituation: Das Fahrzeugheck ist abgestützt, und der Motor ist abgeklemmt und abgesenkt wie in den obenstehenden Abschnitten beschrieben; kurz noch einmal **zusammengefaßt:** Sitzbank hochklappen, Starterzug, Benzinhahngestänge und Gaszug sowie

Links: Die Elektronikbox durch Lösen von zwei Muttern SW 10 abschrauben. Mitte: Dann die Kreuzschlitzschrauben der Lüfterhauben- und Gebläseabdekkung ausdrehen.

Links: Bei Modellen mit elektrischem Anlasser das Stromkabel vom Anlasser abnehmen.

Luftfiltergehäuse abnehmen; Benzinschlauch abziehen und Vergaser ausbauen; Hinterrad abnehmen oder – falls Arbeiten an der Kupplung durchgeführt werden sollen – komplett mit der Bremstrommel de-

Oben links: Zum Absenken des PK-Motors muß die Gummitülle zwischen Ansaugrohr und Karosserie nach hinten geschoben werden.

Oben rechts: Lösen der Verbindung Federbein/ Antriebsblock bei der PK; Bolzen SW 14 und Mutter SW 13 abschrauben.

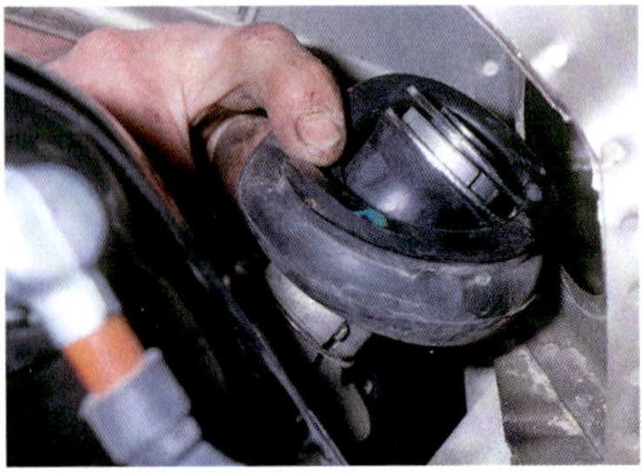

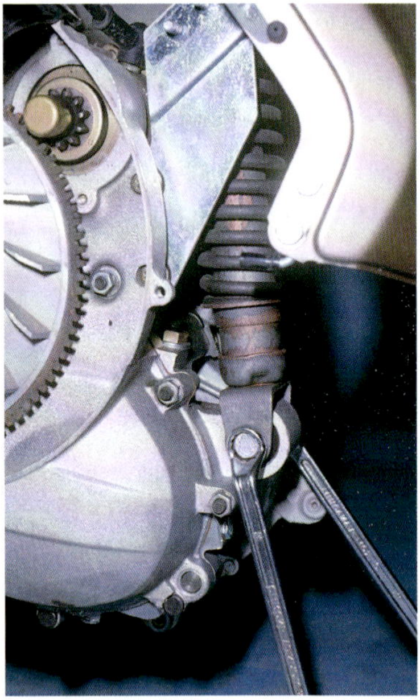

montieren. Auspuffanlage aus-bauen; Zündspule, Kerzenstecker, Massekabel und Anlasserkabel (falls vorhanden) abklemmen; Gummitülle am Ansaugrohr abziehen.

PK-Motorausbau – Seilzüge abklemmen: Zusätzlich müssen Hinterrad-Bremszug, Kupplungszug und Schaltzüge abgeklemmt werden. **(Illustrationen siehe am Beispiel PX 200 E).**

Unten rechts: abgestützes Heck der PK 80 S 1984, Antriebsblock ganz abgesenkt.

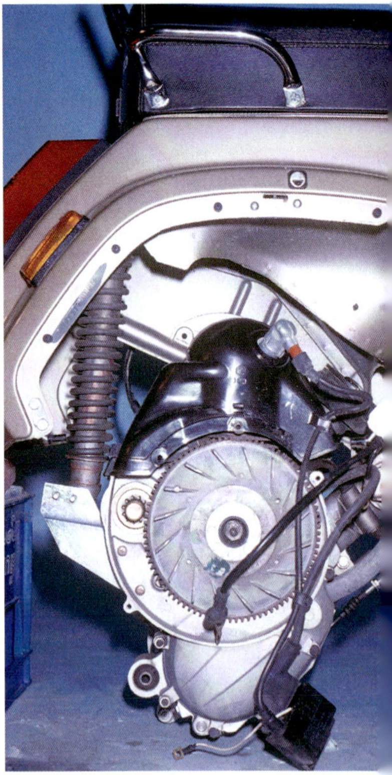

Zunächst den **Hinterrad-Bremszug** lösen; er ist mit einer Mutter SW 13 am Bremshebelgelenk befestigt. Gelenk mit einer Kombizange festhalten. Seilzug ganz aus dem Einsteller herausziehen.

Anschließend **Kupplungszug** lösen; er hat über einen Schraubnippel Verbindung zum Ausrückhebel. Nippel mit einem Gabelschlüssel SW 8 festhalten, Verschraubung mit einem Gabelschlüssel SW 7 lösen. Seilzug vollständig aus dem Einsteller herausziehen.

Die beiden **Schaltzüge** enden im **Schaltsegment,** das unter dem Antriebsblock sitzt. Zuerst mit einem Schraubendreher die Schlitzschraube lösen, die den Segmentdeckel hält; Deckel abnehmen. Nun beide Schaltzüge aushängen; dazu die Schraubnippel wieder mit einem Gabelschlüssel SW 8 festhalten und die Verschraubung mit einem Gabelschlüssel SW 7 lösen. Züge komplett von den Einstellern abziehen.

Federbein unten abschrauben: Nun – wie bereits gezeigt – die Verbindung **Federbein/Motorblock**

bei sorgfältig **abgestütztem Fahrzeugheck** trennen; dazu mit einem Ringschlüssel SW 13 die Mutter lösen, mit einem Schlüssel SW 14 den Bolzen gegenhalten. Antriebsblock mit der rechten Hand abfangen, Federbeinbolzen ganz aus der Lagerung ziehen und Antriebsblock bis zum Boden ablassen.

Traversenachse ausbauen: Zuletzt wird die **Traversenachse** vorn an der Karosserie ausgebaut: Mit einem Ringschlüssel SW 17 die Mutter auf der linken Fahrzeugseite lösen, mit einem zweiten Schlüssel SW 17 den Bolzen auf der rechten Seite gegenhalten. Traverse mit der linken Hand abfangen und mit der rechten Hand die Traversenachse herausziehen. Sollte dies Schwierigkeiten bereiten, mit leichten Kunststoffhammer-Schlägen nachhelfen. Der Motor-/Getriebeblock kann jetzt komplett vom Fahrzeug abgenommen werden (s.a. Kapitel PX).

PK: Motorblock einbauen

Antriebseinheit einbauen und anschließen: Beim **Wiedereinbau** des Antriebsblocks genau in umgekehrter Reihenfolge wie beim Ausbau vorgehen. Sprengringe und Unterlegscheiben – soweit vorhanden – nicht vergessen bzw. erneuern, defekte oder ausgehärtete **Dichtungen** ersetzen. Die einzelnen Schritte kurz **zusammengefaßt:**

Fahrzeugheck abstützen, Motor vorn anheben und **Traversenachse** einsetzen; Mutter SW 17 mit dem erforderlichen **Drehmoment** anziehen (s. Anhang), dabei Bolzen mit Schlüssel SW 17 gegenhalten. Motor hinten anheben und **Federbein** anschließen (Bolzen SW 14, Mutter SW 13, **Drehmoment** s. Anhang).

Schaltzüge einhängen, Nippel befestigen, Schaltsegment und Deckel befestigen; **Kupplungszug** und **Hinterrad-Bremszug** anschließen.

Gummitülle mit dem Ansaugrohr verbinden; **Zündspule, Kerzenstekker, Massekabel** (u.U. auch **Anlasserkabel**) anschließen.

Auspuffanlage montieren; Hinterrad ansetzen und die fünf Muttern SW 13 sternförmig mit **Nm 27** anziehen (dies später bei abgebocktem Fahrzeug); wurde das **Hinterrad** zusammen mit der Bremstrommel abgenommen, die Zentralmutter bei fest aufstehendem Fahrzeug mit **Drehmoment** (s. Anhang) anziehen (Helfer erforderlich, Heck belasten; s.a. Fahrwer-Kapitel).

Vergaser anbauen, dann **Benzinschlauch, Gaszug, Benzinhahngestänge, Starterzug** und **Luftfiltergehäuse** anschließen.

Nach dem Wiedereinbau des Motorblocks **Seilzüge exakt einstellen:** Schaltung, Hinterradbremse, Kupplung, Gas, Choke (s.a. Kap. „Seilzüge", „Bremsen", „Benzinversorgung").

Nach Belieben können verschiedene Anbauteile vor oder nach dem Absenken des Motors demontiert werden. Bei diesem PK 80 S-Triebwerk wurden neben den Kabelverbindungen, dem Vergaser und dem Auspuff bereits die Lüfterbleche abgenommen. Gut zu erkennen sind Anlasserritzel und Zahnkranz auf dem Rotor des Schwungradmagnetzünders, der auch als Gebläserad dient.

PK-Modelle: Zylinderkopf, Zylinder, Kolben: Aus- und Einbau, Reinigung, Reparatur

Auch bei den PK-Modellen (small frame) ist die Baugruppe Zylinderkopf/Zylinder/Kolben das zentrale Element der Kraftentfaltung. Um vorzeitigem Verschleiß vorzubeugen, müssen diese Teile auch hier regelmäßig inspiziert bzw. von Verbrennungsrückständen gereinigt werden, vor allem bei Leistungsabfall. Piaggio empfiehlt, diese Prozedur alle 4000 km durchzuführen. Bei einer Grundüberholung werden die Teile komplett ausgebaut und bei Bedarf ersetzt. Nur der Zylinder kann nachgearbeitet werden.

Im Prinzip wird bei der PK genauso vorgegangen wie bei PX und Cosa. Daher können die Illustrationen aus den PX-Kapiteln zusätzlich zur Verdeutlichung herangezogen werden. Die Unterschiede liegen bei der PK im Detail, wie wir im Folgenden zeigen werden.

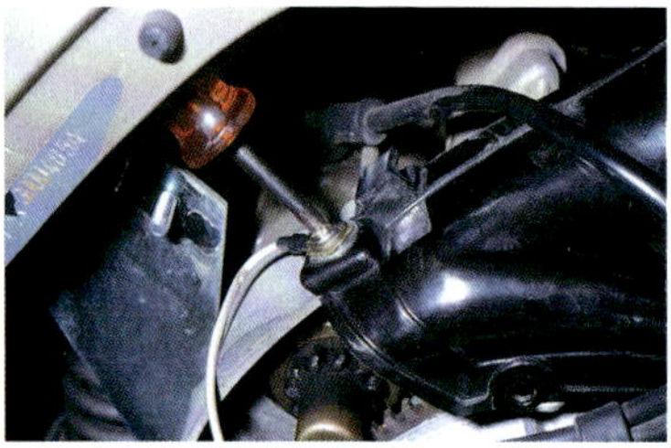

Vorbereitung der Zylinderdemontage PK-Modelle; oben rechts: rückwärtige Schraube mit dem Massekabelanschluß entfernen. Dann zweite Schraube auf der Motorinnenseite ausdrehen (möglich erst nach Ausbau des Hinterrads).

Unten rechts: Lüfterhaube vom Zylinder des Motors abheben (PK 80 S).

Beide Fotos: © Hans J. Schneider

Text und Fotos in diesem Kapitel: © Christoph Schneider (außer extra markierte Elemente)

PK: Abdeckungen abnehmen

Gebläseabdeckung und Lüfterhaube ausbauen: Nach der im vorigen Kapitel beschriebenen Absenkung des Motors ist Platz vorhanden für die Demontage von Lüfterhaube und Zylinderkopf.

Zuerst die Schlitzschrauben, die gleichzeitig die **Gebläseabdekkung** und die schwarze **Lüfterhaube** fixieren, abnehmen. Hinten rechts wird die Lüfterhaube von einer Blechschraube gehalten. Schraube lösen und zusammen mit dem Massekabel der Elektronikzentrale abnehmen.

Auf der Rückseite ist die Haube mit einer Schlitzschraube befestigt. An dieses Schräubchen kommt man allerdings nur heran, wenn vorher Batterie, Hinterrad und Auspuff ausgebaut wurden (s. entsprechende Kapitel); Schraube lösen und Lüfterhaube abheben.

PK: Zylinderkopf abnehmen

Zylinderkopf abbauen und reinigen: Der **Zylinderkopf** besteht aus Leichtmetall und ist mit vier Muttern SW 11 am Zylinder befestigt. Muttern mit einem Steck- oder Gabelschlüssel lösen und Zylinderkopf abheben. Sollte er festgebrannt sein, mit leichten Gummihammerschlägen nachhelfen. Keine Gewalt anwenden – die Kühlrippen brechen schnell ab. Eine **Zylinderkopfdichtung** ist **nicht vorhanden.**

Nun die **Brennraummulde** des Zylinderkopfs von Verbrennungsrückständen befreien (s.a. Abb. Kapitel PX). **Achtung:** Dazu möglichst keine scharfkantigen Gegenstände aus Metall wie Schraubendreher oder Messer verwenden, auch kein Schmirgelpapier. Der Zylinderkopf würde beschädigt, in den Riefen würde sich der Schmutz noch schneller festsetzen als vorher. Meist läßt sich die Reinigung mit einem zurechtgeschnittenen **Hartholz- oder Kunststoffspan** durchführen. Nur bei besonders hartnäckigen Ablagerungen Metallschaber verwenden; dabei die Klinke flach ansetzen, damit keine Riefen oder Kratzer entstehen können. Zum Abschluß den Zylinderkopf in **Kaltreiniger** auswaschen; kein Benzin verwenden (enthält krebserregende Substanzen). Dabei nicht vergessen, die **Kühlrippen** gründlich zu reinigen. Lockeren Schmutz mit einem Holzspan abkratzen, Ölspuren mit einem Pinsel abwaschen. Verschmutzte Kühlrippen beeinträchtigen die Motorkühlung.

Reinigung bei noch eingebautem Zylinder: Im Rahmen einer normalern Inspektion können nach dem Abheben des Zylinderkopfs Kolbenboden und Zylinder gereinigt werden. **Achtung:** Zur Reinigung bei eingebautem Zylinder zunächst den Kolben durch Drehen des Rotors zum oberen Totpunkt bringen.
Nach der Reinigung – auch hier möglichst Spachtel aus Holz oder Kunststoff verwenden – den gelösten Schmutz mit dem **Staubsauger** entfernen; feine Partikel setzen sich sonst oberhalb der Kolbenringe zwischen Kolben und Zylinderwand fest. Wird der **Kolbenboden** bei ausgebautem Zylinder gereinigt, muß die offenliegende Kurbelwanne mit einem sauberen und flusenfreien Tuch sorgfältig abgedeckt werden.

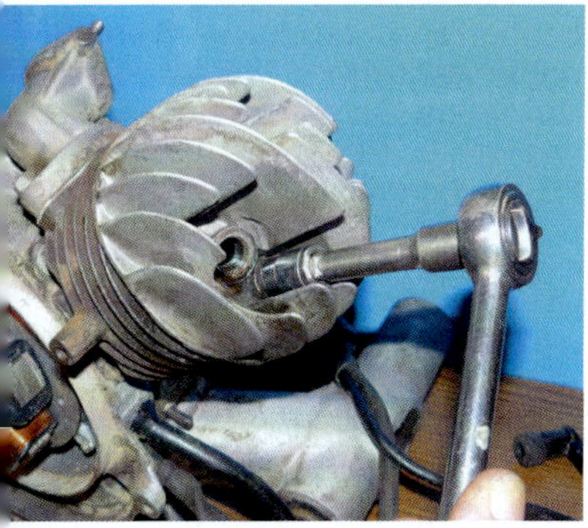

PK: Zylinder ausbauen

PK-Zylinder ausbauen: Anders als beim PX-Motor müssen beim PK-Triebwerk zur Demontage des aus Grauguß bestehenden **Zylinders** vier Muttern SW 11 gelöst werden, mit denen der Zylinderfuß am Motorblock befestigt ist. Die beiden in Richtung Radlauf sitzenden Muttern lassen sich leidlich gut erreichen. Die äußeren Muttern dagegen sind nur gut zugänglich, wenn der **Rotor** abgezogen wird. Er sitzt konisch auf dem Kurbelwellenstumpf und ist durch eine Mutter SW 17 gesichert.

Oben: Triebwerksblock der PK 50 S (2,7 PS 1985) von der Radseite aus gesehen. Darunter: Zylinder und Zylinderkopf der PK. Eine Kopfdichtung ist ab Werk nicht vorhanden. Unser Zylinderkopf ist stark verkokt. Links außen: Lösen der vier Muttern SW 11 der Zylinderkopfbefestigung.

Oben rechts: Zwei Zylinderfußmuttern lassen sich vom Radkasten aus erreichen, aber nur bei abgebautem Hinterrad. Darunter: Zum Lösen der vorderen Zylinderfußmuttern muß der Lichtmaschinenrotor abgezogen werden. Rotor blockieren, Mutter SW 17 entfernen.

Gebläserad oben am Zylinder mit einem starken Schraubendreher oder dem Gegenhalter von Piaggio blokkieren und mit einer Nuß SW 17 die Verschraubung lösen. **Rotor** mit einem passenden Abzieher von der Kurbelwelle ziehen (Details dazu s.a. entsprechendes PX-Kapitel und PK-Kapitel „Lichtmaschine").
Nun können die vorderen **Zylinderfußschrauben** gelöst werden. Zylinder etwas hochziehen, sauberen Lappen ins Kurbelgehäuse stecken und Zylinder unter leichtem Hin- u. Herdrehen vom Kolben abziehen.
Beim Abziehen des Zylinders darauf achten, daß die **Kolbenringe** nicht beschädigt werden und der Kolben nicht gegen den Rand des Kurbelgehäuses schlägt. Es entstehen dann schnell Riefen, die später die Kompression negativ beeinflussen.

Ausgebauten Zylinder reinigen: Auslaßkanal des Zylinders so weit wie möglich mit einem Holzspan reinigen. Zylinderverrippung mit Kaltreiniger von Staub- und Ölspuren befreien (s.a. Abb. zur Zylinder-Reinigung der PX-Modelle).

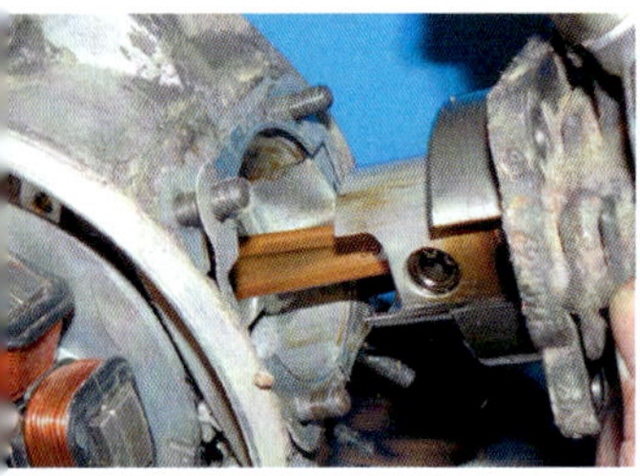

Vier Fotos unten: Kolbenausbau bei der PK 50 S mit schützendem Lappen, Nadellager, Zylinderfußdichtung.

Foto: © Hans J.Schneider

Foto: © Hans J. Schneider

PK: Kolben, Bolzen montieren

Kolben mit Kolbenbolzen ausbauen: Motor absenken (oder ausbauen) wie weiter vorn im Buch beschrieben. Gebläsehaube, Zylinderdeckel und Zylinder abnehmen. Kolben mit einem weichen Tuch vor Beschädigungen schützen. Der **Kolbenbolzen** ist durch zwei **Seegerringe** gesichert; sie werden mit einer Seeger-Ringzange ausgefedert und herausgenommen.
Der **Kolbenbolzen** wird mit einem passenden Dorn oder einer Eisenstange herausgeschlagen, wie sie z.B. als Verlängerung jedem besseren Steckschlüsselkasten beiliegt; **Kolben** dabei so festhalten, daß er nicht gegen Kurbelgehäuse oder Zylinder-Stehbolzen schlägt. In der Regel sind nur einige leichte Ham-

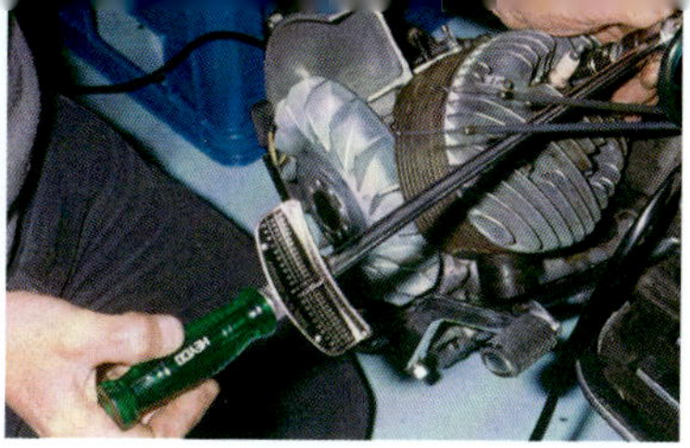

Foto: © Hans J. Schneider

Links: Anziehen der Deckelmuttern eines PX-Motors mit einem skalierten Drehmomentschlüssel, wie er bis in die 1980er Jahre üblich war.

merschläge nötig. **Vorsicht:** Dabei keinerlei Druck auf die Pleuelstange ausüben! Bolzen ganz herausziehen und Kolben abnehmen.

Nadellager ausbauen: Anschliessend das **Nadellager** aus dem Pleuelauge ziehen. **Achtung:** Kolbenbolzen und Nadellager dürfen nur dann wiederverwendet werden, wenn sie keinerlei Spiel und keine sichtbaren Schäden aufweisen. Detaillierte Tipps zur Nadellagermontage s. Kapitel „Zylinder und Kolben PX".

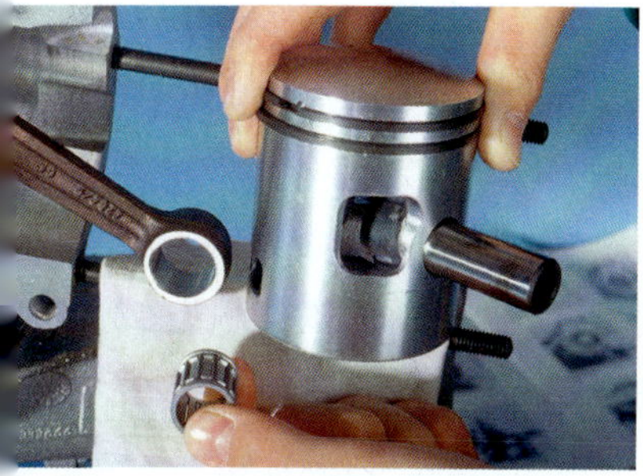

Foto: © Hans J. Schneider

Außen: neuwertiger Kolben mit Kolbenbolzen und Kolbenringen einer 1985er PX.

Kolben einbauen: Auf den **Pfeil** achten, der in den Kolbenboden eingeschlagen ist: Er muß zum Auslaßschlitz des Zylinders zeigen, also nach unten. Nadellager einsetzen und Kolbenbolzen mit Dorn einschlagen. (Neue) Seegerringe einfedern und abschließend sorgfältig kontrollieren, ob sie korrekt in den Nuten sitzen.

Wiedereinbau Zylinder, Zylinderkopf, Anbauteile: Vor dem Wiedereinbau des Zylinders **neue Fußdichtung** einsetzen. Die Dichtflächen müssen peinlich sauber sein. Beim Einführen des Kolbens in den Zylinder darf der Kolben nicht durch die Kanten des Zylinders oder des Kurbelgehäuses verkratzt werden.

Kolben zunächst bis zum **oberen Kolbenring** in den Zylinder schieben. Auf den richtigen Versatz der Kolbenringe achten. Dann den Kolbenring mit den Fingern ringsum so weit zusammendrücken, daß sich der Zylinder über den Ring schieben läßt. Dann **zweiten Kolbenring** spannen und in den Zylinder schieben.

Zylinder ganz über den Kolben schieben und Zylinderfuß auf die Stehbolzen aufsetzen. Die vier Muttern SW 11 zunächst mit der Hand, dann mit dem Drehmomentschlüssel festziehen, und zwar über Kreuz in zwei Gängen; **Drehmoment** einheitlich: **13-15 Nm.** Nach der Zylindermontage **Zylinderkopf** aufsetzen und die vier Muttern SW 11 über Kreuz mit **13-18 Nm** anziehen (PK plurimatic: **17-23 Nm).**

Die übrigen Elemente in umgekehrter Reihenfolge montieren. Lüfterhaube befestigen, Motor anheben und mit dem Federbein verbinden, Kabel fixieren, Auspuff befestigen, Hinterrad montieren (s. PX-Kapitel).

Unten: Maßzeichnungen für die Kolben- und Zylindervermessung der PK-Motoren; A = Zylinder-, B = Kolbendurchmesser, nähere Angaben s. Tabelle; C und D bestimmen, wo die Meßuhren angesetzt werden müssen.

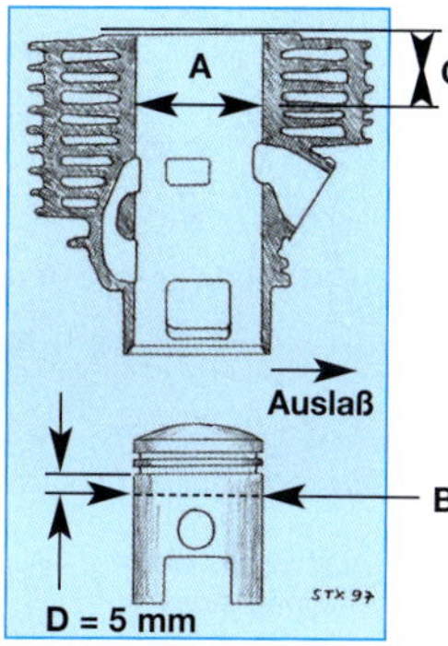

Abstand C beträgt 20 mm bei PK 50/50 S, 30 mm bei PK 80/80 S sowie PK 125, 25 mm bei PK 125/125 S; Abstand D = 5 mm.

Zeichnung: Hans J. Schneider; Basis: Werkstatt-Handbuch PK 50 Piaggio & C.

Kolben- und Zylindermaße PK-Reihe
Werte fürs Auswechseln und Ausschleifen (Maße und Obermaße für Zylinder und Kolben in mm)

Modell:		**PK 50/S**	**PK 80/S**	**PK 125**	**PK 125 S**
Zylinder normal	A =	38,4	44,5	55,0	55,0
Zylinder 1. Übermaß	A =	38,6	44,7	55,2	55,2
Zylinder 2. Übermaß	A =	38,8	44,9	55,4	55,4
Zylinder 3. Übermaß	A =	39,0	45,1	55,6	55,6
Kolben normal	B =	38,3	44,33	54,85	54,795
Kolben 1. Obermaß	B =	38,5	44,53	55,05	54,995
Kolben 2. Obermaß	B =	38,7	44,73	55,25	55,195
Kolben 3. Obermaß	B =	38,9	44,93	55,45	55,395

PK-Modelle: Lichtmaschine und Schwungradmagnet-Zündanlage, Aus- und Einbau

Text und Fotos in diesem Kapitel: © Christoph Schneider

Für Kontroll- und Reparaturarbeiten an der Lichtmaschine oder bevor der Motor-/Getriebeblock des Rollers komplett zerlegt werden kann, müssen auch bei der kompakten PK die Hauptelemente der Lichtmaschine ausgebaut werden. Sie sitzt ebenfalls auf dem rechten Kurbelwellenstumpf und besteht aus dem sich drehenden ***Rotor*** *mit dem* ***Gebläserad*** *und dem am Gehäuse festgeschraubten* ***Stator.***

Bei der PK muß der Rotor auch abgezogen werden, wenn der Zylinder abgenommen werden soll (schwierige Erreichbarkeit von zwei Zylinderfußschrauben, s. voriges Kapitel). Die älteren Modelle besitzen mechanisch-kontaktgesteuerte Zündanlagen, zu deren Prüfung und Wartung ebenfalls der Rotor abgezogen werden muß (s. Kapitel „Motorelektrik“). Neuere Modellesind mit wartungsfreien elektronischen Zündanlagen ausgerüstet.

Ausbau des Lichtmaschinenrotors bei einer PK 50 S von 1985: Gebläseschaufel blockieren und Zentralmutter ausdrehen (links), Abzieher ansetzen und Rotor abdrücken (rechts).

PK: LiMa-Rotor Aus-, Einbau

Lichtmaschinen-Rotor Aus- und Einbau: Am besten Motor absenken wie beschrieben. In jedem Fall muß der Gebläsemantel abgenommen werden, u.U. auch Auspuff und Vergaser. Danach kann das **Polrad,** bzw. der **Rotor** der Schwungradmagnet-Zündanlage abgezogen werden. Dazu den Rotor z.B. mit einem starken Schraubendreher blockieren. Die Befestigungsmutter SW 17 (bzw. SW 14 bei einigen Modellen) von der Kurbelwelle lösen.

Passenden Abzieher **M 27 x 1** oder **M 28 x 1** (Gewinde im Polrad vorher ausmessen) ins Polrad eindrehen, mit dem Schlüssel gegenhalten und die Druckschraube in Stufen kräftig anziehen. Zwischendurch mit dem Hammer auf die Druckschraube schlagen, bis es vernehmlich knackt. Dann hat sich das Polrad von der Kurbelwelle gelöst und kann abgenommen werden. Auf die **Paßfeder** (im allgemeinen Sprachgebrauch **„Keil“** genannt) achten, die in den Kurbelwellenstumpf eingelassen ist, – sie darf nicht verlorengehen!

Bei **älteren PK-Modellen** sitzt ein **Sprengring** in der Rotormitte, hier wird kein Abzieher benötigt. Mutter lösen, Sprengring zusammendrükken (Spezialzange) und Rotor von der Kurbelwelle ziehen. Beim Einbau des Rotors auf den Sicherungskeil achten und diesen sorgfältig einsetzen. Rotor blockieren und Mutter bei der PK zweistufig mit **Drehmoment 45-50 Nm** anziehen. Details s.a. Kapitel „PX-Lichtmaschine“.

PK: LiMa-Stator Aus-, Einbau

Lichtmaschinen-Stator Ausbau: Der unter dem Polrad nun freiliegende LiMa-**Stator** oder „Zündanker“ wird von drei oder vier Schlitz- oder Kreuzschlitzschrauben am Gehäuse gehalten und nach Lösen derselben zur Seite geklappt. Bei neueren Modellen wird der **Kabelbaum** einfach aus dem Motorgehäuse gezogen. Schlecht gemacht **bei älteren Modellen:** Zur völligen Entfernung des Stators müssen die Anschlußkabel ausgelötet werden, da die Kabeldurchführung aus Kunststoff nicht wie üblich seitlich eingeschoben, sondern in eine Bohrung im Gehäuse eingedrückt ist. Weil die Kabel innen durchgeführt werden, läßt sich das Ganze nicht einfach herausziehen. **Vorsicht:** Spulen des Stators nicht beschädigen. Per **Sichtkontrolle** nach möglichen Defekten oder Fehlern suchen. Das sogenannte **Pick-up** ist mit nur zwei Schrauben befestigt.
Defekte Spulen können durchaus ersetzt werden. Bei älteren Modellen sind zur Montage allerdings wieder Spezialwerkzeuge erforderlich, die nur die Piaggio-Werkstatt besitzt. Bei neueren Typen müssen lediglich die Sicherungsbleche der betreffenden Spulen aufgebogen und die Kabelanschlüsse abgelötet werden.
Ausführliche Hinweise zur prinzipiellen Prüfung der Lichtmaschine finden sich im Kapitel „Motorelektrik“.

Lichtmaschinen-Stator Einbau: Der Einbau des Stators erfolgt in umgekehrter Reihenfolge. Bei Fahrzeugen mit kontaktgesteuerter Zündung vor der endgültigen Befestigung die **Unterbrecherkontakte** einbauen und einstellen. Den Schmierfilz so anordnen, daß er auf dem kleinsten Radius der Rotornocke mit leichtem Druck schleift (s.a. Kapitel „Motorelektrik“).

Oben: Der Stator mit den Zündspulen ist am Motorgehäuse festgeschraubt. Kleines Foto oben: Bei älteren Modellen müssen die Kabel ausgelötet werden. Links: der abgenommene Stator der PK 50 S. Unten: Der Keil sichert bei allen Vespa-Modellen den Rotor gegen ein Verdrehen auf dem Kurbelwellenstumpf. Er darf nicht verlorengehen und muß beim Zusammenbau sorgfältig positioniert werden.

Weitere Fotos und Hinweise zur PK-Lichtmaschine im Kapitel „Motorgehäuse“.

PK-Modelle: Kupplung Aus- und Einbau, Kontrolle, Reparatur

Vorbereitungen zum Kupplungsausbau bei den PK-Modellen: Hinterrad mit Bremstrommel abnehmen, die drei Muttem SW 13 der Ankerplattenbefestigung abschrauben und Platte komplett zur Seite klappen; Papierdichtung später möglichst erneuern und/ oder Flüssigdichtung auftragen. Das Foto rechts zeigt die Elemente der Trommelbremsanlage.

Wenn das Kupplungsseil nicht mehr nachgestellt werden kann oder die Kupplung beim Beschleunigen durchrutscht (hohe Drehzahl, kein Vorwärtskommen), sind die Kupplungsscheiben so stark abgenutzt, daß sie erneuert werden müssen.

*Die **Kupplung** befindet sich bei der **PK** ebenso wie bei PX, Cosa und allen klassischen Vespa-Modellen auf der linken Seite des Antriebsblocks (in Fahrtrichtung gesehen), und zwar hinter einem Aluminiumdeckel, der mit Schrauben SW 10 befestigt ist. Zur Demontage muß der **Motor abgesenkt** oder – noch besser – ausgebaut werden.*

*Der **Kupplungskorb** wird (anders als bei der PX) durch eine gesicherte, normale Zentralmutter SW 17 fixiert, die unter Blockieren der Kupplung mit einer Stecknuß gelöst bzw. festgezogen wird.*

PK: Vorarbeiten Kupplung

Bremstrommel ausbauen: Auch bei der kleinen Vespa muß der **Motor** zur Kupplungsrevision **abgesenkt** oder **ausgebaut** werden wie weiter vorn beschrieben. Die **Bremstrommel** für das Hinterrad muß ebenfalls abgezogen werden (siehe Kapitel „Hinterradführung" und „Bremsen" bei der PX).

Bremsankerplatte ausbauen: Nun die **Ankerplatte** komplett mit allen Bremsteilen vom Getriebegehäuse abnehmen; sie ist mit drei Muttern SW 13 befestigt. **Hinweis:** Das **Bremsseil** muß nicht ausgehängt werden, wenn der Motor im Fahrgestell bleibt. Die **Papierdichtung** zwischen Ankerplatte und Getriebegehäuse sollte möglichst erneuert werden. Man kann sie zur Not aus

Beide Fotos: © Hans J. Schneider

*An die PK-Kupplung kommt man nur nach Ausführung zahlreicher **Vorarbeiten** heran. Denn anders als bei der PX müssen wegen der kompakten Motorbauweise zuvor **Hinterrad-Bremstrommel** und die **Ankerplatte** demontiert werden (s.a. entsprechende PX-Kapitel).*

Text und Fotos in diesem Kapitel: © Christoph Schneider (außer extra markierte Elemente)

Spezialpapier (Zubehör- oder Internethandel) selbst herstellen.

Kupplungsdeckel abbauen: Nun die sechs Schrauben SW 10 lösen, mit denen der **Kupplungsdeckel** befestigt ist. Auch hier die Papierdichtung später möglichst erneuern. Jetzt liegen der **Kupplungskorb** mit seinen **Mitnehmer-** und **Reibscheiben** sowie der **Primärantrieb** frei.

Primärantriebsritzel abnehmen: **Achtung:** Soll das **Primärantriebsritzel** auf dem linken Kurbelwellenstumpf abgebaut werden, so muß dies vor dem Ausbau der Kupplung erfolgen, da sonst nicht gegengehalten werden kann. Für den Ausbau des Ritzels das **Sicherungsblech** der Mutter aufbiegen, **Mutter SW 19** lösen und Ritzel abziehen. Auf Passfeder (Keil) achten, sie darf nicht verlorengehen.

PK: Kupplung Zerlegung

Scheibensatz ausbauen: Der innere **Kupplungskorb** muß für die Prüfung oder den Wechsel der Scheiben nicht demontiert werden. Es genügt, den **Scheibensatz** mit der Feder von der Mitte her niederzuhalten und den innenliegenden **Sprengring** mit einem Schraubendreher auszuhebeln (s. Fotos auf der folgenden Seite).
Reib- und **Mitnehmerscheiben** sowie **Basisplatte** und **Feder** lassen sich anschließend problemlos abnehmen. Elemente prüfen, defekte Teile immer im ganzen Satz austauschen. Der äußere Kupplungskorb bleibt im Gehäuse.

Inneren Kupplungskorb demontieren: Zum Ausbau des inneren Kupplungskorbs das **Sicherungsblech** der **Zentralmutter SW 17** mit einem passenden Meißel glattbiegen und Mutter lösen. Hierbei muß der Kupplungskorb gegen Verdre-

Foto: © Hans J. Schneider

Rechts und darunter: Der Kupplungsdeckel ist am PK-Motor mit sechs Schrauben befestigt. Schrauben lösen und Deckel abnehmen; Papierdichtung später erneuern oder Flüssigdichtung verwenden.

Zum Ausbau des Primärantriebsritzels Kupplung sperren. Oben links: Sicherungsblech aufbiegen; oben rechts: danach Mutter SW 19 abschrauben; unten rechts: Keil und Primärantriebsritzel abgenommen. Unten die Einzelteile: Mutter, Sicherung, Ritzel, Keil.

Oben rechts: Zum Ausbau des Kupplungskorbs mit Druckplatte, Reib- und Mitnehmerscheiben die Zentralfeder niederhalten und den umlaufenden Sprengring entfernen (s.a. Kap. PX).

Darunter: Kupplung blockieren und niederhalten, dabei Schraube SW 17 lösen bzw. wieder anziehen.

hen blockiert werden. Darauf achten, daß nichts verbogen wird! Den inneren Kupplungskorb abziehen, dabei auf die **Passfeder** (Keil) achten (s.a. Kupplung PX).

PK: Kupplung Zusammenbau

Kupplung Einbau: Beim Zusammenbau darauf achten, daß die Elemente genau in die Aussparungen der Kupplungskörbe einrasten. **Reihenfolge** der Einzelteile beachten: innerer Kupplungskorb, Feder, Basisplatte mit Dom, Reib- und Mitnehmerscheiben im Wechsel, Deckel, Sprengring (s.a. das Foto mit den alten und neuen Reibscheiben sowie Kap. „Motorgehäuse“).

Die **Innenverzahnung** der Scheiben sowie die Sprossen der Mitnehmerscheiben müssen ohne Verspannung im Kupplungskorb sitzen. Zum Einlegen des Sprengrings **Federn** mit einer passenden Sechskantnuß als Unterlage und einem Hebel **niederhalten.**

Die Zentralmutter muß zweistufig mit einem **Drehmoment** von **40-45 Nm** angezogen werden. Nicht vergessen, die Mutter durch Umbiegen des Sicherungsbleches zu sichern. Montage der übrigen Bauelemente erfolgt in umgekehrter Reihenfolge wie beim Ausbau.

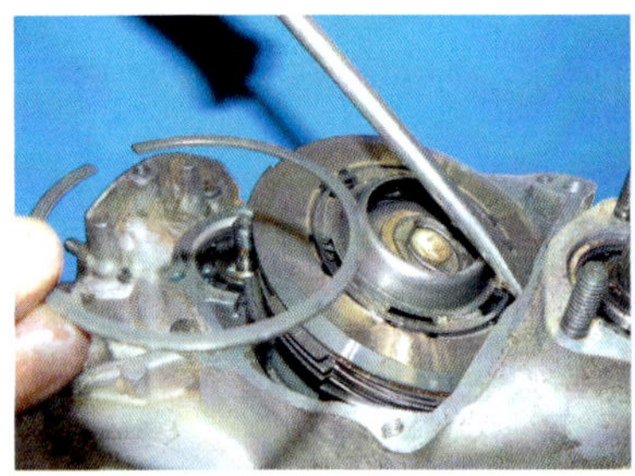

Unten links: Antriebsblock der PK mit demontiertem Kupplungskorb. Unten rechts: PK-Kupplung mit neuen (oben) und alten Reibscheiben.

Wenn die Kupplung schon mal ausgebaut und zerlegt ist, sollte man immer die Reibscheiben durch Neuteile (oben) ersetzen. Unten die Einbaureihenfolge der Kupplungselemente von links: Feder, Basisplatte mit Dom, Reib- und Mitnehmerscheiben im Wechsel, Deckel, Sprengring.

PK-Modelle: Motorgehäuse-Trennung, Aus- und Einbau Kurbelwelle und Lager

Text und Fotos in diesem Kapitel: © Christoph Schneider (außer extra markierte Elemente)

*Motor, Getriebe und Hinterachsantrieb sind auch bei der PK und ihren Vorläuferinnen traditionell in einem einzigen, vertikal getrennten Gehäuse untergebracht. Die **Gehäusehälften** bestehen aus Leichtmetallguß und lassen sich mit Geschick und Know-how trennen. Anschliessend können Getriebe und Hinterachse problemlos ausgebaut und geprüft werden.*

*Für die Demontage von **Kurbelwelle** und **Nadellagern** sind verschiedene Piaggio-Spezialwerkzeuge nützlich: Abdrück- und Einziehvorrichtung für die Kurbelwelle sowie unterschiedlich dimensionierte Dorne für den Aus- und Einbau von Kurbelwellen- und Antriebswellenlagern. Sogar für das Einpassen der diversen Wellendichtringe gibt es auch für die PK spezielle Montagehilfen. Doch welcher Privatschrauber hat diese Hilfsmittel?*

*Geübte Freizeit-Mechaniker sind aber durchaus in der Lage, Dichtringe und Lager mit einfachen Mitteln wie **Kunststoffhammer** und passend zugeschnittenen **Holzstempeln** einzutreiben. Im entsprechenden PX-Kapitel zeigen wir ausführlich, wie man sich diesbezüglich helfen kann. **Dorne** aus Leichtmetall oder Messing leisten ebenfalls die nötigen Dienste. Unentbehrlich, aber überall erhältlich sind **Seegerringzangen** fürs Spreizen oder Zusammendrücken der Sicherungsringe im Getriebe- und Achslagerbereich.*

Für den Einbau der Kurbelwellenlager müssen die Gehäusehälften erwärmt werden – mit einer handelsüblichen Heißluftpistole.

*Das **Zusammenfügen** der Gehäusehälften und die verschiedene Einbau- und Komplettierungsarbeiten beschreiben wir bei der Zerlegung und der Kontrolle des Getriebes **im folgenden Kapitel.***

PK: Gehäuse-Vorarbeiten

Motorgehäuse trennen – Vorarbeiten: Zuvor müssen Zylinder und Kolben, Lichtmaschine, Schaltsegment, Vergaser, Hinterrad mit Bremse und Ankerplatte sowie die Kupplung ausgebaut werden wie weiter vorne beschrieben.

Die **Bremsankerplatte** am Getriebeausgang wird durch drei selbstsichernde Muttern fixiert; die darunterliegende **Papierdichtung** geht beim Ausbau meist kaputt und muß später ersetzt werden; alternativ oder zusätzlich geeignete Flüssigdichtung anwenden.

Der Kupplungsgehäusedeckel ist beim PK-Motor mit sechs Schrauben befestigt. Er wird zusammen mit dem Ausrückhebel abgenommen. Anschliessend liegen Primärantrieb (kleines Zahnrad oben) und Abtrieb mit Kupplung und Abtriebs- bzw. Radachse (unten) frei.

Oben rechts: Die Papierdichtung muß später ersetzt werden. Darunter: Abbau des Kickstarters.

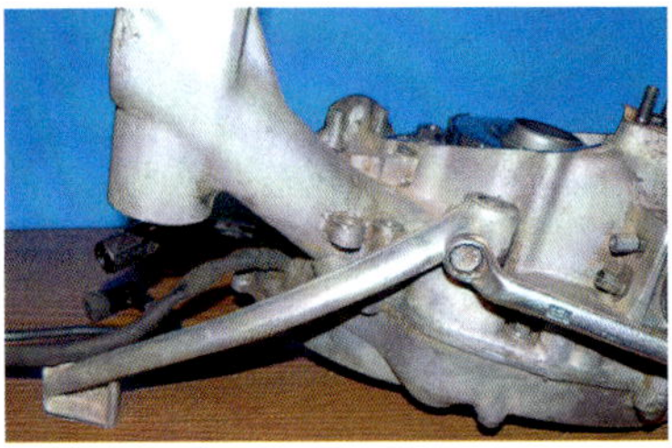

Mitte links und rechts sowie darunter: Zum Trennen der Gehäusehälften müssen zwölf Schrauben SW 10 und SW 11 ausgedreht werden, überwiegend von der LiMa-Seite her.

Primärantriebsritzel ausbauen: Anders als bei der PX wird die **Vorgelegewelle,** auf der die Kupplung läuft, über ein **Ritzel** angetrieben, das auf dem linken Kurbelwellenstumpf sitzt. Wir wiederholen noch einmal kurz: Unter der Mutter SW 19 befindet sich ein **Sicherungsblech.** Blech aufbiegen, Kurbelwelle bzw. Kupplung blockieren, Mutter lösen und zusammen mit Sicherungsblech und **Anlaufscheibe** (falls vorhanden) und **Ritzel** abnehmen. Den **Keil** beachten, der das Ritzel auf der Kurbelwelle verdrehsicher macht.

Kupplung ausbauen: Das Trennen des Motor-/Getriebegehäuses erfordert den vorherigen **Ausbau der Kupplung** samt Kupplungskorb (s. voriges Kapitel), da sich sonst die Getriebehauptwelle mit dem Zahnrad des 4. Gangs in der rechten Hälfte verhakt. Zur Wiederholung: Zum Freilegen der Kupplung wird der mit sechs SW 10-Schrauben befestigte **Kupplungsdeckel** auf der linken Motorseite entfernt (s. ebenfalls Kapitel „Kupplung“). Auch hier muß später die **Papierdichtung** erneuert werden.

Fotos rechts: Motorblock der PK 50 S von 1985 ohne Verschraubung und bereits getrennt; die Getriebezahnräder sind bereits sichtbar.

Achtung: Der **Ausrückhebel** wird durch einen **O-Ring** gegen die im Ölbad laufende Kupplung abgedichtet. Dieser O-Ring muß unbedingt erneuert werden, weil sonst schleichender Ölverlust auftritt und den Hinterreifen verschmiert. Bei dieser Gelegenheit die **Rückholfeder** und den **Druckpilz** prüfen. Die nötigen Arbeiten werden genau im PX-Kupplungskapitel beschrieben.

Kickstarthebel abbauen: Der **Kickstarthebel** kann nach Lösen und Herausziehen der Klemmschraube SW 13 von der Starterwelle abgezogen werden. Die Verzahnung an der Welle ist wie bei der PX so ausgelegt, daß keine Wahl der Stellung des Hebels getroffen werden muß.

PK: Motorgehäuse trennen

Gehäusehälften trennen: Zum Trennen der **Gehäusehälften** zwölf Schrauben SW 10 und SW 11 lösen und herausziehen, s.a. PX-Kapitel. Durch leichte Schläge mit dem Kunststoffhammer und durch **Rütteln** und wiederholtes Klopfen lassen sich die Hälften auseinanderzie-

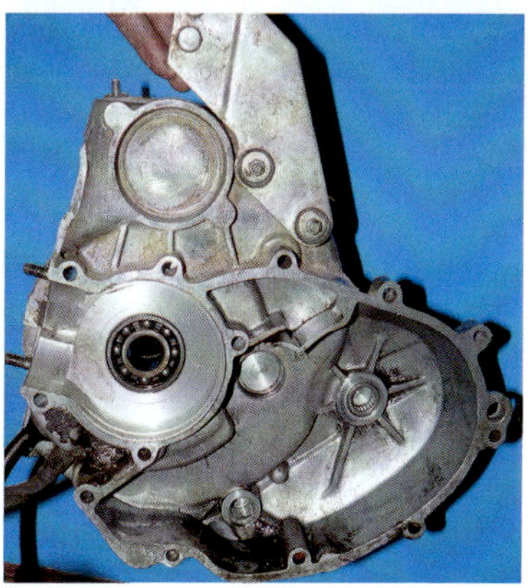

Oben: Motor-/Getriebegehäuse der PK 50 S in getrenntem Zustand. Im Vordergrund der Block mit Kurbelwelle, Zwischenwelle, Getriebe und Schwinge; dahinter die zweite Gehäusehälfte mit Kurbelwellenlager.

Unten links: die kupplungsseitige Gehäusehälfte solo mit dem Kurbelwellenlager.

Unten rechts: Motorblock mit Kurbelwelle, Zwischenwelle, Getriebe und Kickstartvorrichtung.

hen. Es kann nichts herunterfallen oder verloren gehen, also das Ganze ruhig auch mal auf den Kopf stellen.

Oben rechts und darunter: Sitz des Simmerrings in der linken Gehäusehälfte. Darunter: Zum Ausbau muß das Gehäuse erwärmt werden, z.B. mit einer Lötlampe.

Mitte links: Abnahme des Simmerrings mit einem Schraubendreher. Mitte rechts: Entfernen des großen Seegerrings, der das Lager sichert.

Unten links: der herausgenommene Seeger-Ring. Unten rechts: Ausschlagen eines Lagers mit Hilfe einer passenden Stecknuß.

In den meisten Fällen bleibt die **Kurbelwelle** mit dem Stumpf in demjenigen Kugellager sitzen, auf das während der Trennung der Hälften nicht geklopft wurde. Jetzt auch diesen Stumpf durch leichte Schläge mit dem Plastikhammer aus dem Gehäuse treiben. Keine Gewalt anwenden, **geduldig arbeiten.**

PK: Kurbelwellenlager

Kurbelwellen-Kugellager links Ausbau: Das **Kurbelwellen-Kugellager** in der linken Gehäusehälfte kann nicht einfach ausgedrückt werden. Es ist erforderlich, zuerst von innen den **Wellendichtring** („Simmerring") zu entfernen und von außen den **Seegerring** zur Fixierung des Lagers mit der entsprechenden Zange herauszunehmen (s.a. Kapitel Gehäuse PX). Dann das **Gehäuse** mit einer Heißluftpistole erwärmen und das Kugellager ausdrücken. Das linke Kurbelwellen-Kugellager trägt bei der PK 50 S die Bezeichnung 6303 C 4, der entsprechende Simmerring hat die Abmessungen 47/22/7 mm.

Kurbelwellen-Kugellager rechts ausbauen: Das **rechte Kugellager** sitzt ohne weitere Sicherung im Gehäuse und trägt die Chiffre 6404 C 5; der Simmerring hat die Maße 32/20/7 mm. Das Lager wird nach der **Erwärmung** des Gehäuses zusammen mit dem Simmerring ausgedrückt. Hierbei wird der Simmerring zwar beschädigt, da er aber ohnedies erneuert werden muß, ist das nicht tragisch.

PK: Kurbelwellen-Reparatur

Provisorische Reparatur Kurbelwelle: Die Innereien des Motors präsentieren sich nach der Demontage nur selten in einwandfreiem Zustand. So kann es vorkommen, daß die Stümpfe der Kurbelwelle in den Lagerinnenringen etwas **eingelau-**

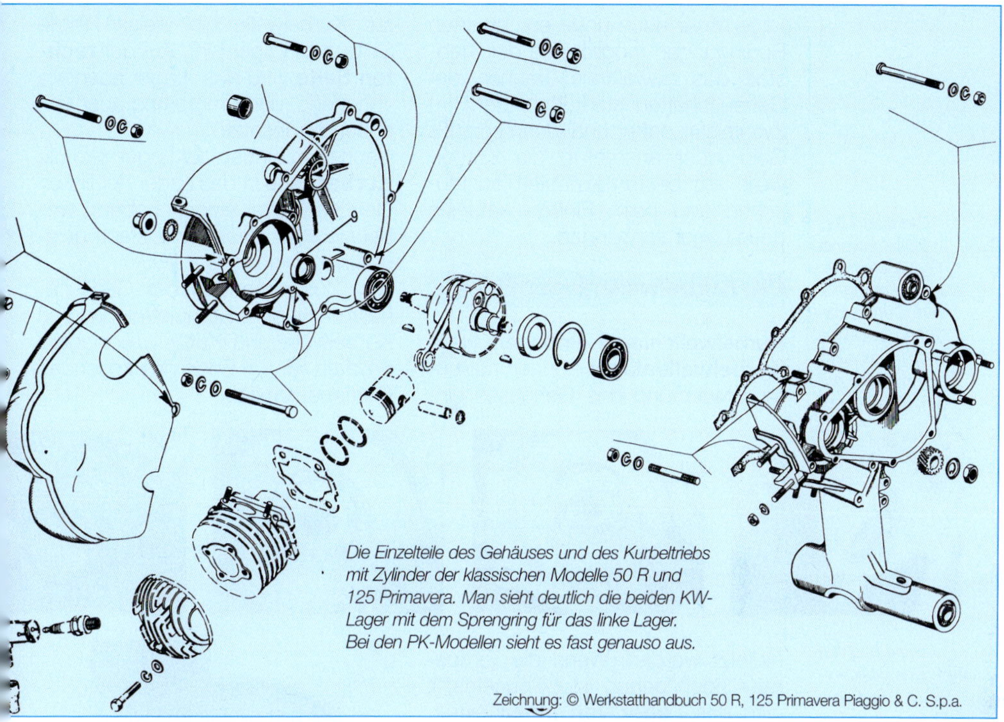

Die Einzelteile des Gehäuses und des Kurbeltriebs mit Zylinder der klassischen Modelle 50 R und 125 Primavera. Man sieht deutlich die beiden KW-Lager mit dem Sprengring für das linke Lager. Bei den PK-Modellen sieht es fast genauso aus.

Zeichnung: © Werkstatthandbuch 50 R, 125 Primavera Piaggio & C. S.p.a.

fen sind. Hier ist zur Gewährleistung einer langen Haltbarkeit des Motors ein Austausch der Kurbelwelle sicher die beste, aber auch die teuerste Lösung. Es gibt eine preiswertere, indes womöglich nur begrenzt haltbare **Reparaturmöglichkeit,** die bei Oldtimern, die nur wenig bewegt werden, durchaus überlegenswert ist.

So kann bei nur sehr geringen Spaltmaßen zwischen Wellenstumpf und Lagerinnenring ein **Kleben** der Lager mit Wellensicherungsfluid ausgeführt werden. Bei zu großem Spiel besteht allerdings die Gefahr, daß die Kurbelwelle anschließend exzentrisch läuft („eiert“) und so noch größeren Schaden anrichtet, an der Lichtmaschine zum Beispiel.
Doch **Achtung:** Ein späteres Zerlegen des Motors ist bei eingeklebten

Oben links: Kurbelwelle der PK 50 S mit Primärantriebsritzel und Verschraubung. Kleine Bilder oben: eingelaufene Kurbelwellenstümpfe. Oben Mitte: Auf einer eingelaufenen Kurbelwelle können neue Lager mit Spezialkleber fixiert werden.

Lagern nur noch unter erschwerten Bedingungen möglich, da der Klebstoff das gewaltfreie Trennen der Gehäusehäften stark behindert! Im Zweifelsfall daher und wenn es auf's Geld nicht ankommt, die Kurbelwelle am besten komplett austauschen und beim Einbau natürlich neue Lager verwenden.

PK: Kurbelwellenlager Einbau

Kurbelwellenlager einbauen: Neue **Kurbelwellenlager** können nur unter Erwärmung des Gehäuses eingesetzt werden. Wenn die Temperatur hoch genug ist („Spucktest"), wird das **Lager von innen** eingesetzt und festgeklopft. Dann wird es von außen mit dem **Sprengring** gesichert. Ausführliche Anleitung dazu s. PX-Kapitel „Kurbelwelle".
Zuletzt wird von innen der **Dichtring** eingesetzt und ebenfalls leicht festgeklopft. Die Dichtlippen müssen zur Kurbelwelle hin weisen (helle Seite zum Lager hin). Auf der **rechten Seite** wird das Lager ebenfalls von innen, der Simmerring aber von außen eingesetzt.
Nach dem Einbau der Lager wird die **Kurbelwelle** in das Lager der linken Gehäusehälfte eingeschoben, wobei sie über Nacht im Eisfach gelegen haben sollte (s.a. PX).
Den Zusammenbau der Gehäusehälften mit dem Kompletteinbau von Kurbelwelle und Kurbelwellenlagern erklären wir am Ende des folgenden Getriebe-Kapitels.

Bildreihe links: Einsetzen und Festklopfen des linken Kugellagers in das erwärmte Gehäuse. Daneben: Sicherung von außen mit dem Sprengring.

Drittes Bild von links: Das gesicherte Kugellager. Ganz rechts: Der neue Wellendichtring wird mit der offenen „Druckseite" zur Kurbelwelle hin eingesetzt. Großes Foto: Leichtes Anklopfen des Dichtrings.

Unten links: Einsetzen der Kurbelwelle ins Gehäuse. Auf dem Stumpf ist der Kleber zu sehen. Rechts: fertig montierte Gehäusehälfte.

PK-Modelle: Getriebe Aus- und Einbau, Gehäuse-Zusammenbau, Nebenarbeiten (Überblick)

Text und Fotos in diesem Kapitel: © Christoph Schneider (außer extra markierte Elemente)

Wie bei allen Vespa-Modellen muß der Motor auch bei der PK ausgebaut und komplett zerlegt werden, wenn am Getriebe gearbeitet werden soll. Erst nach dem Trennen der Gehäusehälften, wie im vorigen Kapitel gezeigt, liegen die Wellen, Zahnräder und Lager frei. Wir beschreiben hier die Arbeiten, die wir an einer PK 50 S durchgeführt haben. Weiterführende Tipps und Informationen enthält das PX- und Cosa-Getriebe-Kapitel.

PK: Getriebe zerlegen

Getriebezahnräder ausbauen: Die Getriebezahnräder laufen auf der **Hauptwelle,** die gleichzeitig als **Hinterradachse** fungiert. Die vier Zahnräder, mit denen die Gänge geschaltet werden, sind wie bei der PX mit einem **Seegerring** gesichert. Darunter befindet sich eine **Anlaufscheibe.** Nachdem Ring und Scheibe entfernt wurden, können die vier Räder von der Welle abgezogen werden. Die **Reihenfolge** der Räder kann der unterschiedlichen Größe wegen nicht verwechselt werden, wohl aber ist ein Verdrehen der Seiten möglich, was später zur Folge haben würde, daß nicht aufeinander eingelaufene Zahnradpaare einem erhöhten Verschleiß ausgesetzt wären. Ausführliche Hinweise zur korrekten Anordnung s. Kapitel „Getriebe PX/Cosa".

Antriebswelle ausbauen: In den meisten Fällen läßt sich die Antriebswelle leicht aus dem Kugellager ziehen. Wenn nicht, muß sie **mit dosierten Schlägen** (Plastikhammer oder Schlosserhammer und dazwischengehaltenen Hartholzbrettchen) auf das Ende der Hinterradaufnahme ausgetrieben werden. Das **Erwärmen des Lagers** ist nicht besonders sinnvoll, da sich die Welle zu stark miterwärmen würde.

Zum Ausbau der Getriebezahnräder bei der PK zunächst den Seeger-Ring abnehmen (links oben). Dann die Anlaufscheibe und die Zahnräder von der Welle abziehen. Beim Einbau die Seiten der Zahnräder nicht vertauschen!

Kleine Fotos rechts: Herausschlagen der Abtriebswelle bzw. Radachse von der linken Gehäuseseite her.

Oben links: Achse mit einem Kunststoffhammer herausschlagen. Oben rechts: Antriebsgehäuse ohne Getriebezahnräder, aber mit Kickstarterritzel. Mitte links: Erwärmen des Gehäuses mit der Lötlampe für den Lagerausbau. Mitte rechts: Motorgehäuse von der Kupplungsseite her. Kleine Fotos rechts: Austreiben des Lagers aus der Bremsankerplatte.

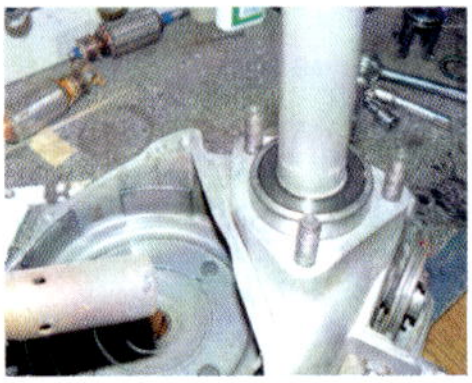

Die kleinen Fotos unten zeigen den Ausbau der Seilzugrolle für die Schaltung (links) und der Schaltgabel (Mitte), das Herausziehen der Antriebswelle.

Hinterachslager auswechseln: Auf keinen Fall kann das Lager zusammen mit der Welle ausgetrieben werden, denn beim Ausdrücken der Welle schiebt sich das Lager gegen seinen Sitz Richtung der Gehäuseinnenseite.
Daher erst nach Ausbau der Welle das Gehäuse erwärmen und Lager von innen ausdrücken (Verfahren s. PX/Cosa). Das Achslager muß ungeachtet seines ursprünglichen Zustands erneuert werden, denn es kann bei den Schlägen auf die Welle beschädigt worden sein.

Simmerring wechseln: Der zum Lager gehörende **Wellendichtring** sitzt in der Bremsankerplatte, wird nach innen herausgedrückt und auf jeden Fall später durch einen neuen Ring ersetzt.

Schaltgabel auswechseln: Anders als beim PX-Motor mit seinem aussen angeschraubten Schaltsegment werden die Gänge bei der PK durch eine **Schaltgabel** gewechselt. Sie bleibt im Gehäuse, wenn sie keinen Verschleiß oder andere Mängel zeigt. Ein Austausch ist nur selten erforderlich, da die **Gleitsteine** zum Verschieben der **Schaltkrone** separat gewechselt werden

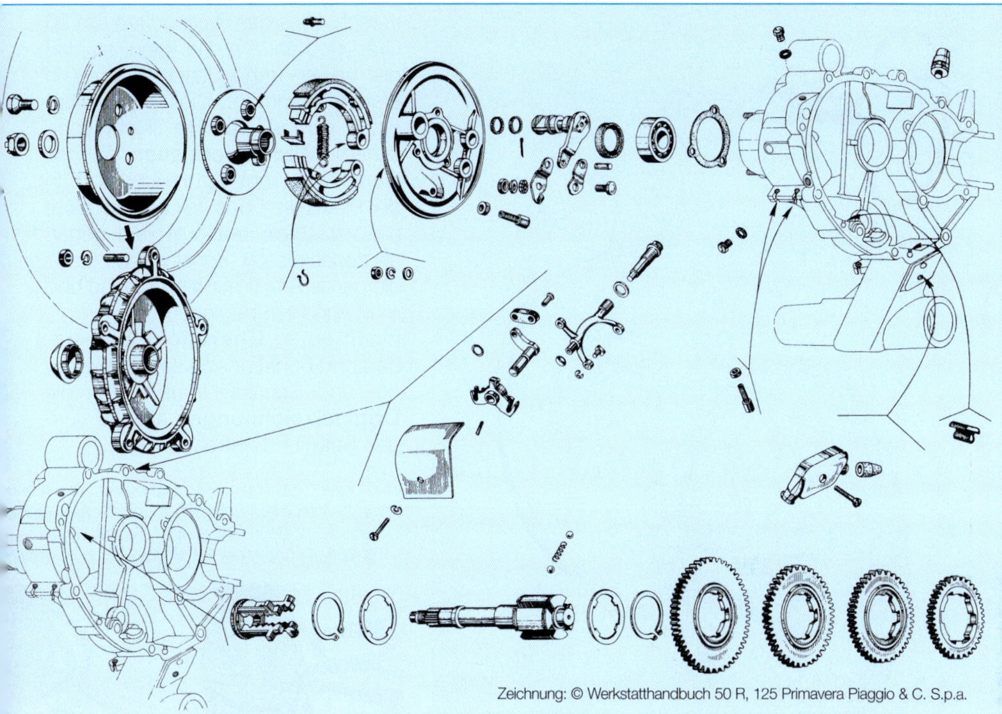

können. Die Gabel ist oben auf dem Gehäuse durch eine Mutter SW 13 gesichert (s. Zeichnung oben).

Schaltkrone austauschen: Bei Fahrzeugen mit sehr hoher Laufleistung kann es vorkommen, daß während der Fahrt einzelne Gänge unvermittelt rausspringen, obgleich die Justierung der Schaltzüge kontrolliert wurde und in Ordnung ist. Hier ist meist die **Schaltkrone** verschlissen. Und so wird das Bauteil gewechselt: Da die Zahnräder auf der Antriebswelle bereits entfernt worden sind, kann nun der hinter den Rädern liegende **Seegerring** mit der **Anlaufscheibe** abgenommen werden. Die Schaltkrone läßt sich jetzt zur Hinterradseite hin abziehen. Aber **Vorsicht:** Zwei federbelastete **Kugeln** werden frei und springen samt der Feder in die Weite des Raums, wenn das Ganze nicht mit einem Lappen umlegt oder anderweitig geschützt wird.

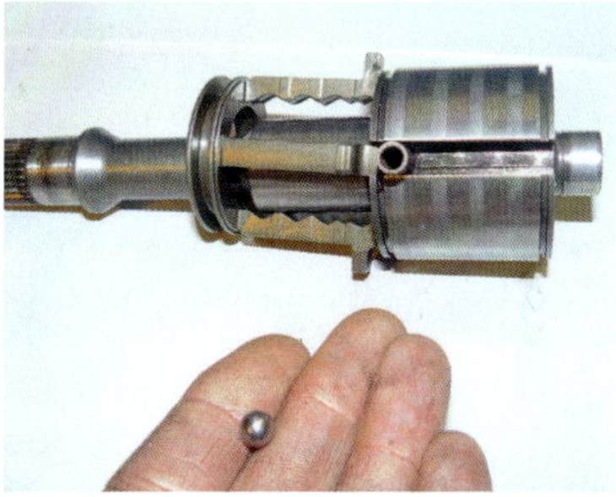

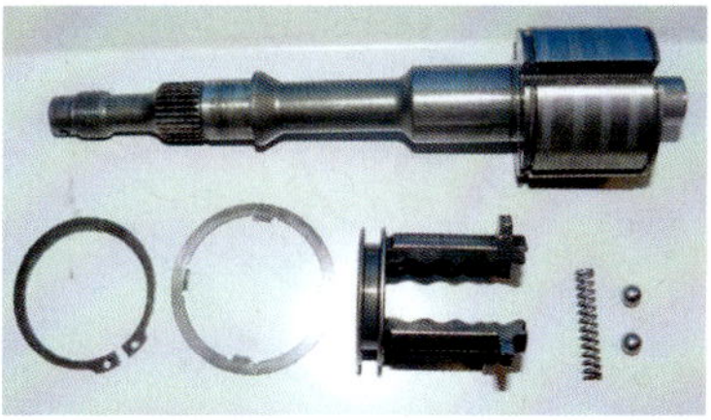

Die Krone hat **vier Rastleisten,** von denen aber nur zwei im Eingriff mit den Kugeln stehen. Das heißt in der Theorie, daß die Krone im Falle des

Die Originalzeichnung von Getriebe und Hinterradantrieb der klassischen Modelle 50 R und 125 Primavera zeigt die gleichen technischen Strukturen wie bei der PK mit Nabe, Bremsanlage, Ankerplatte mit Kugellager und Dichtring (oben), Bremstrommel (Mitte links), Schaltgabel (Mitte) sowie Getriebe mit Schaltkrone (unten).

Foto oben: Antriebswelle mit Schaltkrone und einer der beiden Kugeln. Darunter: Einzelteile der Welle mit zerlegter Schaltkrone, beiden Kugeln und der Feder.

Zeichnung: © Bedienungsanleitung Vespa 50, Piaggio & C.-S.P.A. Pontedera

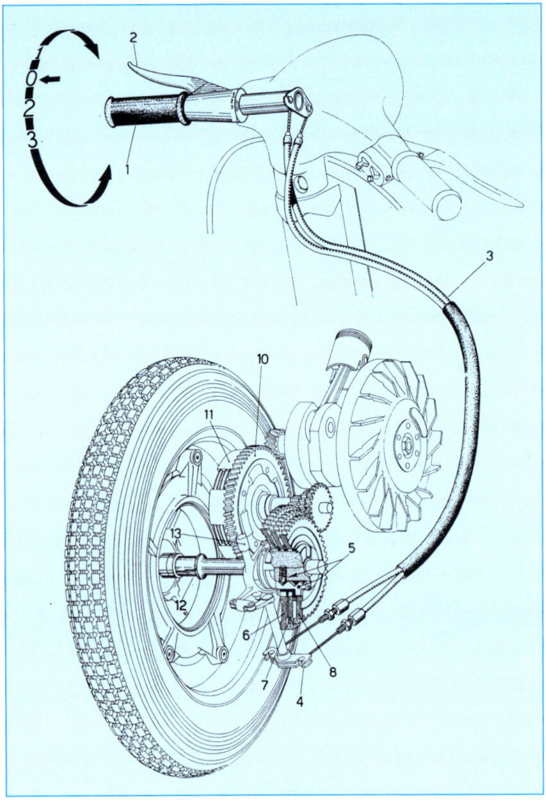

Verschleißes der Rastnocken um 90 Grad gedreht werden kann, so daß die bisher unbenutzten Leisten in Eingriff kommen. Dies setzt allerdings voraus, daß die (leicht konischen) **Mitnehmerklauen** für die Gangräder nicht verbraucht sind. In der Praxis wird das Teil bei Verdacht auf Verschleiß entsorgt und gegen ein neues ersetzt. Sonst war am Ende die ganze Arbeit nur reine Übung und muß von vorn beginnen.

Einen guten **Überblick** über Aufbau und Funktionsweise des Getriebe- und Schaltsystems bieten die **Originalzeichnungen** auf der vorigen Seite und nebenstehend.

Zwei kleine Fotos unten: Entsicherung der Schaltkrone durch Abnahme des Seegerrings und der Anlaufschei. Unteres Foto: Beim Einbau wird die Antriebswelle samt Schaltkrone in die Schaltgabelklauen eingepaß

Zeichnung: © Bedienungsanleitung Vespa 50, Piaggio & C.-S.P.A. Pontedera

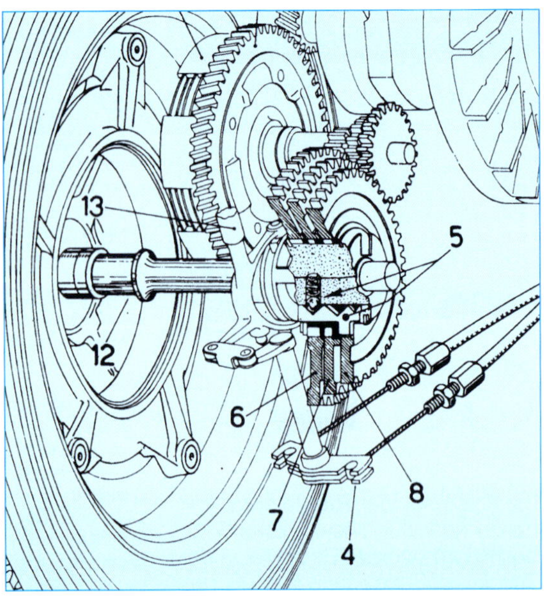

Die Zeichnung oben und die Vergrößerung daraus unten zeigen den Aufbau des Schaltsystems und des Getriebes bei Small Frame-Modelle wie der PK, hier am Beispiel der Vespa 50 von 1970 mit Dreigang-Getriebe. 1 = Schaltdrehgriff, 2 = Kupplungshebel, 3 = Schaltzüge, 4 = Schalthebel, 5 = Schaltmechanismus, 6, 7, 8 = Zahnräder 1., 2., 3. Gang, 9 = Vorgelegewelle, 10 = Primärantrieb, 11 = Kupplung, 12 = Antriebswelle, 13 = Schaltgabel.

PK: Getriebe montieren

Schaltsystem zusammenbauen: Für den Zusammenbau des PK-Getriebes die **Schaltwelle** abgepolstert (Aluminiumwinkel, s.a. PX) in den Schraubstock spannen. Die **Schaltkrone** aufstecken und die **erste Kugel** in die Bohrung im Führungsschlitz der Zahnradaufnahme geben. Krone leicht verkanten, so daß die Kugel knapp gesichert ist. Von der anderen Seite her die **Feder** einstecken und die **zweite Kugel** unter Zuhilfenahme eines passenden Schraubendrehers niederdrücken, gleichzeitig die Krone über die Kugel kanten, ohne daß die andere Kugel wieder wegspringt. Nach einigen Versuchen hat man Übung, und die Montage mit dieser einfachen und preiswerten Methode gelingt.

Antriebswelle einbauen: Gehäuse um den Sitz des Ausgangslagers herum **erwärmen,** Lager eindrücken. Bei gebrauchten Fahrzeugen funktioniert zum Einbau der **Achswelle** (Getriebewelle) meist folgende Methode: Welle mit Vereisungsspray abkühlen, von innen ins Achskugellager schieben und leicht einklopfen, dabei immer das Lager von außen zurückdrücken, bis kein Spiel mehr vorhanden ist. Wenn dies nicht klappt, die Welle mit dem professionellen Einziehwerk von Piaggio einbauen (Fotos s. Kapitel „Getriebe“ PX/Cosa).

Zahnräder einbauen: Die **Zahnräder** in der ursprünglichen Reihenfolge und der seitlich richtigen Ausrichtung (s.a. PX) aufstecken: zuerst das große Zahnrad für den ersten, dann die kleineren Zahnräder mit abnehmender Größe. **Achtung:** Bei **PX** und **Cosa** ist die Anordnung der Zahnräder genau umgekehrt, erst das kleine Rad für den vierten, dann die jeweils größeren Räder bis zum ersten Gang. Danach die **Anlaufscheibe** aufschieben und den **Seegerring** montieren.

Vorgelegewelle montieren: Die **Vorgelegewelle** (kleine Zahnräder) in ihre Lagerung in die **rechte Gehäusehälfte** stecken, dabei das Rad des vierten Ganges (groß) hinter die Ausfräsung der rechten Gehäusehälfte bringen. Dies unbedingt beachten, sonst bekommt man die Hälften nicht zusammen und gerät in Versuchung, mit dem Hammer unnötig stark nachzuhelfen. Dies hätte irreparapble Schäden zur Folge!

Kurbelwellenlager, Kurbelwelle einbauen: Die **Kurbelwellenlager** werden (falls ausgebaut oder als Neuteile) eingesetzt wie im Kapitel „PK Motorgehäuse“ beschrieben. Auch den Einbau der **Kurbelwelle** haben wir bereits gezeigt.

Kleines Foto unten: Nach Einbau der Zahnräder wird die Anlaufscheibe aufgesetzt. Foto links daneben: Anbringen des Sicherungsrings.

Unten: Getrieberäder in der richtigen Reihenfolge aufgeschoben, Vorgelegewelle korrekt in die rechte Gehäusehälfte gesteckt.

Oben links: die bereits weitgehend zusammengeschobenen Gehäusehälften des Antriebsblocks der PK.

Danaben: Blick auf das fertig montierte Antriebsgehäuse mit Kurbelwelle, Getriebe, Kickstarterritzel und neuer Papierdichtung.

PK: Getriebe montieren

Gehäusehälften abdichten, verschrauben: Die **Gehäusehälften** und vor allem die **Dichtflächen** müssen sorgfältig gereinigt werden und dürfen keine Riefen zeigen. Möglichst nur Kaltreiniger und Hartholzspan verwenden. **Neue Papierdichtung** zwischen die Hälften setzen (u.U. zusätzlich Flüssigdichtung; s.a. PX).

Dann die rechte Gehäusehälfte mit dem Lager über den Kurbelwellenstumpf führen; Die beiden Hälften schlüssig zusammendrücken bzw. -klopfen und die zwölf **Gehäuseschrauben** in der beim Auseinanderbau gemerkten Position einsetzen, dann gleichmäßig anziehen, und zwar nicht reihum, sondern immer eine unten, eine oben, eine rechts, eine links.

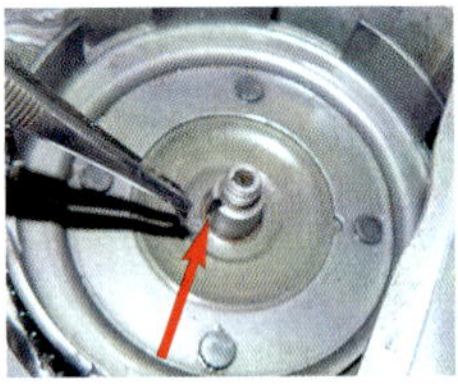

Bildspalte rechts oben: Einsetzen des inneren Kupplungskorbs. Kleine Fotos: Positionierung des Keils. Unten: Korb mit Mutter SW 17 verschraubt, Umbiegen des Sicherungsblechs.

PK: Kupplung montieren

Kupplung zusammenbauen: Nach dem Zusammenbau der Gehäusehälften wird die **Kupplung** montiert. Der **innere Kupplungskorb** wird über den Stumpf der Vorgelegewelle geschoben und gesichert. Die **Paßfeder** (Keil) auf der Welle nicht vergessen (kleine Fotos). Ein neues **Sicherungsblech** und die **Mutter SW 17** aufsetzen, diese zweistufig mit **Drehmoment 40-45 Nm** anziehen.

Primärantriebsritzel einbauen: Sinngemäß wird auch mit dem **Primärantriebsritzel** auf der Kurbelwelle verfahren: Keil, Sicherungs-

blech einsetzen, Mutter SW 19 mit **Drehmoment 30-35 Nm** anziehen.

Kupplungseinheit einsetzen: Der **äußere Kupplungskorb** mit den Reib- und Mitnehmerscheiben wird permenent über die Kurbelwelle angetrieben und beim Schalten auf Freilauf gestellt. Zum Einbau die **Zentralfeder,** die **Basisplatte** mit dem Dom, dann abwechselnd die **Reibscheiben** und die **Mitnehmerscheiben** in die beiden Kupplungskörbe einpassen. Zuletzt die **Abschlußkappe** aufsetzen, die auf die Feder wirkt.

Dann die Kupplung komplett **zusammendrücken.** Das kann z.B. mit einer auf der gegenüberliegen Seite abgepolsterten und unterlegten Schraubzwinge geschehen oder mittels Kantholz und Schraubstock wie im Zusammenhang mit dem PX-Kupplungseinbau gezeigt. Zuletzt den **Sprengring** einsetzen.

Dies und das gleichzeitige Zusammendrücken des Kupplungssatzes erfordert Geschick und Kraft. Ein Helfer ist bei dieser Arbeit nützlich.

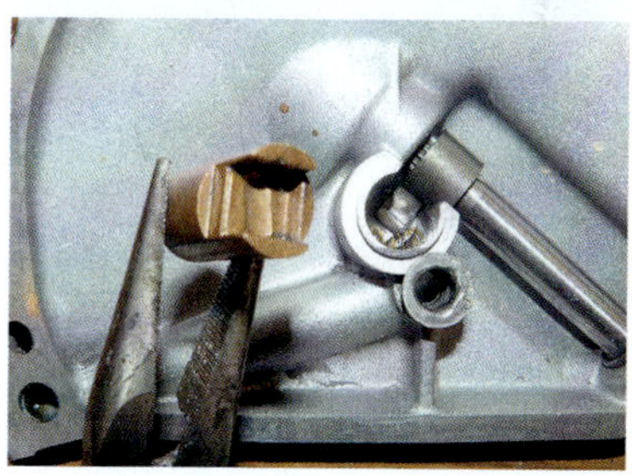

Großes Foto ganz links: Zusammenpressen der Kupplung mit einer Schraubzwinge vor dem Einsetzen des Sprengrings.

Fotos von oben Mitte nach unten zum großen Foto links: Einbau des Primärantriebsritzels beim PK-Motor (hier vor dem Wiedereinbau der Kupplung); Keil, Zahnrad, Sicherungsblech anbringen; Mutter aufsetzen und anziehen, danach Sicherungsblech mit einem Meißel o.ä. umbiegen.

Links unten: Einbau des Kupplungsdruckstücks (Bronze) bei der PK 50 S; rechts die Ausrückstange.

Kupplungsbetätigung montieren: Das **Kupplungsdruckstück** aus Bronze (auch „Pilz“) kann um 180° verdreht in zwei Stellungen eingesetzt werden. Üblich ist die Stellung, in der das Druckstück am tiefsten im Ausrücker liegt.

Die Stange der Ausrückvorrichtung mit einem neuen **O-Dichtring** versehen. Die **Kupplungsbetätigung** mit der Rückholfeder montieren (s.a. PX) und den **Deckel** samt neuer Dichtung anbringen. Anschließend die Kupplung auf Funktion prüfen. Der Hebel hat erst etwas Spiel, dann beginnt die Kupplung weich zu trennen. **Tipp:** Ist kein Spiel vorhanden und wirkt die Betätigung zu stramm, so ist das Druckstück verdreht eingebaut.

PK: Motor komplettieren

Lichtmaschine einbauen: Die Lichtmaschine einbauen wie im zugehörigen Kapitel weiter vorn und bei der PK beschrieben. Dazu den **Stator** mit den Schrauben sichern. Den **Keil** anbringen und das **Polrad** mit der Mutter SW 17 zweistufig mit **Drehmoment 45-50 Nm** anziehen (wenn Mutter nur SW 14, diese handfest anziehen). **Zündzeitpunkt** auf Markierung am Gehäuse einstellen (Details s. Kapi-tel „Motorelektrik").

Kleines Foto unten: eingebauter Stator der PK-Lichtmaschine mit bereits eingesetztem Keil für die Rotor-Arretierung auf der Kurbelwelle. Rechts daneben: Antriebsblock mit Stator, aber noch ohne Rotor, Kolben und Zylinder.

Kolben und Zylinder einbauen: **Kolben** und **Zylinder** montieren wie im zugehörigen Kapitel gezeigt. **Bremsankerplatte** mit neuer Dichtung und neuen selbstsichernden Muttern M8 befestigen.

Funktionsprüfung der Mechanik: Zuletzt den **Antriebsblock** auf einem Montagebock fixieren (s. PX) und das Gebläserad von Hand durchdrehen, um zu **prüfen,** ob nichts schleift oder zu stramm dreht. Mit dem Gummihammer seitlich gegen das Gehäuse klopfen und alle Schrauben nachziehen.

Getriebeöl einfüllen: In das Getriebe 250 cm³ Öl SAE 30 oder 40 einfüllen wie bei der PX gezeigt. Motor durchdrehen und die Schaltbarkeit der Gänge testen. Getriebeölkontrolle, Getriebeölwechsel, Prüfung und Einstellung von Schaltung und Kupplung und andere Inspektionspunkte s. Kapitel **„Kontroll- und Wartungsarbeiten"** vorn im Buch sowie ensprechende Hinweise in den verschiedenenen PX-Kapiteln. Die Kontrollen sollten zusätzlich **nach den ersten 500** gefahrenen **Kilometern** wiederholt werden.

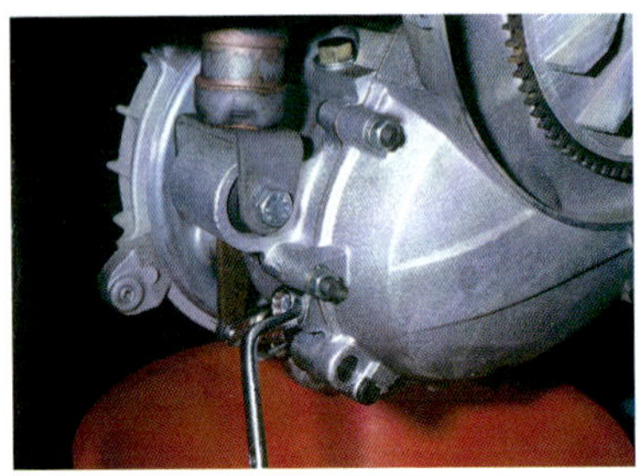

Rechts oben: Getriebeölkontrolle bei den PK-Modellen mit angesetztem Ringschlüssel. Darunter: Zum Fetten der Schaltscheibe bei den PK-Modellen von unten die Schutzkappe abschrauben.

PK-Modelle: Benzinversorgung und Gemischaufbereitung; Vergaser, Luftfilter, Tank, Leitungen

In diesem Kapitel zeigen wir einige Montage- und Wartungsarbeiten an Vergaser, Luftfilter und Benzintank der PK-Modelle sowie Sprengzeichnungen von Typen der 1970er Jahre.

*Auch bei den Kompaktmodellen sollten Vergaser und Luftfilter routinemäßig **alle 4000 km** oder einmal im Jahr inspiziert und eingestellt werden. Gerade bei der PK ist ein verschmutzter Vergaser häufig schuld, wenn der Motor nicht anspringt oder nicht sauber rundläuft.*

***Vorsicht:** Bei Arbeiten an Vergaser und Kraftstoffsystem Hautkontakt mit Benzin möglichst vermeiden, benzolhaltige Dämpfe nicht einatmen. **Achtung:** Alte Typen nur mit **Super 98** mit geringem Ethanol-Anteil betanken! Super 95 oder E10 sind für die alten Zweitakt-Vergasermodelle nicht freigegeben; E10 kann Teile im System der Benzinversorgung zerstören.*

PK: Luftfilter warten

Luftfilter – allgemein: Der Luftfilter verhindert, daß Staub und Schmutz vom Vergaser angesaugt werden und in den Zylinder gelangen. Dort würde der Dreck zu erhöhtem Verschleiß führen. Außerdem hat der Luftfilter die Aufgabe, die Ansauggeräusche zu dämpfen.

Wie alle klassischen Vespa-Roller sind auch PK und Vorläuferinnen mit stahlwollegefüllten **Dauerluftfilter-**Einsätzen ausgerüstet. Bei den PK-Modellen sitzen Vergaser und Luftfilter schlecht zugänglich im Chassis-Hohlraum unter der Sitzbank.

Treibstoffzufuhr und -aufbereitung bei den Typen ohne Getrenntschmierung wie der Vespa PK.

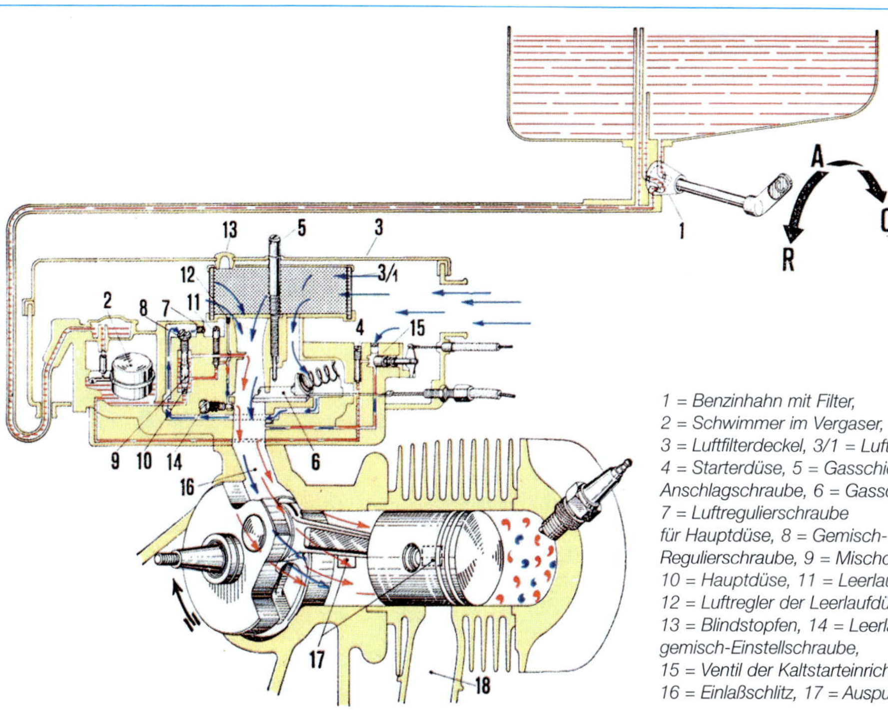

1 = Benzinhahn mit Filter, 2 = Schwimmer im Vergaser, 3 = Luftfilterdeckel, 3/1 = Luftfilter, 4 = Starterdüse, 5 = Gasschieber-Anschlagschraube, 6 = Gasschieber, 7 = Luftregulierschraube für Hauptdüse, 8 = Gemisch-Regulierschraube, 9 = Mischdüse, 10 = Hauptdüse, 11 = Leerlaufdüse, 12 = Luftregler der Leerlaufdüse, 13 = Blindstopfen, 14 = Leerlaufgemisch-Einstellschraube, 15 = Ventil der Kaltstarteinrichtung, 16 = Einlaßschlitz, 17 = Auspuffkanal.

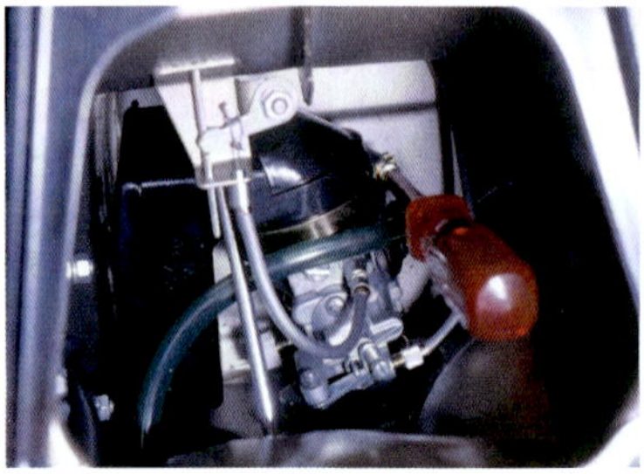

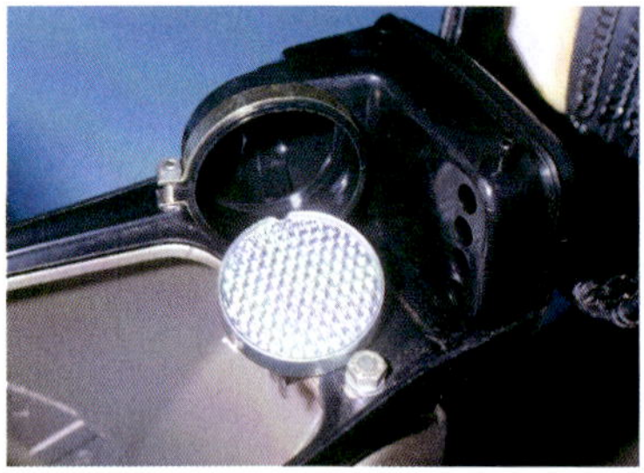

Foto links: © Christoph Schneider

Oben links: komplett wieder zusammengebautes PK 50-Triebwerk mit Ansaugrohr und Vergaser.

Oben rechts: Luftfilterausbau bei den PK-Modellen; Schelle lösen und Filtergehäuse herausnehmen. Darunter: Gehäuse und Filterelement ausgebaut; Filtereinsatz sorgfältig auswaschen.

Luftfilter ausbauen und reinigen: **Sitzbank** hochklappen und Werkzeugschale aus dem Schacht vor dem Tankeinfüllstutzen herausnehmen. Bei älteren 50- und 125-cm³-Modellen ist das **Luftfiltergehäuse** mit zwei Flügelmuttern befestigt. Muttern lösen und Gehäuse vom Vergaser abziehen.

Bei neueren PK-Modellen die Schraube der Schelle lösen, die das Gehäuse am Vergaser festhält; Gehäuse abziehen. Nun den Bowdenzug von der **Kaltstartvorrichtung** (Choke) aushängen und den Dauersplint abziehen, mit dem die Betätigungsstange des **Benzinhahns** am Hahn selbst befestigt ist. **Luftfiltergehäuse** mit dem Filtereinsatz aus dem Schacht heben, **Filterelement** aus dem Gehäuse nehmen und auswaschen.

Achtung: Dazu keinesfalls Benzin, sondern nur unbedenklichen Kaltreiniger verwenden. Element trocknen bzw. mit Druckluft ausblasen. Es hat sich bewährt, die Stahlwolle vor dem Wiedereinbau mit einigen Tropfen **Motoröl** zu benetzen. Das Öl bindet den Staub zusätzlich. Einbau in umgekehrter Reihenfolge.

PK: Vergaser einstellen

Vergaser einstellen – allgemein: Im Kapitel „Benzinversorgung PX/Cosa") haben wir die wesentlichen Punkte bereits angesprochen. Hier noch einmal das Wichtigste.

Läuft der Motor nicht richtig rund, hat er Aussetzer oder springt er nicht an, stimmt oft das **Benzin-Luft-Gemisch** nicht. Eingestellt wird das **Leerlaufgemisch** auch bei der PK und älteren Typen mit einer der **Regulierschrauben** unten am Vergasersaugrohr. Optimale Werte werden erzielt, wenn der Vergaser in einer mit modernen Meßgeräten ausgerüsteten **Fachwerkstatt** eingestellt wird. Bei unsachgemäßem Drehen an den Stellschrauben steigt die Emission giftiger Schadstoffe (Kohlenmonoxid, Stickoxide) meist deutlich an. Empfehlenswert: einmal im Jahr einen **Abgastest** machen lassen, zumal der Zweitaktmotor konstruktionsbedingt bereits sehr schlechte Emissionswerte hat.

Zwischendurch dürfen **einfache Einstellarbeiten** aber auch einmal in Eigenregie durchgeführt werden. Die **Dell'Orto-Vergaser** der verschie-

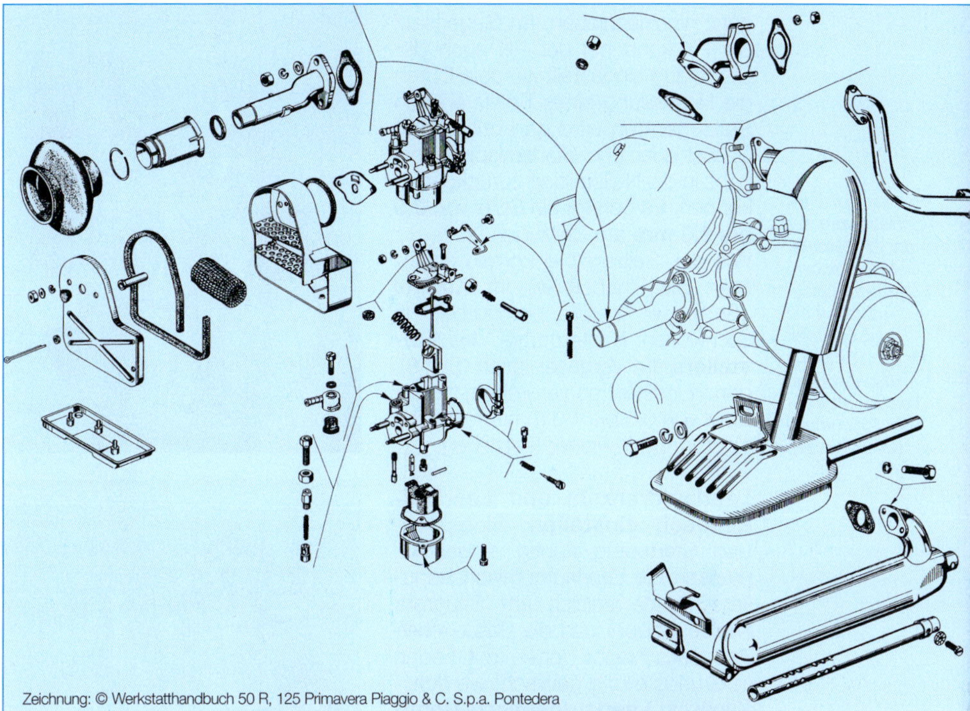

Zeichnung: © Werkstatthandbuch 50 R, 125 Primavera Piaggio & C. S.p.a. Pontedera

denen Vespa-Modelle älterer Bauart sind einfach aufgebaut und nicht – wie bei neueren Motorzweirädern vielfach üblich – verplombt.

Leerlauf einstellen – allgemein: Auch bei den Kompaktmodellen ist die richtige Leerlaufeinstellung nicht nur für den Spritverbrauch entscheidend, sondern auch für die **Emissionswerte.**

Bei allen Modellen Motor starten und einige Minuten warmlaufen lassen. Während der Einstellarbeiten muß der Motor im Leerlauf weiterarbeiten. Überhitzungsgefahr besteht wegen der Gebläsekühlung nicht. **Vorsicht:** Nicht mit drehenden oder spannungsführenden Motorteilen in Berührung kommen!

Seilzugspiel einstellen: Zum Einstellen des **Seilzugspiels** (Gaszug, Chokezug) den Gasdrehgriff vollkommen schließen und den Choke

Oben links: Vergaser, Luftfilter und Ansauganlage der Vespa 50 R 1970. Rechts auf der Zeichnung: die Abgasanlage der PK-Vorläuferinnen. Links: PK-Vergaser mit Leerlaufgemisch-Regulierschraube (weiße Kappe). Unten: Übersicht PK-Vergaser.

Vergaserdaten PK-Modelle	**Vespa PK 50/50 S**	**Vespa PK 80/80 S (PK 125/125 S)**
Vergaser Dell'Orto	SHB 16/10 F	SHBC 19/19 E
Luftdüse	10 mm	19 mm
Hauptdüse	53/100	73/100 (76/100)
Leerlaufdüse	38/100	45/100 (42/100)
Hauptluftdüse	140/100	150/100
Mischrohr	175/100	175/100
Gasschieber-Typ	6231.02.64	10569.01.64 (... 03.64)
Starterdüse	50/100	60/100

Rechts: Dell'Orto-Schiebervergaser der PK-Modelle. Gut zu erkennen: Schieberanschlag--schraube mit Feder, Einsteller für den Starterzug (daneben) und Leerlaufgemisch-Regulierschraube (weiße Kappe).

ganz hineinschieben. Im Gegensatz zur PX kann bei der PK auch der Starterzug eingestellt werden. Durch die Herstellung eines Spiels an den Seilzugenden wird garantiert, daß Gasschieber und Starterklappe stets ganz in die Nullstellung zurückgehen können. Es genügt ein Spiel von **0,5 bis 1,0 mm** am Seilzugende.
Wie das Seilzugspiel korrekt eingestellt wird, haben wir im **Kapitel „Seilzüge“** bereits beschrieben. In Stichworten: Kontermutter des **Einstellers** am Vergaser lösen (SW 8), dann Einsteller so verdrehen, bis ein Spiel von 0,5 bis 1,0 mm erreicht ist, Kontermutter wieder festziehen.

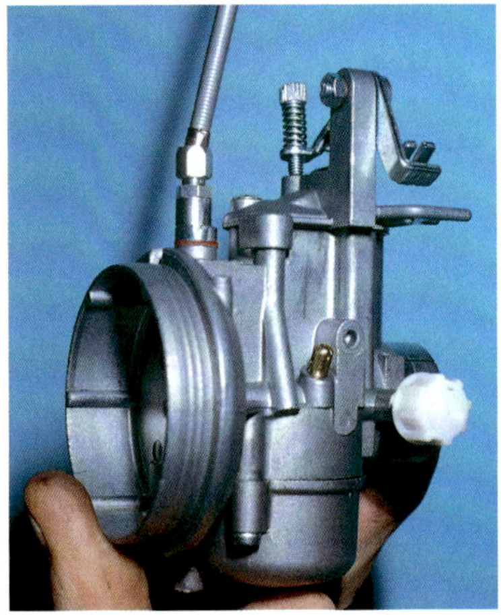

Leerlaufdrehzahl und Leerlaufgemisch einstellen: Sind Gas- und Starterzug richtig eingestellt, müssen die Leerlaufgemisch-Regulierschraube seitlich am Saugrohr (weiße Kappe) und die Gasschieber-Anschlagschraube (oben mit Feder) in Grundstellung gebracht werden.
Zunächst **Leerlaufgemisch-Regulierschraube** so weit in den Vergaser hineindrehen, bis sie leicht aufsitzt – der Motor droht nun abzusterben. Schraube rasch wieder herausdrehen, und zwar um eine halbe Umdrehung. Anschließend die Schieberanschlagschraube so verdrehen, bis der Motor mit **Leerlaufdrehzahl** 800 bis 1000/min^{-1} dreht. Bei den **PK-Modellen** ist die Schraube von oben durch den Werkzeugschacht erreichbar, sie kann von Hand gedreht werden.

Rechts: Vergaser Dell'Orto SHBC 19/19 E der Vespa PK 80 S mit Einstellschrauben und Benzineinlaß.

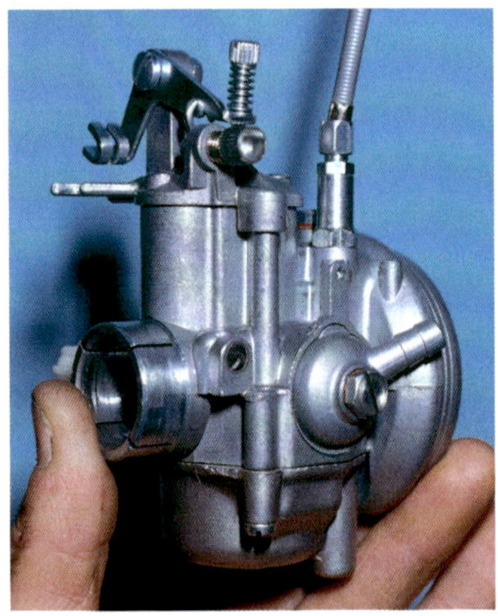

PK: Vergaser ausbauen

Vergaser-Ausbau: Die Arbeiten wurden bereits im Zusammenhang mit dem **Motorausbau** erwähnt. Kurze Wiederholung: Luftfiltergehäuse abnehmen, Benzinhahn schliessen, Benzinschlauch vom Vergaser abziehen (Federklemme entsichern). Chokezug und Benzinhahngestänge abklemmen. Schelle am Ansaugkrümmer lockern (Steckschlüssel SW 8).

Unten: Vergaserausbau bei den PK-Modellen; die Schraube am Klemmring (unter dem blauen Pfeil) läßt sich am besten mit Umschaltknarre und kurzer Verlängerung erreichen. Gelber Pfeil: Einsteller Gaszug; roter Pfeil: Einsteller Chokezug.

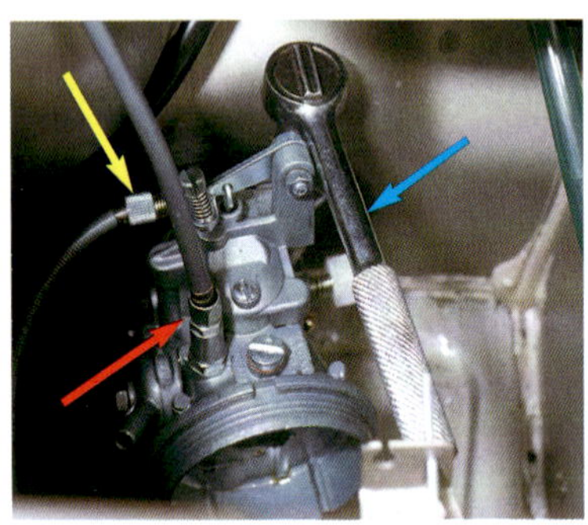

Vergaser vom Ansaugkrümmer durch Hin- und Herdrehen abnehmen, zuletzt Gaszug aushängen und Vergaser aus dem Schacht heben.

PK: Vergaser zerlegen

Vergasertypen: Die 50er, 80er und 125er PK-Modelle sind mit zwei unterschiedlichen **Flachschieber-Vergasertypen** von **Dell'Orto** ausgerüstet:
Typ SHB 16/10 F für PK 50/50 S,
Typ SHBC 19/19 E für PK 80/80 S und PK 125/125 S. Die Tabelle weiter vorn enthält alle wichtigen Grunddaten, die Graphik rechts zeigt den technischen Aufbau.

Schwimmer und Schwimmernadelventil ausbauen: Den Vergaser umdrehen und den **Schwimmerkammerdeckel** entfernen; er ist mit zwei Schlitzschrauben befestigt. Der **Schwimmer** ist über einen dünnen Stift drehbar am Gehäuse gelagert; er darf in keiner Stellung klemmen. Ist der Schwimmer undicht oder anderweitig beschädigt, muß er ersetzt werden.
Das **Schwimmernadelventil,** das den Benzinzufluß steuert, muß leichtgängig sein und absolut dicht schließen. Es sitzt über dem Schwimmer im Gehäuse und läßt sich ausdrehen.

Vergaserdüsen prüfen: In der Umgebung des Schwimmers sind zwei Düsen eingelassen: die **Hauptdüse** und die **Starterdüse.** Die Düsen mit einem Schraubendreher lösen, in geeignetem Reinigungsmittel auswaschen und anschließend möglichst mit Preßluft durchblasen; dabei vorsichtig arbeiten, damit die Düsen nicht durch die Luft fliegen.
Die **Leerlaufdüse** sitzt oben auf dem Gehäuse und sollte ebenfalls von Zeit zu Zeit gereinigt werden. Die Düsen beim **Wiedereinbau** nicht verkanten, keine Gewalt anwenden – Beschädigungsgefahr.

Gehäuse und Sieb reinigen: Nach dem Ausbau der Düsen Vergaser umdrehen und die Zentralschraube lösen, die den **Anschlußstutzen** für die Benzinleitung fixiert. Unter dem Stutzen befindet sich ein **Sieb.** Es muß herausgenommen und in Reinigungsflüssigkeit ausgewaschen werden.
Zuletzt den oberen **Deckel** abschrauben (zwei Schlitzschrauben) und den Deckel zusammen mit dem **Gasschieber** vom Gehäuse nehmen. Den zerlegten Vergaser auswaschen und anschließend alle Durchgänge im Vergasergehäuse mit Preßluft durchblasen; alle Kanäle müssen vollkommen frei sein.

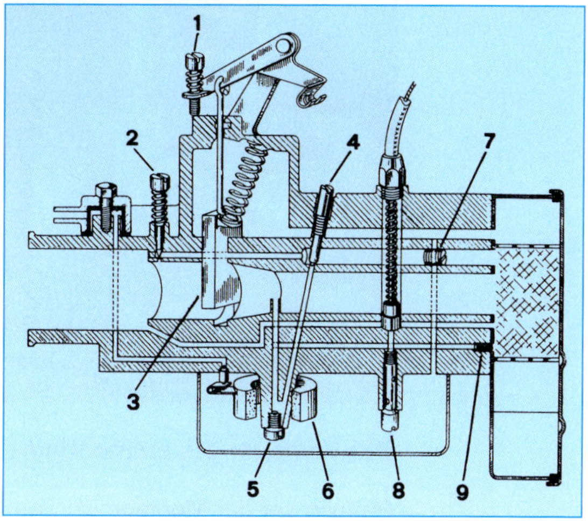

Zeichnung: © Werkstatthandbuch Vespa PK, Piaggio

Zeichnung: Vergaser PX-Modelle Dell'Orto SHBC 19/19 E und SHB 16/10 F; 1 = Einstellschraube für Gasschieber, 2 = Einstellschraube für Gemischzufluß, 3 = Gasschieber, 4 = Leerlaufdüse, 5 = Hauptdüse, 6 = Schwimmer, 7 = Leerlaufluftdüse, 8 = Starterdüse, 9 = Hauptluftdüse.

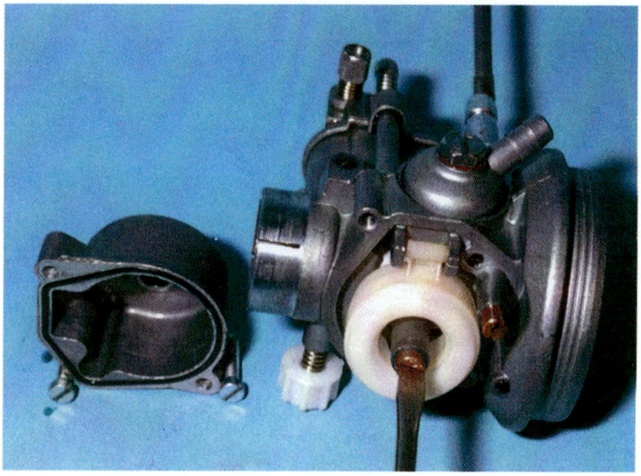

SHBC-Vergaser der PK 80 S mit abgenommenem Schwimmerkammerdeckel und Ringschwimmer. In dessen Mitte sitzt die Hauptdüse, an die hier ein Schraubendreher angesetzt ist.

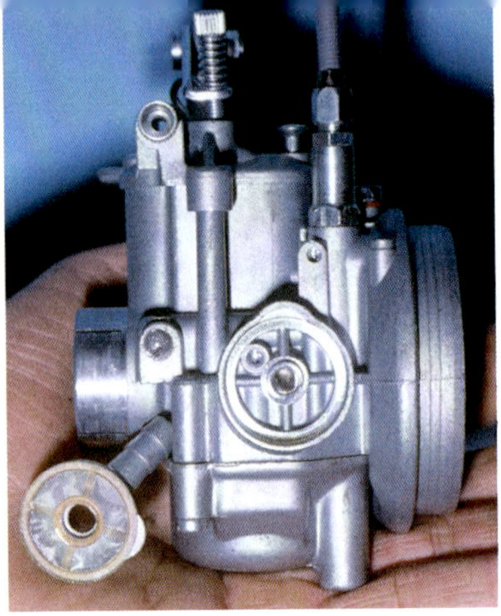

Rechts: SHBC-Vergaser mit abgeschraubtem Zufluß und dem Kraftstoffilter.

Rechts außen: Tankausbau bei einer PK 50 S ohne Getrenntschmierung.

Zeichnung unten: Elemente von Tank und Benzinhahn bei einer 50er Vespa der frühen 1970er Jahre; oben im Bild: die Dichtung.

PK: Vergaser Zusammenbau

Prüfung vor der Montage: Vor dem **Zusammenbau** Sitz des **Gasschiebers** prüfen. Er muß sich frei und ohne Klemmneigung in der Kammer bewegen können. Bei Fahrzeugen mit hoher Laufleistung ist der Schieber oft abgenutzt, es zeigt sich dann merkliches Spiel zwischen Schieber und Gehäuse. Dann hilft nur Ersatz. Zeigt auch die Kammer starke Verschleißspuren, ist der Vergaser komplett auszuwechseln. Bei der Montage möglichst **neue Dichtungen** verwenden.

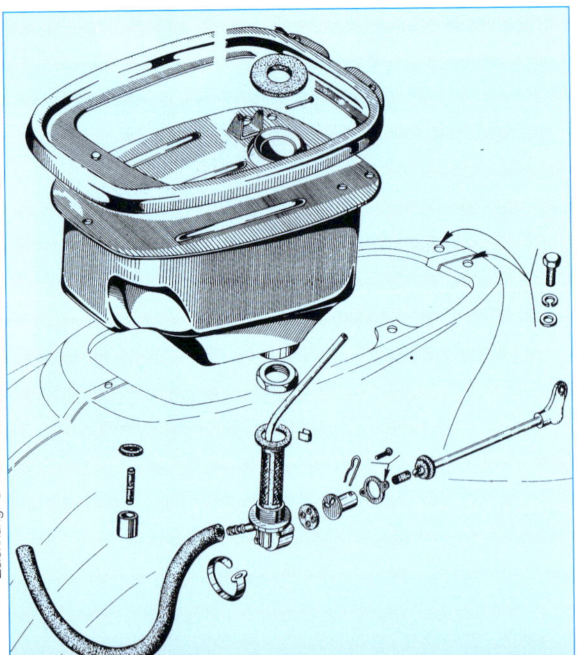

PK: Benzintank ausbauen

Benzintank, Sitzbank Aus- und Einbau: Bei einer PK 80 S ohne Getrenntschmierung und ohne Öltank z.B. ist der Tankausbau einfach. Zuerst Sitzbank hochklappen und **Sitzbankhalterung** abschrauben (ältere Modelle: Einzelsitz demontieren). Die Bank ist mit vier Schrauben SW 13 an der Karosserie befestigt. Anschließend **Werkzeugschale** abheben.

Benzinhahn schließen und **Betätigungsgestänge** vom Benzinhahn abnehmen; dazu den Dauersplint entfernen. **Benzinschlauch** vom Vergaser abziehen. Dann die vier Schrauben SW 13 lösen, mit denen der Tank befestigt ist. Tank anheben und so ablegen, daß kein Treibstoff austreten kann.

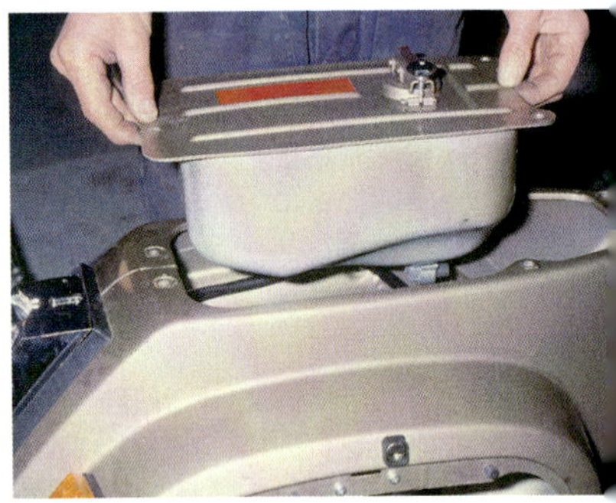

Benzinhahn ausbauen: Zum Ausbau des **Benzinhahns** ist ein gekröpfter Spezialschlüssel erforderlich, der durch die Einfüllöffnung eingeführt wird (s.a. PX). Zunächst den Treibstoff ganz ablassen, dabei Berührung mit der Haut vermeiden.

Dann den Schlüssel einführen und die große Sechskantmutter lösen, die den Hahn von innen festhält. Hahn abnehmen, Sieb in Kaltreiniger auswaschen. Ist der Hahn undicht, die beiden Schlitzschrauben lösen, mit denen der **Deckel** befestigt ist. Deckel abnehmen und die dahinterliegende Dichtung erneuern.

PK-Modelle: Vespa automatica: Kurzvorstellung; Vespa PK 50 XL plurimatic: Montagehinweise

*Bereits Anfang der 1980er Jahre erkannte Piaggio den Trend zum automatisierten Rollerfahren und präsentierte eine **stufenlose Getriebeautomatik** für die Typen **PK 50 S, PK 80 S** und **PK 125 S.** Ab März 1983 waren diese Modelle auch in Deutschland lieferbar.*

Vespa automatica ab 1983

Funktion Regelhydraulik: Eine (komplizierte und schwierig zu wartende) **Regelhydraulik** wählte in Verbindung mit einer über einen Fliehkraftregler gesteuerten **Hydraulikpumpe** und geschwindigkeitsabhängig selbsttätig das jeweils günstigste Übersetzungsverhältnis (s.a. Kapitel „Technik"). Anders ausgedrückt: Bei jeder Geschwindigkeitserhöhung löste die Hydraulikpumpe über den Hydraulikkolben eine längere Übersetzung aus.

Bedienung: Bei der „Vespa automatica" waren die **Bedienungshebel** speziell angeordnet: rechts saßen Gasgriff und Vorderradbremse wie gewohnt, links Drehgriff für Leerlauf- und Fahrtstellung des Getriebes sowie der Handhebel für die Hinterradbremse. Das traditionelle und vespatypische Bremspedal war beim Automatik-Modell nicht vorhanden.

Drei Motoren: Das **Triebwerk** des kleinsten Modells leistete bei 48 cm³ Hubraum 2,7 PS (2,0 kW), die bei 6200/min^{-1} zur Verfügung standen. Die Spitzengeschwindigkeit war auf 40 km/h begrenzt.
Die PK 80 S „automatica" holte aus 78 cm³ und bei 6000/min^{-1} 5,4 PS (4,0 kW) und erreichte 74 km/h. 85 km/h schnell war die PK 125 S Automatik, deren Triebwerk bei 6200/min^{-1} immerhin 8,2 PS (6,0 kW) mobilisierte.

Beide Fotos: © Presseabteilung Vespa GmbH Augsburg

Die Vespa automatica wurde 1983 eingeführt und war die erste Vespa mit Automatikantrieb. Der Käufer konnte wählen zwischen 50, 80 und 125 cm³ Hubraum.

Links: Blick auf die Kraftübertragung mit dem hydraulischen Drehmomentwandler.

Vespa plurimatic ab 1987

Wegweisende Keilriemenautomatik: 1987 wurde mit dem Modell **PK 50 XL plurimatic** die einfacher aufgebaute und wartungsfreundlichere **Keilriemenautomatik** mit Fliehkraftsteuerung eingeführt. Im wesentlichen basieren die Automatik-Antriebe aller modernen Piaggio-Roller auf diesem Prinzip, angefangen bei Sfera und ET 4 bis zum Luxusroller GTS 300.
Die Unterbringung der Keilriemenautomatik hat bei der Plurimatic eine **Neukonstruktion des Motors** mit gänzlich anderer Anordnung der Ag-

An allen Fotos in diesem Kapitel spezifische Quellenvermerke; Text: Hans J. Schneider und Günther Uhlig

Beide Fotos: © Günther Uhlig, Freiburg

Beide Fotos zeigen PK 50 XL 2 plurimatic Baujahr 1991 von Günther Uhlig in perfektem Sammlerzustand.

gregate erforderlich gemacht. Beim Motor der ersten Vespa **PK 50 XL plurimatic** von 1987 bis 1990 handelte es sich um einen gebläsegekühlten Einzylinder-Zweitaktmotor mit 48 cm^3 Hubraum. Die Leistung betrug beim Modell 1989 3,0 PS/ 2,2 kW bei 5750/min^{-1} (PK 50 XL mit Viergang-Getriebe 1989: 2,7 PS/2,0 kW bei 5500/min^{-1}). Bei einer Bohrung von 38 mm und einem Hub von 43 mm war auch dieses Triebwerk leicht langhubig ausgelegt.

Als **Vergaser** wurde ein Dell'Orto FHBB 16/12 verwendet. Der Tank faßte 6,4 Liter (davon 1,2 Liter Reserve). Auf Wunsch war die plurimatic auch mit Getrenntschmierung und separatem Öltank lieferbar. Mit einem Leergewicht von 94 kg wog sie 2,0 kg mehr als die Basisversion. Die Maximalgeschwindigkeit betrug 50 km/h.

Facelift XL 2 ab 1990

Karosserie im Detail geändert: Für das Modelljahr **1990/1991** wurden alle PK-Modelle (und damit auch die PK 50 XL plurimatic) optisch und technisch überarbeitet. Obwohl von Piaggio weiterhin die offizielle Typbezeichnung „XL" verwendet wurde, nennen „Vespisti" die modifizierte Ausführung **„XL 2"** (Typ-Nr. VA52T).
Die **Karosserie** der XL 2 wies folgende **Modifikationen** auf: vorderes Schutzblech aus Kunststoff mit zusätzlichem unteren Spritzschutz, am Heck Kunststoffschürze mit unterem Spritzschutz und geändertem Rücklicht, Kunststoff-Radkappen an beiden Rädern auf der linken Seite, neu gestaltete Lenkerabdeckung mit neuem Instrumentendesign, neu geformter Kunststoffrückspiegel, bis zum oberen Rand des Beinschilds hochgezogenes Gepäckfach, geänderte Kaskadenform, andere Form der Sitzbank mit Abrundung vorne, keine umlaufende Naht des Bezugs mehr, höherer Kunststoffunterbau, anderes Schloß.

Technische Änderungen bei der XL 2: Technisch hatte sich bei XL 2 **Folgendes geändert:** Zündschloß mit integriertem Schließmechanismus für das Gepäckfach, kein herausnehmbares Werkzeugfach mehr unter der Sitzbank, dadurch erschwerte Zugänglichkeit u.a. zum Vergaser (Schaltmodelle), Kaltstart-Chokebetätigung über einen Daumenhebel am rechten Lenkergriff; Vergasertyp für die plurimatic Dell' Orto FHBB 16/14, Hauptdüse 74,

Motordaten Plurimatic nach ABE (Typ-Nr. VA52MK): Hubraum 49 cm^3 und 2,7 PS (2,0 kW) bei 6000/min^{-1} (1992); plurimatic nur noch mit Elektro-Starter-Anlasser **(„elestart“).** Die PK 50 XL 2-Modelle wurden bis 1997 gebaut.

Membransteuerung – Funktion

Spezielle Kurbelwelle: Alle plurimatic-Triebwerke haben eine spezifisch ausgeprägte Kurbelwelle. Anders als bei der Vespa PX z.B. ist der **Einlaß membrangesteuert:** Die im unteren Teil des Zylinders angegossene **Kammer** hat einen Einsatz, dessen Öffnungen durch federnde, einseitig befestigte Plättchen (Membranen) verschlossen werden. Gleichwohl hat der plurimatic-Motor die ausgeklügelte Strömungsdynamik eines Drehschiebermotors.

Während des Ansaugvorgangs öffnen die Membranen und lassen das Frischgas in den Vorverdichtungsraum. Ist der Raum mit Gas gefüllt, schließen die Membranen die Öffnung wieder ab, und das Frischgas im Kurbelgehäuse kann dann durch den nach unten laufenden Kolben verlustlos verdichtet werden.

Beim Triebwerk der Vespa PK (im Bild Modell PK 50 XL 2 von 1991) handelt es sich um eine aufwendige Neukonstruktion. Als erster Piaggio-Roller war die PK von 1987 mit einer Keilriemenautomatik ausgerüstet. Die engen Platzverhältnisse erschweren die Wartung.

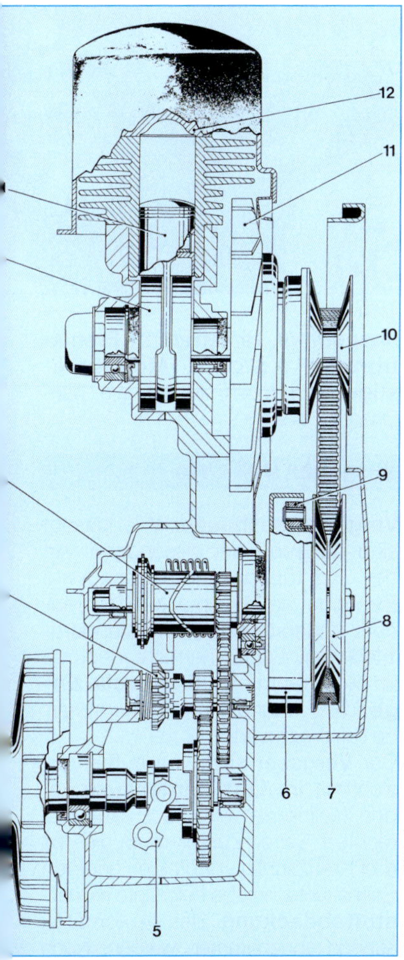

Zeichnung: © Werkstatthandbuch Vespa PK 50 XL plurimatic, Piaggio & C. S.p.A. Pontedera

Foto: © Günther Uhlig, Freiburg

Keilriemenautomatik

Keilriemenautomatik – Funktion: Die Keilriemenautomatik umfaßt im wesentlichen die auf der Kurbelwelle sitzende, zweiteilige **treibende Riemenscheibe** mit **Variator** („Reglergruppe“), den **Keilriemen,** die zweiteilige **angetriebene Riemenscheibe** mit Freilauf und die dahinter sitzende **Kupplung.**

Die Automatik („plurimatic“) funktioniert folgendermaßen: Der Keilriemen überträgt die Kraft variatorgesteuert von der treibenden Riemenscheibe aus auf die vor der Hinterachse liegende Einheit, die aus einer starren Halbscheibe, einer beweglichen Halbscheibe, einem Freilauf, der Fliehkraftkupplung, der Kupp-

Links: Bauprinzip PK 50 plurimatic mit Keilriemen-Automatik; 1 = Kolben, 2 = Kurbelwelle, 3 = Hohlwelle des Primärantriebs, 4 = Starterverzahnung, 5 = Hebel zum Einkuppeln des Antriebs, 6 = Kupplungsgehäuse, 7 = Antriebskeilriemen, 8 = getriebene Riemenscheibe, 9 = Kupplung, 10 = treibende Riemenscheibe mit Reglergruppe, 11 = Schwungrad mit Gebläse, 12 = Zylinderkopf.

Foto oben: ausgebaute und auf den Montagebock gesetzte Antriebseinheit der Vespa 50 XL plurimatic.

Unten: Blick auf treibende Riemenscheibe und Vergaser. Grobanleitung zum Ausbau von Vergaser und Luftfiltergehäuse: Die zwei Schrauben A des Vergasers lösen, die Gasbetätigungsstange B aushängen, die drei Schrauben C des Gehäuses lösen.

lungsglocke sowie den zugehörigen Einzelteilen besteht. Die innere Halbscheibe ist starr mit einer Hohlwelle und der Kupplung verbunden. Die äußere Halbscheibe hinten ist beweglich; mit wachsender Drehzahl vergrößert sie den Abstand zur starren Hälfte. Damit kann der Antriebsriemen tiefer zwischen die konischen Flächen dringen, die **Übersetzung ändert sich** wie bei einem Fahrrad, bei dem vom großen auf das nächstkleinere Hinterradritzel geschaltet wird. Folge: Umdrehungsgeschwindigkeit des Hinterrads und Endgeschwindigkeit wachsen. Bei abnehmender Drehzahl funktioniert die Sache umgekehrt.

Automatische Kupplung

Kupplung – Funktion: Die Kupplung der Kielriemenautomatik funktioniert so: Ab einer bestimmten Drehzahl werden die **Kupplungsbeläge** per Fliehkraft an die innenliegende Reibfläche der Kupplungsglocke gepreßt, die fest auf der verzahnten Getriebeeingangswelle sitzt. Ist der Kraftschluß hergestellt, wird die Kraft über das Untersetzungsgetriebe an die Hinterachse weitergegeben. Beim Gaswegnehmen wird der Kraftfluß automatisch über den Freilauf unterbrochen.

Antriebsblock ausbauen

Motor – Ausbau: Wir fassen uns hier kurz und verweisen hinsichtlich der folgenden Abschnitte auf die detaillierten Angaben, die bei den PK-Modellen mit Schaltung gemacht werden. Die komplette Antriebseinheit wird im Prinzip ebenso ausgebaut wie bei den Modellen mit Schaltung: **Seilzüge** von Vergaser und Hinterradbremse trennen, **elektrische Anschlüsse** abziehen. **Gummibalg** vom Luftfiltergehäuse und **Benzinleitung** abnehmen; den **Ölschlauch** abziehen und das auslaufende Öl in ein Gefäß laufen lassen. **Auspufftopf, Hinterrad** mit **Bremstrommel** ausbauen, **Motorbefestigungen** lösen, Motor aus dem Chassis heben.

Vergaser Dell'Orto

Vergaser ausbauen: Wie gesagt sind aufgrund der besonderen Art der Kraftübertragung bestimmte Elemente am plurimatic-Motor anders angeordnet als am Standard-Triebwerk. Leider herrscht dadurch im Motorraum eine **drangvolle Enge,** die Wartungs- und Reparaturarbeiten erschwert.

Der **Vergaser** sitzt, von außen unsichtbar, **im Luftfiltergehäuse** vor der Keilriemenautomatik auf der rechten Seite. Zuerst muß die mit drei Kreuzschlitz- und einer längeren Sechskantschraube befestigte **Kunststoffabdeckung** des Automatikstrangs abgenommen werden. Nach

Entfernung des mit zwei Schrauben befestigten Gehäusedeckels des **Luftfilterkastens** und des Filtereinsazes liegt der Vergaser (Typ FHBB 16/14 beim Modell 1991) frei. Die beiden langen Sechskant-Befestigungsschrauben (SW 10) werden zunächst nur etwas gelockert, damit der Vergaser beweglich ist.
Der **Benzinschlauch** wird abgezogen und mit einer 8-mm-Schraube abgestopft (Benzinhahn schließen!); danach den **Choke-Zug** aus dem obenliegenden Arm aushängen und zurückziehen. Schließlich das **Gasgestänge** am Gasschieberarm aushängen, dazu zuerst den Sicherungsclip aus Kunststoff wegklappen.
Bei Fahrzeugen mit Getrenntschmierung (s. Zeichnung) existiert ein **zweites Gestänge** von der Ölpumpe her auf der gegenüberliegenden Motorseite; es ist direkt darüber von hinten eingehängt. Zum Aushängen die beiden Befestigungsschrauben des Vergasers ganz ausdrehen. Der Vergaser hängt jetzt nur noch am Ölpumpengestänge. Mit dem Zeigefinger der linken Hand den **Sicherungssplint** abklicken, mit der rechten Hand von oben hinter den Vergaser greifen, um das Gestänge auszuhängen.
Im **Luftfiltergehäuse** bleiben die beiden Gestänge, der Chokezug und der Kraftstoffschlauch zurück. Links unten ist der Schlauch für das Zweitaktöl der Getrenntschmierung auf die zur Ölpumpe führende Ölleitung aufge-

Grunddaten Vergaser Typ Dell'Orto FHBB 16/12

Luftdüse	12 mm
Hauptdüse	63/100
Leerlaufdüse	35/100
Hauptluftdüse	130/100
Mischrohr Typ	12082.01.28
Gasdrossel Typ	11435.01.64
Starterdüse	65/100

Schraube „1" zur Gemischregelung 1,5 Umdrehungen geöffnet

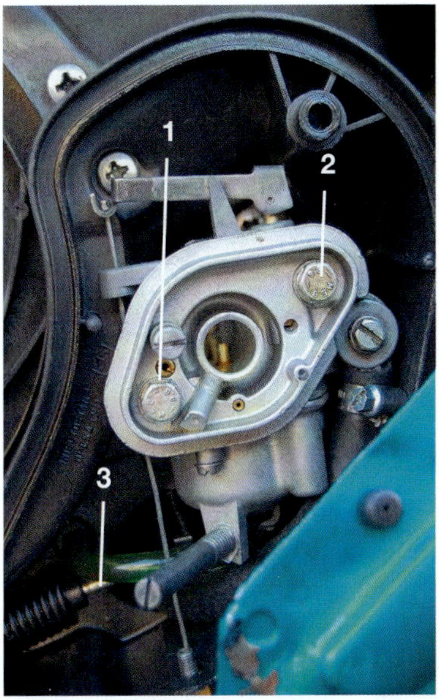

Beide Fotos: © Günther Uhlig, Freiburg

Der Ausbau des Vergasers ist kniffig. Die Sechskantschrauben (1, 2) ausdrehen, die nach Abnahme des Luftfilters frei liegen; Gasgestänge (3) aushängen.

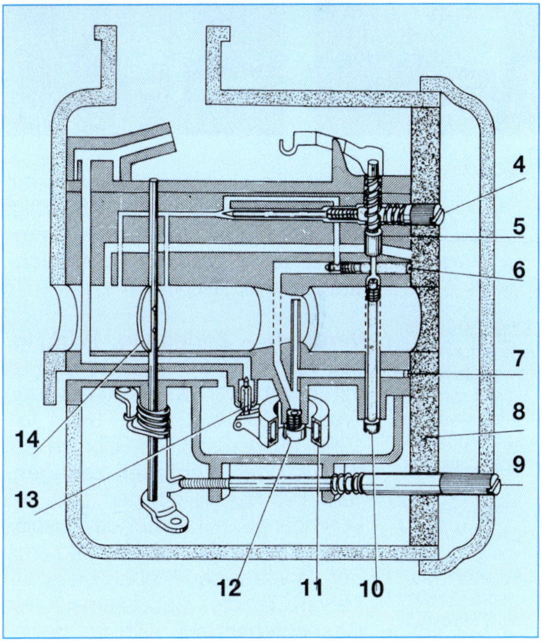

Zeichnung: © Werkstatthandbuch Vespa PK 50 XL plurimatic, Piaggio & C. S.p.A. Pontedera

Aufbau des Vergasers Dell'Orto FHBB: 4 = Stellschraube des Leerlaufgemischs, 5 = Starterventil, 6 = Leerlaufdüse, 7 = Hauptluftdüse, 8 = Luftfilter, 9 = Stellschraube Gasschieber, 10 = Starterluftdüse, 11 = Schwimmer, 12 = Hauptdüse, 13 = Nadelventil, 14 = Gasschieber.

Zeichnung des Vergasers Typ Dell'Orto FHBB 16/12 für die Vespa PK 50 XL plurimatic.

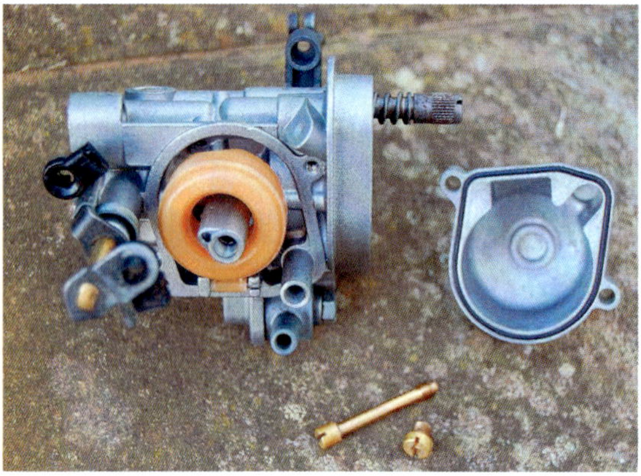

Alle 5 Fotos: © Günther Uhlig, Freiburg

muß der Vergaser komplett ersetzt werden. Beim Zusammenbau unbedingt neue **Dichtungen** verwenden. Nach der Revision Stellschraube 4 des **Leerlaufgemischs** um circa 1,5 Umdrehungen gegen den Uhrzeigersinn ausdrehen, um damit eine optimale Gemischbildung zu erreichen. Der Kasten zeigt die Grunddaten, die Graphik rechts den Aufbau.

Vergaser einbauen: Nach Wiederbefestigung des Luftfiltergehäuses und korrekter Ausrichtung der Vergaserflanschdichtung muß unbedingt darauf geachtet werden, daß sich der **Ölschlauch** nicht von der zur Ölpumpe führenden Ölleitung gelöst hat! Dann zuerst das Ölpumpengestänge einhängen und mit dem Kunststoffclip sichern. Danach den schwenkbaren Arm, an dem der **Chokezug** eingehängt ist, nach vorne holen. Erst dann dürfen die beiden Befestigungsschrauben des Vergasers wieder eingedreht und gefühlvoll angezogen werden. Wird dies nicht genau befolgt, lassen sich das Gestänge und der Chokezug nicht mehr einhängen. Danach **Gasgestänge** einhängen und sichern, Kraftstoffschlauch aufstecken (und ggf. sichern), Luftfilter einlegen, Gehäusedeckel anbringen, die Automatikabdeckung wieder aufstecken und festschrauben.

Alle Fotos zeigen den Vergaser von Dell'Orto Typ FHBB 16/14 beim Modell PK 50 XL 2 1991.

Oben: das geöffnete Schwimmergehäuse. Der Schwimmer muß frei beweglich, das Gehäuse absolut dicht sein.

Unten: der Dell' Orto-Vergaser von allen Seiten mit seinen Stellschrauben und den Anlenkungen für die Züge und Gestänge.

steckt. Das Luftfiltergehäuse ist mit drei Kreuzschlitzschrauben befestigt und läßt sich leicht entfernen. Dahinter sitzt die empfindliche **Papierdichtung** des Vergaserflanschs.

Vergaser – Zerlegung, Prüfung: Die Vespa PK 50 XL plurimatic ist mit einem Dell'Orto-Vergaser des Typs FHBB 16/12 bzw. 16/14 (ab 1990) ausgerüstet. Im Rahmen der Wartung den **Vergaser zerlegen,** Teile mit Benzin reinigen und alle Durchgänge mit Druckluft ausblasen. **Vorsicht:** Hautkontakt mit Benzin vermeiden (Handschuhe anziehen, Dämpfe nicht einatmen). Der **Gasschieber** muß sich frei bewegen können; ist das Spiel zu groß, muß er ausgetauscht werden.
Wenn im **Zerstäuber** (Gehäuse) Verschleißspuren zu erkennen sind, die Abdichtung und Freigängigkeit des Gasschiebers beeinträchtigen,

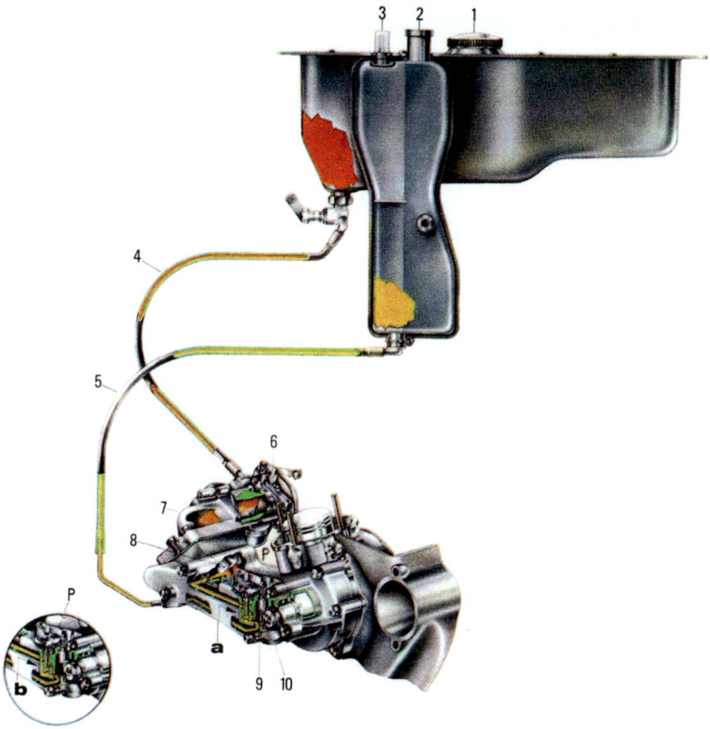

Getrenntschmierung bei der PK plurimatic; 1 = Benzineinfüllverschluß, 2 = Öleinfüllverschluß, 3 = Ölstandsanzeige, 4 = Benzinzuführleitung, 5 = Ölzufuhrleitung, 6 = Vergaser, 7 = Einlaßstutzen, 8 = Ansaugventil, 9 und 10 = Schneckenantrieb der Ölpumpe, P = Pumpe, a = Pumpe in Öldruckstellung, b = Pumpe in Ölansaugstellung.

Getrenntschmierung

Funktion Getrenntschmierung PK plurimatic: Das Schmiersystem der PK ist völlig anders als bei der PX konstruiert. Der in der **Ölpumpe** rotierende **Kolben P** wird über ein Zahnradgetriebe (Übersetzung 1 : 53,2) in Gang gesetzt. Er besitzt seitlich eine Abflachung, die infolge der Rotation abwechselnd die **Ölzufuhr** (5 in der Zeichnung) oder die **Ölförderung** freigibt. Im Druckbereich sitzt eine Kugel mit geeichter Feder.

Auf diese Weise saugt die Pumpe zunächst das Öl an (Position b). Der Hub des Kolbens wird von der radialen Lage eines **Gleitschuhs** auf einer geneigten Fläche gesteuert. Die Stellung des Gleitschuhs (und damit der Kolbenhub) wiederum hängt von der Stellung des Gasdrehgrifffs ab. Damit ist garantiert, daß die geförderte Ölmenge **drehzahlabhängig** variiert. Mit diesem ausgeklügelten Verfahren wird das Öl in das **Kurbelgehäuse** gedrückt (Position a), wo es sich mit dem angesaugten Benzin vermischt.

Neustart nach Ausbau der Pumpe: Nach dem Aus- und Einbau von Vergaser und Ölpumpe sind die **Ölleitungen** leer. Wie bei der PX braucht die Ölpumpe auch bei der PK eine gewisse Zeit, um die Leitungen wieder zu füllen und damit die Schmierung des Motors zu sichern. Daher muß der Benzintank zunächst mit einem **Benzin-Öl-Gemisch** betankt werden: 2 % (60 cm³) synthetisches Zweitaktöl auf 3,0 Liter Benzin (Mischung 1 : 50). Beim nächsten Tanken natürlich Benzin und Öl wieder separat einfüllen. Der **Benzintank** faßt 5,8, der **Öltank** 1,1 Liter. Bei vollem Öltank befindet sich die **rote Markierung** am Grund des Ölstandsanzeigers. Beim Erreichen der Reserve von 200 cm³ beginnt die rote Markierung zu steigen. Dann sofort Öl nachfüllen.

Zylinder, Kolben, Starter

Auch wenn der plurimatic-Motor ein speziell modifiziertes Triebwerk ist, wird bei der Demontage von Zylinder, Kolben oder Anlasser im Prinzip genauso vorgegangen wie bei der Standard-PK. Alle Hinweise dazu s. Kapitel „PK-Motor". Aus- und Einbau von Einlaßstutzen und Membranventil sind einfach. Abweichungen gibt es bei Kurbelwelle, Auspuff und Zündung. Hinweise dazu s. unten.

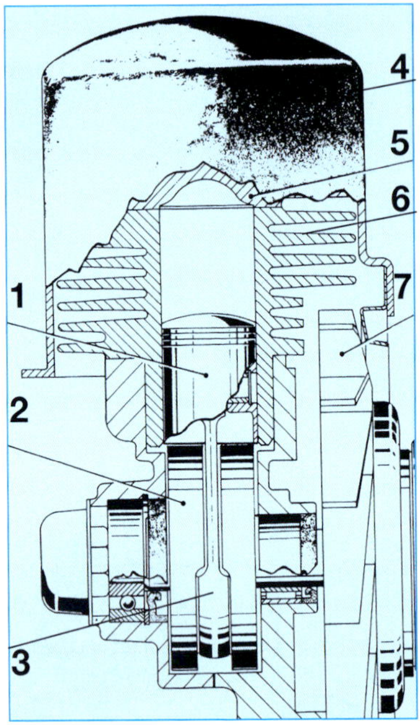

Zeichnung rechts: Kolben und Zylinder der plurimatic; 1 = Kolben, 2 = Kurbelwangen, 3 = Pleuelstange, 4 = Gebläsehaube, 5 = Zylinderkopf und Brennraum, 6 = Zylinder mit Kühlrippen, 7 = Schwungrad mit Lichtmaschine.

Zylinder, Kolben, Elektrostarter – Ausbau: Gebläsehaube abnehmen und mit einem Steckschlüssel SW 13 den **Auspuffkrümmer** abschrauben. Die vier Muttern der **Zylinderbefestigung** lösen, Zylinderkopf und Zylinder abnehmen. Kolbenbolzensicherungen abnehmen (Spezialzange), Kolbenbolzen ausstoßen und Kolben abnehmen. Der **E-Starter** hängt an zwei Muttern und läßt sich nach Trennen der Kabelverbindungen abnehmen.

Einlaßstutzen und Membranventil – Ausbau: Die Einheit ist mit drei Schrauben befestigt. Die Sicherungsschraube des Ventils mit einem Innensechskantschlüssel SW 5 ausdrehen, Elemente abziehen.

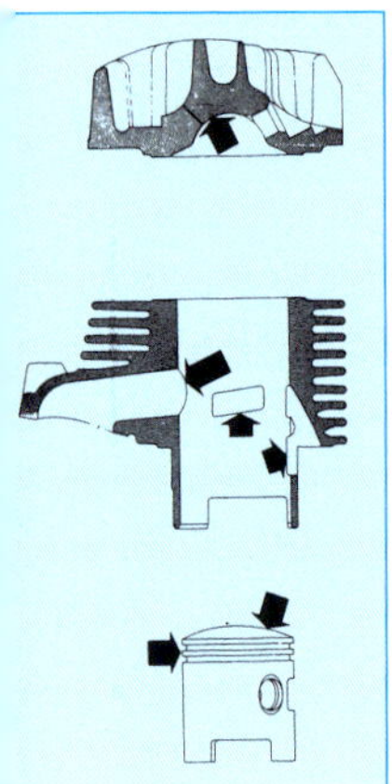

Zeichnung oben: Die Pfeile zeigen auf die Bereiche, an denen sich Ölkohle absetzt und die daher regelmäßig gereinigt werden müssen.

Auspuffanlage plurimatic

Auspuff Ein- und Ausbau: Bei allen Zweitaktmotoren und auch bei der Plurimatic ist ein **verkokter Auspuff** (Kurzstreckenverkehr, hoher Ölanteil im Kraftstoffgemisch) eine häufige Ursache für Leistungsverlust. Der Auspuff muß gewechselt werden, wenn er durchgerostet oder durch Ablagerungen verstopft ist.
Zuerst werden Batterie, Batteriekasten und Hinterrad ausgebaut. Der schräg sitzende Befestigungsflansch am **Krümmer** liegt sehr weit oben, und die beiden Sechskantmuttern (SW 10) sind durch die geschwungene Form des **Auspuffrohrs** schwer zugänglich. Zum Lösen der inneren (rechten) Mutter verwendet man einen sehr schmalen Steckschlüssel, eine Nuß ist schon zu breit. Die äussere (linke) Mutter muß mit einem möglichst kleinen Ringschlüssel in Sechstel-Schritten gelöst werden, für Steckschlüssel oder eine Ratsche ist kein Platz.
Zum Abnehmen des Auspuffs die Sechskant-Befestigungsschraube (SW 13) an der Schwinge lösen. **Einbau** in umgekehrter Reihenfolge, dabei die Schraube an der Schwinge erst locker eindrehen und nach Anziehen der Flanschmuttern endgültig festziehen.

Kurbelwelle plurimatic

Kurbelwelle – Spezialhinweise: Die Kurbelwelle ist auf der linken Fahrzeugseite durch eine Mutter SW 24 gesichert. Die Mutter wird nach Ausbau von Vergaser, Membranventil und Gehäusedeckel sichtbar. Zum Lösen die Kurbelwelle am **Variator**

blockieren. Zum Befestigen der Mutter die Kurbelwelle wieder blokkieren und die Mutter mit einem **Drehmoment von 70-75 Nm** in zwei Stufen anziehen. Dann eine neue Dichtung auflegen, das Kugellager schmieren und den Innenraum des Deckels mit Spezialfett füllen; den Deckel auf das Kurbelgehäuse setzen und mit den drei Schrauben befestigen. **Achtung:** Bei Fahrzeugen mit Frischölschmierung die Innenseite des Lagerdeckels ebenfalls mit Fett füllen, dabei aber darauf achten, daß Bohrung und Durchgang des Öldurchflusses nicht verstopft werden.

Zündanlage plurimatic

Zündeinstellung – Prüfung: Geprüft wird wieder mit einer stroboskopischen Lampe, die nach jeweiliger Herstellervorschrift angeschlossen wird. **Achtung:** Alle Anschlußarbeiten bei abgeschaltetem Motor ausführen, stromführende Teile bei eingeschalteter Zündung nicht berühren, **Stromschlaggefahr.**

Die **Zündeinstellung** ist korrekt, wenn die Marke auf dem Gebläserad mit der Marke auf dem Kurbelgehäuse fluchtet; eine maximale Abweichung von 1°30' ist zulässig. Wird der korrekte Wert nicht angezeigt, müssen alle Elemente der elektronischen Zündung mit einem **Ohmmeter** für Widerstände von 1 bis 1000 Ohm geprüft werden (Zündbox, Verbindungen, Stecker, Ankerplatte, Pick-up, Zündkerze).

Für die Prüfung von **Ladespule** und **Pick-up** wird das Meßgerät zunächst zwischen dem roten Kabel und dem weißen angeschlossen; Kontinuität und Widerstandswert müssen 500 +/- 20 Ohm betragen. Dann das Ohmmeter zwischen das grüne Kabel und das weiße schalten; hier müssen Kontinuität und Widerstandswert 110 +/- 5 Ohm betragen. Defekte Teile ersetzen, notfalls die komplette Ankerplatte.

Variator, Zahnriemen

Treibende Scheibe, Variator, Zahnriemen ausbauen: Die treibende Scheibe muß gelöst werden, wenn zum Beispiel der **Zahnriemen** gewechselt werden soll. Zunächst muß die auf der Kurbelwelle sitzende **Variatoreinheit** mit einem geeigneten Werkzeug blockiert werden (notfalls in der Werkstatt ausleihen). Befestigungsmutter (in der Regel SW 24, Nr. 15 auf der Zeichnung) der treibenden Scheibe lösen und äussere Halbscheibe abnehmen. Auch die innenliegende Einheit der treibenden Scheibe läßt sich nun zusammen mit dem Regler von der Kurbelwelle abnehmen. **Zahnriemen** abnehmen.

Zahnriemen einbauen: Von Hand die getriebene Halbscheibe der Freilaufeinheit (22) nach außen ziehen und Riemen auflegen. Treibende Halbscheibe (19) montieren, dabei Riemen (21) zwischen die Scheibenhälften setzen; Mutter (20) ansetzen und mit **40-45 Nm** anziehen.

Oben: Ausbau treibende Scheibe und Zahnriemen; die auf der Kurbelwelle sitzende Variatoreinheit blockieren; Befestigungsmutter (15) lösen und äußere Halbscheibe abnehmen. Nun äußere Halbscheibe des Antriebs am Getriebe (17) von Hand nach außen ziehen und Zahnriemen abnehmen.

Unten: Zahnriemen einbauen; die getriebene Halbscheibe der Freilaufeinheit (22) nach außen ziehen und Riemen auflegen.

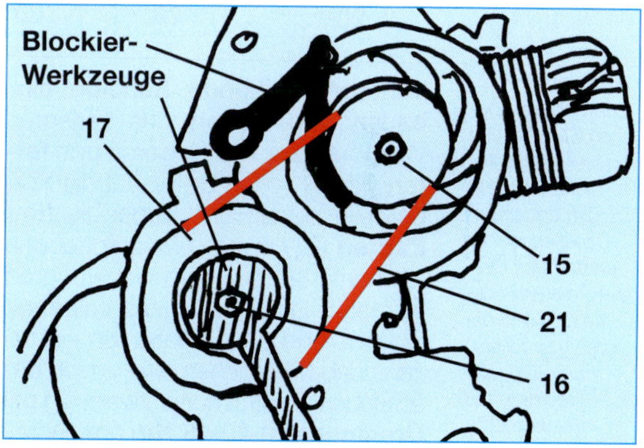

Beide Zeichnungen: Hans J. Schneider

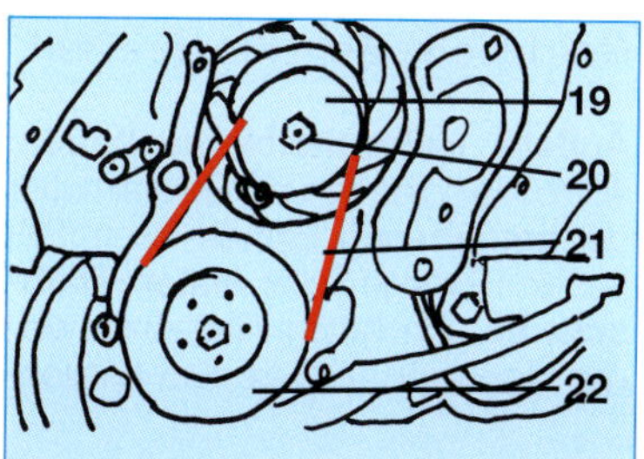

Unten weiter: Treibende Halbscheibe (19) montieren und Riemen (21) zwischen die Scheibenhälften setzen; Mutter (20) befestigen und mit Drehmoment anziehen.

6 Zeichnungen: Hans J. Schneider

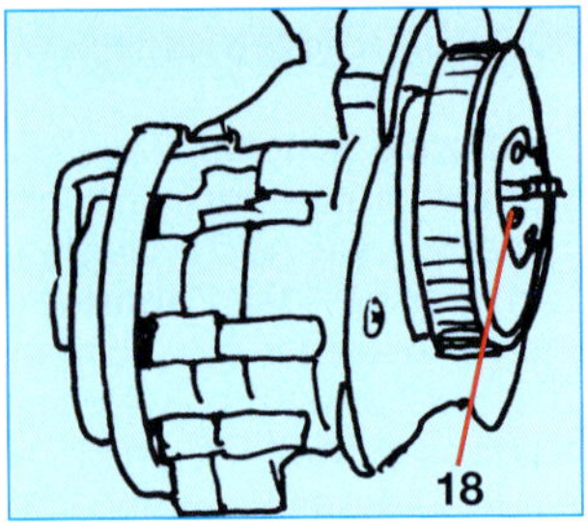

Rechts: Ausbau getriebene Scheibe innen und Kupplungseinheit; bei blockierter Radachse die Schrauben (18) lösen.

Rechts: Kupplungsglocke ausbauen; Radachse blockieren und die vier Schrauben (23) lösen. Kupplungseinheit abnehmen.

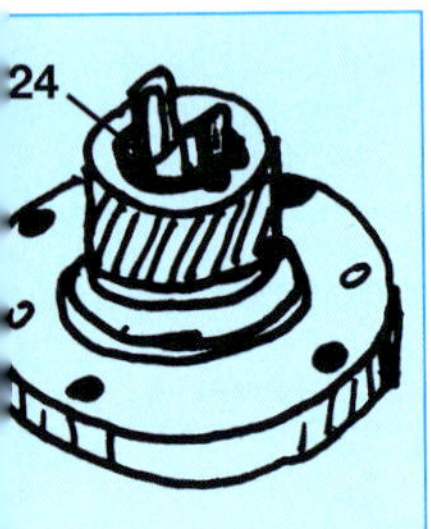

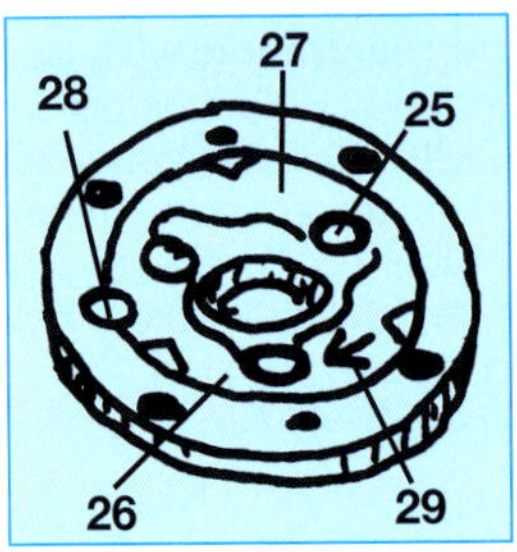

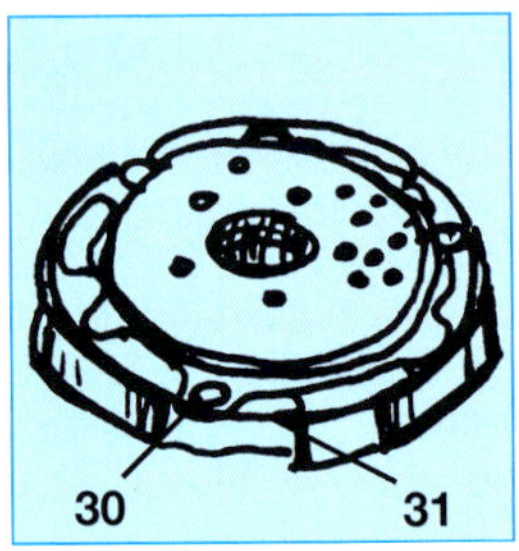

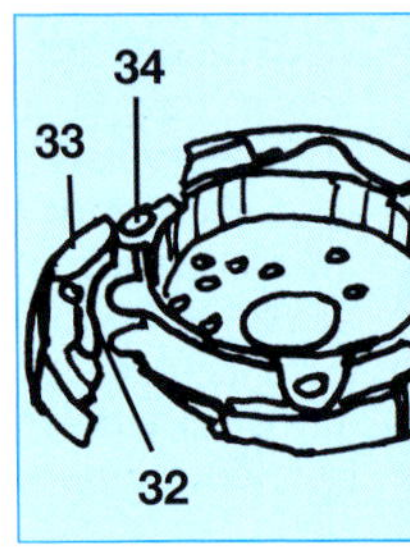

Links außen: Lösen der getriebenen Scheibe von der Hohlwelle; Sicherungsring (24) entfernen. Daneben rechts: Ausbau des Freilaufs; die drei Rollen (25) und die drei Andrückelemente (26) abnehmen; auf Innenring (27), Arretierungsrolle (28) und Pfeil-Prägung (29) achten. Bilder rechts: Kupplungsgruppe zerlegen; drei Federn (31), Sicherungsringe (30), Federn (32), Federteller (33) Zapfen (34) entfernen.

Variator, treibende Scheibe einbauen: Die **Rollen** des zerlegten Variators bzw. der Reglergruppe **fetten** (Nr. 19 vorige Seite), auf die Kurbelwelle setzen und dabei die **fünf Zapfen** (37) in den entsprechenden Löchern (38) auf dem Schwungrad einrasten lassen. Nun die treibende Scheibe und den Zahnriemen einsetzen, dabei vorgehen wie zuvor beschrieben. Zentralmutter zweistufig mit **Drehmoment 40-45 Nm** anziehen.

Getriebene Scheibe, Freilauf

Äußere Halbscheibe ausbauen: Antrieb blockieren und Zentralmutter der **getriebenen Einheit** lösen (SW 24, Nr. 15 vorige Seite); **äußere Halbscheibe** abnehmen. Radachse wieder blockieren und die fünf konzentrisch angeordneten Schrauben (18) lösen; anschließend die einzelnen Elemente von der Welle abziehen.

Kupplungsglocke ausbauen: Radachse blockieren und die vier Schrauben (23) lösen, mit denen die Glocke befestigt ist; Kupplungseinheit abnehmen.

Getriebene Scheibe ausbauen: Um die **getriebene Scheibe** von der Hohlwelle zu lösen, Sicherungsring (24) mit Spezialzange entfernen, die Anlaufscheibe abziehen und Element von der Hohlwelle ausziehen. Nun Rollenkäfig, Distanzbüchse und Bronzelager entfernen. **Achtung:** Beim Ausziehen der Hohlwelle darauf achten, daß die Federn und die Schaltrollen des Freilaufs nicht herausfallen.

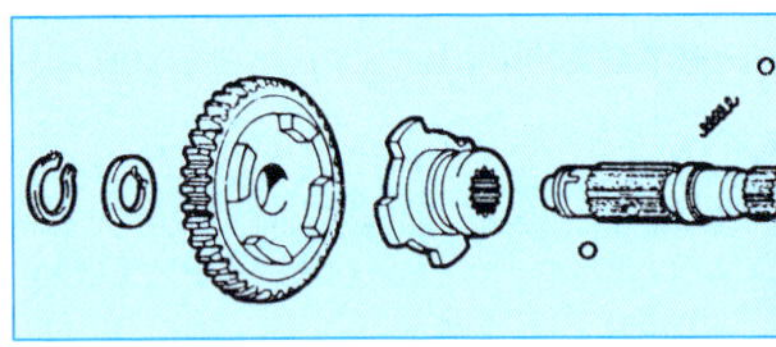

Zeichnung unten: © Werkstatthandbuch Vespa PK 50 XL plurimatic, Piaggio & C. S.p.A.

Freilauf ausbauen: Die zwei Befestigungsschrauben lösen und die Platte abheben; schließlich die drei **Rollen** (25), die drei Andrückelemente (26) und die zugehörigen Federn herausnehmen. **Tipp:** Es kann passieren, daß beim Ausbau des Freilaufs der Innenring (27) und die Arretierungsrolle (28) herausfallen. Dann beim Zusammenbau darauf achten, daß die Seite des Innenrings mit der Pfeil-Einprägung (29) oben liegt und die Arretierungsrolle (28) nicht mit einer der drei Freilaufrollen (25) verwechselt wird. **Achtung:** Beim Wiedereinbau der Freilaufelemente (Rollen, Federn etc.) keinesfalls Fett auftragen!

Kupplungsgruppe zerlegen

Kupplungsgruppe auseinandernehmen: Die drei Federn (31) aushängen, die drei Sicherungsringe (30) entfernen und die Fliehgewichte spreizen; dabei Federn (32) und die Federteller (33) zusammenhalten. Dann die Zapfen (34) herausziehen und die Fliehgewichte ausbauen.

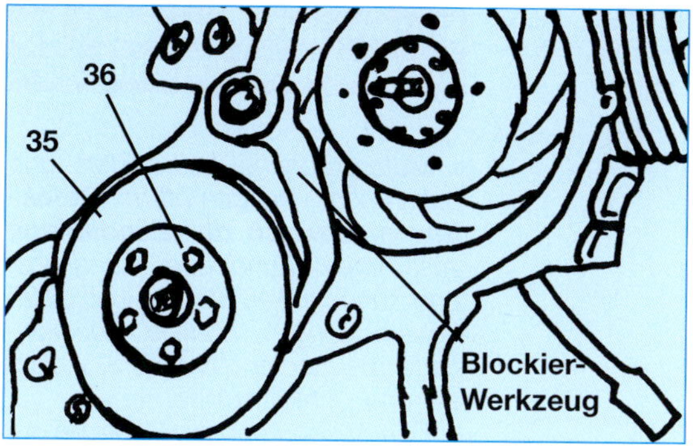

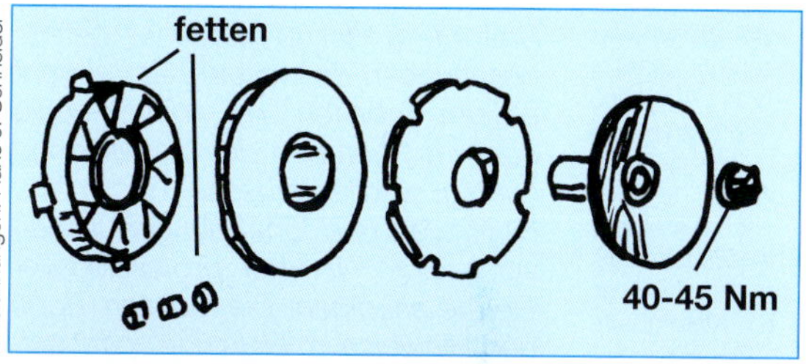

3 Zeichnungen: Hans J. Schneider

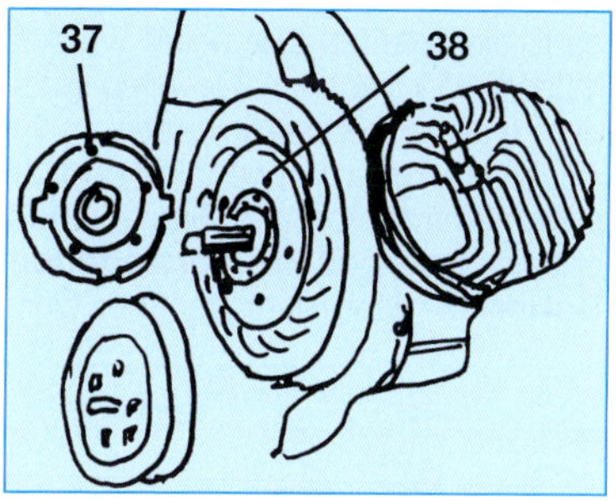

Fliehkraftkupplung, feste getriebene Scheibe zusammenbauen: Fliehkraftkupplung, Freilauf und starre Elemente der getriebenen Scheibe in umgekehrter Reihenfolge zusammensetzen und auf der Hohlwelle positionieren. Die Hinterachse blockieren und die **feste getriebene Scheibe** (35) mit den fünf Schrauben (36) sichern. Dann die bewegliche Scheibe montieren, dabei in umgekehrter Reihenfolge vorgehen wie beschrieben; Zentralmutter in zwei Stufen mit **40-45 Nm** anziehen.

Lichtmaschine ausbauen

Gebläserad, Schwungmagnet, Ankerplatte ausbauen: Gebläsedeckel abschrauben und Schwungmagnet mit einem Abzieher von der Kurbelwelle ziehen, wie bei den PK-Modellen mit Schaltgetriebe beschrieben. Die Ankerplatte mit den Spulen ist mit vier Schrauben am Kurbelgehäuse befestigt.

Foto: © Günther Uhlig, Freiburg

Zeichnung oben: Montage Kupplungsgruppe und getriebene Scheibe; Hinterachse blockieren und die feste, getriebene Scheibe (35) mit ihren fünf Schrauben (36) entfernen.

Mitte: Elemente des Variators; Rollen und deren Lager fetten, Mutter mit Drehmoment anziehen.

Links außen: Reglergruppe auf Kurbelwelle setzen; dabei die fünf Zapfen (37) in den zugehörigen Löchern (38) auf dem Schwungrad einrasten lassen.

Foto: PK 50 XL 2 plurimatic 1991 von Günther Uhlig.

Motor- und allgemeine Elektrik, Batterie, Zündkerze, Zündanlage, Lichtmaschine, Anlasser: Prüfung, Wartung

Motorprobleme beim Start und beim Fahren hängen oft mit ***Defekten im Bereich der Zündanlage*** *zusammen: Zündkerze, Zündkabel und Zündstecker, Elektronikbox, Kabelverbindungen, Batterie, Zündkontakte (bei älteren Modellen), Anlasser und Lichtmaschine.*

Den Ausbau und die Kontrolle der Lichtmaschinen-Komponenten Rotor, Stator und Pickup haben wir bereits beschrieben. In diesem Kapitel geht es um Arbeiten, die routinemäßig oder im Rahmnen der Inspektionen erledigt werden müssen. Bestimmte Kontrollen und Einstellungen lassen suich nur mit Hilfe professioneller Geräte erledigen. Die meisten Tipps und Hinweise im Elektrik-Kapitel gelten für alle Typen der ***PK-, PX-*** *und* ***Cosa-Serien,*** *zum Teil auch für historische Modelle. Beachten Sie auch die Fehlersuch-Ratschläge im Anhang und im Kasten weiter hinten.*

Wartungsfreie Batterie

Batterie – allgemeine Hinweise: Die meisten Vespa-Modelle sind mit einer Batterie ausgerüstet. Bei Neufahrzeugen ist die Batterie originalverpackt beigelegt. Alle Neu-Batterien sind in der Regel **trocken** und müssen vor dem Einbau mit Säure gefüllt und geladen werden. Bereits vom Händler geladene Batterien sind versiegelt und nach kurzem Aufladen gebrauchsfertig (Herstellerhinweise beachten).

Es werden (u.U. außer bei Oldtimern wegen der Originalität) meist keine herkömmlichen Batterien mehr eingebaut, die Zelle für Zelle befüllt werden müssen. Wir geben weiter unten trotzdem entsprechende Hinweise.

Auch das früher notwendige und lästige Kontrollieren des Säurestands entfällt heute, da die **versiegelten Batterien** nicht mehr geöffnet wer-

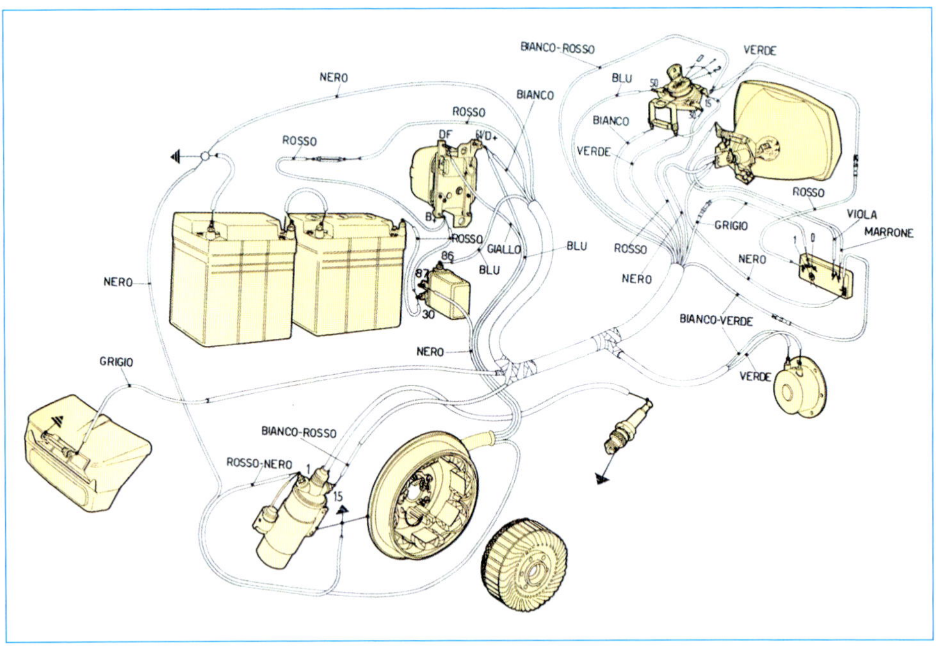

Die Zeichnung zeigt die elektrische Anlage einer Vespa 50 Special von 1970 ohne E-Starter. 1 = Batterie (2 x 6 Volt), 2 = Regler, 3 = Relais, 4 = Zündschloß, 5 = Scheinwerfer, 6 = Klemmbrett, 7 = Hupe, 8 = Zündkerze, 9 = Lichtmaschinen-Stator, 10 = Lichtmaschinen-Rotor, 11= Zündspule, 12 = Heckleuchte.

den dürfen und auch keine Min-/Max-Markierungen mehr haben. Auch der Entlüftungsschlauch ist hier weggefallen. Trotzdem erfordern auch versiegelte Batterien eine gewisse regelmäßige Wartung.

Wartungsfreie Batterie – Säurebefüllung: Die sechs Zellen der Batterie sind im Neuzustand leer, die Öffnungen mit einem Klebeband versiegelt. Die Säure wird praktischerweise in einem Kit von sechs miteinander gekoppelten und versiegelten PVC-Fläschchen mitgeliefert.
Zum **Befüllen** Klebeband an der Batterie abnehmen, Säurebehälter mit den Austrittsöffnungen nach unten auf die Batteriezellen setzen und den gesamten Kit kräftig nach unten drücken. Die Fläschchen öffnen sich, die Säure fließt automatisch in die Zellen, was ungefähr 20 Minuten dauert. Danach Kit abnehmen und entsorgen. Das Ganze ist so clever gemacht, daß keine Gefahr besteht, mit Resten der Schwefelsäure in Kontakt zu kommen.

Wartungsfreie Batterie – Grundaufladung: Vor dem ersten Aufladen muß die Batterie eine Stunde lang ruhen, damit sie ausgasen kann; dies erfolgt natürlich bei unverschlossenen Einfüllöffnungen.
Beigelegt ist der neuen Batterie das **Verschlußelement** mit sechs Dübeln, die perfekt in die Zellenöffnungen passen. Wir legen es aber zunächst nur lose auf, damit die Batterie beim Laden ausgasen kann.
Zum **Laden der Batterie** erstens den **Plus-,** zweitens den **Minuspol** mit dem Ladegerät verbinden, drittens den Stecker des Geräts in die 220-Volt-Steckdose stecken.
Es empfiehlt sich, ein **Ladegerät** mit Ladekontrolle und automatischer Abschaltung zu verwenden; es beendet den Ladevorgang, wenn die Zellenspannung etwa 2,7 Volt erreicht hat und das spezifische Gewicht bei 1,27 liegt.

Für wartungsfreie Batterien gibt Piaggio einen **Ladestrom** von 1/10 der Leistung in einem Zeitraum bis zu zehn Stunden an, keinesfalls länger. Wir haben im Test die neue Batterie nach zwei Stunden vom Gerät nehmen und einbauen können.

Fabrikneue Batterien werden mit einem beigepackten Säurekit befüllt. Es genügt, die Sicherungsstreifen abzuziehen, den Plastikbehälter aufzudrücken und die Säure in die sechs Zellen laufen zu lassen. Vorn im Bild die abgezogenenen Sicherungsstreifen und die Abschlußleiste mit Dübeln,die später auf die Zellen gedrückt wird.

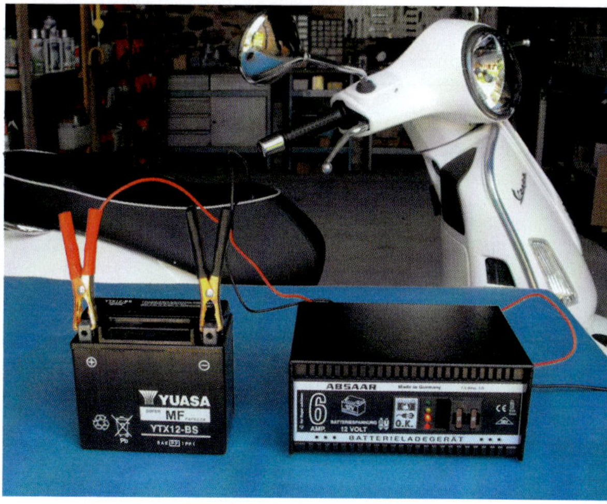

Beim Abklemmen 1. den Stecker ziehen, 2. den Minus-, 3. den Pluspol abschließen. Nach dem Ladevorgang muß die **Abschlußleiste** fest in die Öffnungen gepreßt wer-

Oben: Aufladen der Batterie mit einem automatischen Ladegerät; im Hintergrund eine Vespa GTS Super 300 i.e.

den. Da die Dübel sehr stramm sitzen, mit einem leichten Hämmerchen nachhelfen, bis die Leiste eben und bündig mit der Batterieoberseite abschließt.

Wartungsfreie Batterie – Aufladevorgang: Nach Inbetriebnahme darf die Verschlußleiste nicht mehr geöffnet werden. **Achtung:** Es besteht sonst die Gefahr, daß giftige und ätzende Schwefelsäure herausspritzt und in die Augen gelangt. Theoretisch muß **nachgeladen** werden, wenn die Batteriespannung unter 12,5 Volt abgefallen ist. In der Praxis beugt man einer Entladung vor, in dem alle vier Wochen nachgeladen wird, wenn das Fahrzeug in dieser Zeit nicht bewegt wird. Piaggio empfiehlt, den Motor einmal im Monat für 10 bis 15 Minuten laufen zu lassen, um Motor und Batterie in gutem Zustand zu halten. Wird der Roller über längere Zeit stillgelegt, muß die Batterie ausgebaut, gereinigt, vollständig geladen und kühl, luftig sowie trocken gelagert werden. In diesem Fall empfiehlt sich ein Nachladen alle zwei Monate.

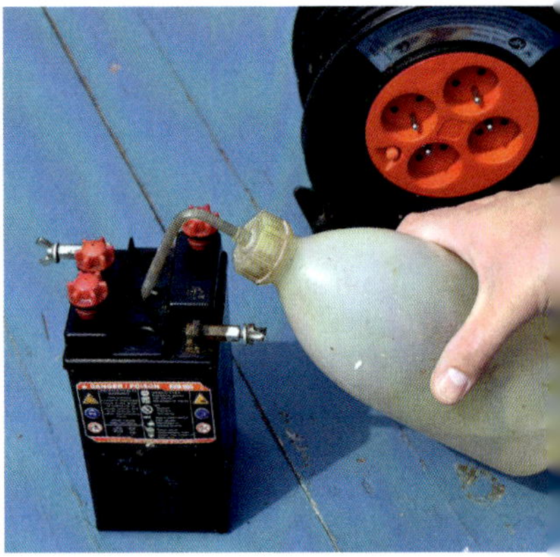

Oben: Der Pegelstand der Schwefelsäure in den Zellen darf nur mit destilliertem Wasser reguliert werden.

Unten: Mit einem handelsüblichen Säureheber kann das spezifische Gewicht der Säure geprüft werden; es muß zwischen 1,24 und 1,30 liegen.

Konventionelle Batterie

Konventionelle Batterie laden – alle Modelle: Wenn der Roller über einen längeren Zeitraum stillgelegt wird (Winter z.B.), muß eine Batterie, die konventionelle **Verschlußstopfen** besitzt, in regelmäßigen Abständen geladen werden – am besten alle vier Wochen, spätestens nach zwei Monaten.

Achtung: Zum Laden den Akku unbedingt abklemmen und aus dem Fahrzeug herausnehmen. Beim Laden von Batterien älterer Bauart mit Einfüllöffnungen entwickeln sich aggressive und korrosionsfördernde **Säuredämpfe.** Nach dem Ausbau wird die Batterie an ein handelsübliches Ladegerät angeschlossen. Bei klassischen Batterien zunächst alle **Verschlußstopfen** abnehmen und Säurestand mit **destilliertem Wasser** bis zur Maximalmarke auffüllen. Batterie niemals laden, ohne die Verschlußstopfen abzunehmen – **Explosionsgefahr!**

Zuerst Ladegerät-Pluskabel an **Batterie-Pluspol,** dann Ladegerät-Minuskabel an **Batterie-Minuspol,** zuletzt **Ladegerät** an Steckdose anschließen. Prüfen, ob am Ladegerät die richtige Spannung eingestellt ist (6 Volt bei älteren, 12 Volt bei neueren Modellen ab 1970er Jahre); erst dann Gerät einschalten.

Der **Ladestrom** sollte 0,8 Ampere über eine Zeit von 4 bis 8 Stunden betragen – je nach Gerät und Batterie. Am Ende des Ladevorgangs muß die Spannung je Batteriezelle 2,6 bis 2,8 Volt betragen. Der untere Grenzwert bei entladener Batterie beträgt 1,8 Volt je Zelle.

Achtung: Wegen der sich entwickelnden giftigen Dämpfe klassische Batterien mit abgenommenen Verschlußstopfen nur in einem gut belüfteten Raum laden.

Nach Ladeschluß und Abklemmen der Kabel (Reihenfolge: Gerätestecker, Minuspol, Pluspol) kann mit einem **Säureheber** das spezifische Gewicht der Säure geprüft werden; Es muß zwischen 1,24 und 1,30 liegen. Hat die Spannung nach spätestens 8 Stunden nicht den erforderlichen Wert erreicht oder steigen beim Laden keine Gasblasen in den Zellen hoch, ist die Batterie kaputt. Sie muß auch ersetzt werden, wenn sich (bei Batterien mit durchsichtigem Gehäuse) weiße Ablagerungen an den Batterieplatten zeigen (Sulfatierung) und wenn sich korrodiertes Material von den Platten gelöst und am Boden abgesetzt hat.

Defekte Batterien sind Sondermüll und dürfen nicht in die Tonne geworfen werden. Im Fachhandel werden **Dauerladegeräte** angeboten, mit denen die Spannung automatisch über einen längeren Zeitraum aufrecht erhalten werden kann. Die Batterie muß dabei unbedingt **ausgebaut** sein.

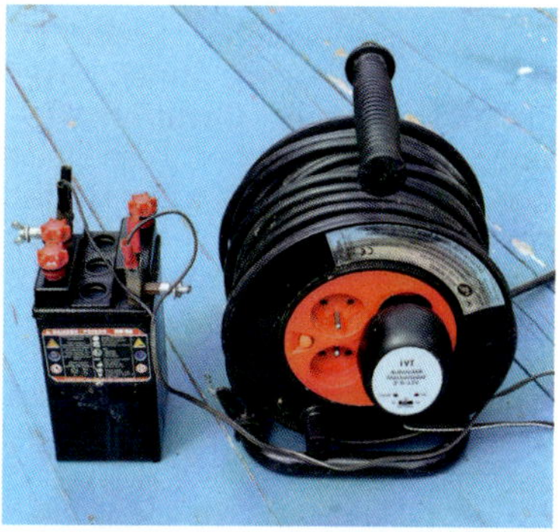

Mit einem Dauerladegerät, das sich bei erreichtem Lademaximum automatisch ab- und beim Absinken der Spannung wieder einschaltet, wird die Betriebsbereitschaft der Batterie erhalten.

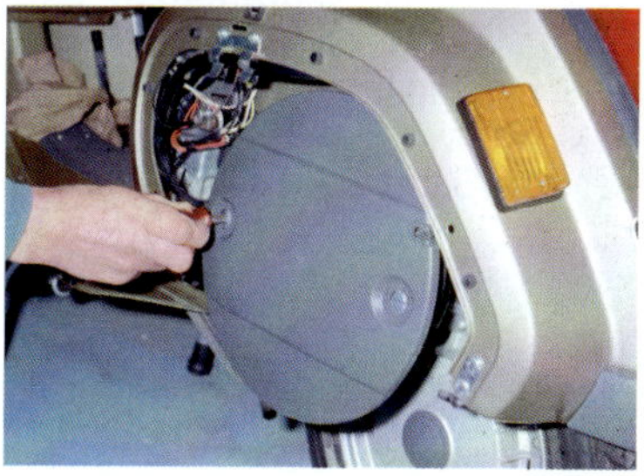

Oben: Blick auf Batterie und Reserverad der Cosa 200 GS. Alles macht einen durchdachten und aufgeräumten Eindruck.

Links: Erster Schritt Batterieausbau PK-Modelle; linke Haube abnehmen und Batterieabdeckung abschrauben.

Batterieausbau, Polpflege

Batterie-Ausbau – alle Modelle: Batterie und Batteriehalterung sind nach Abnehmen der linken Haube bzw. der Klappe links (PK) leicht zugänglich. Bei der PK zunächst die Klappe an der linken Haube öffnen, die **Halteleine** aushängen, die Klappe von den unten angeschlagenen Zapfen nehmen und ablegen. Mit einem Schraubendreher die beiden **Knebel** um 90° drehen, mit denen die **Batterieabdeckung** an der Batteriehalterung befestigt ist; Abdeckung abnehmen.

Jetzt die Batterie ausbauen. Zuerst das schwarze Massekabel vom **Minuspol,** dann das rote Kabel vom **Pluspol** abklemmen. Beide Kabel sind mit Kreuzschlitzschrauben und Muttern SW 10 befestigt.

Oben rechts: Zum Hinterradausbau ist es bei der PK erforderlich, den Batteriekasten abzunehmen; er ist mit drei Schrauben SW 13 befestigt.

Entlüftungsschlauch – falls vorhanden – von der Batterie abziehen, bei Defekt erneuern. **Batteriehalteband** aus Gummi oben aushängen und Batterie abnehmen. Der **Batteriehalter** besteht aus Stahlblech und ist mit drei Schrauben SW 13 am Fahrzeugheck befestigt.

Mitte links, rechts: Zuerst das schwarze Minus-, dann das rote Pluskabel abschrauben. Nach dem Wiedereinbau beide Pole zur Korrosionsverhinderung mit Spezialfett bestreichen.

Darunter: Nach Aushängen der Gummihalterung kann die Batterie aus dem Batteriekasten genommen werden.

Batterie einbauen, Pole pflegen – alle Modelle: Beim Einbau einer neuen Batterie darauf achten, daß die Volt- und Ah-Werte mit dem übereinstimmen, was für den Rollertyp zugelassen ist. Bei klassischen Batterien stets auf den **Entlüftungsschlauch** achten: Er muß angeschlossen und durch das eigens dafür vorgesehene Loch am Batterieträger ins Freie geführt werden.

Vor dem Einbau einer gebrauchten Batterie **Pole** sorgfältig **reinigen,** dabei Staub nicht einatmen. Den stumpf-grauen Belag aus korrodiertem Blei und Sulfat mit Drahtbürste und Schmirgelleinen entfernen. Pole und Anschlußklemmen an den Kabeln müssen immer blank und sauber sein. **Korrosion** wird zuverlässig verhindert, wenn Pole und Klemmen nach dem Festziehen der Schrauben mit **säurefestem Fett** bestrichen werden. Beim **Einbau** nicht die Kabel verwechseln: Rot an Plus, Schwarz an Minus. Batterie mit dem Batteriehalter fixieren.

Unten links: Die Batteriepole sollten regelmäßig mit der Drahtbürste gereinigt und nach dem Anklemmen der Kabel neu mit Spezialfett bestrichen werden.

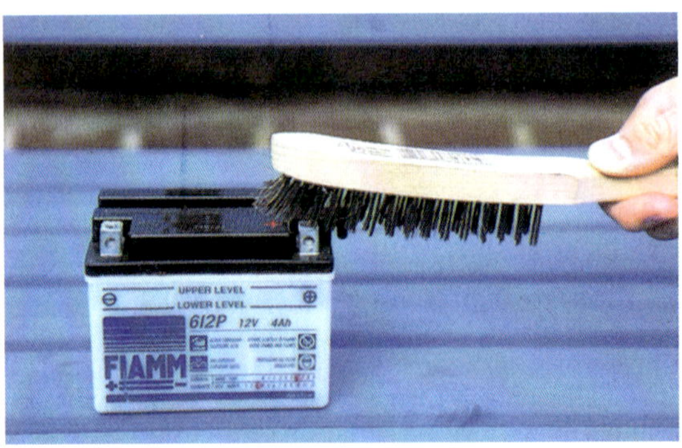

Elektrik: allgemeine Tipps, häufige Störungen

Werkzeug und Sicherheit:

Die wichtigsten Hilfsmittel bei der Fehlersuche sind **Prüflampe (nur für den Niederspannungsbereich), Stroboskop, Ohm- bzw. Multimeter, Fühlerlehre** und **Schaltplan.** Bevor Bauteile ausgewechselt werden, immer zuerst prüfen, ob (bei eingeschalteter Zündung) überhaupt Strom ankommt. Das setzt natürlich voraus, daß die Batterie (falls vorhanden) in Ordnung ist: Ist sie geladen? Haben die **Kabel** feste Verbindung? Sind die Pole blank?

Vorsicht bei Fahrzeugen mit elektronischer Zündung: Stromüberprüfungen nur mit isoliertem Werkzeug vornehmen, also auf keinen Fall mit einer nicht isolierten Prüflampe. Bei laufendem Motor auf drehende Motorteile achten (Lüfterrad)! Stets alle **Steck- und Kabelverbindungen** überprüfen. Lockere Stecker mit der Flachzange zusammendrücken, korrodierte Stecker auswechseln. Kontaktspray hilft nur vorübergehend.

Elektrik – häufige Störungen und deren Ursachen:

Bestimmte Mängel oder Schäden an der Elektrik haben auch bei der Vespa relativ leicht zu ortende Ursachen. Zwar gibt es in Abhängigkeit von Baureihen und elektrischer Ausrüstung gewisse Unterschiede, doch lassen sich die wichtigsten Zusammenhänge einheitlich darstellen. Und das sind die häufigsten Pannen:

Fall 1 – alle Verbraucher versagen: Mögliche Ursachen sind **Kurzschluß oder Stromunterbrechung** in den Niederspannungsspulen des **Lichtmaschinenstators.** Rotor ausbauen und Stator in der Werkstatt mit einem Ohmmeter durchprüfen lassen. Schuld am Totalausfall können auch ein Kurzschluß im **Spannungsregler** oder ein defekter **Masseanschluß** zwischen Spannungsregler und Karosserie sein. Seltener Sonderfall: Die **Huptaste** unterbricht den Stromkreis nicht einwandfrei (Hupe tönt ununterbrochen); Hupe ist defekt und muß ausgetauscht werden.

Fall 2 – Lampen brennen schnell durch: Ursache ist ausschließlich ein **defekter Spannungsregler.** Erforderlich sind dann Austausch oder Überprüfung in der Fachwerkstatt mit Voltmeter für Wechselstrom, induktionsfreiem Widerstand 3,3 Ohm/300 Watt und Drehzahlmesser. Im Detail sieht die Prüfung so aus: Der defekte Regler wird in ein Fahrzeug mit einwandfreiem Regler eingebaut (bei ausgebautem intaktem Regler). Graues und grünes Kabel werden nicht verbunden, damit die Lampen nicht durchbrennen. Dann werden die Enden des Widerstandes mit Fahrzeugmasse und dem mittleren, freien Flachstecker des Reglers verbunden. Schließlich legt man an die Enden des Widerstandes das **Voltmeter** an und läßt den Motor mit 5000/min^{-1} laufen. Der Regler ist nur dann in Ordnung, wenn die Spannung zwischen 12,5 und 15 Volt liegt. Anderenfalls muß er ersetzt werden.

Fall 3 – Blinker funktionieren nicht einwandfrei: Leuchtet die Blinkerkontrolle am Lenker nicht oder nur mit veränderter Frequenz, hat eine Blinklampe **mangelhaften Kontakt** (Korrosion, lockere Kabel) oder ist durchgebrannt; Austausch wie oben beschrieben.

Fall 4 – Blinker funktionieren überhaupt nicht: Zuerst alle **Kabelverbindungen** überprüfen, besonders diejenige vorne am **Klemmbrett** hinter der Kaskade (Demontage s. Kapitel „Karosserie"). Sind die Verbindungen in Ordnung, kommen folgende Ursachen in Frage: Blinkerschalter defekt, Blinklampensockel oder -fassungen korrodiert, Blinkgeber defekt, Masseverbindungen nicht korrekt (Massekabel vorne, Direktkontakt hinten, bzw. Kontakt über die Haubengriffe).

Fall 5 – Motor läuft, aber läßt sich nicht mit dem Zündschloß abstellen: Elektrikteil und/oder dessen Kabelverbindungen zur Zündbox locker oder defekt.

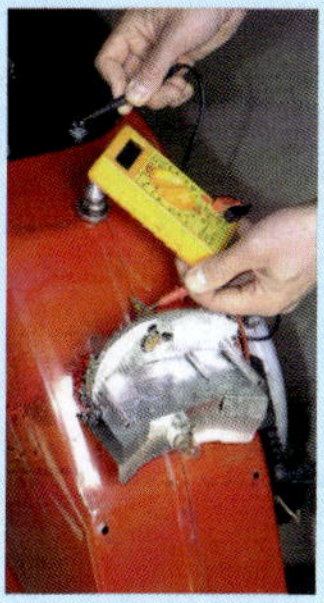

Links: Fehlersuche mit klassischer Prüflampe (nur im Niederspannungsbereich). verwenden. Rechts: Stromflußprüfung mit dem Multimeter.

Zündkerze und Stecker

Foto oben: Defekte Kerzenstecker und mangelhafte Zündkerzen sind häufig Ursache von Startschwierigkeiten und Motorpannen. Bei der Ursachenforschung muß zuerst hier nachgeschaut werden.

Unten: Der Ausbau der Zündkerze, wie hier bei der PX 200 Lusso, ist einfach; der Steckschlüssel darf nicht verkantet werden, sonst bricht der Isolator.

Zündkerzenstecker abziehen: Bei Zündproblemen oder regelmäßig alle 4000 km die Motorhaube abnehmen und zunächst den **Kerzenstecker** abziehen. **Vorsicht:** Nicht am Zündkabel reißen, sondern den Stecker anfassen und unter ständigem Hin- und Herdrehen abziehen.

Zündkerze ausbauen: Kerzenschlüssel SW 20,5 oder passenden Steckschlüssel (Bordwerkzeug) ansetzen und **Zündkerze** aus dem Zylinderkopf ausdrehen. Dabei den Schlüssel nicht verkanten. Der **Kerzen-Isolator** ist aus Porzellan und leicht zerbrechlich.

Zündkerze – Aussehen: Nun zuerst den Zustand der Zündkerze prüfen. Das **„Kerzengesicht“** zeigt, ob der Motor einwandfrei arbeitet:
Isolierkörper hellbraun: Motor in Ordnung und richtig eingestellt.
Isolierkörper glänzend schwarzbraun, feuchter Ölkohle- und Rußbelag: Gemisch zu fett, bei Fahrzeugen mit Getrenntschmierung Ölpumpe nicht in Ordnung; Motor über längere Zeit mit niedrigen Drehzahlen gefahren.
Isolierkörper verrußt: Zu geringer Luftanteil im Gemisch. Kerze hat zu hohen Wärmewert und bleibt im Betrieb zu kalt; unter Umständen Leerlaufdüse mit kleinerem Querschnitt in den Vergaser einsetzen, Kerze mit niedrigerem Wärmewert verwenden.
Isolierkörper extrem hell, weiß oder mit Schmelzperlen behaftet, Elektroden teilweise abgebrannt: Motor wird zu heiß. Ursachen: Oktanzahl des Benzins zu niedrig, Vorzündung zu groß, Vergasereinstellung zu mager, Kerze hat zu niedrigen Wärmewert und wird deshalb zu heiß. Abhilfe: höheroktanigen Kraftstoff tanken, Zündzeitpunkt zurücknehmen, Vergaser richtig einstellen, Zündkerze mit höherem Wärmewert verwenden.

Bilder und weitere Informationen z.B. unter http://www.simantik.de/zweitakt-zuendkerzen-bild-kerzengesicht.shtml

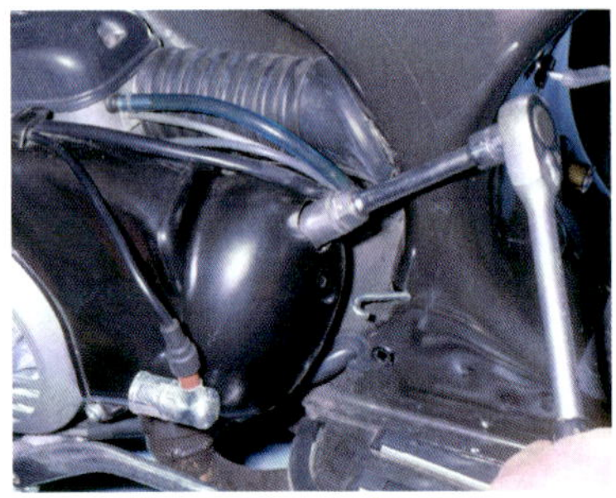

Zündkerze prüfen

Zündkerze prüfen bei kontaktgesteuerter Zündung: Zur Prüfung der Zündkerze Motorhaube abnehmen und Zündkerze ausdrehen wie beschrieben. **Kerzenstecker** auf ausgebaute Kerze setzen, **Kerzengewinde an Masse** halten, Zündung einschalten und Kickstarter durchtreten; dabei muß ein kräftiger **Funke** zwischen den Elektroden überspringen. **Achtung:** Kerzenstecker nur im isolierten Bereich anfassen, **auf keinen Fall Metallteile berühren.** Am besten isolierte Zange oder Wäscheklammer als Halter verwenden. Zur Betonung noch einmal **Achtung:** diese Methode nur bei klassischen Fahrzeugen mit kontaktgesteuerter Zündung anwenden, **nicht bei Motoren mit elektronischer Zündung** – Hochspannung!

Zündkerze reinigen, Elektrodenabstand korrigieren: Nach der optischen Prüfung der Kerze Ölkohleablagerungen an Elektroden und Isolierkörper sowie am Schraubgewinde mit einer Draht- oder Messingbürste entfernen. Kerze möglichst mit Druckluft sauberblasen. Anschließend **Elektrodenabstand** mit einer handelsüblichen Fühlerlehre messen und gegebenenfalls neu einstellen. Vorgeschrieben ist generell ein Abstand von 0,6 mm.
Zum Korrigieren des Abstands **Meßblatt** zwischen die Elektroden schieben und mit einem geeigneten Gegenstand leicht auf die obere Elektrode klopfen, bis sich das Meßblatt nur noch schwer hin- und herschieben läßt.

Zündkerzen-Ersatzkauf

Zündkerze Ersatzkauf – alle Modelle: Sind die Elektroden zu stark abgebrannt, lohnt ein Beiklopfen nicht mehr, die Kerze muß ersetzt werden. Zu stark abgebrannte **Elektroden** können abbrechen, in den Brennraum fallen und an Kolben und Zylinder schwere Schäden verursachen. Achtung: Nur **funkentstörte** Kerzen mit dem vorgeschriebenen **Wärmewert** und der richtigen Einschraublänge verwenden (18,5 mm). Der Sechskant muß die Größe 21 13/16 mm haben. Piaggio empfiehlt für klassische Vespa-Modelle folgende Kerzentypen (Auswahl):

Vespa PK 50/S: Bosch W 225 T1; Marelli CW 7N; Champion L 86; Lodge HN; NGK B6HS.
Vespa PK 80/S: Bosch W 250 T1; Marelli CW 7N; Champion L 82; Lodge 3 HN; NGK B7HS.
Vespa PK 125/S: Bosch W4A; Marelli CW 7N; Champion L 82; Lodge 3 HN; NGK B7HS.
Vespa PX 80 E, PX: Bosch W5C; Marelli CW 6L-AT; Champion N4; Lodge 2 HLN; NGK B6ES.
Vespa PX 125 E, PX 150 E: Bosch W5A; Marelli CW6N-AT; Champion L 86; Lodge 2 HN; NGK B6HS.
Vespa PX 200 E: Bosch W7AC, Denso W22ESR U, NGK B7ES.
Vespa Cosa 125, 150: Bosch W4CC, Champion N2C.
Vespa Cosa 200: Bosch W4CC, Champion N3C.
Vespa PX 150 ab 2011: Champion RL 82C

Sollten bestimmte Kerzenmodelle nicht verfügbar sein, können im Fachhandel **Vergleichslisten** herangezogen werden, in denen entsprechende Kerzen aus neuerer Produktion bezeichnet sind. Auch im Internet wird man leicht fündig.

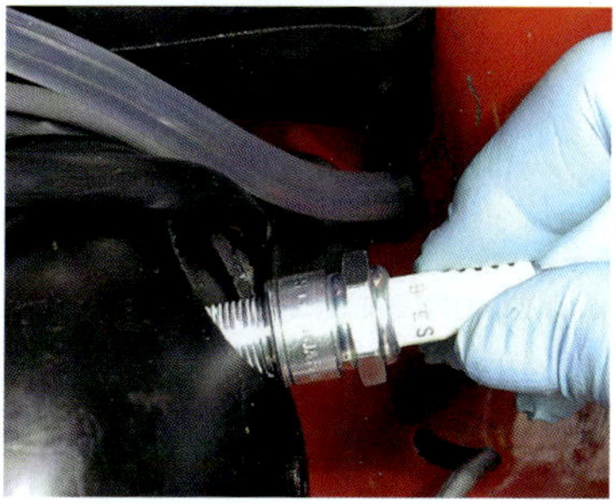

Links: Die Zündkerze wird zum Einbau mit der Hand zunächst leicht angezogen.

Links: Die Kerze muß in regelmäßigen Abständen ausgedreht und mit einer Drahtbürste gereinigt werden. Es dürfen keine Schmutz-partikel zwischen Elektrode und Masse (Gewinde) haften bleiben.

Der Elektrodenabstand der Zündkerze wird mit einer Fühlerlehre gemessen; er soll 0,6 mm betragen. Ansonsten muß der Abstand korrigiert werden; dazu mit einem geeigneten Gegenstand vorsichtig auf die Elektrode klopfen; Meßblatt dabei eingefügt lassen.

Bei einem hochdrehenden und mit Ölbeimischung arbeitenden Zweitaktmotor sollte nach **8000** Fahrkilometern die Kerze generell gegen eine neue ausgetauscht werden.

Zündkerze einsetzen

Zündkerze einbauen: Vor dem Einschrauben einer gereinigten oder neuen Zündkerze **Dichtungsfläche** am Zylinderkopf säubern. Darauf achten, daß dabei kein Dreck in die Bohrung fällt.
Das Kerzengewinde dünn mit etwas **Keramik-** oder **Kupferpaste** bestreichen, dies verhindert ein Festgehen und erleichtert später den Wechsel. Unter keinen Umständen Fett verwenden – die Kerze würde sich festbrennen. Niemals den Dichtring der Kerze entfernen! Die Kerze ragt dann zu weit in den Brennraum hinein, es kommt zu Glühzündungen, der Motor wird zu heiß, die Elektroden schmelzen ab und fallen in den Brennraum.
Kerze zunächst mit der bloßen **Hand** in das Gewinde eindrehen, sonst besteht die Gefahr, daß die Kerze verkanntet und dadurch das Gewinde im Alu-Zylinderkopf beschädigt wird. Erst zum Schluß **Steckschlüssel SW 21 13/16** ansetzen und Kerze mit Gefühl festziehen. Zu starkes Anziehen kann zu Beschädigungen des Zylinderkopfs führen. Am besten Drehmomentschlüssel verwenden und Kerze zweistufig mit **18-24 Nm** anziehen.

Vor dem Einbau der Zündkerze das Gewinde mit etwas Keramik- oder Kupferpaste bestreichen. Dies verhindert ein Festbrennen und erleichtert später den Ausbau.

Zündkerzenstecker aufsetzen: Vor dem Aufsetzen kontrollieren. Das **Zündkabel** muß feste Verbindung mit dem Stecker haben, der Stecker muß innen blank, trocken und korrosionsfrei sein. Verölte Stecker auswechseln. Dabei nur **funkentstörte** Stecker verwenden, andere Stecker sind unzulässig (werden bei Oldtimern aber oft aus Gründen der Originalität weiterverwendet). Bei Korrosion sorgt ein Kontaktspray vorübergehend wieder für gute Leitfähigkeit.

Unterbrecherkontakte

Unterbrecherkontakte prüfen, einstellen – ältere PK- und PX-Modelle: Ältere Vespa-Modelle sind mit kontaktgesteuerten Zündanlagen ausgerüstet. Bei den großen Typen hatten zuletzt noch die Modelle P 125 X und P 150 X dieses System. Die Wartung ist bei allen Modellen im Prinzip gleich und sollte **alle 4000 km** durchgeführt werden. Zunächst die Motorhaube abheben bzw. die Motorklappe öffnen. Bei den PK-Modellen muß zur Kontrolle des Unterbrecherabstands zusätzlich der Lüfterdeckel abgeschraubt werden wie weiter vorn im Buch beschrieben.
Der **Unterbrecher** ist auf der Ankerplatte der Lichtmaschine befestigt und wird durch den Rotor abgedeckt. Zur Kontrolle das Fahrzeug aufbocken, den Leerlauf einlegen und den **Gummipfropfen** abnehmen, der auf dem **Rotor** sitzt. Dann von Hand den Rotor so weit drehen, bis hinter dem **Sichtfenster** die Unterbrechereinheit erscheint (links unten, links oben oder rechts oben). Jetzt den Rotor weiter drehen, bis

der **Unterbrecherhammer** voll abgehoben hat. Ist der größtmögliche Unterbrecherabstand erreicht, den Abstand zwischen den Kontaktplättchen mit einer **Fühlerlehre** messen. Er muß **0,40 mm** betragen. Ist der Abstand zu groß oder zu klein, **Feststellschraube** des Unter-

brechers ein wenig lockern. Anschließend mit der Spitze eines Schraubendrehers den **Unterbrechersockel** über Zapfen oder Exzenter verschieben, bis der Kontaktabstand stimmt. Feststellschraube wieder anziehen und Kontaktabstand noch einmal überprüfen. Das Blatt der Fühlerlehre (0,40 mm) muß saugend zwischen die Kontaktplättchen passen.

Unterbrecher warten, austauschen – ältere PK- und PX-Modelle: Weiterführende Arbeiten an Unterbrecher und Lichtmaschine sind nur möglich, wenn der **Rotor abgezogen** wird. Wie wir uns den dazu erforderlichen Abzieher selbst herstellen, wird im Kapitel „Lichtmaschine" beschrieben. Hier nur die wesentlichen Erläuterungen zum eigentlichen Abziehvorgang: Abdeckkappe der Rotorverschraubung abhebeln. Eventuell vorhandene Sicherungsringe mit einer passenden Zange entfernen. Dann den **Rotor blockieren;** dazu den Schaft eines starken Schraubendrehers zwischen zwei Gebläseschaufeln stekken und gleichzeitig gegen Motorblock oder Zylinder abstützen, dabei Gebläse und Zylinderrippen nicht beschädigen.

Mit einer Stecknuß (in der Regel SW 17 oder SW 19) die **Mutter** lösen, die den Rotor auf der Kurbelwelle festhält. Es handelt sich um ein normales Rechtsgewinde, also Mutter gegen den Uhrzeigersinn lösen. Anschließend den Abzieher bis zum Anschlag einschrauben und mit einem passenden Gabel- oder Ringschlüssel festhalten. Die **Abdrückschraube** mit einem Ringschlüssel langsam so lange im Uhrzeigersinn drehen, bis sich der Rotor mit vernehmlichem Knacken vom Kurbelwellenstumpf löst. Beim Abnehmen des Rotors auf den **Keil** achten, der in das Kurbelwellenende eingelassen ist; er darf nicht verlorengehen.

Prüfung und Korrektur des Zündkontaktabstands bei älteren Typen.

Oben links: Gummipfropfen am Rotor abnehmen, Rotor vordrehen, bis die Unterbrechereinheit sichtbar wird. Abstand zwischen den Kontaktplättchen mit einer Fühlerlehre messen.

Mitte rechts: Ist der Kontaktabstand größer oder kleiner als 0,4 mm, zuerst Feststellschraube etwas lockern (Rotor abgezogen, s. folgende Seite).

Unten: zur Korrektur des Kontaktabstands den Unterbrechersockel mit einem Schraubendreher über den Exzenter verschieben; dann Feststeller wieder anziehen.

Oben: Zum Austausch des Unterbrechers muß der Rotor abgezogen werden. Piaggio-Werkstätten benutzen zum Blockieren einen Spezialhalter. Die Zentralmutter beim Wiedereinbau mit genauem Drehmoment anziehen (s. Anhang).

Unten links: Der Unterbrecherhammer läuft auf einem Nocken der Kurbelwelle. Nocken und Filzblättchen mit Spezialfett schmieren.

Unten rechts: Zum Austausch verschlissener Kontakte die Schlitzschrauben an der Ankerplatte lösen; Sicherung des Hammers entfernen.

Prüfen, ob der Keil unbeschädigt ist. Nach dem Entfernen des Rotors kann das **Filzblättchen** geschmiert werden, das auf der Unterbrechernocke aufliegt (hitzebeständiges Spezialfett).

Der eigentliche **Unterbrecher** ist jetzt ebenfalls frei zugänglich. Ab-

brandspuren an den Kontaktplättchen können mit feinem Schmirgelleinen (Körnung 400 bis 600) abgeschliffen oder mit einer Kontaktfeile beseitigt werden. Schmirgelreste und Ölspuren lassen sich gut entfernen, wenn ein mit fettfreiem Lösungsmittel getränktes Stück Packpapier zwischen den Kontakten hindurchgezogen wird. Weisen die Kontakte **Schäden** auf (Trichterbildung), sind sie abgebrannt oder öffnen sich nicht mehr weit genug (abgenutzter Schleifer), dann müssen sie ausgetauscht werden. Dazu die Schlitzschrauben lösen, mit denen die Unterbrechereinheit an der Ankerplatte befestigt ist. Kabel abziehen bzw. abschrauben und Unterbrecher abnehmen.

Beim **Einbau** des neuen Unterbrechers darauf achten, daß die Achse des Unterbrecherhammers richtig in die dafür vorgesehene Bohrung in der Grundplatte einrastet. Neue Kontakteinheit nicht festschrauben, sondern Halteschraube zunächst nur lose einsetzen. Kabel befestigen. Jetzt **Kontaktabstand** einstellen wie oben beschrieben. Erst danach Feststellschraube anziehen.

Anschließend muß in jedem Fall die **Zündung neu eingestellt** werden – siehe unten. Rotor aufsetzen, da-

bei darauf achten, daß der Keil richtig einrastet. Rotorschraube mit einem **Drehmoment** von maximal **50 Nm (PK)** bzw. **65 Nm** (PX, Cosa) anziehen, dabei Rotor blockieren. Sicherungsring und Abdeckkappe nicht vergessen. Danach den **Zündzeitpunkt** überprüfen und einstellen.

Zündzeitpunkt bei Kontakten

Zündzeitpunkt prüfen, einstellen mit Prüflampe – ältere PK- und PX-Modelle mit kontaktgesteuerter Zündung: Mit der Prüflampe kann nur gearbeitet werden, wenn die Vespa mit einer Batterie ausgerüstet ist. Bei den Modellen **ohne Batterie** kann die Zündung nach Augenmaß geprüft werden. Ansonsten empfiehlt sich hier die Werkstatt: Sie arbeitet mit einer speziellen **Gradscheibe** (s. nächste Seite). Kontrolle und Einstellung sollten **alle 4000 km** erledigt werden.

Bei Vespa-Modellen **mit Batterie** ist wie folgt vorzugehen: **Prüflampe** mit der Kabelklemme an den stromführenden Teil des Unterbrechers (Feder, Kabelschuh) oder an Ausgang 1 der Zündspule (Stromzuführung zum Unterbrecher) anschliessen, mit der Spitze gegen Masse halten (Motor-/Getriebeblock). Nun Rotor von Hand so weit drehen, bis die Metallzunge am Rand des Sichtfensters mit der **Mittellinie der beiden Marken** auf der Ankerplatte darunter fluchtet.

Jetzt **Zündzeitpunkt** genau kontrollieren. Dazu Zündung einschalten und Kurbelwelle erst ein wenig zurück-, dann im Uhrzeigersinn so weit vordrehen, bis die Prüflampe aufleuchtet. Fluchten im gleichen Moment die oben erwähnten Markierungen, ist die Zündung richtig eingestellt.

Andernfalls muß der Zündzeitpunkt korrigiert werden. Dazu die Schraube lockern, mit der der Unterbrecher auf der Ankerplatte befestigt ist. Rotor so einstellen, daß die Markierungen am **Sichtfenster** genau fluchten. Bei eingeschalteter Zündung die Unterbrechereinheit so lange nach rechts oder links drehen, bis die Prüflampe ohne Flackern leuchtet. Nach dem Einstellen Halteschraube wieder anziehen und Zündzeitpunkt noch einmal kontrollieren.

Bei Typen **ohne Batterie** genau beobachten, ob der Unterbrecherhammer in dem Augenblick abhebt, in dem auch die Markierungen am Sichtfenster übereinstimmen. Ist dies nicht der Fall, Unterbrecher so verstellen wie oben beschrieben. Gummipfropfen aufsetzen, Lüfterdeckel und Motorhaube montieren, Motor probelaufen lassen.

Die Zündung kann mit einer Prüflampe eingestellt werden, hier demonstriert bei abgenommenem Rotor; bei aufgesetztem Rotor muß die Metallzunge am Rand des Sichtfensters mit der Mittellinie der beiden Marken auf der Ankerplatte fluchten, wenn die Lampe aufleuchtet. Zur Korrektur des Zündzeitpunkts die Halterung des Unterbrechers lockern.

Elektronische Zündung

Lichtmaschinen für elektronische Zündung – allgemeine Hinweise: Gegenüber traditionellen Batterie- oder Magnetzündungen haben elektronisch gesteuerte Zündanlagen zahlreiche **Vorzüge.** Weil bei äußerst schneller Entladung in extrem kurzer Zeit eine höhere Spannungsspitze erreicht wird, arbeitet der Motor regelmäßig auch bei verschmutzter **Zündkerze** oder zu grossem Elektrodenabstand. Die Elektroden brennen nicht so schnell ab, die Zündkerze hält daher länger. Die Gefahr, daß die Elektroden überbrückt werden, ist geringer als bei kontaktgesteuerten Zündanlagen. Auch springt der kalte Motor leichter an. Darüber hinaus ergeben sich durch das Fehlen von Verschleißteilen bestimmte **Vorteile** mechanischer Art: Die Zündeinstellung bleibt über einen langen Zeitraum hinweg konstant, ist unabhängig von Witterungseinflüssen, arbeitet regelmäßig auch bei Dauervollgas und nach längerem Motorstillstand. **Nachteil:** Elektronische Anlagen altern mit der Zeit und sind oft nicht mehr reparabel.

Elektronisch gesteuerte Vespa-Motoren sind entweder mit vier- oder sechspoligen Generatoren ausgerüstet (PX 125, 150, 200 E, Cosa).

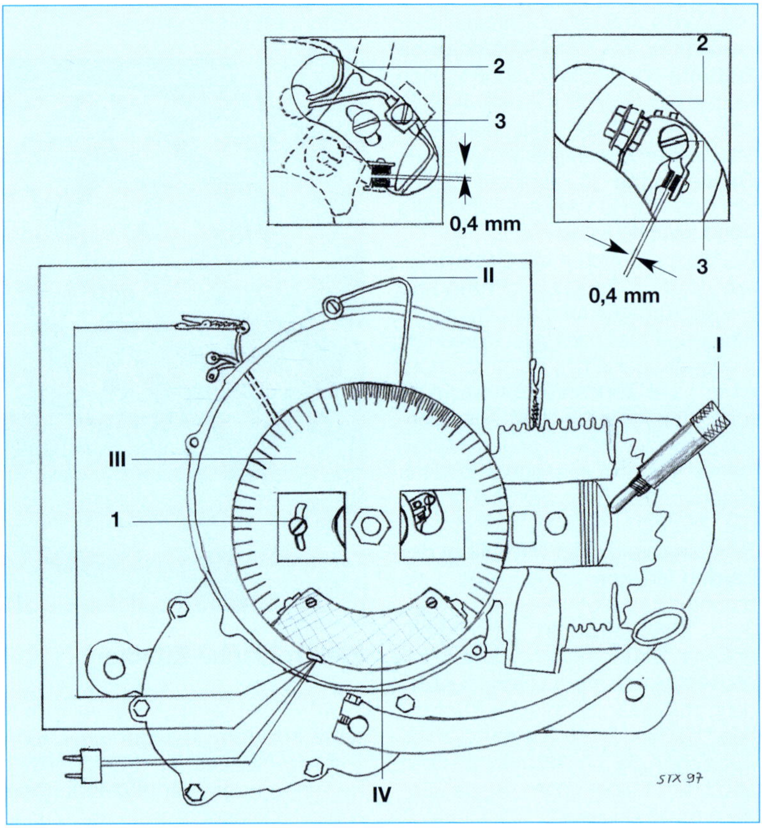

Vespa-Werkstätten mit Tradition sind noch in der Lage, die Zündung mittels einer Gradscheibe genau einzustellen. Die Zeichnung zeigt den Vorgang am Beispiel von P 125 X, P 150 X 1982. I = Anzeigegerät anstelle der Zündkerze, II = fester Zeiger aus Draht, III = Gradscheibe, auf der Kurbelwelle, mit Mutter verankert, IV = wechselstromgespeister Prüfapparat, 1 = Schrauben zur Statorbefestigung, 2 = Unterbrecher mit Einstellnocken, 3 = Unterbrecher-Feststellschraube.

Zeichnung: © Hans J. Schneider, Vorlage Werkstatt-Handbuch Vespa P 125 X, Piaggio & C. Pontedera

Vierpoliger Generator

Vierpoliger Generator Aufbau: Er besteht aus einem Rotor mit vier Polen und einem Stator mit zwei Spulen (Lichtspule und Spule zur Ladung des Kondensators). Die Ankerplatte trägt das sogenannte **Pick-up,** das von den zugeordneten Polschuhen des Rotors erregt wird und damit das Signal zur Zündung aufbaut. Der Läufer erzeugt in der Spule B einen Wechselstrom, der von der Diode D1 gleichgerichtet wird und den Kondensator C1 lädt. Das Pick-up liefert genau zum Zündzeitpunkt das Signal zum Schließen des Tyristors (SCR); der bewirkt die Entladung des Kondensators auf die Zündspule. So entsteht der Zündstrom.

Sechspoliger Generator

Sechspoliger Generator Aufbau: Er ist wie der vierpolige Generator als Schwungmagnet-Licht-Zünder ausgelegt und mit einem elektronischen Steuergehäuse ausgerüstet. Er hat wie eine Lichtmaschine mit kontaktgesteuerter Zündung einen **sechspoligen Läufer.**

Die Ankerplatte ist mit **fünf Spulen** versehen: vier dienen der Versorgung des Bordnetzes, eine der Ladung des Kondensators. Auf der stählernen Ankerplatte ist das **Pick-up** angebracht, das von den zugeordneten Polschuhen erregt wird und so den Zündstrom steuert. Auch hier erzeugt der Läufer in der Spule B einen Wechselstrom, der von der Diode D2 gleichgerichtet wird und den Kondensator C1 lädt. Wie beim vierpoligen Generator liefert das Pick-up genau zum Zündzeitpunkt das Signal zum Schließen des Tyristors; dieser bewirkt die Entladung des Kondensators auf die Zündspule.

Oben: Blick auf die Innenseite des Polrads und auf den noch befestigten Stator.

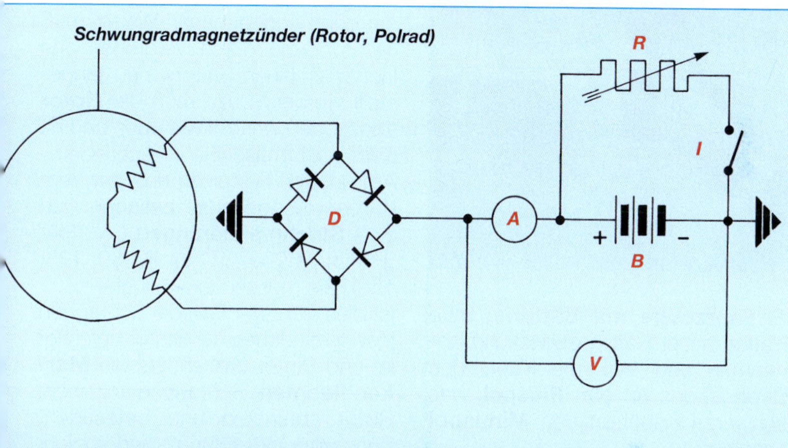

Schaltschema zur Überprüfung des Rotors P 200 E
A: Amperemeter für Gleichstrom, 5A Vollausschlag;
B: Batterie 12V 5,5A voll geladen; **D:** Diodengruppe Nr. 145222;
R: Rheostat 0,2-22Ω; **V:** Voltmeter für Gleichstrom, 20V Vollausschlag; **I:** Schalter.

Links: Das Schaltschema für die Überprüfung des Schwungradmagnetzünders (Rotor) zeigt alle Elemente, die dazu nötig sind.

Zündzeitpunkt Elektronik

Zündzeitpunkt prüfen mit Stroboskop – PX und Cosa mit elektronischer Zündung: Bei den Motoren mit elektronischer Zündung gibt es kein Sichtfenster im Rotor mehr. Die erforderlichen **Kontrollmarken** befinden sich auf dem Lüfterdeckel („A" oder „P" für die PX 200, „IT" für PX 80, PX 125, PX 150) und auf einer Schaufel des Gebläserads (halbkreisförmige Verdickung). Beide Marken sind sehr schlecht zu sehen; es ist daher ratsam, sie mit einem farbigen Stift zu kennzeichnen. Die **Stroboskoplampe,** mit der die Zündeinstellung vorgenommen werden soll, wird folgendermaßen angeschlossen:

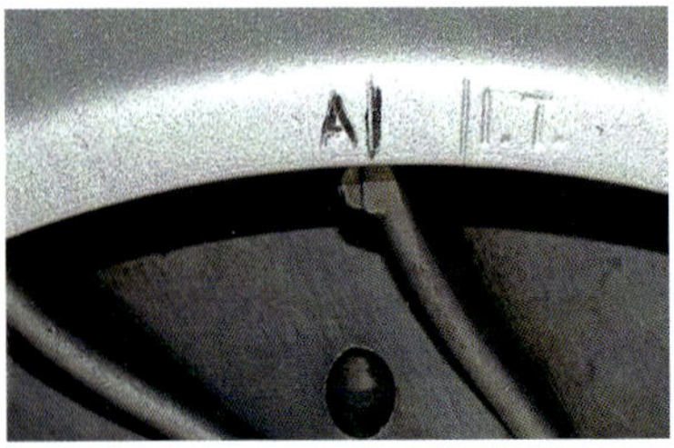

Rechts: Markierungen auf Lüfterdeckel und Gebläserad für die Zündeinstellung.

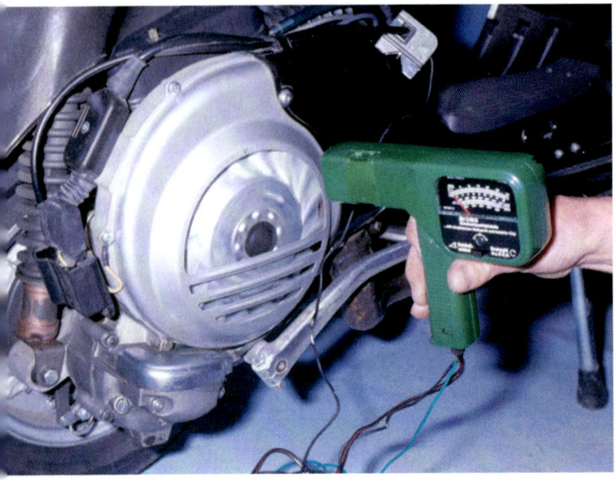

Kontrolle der elektronisch gesteuerten Zündung bei PX und Cosa; Stroboskoplampe anschließen (s. Lauftext), Motor starten und Markierungen auf Rotor und Gebläseabdeckung mit dem Stroboskop anblitzen. Bei Abweichungen muß nachgestellt werden wie im nebenstehenden Text beschrieben.

1. Fahrzeuge mit Batterie: linke Haube nebst Batterieabdeckung abnehmen und das rote Kabel des Stroboskops an den **Pluspol,** das schwarze Kabel an den **Minuspol** anschließen.

2. Fahrzeuge ohne Batterie: das rote Kabel an das **stromführende Kabel** eines Nebenaggregats klemmen. Zur Herstellung eines optimalen Kontakts können die Klemmen mit einem Nagel oder Stück Draht überbrückt werden. Das schwarze Stroboskopkabel bei Fahrzeugen ohne Batterie an **Masse** legen.

Einheitlich bei allen Modellen: **Induktivclip** des Stroboskops an das Zündkabel legen, Kerzenstecker nicht abziehen. **Achtung:** Alle Anschlußarbeiten bei ausgeschalteter Zündung und stehendem Motor vornehmen! Elektronische Zündanlagen erzeugen sehr hohe Spannungen. Nun Motor starten und den **Lichtblitz** auf die Marke „A" oder „P" (PX 200) bzw. „IT" (PX 80, 125, 150) am Lüfterdeckel richten. Drehzahl auf 5000/min^{-1} erhöhen. Die **Zündeinstellung** ist korrekt, wenn die Marke auf dem Gebläserad mit der Strichmarke „A" oder „P" bzw. „IT" auf dem Lüfterdeckel fluchtet. Die Abweichung darf höchstens 1°30 nach der einen oder anderen Seite betragen. Bei Drehzahlen unterhalb von 5000/min^{-1} darf sie nicht größer sein als 3°. **Anmerkung:** Bei Fahrzeugen mit sechspoligem Generator spielt die Motordrehzahl bei der Prüfung keine Rolle.

Zündzeitpunkt einstellen – PX, Cosa mit elektronischer Zündung: Fluchten die Markierungen nicht in der oben angegebenen Weise, muß die Zündung durch Verdrehen des Lichtmaschinen-Stators neu eingestellt werden. Dazu muß der **Rotor** abgezogen werden wie oben und im Kap. „Lichtmaschine" beschrieben.

Am unteren Statorrad und auf dem Kurbelwellengehäuse befinden sich zwei **Strichmarkierungen** („A" oder „P" für PX 200, „IT" für PX 80, 125, 150). Sie müssen exakt fluchten.

Ist dies nicht der Fall, die Schrauben lösen, mit denen der Stator befestigt ist und Stator drehen, bis die **Marken fluchten**. Schrauben anziehen, Rotor aufsetzen und befestigen. Zündzeitpunktprüfung wiederholen: Jetzt müssen auch die Markierungen auf dem Lüfterdeckel und dem Gebläserad fluchten.

Rechts: Blick auf den Stator der PK 50 S von 1985. Auch hier müssen zur Zündeinstellung die Halteschrauben gelockert werden.

Spannungsspitzen sind nicht ungefährlich. Bei allen Arbeiten an der Verkabelung die **Farben** genau beachten, im Zweifelsfall die Verbindungen markieren.
Funktioniert die Zündung nicht korrekt (Aussetzer bei laufendem Motor, kein Zündfunke bei Kerzenprüfung), liegt's meist an der **Elektronikzentrale.** Das Kästchen befindet sich unter der rechten Haube hinten am Motor und ist über grüne, rote und weiße Kabel mit den Spulen auf der Ankerplatte sowie über das Zündkabel mit der Zündkerze ver-

Oben: Zündzeitpunkt einstellen bei Fahrzeugen mit elektronischer Zündung; bei abgezogenem Rotor die drei Halteschrauben des Stators lösen und die Markierungen in Übereinstimmung bringen.

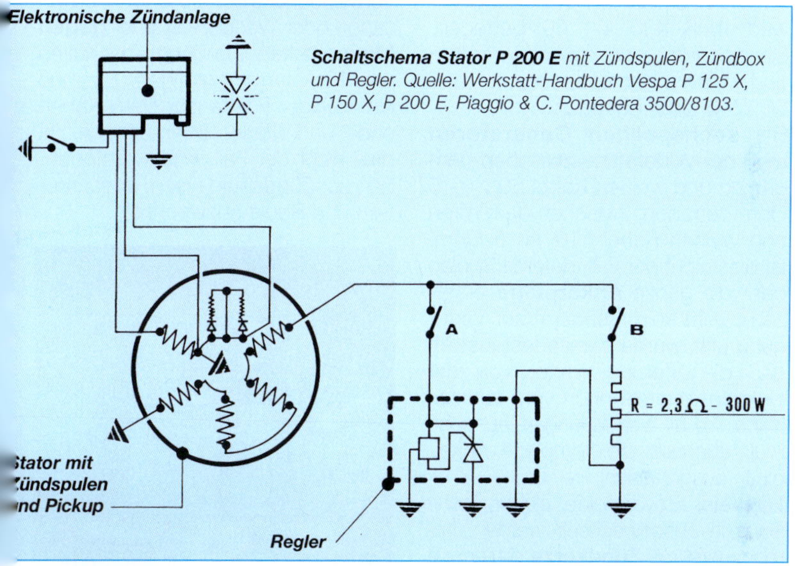

***Schaltschema Stator P 200 E** mit Zündspulen, Zündbox und Regler. Quelle: Werkstatt-Handbuch Vespa P 125 X, P 150 X, P 200 E, Piaggio & C. Pontedera 3500/8103.*

Links: Prüfanordnung für die Kontrolle des Lichtmaschinen-Stators bei der 200er Vespa.

Elektronikzündung Fehlersuche

Elektronische Zündung – Fehlersuche Verbindungen, Elektronikzentrale, Zündkerze: Was ist zu tun, wenn die elektronische Zündanlage nicht richtig arbeitet? Zunächst muß betont werden, daß alle Kontrollarbeiten, bei denen Kabel abgezogen werden (Kontrolle der Verbindungen und Bauelemente), **nur bei abgeschaltetem Motor** durchgeführt werden dürfen. Anderenfalls kann die Elektronikzentrale beschädigt werden. Zudem **Vorsicht:** Die bunden. Dieses Bauteil kann nur komplett ausgetauscht werden: Motor und Zündung ausschalten, Kabelverbindungen lösen, Elektronikzentrale abschrauben (Kreuzschlitzschrauben oder Schrauben mit Muttern und Gummilagern). Funktioniert die Zündung nach Austausch der Elektronikzentrale immer noch nicht, müssen sämtliche **Kabelverbindungen,** Stecker und Elemente der Ankerplatte zunächst auf sichtbare Beschädigungen überprüft werden.

LiMa-Stator, Pickup prüfen

Lichtmaschinen-Stator und Pick-up Prüfung – alle Modelle mit Elektronik: Rotor abziehen wie oben und im Kapitel „Lichtmaschine" beschrieben und **Spulen** mit einem **Ohmmeter** durchprüfen. Von außen unsichtbare Schäden lassen sich nur mit einem Ohmmeter feststellen, das einen Meßbereich von 1 bis 1000 Ohm hat (Piaggio- oder Elektrik-Fachwerkstatt). Bei **vierpoligen Generatoren** Meßgerät zwischen das grüne und weiße Kabel an der Ankerplatte schalten. Der Ohmwert muß 430 +/- 30 betragen. Dann Widerstand zwischen rotem und weißem Kabel messen. Er muß 56 +/- 5 Ohm betragen.

Bei **sechspoligen Generatoren** muß der Widerstand zwischen dem grünen und weißen Kabel 500 +/- 5 Ohm betragen, zwischen dem roten und weißen Kabel 110 +/- 5 Ohm. Ist dies nicht der Fall, defekte Spulen oder die ganze **Ankerplatte** ersetzen. Steht kein Meßgerät zur Verfügung und wurde bereits festgestellt, daß die Störung weder von der Elektronikzentrale noch von defekten Kabeln oder Verbindungen ausgeht, muß ebenfalls die komplette Ankerplatte ausgetauscht werden.

Hinweis: Bevor teure elektronische Bauteile ausgewechselt werden, immer zuerst die **Zündkerze** prüfen; oft hängt der Defekt einfach nur mit einer schadhaften Kerze zusammen.

Sicherheitshinweis

Zur Wiederholung noch einmal der Sicherheitshinweis: **Vorsicht** bei Fahrzeugen ohne Batterie: Stromüberprüfungen nur mit isoliertem Werkzeug vornehmen und dies auch nur dann, wenn das Fahrzeug keine elektronische Zündanlage hat. Auf **drehende Motorteile** achten (Lüfterrad)! Finger weg von **Elektronikteilen** bei laufendem Motor – **Hochspannung!**

Zündspule Kontaktanlage

Zündspule prüfen, auswechseln – ältere PK- und PX-Modelle: Fahrzeuge mit kontaktgesteuerter Zündung sind mit einer Zündspule ausgerüstet. Sie ist hinten am Getriebegehäuse befestigt und nach Öffnen der Motorhaube leicht zugänglich. Zuerst kontrollieren, ob das **Zündkabel** gute Verbindung hat, unbeschädigt und nicht korrodiert ist. Zur Prüfung der Spule den Kerzenstecker vom Zündkabel abschrauben und Kabelende unter Verwendung einer isolierten Kombizange oder Wäscheklammer **gegen Masse** halten. Zündung einschalten und Kickstarter betätigen. Es muß ein kräftiger Funke zwischen Kabelende und Masse überspringen. Ist dies nicht der Fall, Kabelverbindungen zur Zündspule lösen, abschrauben und Spule auswechseln.

Rechts: Die elektronische Zündbox ist bei älteren Modellen hinten mit gummigelagerten Schrauben am Motorgehäuse befestigt; sie kann nicht repariert, sondern nur komplett ausgetauscht werden. Bei kontaktgesteuerten Motoren sitzt an dieser Stelle eine klassische Zündspule.

Zündelektronik Ausbau

Zündbox-Anschluß: Seit Jahrzehnten sind alle Vespa-Modelle mit kontaktloser, wartungsfreier **Zündelektronik** (meist von Ducati!) ausgerüstet, egal, ob sie über eine Batterie verfügen oder nicht. Hinten am Motor, wo bei den Modellen mit konkaktgesteuerter Zündung die **Zündspule** sitzt, befindet sich bei den modernen Vespa-Modellen mit elektronischer Zündung die **Elektronikzentrale,** auch **Zündbox** genannt. Sie ist über das **Zündkabel** mit der **Zündkerze** verbunden. Ein **Kabelbündel** führt zum Rotor des Schwungradmagnetzünders (Lichtmaschine).

Kabel und **Tüllen** dürfen keine Brüche oder Risse, die **Steckverbindungen** keine Korrosion oder Klemmschäden aufweisen. Bei Zünddefekten, die von der Elektronik ausgehen, muß dieses Element komplett ausgewechselt werden. Eine Reparatur ist nicht möglich.

Achtung: Vor dem Ausbau der Zündbox immer zuerst Massekabel der Batterie abklemmen! Bei den **PK-Modellen** zuerst Zündkabel von der Zündkerze abziehen. Dann die Muttern SW 10 lösen, mit denen die Elektronikzentrale am Getriebegehäuse befestigt ist. Schraube ausdrehen, mit der das **Massekabel** zusammen mit der Lüfterhaube am Gehäuse befestigt ist, Zündbox vorziehen, Flachstecker abziehen und Rundstecker des Kabelbaums auseinanderziehen.

Bei älteren **PX-Modellen** ist die Elektronikzentrale mit zwei Schlitzschrauben befestigt. Bei neueren Typen und bei der **Cosa** sorgen zwei Schrauben SW 5 oder 10 mit Muttern und Gummilagern für einen vibrationsgeschützten Sitz. Um an die Schraubenköpfe heranzukommen, muß die Gebläseabdeckung abgenommen werden.

Zündelektronik Prüfung

Elektronikprüfung: Hinweise zur Prüfung finden sich bereits weiter vorn im Buch. **Vorsicht:** Grundsätzlich nur bei **ausgeschalteter Zündung** bzw. abgestelltem Motor arbeiten. Prinzipiell kann die Zündbox – nach sorgfältiger Reinigung aller Elemente – mit dem **Multimeter** durchgecheckt werden, wobei keine Abweichungen von den Werksvorgaben festgestellt werden dürfen.

Diese **Vorgaben** sind von Modell zu Modell verschieden und stellen selbst Fachwerkstätten vor große Herausforderungen. Im Zusammenhang mit dem **Spannungsregler** (s. unten) geben wir weitere Hinweise, eine umfassende Behandlung des komplizierten Themas würde aber zu weit führen.

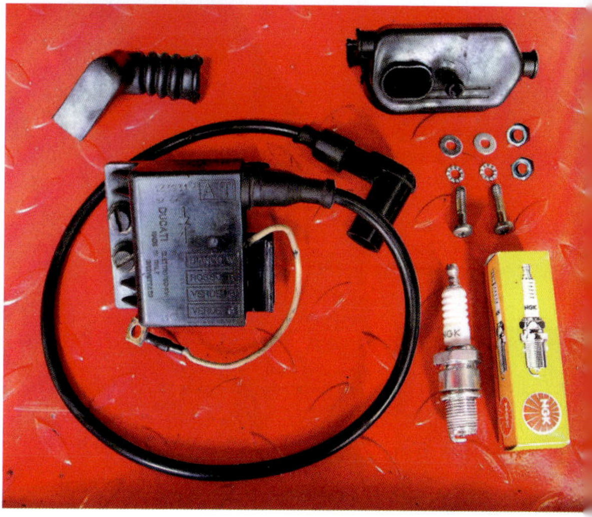

Oben: die Elemente der Vespa-Zündanlage; Zündelektronikbox mit Zündkabel, Kabelstecker, Schutzgummis und Massekabel; Schutzgummi für die Steckanschlüsse; Verteilerbox; Spezial-Befestigungsschrauben mit Muttern M5 und Scheiben; Zündkerze NGK B7ES.
Rechts: Die Kabelfarben sind unterhalb des Schachts für die Steckverbinder angegeben (bianco = weiß, rosso = rot, verde = grün).

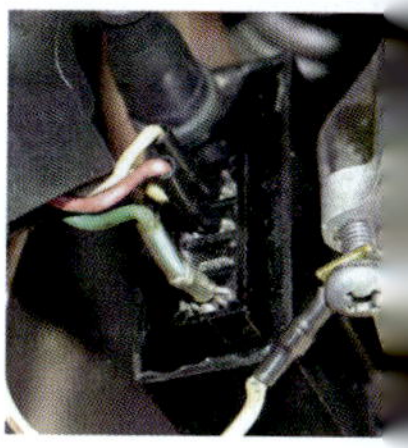

Foto oben: Anschluß von drei LiMa-Kabeln an der Zündbox, Masseanschluß.

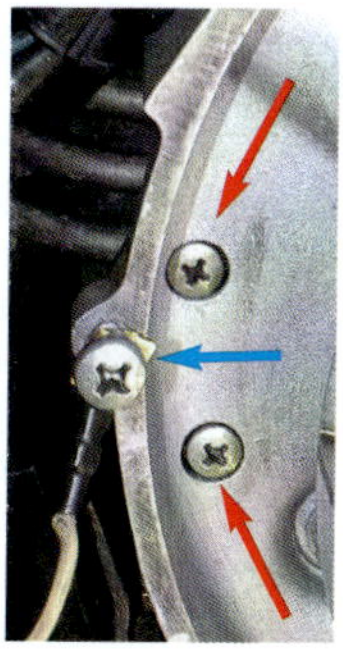

Links: Muttern M5 und Scheiben der Verschraubung (gelbe Pfeile); Spezialbolzen M5 der Zündbox-Verschraubung (rote Pfeile), Masseanschluß (blauer Pfeil).

Ziffern im Foto rechts: 1= Zündbox 2 = Massekabel, 3 = Verteilerkästchen, 4 = Tülle des Kabelstrangs zum Zündschloß, 5 = Zündkabel mit seiner Tülle. Rechts daneben: die fünf Kabel, die vom Stator her kommen.

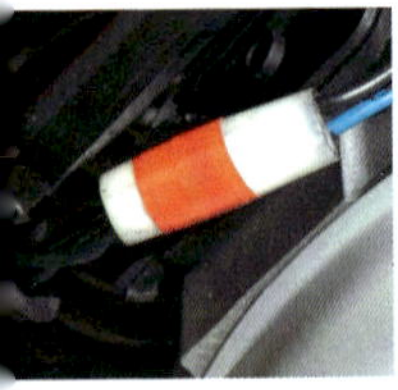

Oben: Die Rundsteckerverbindung muß fest sirtzen; am besten mit Isolierband fixieren.

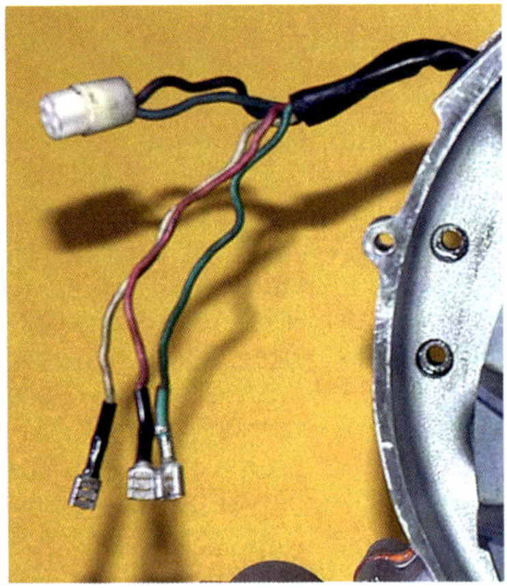

Zündelektronik Einbau

Elemente der Elektronikzentrale einbauen: Zuerst wird die **Elektronikzentrale** am Gehäuse befestigt, und zwar in der Regel mit zwei speziellen Maschinenschrauben M5, die durchgesteckt und auf der Rückseite mit Federringen, Scheiben und Muttern blockiert werden. Das weiße **Massekabel** wird zusammen mit der Lüfterhaube am Gehäuse befestigt.
Praktischerweise sind die Eingänge für die **Kabel,** die von den Spulen der Ankerplatte kommen, unterhalb des Schachts **farbig makiert** (bianco = weiß, rosso = rot, verde = grün). Bevor gesteckt wird, müssen die **drei Einzelkabel** und der **weiße Rundstecker** von unten durch die ovale Öffnung des schwarzen **Verteilers** geführt werden. Dieser wird mit seinem Dübel ins Gehäuse gedrückt.
Jetzt die **große Tülle** über die Kabel weiß, rot und grün stülpen und die Stecker den Farben entsprechend einstecken. Tülle ganz auf den Schacht der Elektronikbox schieben. Der **Rundstecker** mit den Kabeln schwarz (zum Zündschloß) und blau (zum Spannungsregler) wird in der Verteilerbox mit seinem Gegenüber verbunden. Am besten die Verbindung mit etwas Isolierband sichern.
Der **Deckel** des Verteilers wird mit der originalen Schraube M5 auf dem Gehäuse befestigt. Bleibt noch, die **Kabeltüllen** von unten und oben über die jeweiligen Kragen des Verteilers zu schieben.

Spannungsregler Ausbau

Spannungsregler allgemein: Vespa-Modelle mit 12-Volt-Blinkanlage, wie z.B. die PX 200 E, sind mit einem elektronischen Spannungsregler ausgerüstet, der die Aufgabe hat, für eine gleichbleibende Spannung an allen Warn- und Beleuchtungsvorrichtungen auch bei wechselnder Motordrehzahl und unterschiedlicher Belastung des **Bordnetzes** zu sorgen. Die **12-Volt-Spannung** steht daher schon bei niedrigsten Drehzahlen zur Verfügung.

Spannungsregler ausbauen: Beim Spannungsregler handelt es sich um das zwecks Kühlung verrippte **Aluminiumgehäuse,** das unter der linken Haube sitzt und bei **PX** und **Cosa** nach Abnehmen der linken Haube und nach Lösen von zwei

Kreuzschlitzschrauben abgenommen werden kann. Bei den **PK**-Modellen ist der Regler von der Tankrauminnenseite her mit zwei Schrauben SW 10 befestigt. Es ist also nötig, den Tank auszubauen (siehe Kapitel „Benzin-versorgung PK“).

Achtung: Bei Fahrzeugen mit Batterie muß zum Ausbau und Austausch unbedingt das Massekabel der Batterie abgeklemmt werden, sonst nimmt die Elektronik Schaden.

Spannungsregler Prüfung

Fahrzeuge ohne E-Starter: Wie bereits erwähnt, ist die Prüfung des Spannungsreglers **Werkstattsache.** Dies ist aber teurer als der Kauf eines neuen Reglers.

Im Internet findet man **neue Spannungsregler** zu Preisen zwischen 25 und 32 Euro. Wir geben trotzdem einen kurzen Überblick über die Prüfme-thoden.

Benötigt werden: Voltmeter für Induktivwertmessungen von Wechselspannung (RMS) 25-30 V Vollausschlag; induktivfreier **Widerstand** 3,3 Ohm ca. 300 W; **Drehzahlmesser.**

Prüfschritt 1: An einem Fahrzeug, dessen Bordnetz hundertprozentig funktioniert, den vorhandenen Regler gegen den zu prüfenden Regler auswechseln (s. Schaltplan rechts). Dabei die **grauen Kabel** nicht an der entsprechenden Klemme anschließen; damit sind die Verbindungen zu den Fahrzeuglampen abgeschaltet und können bei fehlerhafter Spannungsregelung nicht beschädigt werden.

Prüfschritt 2: Die zwei **Kabelenden** des induktionsfreien **Widerstands** an Fahrzeugmasse und an die Reglerklemme anschließen, von der zuvor die grauen Kabel abgenommen waren.

Prüfschritt 3: Das Voltmeter mit den zwei Widerstandsenden verbinden, den **Motor starten** und mit 5000/min^{-1} laufen lassen. Wird dabei eine **Spannung zwischen 12,5 und 15 V** angezeigt, ist der **Regler in Ordnung.** Sind die Werte kleiner, liegt ein Kurzschluß im Regler vor. Sind sie größer, brennen die Lampen durch. Regler also in beiden Fällen durch ein Neuteil ersetzen.

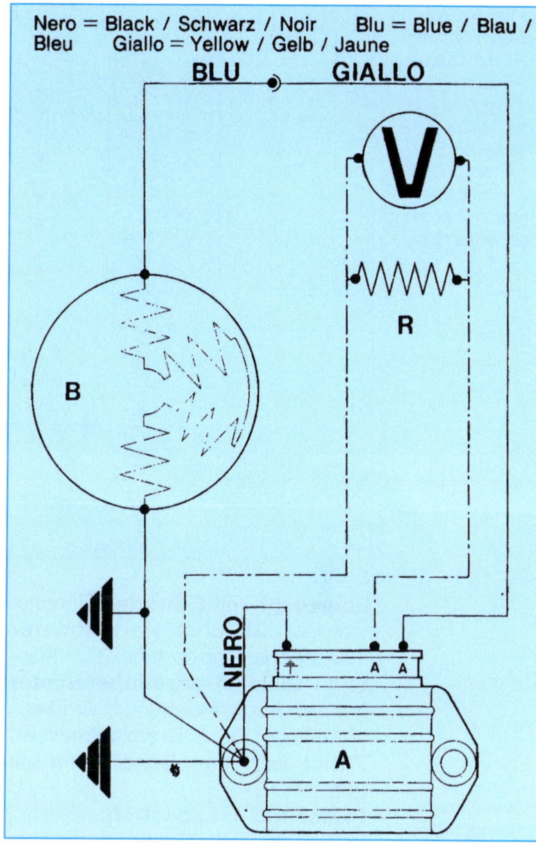

Zeichnung: © Werkstatt-Handbuch Vespa Cosa, Piaggio & C. Pontedera

Links außen: Position des Spannungsreglers bei einer Vespa PX 200 E. Er ist mit zwei KS befestigt, die obere fixiert auch das Massekabel.

Zeichnung: Schaltschema Prüfung Spannungsregler Fahrzeuge ohne Elektrostarter; V = Voltmeter, R = Widerstand, B = Lichtmaschine, A = Spannungsregler.

Rechts: Nach diesem Schema und mit dieser Anordnung der Prüfgeräte wird der Spannungsregler bei Fahrzeugen mit Elektrostarter geprüft, hier am Beispiel der Cosa.

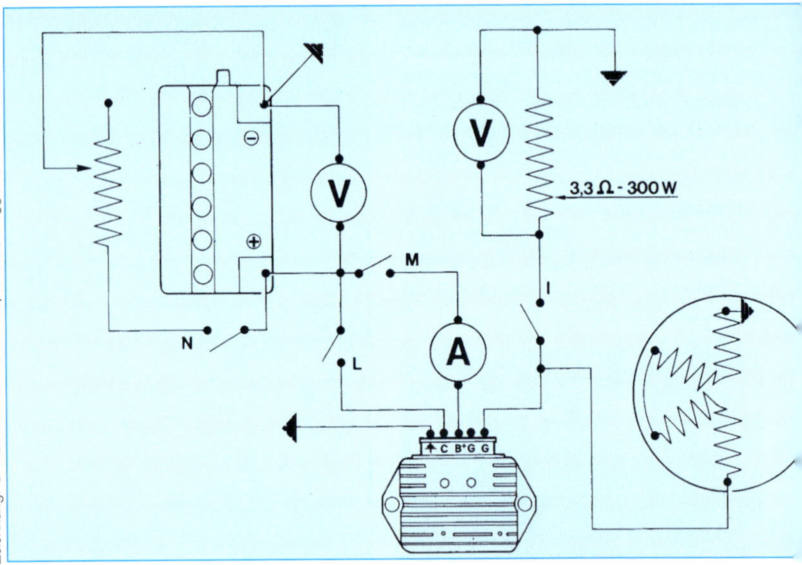

Zeichnung: © Werkstatt-Handbuch Vespa Cosa, Piaggio & C. Pontedera

Fahrzeuge mit E-Starter: Benötigt werden: **Gleichstrom-Voltmeter** Vollausschlag mindestans 20 V Klasse 1; **Gleichstrom-Amperemeter** Vollausschlag mindestens 5 A; Rheostat 400 bis 300 W; **Drehzahlmesser.** Zuerst wird das **Gleichstromteil** getestet.

Prüfschritt 1: Ladestrom messen. Dabei nach der obenstehenden **Zeichnung** vorgehen: Kontakt I offen, Kontakte L/M/N geschlossen. Motor starten und Batteriespannung mittels **Rheostat R** anhaltend auf 13 bis 13,5 Volt regeln; dabei prüfen, ob der vom Generator abgegebene Strom folgende Werte aufweist:

1,0 bis 1,5 A bei 2000/min^{-1}

1,5 bis 2,0 A bei 5000/min^{-1}.

Prüfschritt 2: Spannungsregelung prüfen: Den **Rheostat** ausschalten (Kontakt N offen); bei voll geladener, einwandfreier Batterie und ohne Belastung muß die vom Regler gesteuerte Spannung 14 bis 14,3 Volt bei 5000/min^{-1} betragen.

Nun das **Wechselstromteil** testen. Dazu das Gleichstromteil ausschalten (Kontakte L/M/N offen, Kontakt I geschlossen); Motor starten und auf 5000/min^{-1} bringen. Bei einer gemessenen Spannung zwischen 12,5 und 15 Volt ist der Regler in Ordnung. Bei höheren oder niedrigeren Werten ist der Regler defekt und muß ersetzt werden.

Gleichrichter für Hupe

Gleichrichter aus- und einbauen: Der **Gleichrichter für die Hupe** sitzt auf einer **Halteschiene** quer vor dem Spannungsregler und vor dem etwas versteckt liegenden Blinkgeber. Das schwarze Gehäuse ist mit zwei Schrauben M6 an dieser Schiene befestigt. Diese wiederum ist mit zwei weiteren **Schrauben M6**

Kleines Bild unten: Die Steckplätze am Gleichrichter für die Hupe sind farbig markiert. Rechts unten: So ist der Gleichrichter am Fahrzeug befestigt.

(samt Federringen, Scheiben und Muttern) an den Verstrebungen des Chassis, die für das Reserverad vorgesehen sind, befestigt.
Die Positionen der grünen und grünschwarzen **Kabel** sind am Gleichrichter markiert. Mit dem Multimeter kann der Gleichrichter geprüft werden.

Zeichnung: Schneider auf Basis Piaggio

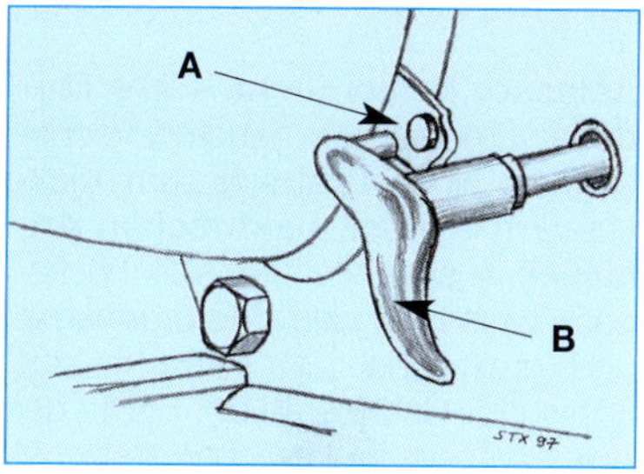

Die Zeichnung zeigt eine Spezialität älterer Vespa-Modelle; Wenn die Masseverbindung A zu den Haubenhaken B nicht gut ist, funktionieren die Blinker nicht.

Verlegen des Kabelbaums bei der Vespa PX

Wenn man einen **vorgefertigten Kabelbaum** kauft (30 bis 70 Euro im Internethandel), kann eigentlich nicht viel falsch gemacht werden. Wichtig ist nur, dass man eine **Durchfädelhilfe** von vorne durch den Rahmen zieht und daran dann den Kabelbaum befestigt. Wenn man erst einmal den kompletten Kabelstrang **durch den Hauptrahmen** gezogen hat, dann führt man zwei Kabel wieder ein kleines Stück zurück für die **Innenbackenanschlüsse** links und rechts. Dies entfällt natürlich bei Modellen mit Außenbackenverschluss.
Zwei weitere Kabel führt man zurück für die Anschlüsse am **Kontaktschalter** des Fußbremspedals. Nach rechts führt man den Kabelstrang mit dem **Rundstecker** (und ggf. mit dem Anschluss für den Elektrostarter) zum **Motor** (Verbindung zur Ankerplatte). Nach links werden die Kabel zum **Hupengleichrichter, Spannungsregler** und **Blink-Relais** geführt. Der Hupengleichrichter entfällt bei Modellen mit Batterie. Hier gibt es stattdessen Anschlüsse für **Batterie, Hauptsicherung** und **Starter-Relais.**
Ein weiteres Kabel führt man durch die Rahmenöffnung für den **Tankgeber** und zuletzt noch einen Kabelstrang nach hinten für das **Rücklicht.**

Werner Lechner

Foto: Werner Lechner

Oben: Zum Einfädeln eines Kabels oder Kabelstrangs das Kabelende mit einem Draht verbinden und diesen durch den Rahmentunnel ziehen.

Links: Kabelbaum einer PX 200 Lusso ohne Batterie.

Elektrischer Anlasser

Auch die PK-Modelle waren zunächst wahlweise, dann ab Werk mit einem elektrischen Anlasser ausgerüstet, wobei auf den herkömmlichen Kickstarter keinesfalls verzichtet wurde.

Anlasser Fehlersuche – alle Modelle: Die meisten neueren Vespa-Modelle sind zusätzlich zum Kickstarter mit einem **elektrischen Anlasser** ausgerüstet. Er sitzt huckepack hinten auf dem Motorgehäuse und greift über ein Ritzel in das Schwung-/Gebläserad ein. Streikt der Anlasser, sind die Ursachen zunächst im Umfeld zu suchen. Zuerst **Batterie** prüfen; sie muß voll geladen sein.
Folgende **Prüfschritte** sind nützlich, bevor der Anlasser ausgebaut wird:
1. Den Ladezustand der **Batterie** und Kabelklemmverbindungen an der Batterie überprüfen.
2. Die **Kabelverbindungen** am Anlasser dürfen nicht lose oder korrodiert sein.
3. Licht einschalten – brennt es nicht, ist die Batterie leer.
4. Die **Batterie** ist zu schwach, wenn das Licht beim Betätigen des Anlassers dunkler wird.
5. Geht das Licht schlagartig beim Anlassen aus, ist das **Batterie-Massekabel** oxidiert.
6. Brennt das Licht normal, der Starterknopf bewirkt aber nichts, ist wahrscheinlich der **Elektrostarter** selbst defekt (abgenutzte Schleifkohlen, durchgebrannter Anker).
7. Es kann auch vorkommen, daß der (bei der Vespa separat angebrachte) **Magnetschalter** hörbar einrastet, der Motor aber trotzdem nicht durchgedreht wird; in diesem Fall sind meist die Kontakte des **Magnetschalters** verschmort oder verschmutzt.
8. Starterknopf am Lenker und seine Anschlüsse prüfen.

Oben: Bei der PK ist der elektrische Anlasser mit zwei Muttern SW 10 am Triebwerksblock befestigt.

Mitte: Nach Lösen der Kabelverbindung und der Muttern kann der PK-Anlasser ganz aus dem Gehäuse gezogen und dann in seine Einzelteile zerlegt werden.

Rechts: Anlasser, wie er bei PX und Cosa verwendet wird. Zum Austausch des Ritzels muß die Metallkappe aufgesägt werden.

Anlasser Aus- und Einbau – alle Modelle: Zum Ausbau des Anlassers zunächst das **Minuskabel** der Batterie abklemmen. Dann Hinterrad ausbauen und Motor abklappen wie weiter vorn beschrieben. Der Vespa-Anlasser hat nur eine einzige **Kabelverbindung.** Die Klemme ist mit einer Mutter SW 8 befestigt. Mutter lösen und Kabel abnehmen. **PK-Modelle:** die zwei Muttern SW 10 am Getriebegehäuse abschrauben. **PX und Cosa:** vier Verbindungspunkte lösen – drei Muttern oben, Bolzen unten; Anlasser aus dem Gehäuse ziehen. **Einbau** in umgekehrter Reihenfolge.

Anlasser-Ritzel mit Freilauf austauschen – alle Modelle: Stark abgenutzte Ritzel lassen sich auswechseln. Dabei auch den Zustand des Ritzels auf dem Schwungrad prüfen. Zunächst bei ausgebautem Anlasser die **Metallkappe** vorn vor dem Ritzel abnehmen. Sie besteht aus Blech und ist gefalzt. Der Falz muß mit einer Metallsäge zerstört werden. Beim Wiedereinbau also neue Kappe verwenden.
Nach Entfernen der Blechkappe Federring, Anschlagbuchse und Feder abnehmen. Anschließend kann das Ritzel mit dem **Freilauf** abgezogen werden. Beim Wiedereinbau die **Dichtung** hinter dem Freilauf erneuern und mit Loctite oder ähnlichem Spezialkleber fixieren.
Zum **Umbördeln** der neuen Kappe Anlasser in den Schraubstock spannen, Ränder mit einem Schraubendreher nach innen biegen.

Anlasser-Kohlebürsten austauschen – alle Modelle: Quittiert der Anlasser seinen Dienst, sind oft die Kohlebürsten schuld – sie müssen ausgewechselt werden, wenn sie verschlissen sind. Dazu die drei Kreuzschlitzschrauben lösen, mit denen der Anlasserdeckel befestigt ist. Deckel abnehmen. Je nach Bauart sind zwei oder vier **Kohlebürsten** montiert. Die **Haltefedern** entspannen und die beiden (ersten) Bürsten herausziehen. Dann – falls vorhanden – die Halteplatte mit den beiden weiteren Bürsten abnehmen. Die beiden ersten Bürsten müssen ausgelötet und durch Neuteile ersetzt werden.
Nur bei älteren Modellen sind **abschraubbare Kabelschuhe** vorhanden. Die Bürsten drei und vier werden zusammen mit einer neuen Halteplatte eingesetzt. Zuletzt Bürsten eins und zwei einfügen, Federn aufspannen und Deckel anbringen. Auf einwandfreien Sitz der Bürsten und hundertprozentige Kabelverbindung achten. Möglichst neue Deckeldichtung verwenden.

Anlasser-Anker und Lager austauschen – alle Modelle: Hierzu zunächst das Ritzel mit dem Freilauf ausbauen wie oben beschrieben. Dann den Deckel abschrauben und die Kohlebürsten nebst Bürstenhaltern entfernen. Jetzt kann der **Anker** komplett herausgezogen, mit einem **Ohmmeter** durchgeprüft und bei Bedarf ausgetauscht werden.
Vor **Einbau** eines neuen Ankers die beiden **Nadelkäfige** der Lager fetten. Defekte Lager (Spiel, Laufgeräusche, Laufspuren) auswechseln; Ersatz findet sich z.B. im Internet, wenn es sich um Normteile handelt.

Oben: PK-Anlasser mit abgenommenem Deckel: Bei Verschleiß müssen die beiden Kohlebürsten ausgewechselt werden. Sie liegen (auf dem Bild gut erkennbar) am Kollektor an.

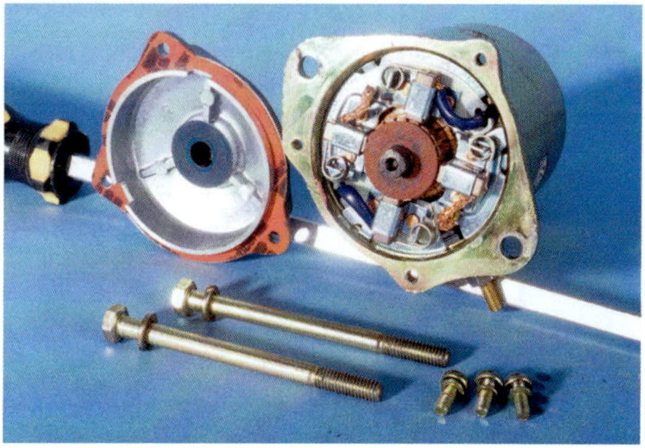

Zum **Zusammenbau** Anker einstecken, Bürstenhalter und Kohlebürsten einsetzen, Deckel befestigen und Ritzel mit Freilauf montieren. Schutzkappe wie beschrieben aufsetzen und umbördeln.

Zum Wechsel der vier Schleifkohlen des PX- und Cosa-Anlassers den Deckel mit seiner Dichtung abschrauben.

Schaltplan Vespa P 200 E (12 Volt) mit Blinkern, Batterie und elektronischer Zündung; Stand: Oktober 1977

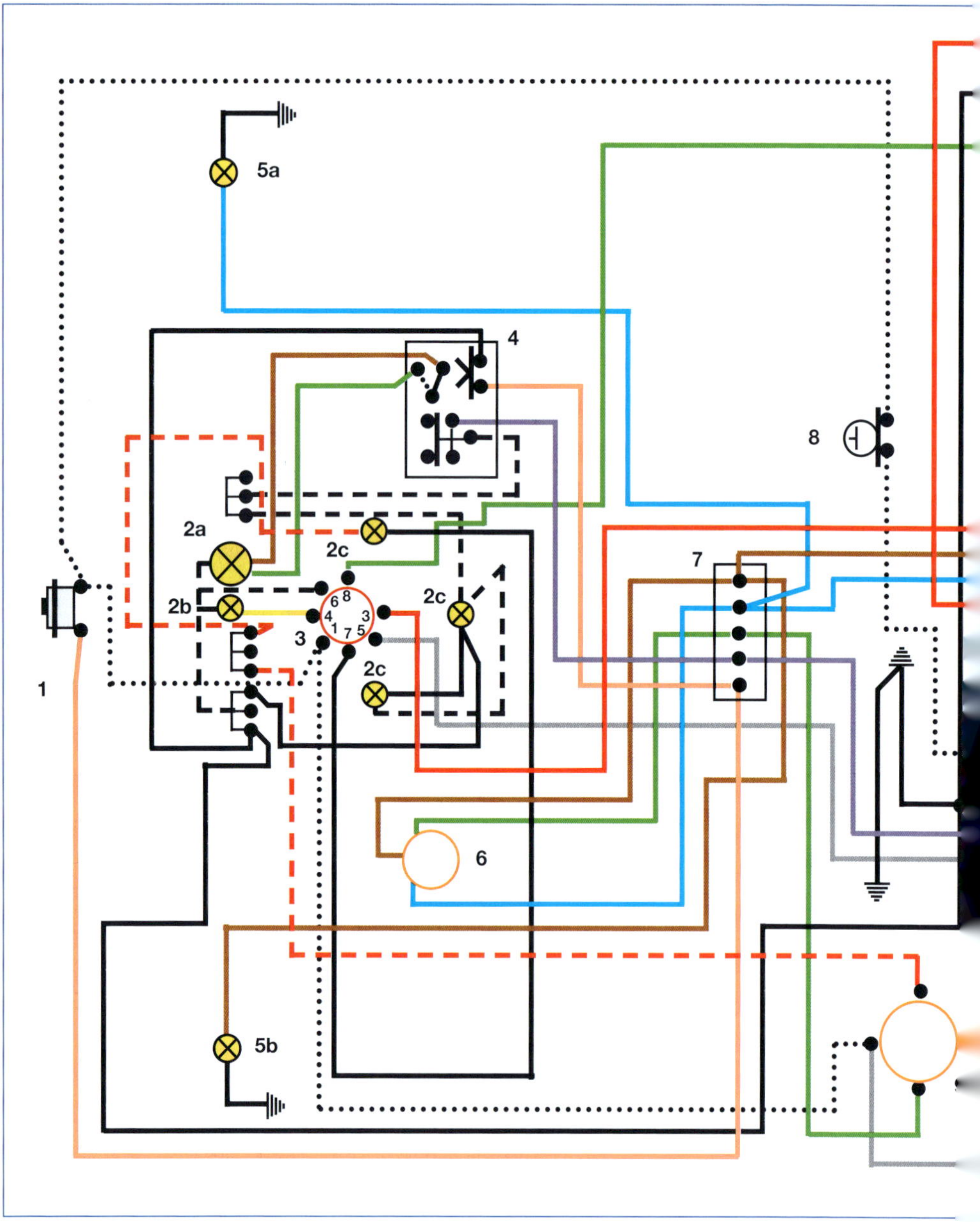

Elektrik- und Elektronik-Elemente-/Baugruppen: *1 = Hupe, 2a = Scheinwerfer-Biluxlampe 12V-25/25W, 2b = Standlichtlampe 12V-5W, 2c = Kontrolleuchten für Scheinwerfer 12V-2W, für Blinker 12V-2W, für Tachobeleuchtung 12V-3W, 3 = Zündschloß, 4 = Lichtschalter mit Kippschalter für Fern- und Abblendlicht sowie Hupendruckknopf, 5a, 5b = Blinklampen vorn 12V-21W, 6 = Blinkerschalter, 7 = Klemmbrett, 8 = Bremslichtschalter, 9 = Blinkgeber 12V-42W, 10 = Schwungradmagnet/Lichtmaschine, 11 = Klemmbrett, 12 = Zündkerze, 13 = Elektronikzentrale, 14 = Batterie 12V-5,5Ah, 15 = Sicherung 8A, 16 = elektronischer Regler, 17a, 17b = Blinklampen hinten 12V-21W, 18a, 18b = Steckverbinder, 19 = Schluß-/Kennzeichenlicht 12V-5W und Bremslicht 12V-10W*

Zeichnung: Hans J. Schneider 2011; Vorlage: Werkstatthandbuch Vespa P 200 E

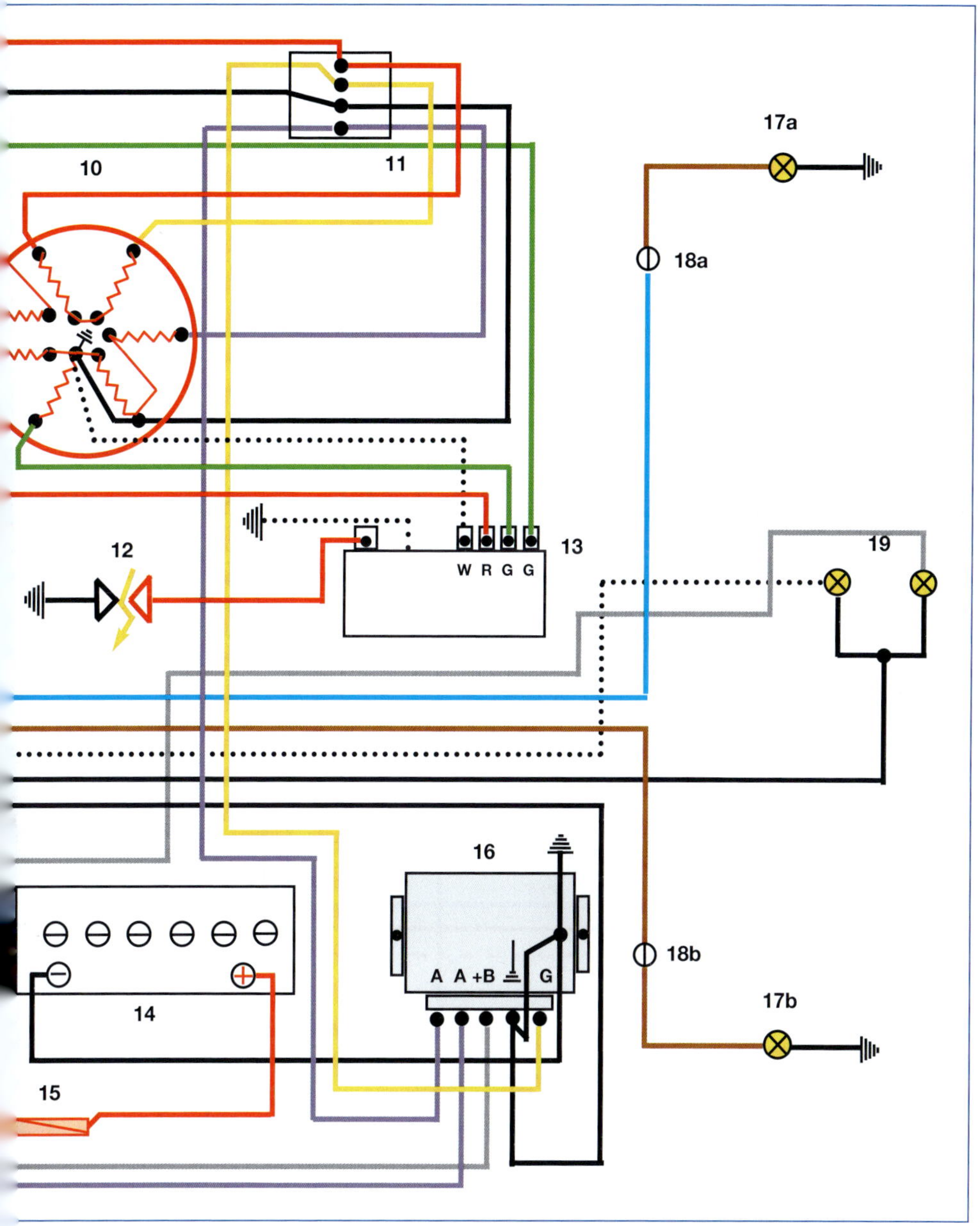

Kabelfarben

weiß	*grau-weiß*	*braun*	*rot*
schwarz	*grau*	*gelb*	*rot-weiß*
schwarz-weiß	*blau*	*grün*	*rosa*
			violett

Schaltplan Vespa P 125 X, P 150 X (12 Volt) mit Blinkern, Batterie und kontaktgesteuerter Zündung; Stand: Oktober 1977

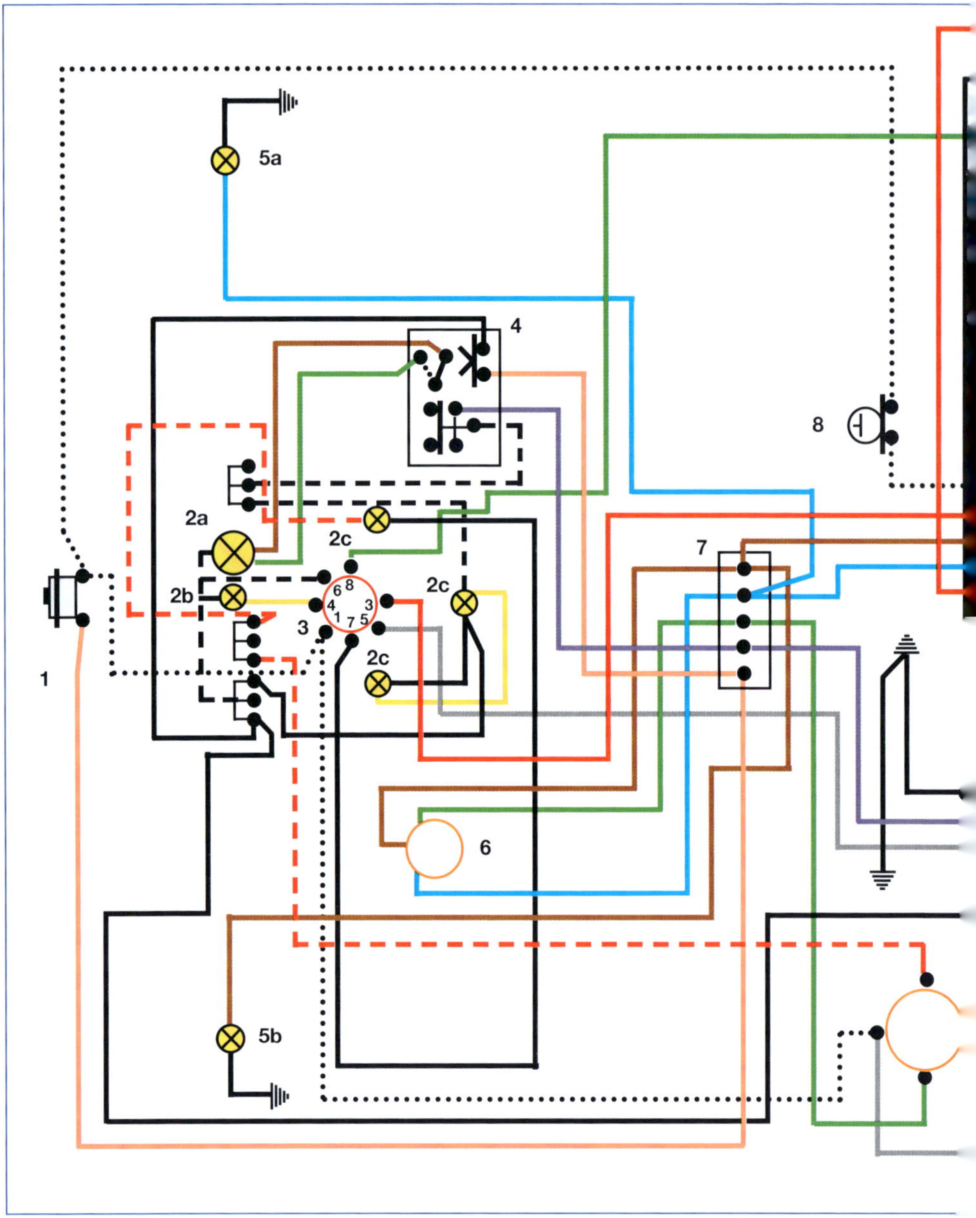

Elektrik- und Elektronik-Elemente-/Baugruppen: *1 = Hupe, 2a = Scheinwerfer-Biluxlampe 12V-25/25W, 2b = Standlichtlampe 12V-5W, 2c = Kontrolleuchten für Scheinwerfer 12V-2W, für Blinker 12V-2W, für Tachobeleuchtung 12V-3W, 3 = Zündschloß, 4 = Lichtschalter mit Kippschalter für Fern- und Abblendlicht sowie Hupendruckknopf, 5a, 5b = Blinklampen vorn 12V-21W, 6 = Blinkerschalter, 7 = Klemmbrett, 8 = Bremslichtschalter, 9 = Blinkgeber 12V-42W, 10 = Schwungradmagnet/Lichtmaschine, 11 = Klemmbrett, 12 = Zündkerze, 13 = Hochspannungs-Zündspule, 14 = Batterie 12V-5,5Ah, 15 = Sicherung 8A, 16 = elektronischer Regler, 17a, 17b = Blinklampen hinten 12V-21W, 18a, 18b = Steckverbinder, 19 = Schluß-/Kennzeichenlicht 12V-5W und Bremslicht 12V-10W*

Zeichnung: Hans J. Schneider 2011; Vorlage: Werkstatthandbuch Vespa P 125 X, P 150 X

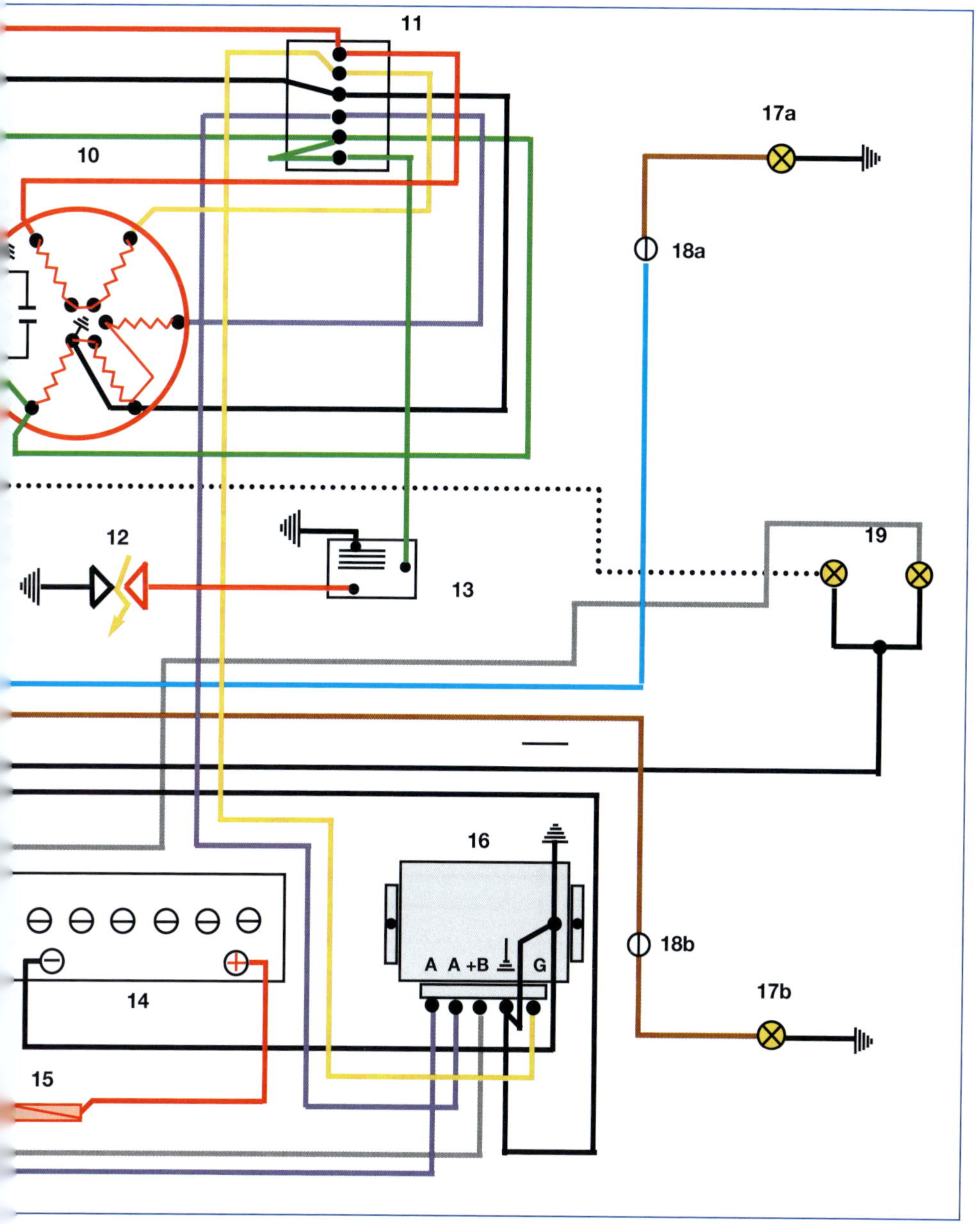

Kabelfarben

weiß	*grau-weiß*	*braun*	*rot*
schwarz	*grau*	*gelb*	*rot-weiß*
schwarz-weiß	*blau*	*grün*	*rosa*
			violett

Schaltplan Vespa PX 200 E Lusso (12 Volt) mit Blinkern, elektronischer Zündung, ohne Batterie; Stand: 1984

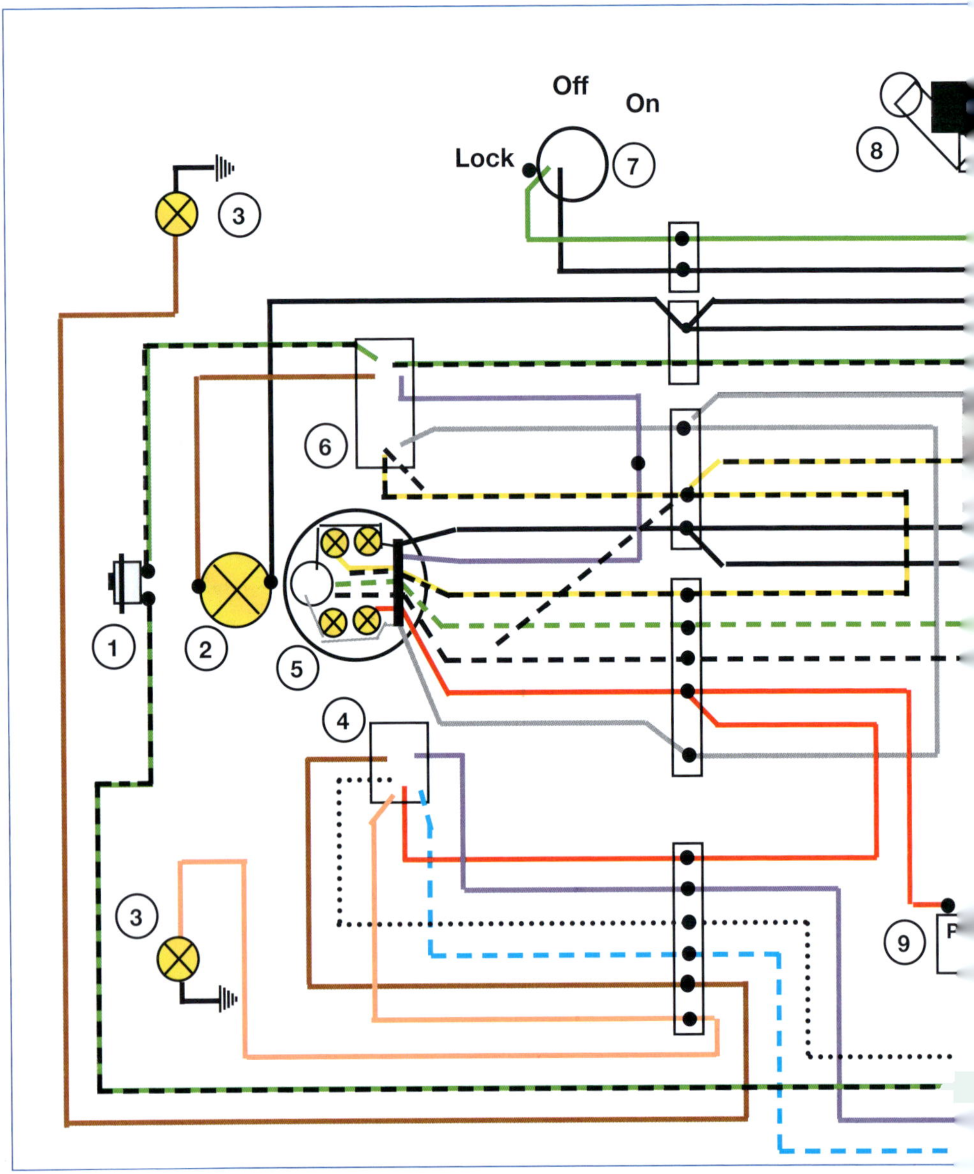

Elektrik- und Elektronik-Elemente-/Baugruppen Vespa PX 200 E Lusso: *1 = Hupe, 2 = Scheinwerfer-Biluxlampe 12V-35/35W, 3 = Blinklampen vorn 12V-21W, 4 = Blinkerschalter, 5 = Kontrolleuchten 12 V-1,2 W für Scheinwerfer, Blinker, Tachobeleuchtung, Benzinresen 6 = Lichtschalter mit Kippschalter für Fern- und Abblendlicht sowie Hupendruckknopf, 7 = Zünd- und Lenkschloß, 8 = Bremslichtschalter, 9 = Blinkgeber, 10 = Benzinstandsanzeiger, 11 = Gleichrichter für Hupe, 12 = elektronischer Regler, 13 = Elektronikzentrale, 14 = Zündkerze, 15 = Schwungradmagnetzünder/Lichtmaschine, 16 = Blinklampen hinten 12V-21W, 17 = Schlußlicht 12V-5W und Bremslicht 12V-10W.*

Zeichnung: Hans J. Schneider 2021; Vorlage: Bedienungsanleitung Vespa PX 200 E Lu

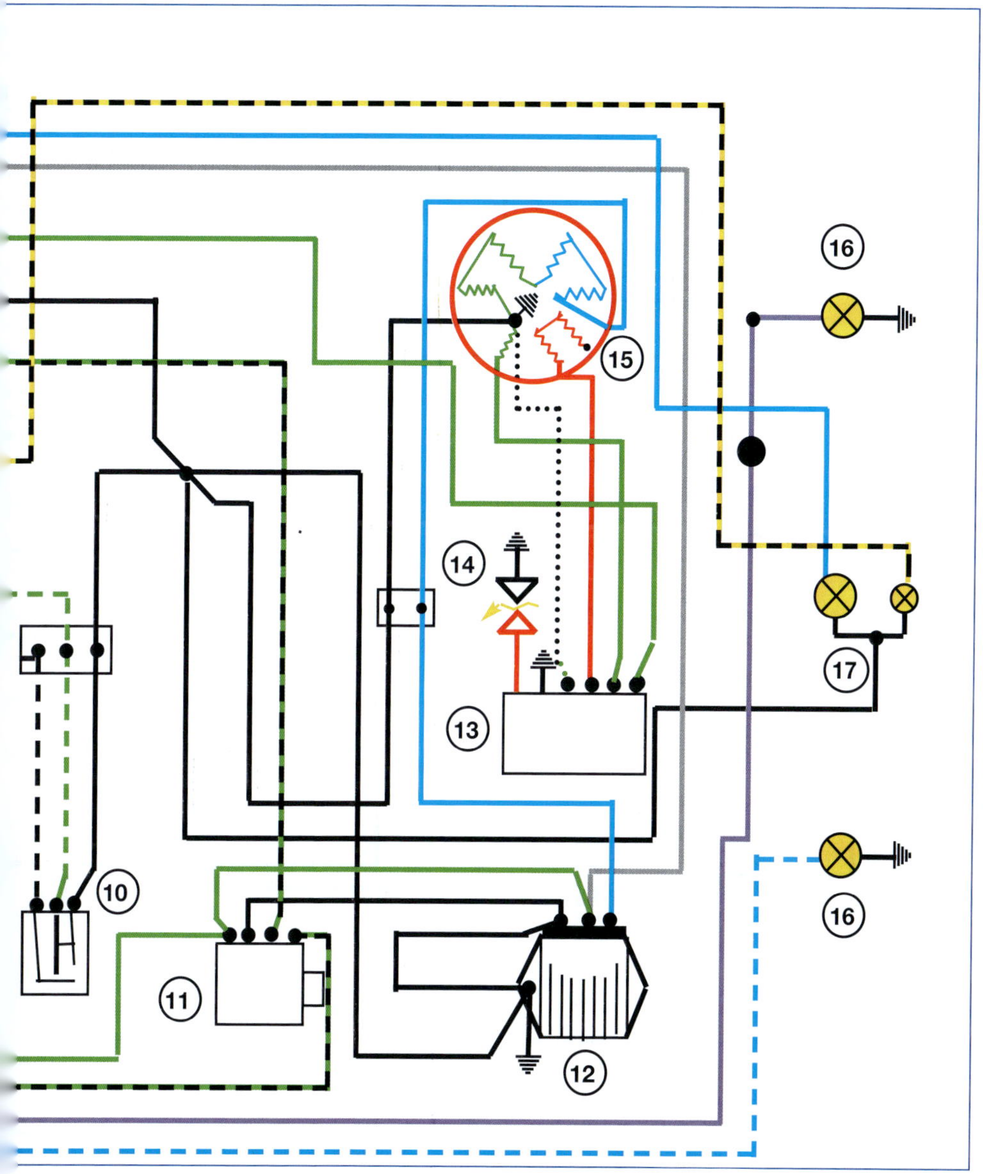

Kabelfarben

VB = grün-weiß
GV = gelb-violett
VN = grün-schwarz
BBl = weiß-blau
B = weiß
N = schwarz
NB = schwarz-weiß
RN = rot-schwarz
GrB = grau-weiß
Gr = grau
Bl = blau
Vi = violett
MK = braun
G = gelb
V = grün
GN = gelb-schwarz
R = rot
RB = rot-weiß
Rs = rosa

Schaltplan (12 Volt) für Cosa 200 und 200 GS mit E-Starter

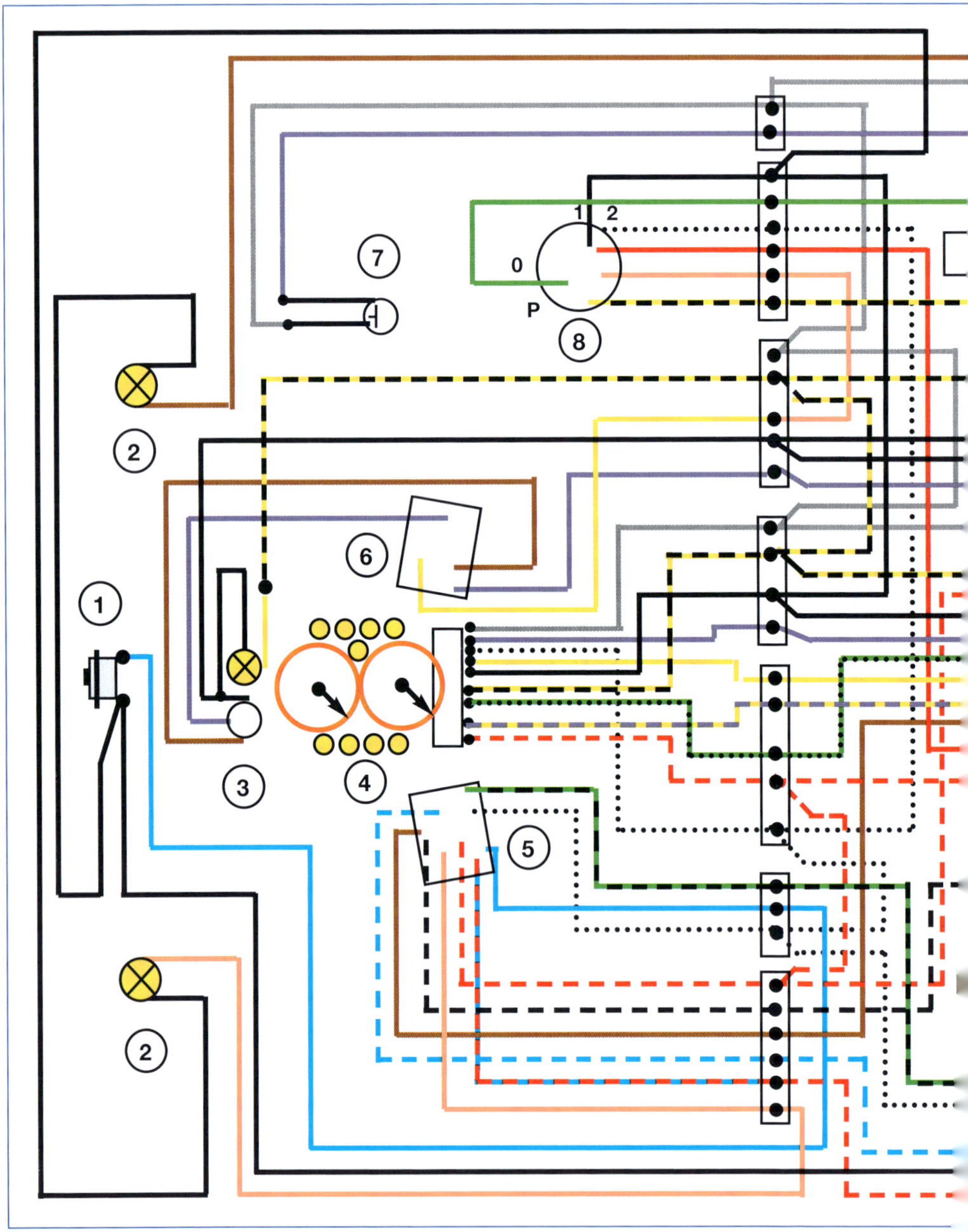

Cosa-Elektrik: *1 = Hupe, 2 = Blinker links/rechts vorn (10/10W), 3 = Abblend- und Fernlicht (35/35W), Standlicht (5W), 4 = Kontroll- und Anzeigelampen für Abblendlicht, Fernlicht, Blinker, Bremsflüssigkeit, Leerlaufstellung, Benzinreserve, Ölreserve, Tachobeleuchtung 5 = Blinkerschalter, Hupknopf, Starterknopf, 6 = Lichtschalter, Lichthupe, 7 = Bremslichtschalter Vorderrad, 8 = Zündschloß, 9 = Blink 10 = Magnetschalter E-Starter, 11 = Sicherung 7,5 A, 12 = Bremslichtschalter Hinterrad, 13 = Regler, 14 = Geber Benzinuhr, 15 = Relais für akustische Blinkkontrolle, 16 = Anlasser, 17 = Sicherheitsschalter Anlasser, Leerlaufkontrolle,18 = Batterie (12V/9Ah), 19 = Elektronikzentrale, 20 = Zündkerze, 21 = Lichtmaschine (Schwungradmagnetzünder), 22 = Startautomatik, 23 = elektrischer Benz 24 = Blinker links/rechts hinten (10/10W), 25 = Schlußlicht, Bremslicht (5/21W).*

Zeichnung: Hans J. Schneider 2021; Vorlage: Werkstatthandbuch

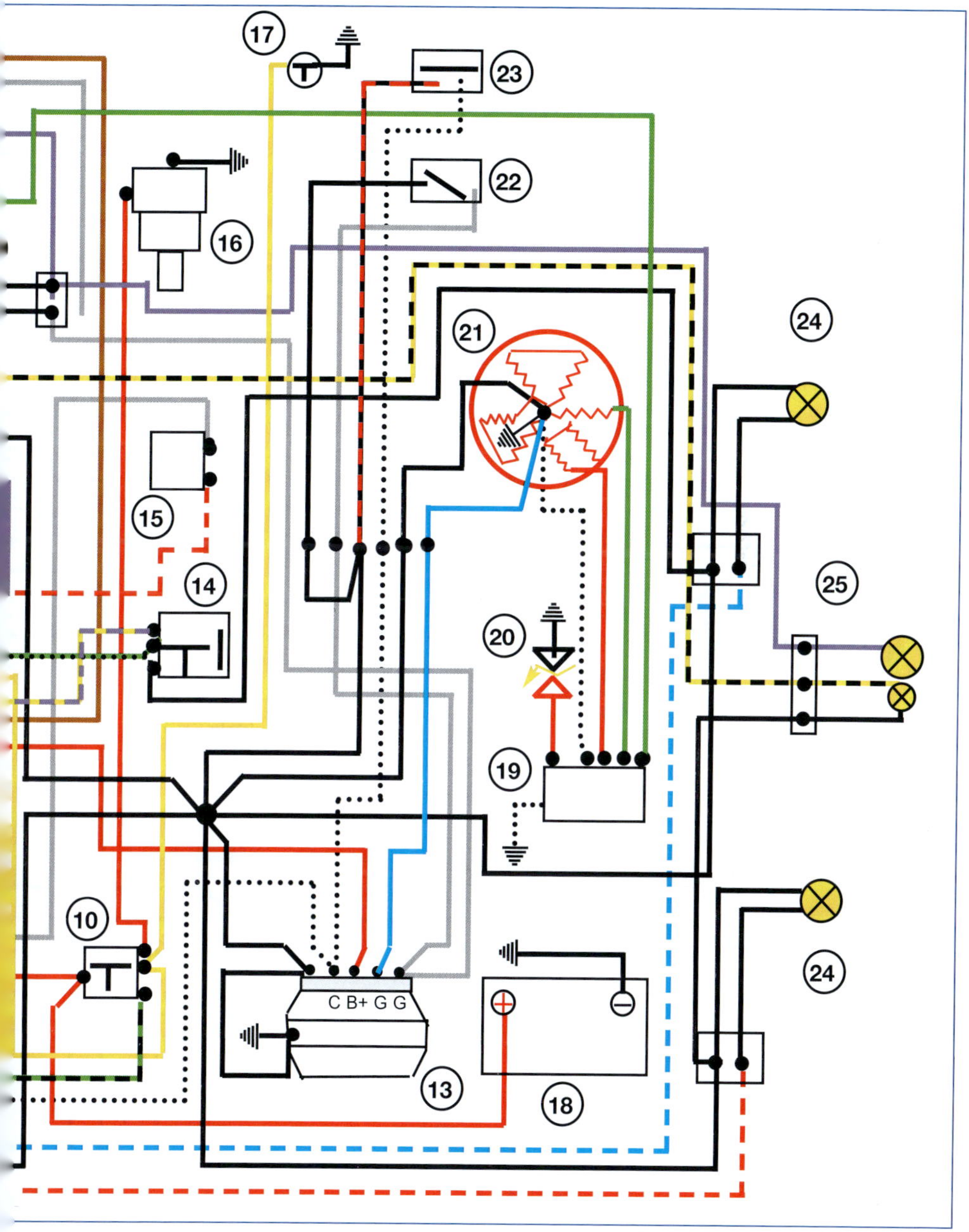

Kabelfarben

BV = weiß-grün
GV = gelb-violett
VN = grün-schwarz
BBl = weiß-blau
B = weiß
N = schwarz
NB = schwarz-weiß
RN = rot-schwarz
GrB = grau-weiß
Gr = grau
Bl = blau
Vi = violett
MK = braun
G = gelb
V = grün
GN = gelb-schwarz
R = rot
RB = rot-weiß
Rs = rosa

Schaltplan Vespa PK-Reihe (6 und 12 Volt) mit vierpoligem Generator, Blinkern, Bremslicht

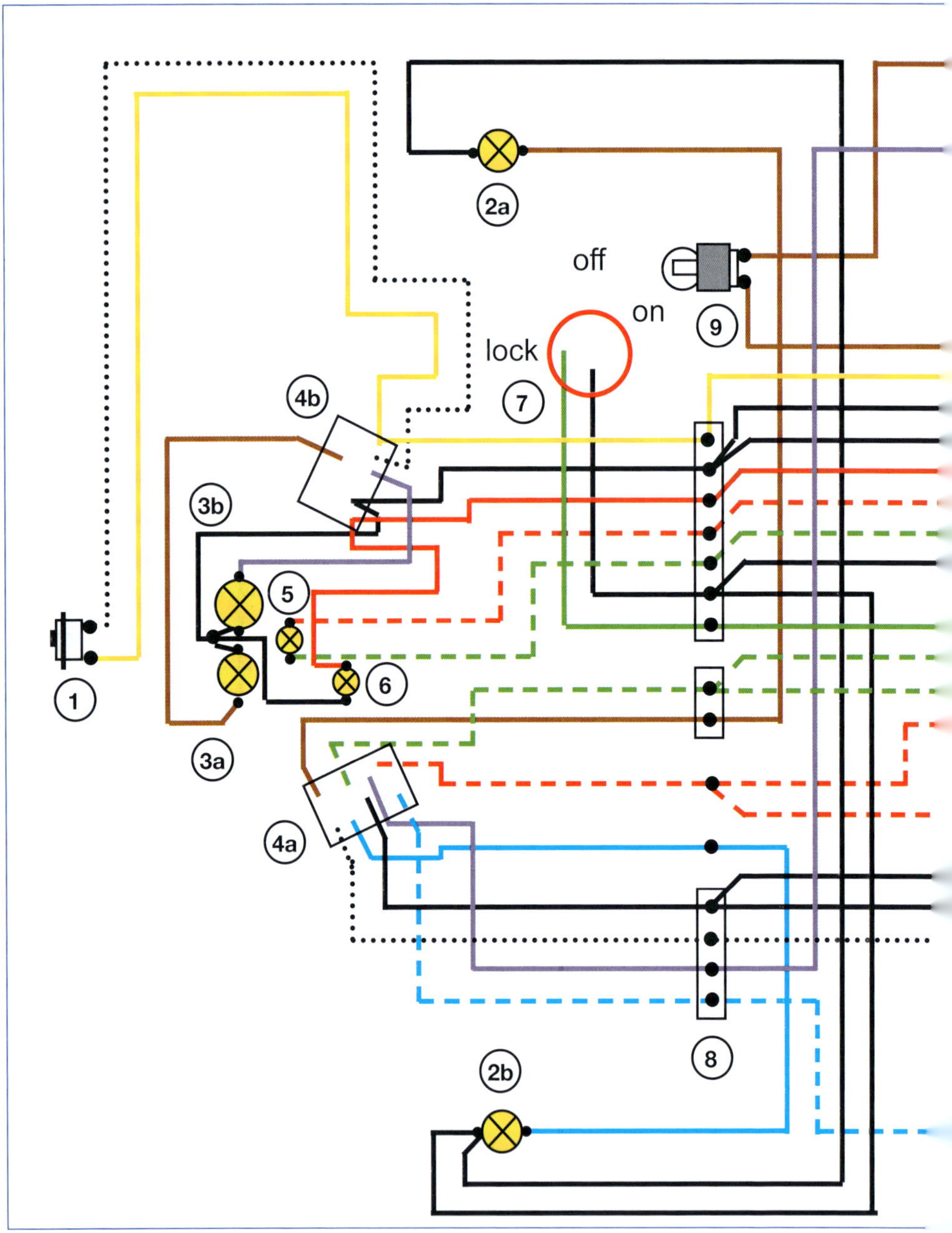

Elektrik-Elemente: *1 = Hupe, 2a/2b = Blinker links/rechts vorn (10/10W), 3a = Standlicht (5W), 3b = Abblend- und Fernlicht (25/25W), 4a = Blinkerumschalter, 4b = Umschalter Licht/Hupe, 5 = Blinkeranzeige (1,2W), 6 = Tachobeleuchtung (1,2W), 7 = Zündschloß, 8 = Klemmleisten, 9 = Bremslichtschalter, 10 = Diode, 11 = Blinkgeber, 12 = Klemmleiste, Lichtmaschine, 13 = Zündkerze, 14 = Elektronikzentrale, 15 = Lichtmaschine (Schwungradmagnetzünder), 16a/16b = Blinker links/rechts hinten (10/10W), 17 = Bremslicht (10W), 18 = Schlußlicht (5W).*

Zeichnung: Hans J. Schneider 2021; Vorlage: Werkstatthandbuch PK 50 bis PK 125

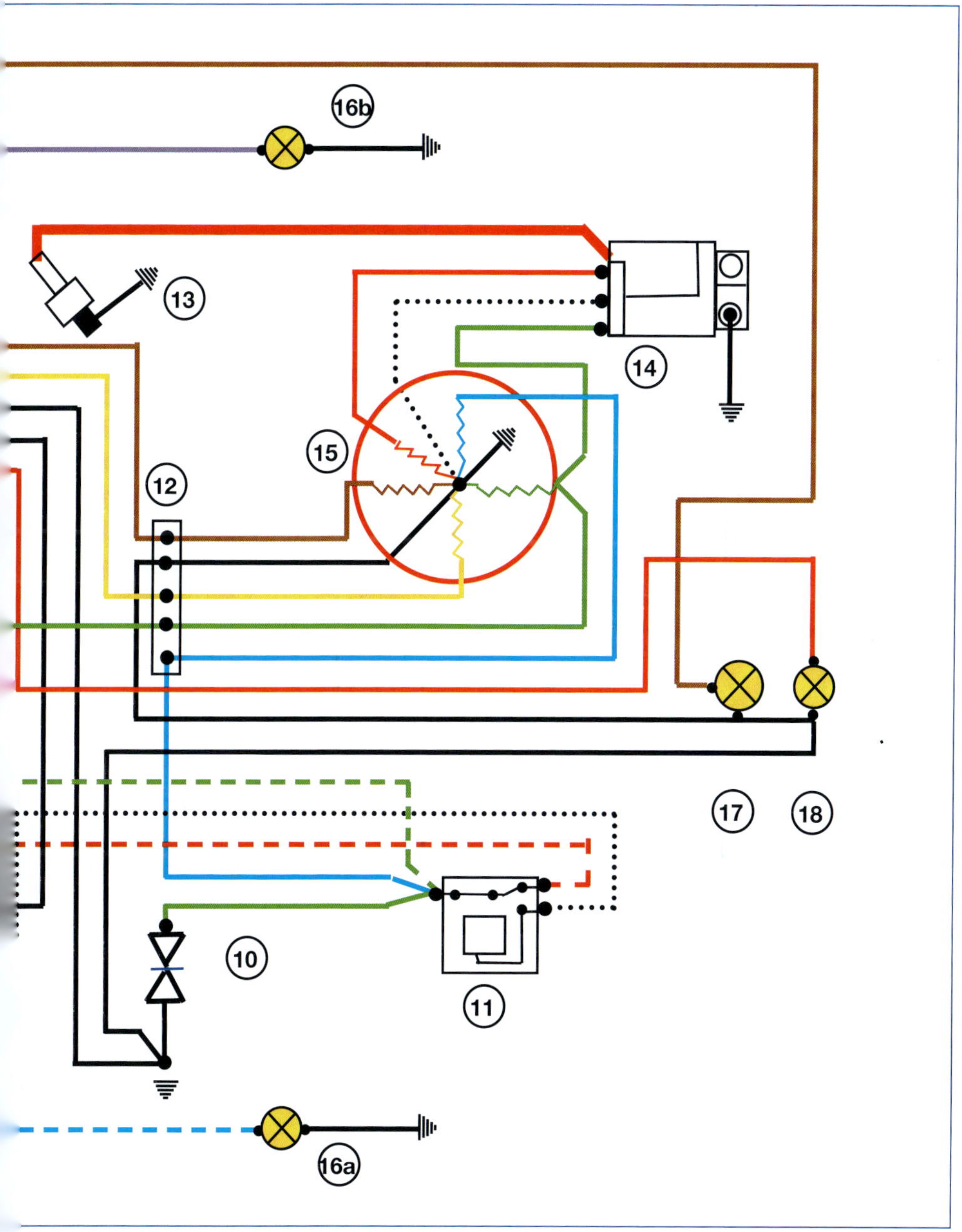

Kabelfarben

VB = grün-weiß
GV = gelb-violett
VN = grün-schwarz
BBl = weiß-blau
B = weiß
N = schwarz
NB = schwarz-weiß
RN = rot-schwarz
GrB = grau-weiß
Gr = grau
Bl = blau
Vi = violett
MK = braun
G = gelb
V = grün
GN = gelb-schwarz
R = rot
RB = rot-weiß
Rs = rosa

Schaltplan Vespa PK-Reihe (12 Volt) mit sechspoligem Generator, Batterie, Blinkern, Zündelektronik

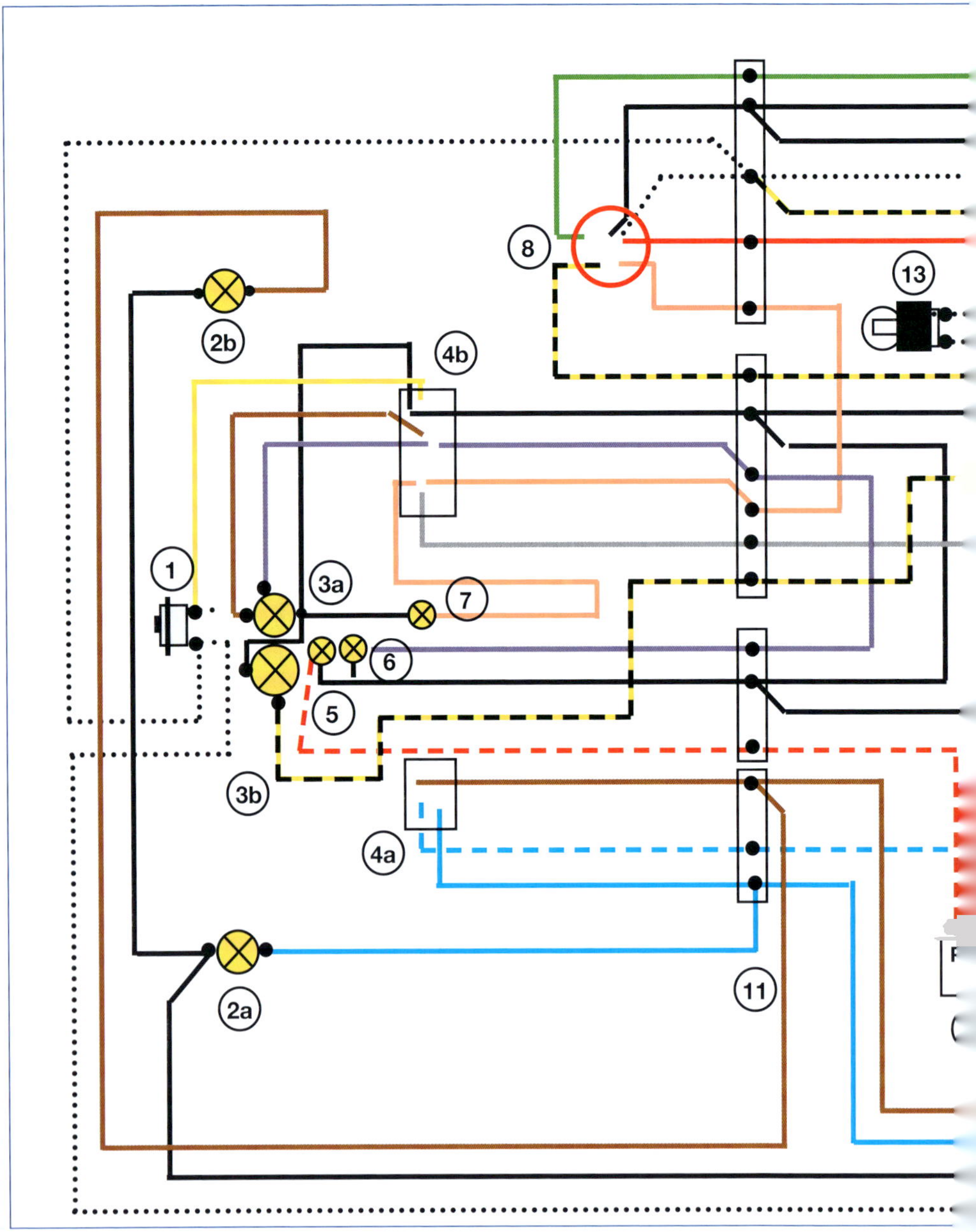

Elektrik-Elemente: 1 = Hupe, 2a/2b = Blinker links/rechts vorn (10/10W), 3a = Standlicht (5W), 3b = Abblend- und Fernlicht (25/25W), 4a = Blinkerumschalter, 4b = Umschalter Licht/Hupe, 5 = Blinkeranzeige (1,2W), 6 = Fernlichtanzeige (1,2W), 7 = Tachobeleuchtung (1,2W), 8 = Zündschloß, 9 = Sicherung, 10 = Batterie (12V/5,5Ah), 11 = Klemmleisten 12 = Verteiler Masse, 13 = Bremslichtschalter, 14 = Zündkerze, 15 = Blinkgeber, 16 = Spannungsregler, 17 = Elektronikzentrale, 18 = Lichtmaschine (Schwungradmagnetzünder), 19 = Klemmbrett Lichtmaschine, 20a/20b = Blinker links/rechts hinten (10/10W), 21 = Bremslicht (10W), 22 = Schlußlicht (5W)

Zeichnung: Hans J. Schneider 2021; Vorlage: Werkstatthandbuch PK 50 bis PK 125 S

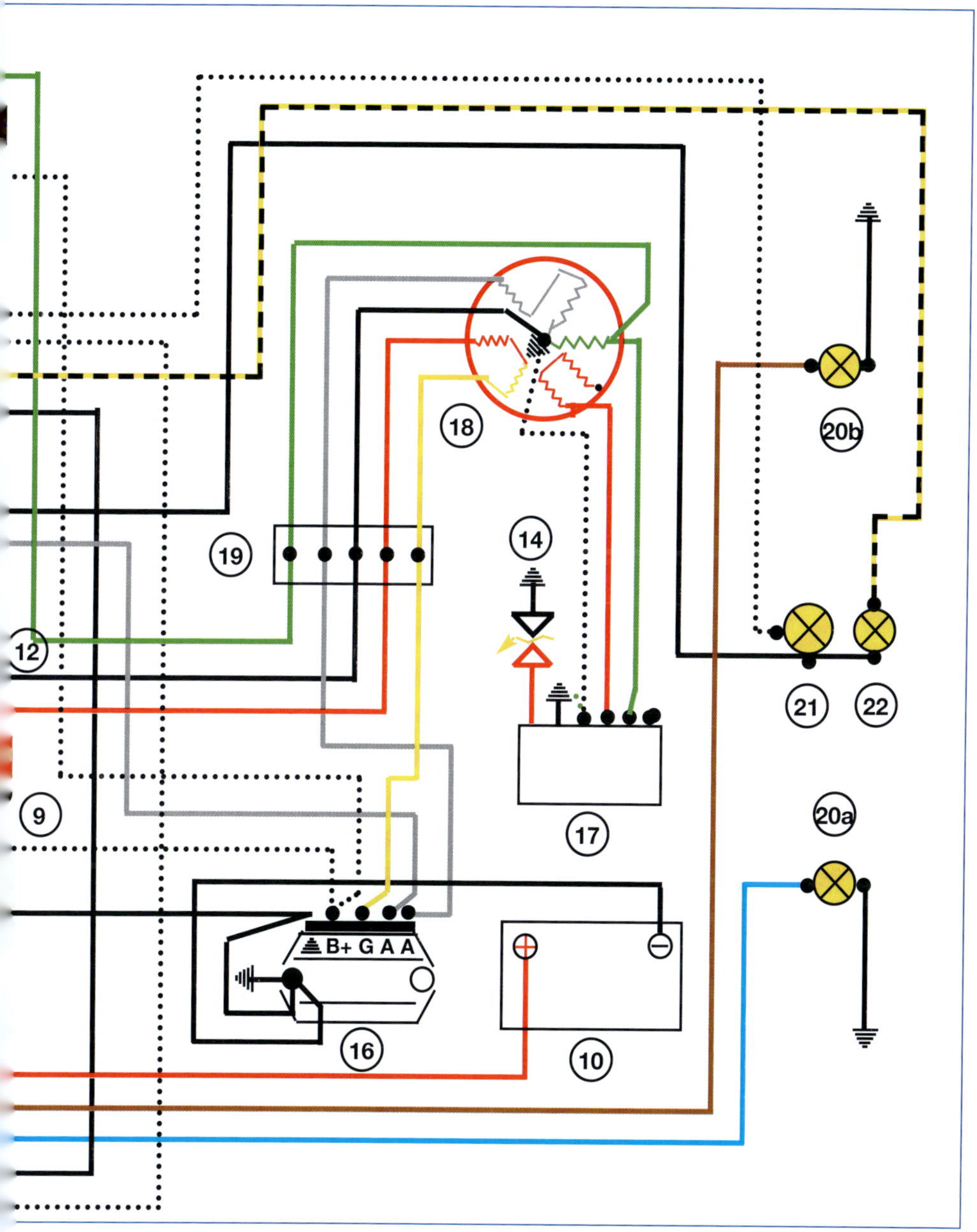

Kabelfarben

VB = grün-weiß	B = weiß	GrB = grau-weiß	MK = braun	R = rot
GV = gelb-violett	N = schwarz	Gr = grau	G = gelb	RB = rot-weiß
VN = grün-schwarz	NB = schwarz-weiß	Bl = blau	V = grün	Rs = rosa
BBl = weiß-blau	RN = rot-schwarz	Vi = violett	GN = gelb-schwarz	

Technische Daten ausgewählter Modelle

PK, PX-Modelle: 1985	PK 50/S	PK 80 S	PK 125 S	PX 80 E	PX 125 E	PX 150 E	PX 200 E
Motor							
Bauart	gebläsegekühlter Einzylinder-Zweitaktmotor						
Hubraum (cm³)	49	78	121	79	123	149	198
Bohrung x Hub (mm)	38,4 x 43	44,5 x 51	55 x 51	46 x 48	52,5 x 57	57,8 x 57	66,5 x 57
Leistung PS (kW)	2,7 (2)	5,4 (4)	6,8 (5)	6,8 (5)	8,2 (6)	9,5 (7)	9,5 (7)
bei Drehzahl min^{-1}	4800	6000	5500	6000	6000	6000	5000
Verdichtungsverhältnis	1 : 9,1	1 : 8,6	1 : 9,5	1 : 9,5	1 : 8,5	1 : 8,2	1 : 8,8
Benzin/Schmierung	Super 98 mit Ölbeimischung 1 : 50			Super 98, Getrenntschmierung			
Gemischsteuerung	durch Drehschieber (Zufuhr über Kurbelwange)						
Vergaser (Dell'Orto)	SHB16/10F	SHBC19/19E	SHBC19/19E	8120/20 D	8120/20 D	81 20/20 D	8124/24 E
Zündung	wartungsfreie, elektronische Zündanlage						
Lichtmaschine	Schwungradmagnetzünder						
Batterie (V/Ah)	keine	12/7	12/7	12/7	12/7	12/7	12/7
Starter	Kickstarter	Kick- und Elektrostarter					
Kraftübertragung, Getriebe							
Anzahl der Gänge	4	4	4	4	4	4	4
Primärantrieb	über schrägverzahnte Zahnräder auf Vorgelegewelle						
Sekundärantrieb	vom Getriebe direkt aufs Hinterrad						
Übersetzung Kurbelwelle/							
Hinterrad 1. Gang	26,68	16,61	14,74	20,06	16,43	15,38	13,42
2. Gang	17,74	11,05	9,80	13,38	10,99	10,46	9,13
3. Gang	12,78	7,96	7,06	8,95	7,60	7,24	6,32
4. Gang	9,62	5,99	5,31	6,95	5,83	5,39	4,71
Kupplung	Dreischeibenkupplung im Ölbad			Zweischeibenkupplung im Ölbad			
Schaltung	Drehgriff-Handschaltung			Drehgriff-Handschaltung			
Fahrwerk, Karosserie							
Fahrgestell	selbsttragende Stahlblechkarosserie in Schalenbauweise						
Vorderradführung	Steuerrohr, gezogene Kurzschwinge, hydraulisch gedämpftes Federbein						
Hinterradführung	Hinterachse mit Getriebe verblockt, hydraulisch gedämpftes Federbein						
Radstand (mm)	1175	1175	1175	1235	1235	1235	1235
Gesamtlänge (mm)	1675	1675	1675	1760	1760	1760	1760
Gesamtbreite (mm)	700	700	700	695	695	695	695
Gesamthöhe (mm)	1070	1070	1070	1110	1110	1110	1110
Sitzhöhe (mm)	810	810	810	820	820	820	820
Bodenfreiheit (mm)	190	190	190	170	170	170	170
Bremse vorn	über Handhebel und Seilzug betätigte Trommelbremse						
Bremse hinten	über Pedal und Seilzug betätigte Trommelbremse						
Leergewicht vollgetankt (kg)	86	89	91	104	105	105	109
zulässiges Gesamtgewicht (kg)	270	270	270	290	290	290	290
Bereifung vorn/hinten	3.00 x 10	3.00 x 10	3.00 x 10	3.50 x 10	3.50 x 10	350 x 10	3.50 x 10
Normverbrauch DIN l/100km	2,9	2,9	3,0	2,9	3,0	3,5	4,0
Aktionsradius (ca. km)	200	200	200	270	270	230	200
max. Steigfähigkeit mit 1 Person	24 %	28 %	35 %	32 %	40 %	40 %	42 %
Höchstgeschwindigkeit (km/h)	40	76	85	77	89	90	100
Füllmengen, Reifenluftdruck							
Tankinhalt, davon Reserve/Liter	6,2/1,2	6,2/1,2	6,2/1,2	8,0/2,1	8,0/2,1	8,0/2,1	8,0/2,1
Öltankinhalt (2T-Öl) Liter	nicht vorhanden			1,5	1,5	1,5	1,5
Getriebe (SAE 30 oder 40) cm³	250	250	250	250	250	250	250
Reifendruck vorne (bar)	1,25	1,25	1,50	1,20	1,20	1,20	1,20
- hinten solo (bar)	1,60	1,75	1,75	1,75	1,75	1,75	1,75
- hinten mit Sozius (bar)	2,90	3,00	3,00	2,50	2,50	2,50	2,50
Beleuchtung							
Abblend-/Fernlicht V, W/W	6,15/15	12, 25/25	12, 25/25	12, 25/25	12, 25/25	12, 25/25	12, 25/25 1)
Schlußlicht	6V, 5W	12V, 5W	12V, 5W	12V, 5W	12V, 5W	12V, 5W	12V, 5W
Bremslicht	---	12V, 10W	12V, 10W	12V,10W	12V, 10W	12V, 10W	12V, 10W
Blinklicht	---	12V, 10W	12V, 10W	12V, 21W	12V, 21W	12V, 21W	12V, 21W
Tacho- u. Kontrollampen	6V, 1,2 W	12V, 1,2W	12V, 1,2W	12V, 1,2W	12V,1,2W	12V, 12W	12V, 12W

1)= Lusso-Modelle: 12V, 35/35W

Einstelldaten							
Leerlaufdrehzahl/min^{-1}	800	800	800	800	800	800	800
Zündkerzen-Elektrodenabst. (mm)	0,6	0,6	0,6	0,6	0,6	0,6	0,6
Spiel Gaszug	(mm)	1,0	1,0	1,0	1,0	1,0	1,0
1,0							
Spiel Kupplungszug (mm)	2,0	2,0	2,0	2,0	2,0	2,0	2,0
Spiel Hint.-Bremse/Pedal (mm)	25,0	25,0	25,0	25,0	25,0	25,0	25,0
Spiel Vord.-Bremse/Hebel (mm)	8,0	8,0	8,0	8,0	8,0	8,0	8,0
Verschleißgrenze Reifen (mm)	2,0	2,0	2,0	2,0	2,0	2,0	2,0
Verschleißgr. Bremsbeläge (mm)	1,5	1,5	1,5	1,5	1,5	1,5	1,5

Modelle	*Cosa-Modelle: 1993* **Cosa 125**	**Cosa 150**	**Cosa 200**	**Cosa 200 GS**	*PX-Modelle: 2011-2017* **PX 125 Euro 3**	**PX 150 Euro 3**
Motor						
Bauart	gebläsegekühlter Einzylinder-Zweitaktmotor ------					
Hubraum (cm³)	123	149	198	198	123,4	150,6
Bohrung x Hub (mm)	52,5 x 57	57,8 x 57	66,5 x 57	66,5 x 57	52,5 x 57	57,8 x 57
Leistung PS (kW)	9,0 (6,6)	9,5 (7,0)	10,0 (7,3)	12,0 (8,8)	8,0 (6,0)	9,0 (6,6)
bei Drehzahl (min-1)	6000	5500	5000	6000	5600	5700
Verdichtungsverhältnis	9,2 : 1	9,2 : 1	9,3 : 1	9,3 : 1	8,0 : 1	8,0 : 1
Benzin/Schmierung	Super 98 (Modelle ab 2011: ROZ 95/E10), Getrenntschmierung, vollsynthet. 2T-Öl					
Gemischsteuerung	durch Drehschieber (Zufuhr über Kurbelwange) ------					
Vergaser (Dell'Orto)	SI 20/20 H	SI 20/20 H	SI 24/24 H	SI 24/24 H	SI 20/20 D	SI 20/20/D
Zündung	wartungsfreie, elektronische Zündanlage ------					
Lichtmaschine	Schwungrad-Magnetzünder 110 Watt------					
Batterie (V/Ah)	12/9	12/9	12/9	12/9	12/9	12/9
Starter	Kick- und Elektrostarter					
Kraftübertragung, Getriebe						
Anzahl der Gänge	4	4	4	4	4	4
Primärantrieb	über schrägverzahnte Zahnräder auf Vorgelegewelle ------					
Sekundärantrieb	vom Getriebe direkt aufs Hinterrad ------					
Übersetzung Kurbelwelle/ Hinterrad 1. Gang	16,4	15,4	15,4	15,4	16,43	15,38
2. Gang	11,0	10,5	10,5	10,5	10,99	10,46
3. Gang	7,6	7,2	7,2	7,2	7,60	7,24
4. Gang	5,8	5,4	5,4	5,4	5,83	5,39
Kupplung	Zweischeibenkupplung im Ölbad ------					
Schaltung	Drehgriff-Handschaltung------					
Fahrwerk, Karosserie						
Fahrgestell	selbsttragende Stahlblechkarosserie in Schalenbauweise ------					
Vorderradführung	Steuerrohr, gezogene Kurzschwinge, hydraulisch gedämpftes Federbein------					
Hinterradführung	Hinterachse mit Getriebe verblockt, hydraulisch gedämpftes Federbein------					
Radstand (mm)	1270	1270	1270	1270	1235	1235
Gesamtlänge (mm)	1800	1800	1800	1800	1760	1760
Gesamtbreite (mm)	835	835	835	835	700	700 (ohne Spiegel)
Gesamthöhe (mm)	1210	1210	1210	1210	1110	1110
Sitzhöhe (mm)	815	815	815	815	810	810
Bodenfreiheit (mm)	150	150	150	150	170	170
Bremse vorn	hydraulische Integral-Trommelbremse + Seilzug				hydr. Scheibenbremse 200 mm	
Bremse hinten	hydraulische Integral-Trommelbremse ------				Trommelbremse 140 mm ------	
Leergewicht vollgetankt (kg)	111	111	130	130	120	120
zulässiges Gesamtgewicht (kg)	310	310	310	310	300	300
Bereifung vorn/hinten	100/90x10	100/90x10	100/90x10	100/90x10	3.50 x 10	3.50 x 10
Normverbrauch DIN (1l100km)	3,5	3,7	3,8	4,0	3,0	3,5
Aktionsradius (ca. km)	220	210	200	190	270	230
Beschleunigung 0-80 km/h (s)	20,9	16,4	14,0	12,0	20,0	18,0
Höchstgeschwindigkeit (km/h)	80	82	98	100	84	87
Füllmengen, Luftdruck						
Tankinhalt, davon Reserve (Liter)	7,7/1,5	7,7/1,5	7,7/1,5	7,7/1,5	8,0/2,1	8,0/2,1
Öltankinhalt (2T-Öl, (Liter)	1,3	1,3	1,3	1,3	1,6	1,6
Getriebeöl, Menge cm³	alte Modelle: SAE 30 oder 40; ab 2011: SAE 80W-90 API-GL4; alle: 250 cm³					
Reifenluftdruck vorne (bar)	1,5	1,5	1,5	1,5	1,3	1,3
- hinten solo (bar)	2,0	2,0	2,0	2,0	1,8	1,8
- hinten mit Sozius (bar)	2,5	2,5	2,5	2,5	2,3	2,3
Beleuchtung						
Abblend-/Fernlicht V, W/W	12, 35/35	12, 35/35	12, 35/35	12, 35/35	12, 35/35	12, 35/35
Schlußlicht, Standlicht	12V, 5W	12V, 5W	12V, 5W	12V, 5W	12V, 5W	12V, 5W
Bremslicht	12V, 21W	12V, 21W	12V, 21W	12V, 21W	12V, 10W	12V, 10W
Blinklicht	12V, 10W	12V, 10W	12V, 10W	12V, 10W	12V, 21W	12V, 21W
Tacho- und Kontrollampen	12V, 1,2W	12V, 1,2W	12V, 1,2W	12V, 1,2W	12V, 1,2W	12V, 1,2W
Einstelldaten						
Leerlaufdrehzahl/min-1	800	800	800	800	ca. 800	ca. 800
Zündkerzen-Elektrodenabst. (mm)	0,6	0,6	0,6	0,6	0,6	0,6
Spiel Gaszug (mm)	1,0	1,0	1,0	1,0	1,0	1,0
Spiel Kupplungszug (mm)	2,0	2,0	2,0	2,0	2,0	2,0
Spiel Hinterradbremse Pedal (mm)	25,0	25,0	25,0	25,0	25,0	25,0
Spiel Vorderradbremse Hebel (mm)	8,0	8,0	8,0	8,0	8,0	8,0
Verschleißgrenze Reifen (mm)	2,0	2,0	2,0	2,0	2,0	2,0
Verschleißgr. Bremsbeläge (mm)	1,5	1,5	1,5	1,5	1,5	1,5
Zündprüfung Stroboskop b. min-1	2500-3000	2500-3000	2500-3000	2500-3000	2500-3000	2500-3000

Drehmoment-Richtwerte *(Angaben nach bestem Wissen, aber ohne Gewähr)*

Drehmoment Nm, zwei Stufen	Vespa [1] 50 R, Sp. 125 Primavera 125 ET 3	PK [2]	P...X [3]	PX E [4]	Cosa [5]	PK 50 XL [6] pluri-matic	PX 125 PX 150 [7] 2011 PX 1998 -2008
Motor, Getriebe							
Zündkerze	13 - 15	18 - 24	18 - 24	18 - 24	18 - 24	18 - 24	20 - 25
Gehäusehälftenbefestigung, Muttern	13 - 15	13 - 15	24 - 27	24 - 27	24 - 27	8 - 10	11 - 13
Lüfterdeckel	3 - 4,5	3 - 4,5	3 - 4,5	3 - 4,5	3 - 4,5	3 - 4,5	8 - 10
Kurbelwellenbefest. links, Mutter	---	---	---	---	---	70 - 75	---
Antriebsriemenscheibe, Befest., Mutter	---	---	---	---	---	40 - 45	---
Abtriebsriemenscheibe, Befest., Mutter	---	---	---	---	---	40 - 45	---
Kupplungstrommelbefest., Schrauben	---	---	---	---	---	8 - 10	---
Kupplungsbefestigung, Mutter	40 - 45	40 - 45	40 - 45	40 - 45	40 - 45	---	40 - 45
Vorgelegebefestigung, Mutter	30 - 35	30 - 35	30 - 35	30 - 35	30 - 35	---	30 - 35
Primärzahnrad-Befestigung, Mutter	50 - 55	50 - 55	---	---	---	---	---
Schwungrad-/Rotorbefest., Mutter	45 - 50	45 - 50	60 - 65	60 - 65	60 - 65	---	60 - 65
Kickstarterbefestigung, Mutter	23 - 26	23 - 26	23 - 26	23 - 26	23 - 26	23 - 26	23 - 26
Zylinderkopfbefestigung, Muttern	13 - 18	13 - 18	13 - 18 [8]	13 - 18	13 - 18	17 - 23	13 - 18
Zylinder am Kurbelgehäuse, Muttern	13 - 15	13 - 15	---	---	---	13 - 15	---
Auspuffbefest. am Zylinder, Mutter	k. A.	k.A.	k.A.	k.A.	16 - 26	5 - 7	k.A.
Kupplungsdeckel, Schrauben	8 - 10	8 - 10	6 - 8	6 - 8	6 - 8	---	6 - 8
Bremsankerplatte, Schrauben	17 - 22	17 - 22	k.A.	k.A.	20 - 24	k.A.	k.A.
Bremszylinder hinten, Bef., Schrauben	---	---	---	---	8 - 10	---	---
Vergaser, Befestigung, Schrauben	16 - 20	16 - 20	16 - 20	16 - 20	16 - 20	16 - 20	16 - 20
Pick-up, Befestigung, Schraube	---	---	---	2 - 2,5	2 - 2,5	2 - 2,5	2 - 2,5
Ankerplatte/Stator LiMa, Schrauben	3 - 4,5	3 - 4,5	3 - 4	3 - 4	3 - 4	3 - 4,5	3 - 4
Anlasser, Befestigung, Muttern	---	---	---	10 - 15	10 - 15	10 - 15	10 - 12
Auspufftopf Anschlußstutzen	---	---	75 - 80 [9]	75 - 80 [9]	75 - 80 [9]	k.A.	k.A.
Einlaßstutzen-Befestigung	8 - 10	8 - 10	8 - 10	8 - 10	8 - 10	8 - 10	8 - 10
Vorderradführung							
Federbeinbefest. oben an Halteplatte	k.A.	30 - 40	30 - 40	30 - 40	30 - 40	k.A.	30 - 40
Halteplatte am Steuerrohr	k.A.	20 - 27	20 - 27	20 - 27	20 - 27	16 - 22	20 - 27
Federbeinbefestigung unten	20 - 30	20 - 27	20 - 27	20 - 27	20 - 27	20 - 30	20 - 27
Bremsen							
Bremszylinder Schrauben	---	---	---	---	8 - 10	---	---
Bremsbacken-Zentrierplatte vorn	k.A.	k.A.	k.A.	k.A.	8 - 10	k.A.	---
Bremshebel (nur hinten PX ab 1998)	8 - 10	8 - 10	8 - 10	8 - 10	8 - 10	8 - 10	8 - 10
Bremsleitung an Hauptzylinder	---	---	---	---	k.A.	---	8 - 12
Bremsleitung an Bremssattel	---	---	---	---	---	---	15 - 25
Anschluß Leitungs-Zwischenstück	---	---	---	---	---	---	10 - 15
Bremssattel-Befestigung	---	---	---	---	---	---	20 - 25
Bremsscheibe, Befestig. Schrauben	---	---	---	---	---	---	5 - 6
Entlüftungsschraube	---	---	---	---	10 - 12	---	10 - 12
Lenkung							
Gewindering des ob. Steuerrohrlagers	50 - 60 [10]	50 - 60 [10]	50 - 60 [10]	50 - 60 [10]	50 - 60 [10]	50 - 60 [10]	k.A.
Nutmutter des oberen Steuerrohrlagers	60 - 70	30 - 40	60 - 70	60 - 70	100 - 110	30 - 40	k.A.
Lenkerbefestigung, Schraube	30 - 44	30 - 44	30 - 44	30 - 44	30 - 44	30 - 44	30 - 44
Hinterradführung							
Schwingachse Motor am Fahrgestell	38 - 52	38 - 52	61 - 75	60 - 75	60 - 75	38 - 52	61 - 75
Federbeinbefest. oben am Chassis	30 - 40	30 - 40	30 - 40	30 - 40	30 - 40	30 - 40	30 - 40
Federbeinbestigung unten am Motor	13 [11]	16 - 25	13 - 23	16 - 25	13 - 23	25 - 30	13 - 23
Räder, Naben							
Hinterradachse, Mutter	60 - 100	90 - 110	75 - 90	90 - 110	90 - 110	120 - 140	75 - 90
Felgenbefestigung, Muttern	20 - 27	20 - 27	20 - 27	20 - 27	20 - 27	20 - 27	20 - 27
Vorderradnabe/-achse radseitig, Mutter	50 - 80	50 - 80 [12]	60 - 100	77 - 90	75 - 90	50 - 55	60 - 100

[1] Quelle: Werkstatthandbuch Piaggio für Vespa 50 R, 50 special, 125 Primavera, 125 Primavera ET3, Pontedera 1983
[2] Quelle: Änderungen zum Werkstatthandbuch Vespa PK 50, 50 S, 50 SS, 80 S, 100 S, 110 S, 125, 125 S, Pontedera 1983
[3] Quelle: Werkstatthandbuch Piaggio für Vespa P 125 X, P 150 X, P 200 E, Pontedera 1981
[4] Quelle: Reparaturanleitung Vespa GmbH für PX 80 E, PX 200 E, Augsburg 1984
[5] Quelle: Werkstatthandbuch Piaggio für Cosa, Pontedera 1988, Änderung zum Werkstatthandbuch Cosa, Pontedera 1991
[6] Quelle: Werkstatthandbuch Piaggio für Vespa PK XL plurimatic, Pontedera 1987
[7] Quelle: Werkstatthandbuch Piaggio für Vespa PX 125, 150 Euro 3, Pontedera 2011
[8] P 125 X, P 150 X: 13 - 18 Nm, P 200 E: 17 - 22 Nm; [9] nur P 200 E, PX 200 E, PX 200 E Lusso, Cosa 200
[10] Piaggio empfiehlt: nachdem das maximale Anzugsmoment erreicht ist, Schlüssel bei PK, P X, PX E um ca. 1/4 Umdrehung, bei Cosa um ca. 1/3 Umdrehung zurückdrehen. *Wir und erfahrene Werkstattmeister empfehlen: Muttern einfach so fest anziehen, daß der Lenker ohne zu klemmen von rechts nach links fällt, die Lenkung aber auch keinerlei Spiel hat. Nach einigen 100 km kontrollieren, ob kein Spiel entstanden ist, notfalls die Steuerrohrmuttern nachziehen. Werte in Braun: Piaggio-Empfehlungen, aber in der Anwendung problematisch.*
[11] 13 Nm nur 50er Modelle; 125er Modelle: 13 - 23 Nm;
[12] PK 50/S/SS: 50 - 80 Nm, PK 80 S, 100 S, 110 S, 125/S: 75 - 90 Nm; k.A. = keine oder unplausible Angaben in Piaggio-Unterlagen

Piaggio-Empfehlung für Modelle ab 2011: Muttern/Schrauben vor dem Einbau fetten, um korrekte Drehmomentwerte zu erreichen.
Werte in Blau aufgrund allgemeiner Erfahrung, aber nicht (oder nur teilweise) durch Piaggio-Unterlagen belegt.

Fehlersuche bei der Vespa: wie man die Ursachen von Störungen findet und Mängel schnell behebt

Motor: Startprobleme

Häufigste Ursache: Benzinmangel, daher zuerst prüfen, ob Benzinhahn geöffnet (PK, PX) und ob **Benzin im Tank** ist; bei ausreichender Treibstoffmenge Durchlauf prüfen; dazu Motorhaube abnehmen, Kickstarter oder Anlasser bei geschlossenem Gasgriff betätigen und kontrollieren, ob Benzin durch die Zulaufleitung strömt.

Düsen oder Benzinhahn verstopft: ausbauen, mit Lösungsmittel reinigen und mit Druckluft trocknen.

Elektrischer Benzinhahn defekt (Cosa): prüfen, ausbauen, u.U. austauschen.

Luftfilter verschmutzt: reinigen oder wechseln.

Automatischer Choke defekt (Cosa): elektrische Zuleitungen, Durchfluß, Leichtgängigkeit prüfen.

Motor „abgesoffen“: Vollgas geben und Anlasser oder Kickstarter betätigen; notfalls Zündkerze ausbauen, reinigen, Elektrodenabstand prüfen und korrigieren; notfalls Kerze ersetzen; vor dem Wiedereinbau den Motor mit Anlasser oder Kickstarter einige Male durchdrehen, um das Gemisch aus dem Zylinder zu drücken; **Achtung:** War der Tank ganz leer, den Gasgriff nach dem Auffüllen in Leerlaufstellung lassen, um beim Anlassen hohen Unterdruck am Kraftstoffventil zu erzeugen.

Anlasser dreht nicht oder dreht nur schwach: Batterie entladen; ersetzen oder nachladen; Batteriekabel und Anlasseranschlüsse auf festen Sitz und Korrosion überprüfen.

Zündanlage defekt: Zuleitungen zum Zündschloß und zur Zündanlage bis hin zu Kerzenstecker und Zündkabel kontrollieren; bei schwacher Batterie Kickstarter benutzen; Batterie lädt sich beim Fahren wieder auf.

Kickstarter springt nicht zurück: Deckel ausbauen und Feder fetten.

Motor: schlechte Leistung

Düsen oder Benzinhahn verstopft oder verschmutzt: ausbauen, mit Lösungsmittel reinigen und mit Druckluft trocknen.

Auspuff undicht oder verstopft: prüfen, ob Anschlüsse dicht sind; bei Verkrustung Austausch des Schalldämpfers.

Luftfilter verschmutzt: reinigen bzw. ersetzen.

Choke bleibt hängen: Leichtgängigkeit prüfen bzw. herstellen.

Starke Verkrustung von Brennraum und Zylinderkanälen: Zylinderkopf und Zylinder ausbauen, entkrusten; Kolbenboden ebenfalls reinigen.

Kupplung rutscht (Modelle mit Schaltgetriebe): Reibscheiben abgenutzt; Kupplung nachstellen so weit wie noch möglich oder Scheiben wechseln.

Kupplung rutscht (PK-Modelle mit stufenlosem Keilriemenantrieb): Backen der Fliehkraftkupplung prüfen und notfalls austauschen; Riemenscheiben gleiten schlecht: Teile ausbauen, prüfen, beschädigte Elemente ersetzen; Keilriemen abgenutzt: ausbauen und ersetzen.

Kraftübertragung schlecht (PK-Modelle mit hydraulischer Getriebeautomatik): Wandler defekt, kein oder zu wenig Öl im Getriebe, Hydraulikelemente defekt oder verstopft.

Motor: Absterben im Leerlauf

Leerlaufdüse verschmutzt: ausbauen, mit Lösungsmittel reinigen und mit Druckluft durchblasen.

Choke schließt sich nicht: Freigängigkeit prüfen und wiederherstellen (auch bei Automatik-Choke Cosa).

Modelle mit Schaltgetriebe: Dichtung zwischen Vergaser und Drehschiebereinlaß defekt: Vergaser ausbauen, Dichtung erneuern.

Automatikmodelle: Membranventil schließt nicht; überprüfen, notfalls ersetzen.

Motor: Absterben bei Vollgas

Hauptdüse verschmutzt, Gemisch zu mager: Düse ausbauen, mit Lösungsmittel reinigen und Druckluft durchblasen.

Vergaser verschmutzt: ausbauen, zerlegen, mit Lösungsmittel reinigen und Druckluft durchblasen.

Wasser im Vergaser: Ursache suchen, notfalls gesamtes Kraftstoffsystem entleeren und trocknen; hat der Motor bereits Wasser angesaugt, muß das Triebwerk komplett zerlegt, gereinigt und überprüft werden (Kontrolle durch Herausschrauben der Zündkerze); **Achtung:** Motorschaden droht!

Zündkerze defekt: prüfen, reinigen, einstellen oder ersetzen.

Ölzufuhr und Gemischzusammensetzung nicht in Ordnung: prüfen und einstellen; sofort Ölstand im Vorratstank prüfen – **Achtung:** Motorscha-den droht bei Ölmangel!

Motor: Aussetzer beim Beschleunigen oder am Berg

Luftfilter verschmutzt: reinigen oder ersetzen.

Zündkerze defekt: prüfen, reinigen, einstellen oder ersetzen; Wärmewert und Elektrodenabstand müssen unbedingt stimmen (s.a. techn. Daten).

Ölzufuhr und Gemischzusammensetzung nicht korrekt: prüfen – siehe oben.

Starke Verkrustung von Kanälen, Brennraum und Kolben: ausbauen und reinigen.

Motor: Verbrauch zu hoch

Luftfilter verstopft oder verschmutzt: reinigen oder ersetzen.

Automatischer Choke defekt (Cosa): prüfen und notfalls austauschen – siehe oben.

Hoher Verschleiß an Kolben und Zylinder: Motor überholen.

Motor, Getriebe: metallische oder Klappergeräusche

Kolben und Zylinder ausgeschlagen, Kolbenbolzenlager und/oder Pleuellager verschlissen, Kurbelwellenlager verschlissen oder defekt; Getriebezahnräder beschädigt, Lager Vorgelege oder Antriebswelle defekt, kein o. zu wenig Öl im Getriebe.

Antriebseinheit: Ölverlust

Dichtung zwischen **Motorgehäusehälften,** am **Kupplungsdeckel:** beschädigt, verschlissen.
Wellendichtringe Kurbelwelle, Magnetzünder, Achsantrieb: defekt, undicht, falsch eingebaut.
Ausrückhebel Kupplung: O-Ring defekt.
Kickstarterwelle: O-Ring defekt.

Trommelbremsen: schlechte Wirkung

Bowdenzüge falsch eingestellt oder schwergängig: Spiel an Bremshebeln sowie Radbremsen prüfen und korrigieren; schwergängige Züge ölen oder ersetzen.
Bremsbeläge abgenutzt: prüfen und gegebenenfalls ersetzen.
Bremsbeläge am Hinterrad verölt: in jedem Fall ersetzen; Undichtigkeit im Antriebsbereich beseitigen.
Bremstrommeln abgenutzt: bei unzulässigem Verschleiß oder starker Riefenbildung Trommeln austauschen. Ausdrehen nur bedingt möglich.

Hydraulik-Bremsanlage Cosa, Hydraulik-Scheibenbremse Vespa PX: schlechte Wirkung

Bremsbeläge abgenutzt: prüfen/ersetzen.
Bremsanlage undicht oder defekt: Luft im System, zu wenig oder überalterte Bremsflüssigkeit, Undichtigkeiten im Bereich Bremsleitungen/ Bremszange/Radbremszylinder, abgenutzte o. korrodierte Bremskolben und/oder Bremszylinder.
Brems-Blockieren nach Loslassen des Hebels, Überhitzung der Bremsen: Hauptbremszylinder (HBZ) und/oder Bremszange/Radbremszylinder defekt – ausbauen und ersetzen; Ausgleichslöcher im HBZ verstopft – reinigen; Gummiteile aufgebläht oder verklebt – alle Gummiteile sowie Bremsflüssigkeit ersetzen, Anlage entlüften.
Federnde Wirkung: Flüssigkeitsverlust oder Druckstange HBZ gebrochen – Anlage prüfen und instandsetzen.
Zu langer Bremshebelweg oder gar keine Wirkung: Luft im System, Bremsflüssigkeit unter Minimum im Behälter, Dichtungen im HBZ defekt – Anlage prüfen, instandsetzen, entlüften.

Lenkung schwergängig

Lager zu stramm eingestellt: Anzugsmoment obere Nutmutter prüfen/korrigieren.
Kugellager verschlissen oder mangels Schmierung korrodiert: Rillen und Rollspuren schränken die Freigängigkeit ein, angegriffene Lager daher komplett ersetzen.

Vorderradaufhängung: Poltergeräusche

Steuerrohrlager mit zu großem Spiel: durch Anziehen der oberen Nutmutter korrigieren.
Stoßdämpfer defekt: Federbein wechseln.
Vorderradaufhängung locker: Befestigung Federbein an Nabe und Steuerrohr, Radnabe an Kurzschwinge, Rad an Bremstrommel oder Nabe prüfen, mit Drehmoment festziehen.
Rad- oder Schwingenlager defekt: prüfen und gegebenenfalls austauschen.
Leichte Klappergeräusche: etwas Fett zwischen Stoßdämpfer und obere Dämpferabdeckung geben.

Hinweis: Die vorliegende **20. Auflage** dieses Buchs wurde **vollkommen überarbeitet** und **erheblich erweitert.** Sie ersetzt alle 19 zuvor veröffentlichten Auflagen. Viele Beschreibungen wurden verbessert, einige davon korrigiert oder aktualisiert. Maßgebend sind daher nur noch die Angaben in dieser Ausgabe.
Viele Zeichnungen, Schaltpläne und Schaltbilder wurden vom Verlag angefertigt; als Quelle dienten die bei den Montagearbeiten gemachten Erfahrungen, aber auch Unterlagen von Piaggio. Ähnlichkeiten sind zwangsläufig.

Leser-Mitarbeit: *Wir bitten Sie, liebe Leserin und lieber Leser, uns womögliche Fehler oder Ungenauigkeiten anzuzeigen. In jedem Fall freuen wir uns über Erfahrungsberichte und* ***ergänzende Hinweise*** *aus der Praxis. Jeder Leser, der einen Beitrag liefert, wird in der nächsten Auflage erwähnt und erhält nach Erscheinen ein kostenloses Belegexemplar.*

Stichwortverzeichnis

Namen, Orte, Modelle

Dank an alle!

Autor und Verlag danken ganz besonders den Zweiradmechanikermeistern **Günther** und **Rainer Schulz** vom Zweiradhaus Schulz in Kommern für sachverständige Unterstützung und Beratung im technischen Bereich, außerdem **Lothar Behr,** dem früheren Pressechef von Vespa Deutschland in Ausgsburg für die Überlassung von Werkstatthandbüchern und anderem Vespa-Basismaterial sowie Testfahrzeugen zur freien Verwendung, **Stephanie Wolff** von der Piaggio Deutschland GmbH in Kerpen, **Ansgar Schauerte** von der Agentur für Presse- und Öffentlichkeitsarbeit in Düsseldorf für den Zugang zur Piaggio-Presseabteilung unter **www.press.piaggiogroup.com.** Ein besonderer Dank geht an die Großabnehmer unserer Bücher **Delius Klasing Verlag** Bielefeld, **Krüger Moto parts** in Limburg und **S.I.P. Scootershop** in Landsberg/Lech.

Carl Alexander Failing (Hamburg) sei für die zeitweise Überlassung eines PK-Motors gedankt, **Jörg Baumann** von der **Firma Krüger** für das Ausleihen eines Cosa-Triebwerks. **Werner Lechner** (Schwäbisch Hall), **Christoph Schneider** (Bendorf) und **Günther Uhlig** (Freiburg) gaben wertvolle Tipps, stellten Text- und Fotomaterial zur Verfügung. Die Leser **Detlev Kox, Stefan Michael, Norbert Wanke, Tilo Berg, Michael Nowak** und **Marco Pieringer** lieferten zusätzliche Hinweise. Auch meine Söhne **Simon, Philipp, Valentin** und **Vincent** sowie meine Frau **Gabriele Schneider** haben stets unermüdlich an der Realisierung das Projekts mitgearbeitet, nicht zu vergessen **Willi Rodenwald (†),** der die Werkstatt in den 1980er Jahren betreute. Ohne die tatkräftige Mithilfe aller Genannten wäre dieses Buch nicht ein seit 1985 über hunderttausendfach verkaufter Long- und Bestseller geworden.

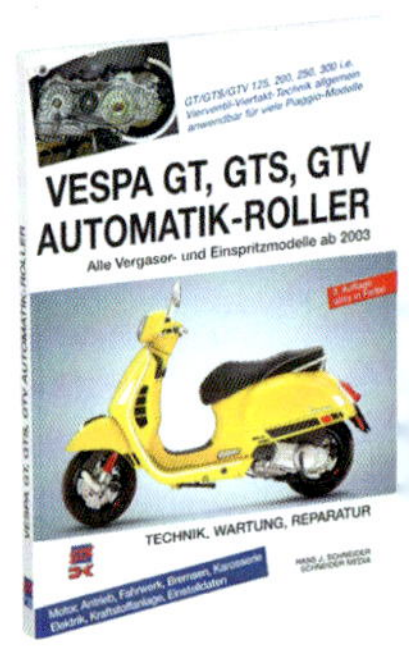

Hinweis zu den Abbildungen:
Alle technischen und diverse andere Fotos Hans J. Schneider mit Ausnahme der mit dem ©-Vermerk versehenen Fotos und Zeichnungen (vornehmlich Ufficio Stampa **Piaggio** Pontedera, Werner **Lechner,** Christoph **Schneider,** Günther **Uhlig).**